高分子合成材料学

柴春鹏　李国平 ◎ 编著

SYNTHETIC POLYMER MATERIALS

北京理工大学出版社
BEIJING INSTITUTE OF TECHNOLOGY PRESS

图书在版编目（CIP）数据

高分子合成材料学/柴春鹏，李国平编著. —北京：北京理工大学出版社，2019. 1
ISBN 978 -7 -5682 -6659 -8

Ⅰ. ①高…　Ⅱ. ①柴…　②李…　Ⅲ. ①高分子材料　Ⅳ. ①TB324

中国版本图书馆 CIP 数据核字（2019）第 012044 号

出版发行 / 北京理工大学出版社有限责任公司
社　　址 / 北京市海淀区中关村南大街 5 号
邮　　编 / 100081
电　　话 /（010）68914775（总编室）
（010）82562903（教材售后服务热线）
（010）68948351（其他图书服务热线）
网　　址 / http：//www. bitpress. com. cn
经　　销 / 全国各地新华书店
印　　刷 / 保定市中画美凯印刷有限公司
开　　本 / 787 毫米×1092 毫米　1/16
印　　张 / 22. 25
字　　数 / 518 千字
版　　次 / 2019 年 1 月第 1 版　2019 年 1 月第 1 次印刷
定　　价 / 66. 00 元

责任编辑 / 封　雪
文案编辑 / 封　雪
责任校对 / 周瑞红
责任印制 / 李志强

图书出现印装质量问题，请拨打售后服务热线，本社负责调换

前言

PREFACE

高分子合成材料是以人工合成的高分子化合物为基础，再配有其他助剂所构成的材料，它的出现改变了人类只能依赖和应用从矿物、动植物中得到金属、木材、棉、毛、橡胶等天然材料的状况，为人类生产和科学技术的发展开拓了广阔的道路。高分子合成材料的性能优异，应用广泛，已经成为人们生活和生产不可缺少的基础材料，也是高新技术领域重点发展的新型材料。目前，高分子合成材料正在向高性能化、高功能化、复合化、精细化、智能化和绿色化的方向发展。

高分子合成材料学以高分子化学、高分子物理、高分子成型加工和高分子合成工艺学为基础，集合了高分子的结构与性能、高分子的合成与改性、高分子的成型加工及其应用等知识点，是材料科学与工程专业及相关专业的研究生、本科生的重要专业课程。为了让学生系统掌握高分子合成材料的基础知识和基本概念，加深理解高分子合成材料领域的新理论、新技术和新方法，在坚持理论性与实用性并重、扩大知识面与先进技术并重的原则基础上，编写了本教材。同时本教材对从事高分子合成材料生产、加工、应用和研究的工程技术人员也具有重要的参考价值。

本教材主要内容包括绪论、合成树脂及塑料、合成纤维、合成橡胶、高分子涂料、高分子胶黏剂、智能高分子。在介绍发展中或新出现的、具有优异性能和特殊功能的高分子合成材料时，不仅涉及基本概念和原理，阐明高分子合成材料的结构与性能之间的关系，同时也包括高分子合成材料加工和生产中的技术，以及这些合成材料在国防、医疗、电子、信息、化工、航空航天、日常生活中的应用。让读者掌握高分子合成材料学的基本理论和方法，同时了解一些高分子合成材料研究和发展的前沿信息。

本教材共7章，第1~4章由柴春鹏编写，第6~7章由李国平编写，全书由柴春鹏统稿。研究生马一飞、岑卓芪、杨煊赫、候婧辉、尹绚、徐单单等在教材的图表和校对方面给予了帮助；本书的出版得到了北京理工大学2016年“双一流”研究生精品教材项目资助，在此深表谢意。

由于编者水平及时间有限，书中不足或不妥之处难免，敬请读者批评指正。

编　者

2019年1月于北京理工大学

目 录
CONTENTS

第1章
绪　论

高分子是一类由相对分子量较高的分子聚集而成的化合物，大多数高分子的相对分子量在一万到百万之间，其分子链是由许多简单的结构单元通过共价键重复连接而成，也称为聚合物或高聚物。例如，聚乙烯分子是由成千上万个乙烯分子聚合而成的高分子化合物。高分子合成材料是以人工合成的高分子化合物为基础，再配有其他添加剂（助剂）所构成的材料，也称为聚合物合成材料，如各种塑料、合成橡胶、合成纤维、涂料和胶黏剂等。高分子合成材料质地轻巧、原料丰富、加工方便、性能良好、用途广泛，因而发展速度大大超越了钢铁、水泥和木材三大传统的基本材料，已成为20世纪以来不可缺少的材料之一。

1.1　高分子合成材料的产生和发展

高分子合成材料是在人们长期生产实践和科学研究的基础上产生与发展起来的。人类远古时期就开始使用皮毛、棉花、淀粉、天然橡胶、纤维素、虫胶、蚕丝、甲壳素、木料等一系列天然高分子材料，但是，对这些高分子材料的本质结构却毫无所知。在19世纪中叶时仍然没有形成长链分子的概念，为了满足人类对高分子材料性能和品质的需求，人们开始对天然高分子进行改性研究并试图进行人工合成。

1839年，美国人Charles Goodyear发现天然橡胶与硫黄共热后性能发生明显改变，从硬度较低、遇热发黏软化、遇冷发脆断裂的不实用材料，变为富有弹性、可塑性的材料。1840年，Goodyear和Hancock开发了天然橡胶的硫化技术，达到了增加橡胶弹性的目的，从而使得天然橡胶的性能发生改变并得到广泛应用。1851年，硬质橡胶实现商品化。1869年，美国化学家海厄特（John Wesley Hyatt）通过对天然纤维素的加工，制备了低硝酸含量俗称为赛璐珞的硝酸纤维素，这是人类发明的第一种人造塑料，也是第一种具有商业价值的塑料。3年后，第一个生产赛璐珞的工厂在美国建成投产，这标志着塑料工业的开始。1887年，法国人Chardonnet用硝化纤维素的溶液进行纺丝，制得了第一种人造丝（rayon）。1907年，美国化学家贝克兰（Leo Hendrik Baekeland）用苯酚和甲醛反应制造出第一种完全由人工合成的树脂（酚醛树脂），这是用化学合成的方法得到并被实际应用的第一种高分子合成材料，贝克兰申请了关于酚醛树脂“加压、加热”固化的专利技术，并于1910年10月10日成立了Backlite公司，从此拉开了人类制造和应用高分子合成材料的序幕。1915年，为了摆脱对天然橡胶的依赖，德国采用二甲基丁二烯制造合成橡胶，在世界上首先实现了合成橡胶的工业化生产。

对19世纪的大多数研究者而言，分子量超过10 000 g/mol的物质似乎是难以想象的，他们将这类物质同由小分子稳定悬浮液构成的胶体系统视为同一类物质。1920年，德国科学家赫尔曼·施陶丁格（Hermann Staudinger）否定了这些物质是有机胶体的观点，并假设那些称为聚合物的高分子量物质是由共价键形成的真实大分子，同时在其大分子理论中阐明聚合物由长链构成，链中单体（或结构单元）通过共价键彼此连接。较高的分子量和大分子长链的特征决定了聚合物独特的性能。尽管一开始他的假设并不为大多数科学家所认可，但最终这种解释得到了合理的实验证实，为工业化学家的工作提供了有力的指导，从而使聚合物的种类得到迅猛增长。直到这时，塑料、橡胶、纤维素与天然材料相似的本质才被人们所认识，用化学合成的方法大规模制备高分子合成材料的时代从此开始。1953年，Staudinger因“链状大分子物质的发现”获得了诺贝尔化学奖。

1926年，美国化学家Waldo Semon合成了聚氯乙烯，并于1927年实现了工业化生产。自1929年开始，美国杜邦公司的科学家卡罗瑟斯（Wallace Hume Carothers）研究了一系列的缩合反应，验证并发展了大分子理论，合成出聚酰胺66，即尼龙66。在1938年尼龙66实现了工业化生产。随后，聚甲基丙烯酸甲酯、聚苯乙烯、脲醛树脂、聚硫橡胶、氯丁橡胶等众多的合成高分子材料相继问世，迎来了高分子合成材料的蓬勃发展。1935年，英国帝国化学公司（ICI）开发出高压聚乙烯，因其极低的介电常数在第二次世界大战期间被用作雷达电缆和潜水艇电缆的绝缘材料，此后得到广泛应用。1940年，美国杜邦公司（DuPont）推出尼龙纺织品（如尼龙丝袜），其经久耐用，在当时的美国和欧洲风靡一时，尼龙66纤维制造的降落伞，更是大大提高了美国军队在第二次世界大战中的作战能力。

20世纪50年代，随着石油化工的发展，高分子合成材料工业的原料获得了丰富和价廉的来源，当时除乙烯、丙烯外，几乎所有的通用单体都实现了工业化生产。1953年，德国化学家齐格勒（Karl Waldemar Ziegler）和意大利化学家纳塔（Giulio Natta）发明了配位聚合的齐格勒-纳塔催化剂，这种催化剂能使乙烯在常温常压下进行聚合，其工艺简单、生产成本低，使聚乙烯和聚丙烯这类通用高分子合成材料走入千家万户。更重要的是，齐格勒-纳塔催化剂不仅可以应用于塑料合成，而且在橡胶合成等其他有机合成中都有广泛用途，它的出现加速了高分子合成材料工业的发展，得到了一大批新的高分子合成材料，并带动其他的与不同金属配合的配位聚合催化剂的开发，确立了高分子合成材料作为当代人类社会文明发展阶段的标志。1963年，齐格勒和纳塔共同荣获诺贝尔化学奖。

20世纪60年代，高分子合成材料工业经过日新月异的发展，合成出各种特性的塑料材料，如聚甲醛、聚氨酯、聚碳酸酯、聚砜、聚酰亚胺、聚醚醚酮、聚苯硫醚等，以及特种涂料、黏合剂、液体橡胶、热塑性弹性体和耐高温特种有机纤维等，新产物和新产品层出不穷，使高分子合成材料产品成为推动国民经济增长的动力源和人们日常生活中不可或缺的材料。

20世纪70年代，高分子合成材料科学获得大发展，1971—1978年，美国科学家Heeger、MacDiarmid和日本白川英树有关导电高分子材料的研究成果，改变了高分子只能是绝缘体的观念，在塑料导电研究领域取得突破性的发现，这一领域的开创性研究“导电聚合物”获得2000年诺贝尔化学奖。高分子合成材料工业实现了生产的高效化、自动化、大型化（塑料约6 000万t/年、橡胶约700万t/年、化纤约6 000万t/年），出现了高分子合金（如抗冲击聚苯乙烯）及高分子复合材料（如碳纤维增强复合材料）。

20世纪80年代，高分子合成材料不断深入发展，可以根据具体需求，通过分子设计使高分子合成材料多样化，在更大的范围内拓展应用。合成高分子化学向结构更精细、性能更高级的方向发展，如制备具有超高模量、超高强度、难燃性、耐高温性、耐油性等的高分子合成材料，生物医学材料，半导体或超导体材料，低温柔性材料等。

目前，高分子合成材料正向功能化、智能化、精细化方向发展，其由结构材料向具有光、声、电、磁、生物医学、仿生、催化、物质分离以及能量转换等相应的功能材料方向扩展，分离材料、光导材料、生物材料、储能材料、智能材料、纳米材料、电子信息材料等的发展表明了这种发展趋势。与此同时，在高分子合成材料的生产加工中也引进了各种先进技术，如等离子体技术、激光技术、辐射技术等，而且对结构与性能关系的研究也由宏观转到微观，从定性进入定量，由静态转为动态，正逐步实现在分子设计水平上合成并制备所要求性能的新型材料。同时高分子合成材料向低污染、低成本方向发展，高分子合成材料科学与资源、环境的协调发展越来越受到重视。

1.2 高分子合成材料的结构和性能

任何材料的性能都是由其结构决定的，性能是其内部结构和分子运动的具体反映，高分子合成材料也不例外。为了适应现代科学技术、工农业生产以及国防工业的各种要求，获得各种性能的高分子合成材料，首先要从结构入手，掌握高分子材料的结构与性能的关系，为正确选择、合理使用高分子材料，改善现有高分子合成材料的性能，合成具有指定性能的高分子材料提供可靠的依据。

高分子合成材料的高分子链通常是由很多个结构单元组成的，高分子链的结构和许许多多高分子链聚在一起的聚集态结构形成了高分子材料的特殊结构。因而高分子材料除具有低分子化合物所具有的结构特征（如同分异构体、几何结构、旋转异构）外，还具有链结构和聚集态结构等的结构特点。链结构是指单个高分子化合物分子的结构和形态，链结构又可分为近程结构和远程结构，近程结构属于化学结构，也称一级结构；远程结构是指分子的尺寸、形态，链的柔顺性以及分子在环境中的构象，也称二级结构。聚集态结构是指高聚物材料整体的内部结构，包括晶态结构、非晶态结构、取向态结构、液晶态结构等有关高聚物材料中分子的堆积情况，统称为三级结构。

1.2.1 近程结构

近程结构包括构造与构型，构造指链中原子的种类和排列、取代基和端基的种类、单体单元的排列顺序、支链的类型和长度等，构型是指某一原子的取代基在空间的排列。近程结构是影响聚合物稳定性、分子间作用力、链柔顺性的重要因素。

（1）高分子链的组成

高分子是链状结构，高分子链是由单体通过加聚或缩聚反应连接而成的链状分子。高分子链的组成是指构成大分子链的化学成分、结构单元的排列顺序、分子链的几何形状等。高分子链的化学成分、端基的化学性质都对聚合物的性能有影响。例如高密度聚乙烯（HDPE）结构为$\lbrack CH_2—CH_2 \rbrack_n$，是分子结构最为简单的一种聚合物，单体是乙烯，重复单元即结构单元为—CH_2—CH_2—，称为链节，n为链节数，亦为聚合度，高分子中分子链的连接方式对聚合物的性能有明显的影响。对于结构完全对称的单体（如乙烯、四氟乙烯），只有一种连接方式，然而对于 CH_2 ═CHX 类单体，由于其结构不对称，形成高分子链时可能有三种不同键接方式：头－头键接，尾－尾键接，头－尾键接。聚氯乙烯高分子链的三种不同键接方式如图 1－1 所示。

结构单元的不同键接方式对高分子材料的性能会产生较大的影响，如聚氯乙烯链结构单元主要是头－尾相接，若含有少量的头－头键接，会导致热稳定性下降。这种由于结构单元之间连接方式的不同而产生的异构体称为顺序异构体。一般情况下，自由基或离子型聚合的产物中，以头－尾键接为主。用来作为纤维的高聚物，一般要求分子链中单体单元排列规整，使聚合物结晶性能较好，强度高，便于抽丝和拉伸。

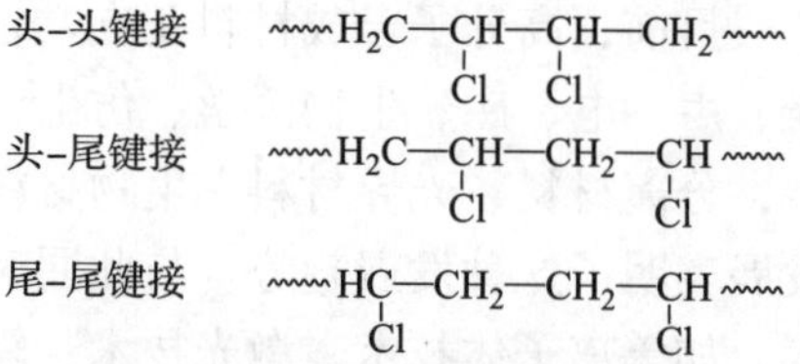

头–头键接　～～H_2C—CH—CH—CH_2～～（两个 CH 上各连 Cl）

头–尾键接　～～H_2C—CH—CH_2—CH～～（两个 CH 上各连 Cl）

尾–尾键接　～～HC—CH_2—CH_2—CH～～（两个 CH 上各连 Cl）

图 1－1　聚氯乙烯高分子链的三种不同键接方式

（2）高分子链的形态

高分子链可以按其几何形状分为三种，如图 1－2 所示：a. 线型分子链，由许多链节组成的长链，通常卷曲成团状，这类高聚物有较高的弹性、较好的塑性、较低的硬度，是典型的热塑性材料的结构。b. 支链型分子链，主链上带有支链，这类高聚物的性能和加工方式都接近线型分子链高聚物。线型和支链型高分子加热可熔化，也可溶于有机溶剂，易于结晶，因此可反复加工成型，称作“热塑性树脂”。c. 体型分子链，分子链之间有许多链节互相交联，也称为网状结构，这类高聚物的硬度高、脆性大、无弹性和塑性。体型高分子不溶于任何溶剂，也不能熔融，所以只能以单体或预聚体的状态进行成型，一旦受热固化便不能再改变形状，称作“热固性树脂”。热固性树脂虽然加工成型比较复杂，但具有较好的耐热和耐蚀性能，一般硬度也比较高。

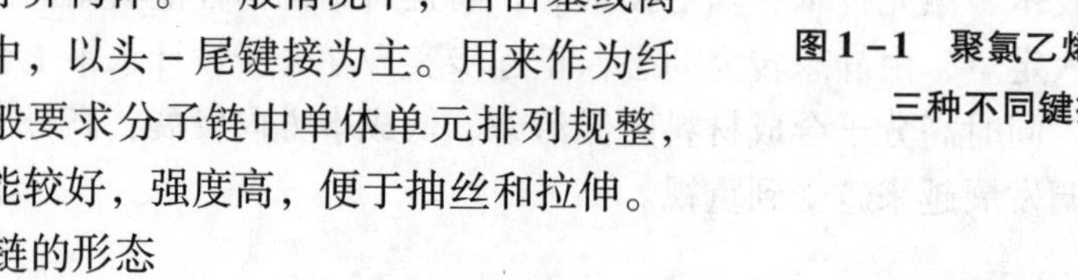

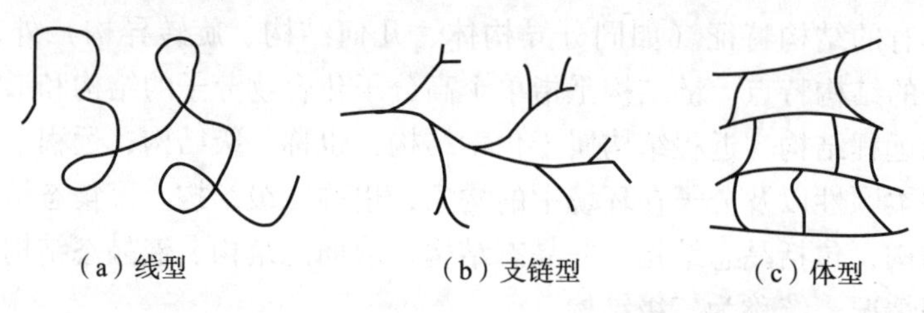

（a）线型　　（b）支链型　　（c）体型

图 1－2　高分子链的三种几何形状

（3）高分子链的构型

构型是指分子中由化学键所固定的原子或取代基在空间的几何排列，也就是表征分子中最近相邻原子间的相对位置，这种原子排列非常稳定，只有使化学键断裂和重组才能改变构型。构型不同的异构体有旋光异构和几何异构两类。旋光异构是指有机物能构成互为镜像的两种异构体，表现出不同的旋光性。例如饱和碳氢化合物中的碳构成一个四面体（图 1－3），碳原子位于四面体中心，4 个基团位于四面体的顶点，当 4 个基团都不相同时，位于四面体中心的碳原子称为不对称原子，用 C^* 表示，其特点是 C^* 两端的链节不完全相同。有一个 C^* 存在，每一个链节就有两个旋光异构体。

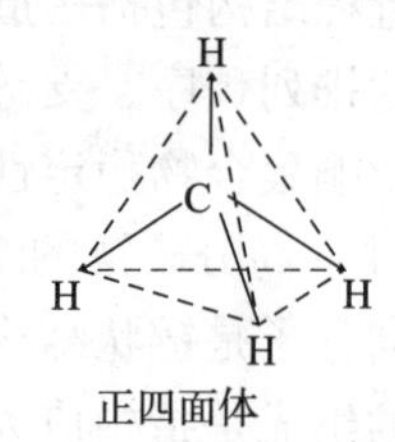

图 1－3　饱和碳氢化合物中碳构成的一个四面体

根据取代基在高分子链中的连接方式，高分子链的立体构成可分为三种，如图1-4所示：（a）全同立构，全部由一种旋光异构单元链接；（b）间同立构，由两种旋光异构单元交替链接；（c）无规立构，两种旋光异构单元完全无规链接。如果把主链上的碳原子排列在平面上，则全同立构链中的取代基R都位于平面同侧，间同立构中的R交替排列在平面的两侧，无规立构中的R在两侧任意排列。无规立构通过使用特殊催化剂可以转换成有规立构，这种聚合方法称为定向聚合。

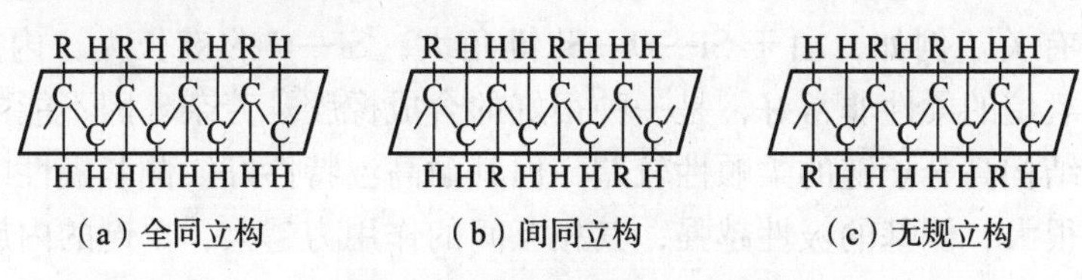

（a）全同立构　（b）间同立构　（c）无规立构

图1-4　高分子链的立体构型

不同构型会影响高聚物材料的性能，如全同立构的聚苯乙烯，其结构比较规整，能结晶，软化点为240 ℃；而无规立构的聚苯乙烯结构不规整，不能结晶，软化点只有80 ℃。又如，全同或间同立构的聚丙烯，结构也比较规整，容易结晶，为高度结晶的聚合物，熔点为160 ℃，可以纺丝制成纤维，即丙纶，而无规立构的聚丙烯是无定形的软性聚合物，熔点为75 ℃，是一种橡胶状的弹性体。通常由自由基聚合的高聚物大都是无规立构的，只有用特殊催化剂进行定向聚合才能合成有规立构的高分子。全同立构和间同立构的高分子都比较规整，有时又通称为等规高分子，等规程度用等规度表示，所谓等规度是指高聚物中含全同立构或间同立构高分子所占的百分数。另一种异构体是几何异构，由于聚合物内双键上的基团在双键两侧排列的方式不同，分为顺式和反式构型。例如聚丁二烯利用不同的催化体系，可得到顺式和反式构型，前者为聚丁橡胶，后者为聚丁二烯橡胶，二者结构不同，性能也不完全相同。

1.2.2　远程结构

远程结构包括高分子的大小、链的柔顺性及分子链在各种环境中的构象。

（1）高分子的大小

高分子大小的量度最常用的是分子量。分子量不是均一的，只能用统计平均值来表示，如数均分子量 M_n 和重均分子量 M_w。因为高分子化合物不同于低分子化合物，其聚合过程比较复杂，生成物的分子量有一定的分布，分子量具有“多分散性”。要清晰地表明高分子的大小，必须用分子量分布来表示。分子量和分子量分布是影响高分子合成材料性能的重要因素。实验表明，高分子合成材料的分子量达到某一数值后，才能显示出有实用价值的机械强度。但分子量增加后，分子间的相互作用力也增强，导致高温流动黏度增加，使加工成型变得困难。分子量分布对高分子材料的加工和使用也有明显影响，一般来说，分子量分布窄一些有利于加工控制和使用性能的提高，如合成纤维和塑料。但有的高分子也恰恰相反，如橡胶，经过塑炼使分子量降低、分布变宽才能克服原来加工困难的问题，便于加工成型。

（2）高分子链的构象及柔顺性

高分子链的主链都是以共价键连接起来的，具有一定的键长和键角。如C—C键的键长为154 pm，键角为109°28′。高分子在运动时C—C单键在保持键长和键角不变的情况下可绕轴任意旋转，这就是单键的内旋转。单键内旋转会使原子排列位置不断变化，而高分子链很长，每个单键都在内旋转，且频率很高（如室温下乙烷分子可达 10^{11} ~ 10^{12} Hz），这必然造成高分子的形态瞬息万变。这种由单键内旋转引起的原子在空间占据不同位置所构成分子链的各种形象称为高分子链的构象。高分子链的空间形象变化频繁、构象多，就像一团任意卷在一起的钢丝一样，对外力有很大的适应性，受力时可表现出很大的伸缩能力。高分子这种能由构象变化获得不同卷曲程度的特性称为高分子链的柔顺性。高分子链的柔顺性与单链内旋转难易程度有关。例如，由于 Si—O—Si 键角大，Si—O 的键长大，内旋转比较容易，因此聚二甲基硅氧烷的柔性非常好，是一种很好的合成橡胶。芳杂环因不能内旋转，所以主链中含有芳杂环结构高分子链的柔顺性较差，但其耐高温特性好。侧基极性的强弱对高分子链的柔顺性影响很大，侧基的极性越强，其相互间的作用力越大，单键的内旋转越困难，因而链的柔顺性就差。链的长短对柔顺性也有影响，若链很短，内旋转的单键数目很少，分子的构象数很少，必然出现刚性。高分子链的柔顺性是高聚物许多性能不同于低分子物质的主要原因，尤其对高分子合成材料的弹性和塑性有重要影响。

1.2.3 聚集态结构

聚集态结构是指高分子链之间的几何排列和堆砌结构，包括非晶态、结晶态、取向态、液晶态、织态。前 4 个描述的是高分子材料的堆砌方式，织态为不同高分子链与添加剂间的结合和堆砌方式。分子链结构是决定聚合物性质最基本、最重要的结构层次。密度、溶解性、溶液或熔体的黏度、黏附性能很大程度上取决于分子结构，而聚集态结构是决定高分子材料和制品的使用性能，尤其是力学性能的重要因素。虽然高分子的链结构对高分子合成材料性能有显著影响，但由于聚合物是由许多高分子链聚集而成，有时即使相同链结构的同一种聚合物，在不同加工成型条件下，也会产生不同的聚集态，所得制品的性能也会截然不同。因此聚合物的聚集态结构对聚合物材料性能的影响比高分子链结构更直接、更重要。研究掌握聚合物的聚集态结构与性能的关系，对选择合适的加工成型条件、改进材料的性能、制备具有预期性能的高分子合成材料具有重要意义。

结构规整或链间次价力较强的高分子化合物容易结晶，如高密度聚乙烯、全同聚丙烯和聚酰胺等。结晶高分子化合物中往往存在一定的无定形区，即使是结晶度很高的高分子化合物也存在晶体缺陷，熔融温度是结晶聚合物使用的上限温度。结构不规整或链间次价力较弱的聚合物（如聚氯乙烯、聚甲基丙烯酸甲酯等）难以结晶，一般为无定形态。无定形高分子化合物在一定负荷、一定受力速度和不同温度下可呈现玻璃态、高弹态和黏流态三种力学状态。玻璃态到高弹态的转变温度称为玻璃化温度（T_g），是无定形塑料使用的上限温度，橡胶使用的下限温度。从高弹态到黏流态的转变温度称为黏流温度（T_f），是高分子化合物加工成型的重要参数。当聚合物处于玻璃态时，整个大分子链和链段的运动均被冻结，宏观性质为硬、脆、形变小，只呈现一般硬性固体的普弹形变。聚合物处于高弹态时，链段运动高度活跃，表现出高形变能力的高弹性。当线型聚合物在黏流温度以上时，聚合物变为熔融、黏滞的液体，受力可以流动，并兼有弹性和黏流行为，称黏弹性。聚合熔体和浓溶液搅拌时的爬杆现象、挤出物出口模时的膨胀现象以及减阻效应等，都是黏弹行为的具体表现。其他如聚合物的蠕变、应力松弛和交变应力作用下的发热、内耗等均属黏弹行为。

1.3　高分子合成材料的分类和命名

1.3.1　分类

随着社会进步和物质文明的不断发展，天然高分子材料已经不能满足生产、生活和科技等各方面日益增长的需要，为了满足人类对高分子材料的需求，高分子的合成研究得到了高度重视，新的高分子合成方法不断涌现，创造了许多自然界从来没有过的人工合成高分子化合物，高分子合成材料迅速扩大，种类繁多。为了便于研究和讨论，根据不同的分类依据，可以从不同的角度对高分子合成材料进行分类，如高分子链结构、单体来源、合成方法、最终用途、加热行为等。

①依据分子主链的元素构成，可将高分子合成材料分为碳链、杂链和元素三类。

碳链　高分子合成材料的大分子主链完全由碳元素组成。绝大部分烯烃类和二烯烃类高分子化合物属于这一类，如聚乙烯、聚苯乙烯、聚氯乙烯等。

杂链　高分子合成材料的大分子主链中除碳元素外，还有氧、氮、硫等杂元素。如聚醚、聚酯、聚酰胺、聚氨酯、聚硫橡胶等。工程塑料、合成纤维、耐热聚合物大多是杂链聚合物。

元素　有机高分子合成材料的大分子主链中没有碳元素，主要由硅、硼、铝、氧、氮、硫、磷等元素组成，但侧基却由有机基团组成，如甲基、乙基、乙烯基等。有机硅橡胶就是典型的例子。元素有机高分子又称杂链半有机高分子，如果主链和侧基均无碳元素，则称为无机高分子。

②依据材料的性质和用途分类，可将高分子合成材料分为塑料、橡胶、纤维、涂料、胶黏剂等。

塑料是以合成树脂为主要成分，辅以填充剂、增塑剂和其他助剂，在一定温度和压力下加工成型的材料或制品。其分子间次价力、模量和形变量等介于橡胶和纤维之间。

橡胶通常是一类线型柔顺的高分子化合物，其分子链间次价力小，分子链柔性好，具有典型的高弹性，在外力作用下可产生较大形变，除去外力后能迅速恢复原状。它的特点就是在很宽的温度范围内具有优异的弹性，所以又称弹性体。

纤维通常是以合成高分子为原料，经由纺丝和后处理制得。纤维的次价力大、形变能力小、模量高，一般为线型结晶高分子化合物，平均分子量较橡胶和塑料低，伸长率小（$<10\%\sim50\%$），弹性模量（$>35\ 000\ N/cm^2$）和抗张强度（$>35\ 000\ N/cm^2$）都很高。

涂料是以高分子化合物为主要成膜物质，添加溶剂和各种添加剂制得，是涂布于物体表面，能结成坚韧保护膜，具有保护和装饰功能的膜层材料。

胶黏剂是以相对分子量不大的高分子化合物为主体制成的胶黏材料，具有良好的黏合性能，是可将两种相同或不相同的物体粘接在一起的连接材料。

③依据高分子主链几何形状，可将高分子合成材料分为线型高分子合成材料、支链型高分子合成材料、体型高分子合成材料。

线型直链结构大分子是由许多链节连成的一个长链，其分子直径与长度比达1∶1 000以上，线型高分子合成材料具有柔顺性，它在常温下呈卷曲的线团状，受到拉伸时，变形能力极大，外力去除后，又可恢复成卷曲状。如聚乙烯、聚丙烯等。

支链型结构大分子，其线型大分子主链带有一些支链，支链的数量和长短可以不同，甚至支链上还有支链，如高压聚乙烯、超支化聚合物等。

体型结构大分子是指在分子链与链之间以强的化学键相互交联，形成立体的网状结构。体型分子结构的聚合物，由于其长链分子之间被“交联”，其柔顺性受到限制，当聚合物受力后，变形较小。聚合物的机械强度较高、温度稳定性及化学稳定性较好。

④依据材料应用功能分类，可将高分子合成材料分为通用高分子材料、特种高分子材料和功能高分子材料三大类。

通用高分子材料指能够大规模工业化生产，已普遍应用于建筑、交通运输、农业、电气电子工业等国民经济主要领域和人们日常生活的高分子合成材料。如聚乙烯（PE）、聚丙烯（PP）、聚苯乙烯（PS）、聚丁二烯（PB）、聚甲基丙烯酸甲酯（PMMA）等。

特种高分子材料主要是一类具有优良机械强度和耐热性能的高分子材料，如聚碳酸酯（PC）、聚酰亚胺（PI）、聚苯醚（PPO）等，已广泛应用于工程材料上。

功能高分子材料除具有高分子化合物的一般力学性能、绝缘性能和热性能外，还具有物质能量和信息的转换、传递和储存等特殊功能。已实用的有高分子信息转换材料、高分子透明材料、高分子模拟酶、生物降解高分子材料、高分子形状记忆材料和医用、药用高分子材料等。

⑤依据材料合成反应的类型，可将高分子合成材料分为加聚和缩聚两类高分子合成材料。

加聚高分子材料由加成聚合反应得到，聚合反应中通常无副产物；缩聚高分子材料由缩聚反应得到，聚合反应中一般有副产物。

⑥依据含有单体种类的多少可将高分子合成材料分为均聚物、共聚物。

均聚物是由一种单体聚合而成的高分子合成材料；共聚物是由两种或两种以上的单体或单体与聚合物间进行聚合得到的高分子合成材料，包括嵌段共聚物、接枝共聚物、无规共聚物、有规共聚物等。

⑦依据高分子化合物的热行为，可将高分子合成材料分为热塑性和热固性两种。

热塑性高分子合成材料的分子链是线型结构，能够溶解和融熔，受热到一定温度时，可以反复多次成型加工。热固性高分子合成材料，由反应性的低分子量预聚体，或带反应性官能团的高分子合成材料通过加热固化形成。在成型过程中通过反应性官能团发生交联反应形成体型网状结构。一经加工成型的热固性高分子合成材料不再熔化或溶解，物理力学性能强，化学稳定性好。

⑧依据高分子链微观聚集排列情况，可将高分子合成材料分为结晶高聚物、非晶高聚物。

结晶态高聚物规则排列区域称为晶区，无序排列区域称为非晶区，晶区所占的百分比称为结晶度，通常结晶度在80%以上的聚合物称为结晶性聚合物。非晶高聚物，也称无定形高聚物，它是和结晶性高聚物相对而言的一类高聚物。通过自由基聚合得到的聚苯乙烯和聚甲基丙烯酸甲酯是典型的非晶高聚物。

1.3.2 命名

长期以来，社会上乃至学术界一直缺乏一套统一、严谨而科学的对高分子化合物进行命名的法则，这对于高分子科学的发展和高分子材料的应用颇为不利。国际纯粹与应用化学联合会（IUPAC）于1973年提出了对线型有机高分子的系统命名法，简称IUPAC法。并同时提出了对高分子化合物命名时应该遵循的基本原则，即聚合物的命名既要求表明其结构特征，也要求反映其与原料单体之间的联系。然而由于历史原因及社会文化背景的差异，该法并未得到广泛的认同。

高分子合成材料迄今已有几百万种，应用非常广泛，对其准确规范的命名也就显得愈加重要。目前常用的高分子合成材料命名方法主要包括以下几种：

（1）“聚” + “单体名称”命名法

这是一种最为简单并且也最为常用的合成高分子化合物的习惯命名法，无论在国内还是国外都是如此。不过该命名法仅适用于由烯烃等类单体合成的加成聚合物，如聚乙烯（PE）、聚丙烯（PP）、聚苯乙烯（PS）、聚丁二烯（PB）、聚甲基丙烯酸甲酯（PMMA）等。这里有两种特殊的情况。

①该命名法一般不用于缩聚物，如6-羟基己酸的缩合聚合物，如果按照该命名方法将其产物命名为聚6-羟基己酸是不妥当的，原因在于该命名未能反映该聚合物属于一种聚酯的化学结构特征。正确的命名应该是聚6-羟基己（酸）酯或聚ω-羟基已（酸）酯。

②合成的“聚乙烯醇”这种特殊聚合物的单体并不是“乙烯醇”，而是单体乙酸乙烯酯通过加成聚合反应合成聚乙酸乙烯酯，然后经过水解反应而得到的产物，“乙烯醇”仅仅是它的假想“单体”而已。

（2）“单体名称”+“共聚物”命名法

该方法适用于两种或两种以上烯类单体制备的加成共聚物的命名，通常情况下不得用于混缩聚物和共缩聚物的命名。例如，可以将苯乙烯与甲基丙烯酸甲酯的共聚物命名为“苯乙烯-甲基丙烯酸甲酯共聚物”。但是，如果将己二酸与己二胺进行缩合聚合反应得到的聚合物命名为“己二酸己二胺共聚物”则是错误的。

（3）单体简称+聚合物用途或物性类别命名法

对于三大合成材料，分别以“树脂”“橡胶”或“纶（纤维）”作为后缀，在前面加上单体的简称或聚合物的全名称即可。需要说明的是“树脂”一词原本特指某些种类树木的树干上面分泌出的胶状物，现在它已被用来泛指各种未添加助剂的聚合物粉、粒料等。

①一些由两种或两种以上单体合成的混缩聚物，取单体简称再加“树脂”，例如：

（苯）酚+（甲）醛→酚醛树脂

尿（素）+（甲）醛→脲醛树脂

除此以外，由两种以上α-取代烯烃单体合成的加聚物，通常在各单体英文名称的大写首个字母之后，加上“树脂”或别的反映其特殊物性类别的类名。例如，丙烯腈（Acrylonitrile）、丁二烯（Butadiene）与苯乙烯（Styrene）三种单体的自由基共聚物称为ABS树脂。苯乙烯与丁二烯通过阴离子聚合反应制得的嵌段共聚物通常称为SBS树脂或弹性体。

②与①类似，多数合成橡胶是由一种或两种烯类单体合成的加聚物，通常在“橡胶”二字的前面加上单体的简称二字即成为其名称。如果是两种单体的共聚物，则两种单体名称

各取一字再加“橡胶”；如果是一种单体的均聚物，两个字既可能都取于该单体名称，也可能一个字取自单体名称，另一个字则取自聚合反应的引发剂或催化剂名称。

例如：丁（二烯）+苯（乙烯）→丁苯橡胶

丁（二烯）+金属钠（催化剂）→丁钠橡胶

③采用来自英文后缀的音译词“纶（lon）”命名具有纤维性状的合成聚合物或说明其制成品的原料材质，真切反映了西方科学文化在该领域中的地位。不过，对于非专业人士或初学者，这个“纶”字仍然可以用于命名制备这些纤维的原料聚合物，

例如：聚对苯二甲酸乙二（醇）酯（原料树脂）→涤纶（纤维）

聚丙烯腈（原料树脂）→腈纶（纤维）

但是，由于维尼纶纤维的化学组成和结构与原料树脂（聚乙酸乙烯酯）完全不同，所以其原料树脂——聚乙酸乙烯酯及其中间体聚乙烯醇不能叫作维尼纶。

（4）化学结构类别或特征化学基团的名称命名法

此命名法尤其对许多缩聚物的命名十分重要，使用也最为广泛。该命名法的要点是按照与聚合物相对应的有机化合物的类别，在其前面冠以“聚”字即成为这一类聚合物的类别命名，如“聚酯”“聚酰胺”“聚氨酯”等。不过，对于一种具体的聚合物而言，必须在命名中既要反映其结构特征，又要反映其与单体之间的联系，这是对聚合物命名的两条基本原则。例如：

对苯二甲酸+乙二醇→聚对苯二甲酸乙二（醇）酯（涤纶，一种聚酯）

己二酸+己二胺→聚己二酰己二胺（尼龙66，一种聚酰胺）

甲苯2,4-二异氰酸酯+1,4-丁二醇→聚甲苯-2,4-二氨基甲酸丁二（醇）酯（一种聚氨酯）

如上所述，多数聚酰胺的全名称都显得过于冗长，商业上以及学术专著中，通常可以使用其英语商品名称“nylon”的音译词“尼龙”作为聚酰胺的通称。为了体现聚合物与原料单体之间的关系，在“尼龙”这个类名称之后，依次再加上原料单体“二元胺”和“二元酸”的碳原子数。但是碳原子数的排列是按照“胺前酸后”的次序，即是二元胺的碳原子数在前，二元酸的碳原子数在后。

另外，环氧树脂（EP）是一大类高分子合成材料的统称，该类材料都具有特征化学单元（环氧基团），故统称环氧树脂。

（5）“IUPAC”系统命名法

这是国际纯粹与应用化学联合会于1973年提出的以大分子的结构为基础的一种系统命名法。该命名法与有机化合物的系统命名法相似，具体要点如下：

①定聚合物的重复结构单元。

②将重复结构单元中的次级单元（取代基）按照从小到大、由简单到复杂的排列顺序进行书写。

③命名重复结构单元，并在前面冠以“聚”字，即完成命名。

由此可见，按照IUPAC命名原则书写乙烯类加聚物的重复单元时，应该先写带有取代基的一端，先写原子数少的取代基。当然，IUPAC并不反对使用以单体名称为基础的习惯命名。但是建议在学术交流活动中尽量少用俗名。作为高分子专业的学习者，常见聚合物的英文缩写如PS（聚苯乙烯）、PP（聚丙烯）、PVC（聚氯乙烯）等应该熟悉。

1.4 高分子合成材料的应用

高分子合成材料是当今社会发展建设中不可缺少的材料，其性能优良，品种数繁多，在生活、科研、国防等领域都被广泛应用。

(1) 在农业中的应用

随着广大地区实施地膜覆盖、温室大棚以及节水灌溉等新技术的发展，农业对高分子合成材料的需求量越来越大。使用地膜覆盖可保温、保湿、保肥、保墒，并可以除草防虫，促进植物生长，提前收割，从而提高农作物的产量，温室大棚和遮阳网的应用使蔬菜和鲜花四季生长。利用高分子成膜材料将农用药物和其他成分涂膜在种子表面，可以改善种子外观和形状，便于机械播种，同时还可防虫害。使用高分子合成材料已成为国内外农业增产的重要技术措施，是许多寒冷和干旱地区农民脱贫致富的重要手段。塑料地膜与化肥、农药已成为现代农业生产中的三大化工材料。

(2) 在建筑工程中的应用

随着高分子材料工业的迅速兴起，高分子合成材料以其漂亮美观、经济实用的特点在建筑业中开辟了广阔的应用领域。用于建筑中的高分子合成材料既包括取代金属、木材、水泥等的框架结构材料，也包括墙壁、地面、窗户等装饰材料以及卫生洁具、上下水管道等配套材料和消声、隔热保温、防水等各种材料。常见的家居装饰面材料主要包括实木（俗称贴木皮）、三聚氰胺纸（俗称贴纸）、聚酯漆面（俗称烤漆）以及聚氯乙烯（PVC）、聚丙烯（PP）等高分子复合材料，可应用于家具、音响、装饰、免漆板、免漆门、建材、天花板，以及居室内墙和吊顶的装饰等。

身处建筑物中，我们举头可以看见塑料压制的美观大方的吊灯和镀塑灯具；低头是色彩鲜艳、不怕虫蛀的丙纶地毯或人造大理石；墙外、室内大量使用水溶性涂料或花色丰富的壁纸；坐下来是美观的人造革内包和弹性良好的聚氨酯泡沫塑料；随手触摸到的是塑料压制的家具；抬眼看到的是合成纤维编织的金丝绒垂地窗帘；在卫生间看到的是美观的人造大理石梳妆台（由不饱和聚酯加石灰石和颜料制成）和玻璃钢浴缸，墙内还有看不到的保温隔热泡沫塑料；房顶有质轻防雨的波形瓦。

在建筑中，除了这些大量使用的不同档次的高分子合成材料之外，还有由酚醛或脲醛树脂压制成板材而便于拆装运输的活动房、由充气顶棚构成的整体式展览馆、由玻璃增强纤维与树脂制成的整体模塑住房等。这些轻巧实用、便于快速拆装的房屋，为搭制临时展览场馆、施工现场用房、救灾及野外考察用房等提供了极大的方便。

(3) 在包装行业中的应用

高分子合成材料用以包装早就融入日常生活之中，食品、针织品、服装、医药等轻包装绝大多数都用高分子合成材料，在超级市场琳琅满目的各类商品中，除了少数罐装食品仍用金属、玻璃包装外，随手就可取到高分子材料包装的食品。它们大多数是聚乙烯、聚丙烯、聚酯等高分子的制品，这些包装材料具有重量轻、不易碎、免回收、免洗涤、装饰性强、美观大方的优点，从而大量取代过去的玻璃包装。化肥、水泥、粮食、食盐、合成树脂等重包装由高分子材料编织袋取代过去的麻袋和牛皮纸包装；高分子材料容器作为包装制品既耐腐蚀，又比玻璃容器轻、不易碎，给运输带来了很多方便。塑料包装应用的快速发展，一方面得益于塑料良好的适应性与易加工性；另一方面，各种功能产品不断推出，成为市场迅速扩张的最大推动力。从包装用材料而言，塑料包装已远远超过玻璃、金属、木材等传统的包装材料，仅次于纸制品位居第二位，但其发展速度则远高于纸包装及其他包装材料。

（4）在交通行业中的应用

随着科学技术的不断进步，具有质轻、高强、耐腐蚀、易成型等优点的高分子合成材料及其复合材料越来越多地在现代交通运输业（包括基础交通设施建设和海陆空交通运输工具）中得到广泛的应用。

塑料及其复合材料在交通基础设施建设方面，主要应用于路基、高等级公路的护栏，各种交通标识、标牌，高速铁路的钢轨扣件（包括绝缘板、垫和挡板座等），轨道的填充材料、弹性枕木等部件。

在交通运输工具方面，由于高分子复合增强材料的自重轻，比强度、比模量高，而且可设计性强，首先成为飞机中许多部件的首选材料，例如，碳纤维复合材料以其比强度、比模量高，质轻，且在高温（2 000 ℃以上）情况下强度不降低的优异特性而被选作宇宙飞船的结构材料和战略导弹战斗部的稳定裙。在飞机中，1 kg 碳纤维复合材料可以代替 3 kg 传统的铝合金结构材料，因而目前由碳纤维复合材料制造的飞机零部件已有上千种。20 世纪 90 年代民航机中金属结构材料的 65% 已被碳纤维及芳纶纤维复合材料所代替，对要求自重更轻的战斗机，金属材料的取代率高达 90%，届时，飞机的航程和航速将得到明显增加。

在造船工业中，玻璃纤维复合材料以其质轻、高强、耐腐蚀、抗微生物附着、非磁性、可吸收撞击能、设计成型自由度大等一系列优点而被广泛用于制造汽艇、游艇、救生艇、渔船、气垫船以及各种军用舰艇。美国 Derektor 造船厂大量使用玻璃纤维复合材料建造的长达 22.5 m 的飞艇，其质量比铝合金舰艇小 3 t，时速达 120 km/h。Oak Ridge 国家实验室用纤维缠绕成型工艺制造的深海潜水器可承受 70 MPa 的外压力，质量只有钛合金壳体的 2/5。

在汽车制造业中，各种高分子材料也大显神通，其作用首先是减轻车辆的自重，改善运输性能，提高燃油效率。现在一部高级轿车所用的高分子合成材料部件多达数百件，包括保险杠、发动机散热风扇、通风空调、音响、电器及仪表盘、方向盘、座椅、车内装饰等。这些高分子材料部件的应用，不但显著减轻轿车的自重，降低每公里的耗油量，而且使轿车变得更舒适美观。汽车工业的迅速发展还得益于制作轮胎的合成橡胶和作为轮胎帘子的合成纤维的发展。由于作为能源的石油日趋短缺，各个国家都致力于降低汽车百公里耗油量。而高分子材料在汽车中的应用，除了可以减轻车身自重外，还能减少轮胎对地面的滚动阻力以及提高轮胎的抗湿滑性使滚动阻力减少 5% ~7%，节油 1%。相比传统的金属件，高性能的塑料件具有成本低、重量轻、可塑性强、原材料渠道多样化、可替换性强等诸多优点。目前世界上不少轿车的塑料用量已经超过 120 kg/辆，德国高级轿车用量已经达到 300 kg/辆。国内一些轿车的塑料用量已经达到 200 kg/辆。可见，随着汽车轻量化进程的加速，高分子合成材料在汽车中的应用将更加广泛。

（5）在机械工业中的应用

“以塑代钢”“以塑代铁”是目前材料科学研究的热门和重点，这类研究拓宽了材料选用范围，使机械产品从传统的安全笨重、高消耗向安全轻便、耐用和经济转变。如耐磨性突出的聚氨酯弹性体，在煤油、砂浆混合液中，磨耗低于其他材料，可将其制成浮选机叶轮、盖板等，广泛使用在工况条件为磨粒磨损的浮选机械上。又如聚甲醛材料，因良好的机械性能和耐磨性，被大量用于制造各种齿轮、轴承、凸轮、螺母、各种泵体以及导轨等机械设备的结构零部件。

（6）在生物医学中的应用

生物医用高分子合成材料具有原料来源广泛、可以通过分子设计改变结构、生物活性高、材料性能多样等优点，已经成为现代医疗材料中的重要部分。如医用手套中大量使用了合成乳胶，输液输血器具使用了PVC、PP、PE、PA、ABS树脂等。我们常用的绷带是由反式聚异戊二烯、泡沫聚苯乙烯、PU弹力丝织带等物质组成；缝合伤口或刀口时使用的缝合线也是由很多种复杂的高分子材料组成；很多人戴的隐形眼镜是由硅橡胶、聚氨基酸、PVA水凝胶等高分子材料组成；康复听力使用的耳鼓膜中含有硅橡胶；人工玻璃体中含有硅橡胶海绵、骨胶原、PVA水凝胶等。无论是一次性医疗用具，如医用导管、输液用具、注射器、体外血液循环用具、外科手术用材料，还是人工器官和组织，如人工毛发、人工硬模、人工角膜、人工晶状体、人工玻璃体、面部修复体、人工牙、人工皮肤、人工内脏、人工血管等很多方面，都离不开高分子合成材料。除此以外，高分子材料在医药领域也发挥着十分重要的作用，一些高分子材料自身既可以作为药物，也可以作为药物的载体使用。如聚乳酸（PLA）作为最有前途的生物降解高分子材料之一，近年来一直备受关注，聚乳酸具有良好的生物相容性、生物降解性、优良的力学强度等，可以广泛用作生物医用材料，且与人体不产生明显的抵抗反应。

（7）在电子电器工业中的应用

随着电子、通信、家电等行业的发展，高分子合成材料轻质、绝缘、耐腐蚀、易于成型加工的特点使其成为生产各种电子产品的最佳材料。例如，手机、笔记本电脑外壳均为薄壁制品，且在外壳上开设有多个小孔，需要材料的流动性好，熔接缝强度高，低温韧性好，因此通常用聚碳酸酯（PC）或PC/ABS（ABS是丙烯腈－丁二烯－苯乙烯共聚物）合金。计算机处理器CPU散热器一般由金属散热片和风扇组成，除转子和定子是使用金属材料和磁性材料外，风扇的其他部分材料一般采用改性工程塑料。CPU冷却风扇材料要求长期耐温性好、耐热氧化老化性好、高强度、阻燃、耐疲劳，并且具有良好的刚性和韧性，通常为玻纤增强聚对苯二甲酸丁二醇酯（PBT）材料。

家用电器中的高分子材料，如洗衣机中塑料的用量很大，综合考虑性能与成本，所用材料多为改性聚丙烯（PP）；冰箱面板外观部件，基本都采用改性的ABS，冰箱的门封条一般使用耐超低温无毒软质聚氯乙烯；空调室外机壳通常采用添加光稳定剂、抗氧化剂及具有一定耐候性的PP，室内的空调箱体使用阻燃ABS。电视机的外壳材料可使用阻燃高抗冲聚苯乙烯（HIPS），电饭煲的外壳可使用高光泽聚丙烯，集成电路的封装材料多用环氧树脂模塑粉等。

（8）在航空航天领域中的应用

高分子合成材料是航空航天工业赖以支撑的重要配套材料，主要包括橡胶、工程塑料、胶黏剂及密封剂等。氯丁橡胶、丁苯橡胶、丁腈橡胶、乙丙橡胶、硅橡胶、氟硅橡胶等是主要用作密封和阻尼的航空航天材料。聚芳醚酮作为最早在航空航天领域获得应用的热塑性材料，现在已成为航空航天材料中不可缺少的一部分，常被用来制造飞机的内部零件；还可用来制造火箭的电池槽、螺栓、螺母和火箭发动机的内部零件。使用纳米磁粉改性的聚苯硫醚（PPS）可以制作具有抗辐射、电磁屏蔽、吸波、隐身、抗静电等特种功能的结构件。航空航天产品广泛采用轻合金、蜂窝结构和复合材料，因此，胶黏剂及胶接技术应用普遍，但航天产品使用环境苛刻，要承受高温、烧蚀、温度交变、高真空、超低温、热循环、紫外线、带电粒子、微陨石、原子氧等环境考验。

（9）在燃料电池中的应用

燃料电池中应用的高分子合成材料主要是电解质膜，高分子电解质膜的厚度会对电池性能产生很大的影响，降低薄膜的厚度可大幅度降低电池内阻，获得大的功率输出。全氟磺酸质子交换膜的大分子主链骨架结构有很好的机械强度和化学耐久性，氟素化合物具有憎水特性，水容易排出，但是电池运转时保水率会降低，又会影响电解质膜的导电性，所以要对反应气体进行增湿处理。高分子电解质膜的加湿技术，保证了膜的优良导电性，也带来电池尺寸变大、系统复杂化以及低温环境下水的管理等问题。目前一批新的高分子合成材料如增强型全氟磺酸型高分子质子交换膜、耐高温芳杂环磺酸基高分子电解质膜、纳米级碳纤维材料等，已经得到研究工作者的关注。

（10）在军事装备中的应用

高分子合成材料在军事装备中的用量仅次于钢铁材料，对国防工业现代化和尖端军事科学技术的发展起到了重要作用。各种具有特殊性能和功能的高分子合成材料被应用在装甲坦克、超音速战斗机、大型集成电路等军事装备中。同时，单兵防护装备也大量应用高分子合成材料，如士兵穿的高强度纤维防弹衣，其中就有尼龙、芳纶、超高分子量聚乙烯等。

高分子合成材料工业已从“量”的稳定增长发展到“质”的提高深化，随着生产和科技的发展及对高新材料的追求，人们对高分子合成材料的性能提出了各种各样的新要求。目前，高分子合成材料的发展方向是高性能化、高功能化、复合化、精细化、智能化和绿色化。高性能化是为满足航天航空、电子信息、汽车工业、家用电器等多方面技术领域的需要，要求材料的机械性能、耐热性、耐久性、耐腐蚀性等进一步提高。高功能化主要包括电磁功能高分子材料、光学功能高分子材料，物质传输和分离功能高分子材料、生物功能高分子材料等。复合化是以玻璃纤维、碳纤维增强材料为主的复合材料，这些材料不仅在当前已进入大规模生产和应用阶段，而且在将来仍会不断发展。精细化是由于电子技术变化日新月异，要求原材料向高纯化、超净化、精细化、功能化方向发展。智能化是一项带有挑战性的未来重大课题，智能材料是使材料本身带有生物所具有的高级功能，如预知预告性、自我诊断、自我修复、自我增殖、认识识别能力、刺激响应性、环境应答性等。绿色化，虽然高分子材料对我们的日常生活起到了很大的促进作用，但是高分子材料带来的污染我们仍然不能小视。那些从生产到使用能节约能源与资源，废弃物排放少，对环境污染小，又能循环利用的高分子材料将备受关注，高分子材料生产的绿色化是高分子合成材料生产技术革新的必由之路。

1.5 高分子合成材料的研究方法

高分子合成材料研究方法是指应用近代实验技术，特别是各种近代仪器分析方法，分析测试高分子材料的组成、微观结构及其与宏观性能间的内在联系，以及高聚物的合成反应及在加工过程中结构的变化等。

1.5.1 高分子合成材料结构的测试方法

测试分子结构的方法有：广角X射线衍射法（WAXD）、电子衍射法（ED）、中心散射法、裂解色谱-质谱、紫外吸收光谱（UV）、红外吸收光谱（FT-IR）、拉曼光谱、微波分光法、核磁共振法、顺磁共振法、荧光光谱法、偶极矩法、旋光分光法、电子能谱等。

测定聚集态结构的方法有：小角X-散射（SAXS）、电子衍射法、电子显微镜（SEM、TEM）、偏光显微镜（POM）、原子力显微镜（AFM）、固体小角激光光散射（SSALS）等。

测定结晶度的方法有：X射线衍射法（XRD）、电子衍射法、核磁共振吸收（NMR）、红外吸收光谱（IR）、密度法、热分解法等。

测定聚合物取向度的方法有：双折射法、X射线衍射、圆二向色性法、红外二向色性法等。

聚合物分子链整体结构形态的测定，分子量测定用：溶液光散射、凝胶渗透色谱、黏度法、扩散法、超速离心法、溶液激光小角光散射、渗透压法、气相渗透压法、端基滴定法等；支化度测定用：化学反应法、红外光谱法、凝胶渗透色谱法、黏度法等；交联度测定用：溶胀法、力学测量法；分子量分布测定用：凝胶渗透色谱、熔体流变行为、分级沉淀法、超速离心法等。

1.5.2 高分子合成材料分子运动的测定

了解高分子合成材料多重转变与运动的各种方法，主要有四种类型：体积的变化、热力学性质及力学性质的变化和电磁效应。测定体积变化的方法包括膨胀计法、折射系数测定法等；测定热学性质的方法包括差热分析方法（DTA）和差示扫描量热法（DSC）等；测定力学性质变化的方法包括热机械法、应力松弛法等；还有动态测量法如动态模量和内耗等；测定电磁效应的方法包括测定介电松弛、核磁共振等。

1.5.3 高分子合成材料性能的测定

高分子合成材料的力学性能的测定主要是测定材料的强度和模量以及变形。试验的方法有很多种，包括拉伸、压缩、剪切、弯曲、冲击、蠕变、应力松弛等。静态力学性能试验机有静态万能材料试验机、专用应力松弛仪、蠕变仪、摆锤冲击机、落球冲击机等，动态力学试验机有动态万能材料试验机、动态黏弹谱仪、高低频疲劳试验机。

材料本体的黏流行为的测定主要是测定黏度和切变速率的关系、剪应力与切变速率的关系等，采用的仪器有旋转黏度计、熔融指数测定仪、高压电击穿试验机等。

材料的电学性能主要有电阻、介电常数、介电损耗角正切、击穿电压，采用仪器有电阻计，电容电桥介电性能测定仪、高压电击穿试验机等。

材料的热性能，主要有导热系数、比热容、热膨胀系数、耐热性、耐燃性、分解温度等。测定仪器有高低温导热系数测定仪、差示扫描量热仪、量热计、线膨胀和体膨胀测定仪、马丁耐热仪和维卡耐热仪、热失重仪、硅碳耐燃烧试验机等。

材料的老化性能，人工加速老化测试包括热老化性能试验、温湿老化试验、臭氧老化试验、氙弧灯老化试验、紫外灯老化试验、碳弧灯老化试验等。

第2章
合成树脂及塑料

2.1 概述

合成树脂是人工合成的一类高分子量聚合物，是由单体通过聚合反应生成的未加任何助剂或仅加有极少量助剂的基本材料，是一种未加工的原始聚合物，是制造合成塑料、合成纤维、合成橡胶、黏合剂、涂料、离子交换树脂等产品的主要原料。

塑料是以合成树脂为主要成分，适当加入（或不加）添加剂（如填料、增塑剂、稳定剂、颜料等），可在一定温度和压力下塑化成型，而产品最后能在常温下保持形状不变的一类高分子材料。广义地讲，在塑料工业中作为塑料基本材料的任何聚合物都可称为树脂。塑料工业包括树脂生产制造、塑料制备和塑料制品生产三个部分，如图2－1所示。

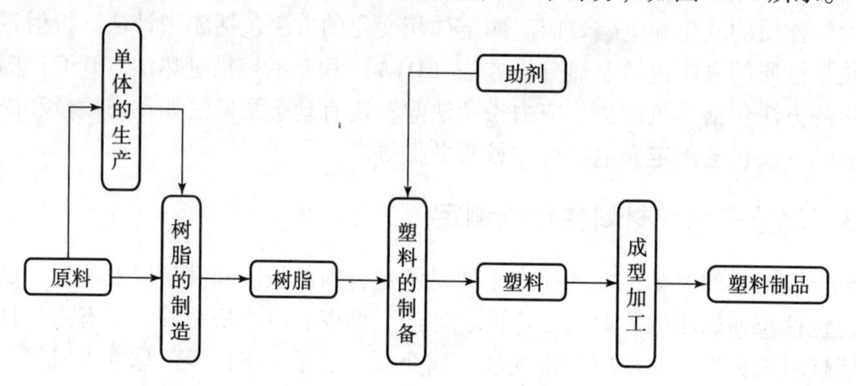

图2－1 塑料的生产过程

树脂生产就是把许多小分子原料（单体）通过聚合反应连接起来变成高分子化合物。然后，在树脂中加入各种助剂来制备塑料，助剂的选用依据主要是塑料制品的性能。目前社会对塑料制品的要求越来越高，既要性能好又要价格低廉，既要耐高温又要易加工，既要有好的刚性又要有好的抗冲性能等。如用单一的合成树脂制造塑料，在性能上很难同时满足多样化、高品质的要求。人们通常采用“改性”的方法，在合成树脂中加入各种各样的助剂（或称添加剂），从而满足不同领域、不同方面的要求。最后一步是塑料成型，是将塑料变成具有一定形状且具有使用价值的物件或定型材料。

2.1.1 合成树脂和塑料的发展简史

塑料的发展是以合成树脂为基础的，第一个完全合成的塑料就是以酚醛树脂为基础得到的。1909年，美国人贝克兰在用苯酚和甲醛来合成树脂方面，取得了突破性的进展，获得第一个热固性树脂（酚醛树脂）的专利权。在酚醛树脂中，加入填料后，热压制成模压制品得到了酚醛塑料。1910年在柏林吕格斯工厂建立通用酚醛树脂公司进行生产。在1940年以前，酚醛塑料是最主要的塑料品种，约占塑料产量的2/3，主要用于电器、仪表、机械和汽车工业。

1920年以后，塑料工业获得了迅速发展，其主要原因是德国化学家施陶丁格提出高分子链是由结构相同的重复单元以共价键连接而成的理论和不溶不熔性热固性树脂的交联网状结构理论。1929年，美国化学家卡罗瑟斯提出了缩聚理论，也为高分子化学和塑料工业的发展奠定了基础。同时，由于当时化学工业总的发展十分迅速，为塑料工业提供了多种聚合单体和其他原料。当时化学工业最发达的德国迫切希望摆脱大量依赖天然产品的局面，以满足多方面的需求。这些因素有力地推动了合成树脂制备技术和加工工业的发展。

1911年，英国马修斯制成了聚苯乙烯，但存在工艺复杂、树脂老化等问题。1926年，美国西蒙把尚未找到用途的聚氯乙烯粉料在加热情况下溶于高沸点溶剂中，在冷却后，意外地得到柔软、易于加工且富有弹性的增塑聚氯乙烯。这一偶然发现打开了聚氯乙烯工业生产的大门。1928年，由英国氰氨公司生产了第一个无色的树脂（脲醛树脂）。1930年，德国法本公司在路德维希港用本体聚合法进行聚苯乙烯工业生产。在对聚苯乙烯改性的研究和生产过程中，逐渐形成以苯乙烯为基础、与其他单体共聚的苯乙烯类树脂，扩展了它的应用范围。1931年，美国罗姆－哈斯公司以本体法生产聚甲基丙烯酸甲酯，制造出有机玻璃。1931年，德国法本公司在比特费尔德用乳液法生产聚氯乙烯。1933年，英国卜内门化学工业公司在进行乙烯与苯甲醛高压下反应的试验时，发现聚合釜壁上有蜡质固体存在，从而发明了聚乙烯，1939年，该公司用高压气相本体法生产低密度聚乙烯。1939年，美国氰氨公司开始生产三聚氰胺－甲醛树脂的模塑粉、层压制品和涂料。1941年，美国又开发了悬浮法生产聚氯乙烯的技术。1953年，联邦德国科学家齐格勒用烷基铝和四氯化钛做催化剂，使乙烯在低压下制成为高密度聚乙烯，1955年，联邦德国赫斯特公司首先将其工业化。不久，意大利人纳塔发明了聚丙烯，1957年，意大利蒙特卡蒂尼公司首先开始工业生产聚丙烯。自20世纪40年代中期以来，聚酯、有机硅树脂、氟树脂、环氧树脂、聚氨酯等陆续投入工业生产。塑料的世界总产量从1904年的1万t猛增至1944年的60万t，1956年达到340万t。

1958—1973年的15年中，塑料工业处于飞速发展时期，1970年产量为3 000万t。这一时期的特点，一是由单一的大品种通过共聚或共混改性，发展成系列品种，如聚氯乙烯除生产多种牌号外，还发展了氯化聚氯乙烯、氯乙烯－醋酸乙烯共聚物、氯乙烯－偏二氯乙烯共聚物、共混或接枝共聚改性的抗冲击聚氯乙烯等；二是开发了一系列高性能的工程塑料新品种，如聚甲醛、聚碳酸酯、ABS树脂、聚苯醚、聚酰亚胺等；三是广泛采用增强、复合与共混等新技术，赋予塑料以更优异的综合性能，扩大了应用范围。

1973年后的10年间，能源危机影响了塑料工业的发展速度。70年代末，各主要塑料品种的世界年产总量分别为：聚烯烃1 900万t，聚氯乙烯超过10万t，聚苯乙烯接近8万t，塑料总产量为6 360万t。1982年塑料工业开始复苏，1983年起超过历史最高水平，产量达7 200万t。目前世界塑料原料年产总量已突破2亿t，按体积计算远远超过金属材料。工业化生产的塑料品种有几十种，其中产量最大的有聚乙烯、聚丙烯、聚氯乙烯、聚苯乙烯等，这些占塑料总产量的2/3以上。塑料广泛应用于国民经济和社会生活的各个领域，与钢铁、木材、水泥并列为四大支柱材料，其中包装业是塑料最大的应用领域。据统计，世界各国塑料平均有35%用于包装、17%用于建筑、7%用于电子电气、6%用于汽车、5%用于农业、4%用于日用品。

2.1.2 合成树脂和塑料分类

合成树脂和塑料种类繁多，依据不同，分类不同，常用的分类依据有四种。

①依据工业产品的应用范围可分为通用树脂（通用塑料）和专用树脂（工程塑料）。

通用树脂产量大，成本低，一般用于通常消费品或耐用商品，代表性的品种有聚乙烯、聚丙烯、聚氯乙烯、聚苯乙烯和丙烯腈－丁二烯－苯乙烯共聚物（ABS）五大类合成树脂；专用树脂一般指为专门用途而生产的树脂，产量较小，生产成本较高，如可替代金属用于机械、电子、汽车等领域的聚酰胺、聚碳酸酯、聚甲醛、聚对苯二甲酸丁二醇酯、改性聚苯醚及聚四氟乙烯等就属于专用树脂的范畴。相应的塑料分为通用塑料和工程塑料，以专用树脂为主要成分制备的塑料称为工程塑料。

②依据工艺性能可分为热塑性树脂（塑料）和热固性树脂（塑料）。

热塑性树脂和热固性树脂差别主要来自聚合物的化学组成和分子结构。热塑性树脂分子链结构为线型或带支链型的，受热后可塑化（或称软化、熔化）和流动，并可多次反复塑化成型，在特定的温度范围内能反复加热软化和冷却硬化成型，受热时主要是通过物理变化而使几何构型发生变化，再次受热后仍具有可塑性，但性能有所降低。典型的热塑性树脂有聚乙烯（PE）、聚丙烯（PP）、聚苯乙烯（PS）、聚氯乙烯（PVC）、ABS、有机玻璃（聚甲基丙烯酸酯PMMA）、聚甲醛（POM）、聚酰胺（PA）（尼龙）、聚碳酸酯（PC）、苯乙烯－丙烯腈（SAN）等。热塑性树脂可以快速成型，并可重复成型。热固性树脂属于立体型结构的高分子聚合物，在分子链中含有多官能团大分子，在有固化剂存在和受热、加压作用下可软化（或熔化）并同时固化（或熟化）成为不溶、不熔的高聚物。通用的典型热固性树脂有苯酚－甲醛树脂（俗称酚醛树脂）、脲－甲醛树脂（俗称脲醛树脂）、三聚氰胺甲醛树脂（俗称密胺甲醛树脂）、环氧树脂、不饱和聚酯树脂等。相应的塑料分为热塑性塑料和热固性塑料，热塑性塑料在特定温度范围内能反复加热软化和冷却硬化的塑料。热固性塑料是受热或在其他条件下能固化成不溶不熔性物品的塑料。

③依据塑料成型方法可分为模压塑料，层压塑料，注射、挤出和吹塑塑料，浇铸塑料，反应注射模塑料等。

其中模压塑料指供模压用的树脂混合料，如一般热固性塑料；层压塑料指浸有树脂的纤维织物，可经迭合、热压结合而成为整体材料；注射、挤出和吹塑塑料一般指能在料筒温度下熔融、流动，在模具中迅速硬化的树脂混合料，如一般热塑性塑料；浇铸塑料指能在无压或稍加压力的情况下，倾注于模具中硬化成一定形状制品的液态树脂混合料；反应注射模塑料指液态原材料，加压注入模腔内，使其反应固化制得成品，如聚氨酯类。

④依据塑料半制品和制品可分为模塑粉、增强塑料、泡沫塑料、薄膜塑料等。

模塑粉：又称塑料粉，主要由热固性树脂（如酚醛）和填料等经充分混合、按压、粉碎而得，如酚醛塑料粉；增强塑料是加有增强材料从而使某些力学性能比原树脂有较大提高的一类塑料；泡沫塑料指整体内含有无数微孔的塑料；薄膜塑料：一般指厚度在0.25 mm

以下的平整而柔软的塑料制品。

2.1.3　合成树脂和塑料的基本性能

（1）质轻、比强度高

一般合成树脂和塑料的密度都在0.9～2.3 g/cm^3，只有钢铁的1/8～1/4、铝的1/2左右，而各种泡沫塑料的密度更低，为0.01～0.5 g/cm^3。按单位质量计算的强度称为比强度，由于塑料的密度小，所以其比强度比较高，有些增强塑料的比强度接近甚至超过钢材。例如合金钢材，其单位质量的拉伸强度为160 MPa，而用玻璃纤维增强的塑料可达到170～400 MPa。

（2）优异的电绝缘性能

金属导电是其原子结构中自由电子和离子作用的结果，而塑料原子内部一般都没有自由电子和离子，所以几乎所有的合成树脂和塑料都具有优异的电绝缘性能，如极小的介电损耗和优良的耐电弧特性，这些性能可与陶瓷媲美。塑料是现代电工行业和电器行业不可缺少的原材料，许多电器用的插头、插座、开关、手柄等，都是用塑料制成的。

（3）优良的化学稳定性能

生产实践和科学试验已经表明，一般合成树脂和塑料的化学稳定性都很高，它们对酸、碱和许多化学药物都具有良好的耐腐蚀能力，其中聚四氟乙烯塑料的化学稳定性最高，它的抗腐蚀能力比黄金还要好，可以承受“王水”（王酸）的腐蚀，被称为“塑料王”。由于塑料的化学稳定性高，它们在化学工业中应用很广泛，可以用来制作各种管道、密封件和换热器等。

（4）减摩、耐磨性能好

如果用合成树脂和塑料制作机械零件，并在摩擦磨损的工作条件下应用，那么大多数合成树脂和塑料具有优良的减摩、耐磨和自润滑特性。它们可以在水、油或带有腐蚀性的液体中工作，也可以在半干摩擦或者完全干摩擦的条件下工作，这是一般金属零件无法与其相比的。因此，现代工业中已有许多齿轮、轴承和密封圈等机械零件开始采用塑料制造，特别是对塑料配方进行特殊设计后，还可以使用塑料制造自润滑轴承。

（5）透光及防护性能

多数合成树脂和塑料都可以作为透明或半透明的材料，其中聚苯乙烯和聚丙烯酸酯类塑料像玻璃一样透明。有机玻璃化学名称为聚甲基丙烯酸甲酯（PMMA），可用作航空玻璃材料。聚氯乙烯、聚乙烯、聚丙烯等塑料薄膜具有良好的透光和保暖性能，大量用作农用薄膜。塑料一般都具有多种防护性能，因此常用作防护包装用品，如塑料薄膜、箱、桶、瓶等。

（6）减震、隔音性能优良

塑料的减震和隔音性能来自聚合物大分子的柔韧性和弹性。一般来讲，塑料的柔韧性要比金属大得多，所以当其遭到频繁的机械冲击和振动时，内部将产生黏性内耗，这种内耗可以把塑料从外部吸收进来的机械能量转换成内部热能，从而也就起到吸震和减震的作用。塑料是现代工业中减震隔音性能极好的材料，不仅可以用于高速运转机械，而且还可以用作汽车中的一些结构零部件（如保险杠和内装饰板等），据报道，国外一些轿车已经开始采用碳纤维增强塑料制造板簧。

除了上述几点之外，许多塑料还都具有绝热性能，可以与金属一样进行电镀、着色和焊接，从而使得塑料制品能够具有丰富的色彩和各种各样的结构形式。另外，许多塑料还具有防水、防潮、防透气、防辐射及耐瞬时烧蚀等特殊性能。

2.2 聚乙烯树脂及塑料

聚乙烯（polyethylene，PE），是结构最简单、应用最广泛的热塑性合成树脂材料。它是由石油裂解的乙烯单体经自由基聚合或配位聚合方法制得的聚合物。以聚乙烯树脂为基材，添加少量抗氧剂、爽滑剂等塑料助剂后造粒制成的塑料称为聚乙烯塑料。

英国帝国化学公司在1933年发现乙烯在高压下可聚合生成聚乙烯，当它们把乙烯和苯甲醛置于200 ℃和140 MPa试图进行缩合反应时却得到了极少量白色固体，后来才弄清楚氧可以在高温高压下引发乙烯聚合，这样在高分子发展史上首次制得了聚乙烯，此法于1939年实现了工业化生产，通称为高压法聚乙烯（产品为低密度聚乙烯）。1953年，德国科学家齐格勒发现$TiCl_4$和烷基铝组成的催化体系可使乙烯在较低温度、较低压力下聚合，并成功实现了乙烯、丁烯以及与其他α－烯烃等的共聚，这一催化剂后经发展形成著名的齐格勒－纳塔催化剂。共聚形成的支链成功地降低了聚合物的结晶度，密度为0.94～0.97 g/cm^3，大分子链主要呈线型，无长支链或枝杈状支链。此法由德国赫斯特公司于1955年投入工业化生产，通称为低压法聚乙烯（产品为高密度聚乙烯）。

20世纪50年代初期，美国菲利浦石油公司发现以氧化铬－硅铝胶为催化剂，乙烯在中压下可聚合生成高密度聚乙烯，并于1957年实现工业化生产。1960年后，加拿大DuPont公司开始将乙烯和α－烯烃用溶液法制成低密度聚乙烯。1977年，美国联合碳化物公司和陶氏化学公司先后采用低压法制成低密度聚乙烯，称作线型低密度聚乙烯，其中以联合碳化物公司的气相法最为重要。

低压法制备聚乙烯的核心技术在于催化剂。德国齐格勒发明的$TiCl_4$-$Al(C_2H_5)_3$体为聚烯烃的第一代催化剂，催化效率较低，每克钛约能制得数千克聚乙烯。1963年，比利时索尔维公司首创以镁化合物为载体的第二代催化剂，催化效率达每克钛能制得数万至数十万克聚乙烯。采用第二代催化剂还可省去脱除催化剂残渣的后处理工序。之后又发展了气相法高效催化剂。1975年，意大利蒙特爱迪生集团公司研制成可省去造粒而直接生产球状聚乙烯的催化剂，被称作第三代催化剂，是高密度聚乙烯生产的又一变革。近几年以茂金属为催化剂合成的新一代聚乙烯和聚丙烯，主要生产公司有是美国的Dow（陶氏），德国的BASF（巴斯夫）和日本Mitsui（三井）公司。

2.2.1 聚乙烯的结构、分类和性能

（1）聚乙烯的结构

聚乙烯的结构式可表示为$\text{-}[CH_2-CH_2]\text{-}_n$，其分子仅由碳、氢两种原子组成，重复结构单元为$-CH_2-CH_2-$，是主链为碳原子组成的线型高聚物。分子结构对称无极性，分子间作用力小。当乙烯被拉伸后构型呈锯齿形，

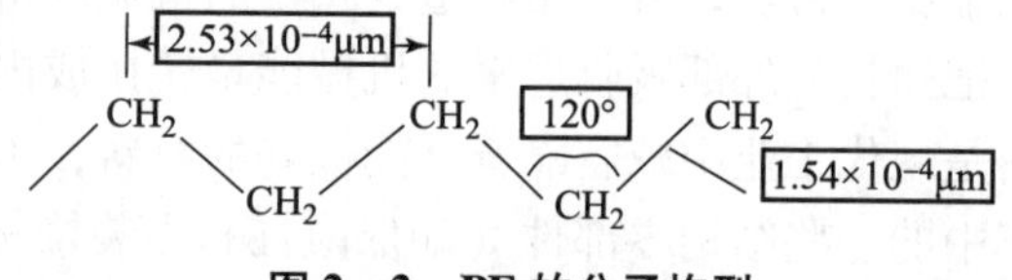

图2－2 PE的分子构型

如图 2－2 所示。C—C 单键的键长为 1.54×10^{-4} μm，键角为 120°，齿距为 2.53×10^{-4} μm。

聚乙烯的分子是长链线型结构或带支链的结构，是典型的结晶聚合物。在固体状态下，结晶部分与无定形部分共存，其结晶相区与无定形相区的比例不同导致其密度有差异。纯结晶聚乙烯密度约为 1.0 g/cm³，而纯无定形的密度约为 0.856 g/cm³。工业产品的密度在 0.915～0.970 g/cm³ 范围。结晶度按照加工条件和处理条件而不同，一般情况下，密度越高，结晶度就越大。

（2）聚乙烯的分类

①按主链的结构分类。

按主链的结构聚乙烯分为线型聚乙烯和支链聚乙烯。线型聚乙烯是不含或只含有极少短支链的线型链聚乙烯。支链聚乙烯的支化度高，且具有较长的支链型结构，支链结构会影响聚乙烯分子的对称性和空间规整性，使聚乙烯结晶能力降低，结晶度小，密度低。

②按相对分子量大小分类。

按相对分子量大小聚乙烯分为五种，1 000～1 200 为低分子量聚乙烯，11 万以下为中等分子量聚乙烯，11 万～25 万为高分子量聚乙烯，25 万～150 万为特高分子量聚乙烯，150 万以上称为超高分子量聚乙烯（UHMWPE）。

③按密度分类。

聚乙烯按密度的不同，可分为低密度（0.910～0.925 g/cm³）、中密度（0.926～0.940 g/cm³）、高密度（0.941～0.965 g/cm³）、线型低密度（0.915～0.935 g/cm³）和超低密度（<0.910 g/cm³）聚乙烯等类型。

（3）聚乙烯的性能

①一般性能。

聚乙烯树脂为无毒、无味的白色粉末或颗粒，外观呈乳白色，有似蜡的手感，吸水率低（小于 0.01%）。聚乙烯膜透明，随结晶度的提高透明度降低。聚乙烯的耐水性较好，透水率低，但透气性较大，不适于保鲜包装而适于防潮包装。易燃、氧指数为 17.4，燃烧时低烟，有少量熔融落滴，有石蜡气味。制品表面无极性，难以黏合和印刷，经表面处理有所改善。支链多，耐光降解和耐氧化能力差。

②力学性能。

聚乙烯是典型的软而韧的聚合物。除冲击强度较高外，其他力学性能的绝对值在塑料材料中都是较低的。PE 密度增大，除韧性以外的力学性能都有所提高。LDPE 由于支化度大，结晶度低，密度小，各项力学性能较低，但韧性良好，耐冲击。HDPE 支化度小，结晶度高，密度大，拉伸强度、刚度和硬度较高，韧性较差。相对分子量增大，分子链间作用力相应增大，所有力学性能，包括韧性也都提高。其力学性能主要受密度、结晶度和相对分子量的影响。耐环境应力开裂性不好，但当相对分子量增加时有所改善。几种 PE 的力学性能见表 2－1。

表2-1　聚乙烯的力学性能数据

性能	LDPE	LLDPE	HDPE	UHMWPE
邵氏硬度（D）	41~46	40~50	60~70	64~67
拉伸强度/MPa	7~20	15~25	21~37	30~50
拉伸弹性模量/MPa	100~300	250~550	400~1 300	150~800
压缩强度/MPa	12.5	—	22.5	—
缺口冲击强度/（$kJ \cdot m^{-2}$）	80~90	>70	40~70	>100
弯曲强度/MPa	12~17	15~25	25~40	—

③热学性能。

聚乙烯受热后，随温度的升高，结晶部分逐渐熔化，无定形部分逐渐增多。其熔点与结晶度和结晶形态有关。HDPE的熔点为125~137 ℃，MDPE的熔点为126~134 ℃，LDPE的熔点为105~115 ℃。相对分子量对PE的熔融温度基本无影响。

PE的玻璃化温度（T_g）因相对分子量、结晶度和支化程度的不同而异，而且因测试方法不同有较大差别，一般在-50 ℃以下。PE在一般环境下韧性良好，耐低温性（耐寒性）优良，PE的脆化温度（T_b）为-80~-50 ℃，随相对分子量增大脆化温度降低，如超高相对分子量聚乙烯的脆化温度低于-140 ℃。

PE的热变形温度较低，不同PE的热变形温度也有差别，LDPE为38~50 ℃，MDPE为50~75 ℃，HDPE为60~80 ℃。PE的最高连续使用温度不算太低，LDPE为82~100 ℃，MDPE为105~121 ℃，HDPE为121 ℃，均高于PS和PVC。PE的热稳定性较好，在惰性气氛中，其热分解温度超过300 ℃。PE的比热容和热导率较大，不宜作为绝热材料选用。PE制品尺寸随温度改变变化较大。

④电学性能。

PE分子结构中没有极性基团，所以具有介电损耗低、介电强度大的优异电性能，即可以做调频绝缘材料、耐电晕性塑料，也可以做高压绝缘材料。由于PE耐水蒸气，因而它的绝缘性不受湿度影响，可直接暴露在水中。PE的密度增加，介电常数增加，当密度由0.918 g/cm^3增加到0.951 g/cm^3时，介电常数由2.273增加到2.338。PE在加工使用过程中，由于杂质、添加剂，或者发生氧化和老化作用，分子链引入极性基团，会使其介电损耗显著增加。介电性能的变化取决于添加剂品种、加入量、分散程度等因素。

⑤环境性能。

聚乙烯属于烷烃惰性聚合物，具有良好的化学稳定性。室温下可耐稀硝酸、稀硫酸和任何浓度的盐酸、氢氟酸、磷酸、甲酸、醋酸、氨水、胺类、过氧化氢、氢氧化钠、氢氧化钾等溶液。聚乙烯在60 ℃以下不溶于一般溶剂，但与脂肪烃、芳香烃、卤代烃等长期接触会溶胀或龟裂。温度超过60 ℃后，可少量溶于甲苯、乙酸戊酯、三氯乙烯、松节油、矿物油及石蜡中；温度高于100 ℃，可溶于四氢化萘。由于聚乙烯分子中含有少量双键和醚键，其耐候性不好，在大气、阳光和氧的作用下，会发生老化，变色、龟裂、变脆或粉化，丧失其力学性能。在成型加工温度下，也会因氧化作用，使其熔体黏度下降，发生变色，出现条纹。

⑥加工特性。

LDPE、HDPE的流动性好，加工温度低，黏度大小适中，在300 ℃高温的惰性气体中不分解，是一种加工性能很好的塑料。但LLDPE的黏度稍高，易发生熔体破裂，加工温度为200～215 ℃。聚乙烯的吸水率低，加工前不需要干燥处理。聚乙烯熔体属于非牛顿流体，黏度随温度的变化波动较小。聚乙烯制品在冷却过程中容易结晶，在加工过程中可通过调节模温、控制制品的结晶度，使之具有不同的性能。

2.2.2　聚乙烯的生产

聚乙烯的化学结构、分子量、聚合度和其他性能很大程度上均依赖于使用的聚合生产方法。聚合方法决定了支链的类型和支化度。生产聚乙烯的主要单体是乙烯。乙烯常温下都是气体，主要从石油和天然气经裂解分离而得，早期也有从酒精脱水制成乙烯的。乙烯单体的纯度在99%以上。乙烯（$CH_2=CH_2$）是一种分子结构对称、无极性（偶极矩为零）的化合物，没有诱导效应和共轭效应，因此，只有在高温高压的苛刻条件下才能进行自由基聚合，或在特殊的配位引发体系作用下进行聚合。

按聚合介质，聚乙烯的生产方法有淤浆法、溶液法、气相法。按聚合压力，聚乙烯的生产方法有高压法、中压法、低压法；高压法用来生产低密度聚乙烯，这种方法开发得早，用此法生产的聚乙烯至今约占聚乙烯总产量的2/3，但随着生产技术和催化剂的发展，其增长速度已大大落后于低压法。低压法就其实施方法来说，有淤浆法、溶液法和气相法。淤浆法主要用于生产高密度聚乙烯，而溶液法和气相法不仅可以生产高密度聚乙烯，还可通过加共聚单体，生产中、低密度聚乙烯，也称为线型低密度聚乙烯。各种低压法工艺发展很快。中压法仅菲利浦公司至今仍在采用，生产的主要是高密度聚乙烯。

（1）高压法生产聚乙烯

乙烯高压聚合是以微量氧或有机过氧化物为引发剂，将乙烯压缩至147.1～245.2 MPa高压下，在150～290 ℃的条件下，乙烯经自由基聚合反应转变成为聚乙烯的聚合方法，是工业上采用自由基型气相本体聚合的最典型方法，也是工业上生产聚乙烯的第一种方法，至今仍然是生产低密度聚乙烯的主要方法。

乙烯在高压下按自由基聚合反应机理进行聚合。由于反应温度高，容易发生大分子链转移反应，产物为带有较多长支链和短支链的线型大分子。通常大分子链中平均1 000个碳原子的支链上带有20～30个支链。同时由于支链较多，造成高压聚乙烯的产物结晶度低，密度小，故高压法生产的聚乙烯称为低密度聚乙烯。

（2）中压法生产聚乙烯

乙烯中压聚合生产工艺路线有两条：第一是菲利浦法（Phillips），主要用分散于载体$Al_2O_3-SiO_2$上的氧化铬为引发剂，在温度为136～160 ℃、压力为1.5～4.0 MPa的条件下使乙烯单体聚合成聚乙烯；第二是标准石油公司法（Lndiana），乙烯为单体，脂肪烃或芳烃为溶剂，主要采用分散于载体Al_2O_3上的氧化钼为引发剂，在温度为130～260 ℃、压力为3.0～8.0 MPa的条件下聚合生成聚乙烯。

（3）低压法生产聚乙烯

乙烯的低压聚合，是以烷基铝和$TiCl_4$或$TiCl_3$组成的配合物为引发剂，于常压下，60～75 ℃下聚合成高密度聚乙烯的方法。其工艺条件是：①单体，以高纯度乙烯为原料，丙烯或1－丁烯等为共聚单体，低压聚合对乙烯单体纯度的要求是>99%；②催化剂，聚乙烯的特性黏度随 Al/Ti 配比的增加而增大，当配比为 1∶1～1∶2 时，引发剂在反应介质中的浓度为 0.5～1.0 g/L；③溶剂，通常是精制后的烃类、汽油、环己烷等，主要起分散和稀释作用；④聚合温度，合适的温度范围为 60～75 ℃；⑤聚合压力，聚合压力对采用高活性催化剂影响较小，对采用低活性催化剂影响较大，合适的范围控制在 0～981 kPa。

2.2.3 聚乙烯的应用

聚乙烯是通用塑料中应用最广泛的品种，薄膜是其主要加工产品，其次是片材和涂层、瓶、罐、桶等中空容器及其他各种注射和吹塑制品、管材和电线、电缆的绝缘和护套等，主要用于包装、农业和交通等领域。

(1) 薄膜

低密度聚乙烯总产量的一半以上经吹塑制成薄膜，这种薄膜有良好的透明性和一定的抗拉强度，广泛用作各种食品、衣物、医药、化肥、工业品的包装材料及农用薄膜。也可用挤出法加工成复合薄膜用于包装重物。高密度聚乙烯薄膜的强度高、耐低温、防潮，并有良好的印刷性和可加工性。线型低密度聚乙烯的最大用途也是制成薄膜，其强度、韧性均优于低密度聚乙烯，耐刺穿性和刚性也较好，透明性稍优于高密度聚乙烯。此外，还可以在纸、铝箔或其他塑料薄膜上挤出涂布聚乙烯涂层，制成高分子复合材料。

(2) 中空制品

聚乙烯可制成多种多样的中空制品，如瓶、盆、筒、罐、工业用储槽等。高密度聚乙烯的强度、刚度和耐环境应力开裂性均优于 LDPE，最适合制成中空容器，如牛奶瓶、去污剂瓶等。茂金属 HDPE 在生产薄壁容器方面显示出更好的综合性能，可用吹塑法制成瓶、桶、罐、槽等容器，或用浇铸法制成槽车罐和贮罐等大型容器。

(3) 管和板材

挤出法可生产聚乙烯管材，高密度聚乙烯管强度较高，适于地下铺设；挤出的板材可进行二次加工；也可用发泡挤出和发泡注射法将高密度聚乙烯制成低泡沫塑料，作台板和建筑材料。

(4) 纤维

纤维在中国称为乙纶，一般采用低压聚乙烯作原料，纺制成合成纤维。乙纶主要用于生产渔网和绳索，或纺成短纤维后用作絮片，也可用于工业耐酸碱织物。目前已研制出超高强度聚乙烯纤维（强度可达 3～4 GPa），可用作防弹背心，也可作为汽车和海上作业用复合材料。

(5) 其他应用

用注射成型法生产的用品包括日用杂品、人造花卉、周转箱、小型容器、自行车和拖拉机的零件等、电冰箱容器、存储容器、家用厨具、密封盖等；制造结构件时要用高密度聚乙烯。超高相对分子量聚乙烯适于制作减震、耐磨及传动零件。

2.2.4 几种典型的聚乙烯

(1) 低密度聚乙烯（LDPE）

LDPE 是高压下乙烯自由基聚合而获得的热塑性树脂，是聚乙烯树脂家族中最老的成员，20 世纪 40 年代早期就作为电线包皮第一次商业生产。LDPE 透明、化学惰性、密封能力好、易于成型加工，这决定了 LDPE 成为当今高分子工业中最广泛使用的材料之一。

LDPE 的分子链结构上含有支链较多，以 PE 中 1 000 个碳原子统计平均含有甲基的数目来看，LDPE 有 21 个，它的分子链近似树枝状。LDPE 结晶度为 40% ~60%，因为 LDPE 的分子链上存在长短不等的支链，破坏了链结构的规整性。LDPE 相对分子量一般在 5 万以下，分子量分布较宽（$M_w/M_n=20\sim50$），具有良好的柔软性、延伸性、透明性、耐低温、耐化学药品性、低透水性、加工性和优异的电性能，在高剪切力下容易流动，从而降低挤压机头出口压力，产品外观性能好，可提高薄膜产品的光学性能。

LDPE 无味、无臭、无毒、表面无光泽、乳白色蜡状颗粒，密度较低（约 0.920 g/cm^3），熔点 130 ~145 ℃，不溶于水，微溶于烃类、甲苯等，能耐大多数酸碱的侵蚀，吸水性小，在低温时仍能保持柔软性。

LDPE 在很宽的温度范围内均具有很高的延伸性。在较低伸长率（10% ~40%）的情况下产生屈服，然后随着伸长率的增加，应力逐渐增加，最后发生断裂，伸长率可达 300% ~800%。LDPE 的硬度较低、弯曲强度较低，但具有很好的耐冲击性，无缺口冲击试样不会断裂。

LDPE 的耐低温性能突出，脆化温度（T_b）低于 -50 ℃，冲击性能优异，高于聚氯乙烯（PVC）、聚丙烯（PP）、聚苯乙烯（PS）和尼龙等塑料。LDPE 具有较好的热性能，在不受外力作用时，最高使用温度可达 100 ℃，最低使用温度 -70 ~ -100 ℃，但在受力情况下，LDPE 热变形温度较低，这无疑限制了它的应用范围。

LDPE 最大的应用领域是薄膜制品，约占 LDPE 应用的 50%，包装和非包装基本各占一半，包装分为食品包装和非食品包装：食品包装如面包、奶制品、冷冻食品、肉禽类食品、糖果和熟食等：非食品包装如工业用衬里、杂物袋、重包装袋、服装袋、购物袋、垃圾袋等。非包装用，主要为农用薄膜（包括地膜、棚膜及农作物储存包等）、垃圾袋、工业片材、建筑薄膜以及一次性尿布。LDPE 的第二大市场是挤出涂层，主要应用于包装领域。典型应用为包装牛奶、果汁等液体的纸盒涂层、铝箔涂层、多层膜结构的热封层、防潮作用的纸式无纺布涂层等。注塑是 LDPE 的第三大应用领域。大量生活用品、玩具、文具及容器盖等由 LDPE 制造。电线电缆是 LDPE 的另一重要应用领域，用于制作各种电线电缆的绝缘层和护套。LDPE 的用途不同，熔体指数（MI）差别较大，性能也存在差异。

（2）高密度聚乙烯（HDPE）

HDPE 又称低压聚乙烯，是一种结晶度高、非极性的热塑性树脂。HDPE 是白色粉末颗粒状产品，无毒、无味，密度在 0.940 ~0.976 g/cm^3 范围内；结晶度为 80% ~90%，软化点为 125 ~135 ℃，使用温度可达 100 ℃；熔化温度 120 ~160 ℃。它具有良好的耐热性和耐寒性，化学稳定性好，还具有较高的刚性和韧性，机械强度好。介电性能、耐环境应力开裂性亦较好。化学稳定性好，在室温条件下，不溶于任何有机溶剂，耐酸、碱和各种盐类的腐蚀；薄膜对水蒸气和空气的渗透性小、吸水性低；耐老化性能差，耐环境开裂性不如低密度聚乙烯，特别是热氧化作用会使其性能下降，所以，树脂需加入抗氧剂和紫外线吸收剂等来提高改善这方面的不足。

在 HDPE、LDPE、LLDPE 三种聚乙烯中，HDPE 的结晶能力最强，结晶度最高，具有高的拉伸强度、拉伸模量、硬度等性能。但其冲击性能较差，主要是由于 HDPE 不仅有高的结晶度，而且还具有较大的晶粒尺寸（HDPE 为 2 ~8 μm，LLDPE 为 2 ~4 μm，LDPE 小于

2 μm)，降低了吸收冲击能量的能力。HDPE 具有较好的热性能，在不受力情况下最高使用温度为 121 ℃，最低使用温度为 -70 ~ -100 ℃，在受力情况下，热变形温度高。

HDPE 的第一应用领域是中空吹塑制品，主要制作液体食品、牛奶、化妆品、药品及化学品包装瓶，占吹塑制品总量的 70% 以上。可用作食品瓶，如沙拉油、蛋黄酱、调味品等；化妆品瓶，如护发素、爽身粉、浴液等；家用化学品瓶，如漂白剂、洗涤剂、杀虫剂等；用于包装润滑油、燃料油的桶等。第二应用领域是注塑制品，主要有工业用容器、周转箱、桶、盆、食品容器、饮料杯、家用器皿、玩具等。此外，HDPE 还可以生产电线电缆绝缘层、复合薄膜、单丝、扁丝、合成纸、片材（土工膜、衬板、卡车箱衬里）等。

(3) 线性低密度聚乙烯（LLDPE）

LLDPE 通常在更低温度和压力下，由乙烯和 α - 烯烃如丁烯、己烯或辛烯共聚合而生成。由于 α - 烯烃共聚单体的加入，LLDPE 的结构会发生较大变化，形成大分子主链上带有支链的线型结构。LLDPE 的支链长度一般大于 HDPE 的支链长度，小于 LDPE 的支链长度。LLDPE 的密度、结晶度、熔点均比 HDPE 低，其密度为 0.910 ~ 0.940 g/cm^3，结晶度为 50% ~55%，与 LDPE 相近，熔点比 LDPE 高 10 ~ 15 ℃，比 HDPE 低许多。支链分布不均匀的 LLDPE 的熔点对组成的变化不敏感。支链分布均匀的 LLDPE，随着共聚物中 α - 烯烃的含量增加，支链数量增加，熔点、结晶度、密度呈线性下降。熔融结晶时，LLDPE 可形成 1 ~5 μm 的微小球晶。

LLDPE 的物理性能与 α - 烯烃的种类、含量、支链分布的均匀程度密切相关。α - 烯烃类型和含量不同，生成的 PE 结构和组成均不相同，其密度和结晶度也不同；α - 烯烃的存在，使 LLDPE 的密度和结晶度下降，同时，强度也下降，随着 α - 烯烃含量的增加，拉伸强度、模量随之下降。分布均匀的支链导致 LLDPE 结晶能力降低，生成很薄的片晶，使 PE 的密度降低。分布均匀支链也导致聚合物刚性下降，模量降低，使 LLDPE 具有更高的弹性。LLDPE 与 LDPE 相比，两者结晶度和相对密度接近，但 LLDPE 具有更高的强度、韧性、抗撕裂性和抗穿刺性能。LDPE 更容易加工，薄膜具有更好的光学性质。LLDPE 抗冲击性能优良，尤其是低温下的抗冲击性能远高于 LDPE；LLDPE 的刚性高，可制造薄壁制品。LLDPE 具有优良的拉伸和弯曲强度，拉伸强度比 LDPE 高 50% ~70%。

LLDPE 耐环境开裂性能优异，远远高于 LDPE，比橡胶改性 LDPE 高百倍或更高。不同的 α - 烯烃对 LLDPE 的薄膜性能影响明显不同。对于密度相同的 LLDPE，采用 1 - 丁烯共聚，薄膜的拉伸强度高于其他 LLDPE，采用长链 α - 烯烃的产品，在冲击强度、撕裂强度、低温脆性、耐环境应力开裂等方面表现出更好的性能。

LLDPE 化学性质稳定，在室温下一般不溶于常用的溶剂。在温度为 80 ~ 100 ℃时，可溶解在二甲苯、四氢和十氢化萘、氯苯等芳烃、脂肪烃和卤代烃中。LLDPE 在氧的存在下，可发生热氧化和光氧化降解。由于存在支链结构，其热稳定性不如 HDPE。

LLDPE 可以采用吹塑、注塑、滚塑、挤出等成型方法加工。由于 LLDPE 的结构和加工特点，成型时，挤塑管材、注塑及滚塑时，均可采用 LDPE 的加工设备。但在吹塑薄膜时，成型较难，膜泡的稳定性较差，一般要用专用设备。

LLDPE 应用的最大的领域是薄膜，其次是片材、注塑和电线电缆。主要薄膜制品也分为包装和非包装；包装分为食品包装和非食品包装。食品包装如水果、新鲜蔬菜、冷冻食品袋、奶制品等的包装；非食品包装如工业用衬里、重包装袋、服装袋、日用包装袋、手提袋、运货袋、报纸邮件包装袋、购物袋、各种包装膜（收缩膜、拉伸缠绕膜、复合膜）等。拉伸缠绕包装在包装领域是市场份额增长最快的。非包装用有农膜（地膜、棚膜、青贮膜）、土工膜、垃圾袋、一次性无纺布（手套、围裙、桌布、手术布等）、一次性尿布衬里。注塑是LLDPE的第二大应用市场。与LDPE相比，LLDPE制品具有更好的刚性、韧性、耐环境开裂性，优异的拉伸强度和冲击强度，高的软化点和熔点，耐热，成型收缩率低。由于强度高，可使用高流动性树脂，提高了生产效率，实现制品薄壁化，因而广泛应用于制造容器盖、罩、瓶塞、日用品、家用器皿、工业容器、玩具、汽车零件等。与LDPE相比，LLDPE挤出和吹塑成型制品均具有优异的韧性、耐环境应力开裂和冲击强度，尤其是优异的耐应力开裂性和低的气体渗透性，更适合于油类、洗涤剂类物品的包装容器。因而常用于生产小型瓶、容器、桶罐内衬等制品。LLDPE用作水管可以克服LDPE管长期作用时内管剥离问题，广泛应用于农业灌溉，也可制造各种软管。LLDPE非常适合于制造通信电线电缆绝缘料和护套料。LLDPE用于制造动力电缆，适合于高中压防水、苛刻环境条件下使用的电缆护套。交联的LLDPE用于电力电缆绝缘比LDPE具有更优异的耐水性能。

（4）超高分子量聚乙烯（UHMWPE）

UHMWPE的分子结构为线型结构，与HDPE结构完全相同，只是分子量不同。UHMWPE的相对分子量在150万以上，个别品种为300万~600万，比普通PE高得多（普通PE相对分子量为5万~30万），由于分子链长，分子链之间必然会产生缠结，聚集态结构也会随之改变，所以，UHMWPE的耐冲击、耐磨、自润滑、耐低温、耐环境应力开裂等性能好于一般PE，还具有耐腐蚀、不易黏附、不易吸水、密度较小、卫生无毒等特性，是一种价格适中、综合性能十分突出的热塑性塑料。与其他工程塑料相比，UHMWPE具有以下突出性能：

①优异的耐磨性能，它的耐磨性优于许多工程塑料，如聚四氟乙烯（PTFE）、MC尼龙、聚甲醛（POM）等，甚至高于许多金属材料，如碳钢、不锈钢、青铜等。UHMWPE的耐磨性比普通HDPE高出数倍。

②超高的冲击强度，它的冲击强度是工程塑料中最高的，远高出ABS、PC和尼龙等材料。UHMWPE不仅在常温下冲击强度高，而且在低温下（-40 ℃）仍具有高的冲击强度，甚至在液氮温度（-209 ℃）下还保持较高的韧性。

③良好的自润滑性能，UHMWPE的摩擦系数极低，与聚四氟乙烯相当。

④极好的耐化学腐蚀性能，UHMWPE的分子链上不存在可反应的基团，几乎不存在双键和支链，并且结晶度较高，因此具有良好的化学稳定性，除了浓硫酸、浓硝酸、卤代烃以及芳烃等一部分化学品外，对于一般的酸、碱和有机化学试剂呈现较高的稳定性。

除此之外，UHMWPE还具有良好的消音性能；抗黏附能力强，仅次于PTFE；优异的延展性，即使在液氮温度（-209 ℃）下仍然具有延展性；完全卫生无毒。

UHMWPE作为一种性能优良的新型工程塑料广泛用在纺织工业、造纸工业、化学工业、机械工业等。如纺织用梭子、打梭棒、造纸用成型板、刮水板、耐腐蚀泵、阀门、齿轮、轴瓦、轴套、导轨等。UHMWPE还可制备高模量高强度纤维，纤维的比强度是碳钢的10倍，是碳纤维和芳纶的2倍，拉伸强度为1.5~3.5 GPa，拉伸模量是80~100 GPa，可用于制造防弹衣、飞机安全带等。

（5）茂金属聚乙烯（mPE）

茂金属聚乙烯是20世纪90年代工业化生产的一种新颖的热塑性树脂，它是使用茂金属（MAO）为聚合催化剂生产出来的聚乙烯。茂金属化合物一般由过渡金属（如钛、锆、铪）或稀土金属和至少一个环戊二烯或环戊二烯衍生物作为配体组成的一类有机金属配合物，还包括非环戊二烯型含有氮、磷、氧等元素的配体与过渡金属或后过渡金属（如钛、锆、铪、镍、钯、铁、钴等）以及稀土金属构成的配合物。

茂金属催化剂通常是指由茂金属化合物做主催化剂、一类路易斯酸化合物做助催化剂组成的催化剂体系，助催化剂主要为烷基铝氧烷或有机硼化合物。茂金属催化剂相对传统引发剂有三个主要特征：一是单活性中心优势，可合成极均一的均聚物和共聚物，分子量分布和组成分布窄；二是单体选择和立体选择优势，能使α-烯烃单体聚合，且生成立构规整度极高的等规或间规聚合物；三是可以控制聚合物中乙烯基的不饱和度。茂金属材料可以通过气相法、溶液法和本体法工艺得到。与传统的齐格勒-纳塔催化剂和铬系催化剂相比，采用茂金属催化剂制备的聚乙烯树脂具有较窄的相对分子量分布和较好的均一性，应用广泛。

mPE的结构和性能与传统的PE存在着许多不同，主要的特性如下：

①mPE比平常齐格勒-纳塔催化剂生产的PE有高度的分子结构规整性，因而具有更高的结晶度和强度，更好的韧性和刚性。

②mPE比普通PE的透明性好，且树脂清洁度高。

③mPE的分子量分布很窄，为2，而一般聚乙烯的分子量分布为3~5，甚至更高。

④mPE的树脂臭味比普通PE低，起始热封温度比普通PE低，而热封强度高。

⑤mPE树脂的耐应力开裂性优，可超过1 000 h，常用作其他聚烯烃的耐应力改性剂。例如在高分子量高密度聚乙烯燃气管道中，常用mPE来提高HDPE的耐应力开裂性。

mPE主要品种为线型低密度聚乙烯（mLLDPE）和极低密度聚乙烯（mVLDPE）。mPE有两个系列，一类是以包装领域为主要目标的薄膜用品级，另一类是以1-辛烯为共聚单体的塑性体，称为POP（Polyolefine Plastmer）。mPE薄膜品级具有较低的熔点和明显的熔区，并且在韧性、透明度、热黏性、热封温度、低气味方面等明显优于传统聚乙烯，可用于生产重包装袋、金属垃圾箱内衬、食品包装、拉伸薄膜等。

2.3 聚氯乙烯树脂及塑料

聚氯乙烯（Poly Vinyl Chloride，PVC），是以氯乙烯为单体，在过氧化物、偶氮化合物等引发剂，或在光、热引发下按自由基聚合反应机理，经多种聚合实施方式生产的热塑性树脂。是五大热塑性通用树脂中较早实现工业化生产的品种，其产量仅次于PE，位居世界第二位。

PVC在19世纪被发现过两次，一次是在1835年，另一次是在1872年。两次机会中，这种聚合物都出现在被放置于太阳光底下的氯乙烯烧杯中，成为白色固体，但未引起重视。20世纪初，俄国化学家Ivan Ostromislensky和德国Griesheim-Elektron公司的化学家Fritz Klatte同时尝试将PVC用于商业用途，但困难的是如何加工这种坚硬的、有时很脆的聚合物。Waldo Semon和B. F. Goodrich Company在1926年开发了利用加入各种助剂塑化PVC的方法，使它成为更柔韧、更易加工的材料，并很快得到广泛的商业应用。1931年，德国法本公司采用乳液聚合法实现聚氯乙烯的工业化生产。1933年，W·L·西蒙提出用高沸点溶剂和磷酸三甲酚酯与 PVC 加热混合，可加工成软聚氯乙烯制品，这才使 PVC 的实用化有了真正的突破。英国卜内门化学工业公司、美国联合碳化物公司及固特里奇化学公司几乎同时在 1936 年开发了氯乙烯的悬浮聚合及 PVC 的加工应用。为了简化生产工艺、降低能耗，1956 年法国圣戈邦公司开发了本体聚合法。目前，由于合成原料丰富、价格低廉，PVC 在化学建材等应用领域中的用量日益扩大，需求量增加很快，地位逐渐加强。

2.3.1　聚氯乙烯的结构和分类

（1）PVC 结构

PVC 的结构通式是：$\left[CH_2 - \underset{\underset{Cl}{|}}{CH} \right]_n$

PVC 是氯乙烯单体多数以头－尾结构相连的线性聚合物。PVC 分子链上的氯、氢原子空间排列基本无序，碳原子为锯齿形排列，所有原子以 σ 键相连，所有碳原子均为 sp^3 杂化。PVC 是无定形的热塑性树脂，制品的结晶度低，一般只有 5%～15%。PVC 支链和缺陷数量不多，一般每 1 000 个氯乙烯重复单元有 4～40 个支链或缺陷。聚合反应温度越高，支化和缺陷就越多。例如在 −63～−53 ℃聚合而成的 PVC，没有支链。而在 52 ℃聚合而成的 PVC，每 1 000 个氯乙烯重复单元就有 30～35 个支链。在 PVC 分子链上存在短的间规立构规整结构。随着聚合反应温度的降低，间规立构规整度提高。例如：在约 −60 ℃聚合而成的 PVC，间规立构规整度高达 65%。

聚氯乙烯分子链中含有强极性的氯原子，分子间力大，使聚氯乙烯制品的刚性、硬度、力学性能提高，并赋予优异的难燃性能（氧指数：40.3），但其介电常数和介电损耗角正切值比 PE 大。聚氯乙烯树脂含有聚合反应中残留的少量双键、支链及引发剂残基，如烯丙基氯、叔氯或叔氢、带不饱和键或过氧化物残基的端基等，加上两相邻碳原子之间含有氯原子和氢原子，容易脱氯化氢，导致 PVC 在光、热的作用下容易发生降解反应，此外受热时会从这些部位开始发生自催化脱 HCl 反应，形成共轭多烯结构并进而发生交联、链断裂等反应而降解。

（2）PVC 的分类

根据应用范围不同，PVC 可分为通用型 PVC 树脂、高聚合度 PVC 树脂、交联 PVC 树脂。通用型 PVC 树脂是由氯乙烯单体在引发剂的作用下聚合形成的；高聚合度 PVC 树脂是指在氯乙烯单体聚合体系中加入链增长剂聚合而成的树脂；交联 PVC 树脂是在氯乙烯单体聚合体系中加入含有双烯和多烯的交联剂聚合而成的树脂。通用型聚氯乙烯由于制备方法简单、用途广泛，在现货市场上流通的绝大部分都是通用型的聚氯乙烯树脂，而高聚合度的和交联的 PVC 树脂一般在特殊领域应用较多。

根据单体的聚合方法，聚氯乙烯可分为四大类：悬浮法聚氯乙烯、乳液法聚氯乙烯、本体法聚氯乙烯、溶液法聚氯乙烯。悬浮法聚氯乙烯是目前产量最大的一个品种，约占 PVC 总产量的 80%。

根据树脂结构不同可以分为紧密型和疏松型两种，其中紧密型树脂颗粒直径一般为 5～10 μm，粒径较小，表面规则、呈球形、实心、像乒乓球状，不太容易吸收增塑剂，不易塑化，成型加工性稍差，但制品强度略高。疏松型树脂颗粒直径一般为 50～100 μm，粒径较大，表面不规则、多孔、呈棉花球样，容易吸收增塑剂，容易塑化，成型加工性好，但从制品强度上看，相对略低于同样配方、同样工艺条件下的紧密型树脂。

根据增塑剂含量的多少，常将 PVC 塑料分为：无增塑 PVC，增塑剂含量为 0；硬质 PVC，增塑剂含量小于 10%；半硬质 PVC，增塑剂含量为 10% ~30%；软质 PVC，增塑剂含量为 30% ~70%；聚氯乙烯糊塑料，增塑剂含量为 80% 以上。

2.3.2 聚氯乙烯的性质

聚氯乙烯树脂是无毒、无臭的白色或淡黄色粉末，半透明有光泽，相对密度为 1.35 ~ 1.45，玻璃化温度为 80 ~85 ℃，使用温度为 -15 ~60 ℃。PVC 具有优良的耐酸碱、耐磨、耐燃及绝缘性能，与大多数增塑剂的混合性好，因此可大幅度改变材料的力学性能。加工性能优良，价格便宜，但对光、热稳定性差，100 ℃以上或光照下性能迅速下降。PVC 制品的软硬程度可以通过加入增塑剂量的多少进行调整，制成软硬相差悬殊的制品。纯聚氯乙烯的吸水率和透气性都很小。

（1）力学性能

聚氯乙烯分子中含有大量的氯原子，分子极性较大，分子间作用力较强，大分子的聚集程度高，链间距离为 2.8×10^{-10} m，小于聚乙烯的（4.3×10^{-10} m），所以聚氯乙烯的拉伸强度、压缩强度较高，硬度、刚度较大，而其冲击强度、断裂伸长率较小。

聚氯乙烯的力学性能与低分子物含量有很大关系，聚氯乙烯塑料中常使用大量增塑剂，使用量可以相差很大，塑料性能变化很显著。增塑剂进入大分子之间，使聚氯乙烯分子间的距离增大，相互作用力（吸引力）减小，大分子运动容易。聚氯乙烯中加入的增塑剂多少对力学性能影响很大，未增塑 PVC 的拉伸曲线属于硬而较脆的类型。硬质聚氯乙烯的力学性能好，其弹性模量可达 1 500 ~3 000 MPa；而软质聚氯乙烯的弹性模量仅为 1.5 ~15 MPa，但断裂伸长率高达 200% ~450%。聚氯乙烯的耐磨性一般，硬质聚氯乙烯的静摩擦因数为 0.4 ~0.5，动摩擦因数为 0.23。

（2）热学性能

聚氯乙烯树脂的软化点低，75 ~80 ℃，脆化温度低于 -50 ~ -60 ℃，大多数制品长期使用温度不宜超过 55 ℃，特殊配方的可达 90 ℃。若聚氯乙烯树脂纯属头－尾相接线性结构，内部无支链和不饱和键，尽管 C—Cl 键能相对较小，聚氯乙烯树脂的稳定性也是比较高的。但即使纯度很高的聚氯乙烯树脂，长期在 100 ℃以上或受紫外线辐射就开始有氯化氢气体逸出。说明其分子结构中存在碱性基团或不稳定结构。时间越长，降解越多；温度越高，降解速度越快，在氧或空气存在下降解速度更快。纯聚氯乙烯树脂在 140 ℃即开始分解，到 180 ℃迅速分解，而黏流温度为 160 ℃，因此纯聚氯乙烯树脂难以用热塑性方法加工。在 PVC 生产时必须加入热稳定剂。

（3）溶解性

聚氯乙烯为极性高聚物，其溶解度参数约为 9.5。聚氯乙烯能溶于某些酮、酯、氯化烃等，如四氢呋喃、环己酮、甲乙酮或丙酮与二硫化碳的混合物，以及四氢糠醇、二噁烷、二氯乙烷、邻二氯苯、甲苯等。聚氯乙烯的溶解性与分子量有很大关系，分子量越大，溶解性越差。通常乳液树脂比悬浮树脂的溶解性差，聚氯乙类在硝基甲烷、丙酮、酸酐和苯胺等溶剂中会溶胀。

（4）电学性能

聚氯乙烯属于极性高聚物，对水等导电物质亲和力较大，故电阻较非极性的聚烯烃要小，但仍有较高的体积电阻和击穿电压。聚氯乙烯的极性基团直接附着在主链上，在玻璃化温度以下，偶极链段受到冻结构主链原子的限制，不能移动，不产生偶极化作用，可作为室温的高频绝缘材料。做电线绝缘用时，悬浮树脂的电气绝缘性比乳液树脂高 10 ~ 100 倍。降解产生的氯离子会降低电绝缘性。聚氯乙烯的电性能受温度和频率的影响较大，同时耐电晕性不好，一般只能用于中低压和低频绝缘材料。

（5）化学性能

聚氯乙烯可耐除发烟硫酸和浓硝酸以外的大多数无机酸、碱、多数有机溶剂（如乙醇、汽油和矿物油）和无机盐，适合做化工防腐材料。聚氯乙烯在光、氧、热的长期作用下，容易发生降解，引起聚氯乙烯制品颜色的变化，变化的顺序为：白色→粉红色→淡黄色→褐色→红棕色→红黑色→黑色。

（6）安全性

PVC 的安全问题主要来源于聚氯乙烯树脂中残留的氯乙烯单体及所使用的加工助剂。氯乙烯是一种略有芳香味，常温常压下无色的气体。1987 年，氯乙烯被国际癌症研究机构（IARC）列为一类致癌物，加工助剂中的邻苯二甲酸二乙基乙酯（DEHP）和乙基己基胺（DEHA）在 2000 年被 IARC 列为三类致癌物。

（7）加工性能

聚氯乙烯在 160 ℃以前以颗粒状态存在，在 160 ℃以后颗粒破碎成初级粒子，在 190 ℃时初级粒子熔融，可以用挤出、吹塑、注塑、压延、搪塑、发泡、压制、真空成型等方法进行加工。

聚氯乙烯的加工稳定性不好，熔融温度（160 ℃）高于分解温度（140 ℃），不进行改性难以用熔融塑化的方法加工。改性方法一是在其中加入热稳定剂，以提高分解温度，使其在熔融温度之上；二是在其中加入增塑剂，以降低其熔融温度，使其在分解温度之上。要求加工温度控制要精确，加工时间尽量短。聚氯乙烯熔体的流动性不好，并且熔体强度低，易产生熔体破碎和制品表面粗糙等现象；尤其是聚氯乙烯硬制品，此现象更突出，必须加入加工助剂，并且在注射时采用中速或低速，不宜采用高速。聚氯乙烯熔体之间、与加工设备之间的摩擦力大，并且有与金属设备黏附的倾向，因此需要加入相容性大的内润滑剂或相容性差的外润滑剂。聚氯乙烯熔体为非牛顿流体，熔体黏度对剪切速率敏感，加工过程中可以通过提高螺杆转速来降低黏度，但要尽量少调温度。聚氯乙烯在加工前需要干燥处理，条件是 110 ℃，1 ~ 1.5 h。聚氯乙烯加工配方组分多，要充分混合，并且要注意加料顺序，为防吸油，通常吸油性大的填料后加，为防止影响其他组分分散，润滑剂要后加。混合温度一般在 110 ℃。聚氯乙烯遇金属离子会加速降解，加工前要进行磁选，设备不应有铁锈。

2.3.3 聚氯乙烯的生产

氯乙烯的聚合属于自由基型聚合反应。聚合时采用的引发剂有偶氮类、有机过氧化物类和氧化 - 还原引发体系。反应迅速，同时放出大量的反应热。它的反应一般由链引发、链增长、链终止、链转移及基元反应组成。氯乙烯聚合可以选择的方法有悬浮聚合、乳液聚合、本体聚合和溶液聚合。氯乙烯聚合实施方法的选择要根据产品的用途、劳动强度、成本高低等进行合理选择。80% ~ 85% 的 PVC 树脂是通过悬浮聚合合成的，其次是乳液聚合和本体聚合。氯乙烯的溶液聚合因生产成本高，除特殊涂料生产使用外，应用较少。

（1）悬浮聚合法

悬浮聚合法生产聚氯乙烯树脂的一般工艺过程是在清理后的聚合釜中加入水合悬浮剂、抗氧剂，然后加入氯乙烯单体，在去离子水中搅拌，将单体分散成小液滴。这些小液滴由保护胶稳定，并加入可溶于单体的引发剂或引发剂乳液，保持反应过程中的反应速度平稳，然后升温聚合，一般聚合温度在45～70 ℃。使用低温聚合时（如42～45 ℃），可生产高分子质量的聚氯乙烯树脂；使用高温聚合时（一般温度在62～71 ℃）可生产出低分子量（或超低分子量）的聚氯乙烯树脂。

悬浮法聚合时为保证获得规定分子量和分子量分布范围的树脂，并防止爆聚，必须控制好聚合过程的温度和压力。树脂的粒度和粒度分布则由搅拌速度、悬浮稳定剂的选择和用量控制。树脂的质量以粒度和粒度分布、分子量和分子量分布、表观密度、孔隙度、鱼眼、热稳定性、色泽、杂质含量及粉末自由流动性等性能来表征。聚合反应釜是主要设备，由钢制釜体内衬不锈钢或搪瓷制成，装有搅拌器和控制温度的传热夹套，或内冷排管、回流冷凝器等。为了降低生产成本，反应釜的容积已由几立方米、十几立方米逐渐向大型化发展。聚合釜经多次使用后要除垢。

（2）乳液聚合法

乳液法商品化生产聚氯乙烯的历史已有70多年，是最早工业生产PVC的一种方法。20世纪30年代初首先在德国用乳液聚合的方法生产出聚氯乙烯。但乳液法PVC产量不多，约占PVC产量的10%。

在乳液聚合中，除水和氯乙烯单体外，还要加入烷基磺酸钠等表面活性剂做乳化剂，使单体分散于水相中而成乳液状，以水溶性过硫酸钾或过硫酸铵为引发剂，还可以采用氧化-还原引发体系，聚合历程和悬浮法不同。也有加入聚乙烯醇做乳化稳定剂，十二烷基硫醇做分子量调节剂，碳酸氢钠做缓冲剂的。聚合方法有间歇法、半连续法和连续法三种。聚合产物为乳胶状，乳液粒径0.05～2 μm，可以直接应用或经喷雾干燥成粉状树脂。

氯乙烯乳液聚合方法的最终产品为制造聚氯乙烯增塑糊所用的聚氯乙烯糊树脂（E-PVC），工业生产分两个阶段。第一阶段是氯乙烯单体经乳液聚合反应生成聚氯乙烯胶乳，它是直径0.1～3 μm聚氯乙烯初级粒子在水中的悬浮乳状液。第二阶段是将聚氯乙烯胶乳，经喷雾干燥得到产品聚氯乙烯糊树脂，它是初级粒子聚集而成的直径为1～100 μm，主要是20～40 μm的聚氯乙烯次级粒子。这种次级粒子与增塑剂混合后，经剪切作用崩解为直径更小的颗粒而形成不沉降的聚氯乙烯增塑糊，工业上称之为聚氯乙烯糊。

（3）本体聚合法

本体聚合仅由单体和少量（或无）引发剂组成，产物纯净，后处理简单，是比较经济的聚合方法。本体聚合生产工艺，其主要特点是反应过程不需要加入水和分散剂。聚合分两步进行，第一步在预聚釜中加入定量的氯乙烯单体、引发剂和添加剂，经加热后在强搅拌的作用下，釜内保持恒定的压力和温度进行预聚合。当氯乙烯单体的转化率达到8%～12%时，停止反应，送入聚合釜内进行第二步反应。聚合釜在接收到预聚物后，再加入一定量的氯乙烯单体、添加剂和引发剂，继续聚合，在低速搅拌的作用下，保持恒定压力进行聚合反应。当反应转化率达到60%～85%（根据配方而定）时终止反应，在聚合釜中脱气、回收未反应的单体，进一步脱除残留在PVC粉料中的氯乙烯单体，最后经风送系统将釜内PVC粉料送往分级、均化和包装工序。

由于在此法中，不以水为介质，也不加入分散剂等各种助剂，而只加入氯乙烯及引发剂，因此，生产工艺大为简化，既无原料与助剂的预处理、配料等工序，也没有成品后处理、离心与干燥等工序。而且，因为没有起保护作用的分散剂，树脂的颗粒形态大有改进；没有各种助剂的加入，成品聚氯乙烯中的杂质相对较少，提高了聚氯乙烯树脂的性能。虽然从表面上看是很简单的生产过程，然而在实施过程中却存在很多需要特殊技术才能解决的问题。

①介质搅拌问题。

在以水为介质的悬浮聚合方法中，搅拌状态很易均匀，不存在复杂问题。而在本体聚合过程中却成为必须妥善解决的关键问题，这是因为本体聚合过程按物料状态可以划分为两个阶段。在第一阶段中，物料主要是低黏度的液态氯乙烯，而随着聚合反应的进行，自由单体氯乙烯逐渐减少，基本不溶于单体氯乙烯的聚氯乙烯微粒逐渐增加。第二阶段中，氯乙烯转化率达到20%～30%时，自由单体几乎全部被聚氯乙烯微粒所吸附，物料状态由黏稠浆料全部变成粉料。两个不同阶段对搅拌要求也不同，第一阶段要求搅拌均匀又要稍快，以便形成颗粒大小近似的微粒，第二阶段主要要求搅拌均匀。这两种物态阶段要求搅拌必须是特殊形式的。

②聚合反应热的排除问题。

排除反应热，在以水为介质的悬浮聚合过程中不存在问题，通常反应釜壁传热方式即可较好地排除。而在本体聚合过程中，物料以粉末状态为主，粉末颗粒之间及粉末物料与反应釜壁之间的传热性能都不好，就必须另谋途径解决聚合反应热的排除问题。

本体法不用水和分散剂，聚合后处理简单，产品纯度高，但是存在聚合过程中搅拌和传热的难题，生产成本较高，属于淘汰类工艺，其生产能力不到总量的10%。

2.3.4　聚氯乙烯的改性

PVC具有脆性，热稳定性差，不易加工。为了改善其性能，增加品种，需进行改性，改性的品种有氯乙烯共聚物、聚氯乙烯共混物和氯化聚氯乙烯等。

(1) 氯乙烯共聚物

氯乙烯可以和乙烯、丙烯、醋酸乙烯酯、偏二氯乙烯、丙烯腈和丙烯酸酯类等单体共聚，共聚物的产量占聚氯乙烯总产量的25%以下。

①氯乙烯－醋酸乙烯酯共聚物。采用悬浮共聚法生产，一般有醋酸乙烯酯含量为3%～5%和13%～15%的两个品级，可用于制造塑料地板、涂料、薄膜、压塑制品、唱片及短纤维等。

②氯乙烯－偏二氯乙烯共聚物。美国陶氏化学公司在20世纪30年代研制成功了偏二氯乙烯含量在50%以上的氯乙烯共聚物，商品名为莎纶B（Saran B）。这种共聚物耐老化，耐臭氧，机械性能好，能溶于四氢呋喃、环己酮和氯苯等有机溶剂，溶液具有较好的黏合性与成膜性。用这种共聚物制得的薄膜无毒、透明，具有极低的透气性与透湿性，是极好的食品包装材料。这种共聚物也是一种优良的防腐蚀材料。由其制造的纤维称偏氯纶，可做渔网、坐垫编织物和化工滤布等。

③丙烯－氯乙烯或乙烯－氯乙烯共聚物。丙烯含量约10%的共聚物，用于吹塑成型和注射成型等。与氯乙烯－醋酸乙烯酯共聚物相比，加工温度较低、且与热分解温度间隔大，

熔体流动性好，无毒，透明。乙烯－氯乙烯共聚物，也是用悬浮法在75 ℃和1.2～96 MPa压力下共聚而成，乙烯含量为4%～43%，具有高耐冲击性，高透明度和优良的加工性能，无毒，可制透明度高的薄膜、容器等。

④氯乙烯接枝共聚物。以乙烯－醋酸乙烯酯树脂为基材的氯乙烯接枝共聚物，具有优良的耐冲击性、耐气候性和耐热性，适于做室外用建筑材料。还有用聚丙烯酸酯与氯乙烯的接枝共聚物。在西欧，接枝共聚物已有逐步取代相应的共混物的趋势。

（2）聚氯乙烯共混物

用其他树脂与PVC共混，是一种能多方面改进PVC性能的好方法。用机械共混法使PVC与乙烯－醋酸乙烯酯树脂共混，能起到长效的增塑作用，改善冲击强度、耐寒性及加工性。聚氯乙烯与丁腈橡胶、氯化聚乙烯或ABS树脂共混，也可以显著改善韧性、耐寒性和加工性。聚氯乙烯与甲基丙烯酸甲酯－丁二烯－苯乙烯共聚物的共混物，不仅冲击强度高，而且可以得到透明制品。聚氯乙烯共混物的研究与生产，使得品种不断增加，应用范围不断扩大。

（3）氯化聚氯乙烯

PVC经氯化而得的一种热塑性树脂是由溶液氯化法制得的，简称CPVC，含氯量为61%～68%，氢原子没有全部被氯取代。CPVC是白色或淡黄紫色粉末，溶解性比聚氯乙烯好，能溶于丙酮、氯苯、二氯乙烷和四氯乙烷，耐热性比聚氯乙烯高20～40 ℃，耐寒性比聚氯乙烯约低25 ℃，不易燃烧，耐气候、耐化学药品及耐水性均优，可以用挤出法生产管材，主要做热水上水管使用。氯化聚氯乙烯的溶液有良好的黏合性、成膜性和成纤性，可用于胶黏剂、清漆和纺丝。胶黏剂主要用于粘接PVC板及其制品。清漆的漆膜能耐腐蚀、柔软、耐磨且剥离强度高，用它纺成的丝称过氯纶，对酸、碱、盐皆稳定，适于做耐化学腐蚀的滤布、工作服、筛网、渔网和运输带等。

2.3.5 聚氯乙烯的应用

聚氯乙烯是五大通用合成塑料之一，具有良好的物理性能和力学性能，在工业、农业、建筑、交通运输、电力电信和包装等领域被广泛应用，可用作建筑材料、工业制品、日用品、地板革、地板砖、人造革、管材、电线电缆、包装膜、瓶、发泡材料、密封材料、纤维等。

（1）PVC型材

型材（或异型材）是我国PVC消费量最大的领域，约占PVC总消费量的25%，主要用于制作门窗和节能材料，目前其应用量在全国范围内仍有较大幅度增长。在发达国家，塑料门窗的市场占有率也是高居首位，如德国为50%、法国为56%、美国为45%。

（2）PVC管材

在众多的聚氯乙烯制品中，聚氯乙烯管道是其第二大消费领域，约占其消费量的20%。在我国，PVC管较PE管和PP管开发早，品种多，性能优良，使用范围广，在市场上占有重要地位。

（3）PVC膜

PVC膜领域对PVC的消费居第三位，约占10%。PVC与添加剂混合、塑化后，利用三辊或四辊压延机制成规定厚度的透明或着色薄膜，用这种方法加工薄膜，得到压延薄膜。也可以通过剪裁，热合加工包装袋、雨衣、桌布、窗帘、充气玩具等。宽幅的透明薄膜可以供温室、塑料大棚及地膜使用。经双向拉伸的薄膜，因受热收缩的特性，可用于收缩包装。

（4）PVC 硬材和板材

PVC 中加入稳定剂、润滑剂和填料，经混炼后，用挤出机可挤出各种口径的硬管、异型管、波纹管，用作下水管、饮水管、电线套管或楼梯扶手。将压延好的薄片重叠热压，可制成各种厚度的硬质板材。板材可以切割成所需的形状，然后利用 PVC 焊条用热空气焊接成各种耐化学腐蚀的贮槽、风道及容器等。

（5）PVC 一般软质品

利用挤出机可以挤成软管、电缆、电线等；利用注射成型机配合各种模具，可制成塑料凉鞋、鞋底、拖鞋、玩具、汽车配件等。

（6）PVC 包装材料

PVC 可以制成透明、彩色、防静电、镀金、植绒等各种吸塑包装材料制品，其特点主要是透明度高、表面光泽好、晶点少、水纹小、用途广、耐冲击性强，并且易于成型，产品广泛用于玩具、食品、电子产品、医药、电器、礼品、化妆品、文具等产品的外包装。

（7）PVC 护墙板和地板

聚氯乙烯护墙板主要用于取代铝制护墙板。聚氯乙烯地板砖中除一部分聚氯乙烯树脂外，其余是回收料、黏合剂、填料及其他组分，主要应用在机场候机楼地面和其他场所的坚硬地面。

（8）PVC 日用消费品

行李包是聚氯乙烯加工制作而成的传统产品，聚氯乙烯被用来制作各种仿皮革，用于行李包、运动制品，如篮球、足球和橄榄球等。还可用于制作制服和专用保护设备的皮带。服装用聚氯乙烯织物一般是吸附性织物（不需涂布），如雨披、婴儿裤、仿皮夹克和各种雨靴。聚氯乙烯用于许多体育、娱乐用品中，如玩具、唱片和体育运动用品，目前聚氯乙烯玩具量增长幅度大，聚氯乙烯玩具和体育用品由于生产成本低、易于成型而占有优势。

（9）PVC 涂层制品

有衬底的人造革是将 PVC 糊涂敷于布上或纸上，然后在 100 ℃以上塑化而成。也可以先将 PVC 与助剂压延成薄膜，再与衬底压合而成。无衬底的人造革则是直接由压延机压延成一定厚度的软制薄片，再压上花纹即可。人造革可以用来制作皮箱、皮包、书的封面、沙发及汽车的坐垫等，还有地板革，用作建筑物的铺地材料。

（10）PVC 泡沫制品

软质 PVC 混炼时，加入适量的发泡剂做成片材，经发泡成型为泡沫塑料，可做泡沫拖鞋、凉鞋、鞋垫及防震缓冲包装材料。也可用挤出机挤出成低发泡硬 PVC 板材和异型材，可替代木材使用，是一种新型的建筑材料。

（11）PVC 透明片材

PVC 中加冲击改性剂和有机锡稳定剂，经混合、塑化、压延成为透明的片材。利用热成型可以做成薄壁透明容器或用于真空吸塑包装，是优良的包装材料和装饰材料。

随着聚氯乙烯的技术发展，已开发了很多新型的聚氯乙烯材料并得到新的应用，如新型聚氯乙烯主要用于家电（洗衣机干衣机的控制面板、洗碗机控制面板、冰盒外壳、搅拌器机壳）、电气墙盒、接线设备、外配件、连接器，有的也应用于防水涂料以及沼气管的研制开发等。

2.4 聚丙烯树脂及塑料

聚丙烯（Polypropylene，PP）是由丙烯单体聚合而制得的一种热塑性树脂，用途十分广泛，市场需求一直呈快速增长态势。在聚烯烃树脂中，是仅次于聚乙烯和聚氯乙烯的第三大塑料，在合成树脂中占有重要的地位。

1953 年，德国化学家齐格勒采用 $TiCl_4$ 和金属烷基化合物作为聚烯烃聚合的催化剂，1954 年意大利纳塔教授在此基础上，将 $TiCl_4$ 改为 $TiCl_3$，与 $Al(C_2H_5)_2Cl$ 组成络合催化剂，成功地合成了高分子量、高结晶性、高熔点、立构规整的 PP，创立了定向聚合理论，具有划时代的意义。1957 年，意大利的 Montecatini 公司建立了第一套 5 000 t/d 的聚丙烯装置。1957 年，美国赫格里斯（Herculess）建立一套 9 000 t/d 聚丙烯的生产装置。其他实现工业化生产的国家有西德（1958）、法国（1960）、日本（1962）。我国 1962 年开始研究聚丙烯，1972 年实现工业化，20 世纪 90 年代中后期，国产环管工艺实现工业化，21 世纪初国产环管二代工艺取得突破。

2.4.1 聚丙烯的结构

PP 分子结构通式如下：

$$\left[CH_2 - \underset{\underset{CH_3}{|}}{CH} \right]_n$$

PP 的结构是由配位聚合得到的头－尾相接的线性结构，其分子中含有甲基，按甲基排列位置分为等规 PP、无规 PP 和间规 PP，三种构型示意如图 2－3 所示。甲基排列在分子主链的同一侧称为等规 PP。从等规 PP 的分子结构来看，其具有较高的立体规整性，因此比较容易结晶。等规 PP 的结晶是一种有规则的螺旋状链，这种三维的结晶，不仅是单个链的规则结构，而且在链轴的直角方向也具有规则的链堆砌。

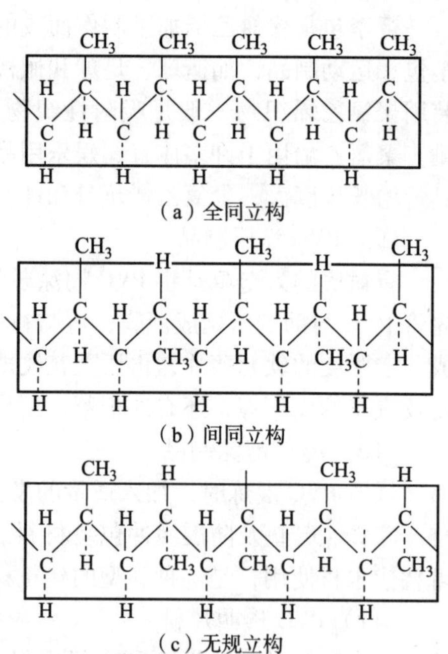

（a）全同立构

（b）间同立构

（c）无规立构

图 2－3 PP 的立体结构示意图

在三种立体异构体中，等规和间规 PP 都属于有规 PP，有规 PP 的结晶度高，根据 X 射线对结晶性 PP 的研究，测得其分子链的等同周期为 6.5×10^{-10} m，C—C 键角为 109°28′，C—C 原子间键距为 1.54×10^{-10} m，据此设想出等规 PP 的三重螺旋结构。

以上所述均指 PP 的均聚物，PP 聚合物中还有共聚物，如以丙烯为主要单体，以少量乙烯为第二单体（或称共聚单体）进行共聚而成的聚合物，共聚物按其立体结构的规整性又可分为无规共聚物和嵌段共聚物，制取共聚物的目的是改善均聚物的某些性能（如耐寒、耐温、抗冲性能等）以满足特殊用途的需要。

2.4.2　聚丙烯的性能

PP 是无毒、无味的白色蜡状物质，密度小（0.89～0.91 g/cm^3），最轻的塑料之一，强度、刚度、硬度耐热性均优于低压聚乙烯，可在 100 ℃左右使用。具有良好的电性能，高频绝缘性不受湿度影响，但低温时变脆、不耐磨、易老化，适于制作一般机械零件、耐腐蚀零件和绝缘零件。常见的酸、碱、有机溶剂对它几乎不起作用，可用于食具。

（1）结晶性能

等规 PP 的晶体形态有 α、β、γ、δ 和拟六方晶态 5 种，其中以 α 和 β 晶型较为常见。在 PP 中最为常见和热稳定性最好的是 α 晶型 PP，属单斜晶系。在 130 ℃以上，或加入山梨醇类成核剂结晶时，主要生成 α 晶型 PP，熔点为 176 ℃，密度为 0.936 g/cm^3。商品化 PP 中主要为 α 晶型。

在特定的结晶条件下或在 β 晶型成核剂诱发下，能获得 β 晶型 PP，属六方晶系。在 190～230 ℃熔融后，急冷至 100～120 ℃时，可得到 β 晶型 PP。加入喹吖啶酮红颜料、庚二酸金属皂和某些芳基羧酸二酰胺及其衍生物等 β 晶型成核剂，可得到 β 晶型 PP 。β 晶型 PP 的熔点为 147 ℃，密度为 0.922 g/cm^3。

在压力为 35 MPa 时，出现 α 晶型向 γ 晶型的转变，在压力为 500 MPa 时，PP 几乎全部转变为 γ 晶型。γ 晶型属三斜晶系，γ 晶型 PP 熔点约为 150 ℃，密度为 0.946 g/cm^3。δ 晶型 PP 由间规 PP 生成，正交晶系，结晶密度 0.936 g/cm^3，对其研究还很少。

拟六方晶型 PP 是一种特殊的晶体结构，它是一种准结晶状态，是一种热力学上不稳定的晶体结构。在淬火或冷拉时产生拟六方晶型 PP ，密度为 0.88 g/cm^3。拟六方晶型 PP 保持原 PP 的机械强度，又具有无定形聚合物那样的透明性。PP 各种晶型中，分子链的有序程度不同：γ 晶型有序程度最高，其次为 α 和 β 晶型，拟六方晶型最低。结晶条件不同，形成球晶的尺寸和形态不同。结晶温度越高，球晶越大；结晶温度越低，球晶越小。图 2－4 所示为 PP 球晶的偏光显微镜（POM）照片。

图 2－4　PP 球晶的偏光显微镜（POM）照片

球晶尺寸不同，PP 的力学、光学、热学等性能不同。球晶尺寸较小时，屈服应力、冲击强度高，透明性好。PP 结晶速度与等规度和分子量密切相关：等规度越高，结晶速度越大，结晶度越高；分子量越大，结晶速度越小，结晶度越低。结晶度对 PP 的各种性能影响明显。在 PP 中，可以采用添加成核剂的办法来增大和减小球晶的直径并控制其一定的形态，以改善拉伸屈服强度和冲击强度，改善透明性和光泽性，降低成型时的加工温度，还可以改进成型加工的其他性能。

（2）力学性能

目前所生产的 PP 中，95% 都是等规 PP，其余是无规、嵌段或间规 PP。PP 的结晶度与它的等规度有关，等规度高的易结晶。其结晶度一般为 30%～70%，结晶度越高，密度越大。缺点是抗蠕变性差，低温脆性大 ，－5 ℃以下冲击强度急剧下降，但耐环境应力开裂性优于聚乙烯。

PP 的强度、刚度和硬度都比 PE 高，光泽性也好。PP 的冲击强度较低，对温度依赖性较大。PP 的冲击强度还与分子量、结晶度、结晶尺寸等因素有关。PP 有优良的抗弯曲疲劳性，其制品在常温下可弯折 10^6 次而不损坏。

（3）电性能

PP 为非极性树脂，具有优良的电绝缘性。介电系数和介电损耗小，高频特性优良，共聚 PP 介电损耗更小。PP 不吸水，电绝缘性能不会受环境湿度的影响，加之 PP 耐热性能优良，适合于制作电线电缆、电器外壳等产品，在电气工业中得到广泛应用，但由于 PP 低温脆性的影响，其在绝缘领域的应用远不如 PE 和 PVC。

（4）热性能

PP 具有良好的耐热性，可在 100 ℃以上使用，平均分子量在 8 万～15 万的 PP，熔点为 164～170 ℃，长期使用温度达 100～120 ℃；没有外部压力作用时，在 150 ℃也不变形，具有良好的耐热性。PP 的耐沸水、耐蒸汽性良好，特别适用于制备医用高温蒸煮消毒设备。PP 的热导率为 0.15～0.24 W/（m·K），小于 PE，是很好的绝热保温材料。

（5）耐化学药品性

PP 具有很好的耐化学腐蚀性。除具有强氧化性的酸、碱、盐以外，在 100 ℃以下，无机酸、碱、盐的溶液对 PP 几乎无破坏作用。室温时，PP 在发烟硫酸、浓硝酸和氯磺酸中不稳定，对次氯酸盐、过氧化氢等只有在浓度和温度较低时才稳定。PP 不溶于有机溶剂中，在非极性的脂肪烃、芳烃中，PP 能逐渐软化或溶胀。温度提高，溶胀增加明显。PP 对极性有机溶剂十分稳定，在醇、酚、醛和大多数羧酸中都不会溶胀。在卤代烃中易溶胀，甚至超过非极性溶剂。在高温下可溶于四氢化萘、十氢化萘和 1,2,4－三氯代苯。

（6）环境性能

由于主链上叔碳原子的氢易氧化，PP 的耐候性较差，对热、光、氧的稳定性比 PE 要差。PP 在热、光、氧的作用下，易发生氧化降解，首先生成氢过氧化物，然后分解成羰基，导致主链断裂，生成低分子化合物，使得 PP 力学强度大幅度下降。随着降解程度的增加，PP 最终可以变成粉末状。PP 分解生成的羰基化合物强烈地吸收紫外线，加速 PP 的降解。波长为 290～400 nm 的紫外线对 PP 的破坏作用最强，羰基对 290～325 nm 波段最敏感，阳光中的紫外线正好是 290 nm。PP 抵御阳光的能力很弱，在阳光下放置半个月即出现脆性，使用中必须加入抗氧剂和紫外线吸收剂。

（7）加工性能

PP 熔融温度较高，熔融范围窄，熔体黏度比较低，是一种比较容易加工的树脂。提高压力和温度都可以改善 PP 的熔体流动性，但以提高压力较为明显。PP 的吸水率较低，在成型加工前不需干燥。PP 成型收缩率较大，一般在 1%～5%，且有明显的后收缩性。在加工过程中易发生取向。PP 一次成型优良，几乎所有的成型加工方法都适用，其中最常用的是注射成型和挤出成型。

（8）其他性能

PP 极易燃烧，氧指数只有 18 左右，欲提高其阻燃性能，需加入大量的阻燃剂才有效果，可采用磷系阻燃剂和含氮化合物、氢氧化铝或氢氧化镁等并用。PP 氧气透过率较大，可用表面涂敷阻隔层或多层共挤改善。PP 透明性较差，可加入成核剂来提高其透明性。

2.4.3 聚丙烯的生产

丙烯聚合反应属于配位聚合。PP生产工艺有溶液法、淤浆法、本体法、气相法以及本体-气相法组合。从20世纪80年代开始，新建装置基本上都采用本体法和气相法工艺，特别是本体法工艺发展速度很快。

（1）溶液法

溶液法生产工艺是早期用于生产结晶PP的工艺路线，由Eastman公司所独有。该工艺采用一种特殊改进的催化剂体系锂化合物（如氢化锂铝）来适应高的溶液聚合温度。催化剂组分、单体和溶剂连续加入聚合反应器，未反应的单体通过对溶剂减压而分离循环。额外补充溶剂来降低溶液的黏度，并过滤除去残留催化剂。溶剂通过多个蒸发器而浓缩，再通过一台能够除去挥发物的挤压机而形成固体聚合物。固体聚合物用庚烷或类似的烃萃取进一步提纯，同时也除去无定形PP，取消使用乙醇和多步蒸馏的过程，主要用于生产一些与浆液法产品相比模量更低、韧性更高的特殊牌号产品。溶液法工艺流程复杂，且成本较高，聚合温度高，加上由于采用特殊的高温催化剂使产品应用范围有限，目前已经不再用于生产结晶PP。

（2）淤浆法

淤浆法是世界上最早用于生产PP的工艺技术。从1957年具备第一套工业化装置开始一直到20世纪80年代中后期，淤浆法工艺在长达30年的时间里一直是最主要的PP生产工艺。典型工艺主要包括意大利的Montedison工艺、美国Hercules工艺、日本三井东压化学工艺、美国Amoco工艺、日本三井油化工艺以及索维尔工艺等。这些工艺的开发都基于当时的第一代催化剂，采用立式搅拌釜反应器，需要脱灰和脱无规物，因采用的溶剂不同，工艺流程和操作条件有所不同。近年来，人们对该方法进行了改进，改进后的生产工艺使用高活性的第二代催化剂，可删除催化剂脱灰步骤，减少无规聚合物的产生，用于生产均聚物、无规共聚物和抗冲共聚物产品等。

（3）本体法

本体法工艺按聚合工艺流程，可以分为间歇式聚合和连续式聚合两种工艺。

①间歇本体法：间歇本体法PP聚合技术是我国自行研制开发成功的生产技术。该工艺优点是生产工艺技术可靠，对原料丙烯质量要求不是很高，所需催化剂国内有保证，流程简单，投资少、收效快，操作简单，产品牌号转换灵活、三废少等。该工艺缺点是生产规模小，装置手工操作较多，自动化控制水平低，产品质量不稳定，原料的消耗定额较高等。目前，我国采用该法生产的PP生产能力约占全国总生产能力的24%。

②连续本体法：主要包括美国Rexall工艺、美国Phillips工艺以及日本Sumitimo工艺。

Rexall本体聚合工艺是介于溶剂法和本体法工艺之间的生产工艺，由美国Rexall公司开发成功，采用立式搅拌反应器，用丙烷含量为10%~30%（质量分数）的液态丙烯进行聚合。在聚合物脱灰时采用已烷和异丙醇的恒沸混合物为溶剂，简化了精馏的步骤，将残余的催化剂和无规PP一同溶解于溶剂中，从溶剂精馏塔的底部排出。该公司与美国El Paso公司组成的联合热塑性塑料公司，开发了被称为“液池工艺”的新生产工艺，采用Montedison-MPC公司的HY-HS高效催化剂，取消了脱灰步骤，进一步简化了工艺流程。特点是以高纯度的液相丙烯为原料，采用HY-HS高效催化剂，无脱灰和脱无规物工序。采用连续搅拌反应器，聚合热用反应器夹套和顶部冷凝器撤出，浆液经闪蒸分离后，单体循环回反应。

Phillips 工艺由美国 Phillips 石油公司于 20 世纪 60 年代开发。特点是采用独特的环管式反应器，这种结构简单的环管反应器具有单位体积传热面积大、总传热系数高、单程转化率高、流速快、混合好、不会在聚合区形成塑化块、产品切换牌号的时间短等优点。可以生产宽范围熔体流动速率的聚合物和无规聚合物。

Sumitimo 工艺由日本 Sumitimo（住友）化学公司于 1974 年开发成功。基本上与 Rexall 本体法相似，但 Sumitimo 本体法工艺包括除去无规物及催化剂残余物的一些措施。通过这些措施可以制得超聚合物，用于某些电气和医学用途。Sumitimo 本体法工艺使用 SCC 络合催化剂（以一氯二乙基铝还原四氯化钛，并经过正丁醚处理），液相丙烯在 50 ~ 80 ℃、3.0 MPa 下进行聚合，反应速率高，聚合物等规指数也较高，还采用高效萃取器脱灰，产品等规指数为 96% ~97%，产品为球状颗粒，刚性高，热稳定性好，耐油及电气性能优越。

（4）气相法

目前工业上普遍应用的气相法工艺主要有 Univation 公司的 Unipol 工艺、BP 公司的 Innovene 工艺和 Basell 公司的 Sphefilene 工艺。气相法工艺主要特点是采用独特的接近活塞流的卧式搅拌床反应器。用这种独特的反应器，因颗粒停留时间分布范围很窄，可以生产刚性和抗冲击性非常好的共聚物产品。这种接近平推流的反应器能避免催化剂短路。当有乙烯存在时，可以生成大颗粒共聚物，而不是在均聚物颗粒内生成细粉，这些细粉将降低共聚物的低温冲击强度，并形成不必要的胶状体。因此，气相法工艺很窄的反应停留时间分布可以实现用多个全混反应釜均聚反应器才能生产的高抗冲共聚物的要求。另外，由于这种独特的反应器设计，气相法工艺的产品过渡时间很短，理论上产品的过渡时间要比连续搅拌反应器或流化床反应器短 2/3，因而产品切换容易，过渡产品很少。

（5）本体 - 气相法组合

该工艺主要包括巴塞尔公司的 Spheripol 工艺、日本三井化学公司的 Hypol 工艺、北欧化工公司的 Borstar 工艺等。

Spheripol 工艺由巴塞尔（Basell）聚烯烃公司开发。Spheripol 工艺是一种液相预聚合同液相均聚和气相共聚相结合的聚合工艺，工艺采用高效催化剂，生成的 PP 粉料粒度呈圆球形，颗粒大而均匀，分布范围可以调节，既可宽又可窄。可以生产多用途的各种产品。其均聚和无规共聚产品的特点是净度高，光学性能好，无异味。

Hypol 工艺由日本三井化学公司于 20 世纪 80 年代初期开发成功，采用 HY - HS - II 催化剂（TK - II），是一种多级聚合工艺。它把本体法丙烯聚合工艺的优点同气相法聚合工艺的优点融为一体，是一种不脱灰、不脱无规物能生产多种牌号 PP 产品的组合式工艺技术。

Borstar 工艺是 1998 年开发成功的 PP 新型生产工艺，该工艺源于北星双峰聚乙烯工艺，其基本配置是采用双反应器即环管反应器串联气相反应器生产均聚物和无规共聚物，再串联一台或两台气相反应器生产抗冲共聚物，这取决于最终产品中的橡胶含量，如生产高橡胶相含量的抗冲共聚物则需要第二台气相共聚反应器。

2.4.4 聚丙烯的应用

PP 树脂具有许多优良特性，并易于通过共聚、共混、填充、增强等工艺措施进行性能改进，因此其能将韧性、挺性、耐热性等性能结合起来，加上原料来源广、价格低廉，聚丙烯的应用范围日益扩大。目前，聚丙烯已被广泛应用到化工、化纤、建筑、轻工、家电、包装、农业、国防、交通运输、民用塑料制品等各个领域，在市场上占有越来越重要的地位。

（1）PP拉丝制品在工业产品包装中的应用

PP拉丝制品主要有编织袋、扁丝、篷布和绳索等，它所消耗的PP树脂在我国一直占很高的比例，主要用于粮食、化肥、水泥以及糖、盐等工业品包装。PP拉丝级产品的发展一方面向大型、重型化包装袋发展，另一方面向低克度、小包装袋方向发展。

（2）PP薄膜制品在食品包装领域中的应用

食品包装是PP薄膜最大的终端消费市场，PP薄膜性能满足塑料薄膜包装材料的强度、阻隔性、稳定性、卫生性和商品经济性要求，而且PP薄膜的透明性、光泽、耐热性、刚性和耐穿刺等性能均比聚乙烯薄膜优越。PP膜主要有BOPP（双向拉伸聚丙烯）膜、CPP（聚丙烯流延）膜、IPP（聚丙烯吹胀）膜等，其中BOPP膜用量最大。BOPP薄膜是一种结晶型聚合物产品，在各种塑料薄膜中属于高档膜，价格适中，广泛用于食品软包装、彩印、服装等领域。

（3）PP挤出成型制品在建筑领域中的应用

PP挤出制品主要是PP管材，包括均聚丙烯（PP-H）、嵌段共聚丙烯（PP-B）和无规共聚聚丙烯（PP-R）等管材。PP管材具有耐高温、管道连接方便（热熔接、电熔接、管件连接）、可回收利用等特点，主要应用于农田输水系统、建筑物给水系统、采暖系统以及化工管道系统等。

（4）PP注塑制品在汽车、家电中的应用

PP注塑制品在汽车中使用最多的是保险杠、燃油箱和汽车仪表板等。在家电行业中，洗衣机生产是PP用量较集中的行业之一，洗衣机的内桶、盖板、底座、涡轮均由聚丙烯制得。

（5）PP纤维制品在医疗、化工、土工布等领域的应用

在医疗卫生行业中，PP无纺纤维使用范围主要包括婴儿尿布、妇女卫生用品以及医用纱布垫、绷带、睡衣和被单等。在过滤设备行业中，由于PP具有密度低、纤维的表面积比其他纤维高而且耐化学品腐蚀的特点，所以适用于做各种过滤器和工业擦净器。在土工布行业中，因为土工布必须能耐机械和化学侵蚀以及防霉、防腐烂和耐土壤和气候变化效应，而PP纤维正好能满足这些需求。在烟用丝束行业中，PP纤维用于制造香烟的过滤材料。

此外，在印刷方面，PP可用于塑料印刷，印刷出的画面特别光亮、色泽鲜艳、美观。在农业、渔业方面，PP可用来制作温室的气蓬、地膜、蘑菇培养瓶、渔网、渔具等。在日常生活用品方面，PP可以制作家具，如桌、椅、板凳、菜篮，家用卫生设备，如箱、盆、桶、浴盆、盛水器等，还可用于制作各种其他挤出或注射塑料制品。PP树脂在现代化建设和现代生活中起着十分重要的作用。

2.5　聚苯乙烯树脂及塑料

聚苯乙烯（Polystyrene，PS）是由苯乙烯单体经聚合反应制得的高分子化合物，是一种广泛使用的热塑性树脂，全球每年生产规模达数百万吨，是产量仅次于PE、PVC和PP的通

用树脂。

最早在1836年德国药剂师E. Simon从天然树脂中得到了一种挥发性的油，这种油受热或长时间放置可以固化，这就是PS，但当时认为是氧化物。20世纪30年代，为备战需要，德国加快了工业生产苯乙烯和苯乙烯聚合物的开发工作，1933年法本公司开发了连续本体聚合生产PS的工业生产技术。美国于1938年开发了苯乙烯釜式本体聚合工业生产技术。在50年代初DOW化学公司推出高抗冲聚苯乙烯商品（HIPS），1953年美国研发了ABS树脂，并于1958年建厂投产。

2.5.1 聚苯乙烯的结构和分类

PS的结构式如下：

$$\left[\begin{array}{cc} H & H \\ | & | \\ C - & C \\ | & | \\ H & C_6H_5 \end{array} \right]_n$$

PS一般为头尾结构，主链是饱和碳链，侧基交替连接着苯环，分子结构不对称，大分子链运动困难。由于苯环的存在，PS具有较高的玻璃化转变温度（80～82 ℃）。侧苯基的存在使PS的化学活性较大，苯环所能进行的特征反应如氯化、硝化、磺化等PS都可以进行。此外，侧苯基可以使主链上α－氢原子活化，在空气中易氧化生成过氧化物，并引起降解，因此制品长期在户外使用易变黄、变脆。PS的侧苯基在空间的排列为无规结构，导致PS为无定形聚合物，具有很高的透明性。因PS主链为饱和的烃，具有良好的电绝缘性，吸湿性小，可用于潮湿环境中。

PS分为：普通聚苯乙烯（GPPS）、发泡聚苯乙烯（EPS）、高抗冲聚苯乙烯（HIPS）及间规聚苯乙烯（sPS）。

PS的共聚物系列品种有：丙烯腈/苯乙烯（AS），丙烯腈/丁二烯/苯乙烯（ABS）、丙烯腈/丙烯酸酯（AAS）、甲基丙酸甲酯/丁二烯/苯乙烯（MBS）等。每个品种中又有许多品级。

2.5.2 普通聚苯乙烯（GPPS）

GPPS树脂属无定形高分子聚合物，其分子链的侧基为苯环，苯环为大体积侧基，其无规排列决定了聚苯乙烯的物理化学性质，如透明度高、刚度大、玻璃化转变温度高、性脆等。

（1）GPPS的聚合生产

工业生产中，GPPS的聚合主要采用自由基聚合反应机理进行，基本反应步骤为链引发、链增长、链转移和链终止。GPPS聚合的实施方法有：本体聚合、悬浮聚合、溶液聚合、乳液聚合。

①本体聚合。

本体聚合是最早工业化生产通用聚苯乙烯的方法。该反应可以加入引发剂，也可以不加入引发剂，通过单体的热引发进行聚合。用于苯乙烯本体聚合的反应器有塔式、釜式、槽式和管式等各种形式，一般采用两个或更多反应器串联。将加有少量引发剂的单体先在氮气保护下，于80～100 ℃进行预聚，使之达到30%～35%的转化率；再将预聚体连续送入塔式反应器，加入要求量的引发剂进行聚合。反应塔应带有加热、冷却夹套，以便调节控制塔温。塔温分布是上部100～110 ℃、中部140～160 ℃、下部170～190 ℃，这样的温度分布是为了提高转化率，可以使因沸腾上升而未转化的单体继续聚合，引发剂采用过氧化苯甲酰。本体聚合采用先预聚，再完全聚合的两步法，是为了解决散热问题。

本体聚合的优点是产物纯度高、透明性好，产品介电、电绝缘性优良；缺点是散热困难，由于温度分布不均和局部过热，产物分子量分布宽，影响到材料的力学性能。该法所得产品主要用于制备电性能要求高的注塑、挤出制品。

②悬浮聚合。

悬浮聚合是聚苯乙烯工业化生产的重要方法。将单体、引发剂、悬浮剂加入装有水为分散介质的反应釜中，引发剂采用过氧化物，悬浮剂采用聚乙烯醇或碳酸镁。单体以直径0.1～1 mm的小液滴分散在水中，可以很好解决散热问题。悬浮剂的作用是使小液滴表面形成保护膜，防止彼此黏在一起。因此悬浮聚合实质上是无数个小的本体聚合。聚合过程中应进行强烈搅拌，聚合温度控制在90～110 ℃，提高温度可使聚合时间缩短。

悬浮聚合的优点是散热容易、产物分子量较高、分子量分布窄；缺点是由于分散剂不易除尽，产物纯度不及本体聚合。该法所得产品主要供一般工业用品、日用品的注塑、挤出，也可用于制备泡沫塑料。

③溶液聚合。

溶液聚合是将苯乙烯单体溶解到适当溶剂中进行聚合。在溶液中进行聚合，体系黏度小，搅拌比本体聚合时容易，实施过程中机械设备上的困难较少，散热也较容易。但由于反应过程中聚合物链向溶剂传递，聚合速率低，聚合物平均分子量小，力学性能差。此外采用溶剂需要较严格的安全措施，溶剂回收也较麻烦。溶液聚合的PS主要用于配制清漆。

④乳液聚合。

用乳化剂使苯乙烯单体在水中乳化，乳化后的单体形成远小于悬浮聚合中的液滴，部分单体进入乳化剂胶束。乳液聚合由于增长链自由基处于隔离状态，使自由基寿命较长，因此聚合反应速率高、聚合物分子量高、分子量分布窄，其力学性能、耐热性均较优，但体系辅助成分多，乳化剂、分子量调节剂等很难清除干净，产物纯度差，后处理复杂，成本高于悬浮聚合。该聚合方法所得PS主要用于涂料和泡沫塑料。

（2）GPPS的性能

GPPS为无色、无味、无臭、表面光滑、透明的无定形热塑性树脂。能自由着色，密度为1.04～1.07 g/cm^3，仅次于PP、PE。燃烧时发浓烟并带有松节油气味，吹熄可拉长丝；制品质硬似玻璃状，落地或敲打会发出类似金属的声音；能断不能弯，断口处呈现蚌壳色银光。PS的吸水率为0.05%，抗水性强，在常温下，即使长期与潮湿空气接触，它们也完全不吸水，对制品的强度和尺寸稳定性影响不大。通常水蒸气可以通过GPPS的薄片。

①光学性能。

透明性好是GPPS最大的特点，透光率可达88%～92%，同PC和PMMA一样属优秀的透明塑料品种，被称为三大透明塑料之一。在光稳定性方面仅次于甲基丙烯酸树脂，但抗放射线能力是所有塑料中最强的。PS的折射率为1.59～1.60，因苯环的存在，其双折射较大，不能用于高档光学仪器。

②力学性能。

聚苯乙烯的力学性能在一定范围内取决于分子量，低分子量的聚合物脆，随着分子量的增加，抗张强度增加，脆性减小，软化温度升高，当聚合度到达一定程度以后，力学性能就很少有变化。温度对聚苯乙烯的抗张强度和伸长率的影响比较大，温度上升使抗张强度下降，伸长率达到80%后开始猛烈增加。高分子聚苯乙烯能承受较大的弯曲应力，但冲击强度很低，表面硬度小，易擦毛。GPPS 的拉伸和弯曲强度在通用热塑性塑料中最高，其拉伸强度可达 60 MPa；但冲击强度很小，难以用作工程塑料。

③热学性能。

GPPS 的耐热性能不好，热变形温度仅为 70～90 ℃，只可长期在 60～80 ℃温度范围内使用。GPPS 的耐低温性也不好，脆化温度为 -30 ℃。GPPS 的热导率低，一般为 0.10～0.13 W/（m·K），基本不随温度的变化而变化，是良好的绝热保温材料；线膨胀系数较大，为（6～8）$\times 10^{-5} K^{-1}$，与金属相差悬殊，故制品不易带金属嵌件。

④电学性能。

GPPS 是非极性的聚合物，使用中很少加入填料和助剂，因此具有良好的介电性能和绝缘性，其介电性能与频率无关。由于其吸湿率很低，电性能不受环境湿度的影响，但由于其表面电阻和体积电阻均较大，又不吸水，因此易产生静电，使用时需加入抗静电剂。

⑤环境性能。

GPPS 的化学稳定性较好，可耐一般酸、碱、盐、矿物油及低级醇等，但易受许多烃类、酮类及高级脂肪酸等侵蚀。PS 为非极性聚合物，所以能溶于非极性溶剂，可溶于芳烃（如苯、甲苯、乙苯及苯乙烯等）、氯化烃（如四氯化碳、氯仿、二氯甲烷及氯苯）及酯类等，GPPS 的溶解度随分子量的增大而降低。GPPS 的耐候性不好，其耐光性、抗氧化性都差，不适于长期户外使用；但 GPPS 的耐辐射性好。

（3）GPPS 的加工

GPPS 可以采用注塑、挤出、吹塑、发泡、压延、涂覆等成型方法，常用的方法是注塑成型。GPPS 是通用树脂中容易加工的品种之一，其加工基本特性如下：

①GPPS 为无定形聚合物，无明显熔点，熔融温度范围宽，在约 95 ℃时开始软化，在 120～180 ℃呈黏流态，300 ℃以上开始分解。成型温度与分解温度相差较大。聚苯乙烯在熔融时的热稳定性和流动性非常好，所以易成型加工，特别是容易注射成型，适合大量生产。

②GPPS 为假塑性流体（非牛顿流体），熔体黏度均随剪切速率和温度的增加而降低，但对剪切速率比较敏感。

③GPPS 吸水性极低，加工时不需要预先进行干燥处理；如有特殊需要时（如要求透明性高）才干燥，具体干燥温度为 70～80 ℃，时间 1.5 h。

④GPPS 比热容是塑料中比较低的一种，其随温度的变化明显，加热和冷却固化速度都很快，易于成型，模塑周期短。

⑤由于 GPPS 分子链呈刚性，在加工成型时易产生内应力，导致制品出现裂纹和应力开裂，需要选择合适的加工条件和改进模具结构，同时进行适当热处理。热处理的条件为在 65～85 ℃热风循环干燥箱或热水中处理 1～3 h。PS 成型收缩率比较低，一般仅为 0.2%～0.7%，有利于生产成型尺寸精度较高及尺寸稳定的产品。

（4） GPPS 的应用

GPPS 在包装上主要加工成薄膜，用于蔬菜水果的包装，还可加工成透明的包装容器、容器盖、小盘，由于聚苯乙烯纯度高，适应于真空镀铝，还可加工成蒸馏容器。GPPS 兼有透明性和良好的绝缘性，可用于电视机、录音机及各种电器的配件、壳体及高频电容器等。GPPS 具有优异的透明性，可用于一般光学仪器、透明模型、灯罩、仪器罩壳及包装容器等。GPPS 的着色性和光泽性好，可广泛用于日用品的生产，具体有儿童玩具、装饰板、磁带盒、家具把手、梳子、牙刷把、笔杆及文具等。

2.5.3　发泡聚苯乙烯（EPS）

EPS 为在 GPPS 中浸渍低沸点的物理发泡剂制成，加工过程中受热发泡，专用于制作泡沫塑料产品。EPS 是苯乙烯系列树脂中重要的品种之一。在世界泡沫塑料产量中占第二位，仅次于聚氨酯泡沫塑料。

（1） EPS 的生产方法

EPS 的生产方法有两种，一是泡沫珠热合法，二是加工挤出法。

①泡沫珠热合法。

苯乙烯单体经悬浮聚合得到圆珠状的 PS，再加入低沸点碳氢化合物或卤代烃化合物作为发泡剂，在加温加压条件下，发泡剂渗透到 PS 中，冷却后发泡剂留在 PS 中，即成为 EPS。

热合法的关键是制备 EPS 珠粒。EPS 珠粒制备采用悬浮聚合法，工艺有一步浸渍法（简称一步法）和二步浸渍法（简称二步法）。

一步法基本工艺是：将苯乙烯单体、引发剂、分散剂、水、发泡剂和其他助剂一同加入聚合釜中，苯乙烯/水之比约为 1∶1，然后在 80 ~ 90 ℃条件下进行聚合反应。当聚合反应转化率达到 85% 以上时，加入发泡剂，继续聚合反应。聚合完毕后，经脱水、洗涤、干燥，得到含有发泡剂的 PS 珠粒。一步法中可以通过选择适宜的工艺和条件，达到缩小粒径分布范围、提高产品质量的目的。改进工艺中，通过加入一些树脂（如 PS、PE、PVC 等）做种子，进行种子聚合，得到粒径分布很窄的 EPS，同时还赋予 EPS 耐油、阻燃等功能。一步法的优点是工艺简单、流程短、能耗低、成本低。一步法的缺点是聚合与浸渍同时进行，产生含有发泡剂的粉末状 PS，发泡剂的处理是一个难题。由于一步法技术经济的优势，目前世界上较大规模的 EPS 生产装置多数采用一步法。

二步法是将 EPS 的聚合和浸渍分成两个独立的过程，聚合工序与一步法一样。浸渍工序根据粒径大小，确定浸渍条件，一般为：压力 0.98 MPa，温度 70 ~ 90 ℃，浸渍时间 4 ~ 12 h，在 15 ℃条件下放置约 15 天，发泡剂含量为 5.5% ~ 7.5%。二步法的优点是先对 PS 珠粒进行分级，然后再根据不同粒径，按不同工艺浸渍，避免了对小颗粒 PS 进行浸渍后，对其进行筛分脱除发泡剂处理的麻烦，所得 EPS 质量好。二步法的缺点是流程长、能耗大，成本高。

②加工挤出法。

将 PS 与添加剂在挤出机中混合，然后在熔融状态下压入烷烃或氟化烃等发泡剂，经挤出，发泡剂在机头模腔中泄压冷却，发泡剂的气化与 PS 的固化同时进行，从而制得膨胀发泡制品。

挤出法发泡生产工艺一般采用物理发泡，制得的 EPS 是一种整体泡沫。将 GPPS 与成核剂和其他添加剂混合，加入挤出机中，在挤出机中的塑化段（180～240 ℃）熔融，再在挤出机的混合段中加入发泡剂，在挤出机螺杆的强烈剪切作用下，充分混合，形成流动的凝胶体。在低温低压段，凝胶体进行发泡，由于压力急剧降低，熔融在 PS 中的发泡剂立刻气化膨胀，并以成核剂为中心，形成互不贯通的气泡。

由于加工温度迅速降低，发泡剂急速气化，带走大量热量，PS 树脂温度迅速降低，熔融黏度提高，发泡体开始凝固。发泡阶段，PS 固化速度越快，气泡壁越不易被破坏。温度迅速降低，既保护所形成的气泡膜，又保证了通过塑模后，PS 中气体不至于逸出，因此，精确地控制低温低压段的工艺条件至关重要。

（2）EPS 的泡沫结构

制备方法不同，所得 PS 制品的泡孔结构也不同。如 PS 挤出泡沫板具有闭空式结构，由均厚的蜂窝壁紧密相连，壁间没有空隙。其泡孔直径平均约 0.2 mm。加工挤出法 EPS 的泡孔结构如图 2－5 所示。

加入成核剂后，能提高 EPS 的发泡性能，EPS 形成大量气泡核，发泡孔细密均匀，发泡倍率明显提高。添加 1 mL/L 成核剂 N 的 EPS 泡孔结构如图 2－6 所示。

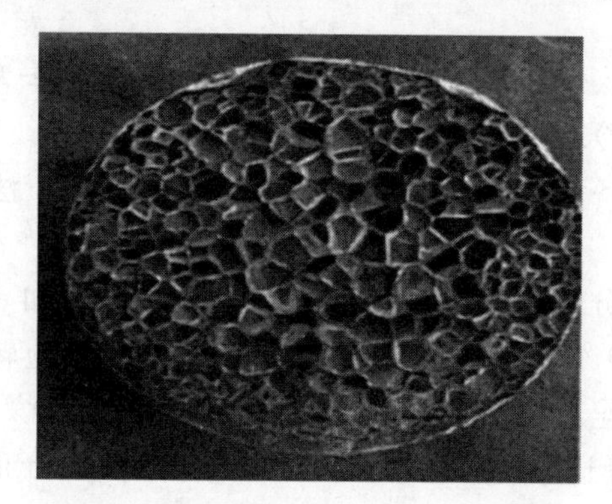

图 2－5　加工挤出法 EPS 的泡孔结构

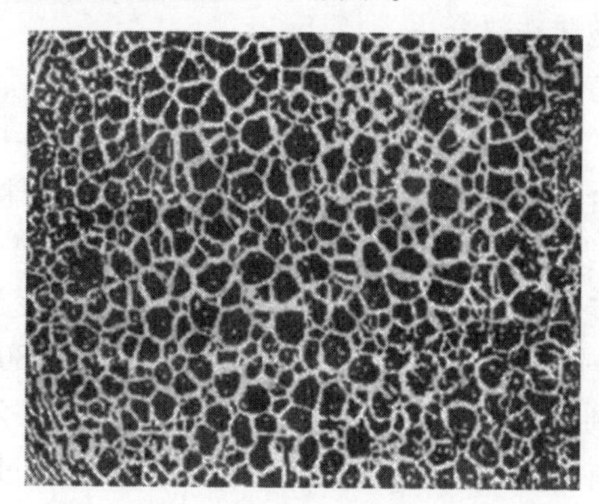

图 2－6　添加 1 mL/L 成核剂 N 的 EPS 泡孔结构

（3）EPS 的性能

EPS 为无色或白色透明珠粒，可任意着色。热合珠法发泡，可制得 40～60 倍的发泡材料，还可以制得 100 倍以上的高发泡材料。一般条件下，挤出发泡只能制得 30 倍左右的发泡板材和片材。挤出泡沫板具有质量小（密度 33～42 kg/m^3）、导热系数低［0.028 W/(m·K)］的优异性能，具有一定的机械强度和吸水率。

两种方法制造的 EPS 共同特点是：具有硬质独立的气泡结构、质轻、热导率低、绝热性能良好、吸水率低、透湿性小、耐水性优越、电气绝缘性好、冲击性能良好等优点，特别是热合珠法制得的 EPS，加工容易、价格低廉。缺点是冲击强度较低、耐热性和耐化学药品性较差。

两种方法制造的 EPS 的性能差别是：随着表观密度的增加，EPS 的拉伸强度、弯曲强度、压缩强度、冲击强度均增加。在相同表观密度条件下，挤出法生产的 EPS 的力学性能，如拉伸强度、压缩强度、弯曲强度高于热合珠法。热合珠法生产的 EPS 的吸水率大于挤出法生产的 EPS。

EPS 的耐热性能与发泡 PE、发泡 PVC 等塑料相似，比热固性塑料耐热性能差。使用温度在70～80 ℃。通常采用苯乙烯与其他单体的共聚物，如苯乙烯/马来酸酐共聚物（SMA）、苯乙烯/丙腈共聚物（AS）、苯乙烯/甲基丙酸共聚物、苯乙烯/甲基丙酸甲酯共聚物等来提高EPS的耐热性，这些共聚物具有比较高的耐热等级。

（4）EPS加工成型的步骤

EPS的加工成型主要有以下几个步骤：预发泡、筛分、熟化和成型。

①预发泡。

采用预发泡的方式，可以保证成型后的制品达到规定的容量和结构均匀，预发泡是制造发泡制品的重要环节。可采用蒸汽加热预发泡，热空气和真空预发泡。预发泡有间歇与连续两种方法。

预发泡过程为：将体系加热到80 ℃以上时，珠粒开始软化，由于发泡剂的作用，珠粒受热气化膨胀，在珠粒中形成互不贯通的泡孔。软化的PS体积膨胀，被拉伸呈橡胶状。此时，熔体强度能够抵抗内部的压力。经预发泡的物料仍为颗粒状，其体积比原来大数十倍，通称预胀物。制造密度0.1 g/cm^{3}以上的泡沫制品，可用珠状物直接模塑，不必经过预发泡与熟化两阶段。

②筛分。

筛分是将预发泡后粒子中的小粒子和结块粒子去掉，筛分不同尺寸的颗粒，并用于不同制品的生产。如板材、块材筛孔直径15～20 mm；大型制品的筛孔直径8～9 mm；小型制品的筛孔直径6 mm；杯子等筛孔直径1.4～1.6 mm。

③熟化。

熟化是将预发泡和筛分的PS颗粒，送至熟化器中放置，使空气进入颗粒的泡孔中。熟化可以解除预发泡后，颗粒中的泡孔因冷凝而造成的负压和真空状态，使颗粒内外压力达到平衡，避免加工成型时因受热而出现收缩现象的过程。熟化时间一般为12～72 h，这与颗粒尺寸大小和环境温度有关。

④成型。

熟化后的PS颗粒被送入模具中，加热到20～60 s。聚合物受热软化。由于空气受热膨胀，已熟化颗粒的泡孔中压力迅速增加。控制加热时间，使泡孔内的空气来不及逸出，膨胀的PS颗粒互相挤压黏结在一起，形成与模具形状相同的泡沫塑料制品，通水冷却后定型。温度和时间是成型过程中的重要影响因素，控制不当，或者珠粒之间不黏结，或者泡孔破裂使制品收缩，都无法成型。一般成型温度为100～105 ℃，成型时间为2～6 min。

（5）EPS的应用

EPS最主要的应用领域是包装，其次是建筑材料。包装材料可应用在电子、机械工业、通信、家用电器、计算机、灯具、礼品，食品、快餐、农产品、水产品、日用品、家具、玩具等。在建筑领域，EPS可作为各种建筑板材，如保温板、隔音板、隔热板、防潮板、轻体墙板等。

2.5.4 高抗冲聚苯乙烯（HIPS）

为改善GPPS脆性大、耐热性低的缺陷，通过机械共混和接枝聚合法，把一定量的橡胶引入PS中，可以制备HIPS。

（1）HIPS的生产

GPPS最大的缺点是质硬且脆，极大地限制了它的使用范围。GPPS与橡胶复合是降低脆性、提高冲击性能最有效的方法，由此产生了HIPS。而且发展十分迅速，在苯乙烯类树脂中占有的比例已越来越大。HIPS的生产方法有两种：一种是机械共混方法，另一种是接枝共聚方法。

①机械共混方法。

机械共混方法是在混炼设备中，将PS与橡胶进行机械混合，制备聚合物共混物。橡胶可明显增加PS的韧性。使用的橡胶有NR（天然）、BR（顺丁）和SBR（丁苯）等，也可采用热塑性弹性体，如：SBS（苯乙烯-丁二烯-苯乙烯嵌段共聚物）。由于SBR与PS具有相似的化学结构，两者相容性较好，因此，共混物性能最好。混合设备有单双螺杆挤出机、双辊混炼机、密炼机等，常用的是双辊混炼机。

②接枝共聚方法。

接枝共聚方法是以橡胶为主链、聚苯乙烯为支链，通过自由基引发苯乙烯单体，在橡胶主链上发生接枝聚合反应，得到HIPS。生产工艺有本体法、本体-悬浮法等，其中本体法使用最为广泛。

本体法工艺是将橡胶溶解在苯乙烯单体中，然后，将溶解的胶液加入反应器中，在引发剂、热和搅拌的作用下，进行本体聚合。当单体转化率达到80%~85%，脱去未反应的单体和稀释剂，得到聚合物，直接造粒得成品。橡胶的加入，使物料的黏度增大，传热不均匀。普遍采用添加少量溶剂乙苯或甲苯的方法，可以增加传热；也可以采用热交换、补加单体、变速搅拌等方式，增加传热。

本体-悬浮法工艺是将粉碎的橡胶溶解在苯乙烯单体中，橡胶用量为5%~10%，溶解后的胶液在反应器中进行本体预聚合。预聚合时，加入引发剂、内部润滑剂（如液体石蜡）和链转移剂（如硅醇类叔十二烷硫醇），加热搅拌，预聚合温度90~110℃，当转化率达到30%左右时，将胶液转移到悬浮聚合釜中，釜内加有分散剂和水，分散成珠粒悬浮于水中，再补加引发剂，在90~135℃下，进行悬浮聚合。珠状聚合物经洗涤、干燥，加入各种助剂，挤出造粒得产品。本体-悬浮法特点是把本体法和悬浮法的优点结合起来，可以较好地控制橡胶颗粒的大小，生产过程中易于变换产品品种，产品质量纯净，外观良好。

（2）HIPS的结构

HIPS的化学结构是以橡胶为主链、聚苯乙烯为支链的接枝共聚物。在HIPS生产过程中，相结构变化比较复杂。少量橡胶溶解在苯乙烯单体中，形成的胶液为均相体系。当苯乙烯转化率达到6%~10%，形成两相结构，橡胶-苯乙烯胶液作为连续相，聚苯乙烯（PS）量较少，作为分散相。随着反应的进行，PS的数量不断增加，当单体转化率达到20%~30%时，发生相转变，即此时橡胶及包藏PS的橡胶粒子为分散相，PS为连续相，形成了新的相结构，橡胶及包藏PS的橡胶粒子是HIPS具有优异的冲击性能的原因。

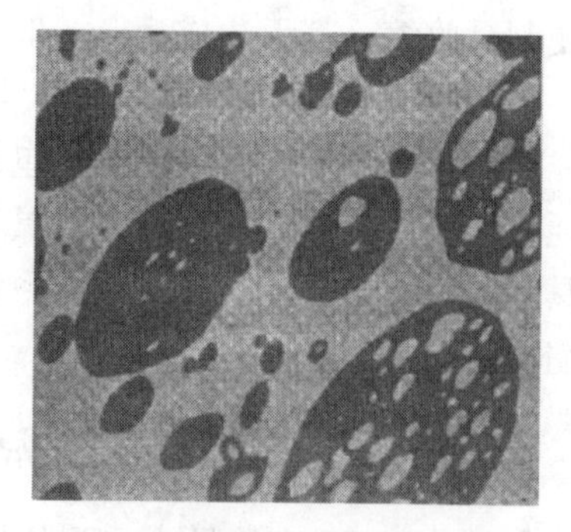

图2-7　HIPS两相结构的电子显微镜照片（3 000倍）

HIPS相态结构是一种两相的“海岛结构”，如图2-7

所示，橡胶作为分散相分布在连续的PS之中，橡胶相中还包藏PS树脂相。两相结构存在的体系中，相容性成为性能改善的关键。

当受到外力（冲击或拉伸）作用时，HIPS遵循典型的多重银纹增韧机理。该理论的基本观点是在HIPS体系中，存在两相结构，PS相为连续相，橡胶颗粒以分散相分布在PS相之中，同时，又有大量PS被埋藏在橡胶粒子中，形成所谓的细胞结构。PS与橡胶宏观上不发生相分离，微观上处于两相分离状态，相界面上有良好的黏结作用。当受到外力（冲击或拉伸）作用时，分散在PS中的橡胶颗粒起到应力集中的作用，引发银纹，一般是在橡胶粒子的赤道附近，然后沿最大主应变平面向外增长，并在粒子周围支化，表现出应力发白现象，从而吸收大量能量；同时，橡胶粒子又能阻止银纹的增长，这是由于大量银纹之间的应力场相互干扰，使银纹尖端的应力集中降至银纹增长的临界值以下。银纹在增长过程中，在其前端遇到了一个较大的橡胶粒子时，阻碍银纹进一步发展成为裂纹，所以大大增加了PS的韧性。银纹生成得越多，吸收的能量越多。橡胶粒子起到了两方面的作用：引发银纹的生成和阻止银纹的发展。

（3）HIPS的性能

HIPS为乳白色不透明珠粒，具有GPPS的大多数优点，如刚性好、易染色和易加工。最主要特点是：具有较高韧性和冲击强度，冲击强度相比GPPS有大幅度增加。由于橡胶的引入，HIPS的拉伸强度、硬度、耐光和耐热性能相比GPPS有所下降，并且失去了透明性。HIPS根据橡胶的含量多少，可分为中抗冲、高抗冲和超高抗冲。

HIPS的拉伸强度在13.8～48.3 MPa，伸长率为10%，光泽度为5%～100%，收缩率约为0.006%，HIPS维卡耐热为101.6 ℃。HIPS具有良好的耐γ射线、尺寸稳定性和电绝缘性。不足之处是耐热、耐光、耐油、耐化学药品、透氧气性较差。

（4）HIPS的加工与应用

HIPS可用许多传统的成型方法进行加工，如注塑成型、结构泡沫塑料成型、片材和薄膜挤塑、热成型以及注坯吹塑成型等。HIPS树脂吸收水分较慢，因此一般情况下不需干燥。有时材料表面的水分过多会被吸收，从而影响最终产品的外观质量。在160 ℃下干燥2～3 h就可去掉多余的水分。

HIPS应用占PS总产量的一半以上。用途主要有两方面：一是做包装材料，广泛应用于食品、化妆品、日用品、机械仪表和办公用品的包装；二是做家用电器，由于HIPS具有较高冲击强度，故大量使用在电视机、空调器、收录机、电话、吸尘器等家用电器以及仪器仪表外壳。此外，HIPS还可以制成发泡材料，用于包装、家具、建筑材料等领域。

2.5.5 间规聚苯乙烯（sPS）

苯乙烯聚合可得到无规聚苯乙烯（aPS）、全同立构聚苯乙烯（iPS）和间规聚苯乙烯（sPS）。其中iPS和sPS均为结晶性的PS。普通聚苯乙烯（GPPS）采用自由基聚合得到的是aPS，不能结晶，耐热性能较差，软化温度为80 ℃。

iPS采用齐格勒－纳塔催化剂在低温下（－55～－65 ℃）合成，虽然熔点很高（240 ℃），但由于结晶度不高、结晶速度慢，因而难以工业化生产和应用。用茂金属催化剂，在60 ℃合成高间规度、高结晶的sPS，间规度大于98%时，熔点高达270 ℃，比通常的iPS高40 ℃，相当于无规PS的3倍，与尼龙66相近。

目前，国外大公司以及一些研究机构已对此材料进行了广泛的应用研究，日本出光石化公司和Dow化学公司已分别推出了XAREC和Quesra系列产品，有普通、耐冲击、阻燃、增强型等。

（1）sPS的生产

sPS生产工艺有三种：连续流化床工艺、连续自洁净反应釜工艺和连续搅拌槽反应釜工艺。这三种生产工艺在原料预处理和产品精制上基本相同，只是在反应釜上各有其特点。这三种生产工艺除了催化剂为茂金属外，都加入三异丁基铝（TIBA），在原料精制、催化剂制备和聚合工段都必须采用氮气进行保护。聚合过程中，反应体系的黏度随转化率的增加而急剧上升，一般转化率超过10%时会形成固液相混合物，进一步反应将在固液两相中进行。

（2）sPS的结构

sPS的空间构型如图2-8所示。

sPS是由两种旋光异构体交替构成的空间立构规整聚合物，分子链中，苯环在分子主链两侧交替有序排列。这种规则构型，使得sPS具有较强的结晶能力，所以sPS比无规PS有着更高的耐热性、耐化学药品、尺寸稳定性及优良的电气性能等。

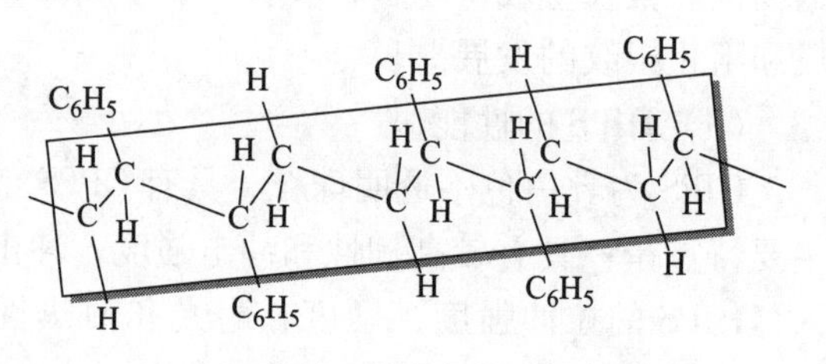

图2-8 sPS的空间构型

（3）sPS的性能

①结晶性能。

sPS具有较强的结晶能力，结晶速率比iPS高两个数量级，结晶度约为50%，熔点高达270 ℃。由于较高的结晶度和较快的结晶速率，sPS比aPS具有更高的耐热性、耐化学性、尺寸稳定性及优良的电气性能等。sPS步入工程塑料的行列。

sPS的结晶具有非常复杂的同质多晶现象。结晶过程中，可通过热、力、溶剂等因素来控制sPS形成何种晶型；可通过热和应变导致的结晶过程，控制形成具有平面锯齿形构象的α和β晶型；可通过溶剂的作用，控制形成具有螺旋形构象的δ和γ晶型。晶型α为六方晶型，晶胞尺寸为$a=2.63$ nm，β晶型为斜方晶系，晶型尺寸为$a=0.881$ nm，$b=2.882$ nm；δ和γ晶型为单斜晶系。

②物理力学性能。

sPS的密度范围在1.01～1.44 g/cm³，是工程塑料中密度最低的品种。与其他工程塑料相比，sPS的低密度有利于制品的轻量化和低成本化，使其在某些成本很高的应用领域中具有很强的竞争力。

③增韧和增强。

sPS的脆性大，需要进行增韧和增强改性。增强材料有玻璃纤维、矿物填料和高强纤维。改进后的sPS密度低，韧性、耐热性和电性能良好，吸水率低。为了进一步提高sPS的耐化学药品性和耐热性，降低吸水率和尺寸稳定性，可通过sPS与其他树脂（如PS、ABS、SAN、PA）的共混进行改性。

④耐化学药品性。

sPS的耐水解性明显优于聚酯和尼龙树脂，与聚苯硫醚相当。sPS对各种酸、碱以及与汽车相关的高温油、防冻液和融雪剂等具有优异的耐久性。对一些有机溶剂和洗涤剂的耐久性差。

⑤耐热性。

sPS与aPS的玻璃化温度（T_g）基本相同，但由于立体构型不同，sPS维卡软化点远远高于aPS，热变形温度也高于aPS。sPS的长期耐热温度是130 ℃，短期耐热温度为245 ~ 250 ℃，优于PET、PBT，PA66，处于目前使用的各种耐热性树脂的中间位置，能够满足电子电器领域的软熔焊接部件高耐热性的要求。

⑥电性能。

sPS的介电常数值与aPS基本相同。sPS的介电常数的损耗因子低于PBT、PET、PA66、PPS和PC，在工程塑料中仅次于氟树脂。sPS的绝缘击穿强度高于PBT、PET、PA66、PA46、PPS，耐漏电性在400 V以上。

⑦电镀特性。

sPS可进行电镀。对薄壁sPS制品的电镀，仍可获得足够的强度，在电镀面上可直接焊接。

（4）sPS的加工

sPS呈剪切变稀的流变性，可利用现有的成型设备和模具进行注塑、挤出等成型加工。制品的翘度、变形较小，尺寸稳定性优异。在PBT、PET、PA、PPS等所有工程塑料的应用领域，都可以使用sPS。

（5）sPS的应用

sPS的主要用途有三种：（a）电子电器元件。可用作微波炉旋转盘的转动环、转动支架、滤波器外壳、电热壶的泵元件、吸尘器马达的鼓风导管、绝缘子、垃圾处理机的内部部件、电饭煲内底线圈底座、PCI端子、SLOTI、AGP端子、PGA端子、D－SUB端子、USB端子、IEE1394端子、CPU端子、游戏机端子、移动电话机的电池固定架和开关、线圈密封制品、电源和接合器用的变压器线圈架、BS和CS广播的调谐器和测量仪器的端子、移动电话机内部天线和高速公路自动收费系统。（b）汽车零部件。可用作汽车排气阀螺线管、速度传感器、控制器、刮水器、空调元件、点火器元件、通风罩、保险杠、插接件等。（c）包装和薄膜。可用作食品包装容器、工业用膜、包装膜、相纸用薄膜、磁带、电绝缘膜等。

2.5.6 ABS树脂

ABS树脂是丙烯腈－丁二烯－苯乙烯的三元共聚物，A代表丙烯腈，B代表丁二烯，S代表苯乙烯，即Acrylonitrile-butadiene-styrene，其结构式如下：

$$\text{-}\!\!\left(CH_2\text{-}\underset{\displaystyle CN}{\underset{|}{CH}}\right)_x\!\!\text{-}\left(CH_2\text{—}CH\text{=}CH\text{—}CH_2\right)_y\!\!\text{-}\left(CH_2\text{-}\underset{\displaystyle C_6H_5}{\underset{|}{CH}}\right)_z\!\!\text{-}$$

丙烯腈能使聚合物耐化学腐蚀，且有一定的表面强度；丁二烯使聚合物具有橡胶韧性；苯乙烯使聚合物呈现热塑性塑料的加工特性，有较好的流动性。ABS树脂将丙烯腈、丁二烯、苯乙烯的各种性能有机统一起来，具有优良的抗冲击性、耐热性、耐低温性、耐化学药品性及电气性能，还具有易加工、制品尺寸稳定、表面光泽性好等特点，容易涂装、着色，还可以进行表面喷镀金属、电镀、焊接、热压和黏结等二次加工，广泛应用于机械、汽车、电子电器、仪器仪表、纺织和建筑等工业领域，是一种用途极广的热塑性工程塑料。控制A∶B∶S（一般为20∶30∶50）的比例可以调节其性能，生产出不同型号、规格的ABS树脂，以适应各种不同的需要。

（1）ABS树脂的生产

ABS树脂的生产方法有多种，具体如下：

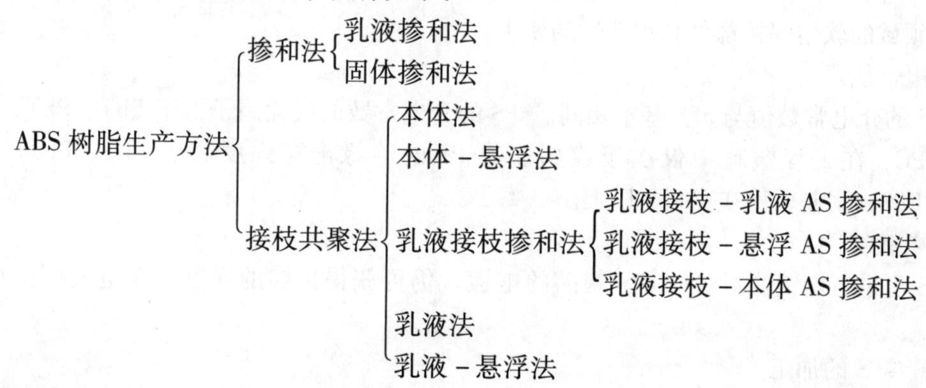

①掺和法。

掺和法是将苯乙烯－丙烯腈共聚物树脂与橡胶及其他添加剂一起进行熔融混炼掺和。其中苯乙烯－丙烯腈共聚物树脂是通过悬浮聚合或乳液聚合而制得的含20%～30%丙烯腈的共聚物；而所用的橡胶是低温乳液聚合得到的丁苯橡胶、顺丁橡胶、丁腈橡胶和异戊二烯橡胶等。使用最多的是含20%～40%丙烯腈的丁腈橡胶。

掺和有两种方法：一种是两种乳液及其他添加剂掺和，再加入电解质破乳、沉淀、分离、干燥，在螺杆挤出机熔融混炼造粒。另一种是将固体树脂、橡胶及添加剂，在混炼机上熔融混炼掺和。例如将65～70份含丙烯腈－苯乙烯共聚物树脂，在混炼机上加热到150～200 ℃，直至树脂完全熔融，再加入30～35份含丙烯腈35%的丁腈橡胶和适当的硫化剂、添加剂，在150～180 ℃混炼20 min，得到均匀的混合物。可直接在150～170 ℃，1.37～13.7 MPa压力下压延成表面光滑的ABS板材。如果改用顺丁橡胶代替部分丁腈橡胶，如62～80份苯乙烯－丙烯腈共聚树脂，8～26份丁腈橡胶，8～26份顺丁橡胶进行混炼，得到弹性模量、硬度、耐冲击强度更好的ABS塑料。

②接枝共聚法。

通过改变接枝共聚单体配比和组合方式，并选用不同的聚合方法，可以得到产品性能变化范围很大的不同规格的ABS树脂。根据产物中橡胶含量的多少，可以分为高抗冲击型、中冲击型、通用型和特殊性能型几种。工业上应用较多的是苯乙烯、丙烯腈在丁二烯橡胶上接枝的ABS树脂。

（2）ABS树脂的性能

①一般性能。ABS的外观为不透明象牙色，其制品可染成五颜六色，具有90%的高光泽度，密度为1.05 g/cm^3，吸水率低。ABS同其他材料的结合性好，易于表面印刷、涂层和镀层处理。其氧指数为18.2，属易燃聚合物，火焰呈黄色，有黑烟，烧焦但不落滴，发出特殊的肉桂味。

②力学性能。ABS有优良的力学性能，其冲击强度极好，可以在极低的温度下使用；即

使 ABS 制品被破坏也只能是拉伸破坏而不会是冲击破坏。ABS 的耐磨性优良，尺寸稳定性好，具有耐油性，可用于中等载荷和转速下的轴承。ABS 的耐蠕变性比 PSF 及 PC 大，但比 PA 及 POM 小。ABS 的弯曲强度和压缩强度属塑料中较差的。

③热学性能。ABS 的热变形温度为 93～118 ℃，制品经退火处理后其热变形温度还可提高 10 ℃左右。ABS 在 －40 ℃时仍能表现出一定的韧性，可在 －40～100 ℃的温度范围内使用。

④电学性能。ABS 的电绝缘性较好，并且几乎不受温度、湿度和频率的影响，可在大多数环境下使用。

⑤环境性能。ABS 不受水、无机盐、碱及多种酸的影响，但可溶于酮类、醛类及氯代烃中，受冰乙酸、植物油等侵蚀会产生应力开裂。ABS 的耐候性差，在紫外光的作用下易产生降解；于户外半年后，冲击强度下降一半。

⑥加工性能。ABS 同 PS 一样是一种加工性能优良的热塑性塑料，可用通用的加工方法加工。ABS 的流动特性属非牛顿流体，其熔体黏度与加工温度和剪切速率都有关系，但对剪切速率更为敏感。

（3）ABS 树脂的应用

ABS 是 20 世纪 40 年代发展起来的通用热塑性工程塑料，一般来说，汽车、器具和电子电器是 ABS 树脂的三大应用领域。ABS 树脂在汽车中使用的量仅次于聚氨酯和聚丙烯。汽车工业中有众多零件是用 ABS 或 ABS 合金制造的，如上海的桑塔纳轿车，每辆车用 ABS 树脂11 kg，位列汽车中所用塑料的第三位。轿车中主要零部件使用 ABS，如仪表板用 PC/ABS 做骨架，表面再覆以 PVC/ABS 制成的薄膜；车内装饰件大量使用 ABS，如手套箱、杂物箱、门槛上下饰件、水箱面罩；另外还有许多零件采用 ABS 为原料。

ABS 由于具有高光泽，易成型，成型后收缩率低，所以在家电和小家电中更有着广泛的市场，如有些厂家大屏幕电视机的前后壳体使用阻燃 ABS 制成，家用传真机、音响、VCD 中也大量选用 ABS 为原料，电风扇、空调、冷气机、吸尘器中也使用了很多 ABS 制作的零件，厨房用具也大量使用了 ABS 制作的零件。

2.5.7　其他共聚苯乙烯树脂

苯乙烯类共聚树脂品种众多，通过苯乙烯与其他单体共聚，可制备性能优良的新型苯乙烯共聚树脂，使 PS 的冲击强度、耐热性、耐候性和透明性得到改善，扩展苯乙烯类树脂的应用领域。

（1）苯乙烯/丙烯腈共聚物（AS 或 SAN）

AS 也称 SAN，是苯乙烯系树脂的重要品种之一，由苯乙烯/丙烯腈共聚制得，结构式如下：

$$-\!\!\left(CH_2-\underset{\substack{|\\ C_6H_5}}{CH}\right)_m\!\!-\!\!\left(CH_2-\underset{\substack{|\\ CN}}{CH}\right)_n\!\!-$$

由于含有极性的丙烯腈，AS 具有优良的力学性能，较高的刚性、硬度和尺寸稳定性，其力学性能优于 GPPS，特别是冲击强度明显提高（不如 ABS）；高度的耐化学药品稳定性，耐水、酸碱类溶液，洗涤剂、氯化烃类溶剂；对非极性化学品如汽油、油类和芳香化合物稳定性较高，但能被某些有机化合物溶胀（如能溶解在酮类溶剂中）。AS 树脂与 GPPS 一样，可用注塑、挤出和吹塑等方法加工成型。AS 树脂有较高吸水性（储存时，吸水率为 0.6%），加工前需要在 75 ~ 85 ℃温度下干燥 2 ~ 4 h。

AS 树脂主要应用在家用电器中，如制造洗衣机、电视机、收录机、空调机、干燥器、电话等零件；汽车制造，如蓄电池槽、信号灯、车灯架、仪表盘、内部装饰件、物品箱等，日用品，如保温杯、饮料杯、挂钩、各种物品架、装饰品等，以及其他产品，如照相机零件、玩具、办公用品等。

（2）丙烯酸酯/丙烯腈/苯乙烯共聚物（AAS）

AAS 树脂也称 ASA，苯乙烯、丙烯酸酯和丙烯腈的三元共聚物。AAS 树脂是以丙烯酸酯橡胶为骨架，与丙烯腈 - 苯乙烯（AS）接枝共聚而得。采用丙烯酸酯橡胶代替聚丁二烯橡胶，消除了聚合物主链中容易反应的双键，因此，AAS 与 ABS 相比，最大的特点是其耐候性、耐紫外线和耐热老化性能有了大幅度提高，如 AAS 在室外放置 15 个月，冲击强度和断裂伸长率几乎没有下降，颜色变化也极小，而 ABS 冲击强度则下降了 60%。使用温度范围也很宽，可在 - 20 ~ 70 ℃下长期使用。

AAS 具有较高的硬度和刚性，能够承受长期的静或动负荷，耐热性能优良。在 85 ~ 100 ℃中不变形；耐蠕变性能较好，耐环境应力开裂性优良。AAS 介电性能优良，由于良好的耐水性，能在湿润的环境中长期使用，并能保持良好的抗静电性。AAS 的耐化学药品性与 ABS 相似，能耐无机酸、碱、去污剂、油脂等，但不耐有机溶剂。在苯、氯仿、丙酮、二甲基甲酰胺、乙酸乙酯等溶剂中易软化变形。AAS 具有良好的印刷性，不需要表面处理就可直接印刷和真空镀铝金属化。

AAS 具有良好的加工性能。能够采用挤出、注塑、吹塑、压延成型及进行真空成型、化学镀、真空蒸镀和黏结等二次加工成型。由于 AAS 有一定的吸水性，加工前应在 80 ~ 85 ℃下干燥 3 ~ 4 h。

AAS 具有优良的耐候性和耐老化性，可用于室内和室外制品，如汽车零件、道路路标、仪表壳、灯罩、电器罩、电信器材、办公用品等。可与 PVC、PC 制成合金产品。

（3）丙烯腈/乙烯 - 丙烯 - 二烯烃三元乙丙橡胶/苯乙烯共聚物（AES）

AES 树脂也称 EPSAN，是由苯乙烯、丙烯腈与乙烯 - 丙烯 - 二烯烃三元乙丙橡胶（EPDM）接枝的共聚物。由于 AES 中引入橡胶 EFDM，而 EPDM 中含有的双键极少，因此，最明显的性能是耐候性，其耐候性比 ABS 高 4 ~ 8 倍；冲击性能和热稳定性也优于 ABS。吸水率也很低。

AES 具有良好的加工性能，可采用通用塑料的加工成型方法。由于热稳定性良好，加工时不像 ABS 那样易变黄。AES 具有优良的耐候性，适合用于室外制品，如汽车零件、广告牌、仪表壳、容器旅行箱、包装箱、盒及日用品等。

（4）丙烯腈/氯化聚乙烯/苯乙烯共聚物（ACS）

ACS 树脂是由苯乙烯、氯化聚乙烯和丙烯腈接枝共聚而成的三元共聚物。采用没有双键的氯化聚乙烯（CPE）代替聚丁二烯，使 ACS 的耐候性显著提高，大大优于 ABS 和 AAS，放置半年以上才老化。耐候性的好坏与 CPE 含量成比例，CPE 含量越高，耐候性越好。CPE 含有氯元素，因而又赋予了 ACS 优良的阻燃性。随 CPE 含量的增加，ACS 冲击强度增加，拉伸强度下降。ACS是无定形聚合物，成型收缩率较小，尺寸稳定性好。ACS溶于甲苯、二氯乙烯、乙酸乙酯、丁酮。ACS本身有抗静电能力。

ACS加工性能不佳，与PVC一样，热稳定性较差，加工温度范围较窄，限制在170～220 ℃，加工成型温度低，极易分解，不能在加工设备中停留过长时间。为避免产生降解，应加入热稳定剂。制品表面光滑和光泽较差，外观较粗糙，不像一般苯乙烯类树脂具有明亮和华丽的外观。

ACS主要采用挤出和注塑方法加工。利用其优良的耐候性，可用于制造室外用产品以及家用电器（电视机、收录机、录像机、电子计算机）、电气设备外壳，汽车零部件、灯具、广告牌、路标、办公文化用品等。

（5）甲基丙烯酸甲酯/苯乙烯共聚物（MS）

MS树脂是甲基丙烯酸甲酯（MMA）与苯乙烯的共聚物。MMA的引入，使得MS兼有PS的良好加工性、低吸湿性和PMMA的耐候性和优良的光学性能；增加了韧性，提高了耐候性，使其力学性能优于GPPS。此外，MS具有与PMMA相似的透明性。

MS加工性能良好，可以挤出、注塑、吹塑成型，还可以黏结、焊接、机械加工等二次加工成型。成型条件与PS和PMMA相似。

MS主要应用于要求透明的零件制造，如仪器仪表零件、灯具、光学镜片、广告牌、办公用品及其他日用品，如牙刷、开关、标尺等。

（6）甲基丙烯酸甲酯/丁二烯/苯乙烯共聚物（MBS）

MBS树脂是由甲基丙烯酸甲酯、丁二烯与苯乙烯三元共聚而得。MBS中引入了MMA，树脂的折射率下降，与橡胶相的折射率相近，提高了树脂的透明度，弥补了ABS树脂不透明的缺陷，所以，MBS也称为透明ABS。其透光率可达85%～90%，折射率为1.538，可任意着色成为透明、半透明、不透明制品。

MBS力学性能优良，是一种韧性良好的塑料。在85～90 ℃范围内可保持足够的刚性，在－40 ℃时仍具有良好的韧性。MBS耐弱酸、碱和油脂，不耐酮类、芳香烃、脂肪烃和氯代烃等溶剂；耐紫外线能力也较好。MBS流动性与ABS相似。MBS可采用挤出成型方法制造型材、片材、管、膜，也可采用注塑、吹塑方法成型。

MBS主要需要一定冲击强度的透明制品，如电视机、收录机、电子计算机等各种家用电器外壳，仪器仪表盘、罩，电信器材零件，玩具、日用品等，在许多场合下可以替代ABS。MBS另一重要应用领域是用作PVC的抗冲改性剂。加入MBS可使PVC的冲击强度提高6～15倍，还改善了PVC的抗老化性、耐寒性和加工性能。

（7）苯乙烯/马来酸酐共聚物（SMA）

SMA树脂由苯乙烯与马来酸酐（MAH）无规共聚而得。SMA最大的优点是耐热性优良，SMA分子主链中存在五元环，增大了高分子链的刚性，使SMA的T_g和热变形温度均明显提高，并随MAH的含量增加而增大，MAH含量每增加1%，T_g提高2 ℃。热变形温度在96～120 ℃（1.82 MPa负荷）范围，比PS高出40～50 ℃。SMA中MAH含量不能太高，过高，在加工过程中易发生分解。

SMA具有突出的刚性和尺寸稳定性。含有橡胶成分的SMA韧性和冲击强度提高，但失去透明性。SMA可溶于碱液、酮类、醇类和酯类中。在水、己烷及甲苯中不溶胀。

马来酸酐的引入，使SMA具有良好的耐热性，可挤出、注塑加工。主要应用于汽车零件，如内装饰件、仪表板、前板、门框等，以及家用电器零件；也可用于制造各种电子仪器零件、食品容器、办公用品等。

SMA与其他塑料共混，主要改善它们的耐热性，制成的合金用途十分广泛。如SMA与PVC、ABS、PC、PBT共混等。SMA/ABS的热变形温度比普通ABS提高约20 ℃，也超过了耐热ABS的热变形温度，而且加工性能良好。SMA/PC合金的冲击强度、耐应力开裂性和加工性能均优于PC。

（8）苯乙烯/马来酰亚胺共聚物（SMI）

SMI树脂是苯乙烯与马来酰亚胺（MI）的共聚物。SMI主链中含有马来酰亚胺环，MI基上形成C—N—O共振结构，限制了大分子的自由运动，使SMI具有较大的刚性，比SMA具有更高的耐热性。SMA在210 ℃开始分解，SMI在320 ℃才开始分解。SMI耐热性与MI中氮原子上所连取代基结构密切相关。若用N-苯基马来酰亚胺（NPMI）为单体，与苯乙烯共聚，耐热性提高得比马来酰亚胺更加明显，随着NPMI含量的增加而增加。

SMI主要缺点是抗冲击性能不高，可通过与其他树脂共混的方式加以改进。SMI常与BR、ABS、PC、PMMA、PET、PPS、PVC等树脂进行共混，制成各种合金。

SMI作为热塑性塑料，可采用挤出、注塑、发泡等方法进行加工。制品可作为工程塑料使用，制造汽车零件、仪表盘、计算机、机壳、办公用品、薄膜等。

（9）K树脂

K树脂是丁二烯-苯乙烯星形嵌段透明树脂。K树脂中，苯乙烯与丁二烯通过化学键相连，两相界面具有很高的结合力。K树脂具有良好的力学强度、透明性，易加工。其性能与GPPS相近，但冲击性能高于GPPS。K树脂与GPPS有良好的相容性。

K树脂透明性非常突出，透光率可达80%～90%，接近GPPS，比增韧PS高。通过控制丁二烯嵌段长度和聚丁二烯结构，使橡胶相比可见光波长小，控制K树脂透明性。

K树脂热变形温度低于其他苯乙烯类树脂。K树脂易溶于甲苯、甲乙酮、乙酸乙酯、氯甲烷等。

K树脂具有良好的透明性和冲击性能，符合美国FDA规定，主要用于包装材料，大量用于食品、水果、蔬菜、肉类的包装，也可应用于医用容器、磁带盒、洗涤剂包装瓶、化妆品盒、高档服装衣架等。

2.6 聚甲基丙烯酸甲酯

聚甲基丙烯酸甲酯（Polymethyl Methacrylate，PMMA），俗称“有机玻璃”或“亚克力（acrylic）”。它是由丙烯酸甲酯自由基聚合得到的聚合物，是迄今为止合成透明材料中质地最优异、价格较低的品种。

1927年，德国罗姆-哈斯公司的化学家在两块玻璃板之间将丙烯酸酯加热，丙烯酸酯发生聚合反应，生成黏性的橡胶状夹层，可用作防破碎的安全玻璃。当他们用同样的方法使甲基丙烯酸甲酯聚合时，得到了透明度极好、其他性能也良好的有机玻璃板。1931年，罗姆-哈斯公司建厂生产聚甲基丙烯酸甲酯，首先在飞机工业得到应用，取代了赛璐珞塑料，用作飞机座舱罩和挡风玻璃。第二次世界大战期间因PMMA具有优异的强韧性及透光性，被应用于飞机的挡风玻璃、坦克司机驾驶室的视野镜。1948年世界第一个PMMA浴缸的诞生，标志着 PMMA 的应用进入新的里程碑。

2.6.1　聚甲基丙烯酸甲酯的结构与性能

（1）结构

聚甲基丙烯酸甲酯的分子结构式如下：

$$\left[CH_2-\overset{\displaystyle CH_3}{\underset{\displaystyle COOCH_3}{\overset{|}{\underset{|}{C}}}} \right]_n$$

PMMA 大分子链上的甲基和甲酯基破坏了分子链的空间规整性，使其呈无定形态，难以结晶。大分子链上不对称取代基妨碍了大分子的内旋转，因而分子链具有一定的刚性，其 T_g 比 PE 高得多。PMMA 大分子结构中没有叔氢原子，具有较好的耐候性，即耐老化性能。如果采用配位聚合也可以得到全同立构或间同立构的聚甲基丙烯酸甲酯。

（2）性能

PMMA 无毒无味，密度在 1.15～1.19 g/m^3，是玻璃（2.40～2.80 g/m^3）的一半，同样大小的材料，其重量只有普通玻璃的一半，金属铝的 43%。

①光学性能。

PMMA 是高度透明的无定形热塑性塑料，具有十分优异的光学性能，透光率可达 90%～92%，比玻璃的透光度高，折射率为 1.49，雾度不大于 2%，可透过大部分紫外线和红外线。石英能完全透过紫外线，但价格高昂，普通玻璃只能透过 0.6% 的紫外线，但 PMMA 却能透过 73%。在照射紫外光的状况下，与聚碳酸酯相比，PMMA 具有更佳的稳定性。PMMA 允许小于 2 800 nm 波长的红外线通过。

②力学性能。

PMMA 具有良好的综合力学性能，在通用塑料中居前列，拉伸、弯曲、压缩等强度均高于聚烯烃，如聚苯乙烯、聚氯乙烯等。冲击韧性较差，但也略优于聚苯乙烯。浇铸的本体聚合 PMMA 板材（如航空用有机玻璃板材）拉伸、弯曲、压缩等力学性能更好一些，可以达到聚酰胺、聚碳酸酯等工程塑料的水平。

一般而言，PMMA 的拉伸强度可达到 50～77 MPa 水平，弯曲强度可达到 90～130 MPa，这些性能数据的上限已达到甚至超过某些工程塑料。其断裂伸长率仅为 2%～3%，力学性能特征基本上属于硬而脆的塑料，且具有缺口敏感性，在应力下易开裂，但断裂时断口不像聚苯乙烯和普通无机玻璃那样尖锐参差不齐。40 ℃是 PMMA 的二级转变温度，相当于侧甲基开始运动的温度，超过 40 ℃，该材料的韧性、延展性有所改善。PMMA 表面硬度低，易于划伤，耐磨性较差，抗银纹能力较差。

③热学性能。

PMMA 的耐热温度不高，它的 T_g 虽然达到约 104 ℃，但最高连续使用温度却随工作条件的不同而不同，只在 65～95 ℃改变，热变形温度约为 96 ℃（1.18 MPa），维卡软化点约 113 ℃。可以用单体与甲基丙烯酸丙烯酯或双酯基丙烯酸乙二醇酯共聚的方法提高耐热性。聚甲基丙烯酸甲酯的耐寒性较差，脆化温度约 9.2 ℃。聚甲基丙烯酸甲酯的热稳定性属于中等，优于聚氯乙烯和聚甲醛，但不及聚烯烃和聚苯乙烯，热分解温度略高于 270 ℃，其流动温度约为 160 ℃，故有较宽的熔融加工温度范围。PMMA 的氧指数为 17.3，属于易燃塑料，点燃离火后不能自熄，火焰呈浅蓝色，燃烧时伴有腐烂水果、蔬菜的气味。

④电学性能。

PMMA 由于主链侧位含有极性的甲酯基，电性能不如聚烯烃和聚苯乙烯等非极性塑料。由于甲酯基的极性不太大，故 PMMA 仍具有良好的介电和电绝缘性能，主要用作高频率绝缘材料。PMMA 和丙烯酸类塑料，都具有优异的抗电弧性，在电弧作用下，表面不会产生碳化的导电通路和电弧径迹现象。

⑤环境性能。

PMMA 的耐候性好，长期在户外使用，性能下降很小，并且对臭氧和二氧化硫等气体具有良好的抵抗能力。PMMA 可耐较稀的无机酸，但浓的无机酸可使它侵蚀，可耐碱类，但温热的氢氧化钠、氢氧化钾可侵蚀它，可耐盐类和油脂类，耐脂肪烃类，不溶于水、甲醇、甘油等，但可吸收醇类溶胀，并产生应力开裂，不耐酮类、氯代烃和芳烃。在许多氯代烃和芳烃中可以溶解，如二氯乙烷、三氯乙烯、氯仿、甲苯等，乙酸乙烯和丙酮也可以使它溶解。

⑥加工性能。

PMMA 含有极性侧甲基，具有较明显的吸湿性，吸水率一般在 0.3% ~0.4%，成型前必须干燥，干燥条件是 80 ~85 ℃下干燥 4 ~5 h。PMMA 在成型加工的温度范围内具有较明显的非牛顿流体特性，熔融黏度随剪切速率增大会明显下降，熔体黏度对温度的变化很敏感。因此，对于 PMMA 的成型加工，提高成型压力和温度都可明显降低熔体黏度，取得较好的流动性。PMMA 开始流动的温度约 160 ℃，开始分解的温度高于 270 ℃，具有较宽的加工温度区间。PMMA 熔体黏度较高，冷却速率又较快，制品容易产生内应力，因此成型时对工艺条件控制要求严格，制品成型后也需要进行后处理。PMMA 是无定形聚合物，收缩率及其变化范围都较小，一般在 0.5% ~0.8%，有利于成型出尺寸精度较高的塑件。PMMA 切削性能甚好，其型材可很容易地机加工为各种要求的尺寸。

2.6.2 PMMA 的生产

甲基丙烯酸甲酯的聚合反应主要按自由基聚合机理进行。引发方式有光、热或引发剂。可以按本体、悬浮、溶液、乳液聚合等方法实施工业生产。主要采用本体聚合生产有机玻璃；采用悬浮聚合生产模塑粉；采用乳液聚合生产皮革或织物处理剂。溶液聚合生产油漆，但应用较少。在利用本体聚合生产有机玻璃时，最关键的问题是如何控制克服甲基丙烯酸甲酯聚合过程中的“凝胶效应”和聚合过程体积收缩问题。

（1）本体浇注法生产板、棒、管状 PMMA

①PMMA 板材的生产。

PMMA 板材的生产工艺流程如图 2 -9 所示。

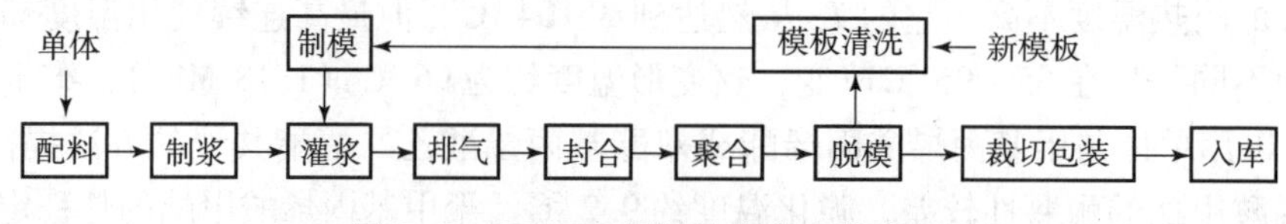

图 2 -9　PMMA 板材的生产工艺流程

a. 制模。

将一定规格光洁平整、无光学畸变、去毛边的硅玻璃板，依次用5%的氢氧化钠溶液、稀盐酸洗涤，再用蒸馏水洗涤干净并烘干。根据厚度要求，将符合标准的橡胶条用聚乙烯醇胶水浸润后，再用玻璃纸包扎成适用的垫条。然后将垫条夹在两块玻璃板的四周（注意留灌浆口），用聚乙烯醇或其他黏性物质严格涂封，再用垫有橡皮的不锈钢夹子夹牢。

b. 制浆。

制浆又称预聚合，是按配方将纯度为98.5%以上的单体和引发剂、增塑剂、脱模剂等加入预聚釜内，启动搅拌器，向夹套内通入蒸汽升温至75~85 ℃，保持5~10 min，停止加热。釜内物料因聚合放热会自动升温至90~92 ℃，维持15 min后，向夹套通冷却水降温至84 ℃左右，经过15 min后，将物料放入用夹套冷冻盐水冷却的釜中，快速搅拌冷却至18~20 ℃，所得浆液供灌浆使用。

预聚合的目的：缩短聚合反应的诱导期，利用“凝胶效应”的提前出现，在灌模前移出较多的聚合热，保证产品的质量；减小聚合时的体积收缩，通过预聚合可以使收缩率小于12%（正常由MMA至PMMA体积收缩率为20%~22%）；浆液黏度大，可以减少灌模的渗漏损失。

c. 灌浆。

将预聚浆液通过漏斗灌入模具中。根据生产的板材厚度不同一般采取不同的灌浆方法。

厚度小于4 mm的板材，先灌浆，之后竖直置于进片架直接进入水箱，依靠水的压力将空气排出，使浆液布满模具，立即封合。

厚度5~6 mm的板材，在竖直灌浆后将空气排出，使浆液布满模板，立即封合。

厚度8~20 mm的板材，为防止料液过重使模板挠曲破裂，而把模具放在可以倾斜的卧车上，灌浆后立即竖直模具排出空气，如图2-10所示。

厚度20~50 mm的板材，采用水压灌浆法，即先将模具放入水箱中，在模具被水淹没一半左右时开始灌浆，模具随浆料的进入逐渐下沉，待料液充满模具后迅速密封，在操作过程中要避免水进入模具内，如图2-11所示。

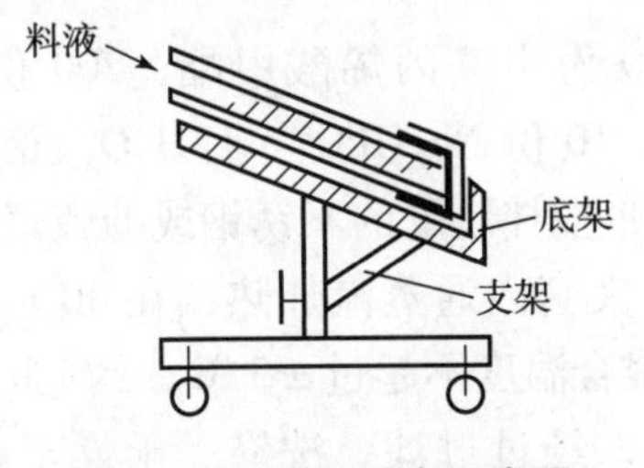

图2-10 灌浆卧车示意图

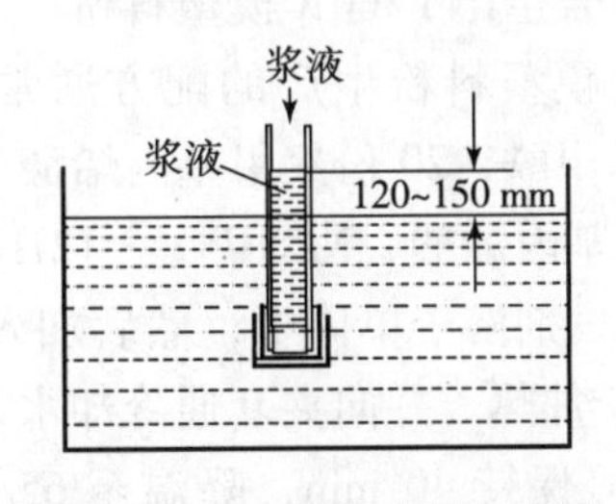

图2-11 水压法灌浆示意图

d. 聚合（水浴法、空气浴法）。

水浴法是将灌好浆料的模具放入恒温水箱中静置1~2 h后通入蒸汽升温。聚合温度与聚合时间依据板材的厚度而定，如厚度小于20 mm的板材，其操作条件为：35~50 ℃聚合30~38 h；65~100 ℃聚合3~5 h，然后降温45~65 ℃送去脱模。水浴法的优点是：反应容易控制，聚合产物的相对分子量差异较小，有利于提高产品的抗磨性和抗溶剂性；利用水中压力比空气大，容易保证所得板材的厚度均匀。不足之处是劳动强度大，模具的密封严格，板材规格受水箱限制，难以生产特大型板材。

空气浴法是将灌浆后的模具按与水平线成15°~20°的斜度置于聚合车上，然后将聚合车推至烘房内进行聚合。首先在85~100 ℃的烘房中聚合到一定黏度，将溶解于浆液中的空气全部排出并降温至35~45 ℃，将模具放平，再送另一烘房，在40~60 ℃低温聚合，再在90~100 ℃进行高温聚合，最后降温到60~70 ℃送去脱模。空气浴法的优点是：制模和密封没有水浴法严格；由于聚合温度较高（100 ℃下），能缩短聚合时间，并有利于提高板材的耐热性和硬度；可以生产大型板材。不足之处是由于空气的导热性差，对模具没有压力，故增加了操作技术上的难度。

e. 脱模。

聚合后的模子，用模具刀插入缝中微加压力即可脱模，若有困难可用温水加热有助于脱模。脱模后的片状物经修边、裁剪、检验、分级后即可包装入库。

②有机玻璃棒材的生产。

有机玻璃棒材的生产同样要经过制浆、灌浆、聚合、脱模等过程。为了克服棒材因单体聚合收缩不均匀而造成缺陷，需要采取连续分层聚合法。即先将单体、引发剂、增塑剂、脱模剂等于80 ℃下加热搅拌制成浆料，然后倒入一端封好的铝制圆管中，将管直立并通入N_2使管内保持一定的压力，以便浆料与管壁紧密贴合。再将管子底部置于70~80 ℃的水浴中进行聚合，然后逐渐下移管子，使聚合反应逐段连续进行。由于管内上部浆料为流动状态，使压力容易传递到聚合层，可防止径向收缩，未聚合的单体会自然流下以补充可能出现的孔隙。铸塑长1.2 m，直径10 mm的棒约需6 h，而同样长度、直径50 mm的棒则需要24 h。聚合完毕，取出冷却。因树脂的热膨胀系数比做模具的铝大些，所以树脂冷却后容易脱模。

③有机玻璃管材的生产。

用铝管作模具，先将一端封闭，根据要求厚度灌入预制浆液，用N_2赶出空气，将铝管另一端封闭。沿水平轴向方向将模具以200~300 r/min的速度旋转，管外喷淋热水，浆液即均匀分布于管壁并进一步聚合生成壁厚一致的有机玻璃管。

（2）悬浮聚合生产PMMA模塑料粉

普通PMMA模塑料粉生产的配方通常为：100份甲基丙烯酸甲酯，200份去离子水，0.08份过氧化苯甲酰，20份聚甲基丙烯酸（5%），10份$Na_2HPO_4 \cdot 12H_2O$。聚合过程：将去离子水、聚甲基丙烯酸、$Na_2HPO_4 \cdot 12H_2O$加入带搅拌装置的不锈钢或搪瓷聚合釜内，搅拌均匀，再将引发剂溶于单体中，然后加入釜内，夹套内通蒸汽加热，在40 min内逐步升温至82 ℃，停止加热。并向夹套通冷却水，维持聚合温度不超过±5 ℃，约1 h后，再通入蒸汽加热至93 ℃保持40 min，降温至65 ℃放料，经过过滤、洗涤、干燥至含水量小于1%，然后经热轧（也可以加入染料等）再粉碎、过筛即得模塑粉。

医用PMMA模塑粉生产的配方通常为：100份甲基丙烯酸甲酯，0.73份过氧化苯甲酰，600份去离子水，0.036份聚乙烯醇，25.7份聚甲基丙烯酸（0.1%）。聚合过程与上面的普通模塑粉生产过程类似。制得的模塑粉，筛分后，取40~120目粉料为牙托粉用料；120目以上粉料为造牙粉用料。

2.6.3 PMMA 的成型加工与应用

（1）成型加工

PMMA 可以采用浇铸、注塑、挤出、热成型等工艺进行加工。

①浇铸成型。浇铸成型用于制备有机玻璃板材、棒材等，即用本体聚合方法制备型材。浇铸成型后的制品需要进行后处理，后处理条件是 60 ℃下保温 2 h，120 ℃下保温 2 h。

②注塑成型。注塑成型采用悬浮聚合所制得的颗粒料，成型在普通的柱塞式或螺杆式注塑机上进行。注塑制品也需要后处理消除内应力，处理在 70 ~ 80 ℃热风循环干燥箱内进行，处理时间视制品厚度而定，一般均需 4 h 左右。

③挤出成型。聚甲基丙烯酸甲酯也可以采用挤出成型，用悬浮聚合生产的颗粒料可以制备有机玻璃板材、棒材、管材、片材等，但这样制备的型材，特别是板材，由于聚合物分子量小，力学性能、耐热性、耐溶剂性均不及浇注成型的型材。挤出成型的优点是生产效率高，特别是对于管材和其他用浇注法模具时难以制造的型材。挤出成型可采用单阶或双阶排气式挤出机，螺杆长径比一般在 20 ~ 25。

④热成型。热成型是将有机玻璃板材或片材制成各种尺寸、形状制品的过程，将裁切成要求尺寸的坯料夹紧在模具框架上，加热使其软化，再加压使其贴紧模具型面，得到与型面相同的形状，经冷却定型后修整边缘即得制品。加压可采用抽真空牵伸或用对带有型面的凸模直接加压的方法。热成型温度可参照：下限温度 149 ℃、上限温度 193 ℃、正常温度 177 ℃、冷却温度 85 ℃的温度范围。采用快速真空低牵伸成型制品时，宜采用接近下限温度；成型形状复杂的深度牵伸制品时，宜采用接近上限温度；一般情况下采用正常温度。此外，型材也可采用车、铣、钻、裁等机械加工方法。

（2）应用

PMMA 具有优良的性能，它的用途极为广泛。建筑方面，PMMA 主要应用于建筑采光体、透明屋顶、棚顶、电话亭、楼梯和房间墙壁护板、展示窗、广告窗、天花板、照明板等；光学仪器方面，制作各种光学镜片，如眼镜、放大镜、各种透镜以及激光扫描控制的慢转录像带等；医疗方面，PMMA 是医疗器械如假肢、假牙，医用导光的基本原料，可以制造人工角膜；交通方面，除在飞机上用作座舱盖、风挡和弦窗外，也可用作汽车、轮船、摩托车的挡风玻璃、车窗、仪器仪表表盘、罩壳、刻度盘、尾灯、信号灯等；文具及日用品方面，制作各种制图用具、示教模型、标本防护罩、灯具、笔杆、纽扣、发夹、糖果盒、肥皂盒、各种容器及其他日用装饰品；卫生洁具方面，由于 PMMA 浴缸具有外观豪华、有深度感、容易清洗、强度高、质量小及使用舒适等特点，近年来得到了广泛的使用，目前国内年产有机玻璃压克力浴缸约 150 万只，有浴缸、洗脸盆、化妆台等产品。

2.7 酚醛树脂

酚醛树脂（Phenol-Formaldehyde Resin，PF），也称为电木或电木粉。酚醛树脂是由酚类化合物（如苯酚、甲酚、二甲酚、间苯二酚、叔丁酚、双酚 A 等）与醛类化合物（如甲醛、乙醛、多聚甲醛、糠醛等）在碱性或酸性催化剂作用下，经加成缩聚反应制得的一类聚合物的统称。它是合成树脂中发现最早、最先实现工业化生产的树脂品种，已有百年历史。

1872 年，德国化学家 Bayer 首先发现酚和醛在酸的存在下可以缩合得到无定形棕红色的不可处理的树枝状产物，但未开展研究；1902 年，布卢默（Blumer）用酒石酸作催化剂，得到了第一个商业化酚醛树脂，命名为 Laccain，但没有形成工业化规模；1905—1907 年，酚醛树脂创始人美国科学家贝克兰（Baekeland）对酚醛树脂进行了系统而广泛的研究，并于 1909 年提出了关于酚醛树脂“加压、加热”固化的专利，实现了酚醛树脂的实用化，解决了重大的关键问题。1910 年在柏林吕格斯工厂建立通用酚醛树脂公司，实现了工业生产。1911 年，艾尔斯沃思提出用六亚甲基四胺固化热塑性酚醛树脂，并制得性能良好的塑料制品，获得广泛的应用。1913 年，德国科学家阿尔贝特（Albert）发明在苯酚 - 甲醛酸性缩合物中加松香，制得了油溶性酚醛树脂。这一发明开辟了酚醛树脂在涂料工业中的应用。1969 年，由美国金刚砂公司开发了以苯酚 - 甲醛树脂为原料制得的纤维，随后由日本基诺尔公司投入生产。

酚醛树脂作为三大热固性树脂之一，其产量在合成高分子聚合物中居第五位，在热固性树脂中居第一位。以选用催化剂的不同，酚醛树脂可分为热固性和热塑性两类。以酚醛树脂为主要成分并添加大量其他助剂而制得的制品称为酚醛塑料，主要包括 PF 模塑料制品、PF 层压制品、PF 泡沫塑料制品、PF 纤维制品、PF 铸造制品、PF 封装材料等。

2.7.1 酚醛树脂的生产

酚醛树脂的生产可以按两条具有显著差异的工艺路线来生产，即通称为热塑性树脂（又称二步法树脂、线型树脂、Novolak 树脂）路线和热固性树脂（又称一步法树脂、甲阶或 A 阶树脂、Resole 树脂）路线，两条工艺路线示意图如图 2 - 12 所示。

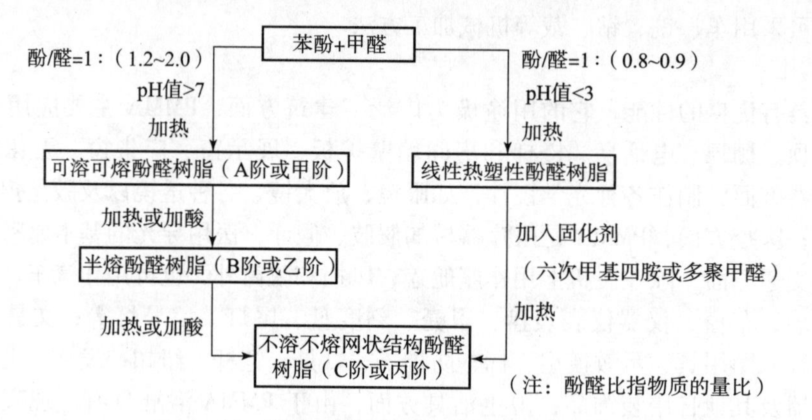

图 2 - 12　酚醛树脂生产的两条工艺路线示意图

（1）热塑性酚醛树脂

热塑性酚醛树脂是过量苯酚与甲醛在酸性条件下反应制得的。首先，酸（H^+）的作用使甲醛形成羟甲基正离子，然后羟甲基正离子进攻苯酚，发生亲电取代反应，生成邻、对位羟甲基酚，以生成邻位羟甲基酚为例，反应式如下：

$$HO—CH_2—OH + H^+ \rightleftharpoons {}^+CH_2OH + H_2O$$

$$C_6H_5OH + {}^{+}CH_2OH \underset{}{\overset{慢}{\rightleftharpoons}} \left\{ \begin{array}{l} \text{OH}^{+}\text{(环己二烯, H, }CH_2OH\text{)} \overset{快}{\rightleftharpoons} \text{OH, }CH_2OH\text{(邻位)} + H^{+} \\ \text{OH}^{+}\text{(环己二烯, H, }CH_2OH\text{)} \overset{快}{\rightleftharpoons} \text{OH, }CH_2OH\text{(对位)} + H^{+} \end{array} \right.$$

羟甲基酚很不稳定，在酸性作用下脱水生成羟苄基正离子，再与苯酚反应，两个酚通过亚甲基桥连在一起，生成二酚基甲烷，反应式如下：

$$HOC_6H_4CH_2OH + H^{+} \rightleftharpoons HOC_6H_4CH_2OH_2^{+} \rightleftharpoons HOC_6H_4CH_2^{+} + H_2O$$

$$HOC_6H_4CH_2^{+} + C_6H_5OH \rightleftharpoons HOC_6H_4-CH_2-C_6H_4OH + H^{+}$$

二酚基甲烷有三种异构体，结构式如下：

$$\text{(邻,邻')}\ HOC_6H_4-CH_2-C_6H_4OH \qquad \text{(邻,对')}\ HOC_6H_4-CH_2-C_6H_4-OH \qquad \text{(对,对')}\ HO-C_6H_4-CH_2-C_6H_4-OH$$

二酚基甲烷继续与甲醛反应，使缩聚产物的分子链进一步增长，最终得到线性的酚醛树脂，总反应式如下：

$$(n+1)\,C_6H_5OH + n\text{HCHO} \longrightarrow C_6H_4(OH)\!\left[-CH_2-C_6H_3(OH)-\right]_n + nH_2O$$

产物平均相对分子量 600 ~ 700，n 值越大，分支结构越多，n 一般为 4 ~ 12，其数值大小与反应物中苯酚的过量程度有关。热塑性酚醛树脂的质量指标有三个：一是软化点，其高低反映了树脂平均分子量的大小；二是黏度，树脂 50% 酒精溶液的黏度；三是游离酚含量，即树脂中未反应的酚含量。固化时，利用树脂中酚基上未反应的对位活泼氢与甲醛或六甲基四胺作用，形成不溶不熔的热固性酚醛树脂。

（2）热固性酚醛树脂

热固性酚醛树脂是由苯酚与甲醛在碱性介质中缩聚而合成的。其中甲醛稍微过量，一般苯酚与甲醛的物质的量的比为 1:(1.2～2.0)。反应的第一阶段形成各种羟基酚，第二阶段是各种羟基酚之间进行反应，第三阶段是形成网状大分子的反应。

第一阶段：

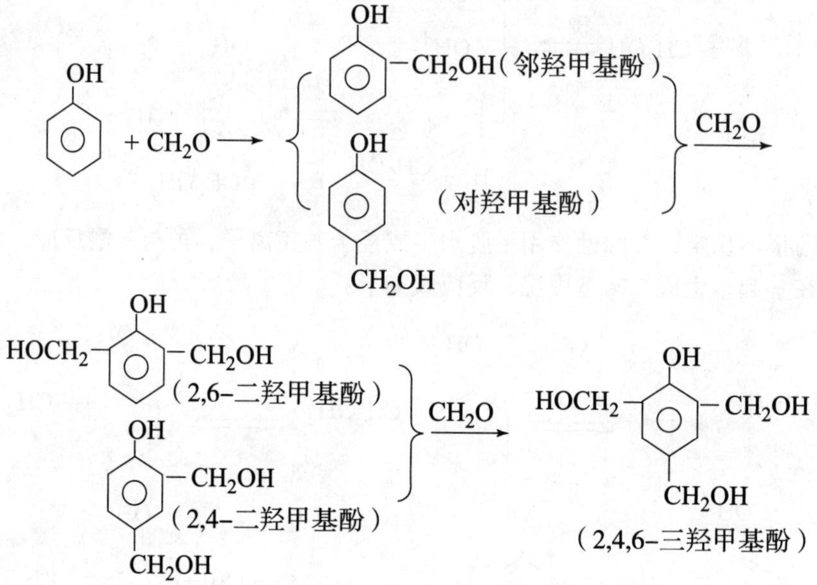

OH

$+ CH_2O \longrightarrow$

OH —CH_2OH(邻羟甲基酚)

OH

(对羟甲基酚)

CH_2OH

$\xrightarrow{CH_2O}$

OH

$HOCH_2$— —CH_2OH

(2,6–二羟甲基酚)

OH

—CH_2OH

(2,4–二羟甲基酚)

CH_2OH

$\xrightarrow{CH_2O}$

OH

$HOCH_2$— —CH_2OH

CH_2OH

(2,4,6–三羟甲基酚)

第二阶段：

OH —CH_2OH + OH CH_2OH $\longrightarrow$ OH —CH_2— OH CH_2OH

OH $HOCH_2$— —CH_2OH + OH —CH_2OH CH_2OH $\rightarrow$ $HOCH_2$— OH —CH_2— OH —CH_2OH CH_2OH

OH $HOCH_2$— —CH_2OH + $HOCH_2$— OH —CH_2OH CH_2OH $\longrightarrow$

OH

$HOCH_2$— —CH_2OH

CH_2

$HOCH_2$— —CH_2OH

OH

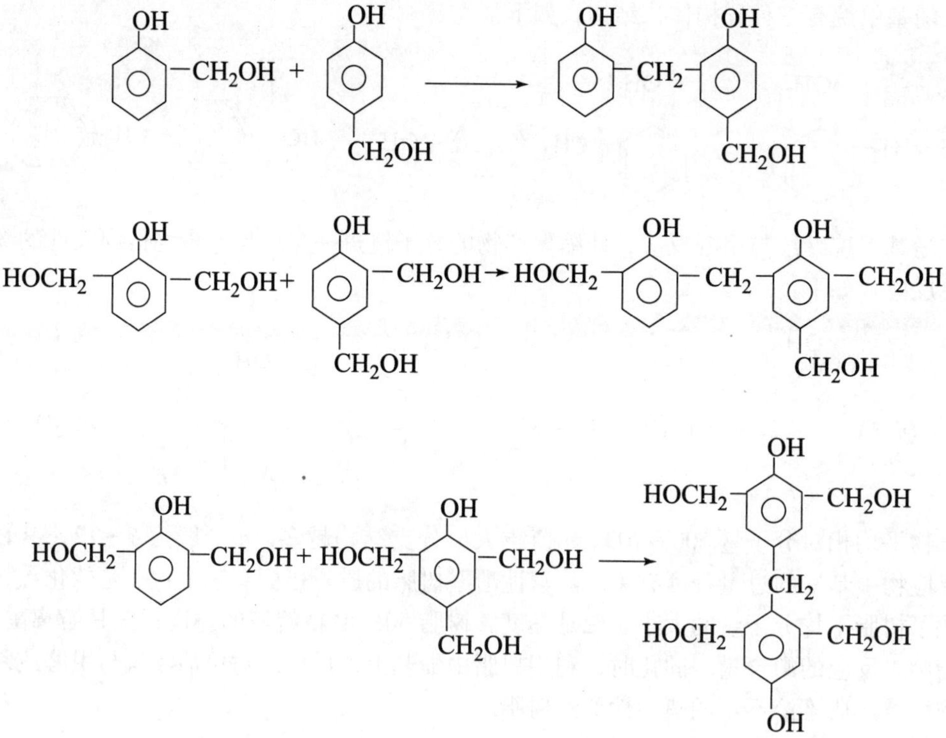

第三阶段：

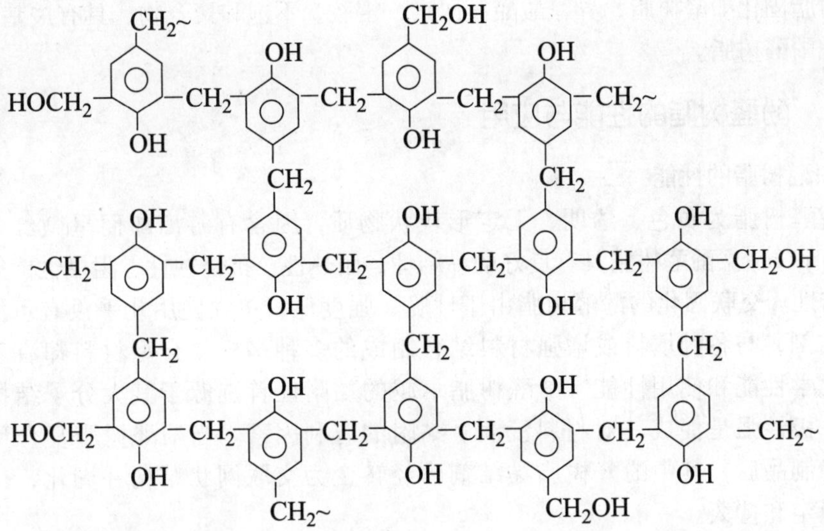

2.7.2　酚醛树脂的固化

酚醛树脂只有在形成交联网状（或称体型）结构之后才具有优良的使用性能，包括力学性能、电绝缘性能、化学稳定性、热稳定性等。酚醛树脂的固化就是使其转变为网状结构的过程，表现出凝胶化和完全固化的两个阶段，其特点：一是树脂在固化前的结构因素（组成、分子量大小、反应官能度等）对性能影响显著；二是固化反应受催化剂、固化剂、树脂 pH 值等的影响显著；三是固化过程有热效应；四是固化速率受温度、压力的影响显著；五是固化过程有副产物（如水、甲醛等）产生；六是固化反应是不可逆过程。

酚醛树脂从 A 阶段向 B 阶段和 C 阶段转化后形成三维网状体型结构。分子量小的线性树脂能熔融，因此称此时的树脂为 A 阶树脂。当树脂硬化后，就到凝胶化阶段，即 B 阶，这个阶段树脂溶胀但仍可以被溶剂溶解。最后，树脂变得刚硬，不熔，这就到了 C 阶。通常人们认为酚醛树脂的固化过程首先是羟甲基的缩合反应，并以两种方式进行，一种是羟甲基与酚环上的活泼氢发生缩合反应生成亚甲基，另一种则是羟甲基间发生缩合反应而生成亚甲基醚。酚醛树脂固化方式如下。

（1）热固化

热固化是亚甲基键和醚键同时生成，但二者比例与树脂中羟甲基的数目、酸碱性、固化温度和苯环上活泼氢的多少有关。醚键在温度 > 160 ℃时，脱去一分子甲醛转变为次甲基键。

（2）酸固化

在树脂中加入适当的酸类固化剂，可以达到低温固化的目的。固化反应主要形成次甲基键。通用酸类固化剂有盐酸、磷酸、对甲苯磺酸、苯酚磺酸等。

（3）碱固化

为了控制固化反应顺利进行，用一种或几种较弱或较强的碱性催化剂。通用的碱性固化剂有 NaOH、$Ba(OH)_2$、MgO、氨水等，此外还用六次甲基四胺直接固化线性酚醛树脂。

（4）其他固化方式

酚醛树脂还可以和其他化合物反应而实现固化。例如热固性和热塑性酚醛树脂互相固化，环氧树脂固化酚醛树脂，异氰酸酯、尿素、蜜胺、不饱和聚合物、具有羧基的化合物等均可以固化酚醛树脂。

2.7.3 酚醛树脂的性能与应用

（1）酚醛树脂的性能

固体酚醛树脂为黄色、透明、无定形块状物质，因含有游离酚而呈微红色，密度为1.25～1.30 g/cm^3。酚醛树脂具有良好的黏结性、耐热性、抗烧蚀性、阻燃性能等。

①黏结性。交联固化的酚醛树脂由于性脆、强度低，单独使用几乎没有可能。以酚醛树脂为黏结剂，与各种填料或增强材料结合制成的多种多样复合型材料却有着优良的物理性能、化学性能和使用性能。酚醛树脂卓越的黏附性首选源于其大分子结构上的大量极性基团，极性强是促成其对材料浸润、黏附的有利因素。当酚醛树脂复合型材料加工成型为最终制品后，其中酚醛树脂黏结剂已经转变为交联网状结构并固化，得以保证黏结界面的稳定和持久。

②耐热性。酚醛树脂固化后依靠其芳香环结构和高交联密度的特点而具有优良的耐热性，即使在非常高的温度下，也能保持其结构的整体性和尺寸的稳定性。酚醛树脂在200 ℃以下基本是稳定的，一般可在不超过180 ℃条件下长期使用。因此，酚醛树脂被应用于一些高温领域，如耐火材料、摩擦材料、黏结剂和铸造行业。

③抗烧蚀性。在温度大约为1 000 ℃的惰性气体条件下，酚醛树脂会产生很高的残炭，独特的抗烧蚀性酚醛树脂交联网状结构有高达80%左右的理论含碳率，在无氧气氛下的高温热解残炭率通常在55%～75%。酚醛树脂在更高温度下热降解时吸收大量的热能，同时形成具有隔热作用且强度较高的炭化层，当用于航天飞行器的外部结构时，在其返回地面穿过大气之际，酚醛树脂的热降解高残炭特性就起到了独特的抗烧蚀性作用和对航天飞行器的保护作用。

④阻燃性。酚醛树脂制成的泡沫塑料以及酚醛树脂基复合材料有极高的利用价值，这是因为酚醛树脂有良好的阻燃性。大多数高分子树脂都是易燃的，需要加入阻燃剂才能达到阻燃效果。但是酚醛树脂是少有的例外，它不必添加阻燃剂便可达到阻燃要求，且具有低烟释放、低烟毒性等特征，其燃烧发烟起始温度在500 ℃以上，而且表征发烟程度的最大消光系数为0.02。

⑤低烟低毒。与其他树脂系统相比，酚醛树脂系统具有低烟低毒的优势。在燃烧的情况下，酚醛树脂将会缓慢分解产生氢气、碳氢化合物、水蒸气和碳氧化物。分解过程中所产生的烟相对少，毒性也相对低。这些特点使酚醛树脂适用于公共运输和安全要求非常严格的领域，如矿山、防护栏和建筑业等。

⑥化学性质。酚醛树脂对水、弱酸、弱碱溶液稳定。遇强酸发生分解，遇强碱发生腐蚀。不溶于水，热塑性酚醛树脂溶于丙酮、酒精等有机溶剂中。交联后的酚醛树脂可以抵制很多化学物质的分解。例如汽油、石油、醇、乙二醇和各种碳氢化合物。

⑦高弹性模量。酚醛在普通塑料中具有最高的弹性模量，具有良好的电绝缘性质。它可与任何增强材料配合，可以用纸增强、布增强、玻璃纤维增强，甚至还有用芳香尼龙增强的。用石棉、金属粉增强的酚醛用于汽车的刹车片和离合器片。酚醛在机械行业中有广泛的

应用，可制成任何形式的标准件如棒、板、带、片、齿轮、凸轮等。酚醛具有极高的压缩强度，高达215 MPa。另一个主要用途是线路板，有一系列不同的增强材料满足不同线路板的需求。

⑧加工形式多样。酚醛树脂的一大优点是可制成B阶（段）树脂。B阶树脂是尚未固化的树脂，分子链仍为线形。这使得酚醛树脂可以像热塑性树脂那样进行预浸，再进行成型加工。但是在加热加压条件下固化，就成为不溶不熔的固体。

（2）酚醛树脂的应用

通用酚醛树脂中的热塑性酚醛树脂主要用于制造模塑粉，也用于制造层压塑料、铸造型材料、清漆和胶黏剂等。通用热固性酚醛树脂主要用于制造层压塑料、浸渍成型材料、涂料、各类用途黏结剂等，少量用于模塑粉。高性能酚醛树脂除在上述领域中提升各种材料和制品的性能外，还开辟扩大了许多新的应用领域，如钢铁及有色金属冶炼的耐火材料、航天工业的耐烧蚀材料、高速交通工具的摩擦制动材料、电子工业的电子封装材料、建筑及交通工具的耐燃保温泡沫材料等领域。

①粉状模塑料。酚醛粉状模塑料是由酚醛树脂粉与各种粉状填充料混配而成的一类复合材料，经热压成型、传递成型或注塑成型可制成分别适合于各工业领域的制件及生活用品。酚醛模塑料粉在受热、受压的成型过程中发生交联反应而固化。成型品尺寸稳定，机械强度高，有较高的耐热性、电绝缘性、耐化学腐蚀性，且价格低，所以制品应用范围广，种类繁多。

②短纤维或碎屑片增强酚醛树脂模塑料。这是一类采用短纤维或碎屑片全部或大部分代替粉状填料与酚醛树脂组成的模塑料，其机械强度高，综合性能优于模塑粉成型品，典型的产品有大型电绝缘制品、机械或设备受力部件、摩擦及耐磨制品等。

③长纤维及长纤维织物增强酚醛塑料。以长纤维及其织物为主要增强剂的这类酚醛树脂复合材料制品具有优异的力学性能和良好的综合性能，可代替金属用于交通、机械、建筑、化工等领域。此类增强塑料所用酚醛树脂为液态热固性酚醛树脂。其制品成型方法以手糊、低压、拉挤成型工艺为主。

④酚醛层压塑料。酚醛层压塑料制品通常包括层压板、层压管、层压棒以及覆铜层压板。这些型材因为电绝缘性优良，力学性能和耐热性能都较好，又易进行二次加工（锯、钻、铣等机加工），所以大多用于电器及电子工业，制成绝缘板、绝缘管、电容器管、电子仪器底板等。

⑤酚醛隔热、隔音材料。酚醛泡沫塑料是近年来产量迅速上升的一类隔热隔音材料，其特殊优点在于耐燃、燃烧少烟、烟的毒性低、强度高、耐化学腐蚀性高，这些特点正是聚乙烯、聚丙烯、聚苯乙烯泡沫塑料所欠缺的。在特别强调生产、生活安全，注重环境保护等应用条件的要求下，需要隔热或隔音的场合，酚醛泡沫塑料受到重视并被大量选用成为必然。

⑥酚醛基涂料。酚醛树脂涂料或酚醛树脂漆是以酚醛树脂或改性酚醛树脂为基料制成的，是酚醛树脂最早的应用领域，至今仍是最重要的应用领域之一。此类涂料具有硬度高、光泽好、快干、耐水、耐酸碱、电绝缘、品种多等优点，所以广泛用作装饰漆、绝缘漆和防腐保护漆。

⑦碳化功能性材料。酚醛树脂高温碳化的残炭率高居目前主要高分子聚合物的首位，因此利用这一特点制造适宜高温碳化的高性能酚醛树脂及其制品，将它们高温炭化后可以得到

具有一些特殊性能的材料和制品，主要有碳/碳复合材料、石墨/酚醛树脂复合材料、活性碳纤维、碳泡沫材料、新电源材料、玻璃碳和木陶瓷等，这些酚醛碳化材料或制品均具有耐高温性、耐烧蚀性、耐化学腐蚀性、高导电性、高导热性、高吸附性等功能。

⑧电子封装材料。半导体微电子技术是一切先进科学技术发展的重要基础，半导体芯片是半导体微电子技术的核心，为完成对大量芯片和电路的保护功能，必须将它们进行封装。目前封装材料的90%以上是酚醛改性环氧树脂，或高性能酚醛树脂。以酚醛树脂作为固化剂的主要优点是所形成的封装料储存稳定性好、封装后耐热性好、电绝缘性优等。

⑨耐火材料。2006年全国耐火材料产量达到3 243.15万t。2006年含碳制品及散料产品产量在200万~250万t。这些含碳耐火材料每年以15%的速度增长。以酚醛树脂黏结剂生产的干式料、镁钙砖及高档异型耐火材料将有很大发展。

2.8 环氧树脂

环氧树脂（Epoxide Resin，EP）是指分子结构中含有两个或两个以上环氧基并在适当的化学固化试剂存在下形成三维网状固化物的总称，是一类重要的热固性树脂。EP既包括环氧基的低聚物，也包括含环氧基的低分子化合物。EP作为胶黏剂、涂料和复合材料等的树脂基体，广泛应用于水利、交通、机械、电子、家电、汽车及航空航天等领域。

环氧树脂的研究始于20世纪30年代。1934年德国法本公司的Schlack发现用胺类化合物可使含有多个环氧基团的化合物聚合成高分子化合物，生成低收缩率的塑料，从而获得德国专利。瑞士Gebr. de Trey公司的Pierre Castan和美国Devoe & Raynolds公司的Greelee用双酚A和环氧氯丙烷经缩聚反应制得环氧树脂，用有机多元胺或邻苯二甲酸酐均可使树脂固化，并具有优良的粘接性。随后，瑞士的Ciba公司、美国的Shell公司以及Dow Chemical公司都开始了环氧树脂的工业化生产及应用开发研究。20世纪50年代，在普通双酚A环氧树脂生产应用的同时，一些新型的环氧树脂相继问世。1960年前后，相继出现了热塑性酚醛环氧树脂、卤代环氧树脂、聚烯烃环氧树脂。

2.8.1 环氧树脂的分类

（1）按化学结构分类

按化学结构差异，环氧树脂可分为缩水甘油类环氧树脂和非缩水甘油类环氧树脂两大类。

①缩水甘油类环氧树脂。

缩水甘油类环氧树脂可看成缩水甘油（$\overset{O}{\overbrace{CH_2—CH}}—CH_2—OH$）的衍生化合物。主要有缩水甘油醚类、缩水甘油酯类和缩水甘油胺类三种。

a. 缩水甘油醚类。缩水甘油醚类环氧树脂是指分子中含缩水甘油醚的化合物，常见的主要有以下几种：

双酚A型环氧树脂（简称DGEBA树脂），是目前应用最广的环氧树脂，约占实际使用的环氧树脂中的85%以上。其化学结构式如下：

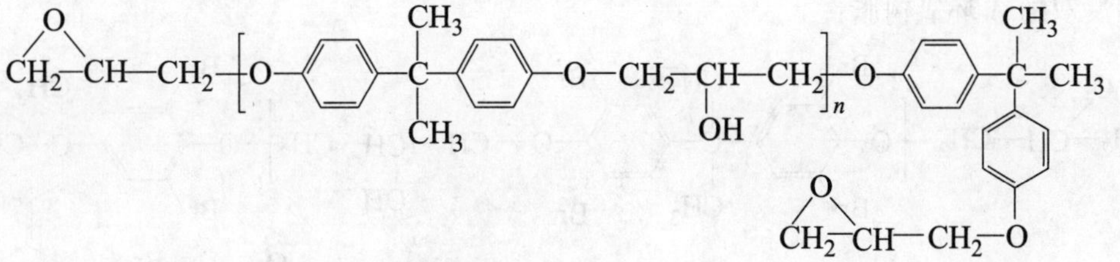

CH_2—CH—CH_2 O CH_3 C CH_3 O—CH_2—CH—CH_2 OH n O CH_3 C—CH_3 O CH_2—CH—CH_2—O

双酚 F 型环氧树脂（简称 DGEBF 树脂）：

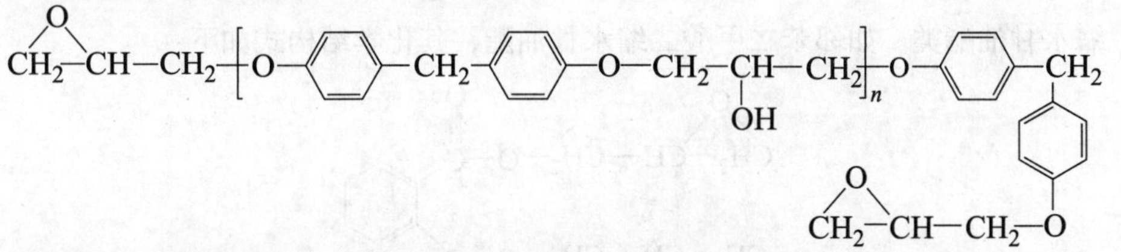

O CH_2—CH—CH_2 O CH_2 O—CH_2—CH—CH_2 OH n O CH_2 O CH_2—CH—CH_2—O

双酚 S 型环氧树脂（简称 DGEBS 树脂）：

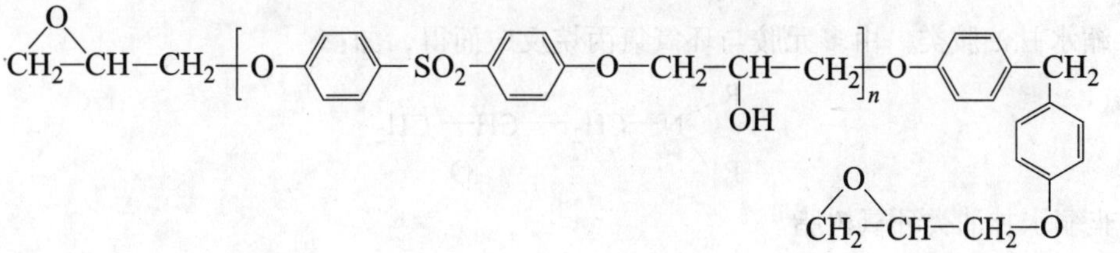

O CH_2—CH—CH_2 O SO_2 O—CH_2—CH—CH_2 OH n O CH_2 O CH_2—CH—CH_2—O

氢化双酚 A 型环氧树脂：

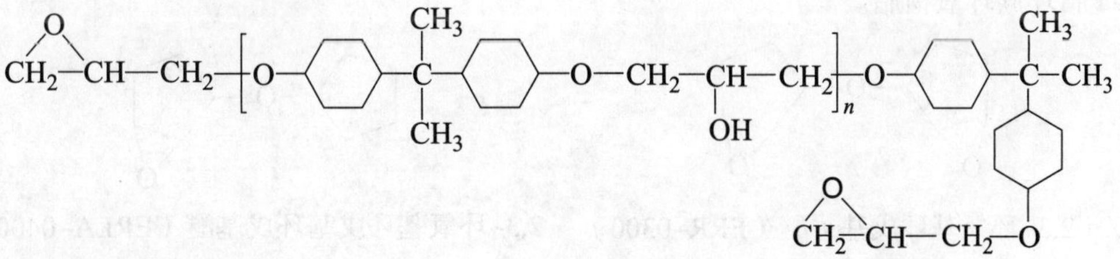

O CH_2—CH—CH_2 O CH_3 C CH_3 O—CH_2—CH—CH_2 OH n O CH_3 C—CH_3 O CH_2—CH—CH_2—O

线性酚醛型环氧树脂：

CH_2—CH—CH_2 O O　CH_2—CH—CH_2 O O　CH_2—CH—CH_2 O O　CH_2 CH_2 n

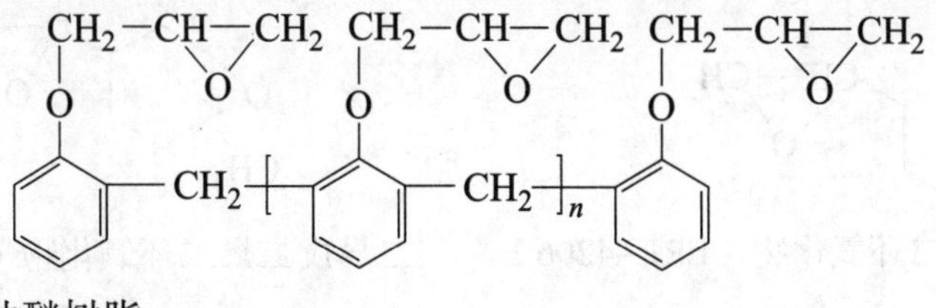

脂肪族缩水甘油醚树脂：

O CH_2—CH—CH_2—O—CH_2

O CH_2—CH—CH_2—O—CH

O CH_2—CH—CH_2—O—CH_2

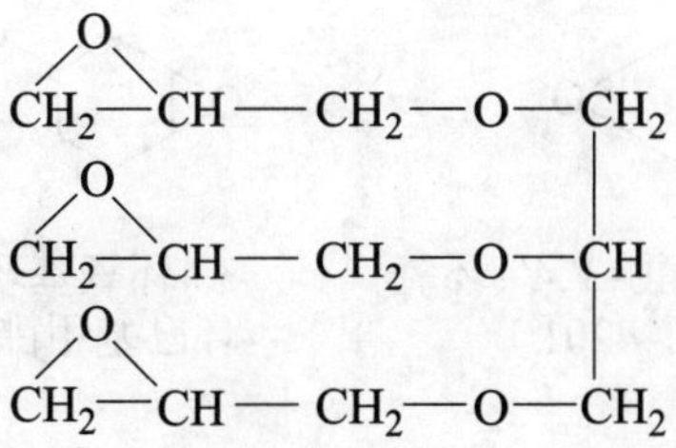

四溴双酚 A 环氧树脂：

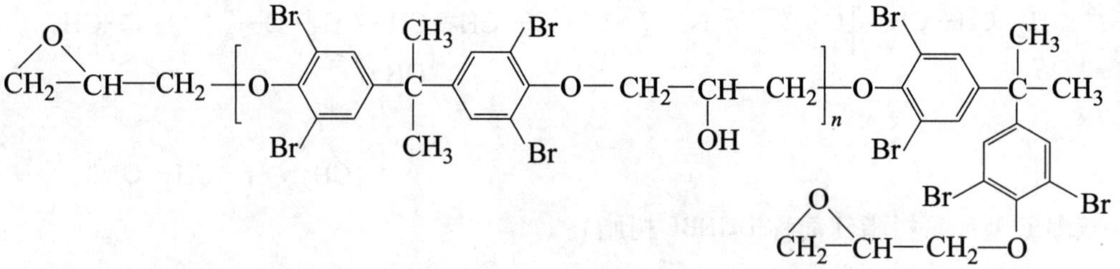

b. 缩水甘油酯类。如邻苯二甲酸二缩水甘油酯，其化学结构式如下：

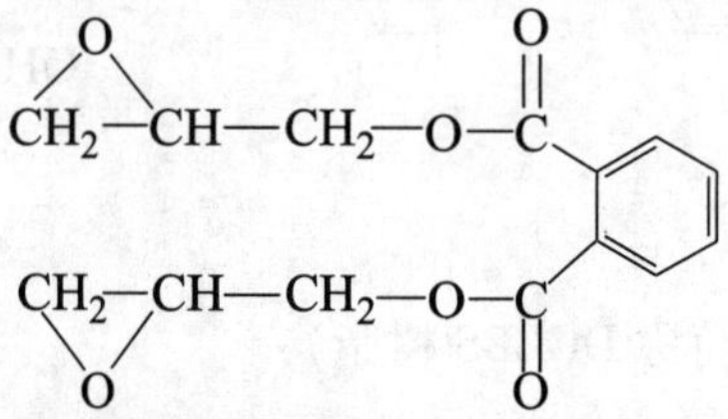

c. 缩水甘油胺类。由多元胺与环氧氯丙烷反应而得，如：

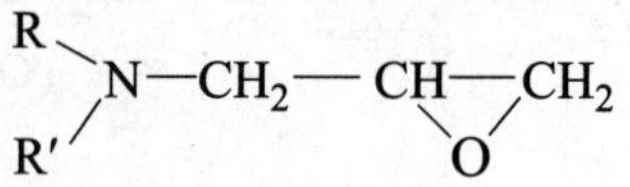

②非缩水甘油类环氧树脂。

非缩水甘油类环氧树脂主要是指脂肪族环氧树脂、环氧烯烃类和一些新型环氧树脂。

a. 脂环族环氧树脂。

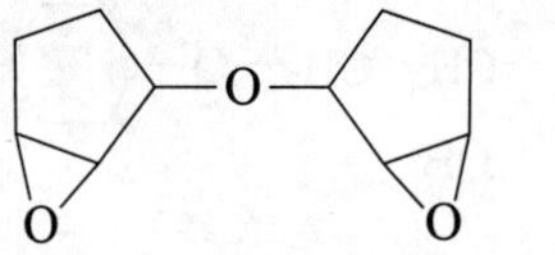

双（2,3-环氧基环戊基）醚（ERR-0300） 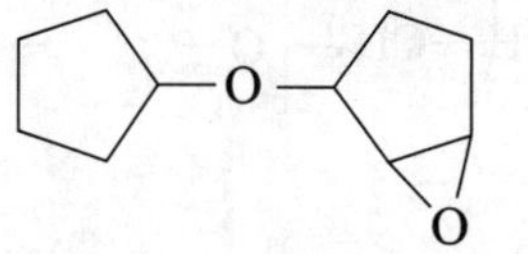　2,3-环氧基环戊基环戊基醚（ERLA-0400）

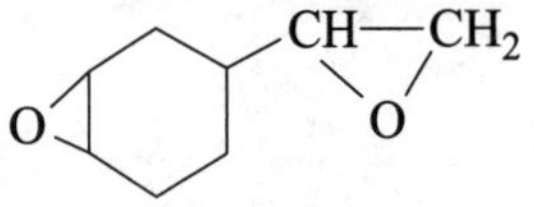

乙烯基环己烯二环氧化物（ERL-4206） 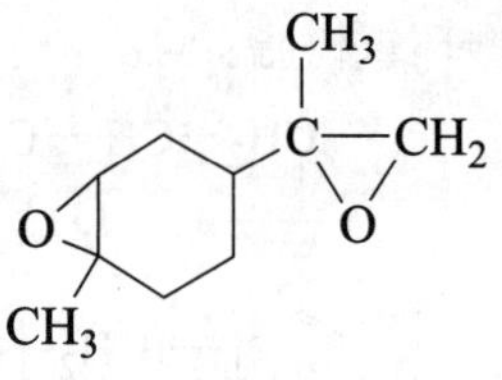　二异戊二烯二环氧化物（ERL-4269）

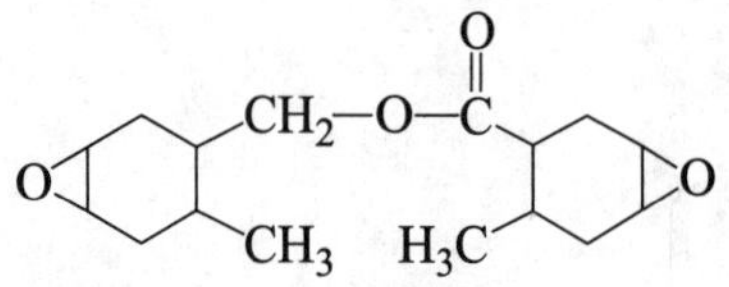

3,4-环氧基-6-甲基环己基甲酸-3′,4′-环氧基-6′-甲基环己基甲酯（ERL-4201）

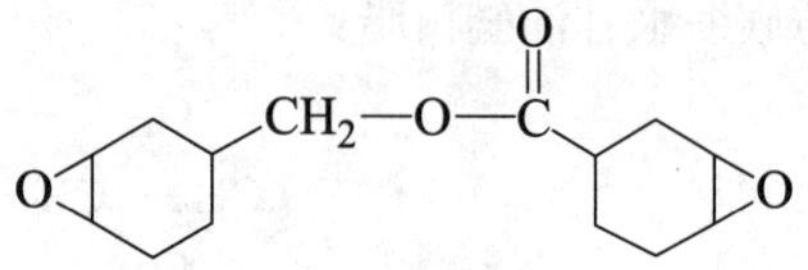

3,4环氧基环己基甲酸-3′,4′-环氧基环己基甲酯（ERL-4221）

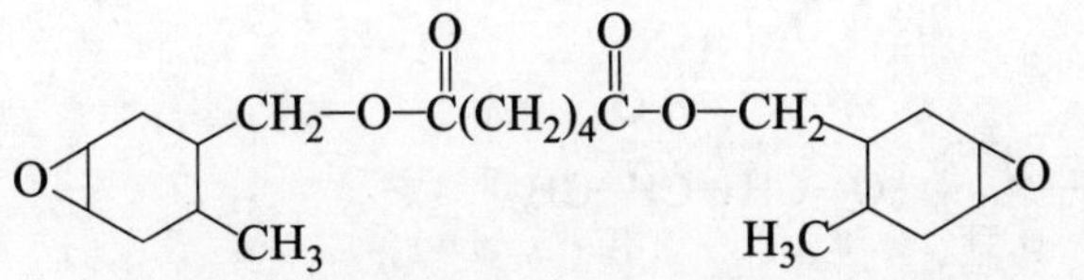

己二酸二（3,4–环氧基–6–甲基环己基甲酯）（ERL–4289）

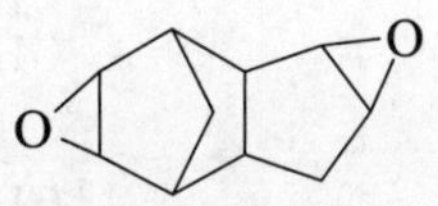

二环戊二烯二环氧化物（EP–207）

b. 环氧化烯烃类。

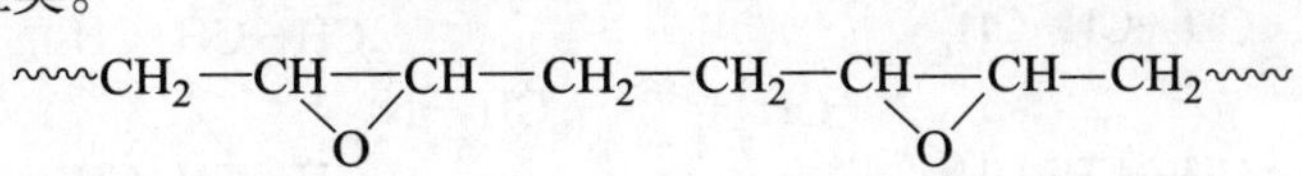

c. 新型环氧树脂。

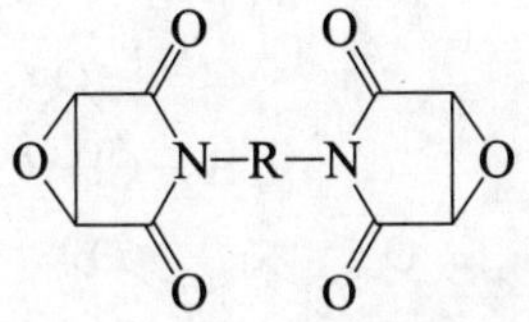

此外，还有混合型环氧树脂，即分子结构中同时具有两种不同类型环氧基的化合物。

（2）按官能团的数量分类

按分子中官能团的数量，环氧树脂可分为双官能团环氧树脂和多官能团环氧树脂。对反应性树脂而言，官能团数对聚合物的影响是非常重要的。典型的双酚 A 型环氧树脂、酚醛环氧树脂属于双官能团环氧树脂。多官能团环氧树脂是指分子中含有两个以上的环氧基的环氧树脂。几种有代表性的多官能团环氧树脂如下：

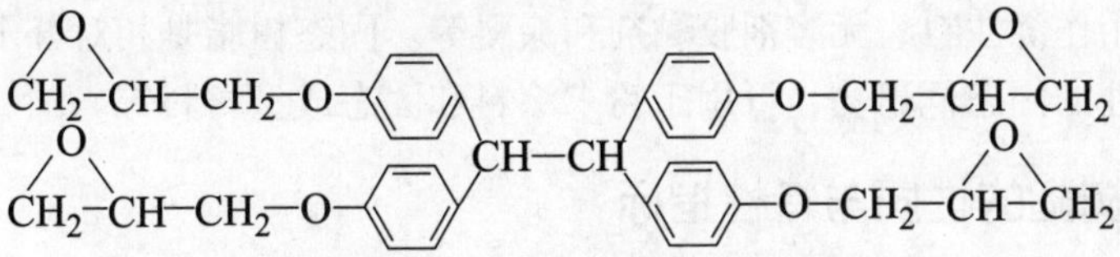

四缩水甘油醚基四苯基乙烷（*tert*–PGEE）

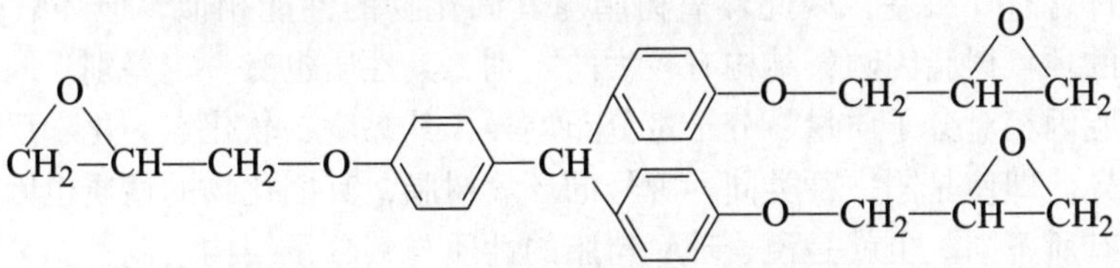

三苯基缩水甘油醚基甲烷（*tri*–PGEM）

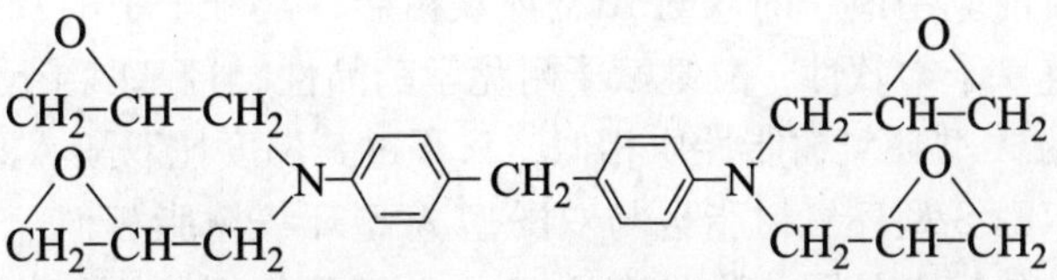

四缩水甘油基二甲苯二胺（*tert*–GXDA）

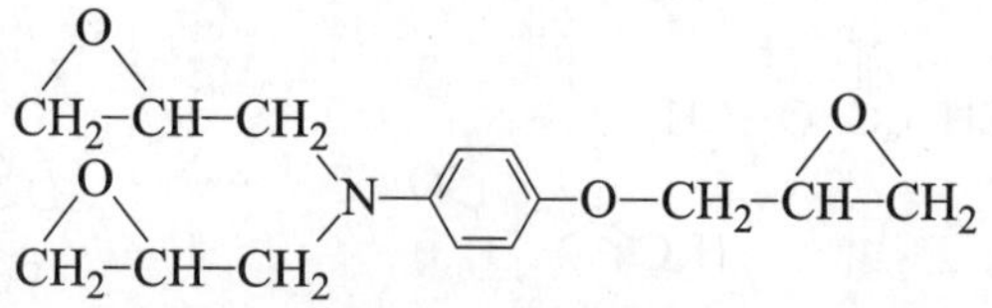

三缩水甘油基-p-氨基苯酚（*tri*-PAP）

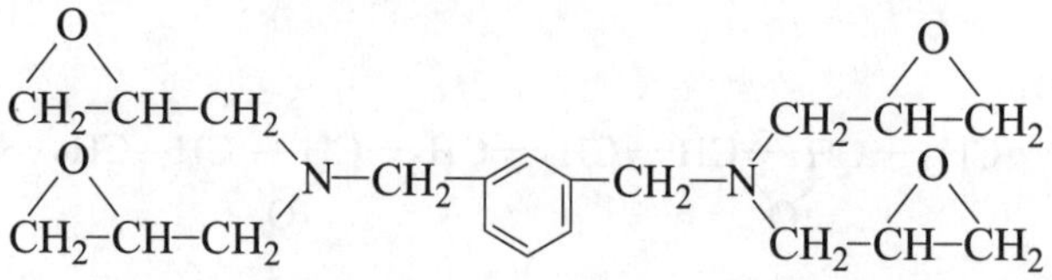

四缩水甘油基二氨基二亚甲基苯（*tert*-GDDM）

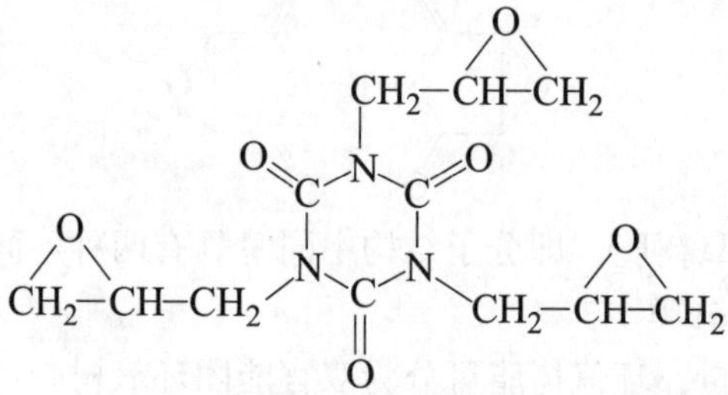

三缩水甘油基三聚异氰酸酯（*tri*-GIC）

（3）按状态分类

按室温下的状态，环氧树脂可分为液态环氧树脂和固态环氧树脂。液态树脂指相对分子量较低的树脂，可用作浇注料、无溶剂胶黏剂和涂料等。固态树脂是相对分子量较大的环氧树脂，是一种热塑性的固态低聚物，可用于粉末涂料和固态成型材料等。

2.8.2 环氧树脂的性质与特性指标

（1）环氧树脂的性质

环氧树脂都含有环氧基，因此环氧树脂与其固化物的性能相似，但环氧树脂的种类繁多，不同种类的环氧树脂因碳架结构有较大的差别，其性质也有一定差别。同一种类、不同牌号的环氧树脂因相对分子质量、分子量分布差异，其黏度、软化点、化学反应性等理化性质也有一定差异。即使是同一种类同一牌号的环氧树脂，其固化物的性质也因固化剂及固化工艺的不同而有所不同。也就是说，环氧树脂的性质与其分子结构、制备工艺以及树脂组成有关，固化物的性质还与固化剂的种类及分子结构、固化工艺等有关。

一般来说，作为目前应用最广的双酚A型环氧树脂，其分子中的双酚A骨架提供强韧性和耐热性，亚甲基链赋予柔软性，醚键赋予耐化学药品性，羟基赋予反应性和粘接性。双酚F型环氧树脂与双酚A型环氧树脂性质相似，只不过其黏度比双酚A型环氧树脂低得多，适合作无溶剂涂料。双酚S型环氧树脂也与双酚型A型环氧树脂相似，其黏度比双酚A型环氧树脂略高，其最大的特点是固化物具有比双酚A型环氧树脂固化物更高的热变形温度和更好的耐热性能。氢化双酚A型环氧树脂的特点是树脂的黏度非常低，但凝胶时间比双酚A型环氧树脂凝胶时间长两倍多，其固化物的最大特点是耐候性好，可用于耐候性的防腐蚀涂料。

酚醛环氧树脂主要包括苯酚线性酚醛环氧树脂和邻甲酚线性酚醛环氧树脂，其特点是每分子的环氧官能度大于2，可使涂料的交联密度大，固化物耐化学药品性、耐腐蚀性以及耐热性比双酚A型环氧树脂好，但漆膜较脆，附着力稍低，且常常需要较高的固化温度，常用作集成电路和电子电路、电子元器件的封装材料。

溴化环氧树脂因分子中含有阻燃元素，因此其阻燃性能高，可作为阻燃型环氧树脂使用，常用于印刷电路板、层压板等。

脂环族环氧树脂因为环氧基直接连在脂环上，其固化物比缩水甘油型环氧树脂固化物更稳定，表现在具有良好的热稳定性、耐紫外线性，树脂本身的黏度低，缺点是固化物的韧性较差，这类树脂在涂料中应用较少，主要用作防紫外线老化涂料。

（2）环氧树脂的特性指标

环氧树脂有多种型号，各具不同的性能，其性能可由特性指标确定。

①环氧当量（或环氧值）：环氧当量是环氧树脂最重要的特性指标，表征树脂分子中环氧基的含量。环氧当量是指含有1 mol环氧基的环氧树脂的质量克数，以EEW表示。而环氧值是指100 g环氧树脂中环氧基的物质的量。

$$\text{环氧当量} = \frac{100}{\text{环氧值}}$$

环氧当量的测定方法有化学分析法和光谱分析法。国际上通用的化学分析法有高氯酸法，其他的还有盐酸丙酮法、盐酸吡啶法和盐酸二氧六环法等。

②羟值（或羟基当量）：羟值是指100 g环氧树脂中所含的羟基的物质的量。羟基当量是指含1 mol羟基的环氧树脂的质量克数。

$$\text{羟基当量} = \frac{100}{\text{羟值}}$$

羟值的测定方法有两种：一是直接测定环氧树脂中的羟基含量；二是打开环氧基形成羟基，并进一步测定羟基含量的总和。前一方法是根据氢化铝锂能和含有活泼氢的基团进行快速、定量反应的原理，用于直接测定环氧树脂中的羟基，是一种较可靠的方法；后一方法是以乙酸酐、吡啶和浓硫酸混合后的乙酰化试剂与环氧树脂进行反应，形成羟基，然后测定总的羟基含量，再以二倍的环氧基减之，即可测定环氧树脂中的羟基含量即羟值。

③酯化当量：酯化当量是指酯化1 mol单羧酸所需环氧树脂的质量克数。环氧树脂中的羟基和环氧基都能与羧酸进行酯化反应。酯化当量可表示树脂中羟基和环氧基的总含量。

$$\text{酯化当量} = \frac{100}{\text{环氧值} \times 2 + \text{羟值}}$$

④软化点：环氧树脂的软化点可以表示树脂的分子量大小，软化点高的相对分子量大，软化点低的相对分子量小。

低相对分子量环氧树脂	软化点 <50 ℃	聚合度 <2
中相对分子量环氧树脂	软化点 $50 \sim 95$ ℃	聚合度 $2 \sim 5$
高相对分子量环氧树脂	软化点 >100 ℃	聚合度 >5

⑤氯含量：是指环氧树脂中所含氯的物质的量，包括有机氯和无机氯。无机氯主要是指树脂中的氯离子，无机氯的存在会影响固化树脂的电性能。树脂中的有机氯含量标志着分子中未起闭环反应的那部分氯醇基团的含量，它含量应尽可能地降低，否则也会影响树脂的固

化及固化物的性能。

⑥黏度：环氧树脂的黏度是环氧树脂实际使用中的重要指标之一。不同温度下，环氧树脂的黏度不同，其流动性能也就不同。黏度通常可用杯式黏度计、旋转黏度计、毛细管黏度计和落球式黏度计来测定。

2.8.3 环氧树脂的合成

环氧树脂的合成方法主要有两种：一是由多元酚、多元醇、多元酸或多元胺等含活泼氢原子的化合物与环氧氯丙烷等含环氧基的化合物经缩聚而得；二是由链状或环状双烯类化合物的双键与过氧酸经环氧化而成。本节主要介绍双酚 A 型环氧树脂和酚醛型环氧树脂的合成方法。

（1）双酚 A 型环氧树脂的合成

双酚 A 型环氧树脂又称为双酚 A 缩水甘油醚型环氧树脂，因原料来源方便、成本低，所以在环氧树脂中应用最广，产量最大，约占环氧树脂总产量的 85%。双酚 A 型环氧树脂是由双酚 A 和环氧氯丙烷在氢氧化钠催化下反应制得的，双酚 A 和环氧氯丙烷都是二官能度化合物，所以合成所得的树脂是线型结构。反应原理如下：

$$(n+1)\ HO-C_6H_4-C(CH_3)_2-C_6H_4-OH+(n+2)\ \overset{O}{CH_2-CH}-CH_2Cl \xrightarrow{NaOH}$$

$$\overset{O}{CH_2-CH}-CH_2-\left[O-C_6H_4-C(CH_3)_2-C_6H_4-O-CH_2-\underset{OH}{CH}-CH_2\right]_n-O-C_6H_4-C(CH_3)_2-C_6H_4-O-CH_2-\overset{O}{CH-CH_2}$$

双酚 A 型环氧树脂实际上是由低分子量的二环氧甘油醚、双酚 A 以及部分高分子量聚合物组成的，双酚 A 与环氧氯丙烷的物质的量配比不同，其组成也就不同：

$$HO-C_6H_4-C(CH_3)_2-C_6H_4-OH \xrightarrow[NaOH]{\overset{O}{CH_2-CH}-CH_2Cl} HO-C_6H_4-C(CH_3)_2-C_6H_4-O-CH_2-\underset{OH}{CH}-CH_2Cl$$

$$\xrightarrow{NaOH} HO-C_6H_4-C(CH_3)_2-C_6H_4-O-CH_2-\overset{O}{CH-CH_2}$$

$$HO-C_6H_4-C(CH_3)_2-C_6H_4-O-CH_2-\overset{O}{CH-CH_2} \xrightarrow[NaOH]{\overset{O}{CH_2-CH}-CH_2Cl}$$

$$\overset{O}{CH_2-CH}-CH_2-C_6H_4-C(CH_3)_2-C_6H_4-O-CH_2-\overset{O}{CH-CH_2}$$

$$HO-C_6H_4-C(CH_3)_2-C_6H_4-O-CH_2-\overset{O}{CH-CH_2} + HO-C_6H_4-C(CH_3)_2-C_6H_4-OH \xrightarrow{NaOH}$$

$$HO-C_6H_4-C(CH_3)_2-C_6H_4-O-CH_2-\underset{}{\overset{OH}{CH}}-CH_2-O-C_6H_4-C(CH_3)_2-C_6H_4-OH$$

环氧氯丙烷与双酚 A 的物质的量比必须大于 1∶1 才能保证聚合物分子末端含有环氧基。环氧树脂的相对分子量随双酚 A 和环氧氯丙烷的物质的量比的变化而变化，一般说来，环氧氯丙烷过量越多，环氧树脂的相对分子量越小。若要制取相对高分子量达数万的环氧树脂，必须采用等物质的量比。工业上环氧氯丙烷的实际用量一般为双酚 A 化学计量的 2 ~ 3 倍。

（2）酚醛型环氧树脂的合成

酚醛型环氧树脂主要有苯酚线性酚醛型环氧树脂和邻甲酚线性酚醛环氧树脂两种。酚醛型环氧树脂的合成方法与双酚 A 型环氧树脂相似，都是利用酚羟基与环氧氯丙烷反应来合成的，所不同的是前者是利用线性酚醛树脂中酚羟基与环氧氯丙烷反应来合成的，而后者是利用双酚 A 中的酚羟基与环氧氯丙烷反应来合成的。酚醛型环氧树脂的合成分两步进行：第一步，由苯酚与甲醛合成线性酚醛树脂；第二步，由线性酚醛树脂与环氧氯丙烷反应合成酚醛型环氧树脂，反应原理如下：

$$(n+2)\ C_6H_5OH + (n+1)\ HCHO \xrightarrow{\text{酸性催化剂}} HOC_6H_4-[CH_2-C_6H_3(OH)]_n-CH_2-C_6H_4OH$$

$$(n+2)\ \overset{O}{CH_2-CH}-CH_2Cl + HOC_6H_4-[CH_2-C_6H_3(OH)]_n-CH_2-C_6H_4OH \xrightarrow{NaOH}$$

$$\overset{O}{CH_2-CH}-CH_2-O-C_6H_4-[CH_2-C_6H_3(O-CH_2-\overset{O}{CH-CH_2})]_n-CH_2-C_6H_4-O-CH_2-\overset{O}{CH-CH_2}$$

2.8.4 环氧树脂的反应与固化剂

（1）环氧树脂的反应

环氧树脂本身很稳定，如双酚 A 型环氧树脂即使加热到 200 ℃也不发生变化。但环氧树脂分子中活泼的环氧基反应性很强，能与固化剂发生固化反应生成网状大分子。环氧树脂的固化反应主要与分子中的环氧基和羟基有关。

①环氧基与含活泼氢的化合物反应。

a. 与伯胺、仲胺反应。

$$\sim\sim CH\overset{O}{—}CH_2 + H_2N—R \longrightarrow \sim\sim \underset{OH}{\underset{|}{CH}}—CH_2—NH—R$$

$$\sim\sim CH\overset{O}{—}CH_2 + HN\begin{matrix} R \\ R' \end{matrix} \longrightarrow \sim\sim \underset{OH}{\underset{|}{CH}}—CH_2—N\begin{matrix} R \\ R' \end{matrix}$$

叔胺不与环氧基反应，但可催化环氧基开环，使环氧树脂自身聚合。故叔胺类化合物可以作为环氧树脂的固化剂。

$$n \sim\sim CH\overset{O}{—}CH_2 \xrightarrow{R_3N} \left[\underset{\underset{O}{|}}{CH}—CH_2 \right]_n$$

b. 与酚类反应。

$$\sim\sim CH\overset{O}{—}CH_2 + HO—C_6H_5 \longrightarrow \sim\sim \underset{OH}{\underset{|}{CH}}—CH_2—O—C_6H_5$$

c. 与羧酸反应。

$$\sim\sim CH\overset{O}{—}CH_2 + RCOOH \longrightarrow \sim\sim \underset{OH}{\underset{|}{CH}}—CH_2—O—\overset{O}{\overset{||}{C}}—R$$

d. 与无机酸反应。

$$\sim\sim CH\overset{O}{—}CH_2 + H_3PO_4 \longrightarrow O{=}P(—O—CH_2—\underset{OH}{\underset{|}{CH}}\sim\sim)_3$$

e. 与巯基反应。

$$\sim\sim CH\overset{O}{—}CH_2 + HS—R \longrightarrow \sim\sim \underset{OH}{\underset{|}{CH}}—CH_2—S—R$$

f. 与醇羟基反应。

$$\sim\sim CH\overset{O}{—}CH_2 + HO—R \xrightarrow{催化} \sim\sim \underset{OH}{\underset{|}{CH}}—CH_2—O—R$$

该反应需要在催化和高温下发生。而常温下，环氧基与醇羟基反应极微弱。

②环氧树脂中羟基的反应。

a. 与酸酐反应。

$$-\underset{\displaystyle OH}{\underset{|}{CH}}- + \text{(邻苯二甲酸酐)} \longrightarrow \text{(邻-COOH苯基)}-\overset{\displaystyle O}{\overset{\|}{C}}-O-\overset{|}{\underset{|}{CH}}$$

b. 与羧酸反应。

$$-\underset{\displaystyle OH}{\underset{|}{CH}}- + RCOOH \longrightarrow -\underset{\displaystyle O-\underset{\displaystyle O}{\underset{\|}{C}}-R}{\underset{|}{CH}}- + H_2O$$

c. 与羟甲基或烷氧基反应。

$$-\underset{\displaystyle OH}{\underset{|}{CH}}- + HO-CH_2-\text{(邻羟基苯基)} \longrightarrow -\underset{\displaystyle O-CH_2-\text{(邻羟基苯基)}}{\underset{|}{CH}}-$$

$$-\underset{\displaystyle OH}{\underset{|}{CH}}- + RO-CH_2-NH-\overset{\displaystyle O}{\overset{\|}{C}}-NH\sim\sim \longrightarrow -\underset{\displaystyle O-CH_2-NH-\overset{\displaystyle O}{\overset{\|}{C}}-NH\sim\sim}{\underset{|}{CH}}- + ROH$$

d. 与异氰酸酯反应。

$$-\underset{\displaystyle OH}{\underset{|}{CH}}- + OCN-R \longrightarrow -\underset{\displaystyle O-\underset{\displaystyle O}{\underset{\|}{C}}-NH-R}{\underset{|}{CH}}-$$

e. 与硅醇或其烷氧基缩合。

$$-\underset{\displaystyle OH}{\underset{|}{CH}}- + HO-\underset{\displaystyle CH_3}{\underset{|}{\overset{\displaystyle CH_3}{\overset{|}{Si}}}}-O- \longrightarrow \underset{|}{\overset{|}{HC}}-O-\underset{\displaystyle CH_3}{\underset{|}{\overset{\displaystyle CH_3}{\overset{|}{Si}}}}-O- + H_2O$$

$$-\underset{\displaystyle OH}{\underset{|}{CH}}- + RO-\underset{\displaystyle CH_3}{\underset{|}{\overset{\displaystyle CH_3}{\overset{|}{Si}}}}-O- \longrightarrow \underset{|}{\overset{|}{HC}}-O-\underset{\displaystyle CH_3}{\underset{|}{\overset{\displaystyle CH_3}{\overset{|}{Si}}}}-O- + ROH$$

（2）固化剂

环氧树脂的固化反应是通过加入固化剂，利用固化剂中的某些基团与环氧树脂中的环氧基或羟基发生反应来实现的。固化剂种类繁多，按化学组成和结构的不同，常用的固化剂可分为胺类固化剂、酸酐类固化剂、合成树脂类固化剂、聚硫橡胶类固化剂。

①胺类固化剂。

胺类固化剂的用量与固化剂的相对分子量、分子中活泼氢原子数以及环氧树脂的环氧值有关。

$$\text{胺类固化剂的用量} = \frac{\text{胺的相对分子量}}{\text{胺分子中活泼氢原子数}} \times \text{环氧值} \times 100\%$$

胺类固化剂包括多元胺类固化剂、叔胺和咪唑类固化剂、硼胺及其硼胺配合物固化剂。

a. 多元胺类固化剂。单一的多元胺类固化剂有脂肪族多元胺类固化剂、聚酰胺多元胺固化剂、脂环族多元胺类固化剂、芳香族多元胺类固化剂及其他胺类固化剂。

ⅰ. 脂肪族多元胺类固化剂能在常温下使环氧树脂固化，固化速度快，黏度低，可用来配制常温下固化的无溶剂或高固体涂料，常用的脂肪族多元胺类固化剂有乙二胺、二亚乙基三胺、三亚乙基四胺、四亚乙基五胺、己二胺、间苯二甲胺等。

一般用直链脂肪胺固化的环氧树脂固化物韧性好，粘接性能优良，且对强碱和无机酸有优良的耐腐蚀性，但漆膜的耐溶剂性较差。

脂肪族多元胺类固化剂有以下缺点：固化时放热量大，一般配漆不能太多，施工时间短；活泼氢当量很低，配漆称量必须准确，过量或不足会影响性能；有一定蒸汽压，有刺激性，影响工人健康；有吸潮性，不利于在低温高温下施工，且易吸收空气中 CO_2 变成碳酰胺；高度极性，与环氧树脂的混溶性欠佳，易引起漆膜缩孔、橘皮、泛白等。

ⅱ. 聚酰胺多元胺固化剂是一种改性的多元胺，是用植物油脂肪酸与多元胺缩合而成，含有酰胺基和氨基：

$$RCOOH + H_2N-(CH_2)_2-NH-(CH_2)_2-NH_2 \longrightarrow R\overset{\overset{\displaystyle O}{\|}}{C}-NH-(CH_2)_2-NH-(CH_2)_2-NH_2$$

产物中有 3 个活泼氢原子，可与环氧基反应。对环境湿度不敏感，对基材有良好的润湿性。

ⅲ. 脂环族多元胺类固化剂色泽浅，保色性好，黏度低，但反应迟缓，往往需与其他固化剂配合使用，或加促进剂，或制成加成物，或需加热固化。如：

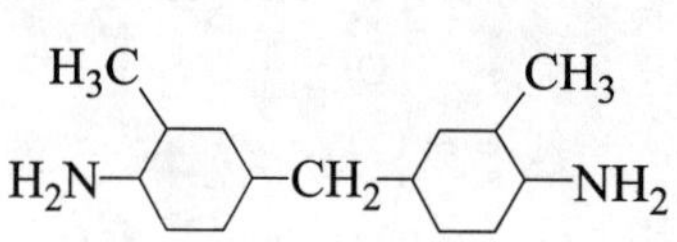

H_3C CH_3 H_2N—⬡—CH_2—⬡—NH_2

双（4-氨基-3-甲基环己基）甲烷

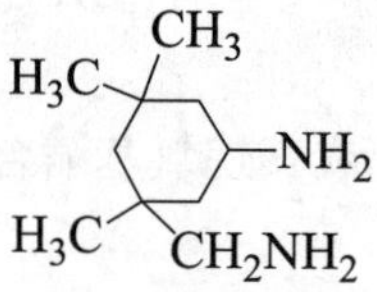

CH_3 H_3C NH_2 H_3C CH_2NH_2

异佛尔酮二胺

ⅳ. 芳香族多元胺类固化剂是芳香族多元胺中氨基与芳环直接相连，与脂肪族多元胺相比，碱性弱，反应受芳香环空间位阻影响，固化速度大幅度下降，往往需要加热才能进一步固化。但固化物比脂肪胺体系的固化物在耐热性、耐化学药品性方面优良。芳香族多元胺必须经过改性，制成加成物等，或加入催化剂，如苯酚、水杨酸、苯甲醇等，才能配成良好的固化剂，能在低温下固化，漆混合后的发热量不高，耐腐蚀性优良，耐酸及耐热水，广泛应用工厂的地坪涂料，耐溅滴、耐磨。

芳香族多元胺类固化剂主要有 4,4′-二氨基二苯甲烷、4,4′-二氨基二苯基砜、间苯二胺等。固化剂 NX-2045 的结构式为：

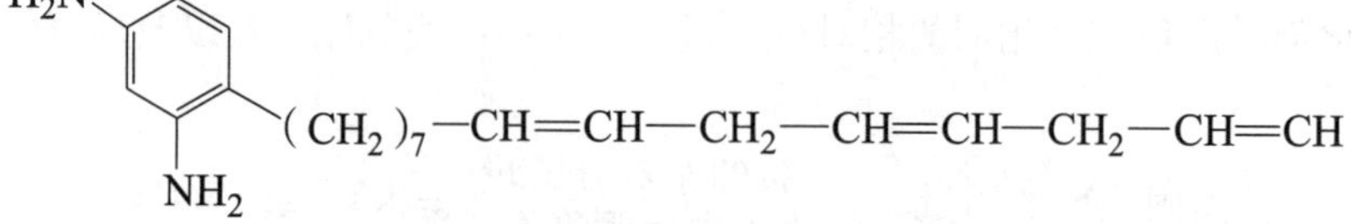

OH H_2N $(CH_2)_7-CH{=}CH-CH_2-CH{=}CH-CH_2-CH{=}CH$ NH_2

该固化剂的分子结构上带有憎水性优异且常温反应活性高（带双键）的柔性长脂肪链，还带有抗化学腐蚀的苯环结构，使其既有一般酚醛胺的低温、潮湿快速固化特性，又有一般低分子聚酰胺固化剂的长使用期。

v. 其他胺类固化剂

双氰胺结构式如下：

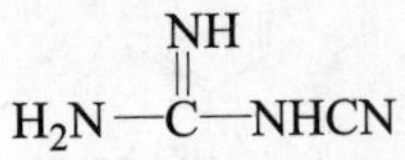

$$H_2N-\overset{\overset{NH}{\|}}{C}-NHCN$$

双氰胺很早就被用作潜伏性固化剂应用于粉末涂料、胶黏剂等领域。双氰胺在145～165 ℃能使环氧树脂在30 min内固化，但在常温下是相对稳定的，将固态的双氰双胺充分粉碎分散在液体树脂内，其储存稳定性可达6个月。与固体树脂共同粉碎，制成粉末涂料，储存稳定性良好。

乙二酸二酰肼结构式如下：

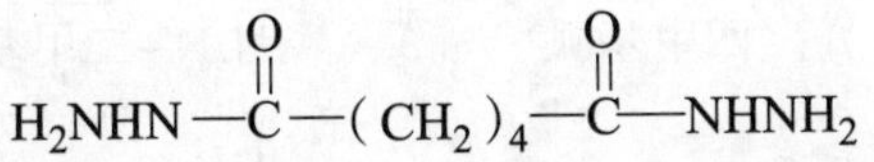

$$H_2NHN-\overset{\overset{O}{\|}}{C}-(CH_2)_4-\overset{\overset{O}{\|}}{C}-NHNH_2$$

在常温下与环氧树脂的配合物储存稳定，在加热后才缓慢溶解发生固化反应，也可加入叔胺、咪唑等促进剂加快其固化反应。

酮亚胺类化合物结构式如下：

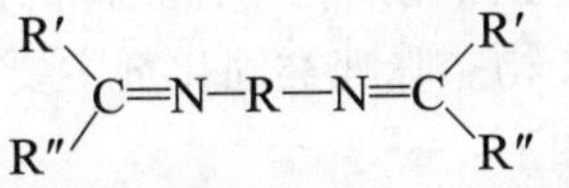

$$\begin{matrix}R' \\ R''\end{matrix}\!\!>C=N-R-N=C<\!\!\begin{matrix}R' \\ R''\end{matrix}$$

这是一种潜伏性固化剂。当与环氧树脂混合制成的漆膜暴露于空气中时，酮亚胺类化合物会吸收空气中的水分产生多元胺，从而使漆膜迅速固化。

曼尼斯加成多元胺，曼尼斯（Mannich）反应是酚、甲醛及多元胺三者的缩合反应。

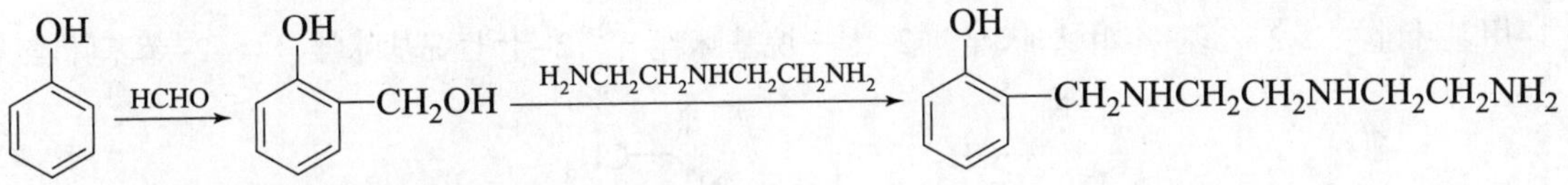

$$C_6H_5OH \xrightarrow{HCHO} o\text{-}HOC_6H_4-CH_2OH \xrightarrow{H_2NCH_2CH_2NHCH_2CH_2NH_2} o\text{-}HOC_6H_4-CH_2NHCH_2CH_2NHCH_2CH_2NH_2$$

分子中有酚羟基，能促进固化。其固化特点是即使在低温、潮湿的环境下也能固化。常用于寒冷季节时需快速固化的环氧树脂漆。

b. 叔胺和咪唑类固化剂。

i. 叔胺类固化剂，叔胺属于路易斯碱，其分子中没有活泼氢原子，但氮原子上仍有一对孤对电子，可对环氧基进行亲核进攻，催化环氧树脂自身开环固化。固化反应机理如下：

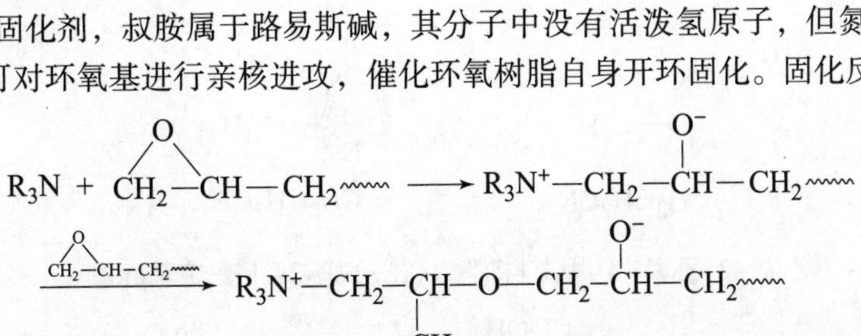

$$R_3N + \overset{O}{\overbrace{CH_2-CH}}-CH_2\sim\sim \longrightarrow R_3N^+-CH_2-\overset{\overset{O^-}{|}}{CH}-CH_2\sim\sim$$

$$\xrightarrow{\overset{O}{\overbrace{CH_2-CH}}-CH_2\sim\sim} R_3N^+-CH_2-\underset{\underset{CH_2\sim\sim}{|}}{CH}-O-CH_2-\overset{\overset{O^-}{|}}{CH}-CH_2\sim\sim$$

这是阴离子型的催化反应。叔胺类固化剂具有固化剂用量、固化速度、固化产物性能变化较大，且固化时放热量较大的缺点，因此不适应于大型浇铸。

最典型的叔胺类固化剂为 DMP－30（或 K－54）固化剂，其结构式如下：

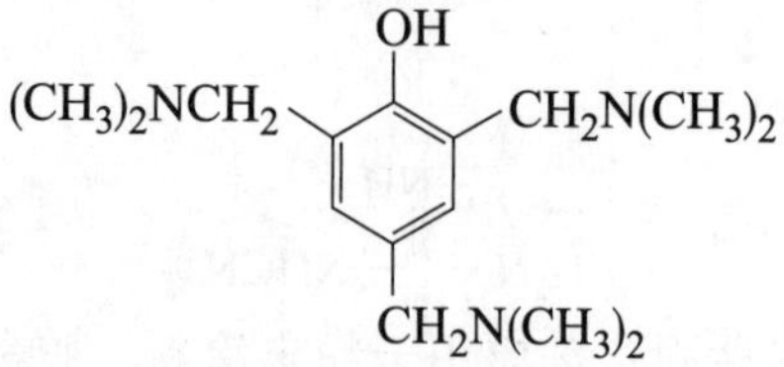

OH
$(CH_3)_2NCH_2$ $CH_2N(CH_3)_2$
$CH_2N(CH_3)_2$

该化合物分子中氨基上没有活泼氢原子，不能与环氧基结合，但它能促进聚酰胺、硫醇等与环氧基交联。

其他具有代表性的叔胺类固化剂有：

$N(CH_2CH_2OH)_3$　三乙醇胺

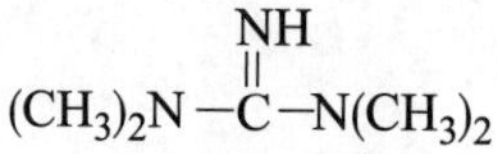

$(CH_3)_2N-C(=NH)-N(CH_3)_2$　四甲基胍

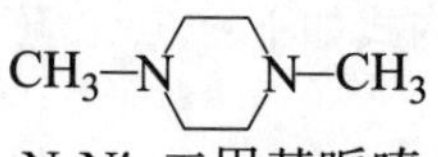

CH_3-N　$N-CH_3$　N, N′-二甲基哌嗪

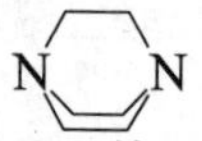

三亚乙基二胺

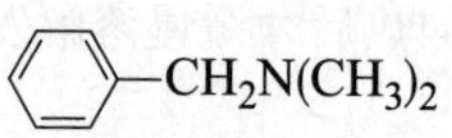

$-CH_2N(CH_3)_2$　苄基二甲胺

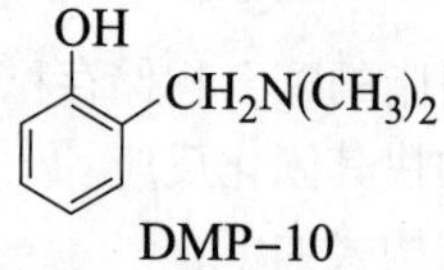

OH　$CH_2N(CH_3)_2$　DMP-10

ⅱ. 咪唑类固化剂，是一种新型固化剂，可在较低的温度下使环氧树脂固化，并得到耐热性优良、力学性能优异的固化产物。咪唑类固化剂主要是一些 1 位、2 位或 4 位取代的咪唑衍生物。典型的咪唑类固化剂如下：

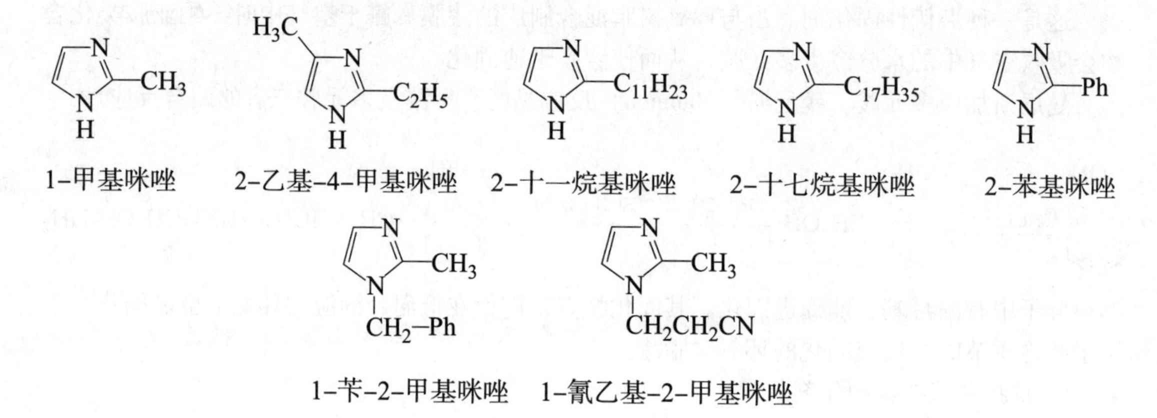

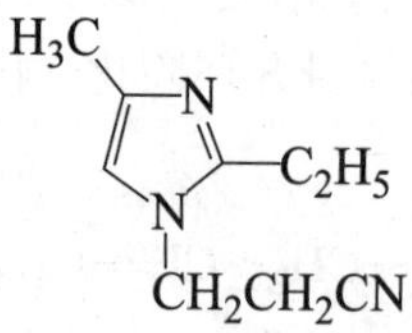

1-氰乙基-2-乙基-4-甲基咪唑 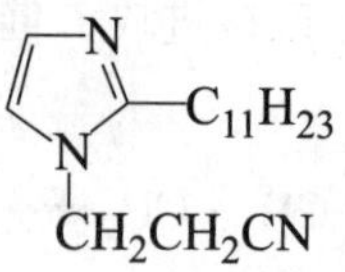　1-氰乙基-2-十一烷基咪唑

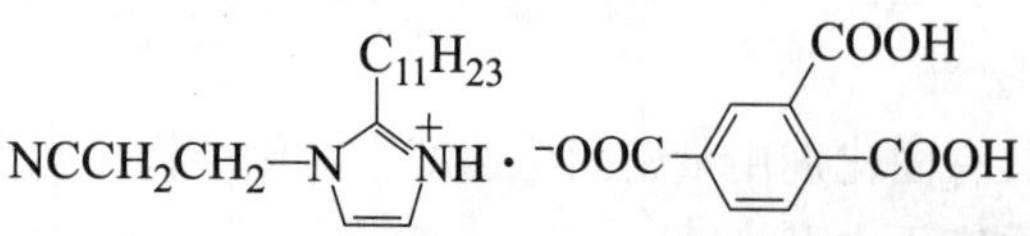

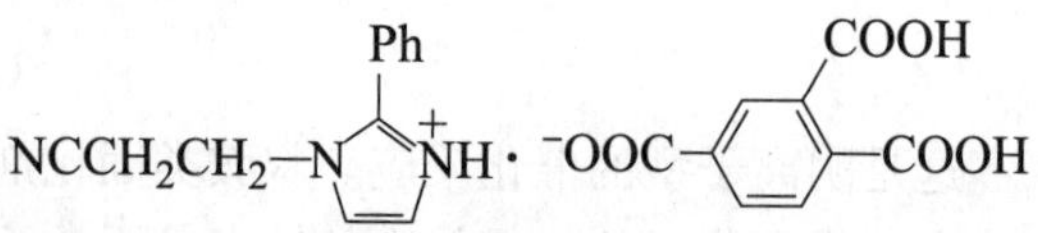

$NCCH_2CH_2-N$ $C_{11}H_{23}$ $\overset{+}{N}H \cdot {}^{-}OOC-$ COOH COOH　$NCCH_2CH_2-N$ Ph $\overset{+}{N}H \cdot {}^{-}OOC-$ COOH COOH

偏苯三酸1-氰乙基-2-十一烷基咪唑盐　　偏苯三酸1-氰乙基-2-苯基咪唑盐

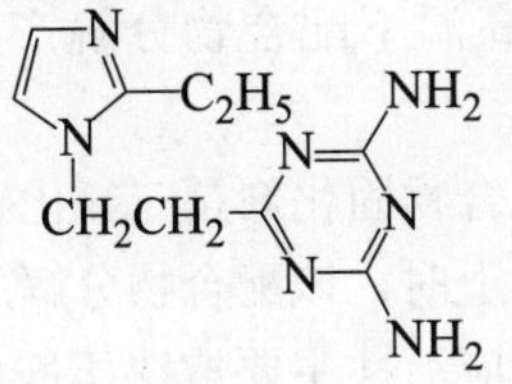

2,4-二氨基-6-[2′-乙基咪唑基]乙基顺式三嗪

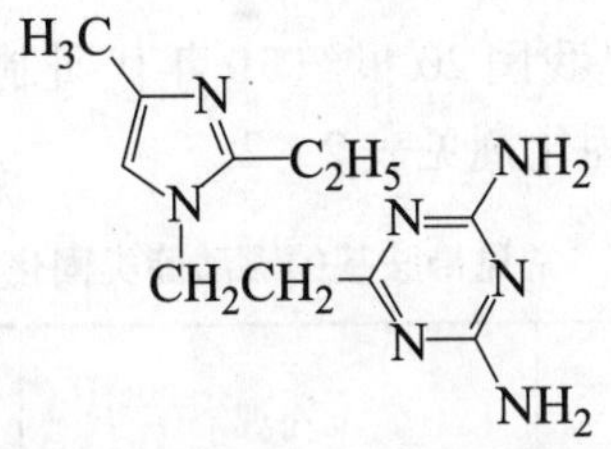

2,4-二氨基-6-[2′-乙基-4′-甲基咪唑基]乙基顺式三嗪

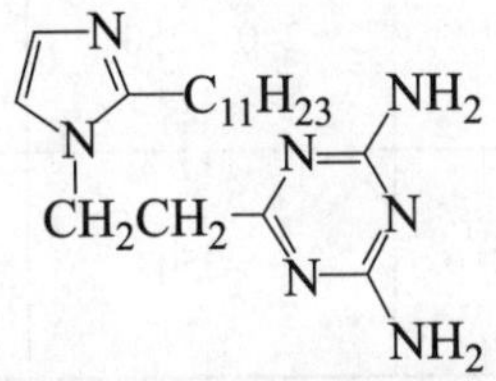

2,4-二氨基-6-[2′-十一烷基咪唑基]乙基顺式三嗪 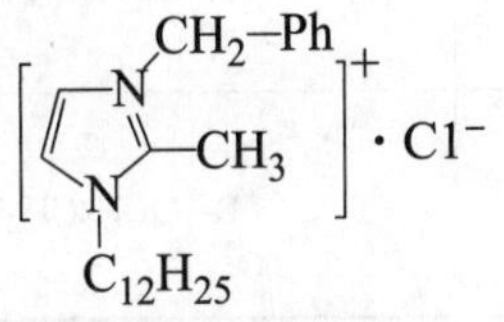　　1-十二烷基-2-甲基-3-苄基咪唑盐酸盐

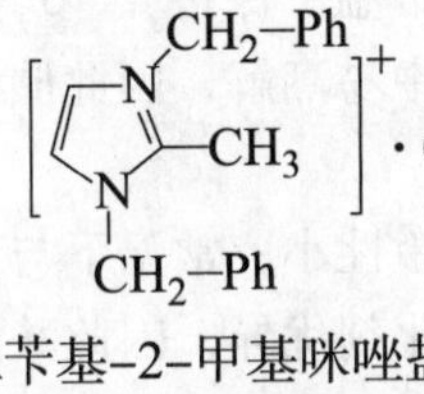

1,3-二苄基-2-甲基咪唑盐酸盐

咪唑类固化剂的结构不同，其性质也有所不同。一般来说，咪唑类固化剂的碱性越强，固化温度就越低。咪唑环内有两个氮原子，1 位氮原子的孤电子对参与环内芳香大 π 键的形成，而 3 位氮原子的孤电子对则没有，因此 3 位氮原子的碱性比 1 位氮原子的强，起催化作用的主要是 3 位氮原子。1 位氮上的取代基对咪唑类固化剂的反应活性影响较大，当取代基较大时，1 位氮上的孤电子对不能参与环内芳香大 π 键形成，此时 1 位氮的作用相当于叔胺。

c. 硼胺配合物及带胺基的硼酸酯类固化剂。

ⅰ. 三氟化硼 - 胺配合物固化剂，三氟化硼分子中的硼原子缺电子，易与富电子物质结合，因此三氟化硼属路易斯酸，能与环氧树脂中的环氧结合，催化环氧树脂进行阳离子聚合。三氟化硼活性很大，在室温下与缩水甘油酯型环氧树脂混合后很快固化，并放出大量的热，且三氟化硼在空气中易潮解并有刺激性，因此一般不单独用作环氧树脂的固化剂。通常是将三氟化硼与路易斯碱结合成配合物，以降低其反应活性。所用的路易斯碱主要是单乙胺，此外还有正丁胺、苄胺、二甲基苯胺等。三氟化硼－胺配合物与环氧树脂混合后在室温下是稳定的，但在高温下配合物分解产生三氟化硼和胺，很快与环氧树脂进行固化反应。

最具有代表性的三氟化硼－胺配合物固化剂是三氟化硼单乙胺配合物，在常温下与环氧树脂混合后稳定，但加热至100 ℃以上时，该配合物分解成三氟化硼和乙胺，进而引发环氧树脂固化。三氟化硼－胺配合物的反应活性主要取决于胺的碱性强弱，对于碱性弱的苯胺、单乙胺，其配合物的反应起始温度低，而对于碱性强的哌啶、三乙胺，其配合物的反应起始温度就高。

ⅱ. 带胺基的硼酸酯类固化剂是我国20世纪70年代研制成功的带胺基的环状硼酸酯类化合物。常见的带胺基的硼酸酯类固化剂见表2－2。

表2－2　常见带胺基的硼酸酯类固化剂

型号	化学结构	外观	沸点/℃	黏度（25 ℃）/（MPa·s）
595	六元环硼酸酯 $B-OCH_2CH_2N(CH_3)_2$	无色透明液体	240～250	3～6
594	七元环硼酸酯 $B-OCH_2CH_2N(CH_3)_2$	橙红色黏稠液体	>250	100～150

这类固化剂的优点是沸点高、挥发性小、黏度低、对皮肤刺激性小，与环氧树脂相容性好，操作方便，与环氧树脂的混合物常温下保持4～6个月后黏度变化不大，储存期长，固化物性能好。缺点是易吸水，在空气中易潮解，因此储存时要注意密封保存，防止吸潮。

②酸酐类固化剂。

酸酐类固化剂的优点是对皮肤刺激性小，常温下与环氧树脂混合后使用期长，固化物的性能优良，特别是介电性能比胺类固化剂优异，因此酸酐固化剂主要用于电气绝缘领域。其缺点是固化温度高，往往加热到80 ℃以上才能进行固化反应，所以比其他固化剂成型周期长，并且改性类型也有限，常常被制成共熔混合物使用。

在无促进剂存在下，酸酐类固化剂与环氧树脂中的羟基作用，产生含有一个羧基的单酯，后者再引发环氧树脂固化。固化反应速度与环氧树脂中的羟基有关，羟基浓度很低的环氧树脂固化反应速度很慢，羟基浓度高的则固化反应速度快。

叔胺是酸酐固化环氧树脂的最常用的促进剂。由于活性较强，叔胺通常是以羧酸复盐的形式使用。常用的叔胺促进剂有三乙胺、三乙醇胺、苄基二甲胺、二甲胺基甲基苯酚、三（二甲氨基甲基）苯酚、2－乙基－4－甲基咪唑等。除叔胺外，季铵盐、金属有机化合物如环烷酸锌、六酸锌也可作酸酐/环氧树脂固化反应的促进剂。

此外，顺丁烯二酸酐也可用作环氧树脂的固化剂，100 g双酚A环氧树脂，顺丁烯二酸酐的用量为30～40 g。顺丁烯二酸酐酸性强，其固化环氧树脂的速度较快。顺丁烯二酸酐还可和各种共轭双烯加成，生成多种重要的液体酸酐。

③合成树脂类固化剂。

许多涂料用合成树脂分子中含有酚羟基或醇羟基或其他活性氢，在高温（150 ~ 200 ℃）下可使环氧树脂固化，从而交联成性能优良的漆膜。这些合成树脂类固化剂主要有酚醛树脂固化剂、聚酯树脂固化剂、氨基树脂固化剂和液体聚氨酯固化剂等。改变树脂的品种和配比，可得到具有不同性能的涂料。

a. 酚醛树脂固化剂。酚醛树脂中含有大量的酚羟基，在加热条件下可以使环氧树脂固化，形成高度交联的、性能优良的酚醛 - 环氧树脂漆膜。漆膜既保持了环氧树脂良好的附着力，又保持了酚醛树脂的耐热性，因而具有优良的耐酸碱性、耐溶剂性、耐热性。但漆膜颜色较深，不能做浅色漆。主要用于涂装罐头、包装桶、贮罐、管道的内壁，以及化工设备和电磁线等。

b. 聚酯树脂固化剂。聚酯树脂分子末端含有羟基或羧基，可与环氧树脂中的环氧基反应，使环氧树脂固化。固化物柔韧性、耐湿性、电性能和粘接性都十分优良。

c. 氨基树脂固化剂。氨基树脂主要是指脲醛树脂和三聚氰胺甲醛树脂。脲醛树脂和三聚氰胺甲醛树脂分子中都含有羟基和氨基，它们都可与环氧基反应，使环氧树脂固化，得到具有较好的耐化学药品性和柔韧性的漆膜，漆膜颜色浅、光泽强。适于涂装医疗器械、仪器设备、金属或塑料表面罩光等。

d. 液体聚氨酯固化剂。聚氨酯分子中既含有氨基，又含有异氰酸酯基，它们可以和环氧树脂中的环氧基或羟基反应，而使环氧树脂固化，所得漆膜具有优越的耐水性、耐溶剂性、耐化学药品性以及柔韧性，可用于涂装耐水设备或化工设备等。

④聚硫橡胶类固化剂。

聚硫橡胶类固化剂主要有液态聚硫橡胶和多硫化合物两种。

a. 液态聚硫橡胶。液态聚硫橡胶是一种黏稠液体，其相对分子量一般为 800 ~ 3 000。液体聚硫橡胶本身硫化后具有很好的弹性和黏附性，且耐各种油类和化学介质，是一种通用的密封材料。液体聚硫橡胶分子末端含有巯基（—SH），巯基可与环氧基反应，从而使环氧树脂固化。无促进剂时，反应极缓慢。加入路易斯碱作促进剂时，反应在 0 ~ 20 ℃的低温下就可进行。在常温下只有 2 ~ 10 min 的适用期，但完全固化需要 1 周左右的时间。

b. 多硫化合物。多硫化合物一般结构如下：

$$HS\left[CH_2CH_2OCH_2OCH_2CH_2—S—S\right]_n CH_2CH_2OCH_2OCH_2CH_2—SH$$

这种多硫化合物是一种低相对分子量的低聚物，其分子末端有巯基，与液体聚硫橡胶不同，即使用路易斯碱做促进剂也不能使环氧树脂在低温下固化。但多硫化合物与普通叔胺或多元胺固化剂并用时，则可在室温下使环氧树脂固化。

2.8.5　环氧树脂的应用

环氧树脂具有优良的粘接性、热稳定性、耐化学药品性，作为涂料、胶黏剂和复合材料等的树脂基体，广泛应用于水利、交通、机械、电子、家电、汽车及航空航天等领域。

（1）环氧涂料的应用

作为涂料用的环氧树脂约占环氧树脂总量的 35%。环氧涂料的主要应用领域如石油化工、食品加工、钢铁、机械、交通运输、电力电子、海洋工程、地下设施和船舶工业等。

①防腐蚀涂料的应用。

根据防腐蚀涂料的特定要求，可以制备出各种环氧树脂防腐蚀涂料。应用于钢材表面、饮水系统、电机设备、油轮、压载舱、铝及铝合金表面和特种介质等防腐蚀，获得优异的效果。

②舰船涂料。

海上的潮湿、盐雾、强烈的紫外线和微碱性海水的侵袭等苛刻环境，对涂膜是一种严峻考验。环氧涂料附着力强、防锈性和耐水性优异、机械强度及耐化学药品性好，在舰船防护中起重要作用。环氧涂料用于船壳、水线和甲板等部位，发挥了耐磨、耐水、耐油和“湿态”黏结性强等特点。

③电气绝缘涂料。

环氧涂料形成的涂膜具有电阻系数大、介电强度高、介质损失小和“三防”性好等优点。广泛用于浸渍电机及电器设备的线圈、绕组及各种绝缘纤维材料、各种组合配件表面、粘接绝缘材料、裸体导线、浇注料、电子元器件的绝缘保护等领域。

④食品罐头内壁涂料。

利用环氧涂料的耐腐蚀性和黏结性，制成抗酸、硫等介质的食品罐头内壁涂料。环氧树脂－甲基丙烯酸甲酯－丙烯酸制得水溶性的饮料罐内壁涂料，用于啤酒和饮料瓶内壁防护，环氧－酚醛涂料用于食品罐头内壁防护，具有好的抗酸（硫）效果。

⑤水性涂料的应用。

用环氧酯配制的水性电泳涂料有独特的性能。涂膜有优良的耐蚀性、保色性和一定的装饰性。电泳涂料用于汽车工业、医疗器械、电器和轻工产品等领域。

⑥专用涂料的应用。

环氧专用涂料主要用于地下贮罐防腐、防水、防渗漏，高温环境及宇宙飞行器烧蚀隔热，指示设备或仪器的隔热、阻燃防火、高温防腐，铁轨润滑及磁性材料防护等。

⑦粉末涂料的应用。

环氧粉末涂料用于家用电器工业、仪器仪表工业、电机工业、轻工行业、石油化工防腐、建筑五金、电气绝缘、船舶工业和汽车零部件等领域。

（2）环氧胶黏剂的应用

环氧树脂除了对聚烯烃等非极性塑料黏结性不好之外，对于各种金属材料如铝、钢、铁、铜，非金属材料如玻璃、木材、混凝土等，以及热固性塑料如酚醛、氨基、不饱和聚酯等都有优良的粘接性能，因此有万能胶之称。环氧胶黏剂是结构胶黏剂的重要品种。环氧树脂胶黏剂的主要用途见表2－3。

表2－3　环氧树脂胶黏剂的主要用途

应用领域	被黏材料	主要特征	主要用途
土木建筑	混凝土，木，金属，玻璃，热固性塑料	低黏度，能在潮湿面（或水中）固化，低温固化性	混凝土修补（新旧面的衔接），外墙裂缝修补，嵌板的黏结，下水道管的连接，地板黏结，建筑结构加固

续表

应用领域	被黏材料	主要特征	主要用途
电子电器	金属、陶瓷，玻璃，FRP 等热固性塑料	电绝缘性，耐湿性，耐热冲击性，耐热性，低腐蚀性	电子元件，集成电路，液晶屏，光盘，扬声器，磁头，铁芯，电池盒，抛物面天线，印制电路板
航天航空	金属，热固性塑料，FRP（纤维增强塑料）	耐热，耐冲击，耐湿性，耐疲劳，耐辐射	同种金属、异种金属的黏结，蜂窝芯和金属的黏结，复合材料，配电盘的黏结
汽车机械	金属，热固性塑料，FRP	耐湿性，防锈，油面黏结，耐磨耐久性（疲劳特性）	车身黏结，薄钢板补强，FRP 黏结，机械结构的修复、安装
体育用品	金属，木，玻璃，热固性塑料，FRP	耐久性，耐冲击性	滑雪板，高尔夫球杆，网球拍
其他	金属，玻璃，陶瓷	低毒性，不泛黄	文物修补，家庭用

(3）环氧工程塑料的应用

环氧工程塑料主要包括用于高压成型的环氧模塑料和环氧层压塑料及环氧泡沫塑料。环氧工程塑料也可以看作一种广义的环氧复合材料。环氧复合材料主要有玻璃钢（通用型复合材料）和环氧结构复合材料，如拉挤成型的环氧型材、缠绕成型的中空回转体制品和高性能复合材料。环氧复合材料是化工及航空、航天、军工等高技术领域的一种重要的结构材料和功能材料。

2.9　聚氨酯

聚氨酯（Polyurethane，PU）是在大分子主链中含有氨基甲酸酯基的一类聚合物。它由二（或多）异氰酸酯、二（或多）元醇通过逐步加成聚合反应制得。聚氨酯是综合性能优异的合成树脂之一，其本身已经构成一个多品种、多系列的材料家族，形成了完整的聚氨酯工业体系，这是其他树脂所不具备的。

德国的 Bayer 教授（PU 工业奠基人）于 1937 年首先发现多异氰酸酯与多元醇化合物进行加聚反应可制得聚氨酯。英、美等国 1945—1947 年从德国获得聚氨酯树脂的制造技术，并于 1950 年相继开始工业化。日本 1955 年从德国 Bayer 公司及美国 DuPont 公司引进聚氨酯工业化生产技术。20 世纪 50 年代末我国聚氨酯工业开始起步，近十几年发展较快。PU 产品种类主要包括软泡、硬泡、弹性体、纤维、合成革、胶黏剂、密封剂和涂料等，其中软泡和硬泡比例最大。

2.9.1　聚氨酯的结构与性能

聚氨酯的结构很难用一个确切的结构式表示。但其大分子结构中必定有氨基甲酸酯基、酯基或醚键或异氰酸酯端基、取代脲基、脲基甲酸酯基和缩二脲基等。聚氨酯由长链段原料和短链段原料聚合而成，是一种嵌段聚合物。一般长链二元醇构成软段，硬段则是由多异氰酸酯和扩链剂构成。软段和硬段的种类影响着聚氨酯软硬程度、强度等性能。

任何高分子材料的性能均由其结构决定，聚氨酯结构包含化学结构和聚集结构两方面。化学结构即分子链结构，是合成之初配方设计中需要着重考虑的因素；聚集结构是指大分子链段的堆积状态，受分子链结构、合成工艺、使用条件等的影响，具体有以下几方面的影响。

（1）软段对性能的影响

聚醚、聚酯等低聚物多元醇组成软段。软段在聚氨酯中占大部分，不同的低聚物多元醇与二异氰酸酯制备的聚氨酯性能各不相同。极性强的聚酯作软段得到的聚氨酯弹性体及泡沫的力学性能较好。因为，聚酯制成的聚氨酯含极性大的酯基，这种聚氨酯内部不仅硬段间能够形成氢键，而且软段上的极性基团也能部分地与硬段上的极性基团形成氢键，使硬段能更均匀地分布于软相中，起到弹性交联点的作用。在室温下某些聚酯可形成软段结晶，影响聚氨酯的性能。聚酯型聚氨酯的强度、耐油性、热氧化稳定性比聚醚型的高，但耐水解性能比聚醚型的差。聚四氢呋喃（PTMEG）型聚氨酯，由于 PTMEG 规整结构，易形成结晶，强度与聚酯型的不相上下。一般来说，聚醚型聚氨酯，由于软段的醚基较易旋转，具有较好的柔顺性、优越的低温性能，并且聚醚中不存在相对易于水解的酯基，其耐水解性比聚酯型好。聚醚软段上醚键的 α 碳容易被氧化，形成过氧化物自由基，产生一系列的氧化降解反应。以聚丁二烯为软段的聚氨酯，软段极性弱，软硬段间相容性差，弹性体强度较差。含侧链的软段，由于位阻作用，氢键弱，结晶性差，强度比相同软段主链的无侧基聚氨酯差。软段的分子量对聚氨酯的力学性能有影响，一般来说，假定聚氨酯分子量相同，其软段若为聚酯，则聚氨酯的强度随聚酯二醇分子量的增加而提高；若软段为聚醚，则聚氨酯的强度随聚醚二醇分子量的增加而下降，不过伸长率却上升。这是因为聚酯型软段本身极性就较强，分子量大则结构规整性高，对改善强度有利，而聚醚软段则极性较弱，若分子量增大，则聚氨酯中硬段的相对含量就减小，强度下降。软段的结晶性对线性聚氨酯链段的结晶性有较大的贡献。一般来说，结晶性对提高聚氨酯制品的性能是有利的，但有时结晶会降低材料的低温柔韧性，并且结晶性聚合物常常不透明。为了避免结晶，可打乱分子的规整性，如采用共聚酯或共聚醚多元醇，或混合多元醇、混合扩链剂等。

（2）硬段对性能的影响

聚氨酯的硬段由反应后的异氰酸酯或多异氰酸酯与扩链剂组成，含有芳基、氨基甲酸酯基、取代脲基等强极性基团，通常芳香族异氰酸酯形成的刚性链段构象不易改变，常温下伸展成棒状。硬链段通常影响聚合物的软化熔融温度及高温性能。异氰酸酯的结构影响硬段的刚性，因而异氰酸酯的种类对聚氨酯材料的性能有很大影响。芳族异氰酸酯分子中由于有刚性芳环的存在及生成的氨基甲酸酯键赋予聚氨酯较强的内聚力。对称二异氰酸酯使聚氨酯分子结构规整有序，促进聚合物的结晶，故 4,4′-二苯基甲烷二异氰酸酯（MDI）比不对称的二异氰酸酯（如 TDI）所制聚氨酯的内聚力大，模量和撕裂强度等物理机械性能高。由芳香族异氰酸酯制备的聚氨酯由于硬段含刚性芳环，因而其硬段内聚强度增大，材料强度一般比脂肪族异氰酸酯型聚氨酯的大，但抗紫外线降解性能较差，易泛黄，而脂肪族聚氨酯则不会泛黄。扩链剂对聚氨酯性能也有影响。含芳环的二元醇与脂肪族二元醇扩链的聚氨酯相比有较好的强度。二元胺扩链剂能形成脲键，脲键的极性比氨酯键强，因而二元胺扩链的聚氨酯比二元醇扩链的聚氨酯具有较高的机械强度、模量、黏附性、耐热性，以及较好的低温性能。浇注型聚氨酯弹性体多采用芳香族二胺 MOCA 作扩链剂，除固化工艺因素外，就是因为弹性体具有良好的综合性能。聚氨酯的软段在高温下短时间不会很快被氧化和发生降解，但硬段的耐热性影响聚氨酯的耐温性能，硬段中可能出现由异氰酸酯反应形成的几种键基团，其热稳定性顺序如下：异氰脲酸酯 > 脲 > 氨基甲酸酯 > 缩二脲 > 脲基甲酸酯，其中最稳定的异氰脲酸酯在 270 ℃左右才开始分解。氨酯键的热稳定性随着邻近氧原子、碳原子上取代基的增加及异氰酸酯反应性的增加或立体位阻的增加而降低。并且氨酯键两侧的芳香族或脂肪族基团对氨酯键的热分解性也有影响，稳定性顺序如下：R—NHCOOR > Ar—NHCOOR > R-NHCOOAr > Ar-NHCOOAr。提高聚氨酯中硬段的含量通常使硬度增加、弹性降低。

（3）聚氨酯的形态结构

聚氨酯的性能，归根结底受大分子链形态结构的影响。特别是聚氨酯弹性体材料，软段和硬段的相分离对聚氨酯的性能至关重要，聚氨酯的独特的柔韧性和宽范围的物性可用两相形态学来解释。聚氨酯材料的性能在很大程度上取决于软硬段的相结构及微相分离程度。适度的相分离有利于改善聚合物的性能。

从微观形态结构看，在聚氨酯中，强极性和刚性的氨基甲酸酯基等基团由于内聚能大，分子间可以形成氢键，聚集在一起形成硬段微相区，室温下这些微区呈玻璃态次晶或微晶；极性较弱的聚醚链段或聚酯等链段聚集在一起形成软段相区。软段和硬段虽然有一定的混容，但硬段相区与软段相区具有热力学不相容性质，导致产生微观相分离，并且软段微区及硬段微区表现出各自的玻璃化温度。软段相区主要影响材料的弹性及低温性能。硬段之间的链段吸引力远大于软段之间的链段吸引力，硬相不溶于软相中，而是分布其中，形成一种不连续的微相结构，常温下在软段中起物理交联点的作用，并起增强作用。故硬段对材料的力学性能，特别是拉伸强度、硬度和抗撕裂强度具有重要影响。这就是聚氨酯弹性体中即使没有化学交联，常温下也能显示高强度、高弹性的原因。聚氨酯弹性体中能否发生微相分离、微相分离的程度、硬相在软相中分布的均匀性都直接影响弹性体的力学性能。

（4）氢键

氢键存在于含电负性较强的氮原子、氧原子的基团和含氢原子的基团之间，与基团内聚能大小有关，硬段的氨基甲酸酯或脲基的极性强，氢键多存在于硬段之间。据报道，聚氨酯中多种基团的亚氨基（NH）大部分能形成氢键，而其中大部分是 NH 与硬段中羰基形成的，小部分是与软段中醚氧基或酯羰基形成的。与分子内化学键的键合力相比，氢键是一种物理吸引力，极性链段的紧密排列促使氢键形成；在较高温度时，链段发生运动，氢键消失。氢键起物理交联作用，它可使聚氨酯弹性体具有较高的强度、耐磨性。氢键越多，分子间作用力越强，材料的强度越高。

（5）交联度

分子内适度的交联可使聚氨酯材料硬度、软化温度和弹性模量增加，断裂伸长率、永久变形和在溶剂中的溶胀性降低。对于聚氨酯弹性体，适当交联，可制得机械强度优良、硬度高、富有弹性，且有优良耐磨、耐油、耐臭氧及耐热性等性能的材料。但若交联过度，可使拉伸强度、伸长率等性能下降。

聚氨酯化学交联一般是由多元醇（偶尔多元胺或其他多官能度原料）为原料，或由高温、过量异氰酸酯而形成的交联键（脲基甲酸酯和缩二脲等）引起，交联密度取决于原料的用量。与氢键引起的物理交联相比，化学交联具有较好的热稳定性。

聚氨酯泡沫塑料是交联型聚合物，其中软制泡沫塑料由长链聚醚（或聚酯）二醇及三醇与二异氰酸酯及扩链交联剂制成，具有较好的弹性、柔软性；硬质泡沫塑料由高官能度、低分子量的聚醚多元醇与多异氰酸酯（PAPI）等制成，由于很高的交联度和较多刚性苯环的存在，材料较脆。有研究表明，随着脲基甲酸酯、缩二脲等基团的增加，软质聚氨酯泡沫塑料的耐疲劳性能下降。

2.9.2 聚氨酯的合成

合成聚氨酯的反应比较复杂，包括初级反应和次级反应。

（1）初级反应

初级反应包括预聚反应和扩链反应。

①预聚反应。

预聚反应指端羟基聚合物和过量的二异氰酸酯通过逐步加成聚合反应生成含有端基异氰酸基（—N═C═O）低聚体的反应，反应简式如下：

$$(n+1)\ O{=}C{=}N{-}C_6H_3(CH_3){-}N{=}C{=}O \ + \ n\ HO{\sim\sim}R{\sim\sim}OH \longrightarrow$$

$$O{=}C{=}N{-}\left(C_6H_3(CH_3){-}\underset{H}{N}{-}\overset{O}{\overset{\|}{C}}{-}O{\sim\sim}R{\sim\sim}O{-}\overset{O}{\overset{\|}{C}}{-}\underset{H}{N}\right)_n{-}C_6H_3(CH_3){-}N{=}C{=}O$$

②扩链反应。

预聚体与含有活泼氢的化合物（如水、胺类和联苯胺类等化合物）反应生成取代脲基，使相对分子量增加。扩链反应只与预聚体的端基有关，扩链反应可表示如下：

$$O{=}C{=}N{\sim\sim}R{\sim\sim}N{=}C{=}O \ + \ H_2N{-}R''{-}NH_2 \ + \ O{=}C{=}N{\sim\sim}R{\sim\sim}N{=}C{=}O \longrightarrow$$

$$O{=}C{=}N{\sim\sim}R{\sim\sim}\underset{\text{取代脲基}}{\underbrace{\overset{H}{N}{-}\overset{O}{\overset{\|}{C}}{-}\overset{H}{N}}}{-}R''{-}\overset{H}{N}{-}\overset{O}{\overset{\|}{C}}{-}\overset{H}{N}{\sim\sim}R{\sim\sim}N{=}C{=}O$$

（2）次级反应（固化反应）

次级反应包括两种：生成脲基甲酸酯基的反应和生成缩二脲基的反应。

①生成脲基甲酸酯基的反应（交联反应）。

体系中存在的过量的—NCO端基和主链上的氨基甲酸酯基—NHCOO—反应生成脲基甲酸酯基而交联：

$$\sim\sim N{=}C{=}O + \sim\sim N(H){-}C(=O){-}O\sim\sim \xrightarrow{90\sim100\ ℃} \sim\sim N(C(=O)NH\sim\sim){-}C(=O){-}O\sim\sim$$

脲基甲酸酯基

②生成缩二脲基的反应（交联反应）。

体系中存在的过量的—N ═C ═O 端基和扩链反应中形成的取代脲基—NHCONH—反应，生成缩二脲基而交联，反应简式如下：

$$2\sim\sim N{=}C{=}O + \sim\sim N(H){-}C(=O){-}N(H)\sim\sim \longrightarrow + \sim\sim N(C(=O)N(H)\sim\sim){-}C(=O){-}N(C(=O)N(H)\sim\sim)\sim\sim$$

通过次级反应，聚合物的分子结构由线型结构变为体型结构，因此，次级反应也就是固化反应。

2.9.3 聚氨酯的应用

聚氨酯材料是目前唯一一类在塑料、橡胶、泡沫、纤维、涂料、胶黏剂和功能高分子七大领域均有应用价值的高分子合成材料。通过采用不同化学结构的原料，控制反应条件，调节配方比例等，可制造出具有各种性能和用途的聚氨酯制品，被广泛应用于轻工、建筑、汽车、纺织、机电、船舶、石化、冶金、能源、军工等方面，已成为人们衣、食、住、行以及高新技术领域必不可少的材料之一。

（1）聚氨酯泡沫塑料的应用

软质聚氨酯泡沫塑料具有轻度交联结构，其相对密度为0.02～0.04 g/cm^3，回弹性高。软质聚氨酯泡沫塑料主要用于家具（如床垫、坐垫、沙发）、体育防震用品及防震包装材料。

半硬质聚氨酯泡沫塑料的交联度高于软质聚氨酯泡沫塑料，开孔率为90%，具有更高的压缩强度。主要用于防震缓冲材料和包装材料。

硬质聚氨酯泡沫塑料为高度交联结构，开孔率为5%～15%；热导率为0.030 W/(m·K)左右，是一种优质绝热保温材料；可以在-200～150 ℃下使用，耐化学稳定性好，但不耐强酸强碱。由于硬质聚氨酯泡沫塑料冲击强度低，故常加入环氧树脂和有机纤维进行改性。硬质聚氨酯泡沫塑料主要用于绝热制冷材料（如冰箱，冷藏柜，冷库，输送冷、热介质管道保温材料）、建筑隔热保温材料和结构材料（如椅子骨架、桌子、门框及窗框等）。

（2）聚氨酯涂料的应用

以聚氨酯树脂作为主要成膜物质，再配以颜料、溶剂、催化剂及其他辅助材料等所组成的涂料，称为聚氨酯涂料。它可制成溶剂型、液态无溶剂型、粉末、水性、单罐装等多种形态，满足不同的需要。

与其他类型的涂料相比，在相同的硬度条件下，由于氢键的作用以及脲键的存在，聚氨酯涂膜的扯断伸长率最高，耐磨耗最佳，所以广泛地用于地板漆、甲板漆、飞机蒙皮漆、塑胶跑道以及马路画线漆等。

聚氨酯涂料兼具保护和装饰性能，可用于高级木器漆、钢琴、大型客机等的涂装。聚氨酯涂料具有优异的耐油性、耐化学药品性，所以大多数金属或非金属石油储罐、油槽内壁防腐涂料常采用聚氨酯涂料。

封闭型聚氨酯涂料具有优良的电绝缘性能、耐水性能、耐溶剂性能和机械性能，被主要用作电绝缘涂料。

弹性聚氨酯涂料具有高弹性、高强度、高耐磨、高抗裂和高抗冲性能，广泛用于耐油抗渗涂料、体育运动场地铺面材料、飞机雷达罩及薄壁油箱涂料、建筑密封涂料等。

（3）聚氨酯胶黏剂的应用

聚氨酯胶黏剂是指在分子链中含有氨基甲酸酯基团或异氰酸酯基的胶黏剂，具有黏结力强、初黏力大的特点，不仅可以粘接多孔性的材料，如泡沫塑料、陶瓷、木材、织物等，还可以粘接多种金属、无机材料、塑料、橡胶和皮革等，主要应用于包装业、建筑业、汽车制造、木材黏结、书籍装订、印刷业等方面。

①包装用聚氨酯胶黏剂。聚氨酯胶黏剂由于其优异的性能，可将不同性质的薄膜材料粘接在一起得到具有耐寒、耐油、耐药品、透明、耐磨等各种性能的软包装用复合薄膜。用于包装的聚氨酯胶黏剂品种繁多，如水基聚氨酯胶黏剂、热熔型聚氨酯胶黏剂、溶剂型聚氨酯胶黏剂、无溶剂型聚氨酯胶黏剂。

②建筑用聚氨酯胶黏剂。聚氨酯胶黏剂具有无毒、无污染、使用方便、耐低温、耐老化等优点，在建筑铺装材料的应用中发挥着重要作用，广泛应用于弹性橡胶地垫、硬质橡胶地砖和铺设塑胶跑道运动场中。此外，在建筑用 PVC 材料粘接、夹心板生产以及建筑防水涂料中都得到广泛使用。

③汽车用聚氨酯胶黏剂。在汽车上应用最为广泛的聚氨酯胶黏剂主要有装配挡风玻璃用单组分湿气固化聚氨酯密封胶、粘接玻璃纤维增强塑料和片状模塑复合材料的结构胶黏剂、内装件用双组分聚氨酯胶黏剂以及水性聚氨酯胶黏剂等。

④木材用聚氨酯胶黏剂。木工行业使用的单组分湿气固化聚氨酯胶黏剂是液态的，在室温下使用。通常其粘接强度高、柔韧性和耐水性好，并能和许多非木基材（如纺织纤维、金属、塑料、橡胶等）粘接。

⑤其他方面。常温交联水性聚氨酯胶黏剂可制得适合凹版印刷的单组分聚氨酯水性油墨；在书籍装订中，聚氨酯热熔胶可替代 EVA 热熔胶，降低成本。聚氨酯胶黏剂在航天器材的粘接、文物保护与修复、军工产业、文具用品、医疗卫生等方面发挥着越来越重要的作用。

（4）聚氨酯弹性体的应用

聚氨酯弹性体的性能介于塑料与橡胶之间。其中聚酯型聚氨酯的力学性能高、耐油性好，但耐水性差；聚醚型聚氨酯的耐低温性能及耐水性优于聚酯型聚氨酯，但耐油性、力学性能稍差一些。主要应用于以下方面：

①汽车工业。以聚酯型 PU 热塑性弹性体为主，加入 6% ~8% 的玻璃纤维或玻璃微球增强，具体有保险杠、挡泥板、方向盘、阻流板、行李箱盖、门把手、扶手、仪表盘及防滑链

等，还可用作低速行驶的汽车（叉车、小平车等）轮胎。

②建筑材料。主要用于运动场人造跑道、地下管密封件、防水材料、建筑混凝土墙壁和天花板浮雕的模板等。

③合成革。用于服装、家具、箱包及车辆座椅等。

④医疗器材。制作绷带、心脏助动器、血泵、人造血管、人工肾及人造心室等。

⑤其他方面。用于高承重和高耐磨的钢铁及造纸工业中的轧辊；油田、冶金工业中的高耐磨和高强度的结构材料，如油田旋转除砂器、选煤筛网、浮选机、螺旋选矿机、矿砂输送管和转送带等。

（5）聚氨酯纤维的应用

聚氨酯纤维，即氨纶，具有优异的弹力，故又名弹性纤维，在服装织物上得到了大量的应用。氨纶织物主要用于紧身服、运动装、护身带及鞋底等的制造。其品种根据用途需要，可分为经向弹力织物、纬向弹力织物及经纬双向弹力织物。

2.10　聚酰亚胺

聚酰亚胺（Polyimide，PI），是分子结构中含有酰亚胺环的一类高分子化合物，是目前工程塑料中耐热性最好的品种之一。聚酰亚胺作为一种特种工程材料，已广泛应用在航空、航天、微电子、纳米、液晶、分离膜、激光等领域。近年来各国都将聚酰亚胺作为最有希望的工程塑料之一进行研究、开发及利用。

聚酰亚胺最早出现是在 1908 年，Bogert 和 Renshaw 以 4 - 氨基邻苯二甲酸酐或 4 - 氨基邻苯二甲酸二甲酯进行分子内缩聚反应制得了芳香族聚酰亚胺，但那时聚合物的本质还未被充分认识，所以没有受到重视，直到 20 世纪 40 年代中期才有了一些关于聚酰亚胺的专利出现。20 世纪 50 年代末期制得高分子量的芳族聚酰亚胺。1955 年，美国 DuPont 公司 Edwards 与 Robison 申请了世界上第一项有关聚酰亚胺在材料应用方面的专利。1961 年，DuPont 公司采用芳香族二胺和芳香族二酐的缩合反应，用二步法工艺合成了聚均苯四甲酰亚胺薄膜（Kapton），并于 1961 年正式实现了聚酰亚胺的工业化。1964 年，开发生产聚均苯四甲酰亚胺模塑料（Vespel）。1965 年，公开报道该聚合物的薄膜和塑料。继而，它的黏合剂、涂料、泡沫和纤维相继出现。1969 年，法国罗纳 - 普朗克公司（Rhone-Poulene）首先开发成功双马来酰亚胺预聚体（Kerimid 601），它是先进复合材料的理想基体树脂，该聚合物在固化时不产生副产物挥发性气体，容易成型加工，制品内部致密无气孔，但聚酰亚胺真正作为一种材料而实现商品化则是在 20 世纪 60 年代。

2.10.1　聚酰亚胺的分子结构与性能

（1）聚酰亚胺的分子结构

聚酰亚胺由含二胺和二酐的化合物经逐步聚合制备，二胺和二酐的结构不同，可制备一系列不同结构和性能的聚酰亚胺。结构简式如下：

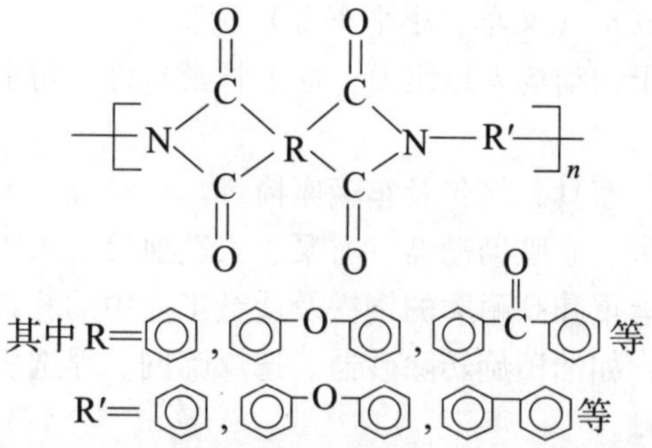

$$\left[N \langle (C{=}O)_2 \rangle R \langle (C{=}O)_2 \rangle N - R' \right]_n$$

其中 R＝ … 等

R′＝ … 等

聚酰亚胺的主链重复结构单元中含酰亚胺基团，芳环中的碳和氧以双键相连，芳杂环产生共轭效应，这些都增强了主键键能和分子间作用力。聚酰亚胺分子由于具有十分稳定的芳杂环结构，分子规整、对称性强，有利于结晶，且分子堆积密度高，分子间距离小，分子链刚性大，因此体现出其他高分子材料所无法比拟的优异性能。

（2）聚酰亚胺的性能

聚酰亚胺材料具有独特的化学、物理、力学和电学性能，主要包括优异的耐高低温性能、耐湿性、耐腐蚀性，较好的尺寸稳定性，成型工艺简单、易行，可采用阶梯升温法一次成型。

①热性能。

聚酰亚胺的主链键能大，不易断裂分解。全芳香聚酰亚胺的热重分析显示，其开始分解的温度一般都在 500 ℃左右。由联苯二酐和对苯二胺合成的聚酰亚胺，热分解温度可以达到 600 ℃，是迄今聚合物中热稳定性最好的品种之一。聚酰亚胺还可耐极低温，如在 －269 ℃的液态氦中不会脆裂。

②力学性能。

聚酰亚胺具有优良的机械性能，突出的抗蠕变性和尺寸稳定性，其拉伸、弯曲、压缩强度都较高。未填充的聚酰亚胺塑料的抗张强度都在 100 MPa 以上，均苯型聚酰亚胺的薄膜为 170 MPa 以上，而联苯型聚酰亚胺达到 400 MPa。作为工程塑料，弹性模量通常为 3 ~ 4 GPa，纤维可达到 200 GPa。聚酰亚胺的机械性能随温度波动的变化小，高温下蠕变小，其蠕变速度甚至比铝还小，主要原因是聚酰亚胺分子链中含有大量芳杂环的共轭效应。聚酰亚胺还具有优良的耐磨减摩性。

③电性能。

聚酰亚胺的大分子中虽然含有相当数量的极性基团（如羰基和醚基），但其电绝缘性优良，原因是羰基纳入五元环，醚键与相邻基团形成共轭体系，使其极性受到限制，同时由于大分子的刚性和较高的玻璃化温度，在较宽的温度范围内偶极损耗小，电性能十分优良。聚酰亚胺具有良好的介电性能，介电常数为 3.4 左右，引入氟在聚酰亚胺中，介电常数可以降到 2.5 左右。介电损耗为 10^{-3}，介电强度为 100 ~ 300 kV/mm，体积电阻为 10^{17} Ω · cm。这些性能在较宽的温度范围和频率范围内仍能保持很高的水平。

④辐射性。

聚酰亚胺具有很高的耐辐照性能，其薄膜在 5×10^9 rad 剂量辐照后，强度仍保持 86%，一种聚酰亚胺纤维经 1×10^{10} rad 快电子辐照后其强度保持率为 90%。

⑤化学性能。

一些聚酰亚胺品种不溶于有机溶剂，对稀酸稳定，一般的品种不太耐水解，这个看似缺点的性能却是聚酰亚胺有别于其他高性能聚合物的一个很大的特点，即可以利用碱性水解回收原料二酐和二胺，例如对于 Kapton 聚酰亚胺薄膜，其回收率可达 80% ~90%。改变结构可得到耐水解的品种，可以经得起 120 ℃、500 h 水煮。因为聚酰亚胺大分子中最薄弱的 C—H 键在亚胺环中受到五元环的保护，键能提高，所以其耐化学腐蚀性得到提高。并且聚酰亚胺是自熄性聚合物，发烟率低。

⑥其他性能。

聚酰亚胺无毒，可用来制造餐具和医用器具，并经得起数千次消毒。聚酰亚胺体外细胞毒性实验为无毒，在极高的真空度下放气量很少。

聚酰亚胺也有缺点，主要是：熔点太高、不溶于大多数有机溶剂、加工流动性不佳、易水解、吸水性较高及膨胀系数大等。

2.10.2　聚酰亚胺的分类

目前，聚酰亚胺主要分为热塑性和热固性两大类。

（1）热塑性聚酰亚胺

热塑性聚酰亚胺是主链上含有亚胺环和芳香环的链型结构的聚酰亚胺材料。这类聚合物具有优异的耐热性和抗热氧化性能，在 -200 ~260 ℃范围内具有优异的机械性能、介电和绝缘性能以及耐辐射性能。按所用芳香族四酸二酐单体结构的不同，热塑性聚酰亚胺又可分为均苯酐型、醚酐型、酮酐型和氟酐型等。

①均苯酐型聚酰亚胺。

均苯酐型聚酰亚胺是最早实现商品化的聚酰亚胺，它是由均苯四甲酸二酐（PMDA）与芳香族二胺反应，然后经亚胺化处理生成的不熔不溶的聚酰亚胺，反应式如图 2 - 13 所示。该类聚酰亚胺具有优异的耐热性，属于 H 级以上的绝缘材料。玻璃化转变温度 T_g 为385 ℃，该材料在 500 ℃以上才开始分解。在 400 ℃下恒温热处理 15 h 后，其重量损失只有 1.5%。此种结构的薄膜型号为 Kapton（DuPont），工程塑料的型号为 Vespel（DuPont）。

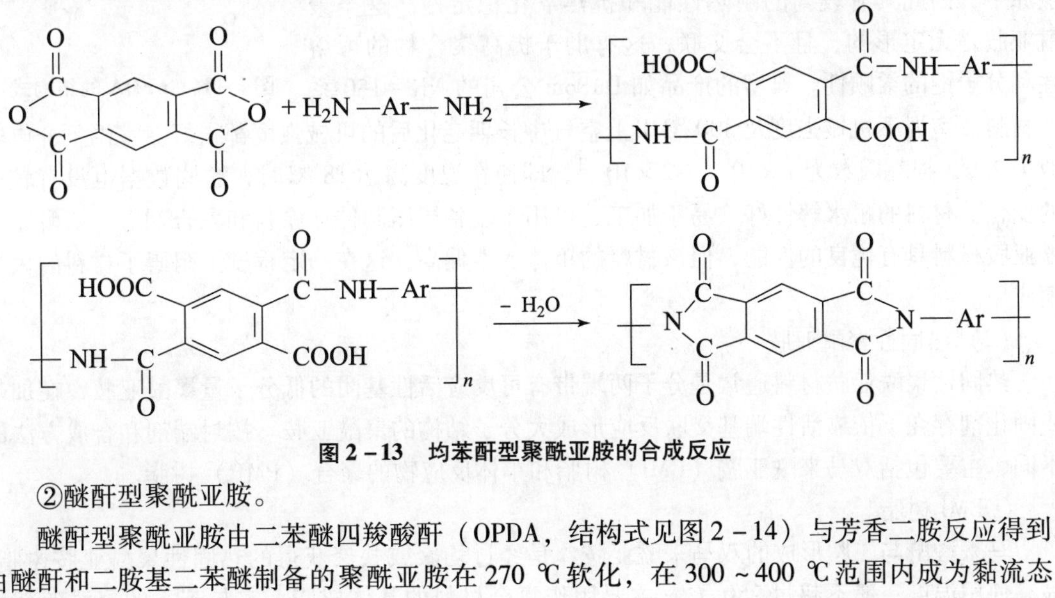

图 2 - 13　均苯酐型聚酰亚胺的合成反应

②醚酐型聚酰亚胺。

醚酐型聚酰亚胺由二苯醚四羧酸酐（OPDA，结构式见图 2 - 14）与芳香二胺反应得到。由醚酐和二胺基二苯醚制备的聚酰亚胺在 270 ℃软化，在 300 ~400 ℃范围内成为黏流态，可以热模压成型。在390 ℃于模中保持1 h，不失去工艺性，可以模塑多次。薄膜材料在250 ℃空气中保持500 h，其拉伸强度和伸长率的损失都不大于10%。在210 ℃的空气中恒温热处理300 h的重量损失低于0.05%；在沸水中24 h煮沸后，吸水率仅为0.5% ~0.8%。这类聚合物具有优异的介电性能，室温下的介电常数为3.1 ~3.5，损耗因数为1×10^{-3}。

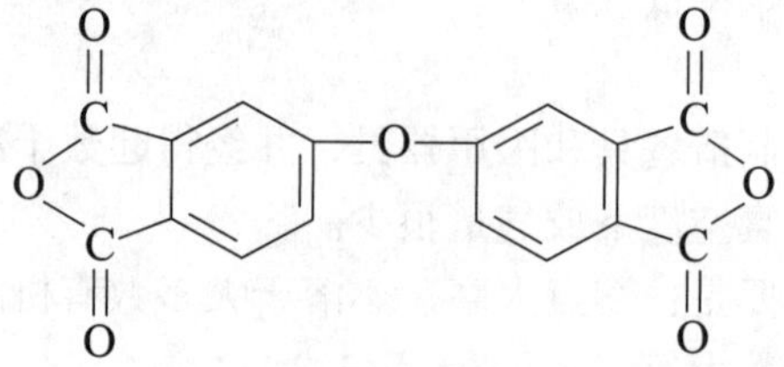

图2-14　OPDA的结构式

③酮酐型聚酰亚胺。

酮酐型聚酰亚胺是由二苯甲酮四酸二酐（BTDA，结构式见图2-15）与二胺反应而成的。这类材料除具有聚酰亚胺的特性外，还有一个显著特点，即粘接性好。由酮酐和间苯二胺制成的聚酰亚胺是性能优良的耐高温黏结剂，对多种金属、复合材料都具有很好的粘接性能。典型的产品有FM-34等。由酮酐和二苯甲酮二胺在DMF、DMAc或双二甘醇二甲醚等极性溶剂中形成的聚酰胺酸溶液是一种性能很好的耐高温黏结材料(LaRC-TPI)。LaRC-TPI能以聚酰亚胺形式加工制得大面积无气孔的黏结胶件，在220 ℃的空气中亚胺化得到的固体材料的T_g为229 ℃。

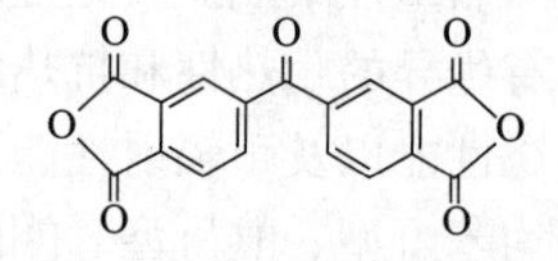

图2-15　BTDA的结构式

④氟酐型聚酰亚胺。

氟酐型聚酰亚胺由六氟二酐（6FDA，结构式见图2-16）和芳香二胺反应而得。六氟二酐中含有全氟代异丙基团，而无氢原子，因此具有较高的耐热性能和抗热氧化稳定性。这类聚酰亚胺是无定形的，且不会交联，这有助于提高聚合物的可熔性和分子链的柔顺性。典型的产品如DuPont公司的NR-150系列材料。室温下机械强度及300 ℃以上空气中长期老化后的机械强度都很好。室温下介电常数为2.9，损耗因数为1×10^{-3} ~2×10^{-3}，即使在温度高达18 ℃时，这些数据也没有较大的变化。材料的耐水解性好，易于加工，可用于制备层压制件、涂料和黏合剂等。氟酐型聚酰亚胺材料具有优良的性能，但该材料的单体成本偏高，这在一定程度上阻碍了材料的大规模应用。

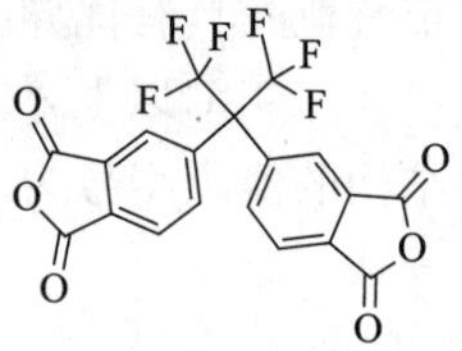

图2-16　6FDA的结构式

（2）热固性聚酰亚胺

热固性聚酰亚胺材料通常是分子两端带有可反应活性基团的低分子量聚酰亚胺，在加热或固化剂存在下依靠活性端基交联反应形成大分子结构的聚酰亚胺。按封端剂和合成方法的不同，主要包括双马来酰亚胺（BMI）树脂和单体反应物的聚合（PMR）树脂。

①BMI树脂。

马来酸酐与二胺形成的双马来酰亚胺，是经过均聚或共聚获得的热固性聚酰亚胺树脂，最高使用温度一般不超过250 ℃，主要用作复合材料的基体树脂。它与芳香的聚酰亚胺相比，性能不差上下，但合成工艺简单，后加工容易，成本低，可以方便地制成各种复合材料制品。但固化物较脆。

②PMR 型聚酰亚胺树脂。

PMR 是 in situ Polymerization of Monomer Reactants 的简称，即单体反应物的聚合。PMR 型聚酰亚胺树脂是将芳香族二酐（或芳香族四羧酸的二烷基酯）、芳香族二元胺和 5 - 降冰片烯 - 二酸酐（或 5 - 降冰片烯 - 2,3 - 二羧酸的单烷基酯、炔基苯酐）等单体溶解在一种烷基醇（如甲醇或乙醇）中，作为溶液直接用于浸渍纤维，然后交联和聚合，得到耐热和高机械性能的先进复合材料。

20 世纪 70 年代初，美国 NASA 的科学家利用 PMR 技术成功合成出热固性聚酰亚胺材料 PMR - 15 树脂，并将该材料应用于航空航天领域。PMR 树脂具有优良的成型加工性能和很好的力学机械性能，可在 260 ~288 ℃的高温条件下长期使用达数千小时，在 316 ℃高温下仍具有优良的机械性能。由 PMR 型聚酰亚胺材料制成的复合材料目前主要应用于航空航天飞行器的耐高温结构部件中。

2.10.3　聚酰亚胺的合成

聚酰亚胺主要是由二酐类和二胺类化合物为原料，进行缩合聚合形成聚酰胺酸胶液（PAA Varnish），再涂布成为薄膜，后经高温（300 ℃）固化（又称为亚胺化，或称环化，或熟化）脱水，而形成 PI 高分子。聚酰亚胺树脂最具有代表性的例子为 Dupont 公司的商品 Kapton，它的合成过程如图 2 - 17 所示，主要是由均苯四甲酸二酐（PMDA）和二氨基二苯醚（ODA）为原料的化学合成。

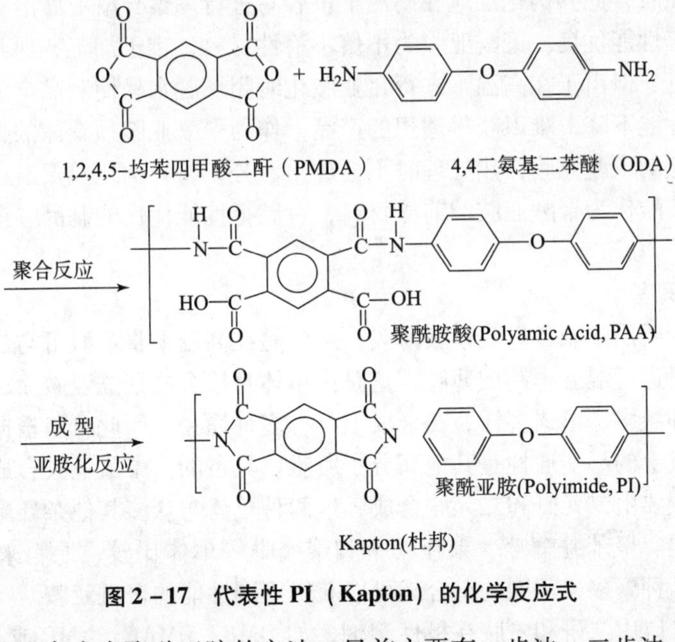

1,2,4,5-均苯四甲酸二酐（PMDA）　+　4,4二氨基二苯醚（ODA）

聚合反应 → 聚酰胺酸(Polyamic Acid, PAA)

成型 亚胺化反应 → 聚酰亚胺(Polyimide, PI)

Kapton(杜邦)

图 2 - 17　代表性 PI（Kapton）的化学反应式

由二酐和二胺聚合成为聚酰亚胺的方法，目前主要有一步法、二步法、三步法和气相沉积法四种。

（1）一步法

一步法是二酐和二胺在高沸点溶剂中直接聚合生成聚酰亚胺，即单体不经由聚酰胺酸而直接合成聚酰亚胺。该法的反应条件比热处理要温和得多，关键要选择合适的溶剂。为提高聚合物的相对分子量，应尽量脱去水分。通常采用带水剂进行共沸以脱去生成的水，或用异氰酸酯替代二胺和生成的聚酰胺酸盐在高温高压下聚合，此法的控制工艺尚需完善，并正向实用化迈进。

（2）二步法

二步法是先由二酐和二胺获得前驱体聚酰胺酸（PAA），然后通过加热或化学方法，分子内脱水闭环生成聚酰亚胺。热亚胺化过程通常是将经过干燥去除一定量溶剂的固态 PAA 薄膜，在真空或惰性介质中缓慢连续或梯步升温进行热处理，一般在 120～150 ℃就开始急剧环化脱水，当温度到达 250 ℃时亚胺化反应已基本完成，进一步提高温度可以使亚胺化更加完全。化学亚胺化法，是用脱水剂处理聚酰胺酸，化学环化后生成的聚酰亚胺中含有大量异酰亚胺，该法制得的聚酰亚胺与用加热方法制得的聚酰亚胺，物理和化学性能有差异，特别是异酰亚胺环具有较低的热稳定性和高化学反应活性，应用不同的脱水剂，环化产物中亚胺/异酰亚胺的比例不同，可认为是互变异构的高度不稳定所引起的。二步法工艺成熟，但聚酰胺酸溶液不稳定，对水汽很敏感，储存过程中常发生分解，所以又出现聚酰胺酸烷基酯法、聚酰胺酸硅烷基酯法等改进方法。

（3）三步法

三步法是经由聚异酰亚胺得到聚酰亚胺的方法。聚异酰亚胺结构稳定，作为聚酰亚胺的母体，由于热处理时不会放出水等低分子物质，容易异构化成酰亚胺，能制得性能优良的聚酰亚胺。由聚酰胺酸在脱水剂作用下，脱水环化为聚异酰亚胺，然后在酸或碱等催化剂作用下异构化成聚酰亚胺，此异构化反应在高温下很容易进行。聚异酰亚胺溶解性好，玻璃化转变温度较低，加工性能优良。聚酰亚胺为不熔不溶性材料，难于加工，通常采用先在预聚物聚酰亚胺阶段加工，但由于在高温下进行，亚胺化时闭环脱水易使制品产生气孔，导致制品的机械性能和电性能下降，难以获得理想的产品，作为聚酰亚胺预聚体的聚异酰亚胺，其玻璃化温度低于对应的聚酰亚胺，热处理时不会放出水分，易异构化成聚酰亚胺，因此用聚异酰亚胺代替聚酰胺酸作为聚酰亚胺的前体材料，可制得性能优良的制品。该法较新颖，正受到广泛关注。

（4）气相沉积法

气相沉积法主要用于制备聚酰亚胺薄膜，反应是在高温下将二酸酐与二胺直接以气流的形式输送到混炼机进行混炼，制成薄膜，这是由单体直接合成聚酰亚胺涂层的方法。

聚酰亚胺品种繁多、形式多样，在合成上具有多种途径，因此可以根据各种应用目的进行选择，这种合成上的易变通性是其他高分子所难以具备的。聚酰亚胺合成的特点如下：

①聚酰亚胺主要由二元酐和二元胺合成，这两种单体与众多其他杂环聚合物，如聚苯并咪唑、聚苯并噁唑、聚苯并噻唑、聚喹噁啉和聚喹啉等单体比较，原料来源广，合成较容易。二酐、二胺品种繁多，不同的组合就可以获得不同性能的聚酰亚胺。

②聚酰亚胺可以由二酐和二胺在极性溶剂，如 DMF，DMAC，NMP 或 THE/甲醇混合溶剂中先进行低温缩聚，获得可溶的聚酰胺酸，成膜或纺丝后加热至 300 ℃左右脱水成环转变为聚酰亚胺；也可以向聚酰胺酸中加入乙酐和叔胺类催化剂，进行化学脱水环化，得到聚酰亚胺溶液和粉末。二胺和二酐还可以在高沸点溶剂，如酚类溶剂中加热缩聚，一步获得聚酰

亚胺。此外，还可以由四元酸的二元酯和二元胺反应获得聚酰亚胺；也可以由聚酰胺酸先转变为聚异酰亚胺，然后再转化为聚酰亚胺。

③只要二酐（或四酸）和二胺的纯度合格，不论采用何种缩聚方法，都很容易获得足够高的分子量，加入单元酐或单元胺还可以很容易地对分子量进行调控。

④以二酐（或四酸）和二胺缩聚，只要达到一等物质的量比，在真空中热处理，可以将固态的低分子量预聚物的分子量大幅度地提高，从而给加工和成粉带来方便。

⑤很容易在链端或链上引入反应基团形成活性低聚物，从而得到热固性聚酰亚胺。

⑥利用聚酰亚胺中的羧基，进行酯化或成盐，引入光敏基团或长链烷基得到双亲聚合物，可以得到光刻胶或用于LB膜的制备。

⑦一般合成聚酰亚胺的过程不产生无机盐，对于绝缘材料的制备特别有利。

⑧作为单体的二酐和二胺在高真空下容易升华，因此容易利用气相沉积法在工件，特别是表面凹凸不平的器件上形成聚酰亚胺薄膜。

2.10.4　聚酰亚胺的应用

聚酰亚胺的研究和应用得到迅猛发展，并且种类繁多，重要品种有20多个，如有聚醚酰亚胺、聚酰胺-酰亚胺，双马来酰亚胺以及聚酰亚胺纳米杂化材料等，其应用领域在不断扩大。在众多的聚合物中，很难找到如聚酰亚胺这样具有如此广泛的应用方向，包括塑料、复合材料、薄膜、胶黏剂、纤维、泡沫、液晶取向剂、分离膜、光刻胶等的材料，聚酰亚胺作为高性能的高分子材料在许多领域已不可替代。

①薄膜：是聚酰亚胺最早的商品之一，用于电机的槽绝缘及电缆绕包材料。主要产品有DuPont公司的Kapton、宇部兴产的Upilex系列和钟渊的Apical。透明的聚酰亚胺薄膜可作为柔软的太阳能电池底板。

②涂料：作为绝缘漆用于电磁线，或作为耐高温涂料使用。

③先进复合材料：用于航天、航空器及火箭零部件，是最耐高温的结构材料之一。例如美国的超音速客机计划所设计的速度为2.4*Ma*，飞行时表面温度为177 ℃，要求使用寿命为6万h，据报道已确定50%的结构材料为以热塑性聚酰亚胺为基体树脂的碳纤维增强复合材料，每架飞机的用量约为30 t。

④纤维：强度可达5~6 GPa，弹性模量可达250~300 GPa，可与T700碳纤维相比，作为先进复合材料的增强剂、高温介质及放射性物质的过滤材料和防弹、防火织物。

⑤泡沫塑料：PI泡沫材料是一种具有极大应用价值和开发潜力的新型材料，越来越多地用作航空航天、国防军工、微电子等高新技术领域的隔热、减震降噪和绝缘等关键材料。

⑥工程塑料：有热塑性也有热固性，热塑性塑料可以模压成型，也可以用注射成型或传递模塑。主要用于自润滑、密封、绝缘及结构材料。热塑性聚酰亚胺广泛用于汽车发动机部件、油泵和气泵盖、电子/电器仪表用高温插座、连接器、印刷线路板和计算机硬盘、集成电路晶片载流子、飞机内部载货系统等。热固性聚酰亚胺的应用已从航空航天军事部门扩展到机电、电子和机械等领域。

⑦胶黏剂：用作高温结构胶。聚酰亚胺胶黏剂作为电子元件高绝缘灌封料已生产。

⑧分离膜：用于各种气体对，如氢/氮、氮/氧、二氧化碳/氮或甲烷等的分离，从空气、烃类原料气及醇类中脱除水分。也可作为渗透蒸发膜及超滤膜。由于聚酰亚胺耐热和耐有机

溶剂性能，在对有机液体和气体的分离上具有特别重要的意义。

⑨光刻胶：包括负性胶和正性胶，分辨率可达亚微米级。与颜料或染料配合可用于彩色滤光膜，可大大简化加工工序。

⑩在微电子器件中的应用：用作介电层进行层间绝缘，作为缓冲层可以减少应力，提高成品率。作为保护层可以减少环境对器件的影响，还可以对 α－粒子起屏蔽作用，减少或消除器件的软误差。

⑪液晶显示用的取向排列剂：聚酰亚胺在液晶显示器的取向剂材料方面占有十分重要的地位。

⑫电－光材料：用作无源或有源波导材料、光学开关材料等，含氟的聚酰亚胺在通信波长范围内为透明；以聚酰亚胺作为发色团的基体可提高材料的稳定性。

2.11 聚碳酸酯

聚碳酸酯（Polycarbonate，PC）是大分子主链中含有碳酸酯基（$\left[O-R-O-\overset{\overset{O}{\|}}{C} \right]$）重复单元的线型高聚物，其中 R 可为脂肪族、脂环族、芳香族或混合型的基团。目前仅有芳香族聚碳酸酯获得了工业化生产，以双酚 A 型为主，产量仅次于聚酰胺。

早在 1881 年，Birnbaum 和 Lurie 就制得了碳酸酯缩合物。1940 年，美国 DuPont 公司的 Peterson 成功地制得了可制成纤维和薄膜的高分子量聚碳酸酯，并取得美国专利，这是关于聚碳酸酯研究开发方面的第一项专利。1953 年 10 月，Bayer 公司的 Schnell 在 Uerdingen 工厂首次获得了具有实用价值的热塑性高熔点线型聚碳酸酯并立即在本国申请了专利；接着，1954 年借助比利时专利公布了有关制造方法。1956 年，Schnell 在汉堡公开了双酚 A 型聚碳酸酯的详细研究论文。1958 年，Bayer 公司便以中等规模在全球实现了熔融酯交换法双酚 A 型聚碳酸酯的工业化生产，商品名为“Makrolon”，中文翻译为“模克隆”。GE（美国通用电气）公司于 1955 年 7 月在美国申请了专利，并于 1959 年通过澳大利亚专利公布了光气化溶剂法聚碳酸酯制造工艺，之后，在 1960 年也投入了聚碳酸酯的工业生产，商品名为“Lexan”，中文翻译为“力显”。1955 年，GE 公司的 Daniel Fox 在首先发现聚碳酸酯并研究其两年后，向美国专利局提交了合成聚碳酸酯的专利申请，同年，Bayer 公司的 Schnell 也向美国专利局提交了基本相似的合成聚碳酸酯的专利申请。在美国专利局批复之前，GE 和 Bayer 两家公司便约定不管谁得到专利权，专利获得方都将允许另一方在支付一定的专利费之后生产聚碳酸酯。后来美国国家专利局将生产聚碳酸酯的专利权判给了 Bayer 公司，因为 Schnell 的提交的发明书的日期比 Fox 早 1 周。2007 年 9 月 3 日，沙特阿拉伯王国的沙特基础工业公司（SABIC）在上海宣布，以 116 亿美元的收购价格完成了对 GE 塑料集团的收购，GE 塑料集团现已成为 SABIC 的一个新的组成部分。

2.11.1 聚碳酸酯的结构与性能

（1）聚碳酸酯的结构

聚碳酸酯之所以有许多优良的性能，与它的特殊结构分不开，聚碳酸酯的分子链结构如下：

$$\left[-O-C_6H_4-R-C_6H_4-O-\overset{O}{\overset{\|}{C}}- \right]_n$$

主链除 R 基团以外，有大共轭的芳香环状体苯基，是难以弯曲的部分，可以提高分子链的刚性，赋予聚合物机械强度、耐热性、耐化学药品性、耐候性和尺寸稳定性，从而降低了它在有机溶剂中的溶解性和吸水性。醚键的作用和苯基相反，增大了分子链的柔性，加大了聚合物在有机溶剂中的溶解性和吸水性。羰基增大了分子间的相互作用力，使大分子链间靠得更紧密，聚合物刚性增大。酯基是极性较大的基团，是聚碳酸酯分子链中较薄弱的部分，易水解断裂，使聚碳酸酯极易溶于极性有机溶剂，也是它的电绝缘性不及非极性的甚至弱极性的聚合物的原因。苯基取代基会影响分子链间的相互作用力和分子链空间的活动性。非极性的羟基取代会减小分子间的相互作用力，增大分子间的刚性。

当主链上的 R 基团中心原子两侧基不对称时，破坏了分子的规整性，聚合物不会结晶。当 R 为—O—、—S—、—SO_2—等杂原子或原子基团时，所得聚碳酸酯均为特殊产品。

端基对热性能影响显著，封端的聚碳酸酯，链末端为羟基和苯氧基（酯交换法）或羟基和酰氯基（水解后为羧基，光气法）。在高温下，羟基会引起它醇解，羧基会促使它酸性水解，并将进一步促进聚碳酸酯的游离基连锁降解。

（2）聚碳酸酯的性能

聚碳酸酯的分子链有刚性苯环和柔性碳酸酯结构，分子缠结作用强，相互滑移难，不易变形，是硬而韧的固体。其性能如下。

①力学性能。

聚碳酸酯是刚性与韧性的有机结合体。一般而言，如果一种材料刚性很好，那么它就会很脆，往地上一摔即碎。但聚碳酸酯虽有很好的刚性，很难将其折弯，它的韧性却也相当好，由其制成的产品，即使有重物从高处落在其上，也不容易破碎。聚碳酸酯的拉伸、弯曲、压缩强度都较高，且受温度影响小；冲击性能突出，冲击强度与其分子量有关，随分子量上升而增加；尺寸稳定性很好，耐蠕变性优于尼龙及聚甲醛，成型收缩率为 0.5% ~ 0.7%，用来制造尺寸精度和稳定性较高的机械零件。缺点是易产生应力开裂、耐疲劳性差，缺口敏感性高，不耐磨损。

②光学性能。

聚碳酸酯无色透明、透光性高、透光率大于 87%，最高可达 90% 以上，接近于玻璃但是又比玻璃轻、不易碎、易于加工。聚碳酸酯的折射率随温度的变化成直线关系。由于折射率高，韧性高适宜制作精密光学仪器。

③热性能。

聚碳酸酯具有很好的耐热性和耐寒性。长期使用温度可在 -100 ~ 130 ℃范围内。脆化温度在 -100 ℃以下，甚至在 -180 ℃的低温下，仍具有一定韧性。聚碳酸酯没有明显的熔点，在 220 ~ 230 ℃成熔融状态，比通用塑料的熔点高很多。聚碳酸酯的强度随温度的变化较小，热导率、比热容不高；线膨胀系数较小。聚碳酸酯在 320 ℃以下很少降解，330 ~ 340 ℃出现降氧和热降解。热行为研究结果表明，聚碳酸酯热稳定性较好，初始分解温度在约 350 ℃，主链断裂温度在约470 ℃。聚碳酸酯样品裂解的主要产物为苯酚、对甲基酚、对乙基酚、对异丙基酚和 BPA，溶液法合成聚碳酸酯时因所用封端剂不同，裂解产物稍有不同。

④电性能。

聚碳酸酯是弱极性的高分子材料，电性能不如聚烯烃类，但仍有较好的电绝缘性。聚碳酸酯吸水率小、T_g 高，在很宽的温度范围并在潮湿的条件下可保持良好的电绝缘性和耐电晕性；聚碳酸酯的介电常数和介电损耗在 10 ~ 130 ℃接近常数，介电常数在较宽范围内保持不变，适合做电容器。

⑤耐化学药品性。

聚碳酸酯的耐化学药品性一般，常温下耐水、脂肪烃类、油类、醇类；酮类、芳香烃类、酯类可使之溶胀；极性有机溶剂可以溶解聚碳酸酯；聚碳酸酯在与一些溶剂接触时会产生应力开裂；在高温下，聚碳酸酯容易水解，耐沸水性不好。不耐碱，稀氢氧化钠、稀氨水可使之水解。

⑥耐候性。

聚碳酸酯分子主链上无仲、叔碳原子，抗氧化性强，无双键、具有良好的耐臭氧性；在较干燥条件下，具有优异的耐候性；但在潮湿环境下，容易气候老化；聚碳酸酯对紫外光有很强的吸收作用。升温和水会加速老化。

2.11.2 聚碳酸酯的生产

在聚碳酸酯的合成工艺发展历程中，出现的合成方法颇多，如低温溶液缩聚法、高温溶液缩聚法、吡啶法和部分吡啶法等，至今仍不断有新的合成方法报道，但已工业化、形成大规模生产的工艺路线并不多，这些方法或者不成熟，或者因成本较高而制约了实际应用。目前世界上大部分生产厂家普遍采用界面缩聚法或熔融酯交换法，其中 80% 的生产厂家采用界面缩聚法。聚碳酸酯工业化生产工艺按照是否使用光气作原料可主要分为两大类：第一类是使用光气的生产工艺，第二类是完全不使用光气的生产工艺。

(1) 光气法

①溶液光气法。

以光气和双酚 A 为原料，在碱性水溶液和二氯甲烷（或二氯乙烷）溶剂中进行界面缩聚，得到的聚碳酸酯胶液经洗涤、沉淀、干燥、挤出造粒等工序制得聚碳酸酯产品。此工艺经济性较差，且存在环保问题，缺乏竞争力，已完全淘汰。

②界面缩聚法。

界面缩聚法合成聚碳酸酯的两种单体是双酚 A 钠盐和光气，化学反应式如下：

$$n\mathrm{NaO{-}C_6H_4{-}C(CH_3)_2{-}C_6H_4{-}ONa} + n\mathrm{Cl{-}\overset{\overset{\displaystyle O}{\|}}{C}{-}Cl} \longrightarrow \left[\mathrm{{-}O{-}C_6H_4{-}C(CH_3)_2{-}C_6H_4{-}O{-}\overset{\overset{\displaystyle O}{\|}}{C}{-}}\right]_n + 2n\mathrm{NaCl}$$

按传统的方法，在实施上述反应时，一般分为两步，即光气化阶段和缩聚阶段，这便是通常所说的“二步界面缩聚法”。近年来，“二步界面缩聚法”逐渐被“一步界面缩聚法”替代。在一步界面缩聚法过程中，反应一开始就加入催化剂，由于催化剂显著地加速氯甲酸酯基团与酚盐酯化的反应速度，故当双酚 A 钠盐光气化的同时，就伴随着缩聚反应的进行，而且几乎在光气化反应结束的同时，缩聚反应也随之结束。“一步法”光气界面聚合生产聚碳酸酯，反应速度快，双酚 A、光气等原料消耗大大降低。工艺成熟、生产稳定、易于操控，是目前世界上比较成熟的合成聚碳酸酯方法之一。

③酯交换法。

酯交换法生产聚碳酸酯的聚合工艺，又称本体聚合法，最早由 Bayer 公司开发并工业化的，也是一种间接光气法工艺。酯交换法的生产工艺是以苯酚为原料，经界面光气化反应制备碳酸二苯酯；碳酸二苯酯在催化剂（如卤化锂、氢氧化锂、卤化铝锂及氢氧化硼等）存在下与双酚 A 进行酯交换反应得到低聚物，进一步缩聚得到聚碳酸酯，反应过程分为酯交换阶段和缩聚阶段。酯交换阶段主要生成聚合度为 3 ~ 6 的低聚物。在缩聚阶段，随着反应体系温度的升高和压力的降低，酯交换形成的低聚物发生反应生成更高聚合度的聚碳酸酯。

由于在酯交换阶段和缩聚阶段的反应过程均为可逆平衡反应，为获得相对高分子量的聚碳酸酯，必须不间断并尽可能多地从反应物体系中移除反应生成的低分子量产物。因而在熔融酯交换缩聚工艺中，除原料简单、无须使用溶剂，避免繁杂的后处理工序外，对原材料双酚 A 的纯度要求很高、反应体系高温、高真空及反应后期体系的高黏度，成为其显著特点。

（2）非光气法

非光气酯交换法与传统酯交换法在树脂聚合上是完全一样的，即由双酚 A 和碳酸二苯酯经酯交换和缩聚反应得到聚碳酸酯，区别是传统酯交换法的碳酸二苯酯是以光气为合成原料，而非光气酯交换法的碳酸二苯酯不以光气为合成原料，采用碳酸二甲酯经酯交换反应制得的。

非光气化法生产碳酸二苯酯研究最多的是苯酚、一氧化碳和氧气的羰基化反应，在碱、溴化钯以及四配位金属氧化还原助催化剂存在下，苯酚、一氧化碳、氧气反应，生成碳酸二苯酯。

非光气酯交换法是原料单体到产品的合成过程中都不使用光气的一种聚碳酸酯合成工艺。该工艺为“绿色工艺”，具有全封闭、无副产物、基本无污染等特点，从根本上摆脱了有毒原料——光气，而且碳酸二苯酯的纯度进一步提高，对聚合更有利。这种工艺的开发成功，是对传统酯交换聚碳酸酯合成工艺的一大突破。它避开了剧毒的光气作为原料，对操作人员和环境的安全都起到了积极的作用。生产原材料为一氧化碳、氧气和双酚 A，可使原料成本明显下降，是聚碳酸酯合成工艺的发展方向。

2.11.3　聚碳酸酯的加工与应用

（1）聚碳酸酯的加工

聚碳酸酯成型加工比较困难，主要是因为其熔融黏度较高。聚碳酸酯的熔体更接近牛顿流体，提高温度比增大压力更能降低熔体黏度。聚碳酸酯作为热塑性树脂可采用多种方法加工，如注塑、挤出、模压、吹塑、热成型、印刷、粘接、涂覆和机加工等，最重要的加工方法是注塑。聚碳酸酯的加工特点如下：

①聚碳酸酯吸水性较低，吸水后性能变化也不大，但是在高温成型过程中对水非常敏感，易发生反应使聚碳酸酯水解，使制品出现银丝、气泡、裂纹等，性能下降，因此，加工前必须进行干燥处理，使水含量在0.02%以下，干燥温度低于135 ℃。

②聚碳酸酯是非晶态聚合物，成型收缩率低，一般为0.5%～0.8%。制品的尺寸稳定性较好。

③聚碳酸酯加工温度高，注塑和挤出机要具有良好的温度调控装置和较高的注射压力。

④聚碳酸酯熔体黏度高，流动性小，冷却速率快，制品易存在内应力，因此成型后立即进行热处理，热处理温度为110～120 ℃。

⑤聚碳酸酯在室温下具有相当大的强迫高弹形变能力，冲击韧性高，因此可进行冷压、冷拉、冷辊压等冷成型加工。

⑥挤出用聚碳酸酯分子量应大于3万，要采用渐变压缩型螺杆，长径比1∶(18～24)，压缩比1∶2.5，可采用挤出吹塑、注－吹、注－拉－吹法成型高质量、高透明度瓶子。

(2) 聚碳酸酯的应用

聚碳酸酯广泛应用于建筑、交通运输、机械工业、电子电器、包装材料、光学材料、医疗器械、生活日用品等方面。例如，可应用于大型灯罩、防护玻璃、照相器材、飞机座舱玻璃、电力工具、防护安全帽、热水杯、奶瓶、餐具，录音带、录像带、光盘、储存器等。应用开发的方向是向高复合、高功能、专用化、系列化发展。

①用于建材行业。

聚碳酸酯板材具有良好的透光性、抗冲击性，耐紫外线辐射及其制品的尺寸稳定性和良好的成型加工性能，使其比建筑业传统使用的无机玻璃具有明显的性能优势。经压制或挤出方法制得的聚碳酸酯板材，重量是无机玻璃的50%，隔热性能比无机玻璃提高25%，冲击强度是普通玻璃的250倍，在世界建筑业上占主导地位，约有1/3用于窗玻璃、商业橱窗等玻璃制品。另外，由聚碳酸酯制成的具有大理石外观及低发泡木质外观的板材，也将在建筑业和家具行业中大显身手。例如，上海南站的屋顶、重庆奥林匹克体育馆的天窗、阿根廷城际动车组的窗户等，都是用聚碳酸酯材料制成的。

②用于汽车制造工业。

聚碳酸酯具有良好的抗冲击、抗热畸变性能，而且耐候性好、硬度高，因此，适用于生产轿车和轻型卡车的各种零部件，其主要应用领域集中在制造照明系统、仪表板、加热板、除霜器及聚碳酸酯合金制的保险杠等。尤其在汽车照明系统中，充分利用聚碳酸酯易成型加工的特性，将车灯头部、连接片、灯体等全部模塑在透镜中，设计灵活性大，便于加工，解决了传统玻璃制造头灯在工艺技术上的困难。在西方国家，聚碳酸酯在电子电气、汽车制造业中使用比例为40%～50%。

③用于生产医疗器械。

由于聚碳酸酯制品可经受蒸汽、清洗剂、加热和大剂量辐射消毒，且不发生变黄和物理性能下降，因而被广泛应用于人工肾血液透析设备和其他需要在透明、直观条件下操作并需反复消毒的医疗设备中，如生产高压注射器、外科手术面罩、一次性牙科用具、血液分离器等。

④用于航空、航天领域。

近年来，随着航空、航天技术的迅速发展，对飞机和航天器中各部件的要求不断提高，使得聚碳酸酯在该领域的应用也日趋增加。据统计，仅一架波音型飞机上所用聚碳酸酯部件就达 2 500 个，单机耗用聚碳酸酯约 2 t。在宇宙飞船上也已采用大量由玻璃纤维增强的聚碳酸酯部件。

⑤用于包装领域。

在包装领域出现的新增长点是可重复消毒和使用的各种型号的储水瓶。由于聚碳酸酯制品具有质量小、抗冲击和透明性好、用热水和腐蚀性溶液洗涤处理时不变形且保持透明的优点，一些领域聚碳酸酯瓶已完全取代玻璃瓶。

⑥用于电子电器领域。

聚碳酸酯在较宽的温湿度范围内具有良好而恒定的电绝缘性，是优良的绝缘材料。同时，其良好的难燃性和尺寸稳定性，使其在电子电器行业形成了广阔的应用领域。聚碳酸酯树脂被用于生产各种食品加工机械，电动工具外壳、机体、支架、冰箱冷冻室抽屉和真空吸尘器零件等。对于零件精度要求较高的计算机、视频录像机和彩色电视机中的重要零部件方面，聚碳酸酯材料也显示出了极高的使用价值。

⑦用于光学透镜领域。

聚碳酸酯以其独特的高透光率、高折射率、高抗冲性、尺寸稳定性及易加工成型等特点，在该领域占有极其重要的位置。采用光学级聚碳酸酯制作的光学透镜不仅可用于照相机、显微镜、望远镜和光学测试仪器等，还可用于电影投影机透镜、复印机透镜、红外自动调焦投影仪透镜、激光束打印机透镜，以及各种棱镜、多面反射镜等诸多办公设备和家电领域，其应用市场极为广阔。聚碳酸酯在光学透镜方面的另一重要应用领域便是作为儿童眼镜、太阳镜和安全镜和成人眼镜的镜片材料。

⑧用于光盘的基础材料。

随着信息产业的崛起，由光学级聚碳酸酯制成的光盘作为一代音像信息存储介质，以极快的速度迅猛发展。聚碳酸酯以其优良的性能特点成为世界光盘制造业的主要原料。然而，近年来，受互联网、平板电脑、智能手机等新兴媒体的影响，全球光盘市场需求急剧萎缩。

⑨用于 LED 照明行业。

LED 现已广泛应用于照明、显示、背光等行业。LED 照明逐步淘汰白炽灯、荧光灯，这对实现节能减排以及积极应对全球气候变化具有重要意义。聚碳酸酯的轻质、易加工、韧性高，以及阻燃、耐热等性能，使其成为 LED 照明中替换玻璃材质的首要选择。

2.12　新型树脂

2.12.1　生物基降解塑料

生物基降解塑料以淀粉、纤维素、蛋白质、木质素及壳聚糖等生物质为原料，可被生物或光降解，减少气体污染，消除固体污染。生物基降解塑料是目前最环保的塑料，主要有聚乳酸（PLA）、聚羟基烷酸酯（PHA）、淀粉塑料、生物工程塑料、生物通用塑料等。

PLA 具有很高的弹性模量、刚性、热塑性及生物相容性，应用最广泛，已成功应用于医疗（骨钉、手术缝合线等）、高档餐饮用具、膜包装类产品、电器和汽车塑料配件以及塑料发泡制品。

PHA是微生物缺乏或过剩某种营养时从细胞中分离得到的高分子聚合物，具有良好的生物降解性和生物相容性。PHA可用于医疗和包装行业，是生物材料的研究热点，在美国、巴西等国家现已实现工业化。

目前还出现了一种由蛋白和传统增塑剂混合制成的生物塑料，具有很强的抗菌性，可用于医疗和食品包装。

虽然生物降解塑料当前尚未实现量产，且生产成本高、综合性能差，但可通过改进工艺路线，实现规模化生产，或开发低成本合金来降低成本，加强性能，从而增强竞争力。

2.12.2 塑料合金

塑料合金是两种或多种塑料合成的高性能、功能化、专用化材料，具有原材料的综合特性。目前主要是以聚碳酸酯、PBT、尼龙、聚甲醛（POM）、聚苯醚（PPO）、聚四氟乙烯（PTFE）等为主体的共混体系及ABS树脂改性材料。塑料合金产品主要应用于汽车部件和电子电器元件，并开始渗透到精密仪器、办公设备、包装材料和建筑材料等领域。如PC/ABS合金兼具ABS材料的成型性和聚碳酸酯的机械性、抗冲击性和耐温性等性质，使用最为广泛，可用于汽车内部零件、通信器材、家电用品及照明设备等。目前出现一些新型PC/ABS合金材料，如耐水解稳定性合金，用于免喷涂内饰的超低光泽合金及不易被油漆等侵蚀的耐化学溶剂合金等。POM合金是第三大工程塑料，具有较高的弹性模量、刚性和硬度，可代替铜、锌、锡、铅等有色金属。POM已广泛用于汽车配件、电子电器、机械设备及日常用品，在医疗、运动器械等新领域的应用增长态势也较好。

2.12.3 高性能工程塑料

工程塑料承受外力能力强，机械性能良好，耐高低温性能强，尺寸稳定性较好，可以作为工程结构的塑料，主要有高性能尼龙、功能化聚碳酸酯和聚苯胺等。工程塑料是目前发展最快的塑料，对国家支柱产业和现代高新技术产业具有支撑作用，同时也可推动传统产业改造和产品结构的调整。尼龙主要应用于电子电器、汽车、机械等领域，目前高端尼龙主要有半芳香族聚酰胺、芳香族聚酰胺和共聚聚酰胺等。

2.12.4 高性能聚酯

聚酯主要指聚对苯二甲酸乙二酯（PET）、PBT和聚芳酯等。聚酯可做饮料瓶、薄膜等，包装是其最大也是增长最快的非纤应用市场，此外还用于电子电器、医疗卫生、建筑和汽车等领域。PET可用作饮料瓶、电器零部件、轴承以及胶片和绝缘膜等。我国是全球第一大PET生产国，但产品质量低，多数不能用作工程塑料，需加大高性能产品的研究开发。PBT结构和用途与PET相近，加工性能更加优良，但单独使用时性能不够理想，大多需改性后使用。聚对苯二甲酸丙二醇酯（PTT）是一种新型聚酯材料，具有高抗紫外线性、高抗内应力性、低吸水性、低静电以及较好的加工性能，在塑料领域极具发展前景。此外，聚萘二甲酸乙二醇酯（PEN）、新戊二醇（NPG）、1,4-环己烷二甲醇（CHDM）及1,6-己二醇（HDO）等聚酯功能优良。

2.12.5 功能化烯烃共聚物及其他新型塑料

PE力学性能好、热力学性能稳定、结晶度调变范围大、加工性能优良，但黏附力、印染性较差。通过功能化烯烃单体与乙烯共聚可以改善 PE 的不足。目前烯烃共聚物开发的重点是非极性单体和极性单体共聚及乙烯和极性单体的三元共聚物。乙烯与乙酸乙烯酯、丙烯酸乙烯酯、丙烯酸甲酯、甲基丙烯酸甲酯等共聚得到的共聚物有优良的韧性和屈挠性、高透明性和黏结性，可用作包装、粉末涂层、黏合剂、热熔胶及密封材料等。乙烯－乙烯醇共聚物（EVOH）具有良好的机械强度、伸缩性、耐磨性、耐寒性和加工性，是世界三大阻隔树脂之一。此外，还有乙烯/乙烯基硅烷共聚物、乙烯/环烯烃共聚物（COC）及环烯烃聚合物等功能化产品，以及一批发展潜力巨大的新型塑料。例如节能环保的阻燃工程塑料和外墙保温材料，结构型聚合物半导体材料，用于 3D 打印技术的塑料及金属/塑料合金等。

随着人们生活水平的不断提高和环保意识的逐步增强，功能化塑料、降解塑料和生物塑料的需求快速增加，新型塑料将拥有巨大的发展潜力。在医疗行业最具发展潜力的是生物塑料；汽车应用上，塑料可以替代金属的使用，实现轻量化、节能减排及提高汽车舒适度；复合塑料在建筑上的使用也很有潜力；包装业、电子商务的发展促进了塑料包装的需求，此外人们对功能化塑料包装的需求正日益增大。

第3章

合成纤维

3.1 概述

纤维是指由连续或不连续的细丝组成的物质，具有一定长度、强度、弹性和吸湿性的丝状物。通常人们将长度比直径大千倍以上且具有一定柔韧性和强力的纤细物质统称为纤维。大多数纤维是不溶于水的有机高分子化合物，少数是无机物。纤维用途广泛，可织成细线、线头和麻绳，造纸或织毡时还可以织成纤维层，同时也常用来与其他物料组合制成复合材料。纤维可被分作天然纤维和化学纤维。天然纤维是自然界存在的，可以直接取得纤维，根据来源分成植物纤维、动物纤维和矿物纤维三类。化学纤维是经过化学处理加工而制成的纤维，可分为人造纤维（再生纤维）、合成纤维和无机纤维。

人造纤维一般是用一些不能直接纺纱的“纤维素”材料，像木材、棉籽短绒等作为原料，经过化学加工处理而生产出来的，如粘胶纤维、铜氨纤维、醋酸纤维和富强纤维等；富强纤维是一种新型的高强力粘胶纤维。这些纤维实质上都是天然纤维经过溶解后“再生”的，因此称为“人造”纤维，有时也称为“再生”纤维。它的吸湿性能好，穿着舒适，价格也便宜，最大缺点是受湿后强度降低，不耐久穿。

合成纤维是以一些本身并不含有纤维素或蛋白质的物质，如石油、煤、天然气、石灰石或农副产品等为来源，通过提炼或化学合成得到单体，再聚合成具有适宜分子量并且有可溶（或可熔）性的线型聚合物的合成树脂，经纺丝成形和后处理（牵引、拉伸、定型）制得细而柔软的细丝纤维称为合成纤维。通常把这类具有成纤性能的树脂聚合物称为成纤聚合物。理论上生产热塑性塑料的各种线型高分子量合成树脂都可经过纺丝过程制得合成纤维。但有些品种的合成纤维强度太低或软化温度太低，或者由于分子量范围不适于加工为纤维而不具备实用的价值。因此工业生产的合成纤维品种远少于热塑性塑料品种。与天然纤维和人造纤维相比，合成纤维的原料是由人工合成方法制得的，生产不受自然条件的限制。

3.1.1 合成纤维的发展简史

合成纤维的发展始于1913年，德国人Klatte获得了用合成原料制造聚氯乙烯纤维的第一个专利。1931年，德国法本化学公司采用Klatte的发明，于1934年实现了聚氯乙烯纤维（氯纶）的工业化，使它成为世界上最早生产的合成纤维。但其由于耐热性差的缺点，发展缓慢。1928年，美国哈佛大学教授卡罗瑟斯（Carothers）发表了关于缩聚成链状分子和环状分子的研究。这一开拓性工作是合成纤维时代的真正开始。1935 年春，他用己二胺和己二酸成功合成聚酰胺66，并纺成丝条。DuPont 公司于 1938 年建立了中间试验厂，1939 年成功生产了当时称为“Nylon”的聚酰胺 66 纤维，并于 1940 年投放市场，成为世界上第一种大规模生产的纺织用合成纤维品种。在这期间，德国法本公司的Schlack 成功合成了聚酰胺 6，1938 年用聚酰胺 6 首先纺制成粗单丝，1940 年又纺成长丝，称之为“Perlon”。但由于战争关系，直到 1950 年才进行“Perlon”的大规模生产。聚酰胺纤维用途广泛，产量至今仍然在合成纤维家族中排名第二。聚酰胺纤维的问世还开启了熔体纺丝技术的先河。因为以前所有的化学纤维均采用干法纺丝工艺（例如醋酯纤维）或湿法纺丝工艺（如粘胶纤维、硝酯纤维、铜氨纤维、聚氯乙烯纤维等）。

卡罗瑟斯 1930 年发明的脂肪族（乙二醇和癸二酸缩合）聚酯具有易水解、熔点低（<100 ℃）、易溶解在有机溶剂中等缺点，因此他得出了聚酯不具备制取合成纤维的错误结论，最终放弃了对聚酯的研究。1941 年，英国“Calico Printers Association”染整公司的 Whinfield 和 Dickson 研究成功对苯二甲酸与乙二醇的缩聚，并于 1944 年采用熔体纺丝试制成丝条。1947 年，英国 ICI 采用熔体纺丝技术实现了聚对苯二甲酸乙二醇酯纤维的工业化。DuPont 公司从英国买了专利，于 1953 年进行聚酯纤维“Dacron（涤纶）”的大规模生产。聚酯纤维用途广泛，从 1972 年起产量超过聚酰胺在合成纤维家族中排名第一。

法国化学家 Mouraeu 在 1894 年首先制得聚丙烯腈，但不能进行熔体纺丝，许多美国和德国公司于 20 世纪 30 年代开始寻找聚丙烯腈溶剂的研究。1934 年，德国法本公司的 Rein 以季铵盐和 NaSCN、$ZnCl_2$ 等无机盐的浓水溶液为溶剂，进行了聚丙烯腈湿法纺丝的试验。1942 年，Rein 和美国 DuPont 公司的 Houtz 各自确定了以二甲基甲酰胺作聚丙烯腈的溶剂。DuPont 公司于 1944 年在 Wagnesboro 建立了一个试生产工厂，1950 年选择干法纺丝路线实现了聚丙烯腈纤维“Orlon（腈纶）”的工业化。

聚乙烯醇是 1927 年在德国合成的。1931 年，Hermann 和 Haeheel 开始聚乙烯醇的湿法纺丝试验。但由于这种纤维易溶解于水，实用价值不大。1939 年，日本樱田一郎通过对聚乙烯醇纤维进行缩甲醛化和热处理等研究，制成了耐热水性能良好的纤维。该纤维由日本于 1950 年投入工业化生产。

德国 Bayer 公司于 20 世纪 30 年代开始研发聚氨酯弹性纤维。1941 年起采用二异氰酸酯加聚法合成了聚氨酯弹性体。1949 年，通过反应纺丝法制备了聚氨基甲酸酯弹性纤维。1959 年，美国杜邦公司通过干法纺丝路线实现了聚氨基甲酸酯弹性纤维“莱卡（Lycra）”的工业化。

1954 年，齐格勒采用低压聚合方法，制成了可以纺丝的高密度聚乙烯。纳塔改变了催化剂成分，制成了等规聚丙烯。1957 年，齐格勒－纳塔催化剂广泛应用于丙烯聚合。1960 年，意大利 Montefibre 公司实现了聚丙烯纤维（丙纶）的工业化。这一时期开发的合成纤维还有聚苯乙烯、聚偏氯乙烯、聚四氟乙烯等，但产量均不大。大规模工业化生产的主要是聚酯、聚酰胺、聚丙烯腈和聚丙烯纤维。目前合成纤维作为重要的纺织纤维，地位已经超过天然纤维，广泛应用于各个行业。

合成纤维从问世至今，在生产技术及感官特性上的改进大体分为四个阶段（图 3－1）：第一阶段是新聚合物合成阶段，从聚酰胺的诞生到聚酯和聚丙烯腈的问世，合成纤维产业迅速发展；第二阶段是合成纤维的仿真时期，此时人们开始注意模仿天然纤维的外形及截面，仿蚕丝的异形截面技术、仿棉的中空纤维技术、仿毛的复合纤维技术逐渐成熟；第三阶段是注重织物结构改进，并与纤维的物理和化学改性相结合，通过超细纤维技术开发出人造鹿皮，通过碱减量和异收缩混纤技术开发出新仿真丝织物；第四阶段是追求超天然质感的时期，将高分子化学改性技术与合纤加工的高新技术相结合，生产出具有超天然优越特性的新合纤，可赋予纺织面料高舒适性和多功能性。

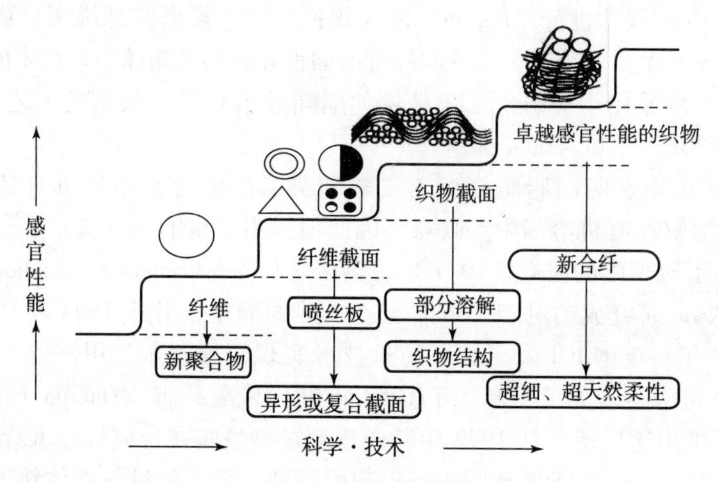

图 3-1　合成纤维的发展阶段

合成纤维的品种有很多，根据主链原子种类不同，可分为两类，一是杂链类合成纤维，如聚酰胺纤维（锦纶，芳纶等）、聚酯纤维（涤纶等）、聚氨酯弹性纤维（氨纶）、聚酰亚胺纤维（PI 纤维）、聚酰胺-酰亚胺纤维（Kermel）、聚苯并咪唑纤维（PBI）、聚亚苯基三叠氮纤维（PTA 纤维）、聚亚苯基-二唑纤维（PODA 纤维）等。二是碳链类合成纤维，如聚丙烯腈纤维（腈纶）、聚乙烯醇缩醛纤维（维纶）、聚烯烃纤维、聚氯乙烯纤维（氯纶）、氯化聚氯乙烯纤维（过氯纶）、聚四氟乙烯纤维（氟纶）等。根据功能性可分为：耐高温纤维，如聚苯咪唑纤维；耐高温腐蚀纤维，如聚四氟乙烯；高强度纤维，如聚对苯二甲酰对苯二胺；耐辐射纤维，如聚酰亚胺纤维；另外还有阻燃纤维、高分子光导纤维等。

3.1.2　成纤聚合物的特征

成纤聚合物是能制成纤维的合成高分子聚合物。不仅应具有形成纤维的能力，还必须在合适的溶剂中完全溶解，形成黏稠的浓溶液；或在升温下熔融转化为黏流态而不发生分解，以便进行溶液纺丝或熔体纺丝。合成的高分子聚合物品种很多，但并不是所有高分子聚合物都能用于纺丝。能进行纺丝的高聚物应具有如下特征：

①成纤高聚物均为线型高分子，用这类高分子纺制的纤维能沿纤维纵轴方向拉伸而有序排列。当纤维受到拉力时，大分子能同时承受作用力，使纤维具有较高的拉伸强度和适宜的延伸度及其他物理-力学性能。

②成纤高聚物具有适宜的相对分子量，分子量分布要窄，线型高聚物分子链的长度对纤维的物理-力学性能影响很大，尤其是对纤维的机械强度、耐热性和溶解性的影响更大。相对分子量高或低均不好，高者不易加工，低者性能不好。

③成纤高聚物的分子链间必须有足够强的作用力，高聚物的物理-力学性能与分子间作

用力，如离子键、色散力、范德华力等有密切关系。分子间作用力越大，纤维的强度越高。分子间作用力大于 20.92 kJ/mol 的高聚物适宜作纤维材料。

④成纤高聚物应具有可溶性和熔融性，只有这样才能将高聚物溶解或熔融成溶液或熔体，再经纺丝、凝固或冷却形成纤维，否则就不能进行纺丝。

⑤分子结构要规整，最好具有适当结晶度，拉伸取向后成为不可逆状态。

⑥结晶性聚合物熔点和软化点应比使用温度高得多，非结晶性聚合物的 T_g 应比使用温度高。

3.1.3　合成纤维的纺丝

随着高分子合成材料的发展，合成纤维的纺丝方法不断推陈出新，包括常规纺丝方法和特殊纺丝方法两大类，如下所示：

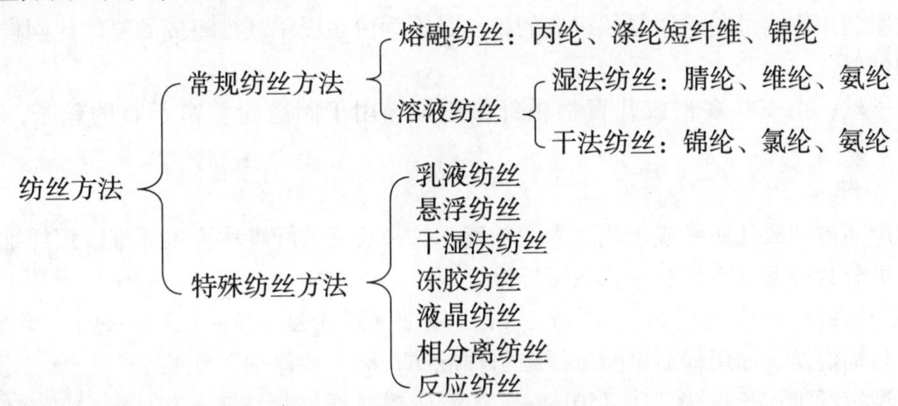

以下主要介绍三种常规纺丝方法。

（1）熔融法纺丝

把高分子化合物加热到熔点以上，使它成为黏稠的熔体，熔体在压力下通过喷丝头小孔而形成液体细流，经冷却、卷绕等处理而成为初生纤维的纺丝方法称为熔融纺丝。熔融法纺丝的主要优点是：设备结构简单，可分段加热，树脂熔融均匀，加热熔融高聚物时间短，生产效率高，纤维细度可达 0.25 ~ 20 tex①。

（2）湿法纺丝

将高分子化合物溶解在适当的溶剂中，先制成黏稠的纺丝溶液，再将适当浓度的纺丝浓溶液由喷丝头喷出黏液细流，进入凝固浴；黏液细流中的溶剂向凝固浴中扩散，同时凝固剂则向黏液细流中渗透，因而黏液细流凝固形成初生纤维，这种方法称为湿法纺丝。

（3）干法纺丝

将高分子化合物溶解在挥发性的溶剂中制成纺丝液，适当浓度（25% ~ 30%）的纺丝液由喷丝头喷出黏液细流，然后进入热空气套筒中，使黏液细流中溶剂遇热蒸发，蒸气被热空气带走，而高聚物则随之凝固而成初生纤维，这种纺丝方法称为干法纺丝。

目前合成纤维生产中以熔融法纺丝为主，其次是湿法纺丝，干法纺丝使用较少。根据各种成纤高分子聚合物的不同性质，采用熔融法纺丝生产的有锦纶、涤纶、丙纶等，采用湿法

---

① tex 即特克斯，简称特。1 tex 是指 1 000 m 长纱线在公定回潮率下质量的克数。

纺丝生产的有腈纶短纤维，采用干法纺丝生产的有腈纶长丝、氨纶弹性丝。

3.1.4 合成纤维的常用基本概念

（1）长丝

在合成纤维的制造过程中，纺丝流体（熔体或溶液）经纺丝成形和后加工工序后，得到的长度以千米计的纤维称为长丝，长丝包括单丝、复丝和帘子丝。

①单丝：原指用单孔喷丝头纺制而成的一根连续单纤维，但在实际应用中往往也包括由3～6孔喷丝头纺成的3～6根单纤维组成的少孔丝。较粗的合成纤维单丝（直径为0.08～2 mm）称为鬃丝，用于制作绳索、毛刷、日用网袋、渔网或工业滤布，较细的聚酰胺单丝用于制作透明女袜或其他高级针织品。

②复丝：由数十根单纤维组成的丝条。合成纤维的复丝一般由8～100根单纤维组成。绝大多数服装用织物都是采用复丝织造的，这是因为由多根单纤维组成的复丝比同样直径的单丝柔顺性好。

③帘子丝：由100多根或几百根单纤维组成、用于制造轮胎帘子布的丝条，俗称帘子丝。

（2）短纤维

化学产品被切成几厘米或十几厘米的长度，这种长度的纤维称为短纤维。短纤维按长度的不同，可分为棉型、毛型、中长型短纤维。

①棉型短纤维：长度为25～38 mm，纤维较细（线密度1.3～1.7 dtex[①]），类似棉花。主要用于与棉混纺，如用棉型聚酯短纤维与棉混纺，称为“涤棉”织物。

②毛型短纤维：长度为70～150 mm，纤维较粗（线密度3.3～7.7 dtex），类似羊毛。主要用于与羊毛混纺，如“毛涤”织物。

③中长型短纤维：长度为51～76 mm，纤维的线密度为2.2～3.3 dtex，介于棉型与毛型之间。用于制造中长纤维织物。

（3）粗细节丝

粗细节丝简称T&T丝，从其外形上能看到交替出现的粗节和细节部分，而丝条染色后又能看到交替出现的深浅色变化。粗细节丝采用纺丝成形后不均匀牵伸技术制造而成，所产生的两部分丝在性质上的差异可以在生产中控制，其分布无规律，呈自然状态。粗细节丝粗节部分的强力低，断裂伸长大，热收缩性强，染色性好，而且易于减量加工，可以充分利用这些特性开发性能独特的纺织品。粗细节丝的物理性能与粗细节的直径比等因素有关。一般的粗细节丝具有较高的断裂伸长率和沸水收缩率及较低的断裂强度和屈服强度。其较强的收缩性能可以使粗细节丝与其他丝混合成为异收缩混纤丝。此外，粗细节丝粗节部分易于变形、强力低等问题应在织造、染整过程中加以注意。最初的粗细节丝为圆形丝，随着粗细节丝生产技术的发展，一些特殊的粗细节丝相继出现，如异形粗细节丝、混纤粗细丝、微多孔粗细节丝以及细旦化粗细节丝等，它们或具有特殊的手感和风格，或具有特殊的吸性，多用于开发高档织物。

---

① 1 dtex（分特）=指10 000 m长纱线在公定回潮率下质量的克数。

（4）变形纱

变形纱是经过变形加工的丝和纱，包括弹力丝和膨体纱等。

①弹力丝：即变形长丝，可分为高弹丝和低弹丝两种。弹力丝的伸缩性、蓬松性良好，其织物在厚度、重量、不透明性、覆盖性和外观特征等方面接近毛织品、丝织品或棉织品。涤纶弹力丝多数用于衣着，锦纶弹力丝宜于生产袜子，丙纶弹力丝则多数用于家用织物及地毯。其变形方法主要有假捻法、空气喷射法、热气流喷射法、填塞箱法和赋型法等。

②膨体纱：即利用高分子化合物的热可塑性，将两种收缩性能不同的合成纤维毛条按比例混合，经热处理后，高收缩性毛条迫使低收缩性毛条卷曲，使混合毛条具有伸缩性和蓬松性，成为类似毛线的变形纱。目前腈纶膨体纱产量最大，用于制作针织外衣、内衣、毛线、毛毯等。

（5）差别化纤维

差别化纤维是外来语，来源于日本，一般泛指在原有化学纤维基础上经物理变形或化学改性而得到的纤维材料，它在外观形状或内在品质上与普通化学纤维有明显不同。差别化纤维在改善和提高化学纤维性能与风格的同时，还赋予化学纤维新的功能及特性，如高吸水性、导电性、高收缩性和染色性等。由于差别化纤维是以改善仿真效果、提高舒适性和防护性为主，因此主要用于开发仿毛、仿麻、仿蚕丝的服用纺织品，也有一部分用于开发铺饰纺织品和产业用纺织品。

①在聚合及纺丝工序中改性的有：超高光、超高收缩、异染、易染、抗静电、抗起毛起球、防霉、防菌、防污、防臭、吸湿、吸汗、防水、荧光变色等纤维。

②在纺丝、拉伸和变形工序中形成的有：共混、复合、中空、异形、异缩、异色、异材、细旦、超细、特粗、粗细节、三维卷曲、网络、混络、皮芯、并列、毛圈喷气变形、竹节丝、混色、包覆、花色丝等。

（6）异形纤维

异形纤维在合成纤维成形过程中，采用异形喷丝孔纺制的具有非圆形横截面的纤维或中空纤维。喷丝孔的形状有圆形、三角形、五叶形、扁平形、中空形等各种形状。

异形纤维具有特殊的光泽，并具有蓬松性、耐污性和抗起球性，纤维的回弹性与覆盖性也可得到改善。如三角形横截面与其他纤维混纺有闪光效应；十字形锦纶回弹性强；五叶形有类似真丝的光泽，抗起球、手感和覆盖性良好。异形喷丝孔及其相应纤维的截面形状如图3－2所示。

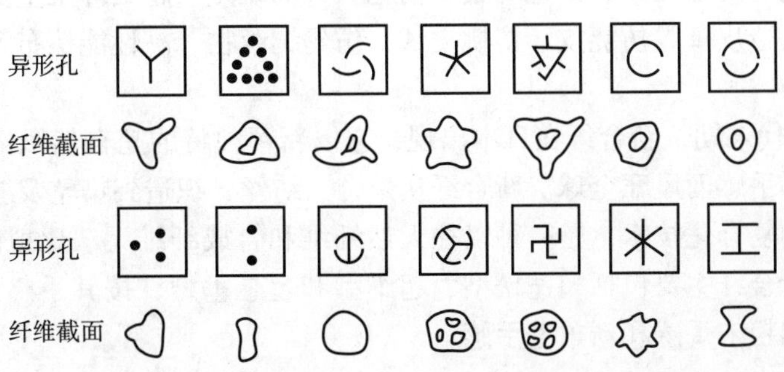

图3－2　异形喷丝孔及其相应纤维的截面形状

异形纤维在纯化纤仿真丝、仿毛产品中应用广泛，主要原料为涤纶。有的异形纤维由于采用不均匀牵伸技术，使化纤长丝的条干不匀，织物可获得像天然纤维般的自然外观，并可改善纤维的抱合力、手感、回弹性、抗起球性、耐污性等。

（7）复合纤维

在纤维横截面上存在两种或两种以上不相混合的聚合物，这种化学纤维称为复合纤维，或双组分纤维。由于这种纤维中所含的两种或两种以上组分相互补充，因此复合纤维的性能通常优于常规合成纤维，具有多方面的用途，如具有高度蓬松性、延伸性和覆盖能力。复合纤维的品种很多，按形态可分为两大类，即双层型和多层型。双层型又包括并列型和皮芯型，多层型包括并列多层型、放射型、多芯型、木纹型、嵌入型、海岛型和裂离型等，如图 3－3所示。

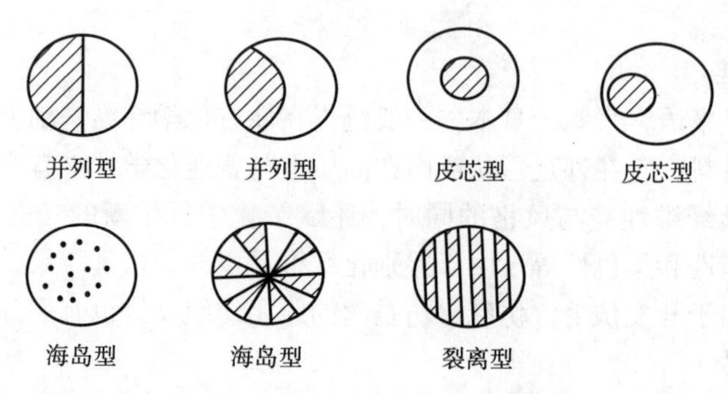

图 3－3　复合纤维的几种主要类型

（8）超细纤维

由于单纤维的粗细对于织物的性能影响很大，所以按单丝的粗细分类，一般可分为常规纤维、细旦纤维、超细纤维和极细纤维。

①常规纤维：线密度为 1.4～7 dtex。

②细旦纤维：线密度为 0.55～1.3 dtex。主要用于仿真丝类的轻薄型或厚型织物。

③超细纤维：线密度为 0.11～0.55 dtex，可用双组分复合裂离法生产，主要用于高密度防水透气织物和人造皮革、仿桃皮绒织物等。

④极细纤维：线密度在 0.11 dtex 以下，可通过海岛纺丝法生产，主要用于人造皮革和医学滤材等特殊领域。

与常规合成纤维相比，超细纤维具有手感柔软滑糯、光泽柔和、织物覆盖力强、服用舒适性好等优点，也有抗皱性差、染色时染料消耗较大的缺点。超细纤维主要用于制造高密度防水透气织物、人造皮革、仿麂皮、仿桃皮绒、仿丝绸织物、高性能擦布等。

（9）新合纤

20 世纪 80 年代末期，新合纤在日本出现，它以新颖独特的超自然风格和质感，如桃皮面手感和超细粉末手感而风靡全球。新合纤从聚合、纺丝、织造到染整及缝制等各个步骤都采用全新的改性和复合化技术，是一种以往天然纤维和合成纤维无法比拟的新型纤维材料。按其商品形式，新合纤主要包括超蓬松型、超细型和超悬垂型，按其手感可分为蚕丝手感、桃皮手感、超微细粉末手感和新羊毛手感。

①超蓬松型。

在所有的服装用合纤产品中，以超蓬松高质感类纤维最多，几乎都采用异收缩混合纤维或多相混合技术制成。为使纤维产品的蓬松性提高，相继开发了高热收缩性聚合物和低收缩潜在自发伸长丝，使织物获得更佳的蓬松效果。

②超细型。

作为新合纤的超细纤维，其线密度很低，一些品种的线密度达到0.001 dtex以下，主要采用复合纺极细化技术纺制而成。由此开发的桃皮绒织物具有超柔软和细致的手感，是天然纤维产品难以比拟的。

③超悬垂型。

超悬垂型纤维是在纺丝液中添加无机微粒，纺丝成形后进行减量加工以消除无机微粒，使纤维表面形成无数微细凹蚀。由于降低了单丝间的摩擦，超悬垂型纤维制品具有超悬垂性和天然纤维不及的独特手感。

（10）易染性合成纤维

合成纤维，尤其是聚酯纤维的可染性差，而且难染深色，通过化学改性使其可染性与染深性得以改善和提高，这种改性的合成纤维就称为易染性合成纤维，主要包括阳离子可染聚酯纤维、阳离子深染聚酰胺纤维以及酸性可染的聚丙烯腈纤维与聚丙烯纤维等。易染性合成纤维不仅扩大了纤维的可染范围，降低了染色难度，而且增加了纺织品的花色品种。

（11）纳米纤维

通常把直径小于100 nm的纤维称为纳米纤维，目前也有人将添加了纳米级（粒径小于100 nm）粉末填充物的纤维称为纳米纤维。

3.2 聚酯纤维

聚酯纤维是主链含有酯基的一类聚合物经纺丝而制成的纤维，目前多指以聚对苯二甲酸乙二酯为原料生产的纤维，按其原料的英文名polyethylene terephthalate缩写简称为PET纤维，在中国俗称为涤纶，其分子结构式如下：

$$H{-}\left[OCH_2{-}CH_2{-}O{-}\overset{\displaystyle O}{\overset{\|}{C}}{-}C_6H_4{-}\overset{\displaystyle O}{\overset{\|}{C}}\right]_n{-}O{-}CH_2{-}CH_2OH$$

1941年，英国的温菲尔德（Whinfield）和迪克森（Dickson）以对苯二甲酸和乙二醇为原料在实验室内成功合成出PET，并纺丝得到聚酯纤维，命名为特丽纶（Terylene）。1946年，杜邦公司购买了特丽纶在美国的专利，开始了聚酯纤维的工业化试验。1951年，DuPont公司在美国北卡罗来纳州的Kingston建第一家聚酯纤维厂，1953年建成投产，年产量为16 000 t，实现了聚酯纤维的工业化。1947年ICI（英国卜内门化学工业有限公司）买断了聚酯纤维除美国以外的专利权，并开始筹划建立生产厂。1955年，ICI公司开始在英国建成了其第一家年产5 000 t的聚酯纤维生产厂。随后，一些世界级的大型化工公司在高额利润的驱使下，纷纷把目光投向这一性能优异、价格低廉的合成纤维生产上，从此开始了聚酯纤维的高速发展时期。

从形成聚酯纤维的分子结构来划分，可以将聚酯纤维分为：PET（聚对苯二甲酸乙二酯，涤纶）、PBT（聚对苯二甲酸丁二酯）、PTT（聚对苯二甲酸丙二酯），在没有特别申明的情况下，一般所指的聚酯纤维是PET纤维，以下就主要介绍PET的生产情况。

3.2.1 聚酯纤维的生产

聚酯合成的工艺路线包括三种：酯交换聚酯路线（酯交换聚酯法）、对苯二甲酸用乙二醇直接酯化聚酯路线（直接酯化聚酯法）、环氧乙烷酯化聚酯路线（环氧乙烷法）。

（1）酯交换聚酯路线

酯交换聚酯路线主要包括两步：首先是对苯二甲酸二甲酯（DMT）与乙二醇或1,4－丁二醇在催化剂存在下进行酯交换反应，生成对苯二甲酸双羟乙酯（BHET）或双羟丁酯，常用的催化剂为锌、钴、锰的醋酸盐，或它们与三氧化二锑的混合物，其用量为DMT质量的0.01%～0.05%。反应过程中不断排出副产物甲醇。其次为生成的BHET或双羟丁酯，在前缩聚釜及后缩聚釜中进行缩聚反应，前缩聚釜中的反应温度为270 ℃，后缩聚釜中反应温度为270～280 ℃，加入少量稳定剂以提高熔体的热稳定性。缩聚反应在高真空（余压不大于266 Pa）及强烈搅拌下进行，才能获得高分子量的聚酯。

（2）对苯二甲酸用乙二醇直接酯化聚酯路线

该路线用高纯度对苯二甲酸（PTA）与乙二醇或1,4－丁二醇直接酯化生成对苯二甲酸双羟乙酯或丁酯，然后进行缩聚反应。该路线的关键是解决PTA与乙二醇或1,4－丁二醇的均匀混合，提高反应速度和制止醚化反应。与酯交换缩聚法相比，该法可省掉对苯二甲酸二甲酯的制造、精制和甲醇回收等步骤，更易制得分子量大、热稳定性好的聚合物，可用于生产轮胎帘子线等较高质量的制品。但该法对原料PTA的纯度要求较高，PTA提纯精制费用大。

（3）环氧乙烷酯化聚酯路线

该路线是1973年开始工业化生产的。该反应在饱和低分子脂肪胺或季铵盐存在下，直接用环氧乙烷与PTA反应生成对苯二甲酸双羟乙酯，再进行缩聚反应。其优点是可省掉环氧乙烷合成乙二醇的生产工序，设备利用率高，辅助设备少，产品也易于精制。缺点是环氧乙烷与PTA的加成反应需在2～3 MPa压力下进行，对设备要求苛刻，因而影响该法的广泛使用。

3.2.2 聚酯纤维的纺丝和后加工

聚酯纤维是通过熔融纺丝法生产的，一般是将聚酯树脂切片经过真空干燥，除去吸附的微量水分，并使树脂由无定形变为结晶形后，在惰性气体的保护下加热成熔体。在一定压力下定量压出喷丝孔，冷却后形成纤维，再经拉伸、卷曲、切断等工序成为一定规格的可纺短纤维；或在拉伸后进行加捻、定型等后处理工序，成为符合各项指标的长纤维。

聚酯纺制短纤维时，多根线条集合在一起，经给湿上油后落入盛丝桶。再经集束、拉伸、卷曲、热定型、切断等工序得到成品。如在拉伸后经过一次180 ℃左右的紧张热定型，则可得到强度达到6 cN①/dtex以上、伸长率在30%以下的高强度、低伸长率短纤维。聚酯短纤维分为棉型短纤维（长度38 mm）和毛型短纤维（长度56 mm），分别用于跟棉花纤维和羊毛混纺。

① 1 cN（厘牛）=0.009 809 7 N（与当地重力加速度有关）。

聚酯在纺制长丝时，凝固成形的丝条经给湿上油后，即以3 500 m/min左右的速度卷绕在筒管上得到预取向丝（POY）。POY无法直接用于织布，POY经过拉伸定型、加弹或者加捻得到拉伸丝（DT）、拉伸变形丝（DTY）或加捻丝，可直接用于织造或经变形加工而成变形丝。丝条凝固后经过上油直接进行拉伸以4 500～5 000 m/min进行卷绕即得到全拉伸丝（FDY），可以用于织布。

聚酯纤维的后加工是指对纺丝成型的初生纤维（卷绕丝）进行加工，改善纤维结构，其包括拉伸、热定形、加捻、变形加工和成品包装等工序。纤维后加工作用如下：

①将纤维进行补充拉伸，使纤维中大分子取向，并规整排列，提高纤维强度、降低伸长率。

②将纤维进行热处理，使大分子在热作用下，消除拉伸时产生的内应力，降低纤维的收缩率，提高纤维的结晶度。

③对纤维进行特殊加工，如将纤维卷曲或变形、加捻等，以提高纤维的摩擦系数、弹性、柔软性、蓬松性。

3.2.3　聚酯纤维的结构、性能及应用

（1）聚酯纤维的结构

聚酯纤维的结构为高度对称芳环的线型聚合物，易于取向和结晶，具有较高的强度和良好的成纤性及成膜性，结晶度为40%～60%，结晶速度慢。聚酯纤维聚集态结构的模型理论是折叠链－缨状原纤模型，如图3－4所示。

图3－4　聚酯纤维的超分子结构（称为“折叠链－缨状微原纤”模型）

（2）聚酯纤维的结构与性能的关系

①除两端含羟基外，聚酯纤维的大分子上不含亲水性基团，且缺乏与染料分子结合的官能团，故吸湿性、染色性差，属于疏水性纤维。

②酯键的存在使分子具有一定的化学反应能力，但由于苯环和亚甲基的稳定性较好，所以聚酯纤维的化学稳定性较好。

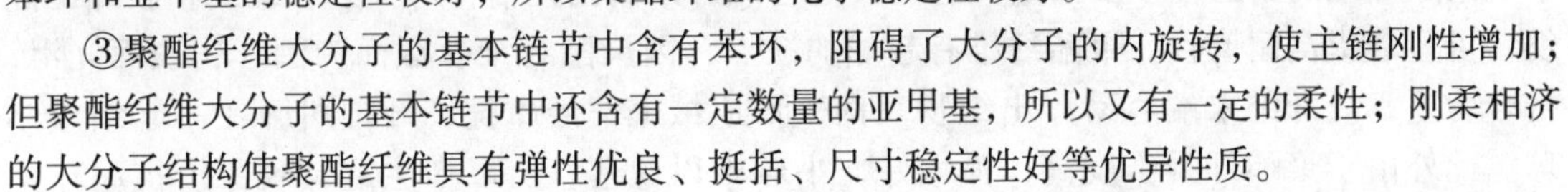

③聚酯纤维大分子的基本链节中含有苯环，阻碍了大分子的内旋转，使主链刚性增加；但聚酯纤维大分子的基本链节中还含有一定数量的亚甲基，所以又有一定的柔性；刚柔相济的大分子结构使聚酯纤维具有弹性优良、挺括、尺寸稳定性好等优异性质。

④聚酯纤维大分子为线型分子，没有大的侧基和支链，分子链易于沿着纤维拉伸方向平行排列，因此分子间容易紧密地堆砌在一起，形成结晶，这使纤维具有较高的机械强度和形状稳定性。

⑤聚酯纤维的超分子结构与纤维生产过程中的拉伸和热处理有关。聚酯纤维喷丝成型后的初生纤维是无定形的，取向度很差，需要进一步牵伸取向后方能纺织加工。经过拉伸和热定型处理后的纤维，结晶度约为60%，并有较高的取向度。

（3）聚酯纤维的性能

①物理性质。

聚酯纤维一般为乳白色并带有丝光；无光产品需要加入消光剂TiO_2，而生产纯白产品需要加入增白剂；无定形聚酯纤维密度为1.333 g/cm^3，完全结晶为1.455 g/cm^3。通常聚酯

纤维具有较高的结晶度，密度与羊毛相近。

②热性能。

聚酯纤维的玻璃化温度为68～81 ℃，在玻璃化温度以下，大分子链段活动能力小，受外力不易变形，有利于正常使用；聚酯纤维的软化点温度为230～240 ℃，超过此温度，聚酯纤维开始解取向，分子链段发生运动产生形变，且形变不能回复。

在染整加工中，温度要控制在玻璃化温度以上，软化点温度以下。印染厂的热定型温度一般为180～220 ℃，染色、整理及成衣熨烫的温度均应低于热定型温度，否则会因分子链段活动加剧而破坏定形效果。

在几种主要合成纤维中，聚酯纤维的耐热性最好。170 ℃以下短时间受热引起的强度损失，温度降低后可恢复。聚酯纤维具有很好的热稳定性，温度升高时，聚酯纤维的强度损失小，且不易收缩变形。聚酯纤维150 ℃受热168 h，强力损失 $<3\%$。

③机械性能。

聚酯纤维的强度和断裂伸长率不仅与分子结构有关，还与纤维纺丝过程中的拉伸和热处理工艺密切相关。经拉伸后，大分子链按一定方向排列，取向度提高，能均匀承受外力，故强度提高。在适当的热处理条件下，聚酯纤维在纺丝过程中拉伸程度越高，则纤维的取向度越高，纤维的断裂强度也越高，而断裂伸长率却较低；反之，则可能获得低强高伸的纤维。即改变拉伸和热处理条件，可制成高强低伸或低强高伸等不同品种的纤维。

聚酯纤维具有优良的弹性，在较小的外力作用下不易变形，当受到较大外力作用而产生形变时，取消外力后，其回复原状的能力较强，形变回复能力与羊毛相近。聚酯纤维弹性好的原因有两方面：一方面聚酯纤维具有较大的弹性模量，这表明纤维的刚性强，受外力时不易产生形变；一旦产生形变，由于回弹率较高，又易回复。另一方面，从聚酯纤维的微结构来看，存在无定形区、结晶区和取向度高的部位，分子间有比较牢固的联结点，分子间作用力较大，受外力时不易产生形变。聚酯纤维在一定外力作用下产生的形变是可回复形变，但在高度拉伸时，回复性能显著变差，具有“洗可穿”性能。

④耐磨性。

聚酯纤维的耐磨性不及锦纶，但比其他合成纤维高出几倍，与天然纤维或粘胶纤维混纺，可显著提高耐磨性。聚酯纤维有起球的缺点，因聚酯纤维丝截面为圆形，表面光滑，抱合力差，故纤维末端容易浮出织物表面，形成绒毛，经摩擦，纤维纠缠在一起结成小球。此外由于聚酯纤维强度高，弹性好，小球难以脱落，所以产生起球现象。抗起球整理是聚酯纤维改性的重要方向。

⑤化学性能。

聚酯纤维的耐酸性较好，在弱酸中煮沸也无显著损伤，在强酸中低温下稳定，高温下有损伤，纤维强度迅速降低。聚酯纤维耐酸的意义在于，染整加工尽量在酸性条件下进行；可用硫酸或盐酸测定涤棉织物混纺比。

聚酯纤维的耐碱性较差，碱使聚酯发生水解，水解程度因碱种类、浓度、温度及时间不同而不同。碱处理聚酯纤维会出现“剥皮现象”，即热稀碱能使表面的大分子水解。在碱中表面的分子水解到一定程度，可使纤维表面一层层地剥落下来，造成纤维的失重和强度降低，而对纤维的芯层则无多大影响，分子量也没有什么变化，这种现象称为“剥皮现象”。这使纤维变细、变轻，在纤维表面出现刻蚀——变得凹凸不平，增加了纤维在纱中的活动性。碱减量处理会提高纤维细度和纤维吸湿性，获得仿真丝绸整理效果。

聚酯纤维对氧化剂和还原剂均具有良好的稳定性，因此，染整加工中漂白剂（次氯酸钠、亚氯酸钠、过氧化氢）、还原剂（保险粉、二氧化硫脲）都可使用。

聚酯纤维的耐溶剂性较好。聚酯纤维可溶解在一些有机溶剂中，如丙酮、苯、苯酚－四氯乙烷（6∶4），聚酯纤维可在一些有机物的水溶液中溶胀，如酚类，故酚类化合物常用作聚酯纤维染色的载体。

聚酯纤维的染色较困难，易染性较差，因聚酯纤维分子链紧密，染料难以进入纤维内部。无特定染色基团，缺乏亲水性，在水中膨化程度低，不易与水溶性染料结合。极性小，染料无法与纤维发生共价键结合。

⑥电性能。

聚酯纤维具有静电现象，由于聚酯纤维吸湿性低，表面具有较高的比电阻，当两物体接触、摩擦又立即分开后，聚酯纤维表面易积聚大量电荷而不易逸散，产生静电。静电的危害主要是使染整加工困难，设备要加静电消除器；穿着不舒服，易产生电击、火灾等。克服静电的方法有生产抗静电纤维和进行抗静电整理等。

⑦燃烧性能。

聚酯纤维靠近火焰时会收缩熔化为黏流状，接触火焰即燃烧，并形成熔珠而滴落，熔珠为硬的黑色小球。燃烧时有芳香气味并产生黑烟，离开火焰后能继续燃烧，但易熄灭。紧密的聚酯纤维织物较易燃烧，尤其是聚酯纤维与其他易燃纤维混纺的织物更是如此。

（4）聚酯纤维的应用

聚酯纤维具有许多优良的纺织性能和服用性能，用途广泛，可以纯纺织，也可与棉、毛、丝、麻等天然纤维和其他化学纤维混纺交织，制成花色繁多、坚牢挺括、易洗易干、免烫和洗可穿性能良好的仿毛、仿棉、仿丝、仿麻织物。聚酯纤维织物适用于男女衬衫、外衣、儿童衣着、室内装饰织物和地毯等。由于聚酯纤维具有良好的弹性和蓬松性，也可用作絮棉。在工业上高强度聚酯纤维可用作轮胎帘子线、运输带、消防水管、缆绳、渔网等，也可用作电绝缘材料、耐酸过滤布和造纸毛毯等。用聚酯纤维制作无纺织布可用于室内装饰物、地毯底布、医药工业用布、絮绒、衬里等。

3.2.4 聚酯纤维的改性

聚酯纤维的改性可以在聚合、纺丝和纤维加工各个过程中实现。改性方法大致可以归纳为两大类：一是物理改性，主要有在聚合物制造过程中加入改性添加剂的共混改性，或在纤维的加工条件上做一系列的改变，如混纺、复合以及通过变化的形态等方法来达到改性的目的。混纺和复合只局限于特殊领域的改性，而改变形态的方式，目前还不能获得像天然纤维那样比较理想的效果。二是化学改性，此种改性的工艺过程比较简单，当然也比较容易达到改性的目的。但是它的缺陷是，耐久性比较差。如表面处理，或在聚酯链中引入第三组分的共聚等。

（1）聚酯纤维的改性原理

聚酯纤维具有高度的紧密结构和较高的结晶度，大分子中缺乏吸水性基团，因此导致纤维刚性较强，吸湿性小，染色困难。为了改善聚酯纤维的性能，必须从改变其大分子链结构着手，一般方法有：

①引入有空间阻碍的基团，降低大分子的结晶度。

②引入第三单体，使聚酯纤维分子结构的规整性下降，改变其紧密堆砌的状况，使结构变得较疏松。

③引入可与染料分子结合的基团，以提高其对染料的亲和力。

④引入一定的吸水性基团，改善吸湿性。

⑤改变工艺条件，增大纤维中无定形区的含量。

（2）改性聚酯纤维品种

①易染改性聚酯纤维。

聚酯纤维是疏水性的合成纤维，缺乏能与直接染料、酸性染料、碱性染料等结合的官能团。聚酯纤维染色时通常只能用分散染料进行染色，并且必须在高温高压下或借助载体进行染色。为了提高聚酯纤维的染色性能，从分子结构上考虑，提高分子链的疏松程度，将有助于染料分子的进入。改善染色性能主要采用的方法有与分子体积庞大的化合物共聚；与具有可塑化效应的化合物混合纺丝；导入与分散性染料亲和性好的基团，如醚键；采用共聚方法改性降低聚酯纤维树脂的熔点和结晶度等。

②抗起球改性的聚酯纤维。

聚酯纤维织物容易起球的原因与纤维形状有密切关系，主要是纤维间抱合力小、纤维的强度高、伸长能力大，特别是耐弯曲疲劳、耐扭转疲劳与耐磨性好，故纤维容易滑出织物表面，一旦在表面形成小球后，又不容易脱落。在实际穿用和洗涤过程中。纤维不断经受摩擦，使织物表面的纤维露出于织物。在织物表面呈现出许多令人讨厌的毛茸，即为“起毛”，若这些毛茸在穿用中不能及时脱落，就互相纠缠在一起，被揉成许多球形小粒，通常称为起球。影响织物起毛、起球的因素主要有组成织物的纤维、纺织工艺参数、染整加工、服用条件等。已经采用的抗起球措施有：（a）降低聚酯的分子量，使纤维的耐摩擦牢度、抗弯曲疲劳性与强度下降，使纤维在织物表面形成的小球较易脱落；（b）变纤维断面形状，异形截面纤维如“T”形或“Y”形，在弯曲时易折断，纤维缠结成簇较圆形纤维困难；（c）降低纤维的伸长率、增加短纤维长度、短纤纱的捻度，或用后整理加工等方法来获得抗起球效果；（d）利用混纺的方法提高抗起球性。

③抗静电、防污和吸湿性改性聚酯纤维。

聚酯纤维的另一严重缺点是吸水性差，容易被油类所污染，在低湿度的场合下易带静电荷。抗静电纤维的制造方法有：（a）用耐久性抗静电剂涂于织物上；（b）将耐热性抗静电剂分散在聚酯熔体中，纺丝织成织物；（c）将聚酯分子链进行共聚改性，将共聚物熔融纺丝，改善聚酯纤维的抗静电性能。通常所采用的可反应和可溶性的抗静电添加剂有甘醇醚类和二羧酸酰胺类和西佛碱类化合物。

改善高聚物纤维的抗静电性能和吸湿性能，通常通过共聚等方法在聚合物中引入亲水基团，提高其吸湿性能，降低比电阻。例如在 PET 的生产过程中，加入适量聚乙醇（PEG），经过共同缩聚而制得 PET-PEG 嵌段共聚物，以此作为改性剂加入 PET 中混合纺丝，用以改进聚酯纤维产品的抗静电性和吸湿性。

④阻燃改性聚酯纤维。

聚酯纤维的阻燃改性有共混改性和共聚改性两种方法。共混改性是在聚酯切片合成过程中添加共混阻燃剂制备阻燃切片或在纺丝时添加阻燃剂与聚酯熔体共混成阻燃纤维；共聚改性是在合成聚酯过程中加入共聚型阻燃剂作为单体通过共聚方法制备阻燃聚酯。

随着人们生活水平的提高及科学技术的不断进步，对聚酯纤维的改性研究提出了更高的要求，改性后的聚酯纤维织物以及聚酯纤维混纺织物的应用将更加广泛，民用、装饰、工业用聚酯纤维的比例将会有进一步变化。聚酯纤维织物本身所具有的优异性能，加上改性后所赋予织物的鲜艳色泽、良好的手感、抗起毛起球性以及吸湿抗静电性，将极大地推动聚酯纤维工业的发展。

3.3　聚酰胺纤维

聚酰胺纤维（Polyamide Fiber）是用聚酰胺树脂制得的纤维，商品名称为锦纶或尼龙，是最早工业化的合成纤维。聚酰胺由饱和二元酸与二元胺通过缩聚反应得到线型缩聚物，共同特点是大分子链节间都以酰胺基“—CONH—”相连。聚酰胺纤维一般分为两大类：一类由二元胺和二元酸缩聚制成，可分别用两个数字表示两者所含的碳原子数，前者代表二胺的碳原子数，后者代表二酸的碳原子数，如聚酰胺610是由己二胺和癸二酸缩聚制得；另一类是由氨基酸缩聚或由内酰胺开环聚合而得，其数字表示氨基酸或内酰胺的碳原子数，如聚酰胺6是由ω-氨基己酸经缩聚反应而制得，或含6个碳原子的己内酰胺开环聚合而制得的。

1928年，年仅32岁的卡罗瑟斯博士受聘担任DuPont公司基础化学研究所有机化学部的负责人。他主持了一系列利用缩聚方法获得高相对分子量物质的研究，最后找出了能冷延伸成纤的高分子。卡罗瑟斯主要利用不同的氨基酸、二元酸及二元胺合成聚酰胺。1935年，他以己二酸与己二胺为原料制得聚合物，因为两个主成分中均含有6个碳原子，故称为聚酰胺66，这一聚合物熔融后经注射针压出，在张力下拉伸可成为纤维。这种聚酰胺66纤维公布在1937年的专利中。1937年，德国法本公司的Schack发现在水存在的条件下可进行己内酰胺聚合，合成了聚酰胺6。法本公司以这一发现为基础进行开发，以“Perlon”为名。1938年10月27日法本公司正式宣布世界上第一种合成纤维诞生，并将聚酰胺66这种合成纤维命名为尼龙（Nylon）。尼龙后来在英语中成了“从煤、空气、水或其他物质合成的，具有耐磨性和柔韧性、类似蛋白质化学结构的所有聚酰胺的总称”。1939年尼龙实现工业化，是最早实现工业化的合成纤维品种。尼龙的合成奠定了合成纤维工业的基础，尼龙的出现使纺织品的面貌焕然一新。用这种纤维织成的尼龙丝袜既透明又耐穿，引起轰动，被视为珍奇之物争相抢购。1942年BASF公司开发了尼龙6的工业化技术。1945年，尼龙工业转型到国防工业制造降落伞、飞机轮胎、帘子布、军服等军事用途产品。由于尼龙具有诸多优点和广泛的用途，在第二次世界大战后发展非常迅速，成为三大合成纤维之一。1958年4月，第一批中国国产己内酰胺试验样品在辽宁省锦州化工厂试制成功。产品送到北京纤维厂一次抽丝成功，从此拉开了中国合成纤维工业的序幕。因为它诞生在锦州化工厂，所以这种合成纤维后来就被命名为“锦纶”，也就是尼龙。

3.3.1　聚酰胺的结构与成纤性能

聚酰胺由带酰胺键（—NHCO—）的线型大分子组成。分子中有羰基（—CO—）、亚氨基（—NH—）基团，可以在分子间或分子内形成氢键结合，也可以与其他分子相结合，聚酰胺在晶体中为完全伸展的平面锯齿形结构，如图 3－5 所示。

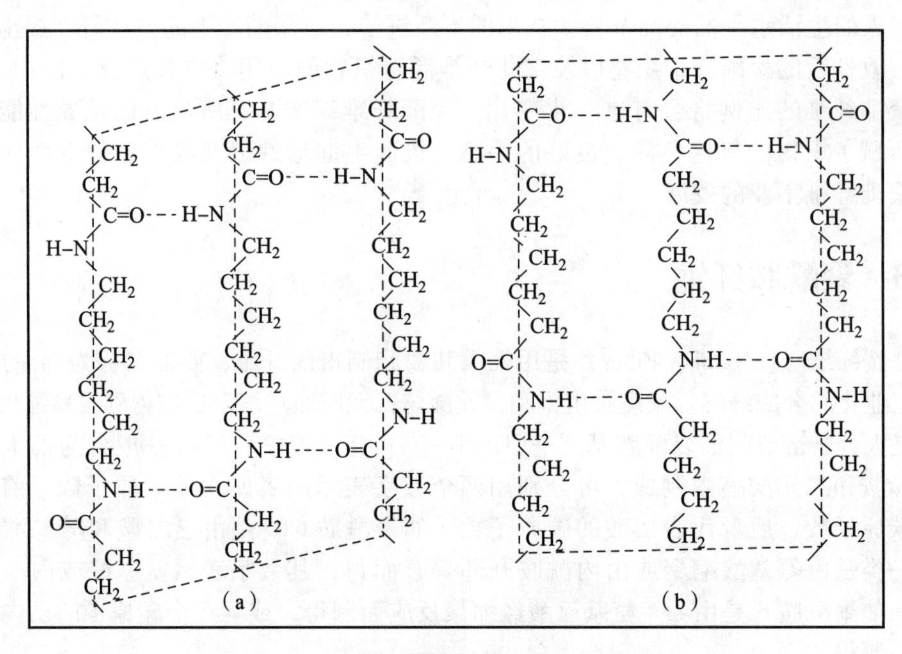

图 3－5 聚酰胺的平面锯齿型结构示意图

聚酰胺分子中的亚甲基之间只能产生较弱的范德华力，所以亚甲基链段部分的分子链卷曲度较大。各种聚酰胺因亚甲基的个数不同，分子间氢键的结合形式不完全相同，同时分子卷曲的概率也不一样。另外，有些聚酰胺分子还有方向性。分子的方向性不同，纤维的结构性质也不完全相同。

聚酰胺中的酰胺基排列规整，其聚集态结构是折叠链和伸直链晶体共存的体系；聚酰胺 66 的晶态结构有 α 型和 β 型两种形式。聚己内酰胺大分子在晶体中的排列方式有平行排列和反平行排列两种可能。当反平行排列时，羰基上的氧和氨基上的氢才能全部形成氢键；而平行排列时，只能部分地形成氢键。由于氢键作用的不同，聚己内酰胺的晶态结构有 γ 型（假六方晶系）、β 型（六方晶系）、α 型（单斜晶系）。其中 α 型晶体是最稳定的形式，大分子呈完全伸展的平面锯齿形构象，相邻分子链以反平行方式排列，形成氢键。

聚酰胺纤维的形态结构与普通聚酯纤维相似，在显微镜下观察，纵向光滑，横截面接近圆形。锦纶的聚集态结构也与涤纶相似，为折叠链和伸直链晶体共存的体系。锦纶的结晶度为 50%～60%，最高可达 70%。锦纶纤维具有皮芯结构，一般皮层较为紧密，取向度较高而结晶度较低；芯层则取向度较低而结晶度较高。

（1）侧链基团对聚酰胺成纤的影响

当—NH—上的氢原子被其他原子或基团所取代，会破坏氢键结构，使熔点下降并丧失成纤能力，侧链基团对聚酰胺成纤的影响见表 3－1。

表3-1 侧链基团对聚酰胺成纤的影响

链结构	成纤能力	熔点/℃
$-CO-(CH_2)_4-CO-NH-(CH_2)_6-NH-$	有	250
$-CO-(CH_2)_4-CO-NH-(CH_2)_6-N(CH_3)-$	—	145
$-CO-(CH_2)_4-CO-N(CH_3)-(CH_2)_6-N(CH_3)-$	无	-75

（2）聚酰胺成纤的分子量和分子量分布指数

成纤聚酰胺6的数均相对分子量为14 000～20 000，相对分子量分布指数M_w/M_n为2左右。成纤聚酰胺66的相对分子量为20 000～30 000，相对分子量分布指数M_w/M_n为1.85左右。

（3）聚酰胺的晶态结构

聚酰胺大分子链受到分子间氢键的强烈作用联结成氢键面，易于结晶（一般结晶度在50%以下）。

（4）聚酰胺的熔点（T_m）及玻璃化温度（T_g）

由于链间氢键的影响，聚酰胺66的T_m比聚酰胺6高40 ℃。聚酰胺的性能还受亚甲基的奇偶数影响，偶数聚酰胺的熔点比奇数聚酰胺的熔点高。聚酰胺的熔点及玻璃化温度见表3-2。

表3-2 聚酰胺的熔点（T_m）及玻璃化温度（T_g）

聚合物	聚酰胺6	聚酰胺66	聚酰胺610	聚酰胺1010	聚酰胺11	聚酰胺12	聚酰胺612
T_m/℃	219～226	259～267	217～228	196～216	190～192	186	224
T_g/℃	65～76	78～80	67～70	46～60	53	54	60

3.3.2 聚酰胺66的生产

聚酰胺66是己二酸与己二胺的缩聚物，是最早实现工业生产的聚酰胺品种，也是产量最大的聚酰胺。理论上己二酸与己二胺的缩聚反应为：

$$nHOOC-(CH_2)_4-COOH + nH_2N-(CH_2)_6-NH_2 \rightleftharpoons HO-[OC-(CH_2)_4-COHN-(CH_2)_6-NH]_n-H + (2n-1)H_2O$$

该缩聚反应需要严格控制两种单体原料物质的量的比，才能得到高相对分子量的高聚物。生产中一旦某一单体过量时，就会影响产物的相对分子量。因此，在进行缩聚反应前，先将己二酸和己二胺混合制成己二胺-己二酸盐（简称66盐），再分离精制，确保没有过量的单体存在，再进行缩聚反应。

$$nHOOC\text{-}(CH_2)_4\text{-}COOH + nH_2N\text{-}(CH_2)_6\text{-}NH_2 \longrightarrow n^{-}OOC\text{-}(CH_2)_4\text{-}CO\,HN\text{-}(CH_2)_6\text{-}NH_3^{+}$$

$$n^{-}OOC\text{-}(CH_2)_4\text{-}CO\,HN\text{-}(CH_2)_6\text{-}NH_3^{+} \longrightarrow HO\text{-}[OC\text{-}(CH_2)_4\text{-}CO\,HN\text{-}(CH_2)_6\text{-}NH]_n\text{-}H + (2n-1)H_2O$$

3.3.3 聚酰胺的纺丝

一般聚酰胺纺丝采用间接熔融纺丝和直接熔融纺丝。间接熔融纺丝法是将聚酰胺切成片状颗粒，再进行纺丝，即切片熔融纺丝。普遍采用的设备是螺杆挤出机。直接纺丝法即为熔体直接纺丝，该法具有省去铸带、切片、淬取、熔融等工序和设备，缩短生产周期，提高劳动生产率，成本低等优点。

熔融纺丝主要包括纺丝和纤维的后加工两个基本操作过程。纺丝过程包括熔体制备、熔体从喷丝孔挤出、丝条拉伸、冷却固化及丝条上油和卷绕等。聚酰胺长丝的后加工包括初捻、拉伸、后加捻、热定形及络丝等工序。短纤维的后加工包括集束、拉伸、卷曲、切断、洗涤、上油、干燥和调湿等工序。

3.3.4 聚酰胺纤维的性能

聚酰胺纤维密度小，在所有纤维中密度仅高于聚丙烯纤维和聚乙烯纤维。聚酰胺纤维的染色性能虽然不及天然纤维和再生纤维，但在合成纤维中是较容易染色的。锦纶的燃烧性能与涤纶相似，只是因含有酰胺基，燃烧时带有氨的臭味。

（1）力学性能

聚酰胺纤维因为结晶度、取向度高以及分子间作用力大，所以强度也比较高。衣料用途聚酰胺纤维长纤的断裂强度为4.41～5.64 cN/dtex，产业用的高强力丝则为6.17～8.38 cN/dtex甚至更高。聚酰胺纤维的吸湿率较低，其湿态强度为干态的85%～90%。酰胺纤维的断裂伸长率随品种而异，强力丝断裂伸长率为20%～30%，普通长丝为25%～40%。通常湿态时的断裂伸率长较干态高3%～5%。聚酰胺纤维的初始模量比其他大多数纤维都低，聚酰胺纤维在使用过程中容易变形，在同样的条件下，聚酰胺66纤维的初始模量较聚酰胺6纤维稍高一些。

（2）回弹性

聚酰胺纤维大分子结构中具有大量的亚甲基，在松弛状态下，纤维大分子易处于无规则的卷曲状态，当受外力拉伸时，分子链被拉直，长度明显增加。外力取消后，由于氢键的作用，被拉直的分子链重新转变为卷曲状态，表现出高伸长率和良好的回弹性。例如聚酰胺6长丝在伸长10%的情况下，回弹率为99%（在同样伸长的情况下，聚酰胺长丝回弹率为67%，而粘胶长丝的回弹率仅为32%），故其打结强度和耐多次变形性很好。普通聚酰胺长丝的打结强度为断裂强度的80%～90%，较其他纤维高。聚酰胺纤维耐多次变形性接近于聚酯纤维，而高于其他所有合成纤维和天然纤维，因此聚酰胺纤维是制造轮胎帘子线较好的纤维材料之一。

（3）耐磨性

聚酰胺纤维是所有纺织纤维中耐磨性最好的纤维，其耐磨性是棉花的10倍、羊毛的20倍、粘胶纤维的50倍，最适合做袜子。

（4）吸湿性

聚酰胺纤维的吸湿性比天然纤维和再生纤维低，但在合成纤维中，除聚乙烯醇纤维外，它的吸湿性较高。聚酰胺6纤维中由于单体和低分子物的存在，吸湿性略高于聚酰胺66纤维。

（5）光学性质

聚酰胺纤维具有光学各向异性，有双折射现象。双折射数值随拉伸比变化很大，充分拉伸后，聚酰胺66纤维的纵向折射率为1.582，横向折射率为1.591；聚酰胺6纤维的纵向折射率为1.580，横向折射率为1.530。聚酰胺纤维的耐光性较差，在长时间的日光和紫外光照射下，强度下降，颜色发黄，通常在纤维中加入耐光剂，可以改善耐光性能。

（6）热性能

聚酰胺纤维的耐热性能不够好，在150 ℃下经历5 h即变黄，强度和延伸率显著下降，收缩率增加。但在熔纺合成纤维中，其耐热性较聚烯烃好得多，仅次于聚酯纤维。聚酰胺66纤维的耐热性较聚酰胺6纤维好，它们的安全使用温度分别为130 ℃和93 ℃。在聚合时加入热稳定剂，可改善其耐热性能。聚酰胺纤维具有良好的耐低温性能，即使在－70 ℃下，其回弹性变化也不大。

（7）电性能

聚酰胺纤维直流电导率很低，在加工时容易摩擦产生静电，但其电导率随吸湿率增加而增加。例如，当大气中相对湿度从0变化到100%时，聚酰胺66纤维的电导率增加10^6倍，因此在纤维加工中，进行给湿处理，可减少静电效应。

（8）耐化学性

聚酰胺纤维耐碱性、耐还原剂作用的能力很好，但耐酸性和耐氧化剂作用的性能较差。对浓的强无机酸尤为敏感。酸可使锦纶大分子中的酰胺键水解，引起纤维聚合度的降低。因在氧化剂中稳定性较差，一般多采用还原型漂白剂。

（9）耐微生物作用

聚酰胺纤维耐微生物作用的能力较好，在淤泥水或碱中，耐微生物作用的能力仅次于聚氯乙烯，但含油剂或上浆剂的聚酰胺纤维，耐微生物的能力降低。

3.3.5　聚酰胺纤维的改性

聚酰胺纤维有许多优良性能，但也存在一些缺点，如模量低，耐光性、耐热性、抗静电性、染色性和吸湿性较差，需要加以改进，以适应各种用途的需要。

（1）化学改性

共聚、接枝等改变原有聚酰胺大分子的化学结构，以达到改善纤维的吸湿性、耐光性、染色和抗静电性等的目的，化学改性具有持久性的效果。为了提高穿着的舒适性，使聚酰胺纤维容易吸湿透气，需对服用的聚酰胺纤维进行吸湿改性。其改性方法可用聚氧乙烯衍生物与己内酰胺共聚，经熔体纺丝后，再用环氧乙烷、氢氧化钾、马来酸共聚物对纤维进行后处理而制得。此外，还可以将聚酰胺纤维先润胀，再用金属盐溶液浸渍和稀碱溶液后处理等方法，以获得高吸湿聚酰胺纤维。

（2）物理改性

在不改变原有聚酰胺大分子的化学结构的情况下，通过改变喷丝孔的形状和结构，改变纺丝成型条件和后加工技术等来改变纤维的形态结构，达到改善纤维的蓬松性、手感、伸缩性、光泽等性能，如纺制复合纺丝、异形纤维、共混纺丝或经特殊处理的聚酰胺丝，以获得聚酰胺差别化纤维。

①异形截面纤维：可以改善纤维的蓬松性、弹性、手感，并赋予纤维特殊的光泽。聚酰胺异形纤维截面形状主要有三角形、四角形、三叶形、多叶形、藕形和中空形等。中空纤维由于内部存在气体，还可改善其保暖性。

②双组分纤维：将两种热性能相差较大的聚合物进行双组分复合纺丝。如由尤尼吉卡（Unitica）公司开发的并列型双组分尼龙长丝“Z－10－N”，经染色和后整理，它的卷曲稳定性相当好，该纤维具有充分的可拉伸性，触感柔软，有弹性、悬垂性及染色性得以改善。

③混纤丝：一般采用异收缩丝混纤和不同截面、不同线密度丝的混纤技术。高收缩率和低收缩率的混纤组合，使纱线成为包芯、空心和螺旋形等结构；不同截面和线密度丝的组合，则可利用纤维间弯曲模量的差异，避免单纤维间的紧密充填而造成柔和蓬松的手感，并赋予织物以丰满感和悬垂感。

④抗静电、导电纤维：为了克服纤维易带静电的缺点，在加工中，通常采用导电油剂涂敷在织物上，且在纤维表面聚合；也可将抗静电剂经共聚和共混制备抗静电聚酰胺纤维。抗静电添加剂一般是离子型、非离子型和两性型的表面活性剂。导电纤维是基于自由电子传递电荷或半导体特征性导电，因此其抗电性能不受湿度的影响。用于导电纤维的导电成分一般有金属、金属化合物、碳素等。

⑤耐光、耐热纤维：纤维光和热老化的机理是在光和热的作用下，形成游离基，产生连锁反应而使纤维降解。目前研究了各种防老化剂，如苯酮系的紫外光吸收剂，酚、胺类有机稳定剂等。

⑥抗菌防臭纤维（抗微生物纤维）：纺丝成型前添加抗菌药物或对成型织物进行后整理。

3.3.6 聚酰胺纤维的应用

聚酰胺纤维最突出的优点是耐磨性高于其他所有纤维，比棉花耐磨性高 10 倍，比羊毛高 20 倍，在混纺织物中稍加入一些聚酰胺纤维，可大大提高其耐磨性；当拉伸至 3%～6% 时，弹性回复率可达 100%；能经受上万次折挠而不断裂。聚酰胺纤维的强度比棉花高 1～2 倍、比羊毛高 4～5 倍，是粘胶纤维的 3 倍。聚酰胺纤维主要用途可分为衣料服装用、产业用、医疗卫生用等几个方面。

（1）服装用纤维

在服装领域内，聚酰胺纤维凭其柔软、质轻、弹性、耐磨性等优点用于多种服饰：一是用于多种运动衣、健美服、游泳衣、滑雪衫；二是长、短袜品，弹力袜和紧身衣；三是丝绸类纺织品；四是用于混纺，在毛纺中混纺聚酰胺，可明显提高其强力和耐磨性。通过对聚酰胺纤维进行多种改性研究，如变形、异形、细旦、共聚、共混复合等，可以获取良好的服装用性能。

聚酰胺长丝可以织成纯织物，或经加弹、蓬松等加工过程后做机织物、针织物和纬编织物等。聚酰胺纤维可以混纺或纯纺成各种针织品。聚酰胺长丝多用于针织及丝绸工业，如织单丝袜、弹力丝袜等各种耐磨的锦纶袜，锦纶纱巾，蚊帐，锦纶花边，弹力锦纶外衣，各种锦纶绸或交织的丝绸品。锦纶短纤维大都用来与羊毛或其他化学纤维的毛型产品混纺，制成各种耐磨经穿的衣料。

（2）产业用纤维

由于聚酰胺纤维优良的弹性及优越的耐磨性，多采用线密度较高的聚酰胺工业丝制成用于高层建筑工地用的防护网、公路上的石流防护网等，其在拦截受力较大时不会像普通铁丝网那样易碎裂，从而防止堤坝受到水流的侵蚀及泥土流失。

聚酰胺纤维是制造工业滤布和造纸毛毡的理想材料。聚酰胺纤维可用来制作渔网、绳索和安全网等，此外广泛用作传动运输带、消防软管、缝纫线、安全带和降落伞等多种产业用品。聚酰胺纤维是以塑代钢、铁、铜等金属的好材料，是重要的工程塑料；铸型尼龙广泛代替机械设备的耐磨部件，代替铜和合金作设备的耐磨损件。适用于制作耐磨零件、传动结构件、家用电器零件、汽车制造零件、丝杆防止机械零件、化工机械零件、化工设备，如涡轮、齿轮、轴承、叶轮、曲柄、仪表板、驱动轴、阀门、叶片、丝杆、高压垫圈、螺丝、螺母、密封圈，梭子、套筒、轴套连接器等。聚酰胺纤维的编织物还用于飞机和火车的行李网、集装箱运输的安全网等。

（3）军用纤维

聚酰胺纤维可用于配套特种军用纺织品，如降落伞及其配套的伞面、伞带和伞绳及飞机救生筏、拦阻网、帐篷等其他国防和军工方面的纺织品。另外，芳香族聚酰胺纤维的开发，对航天航空技术的发展有着重要的作用，它是一种高强度、高模量，且耐高温的高性能纤维，除在航天航空应用外，还在复合材料、防弹产品、光纤缆绳和摩擦密封件等方面有着广泛的应用。

（4）医疗卫生用纤维

在医疗卫生纺织品方面，采用聚酰胺弹力丝做经纱，高弹包芯氨纶丝做纬纱织造制成医用筒、弹性绷带等，有国外研发人员还研制了植入性聚酰胺医用缝线、人造肌腱等新产品。

此外，在文体器材方面，可采用聚酰胺长丝织制成平纹布用于足球内层里布，用聚酰胺6短纤维织造网球皮壳，用聚酰胺棕丝制作网球拍等。在非织造布方面，聚酰胺纤维非织造布一般用作耐用性非织造制品，将吸水性较强的纤维与聚酰胺纤维混合，制成高密的复合体非织造织物，可用作混凝土框内的贴附材料及用于混凝土增强方面。地毯用聚酰胺纤维的用量正逐年增长，特别是由于新技术的开发赋予聚酰胺纤维以抗静电、阻燃特殊功能，加之旅游、住宅业的兴旺也促进了地毯用纤维量的增长。近年来随着聚酰胺膨体长丝（BCF）生产的迅速发展，大面积全覆盖式地毯均以聚酰胺簇绒地毯为主，其风格多变，很有发展前途。

3.4　聚丙烯腈纤维

聚丙烯腈纤维（Polyacrylonitrile Fiber，Acrylic Fiber，Polyacrylic Fiber），商品名为腈纶或奥纶。通常由85%以上的丙烯腈和其他单体的共聚物组成，常用的第二单体为非离子型单体，如丙烯酸甲酯、甲基丙烯酸甲酯等，第三单体为离子型单体如丙烯磺酸钠和2-亚甲基-1,4-丁二酸等。共聚物中丙烯腈的含量在35%～85%，称为改性腈纶。由于在外观、手感、弹性、保暖性等方面类似羊毛，所以有“合成羊毛”之称。

1931年，德国化学家Rein探索溶解丙烯腈的合适溶剂。1934年，他发现了在某些无机盐（氯化锌、硫氰化钠、硫氰化钙）的浓溶液和氰胺盐中溶解聚丙烯腈的可能性。然而从经济学观点来看这些溶剂并不能被人们所接受。1941年，Rein与美国人Houtz各自独立地几乎同时发明了除α-吡咯烷酮和环丁砜以外最经济适用的溶剂：二甲基甲酰胺（DMF）。1939年，德国法本公司首次进行了聚丙烯腈长丝纱的生产实验，并将这种纤维命名为“PAN”纤维。在美国，Latham 描述了一种从聚丙烯腈纺丝溶液中制备纤维的工艺，按此工艺在杜邦公司进行了聚丙烯腈长丝纱的生产实验，纤维命名为 ANP 或纤维 A。第二次世界大战的爆发耽搁了聚丙烯腈纤维的研究。1950年，DuPont 公司在美国市场推出了名为 Orlon 的聚丙烯腈纤维，该纤维是按干法纺丝工艺生产的。1952年，首批工业生产的聚丙烯腈纤维进入德国市场，商品名为 PAN 和 Redon。另外，改性聚丙烯腈纤维的生产于1949年在美国 Union Carbide 公司开始。在德国，聚丙烯腈的主要产地是多尔马根，在那里 Bayer 工厂生产出了 Dralon，在此以前，德国法兰克福的 Cassella-Werke Mainkur 在1955年成功地通过了聚丙烯腈纤维的生产验收，而且从1956年开始，Wolcrylon（后改为 Wolpryla）在沃尔芬投产，从1960年起，在 Premnitz 进行生产。

20世纪50年代腈纶在美国、德国和日本实现了工业化生产，60年代和70年代世界腈纶工业快速发展，但在1990—2005年，世界聚丙烯腈纤维生产的平均年增长率仅有0.8%。到了80年代，由于服装用纤维转向棉和天然纤维，而且原料价格上涨，成本增加，所以腈纶产量增长减缓。欧洲、美国、日本等发达国家和地区因物耗、能耗和环境影响等因素，腈纶生产逐渐处于停滞或萎缩状况。

3.4.1 聚丙烯腈纤维的结构

（1）聚丙烯腈纤维的分子结构

聚丙烯腈纤维的大分子主链为碳链结构，大分子链中丙烯腈单元的连接方式主要是首尾连接，聚丙烯腈纤维大分子链的结构如下：

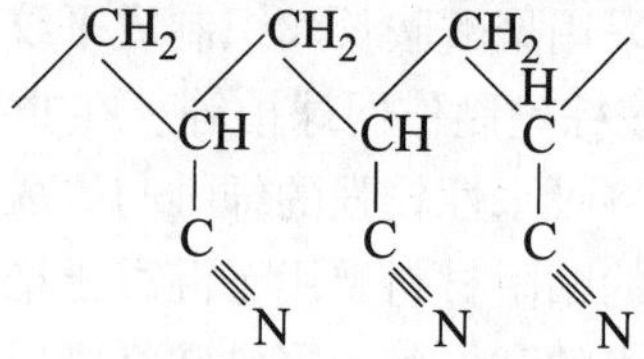

$$\sim CH_2-\underset{\underset{\displaystyle C\equiv N}{|}}{CH}-CH_2-\underset{\underset{\displaystyle C\equiv N}{|}}{CH}-CH_2-\underset{\underset{\displaystyle C\equiv N}{|}}{\overset{H}{C}}\sim$$

聚丙烯腈分子规整性好，分子结构紧密，其分子中腈基（—C≡N）为强极性基团，碳、氮原子之间的电子云密度分布极不均匀，使聚丙烯腈纤维大分子间形成氢键结合，并通过氰基的偶极间相互作用，形成偶极键结合，聚丙烯腈分子间的相互作用力如下：

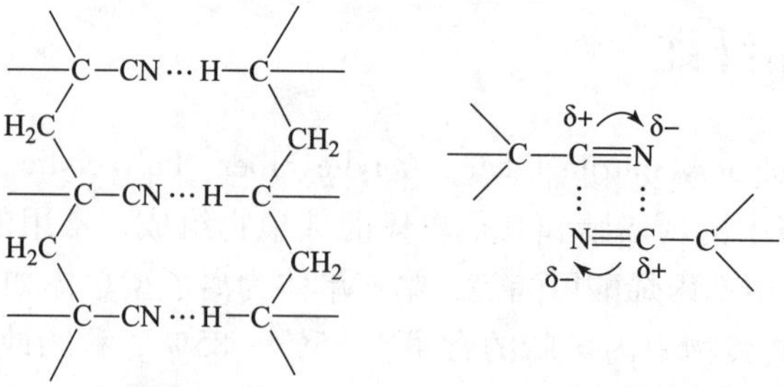

—C—CN···H—C—
H_2C　　CH_2
—C—CN···H—C—
H_2C　　CH_2
—C—CN···H—C—

氢键

$\delta+$　$\delta-$
—C—C≡N
⋮　⋮
N≡C—C—
$\delta-$　$\delta+$

偶极键

聚丙烯腈主链不是平面锯齿形分布，同一大分子相邻的氰基因极性方向相同而具有斥力作用，同时氰基间的偶极相互作用又使其具有一定的吸引力，大分子活动受到阻碍，大分子主链不能转动成为有规则的螺旋体，而在某些部位发生歪扭和曲折，使得聚丙烯腈大分子具有不规则的螺旋棒状构象。

(2) 聚丙烯腈纤维的形态结构

采用硫氰酸钠为溶液的湿纺聚丙烯腈纤维，其截面是圆形的（图3-6），湿纺聚丙烯腈纤维的结构中存在微孔，微孔的大小及多少会影响纤维的力学和染色性能。采用二甲基甲酰胺为溶液的干纺聚丙烯腈纤维的截面是花生形（图3-7）。

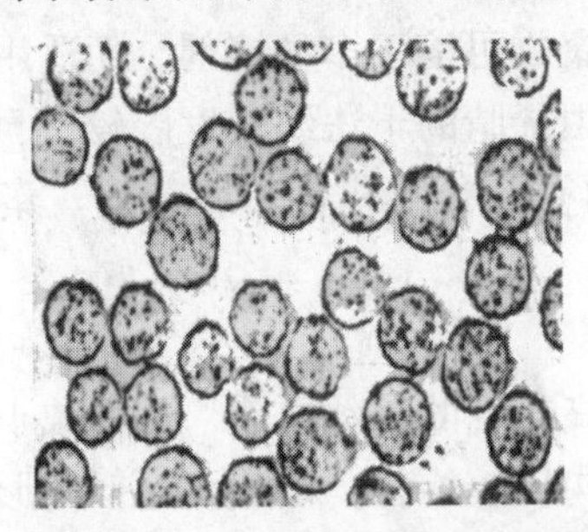

图3-6　聚丙烯腈纤维的圆形截面图

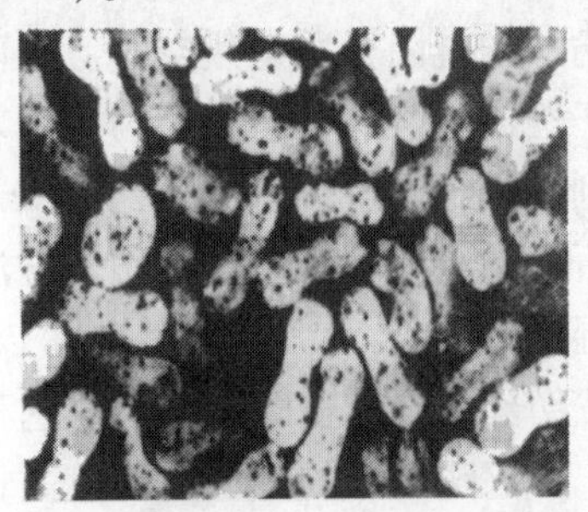

图3-7　聚丙烯腈纤维的花生形截面图

(3) 聚丙烯腈纤维的聚集态结构

由于氰基的作用，聚丙烯腈大分子主链呈螺旋空间立体构象。在丙烯腈均聚物中加入第二单体和第三单体后，大分子侧基有很大变化，增加了其结构和构象的不规则性。聚丙烯腈纤维中存在与纤维轴平行的晶面，即大分子排列侧向是有序的，而纤维中不存在垂直于纤维轴的晶面，即大分子纵向无序。聚丙烯腈纤维没有严格的结晶部分，同时无定形区的规整度又高于其他纤维的无定形区，这种只有侧向有序的结构称为蕴晶。

3.4.2　聚丙烯腈的生产和纺丝

(1) 聚丙烯腈的生产

丙烯腈的聚合属自由基型链式反应，丙烯腈可以进行本体聚合、乳液聚合和溶液聚合。对于聚丙烯腈纤维，多采用溶液聚合方法。采用的引发剂可以是有机化合物、无机过氧化物和偶氮类化合物。根据所用溶剂（介质）的不同，可分为均相溶液聚合（一步法）和非均相溶液聚合（二步法）。

均相溶液聚合：所用的溶剂既能溶解单体又能溶解反应生成的聚合物。反应完毕，聚合液可直接用作纺丝。以浓 NaSCN 水溶液、DMSO、DMF 或 DMAc 为溶剂的聚合，均为均相溶液聚合。

非均相溶液聚合：可用介质只能溶解或部分溶解单体，而不能溶解反应生成的聚合物，纺丝前需要用溶剂重新溶解聚合物制成纺丝溶液。因非均相的聚合介质通常采用水，所以又称为水相沉淀聚合。

(2) 聚丙烯腈的纺丝

聚丙烯腈的纺丝成型方法主要有：湿法纺丝、干法纺丝、干湿法纺丝、冻胶纺丝（增塑熔融纺丝）。

①湿法纺丝。

湿法纺丝是聚丙烯腈纤维采用的重要纺丝方法之一。在湿法纺丝过程中，纺丝原液由喷丝孔挤出进入凝固浴后，纺丝细流的表层首先与凝固介质接触并很快凝固成一薄层，凝固浴中的凝固剂（水）不断通过这一表层扩散至细流内部，而细流中的溶剂也不断通过表层扩散至凝固浴中，这一过程即湿法成型中的双扩散过程。由于双扩散的不断进行，纺丝细流的表皮层不断增厚。当细流中间部分溶剂浓度降低到某一临界值以下时，纺丝细流发生相分离，即初生纤维从浴液中沉淀出来，并伴随一定程度的体积收缩。

②干法纺丝。

干法纺丝的凝固介质是热空气。聚丙烯腈及其共聚物可溶于多种溶剂，而适用于工业规模生产的干法纺丝溶剂目前主要为二甲基甲酰胺。聚丙烯腈的干法纺丝发展较快，目前由干法纺丝得到的纤维产量占总产量的25% ~30%。国内有齐鲁石化淄博腈纶厂、秦皇岛腈纶厂及抚顺石化腈纶厂等采用这种纺丝方法。

③干湿法纺丝。

干湿法纺丝也称干喷湿法纺丝。这种方法可以纺高黏度的纺丝原液，从而减小溶剂的回收及单耗。干湿法纺丝的成型速度较高，所得纤维结构比较均匀，横截面近似圆形；强度和弹性均有所提高，染色性和光泽较好。

④冻胶纺丝。

由于聚丙烯腈的熔点高于分解温度，聚丙烯腈难以采用熔融纺丝成型，一直采用溶液纺丝法。为了简化溶液纺丝法的工艺流程、降低纤维生产成本、减小环境污染，人们提出了聚丙烯腈的冻胶纺丝或称增塑熔融纺丝法。聚丙烯腈增塑熔融纺丝，首先必须解决的问题是降低增塑后聚合物的熔点，使其低于分解温度。此法目前尚未见工业化生产的报道。

3.4.3 聚丙烯腈纤维的性能

（1）物理性质

聚丙烯腈为白色粉末状物质，密度为1.14 ~1.15 g/cm^3，在220 ~230 ℃软化的同时发生分解。聚丙烯腈纤维大分子中含有氰基，能吸收日光中的紫外线而保护分子主链，因而聚丙烯腈纤维的耐光性是最好的。成纤聚丙烯腈的相对分子量通常在10 000以上，而且要求分子量分散性较小。

（2）吸湿性与染色性

聚丙烯腈纤维的吸湿性较差，在温度20 ℃、相对湿度65%的标准状态下，聚丙烯腈纤维的吸湿率为1.0% ~2.5%。加入第二、第三单体后，降低了纤维的规整性，使纤维带有亲水性基团—COONa、—SO_3Na，吸湿性有很大改善。均聚的聚丙烯腈纤维很难染色，引入含有亲染料基团的第三单体与丙烯腈共聚，可为染料提供“染座”，改善纤维对染料的亲和力，大大提高染料与纤维的结合能力。

（3）热性能

聚丙烯腈纤维具有特殊的热收缩性，将纤维热拉伸1.1 ~1.6倍后骤然冷却，则纤维的伸长暂时不能恢复，若在松弛状态下高温处理，则纤维会相应地发生大幅度回缩，这种性质称为腈纶的热弹性。聚丙烯腈纤维有两个玻璃化温度，分别为80 ~100 ℃和140 ~150 ℃，无明显的熔点，190 ~200 ℃开始软化，280 ~300 ℃时分解。玻璃化温度对聚丙烯腈纤维制品的染整加工有重要意义，染色和印花时的固色温度应控制在玻璃化温度以上。聚丙烯腈纤维的准晶态结构造成纤维热稳定性较差。

（4）力学性能

聚丙烯腈纤维的强度虽不如涤纶和锦纶，但比羊毛要好，其强度高出羊毛1~2.5倍。所以用腈纶做的服装、毛线比纯毛的结实。毛型聚丙烯腈纤维的干态断裂强度为17.6~30.87 cN/tex，棉型聚丙烯腈纤维的干态断裂强度为29.1~31.75 cN/tex，湿态断裂强度为干态断裂强度的80%~100%。聚丙烯腈纤维在湿态下强度降低的原因，是聚丙烯腈纤维中的第三单体含有亲水性基团，可使纤维在水中发生一定的溶胀，造成大分子间作用力减弱。

聚丙烯腈纤维的伸长率很高，干态伸长率一般为25%~46%，毛型聚丙烯腈纤维的伸长率应高于棉型腈纶，纤维的伸长率可以通过纺丝后的拉伸、热处理工艺加以控制。其伸长率要求和所混纺的纤维相近似，以使混纺纱线能均匀承受应力。

聚丙烯腈纤维的回弹性在伸长较小时与羊毛相差不大，例如当伸长2%时，聚丙烯腈纤维回弹率为92%~99%，羊毛为99%。但在服用试验中，羊毛多次循环负荷的回弹性优于聚丙烯腈纤维，穿着不易变形。为提高聚丙烯腈纤维的弹性，多采用复合法纺丝，用两种收缩性质不同的组分纺制复合纤维，以获得永久性的螺旋卷曲纤维。

（5）化学性能

一般浓度的酸和碱对聚丙烯腈纤维的降解影响不大，但是能使其侧氰基发生水解。在水解反应中烧碱的催化作用比硫酸强，水解的结果使聚丙烯腈转变为可溶性的聚丙烯酸而溶解。聚丙烯腈纤维在碱中的稳定性要比在酸中低得多，在热稀碱、冷浓碱溶液中会变黄，在热浓碱溶液中会立即被破坏。

聚丙烯腈纤维对常用的氧化性漂白剂稳定性良好，对常用的还原剂也较稳定。聚丙烯腈纤维的耐光性与耐气候性，除了含氟纤维外，是目前一切天然纤维和化学纤维中最好的。

聚丙烯腈纤维靠近火焰即收缩，接触火焰迅速燃烧，离开火焰继续燃烧，燃烧时冒黑烟。由于聚丙烯腈纤维在熔融前已发生分解，形成的熔珠是松而脆的黑色小球，易碎。燃烧时，会产生NO、NO_2、HCN以及其他氰化物等有毒物质，在大量纤维燃烧时应特别注意。聚丙烯腈纤维织物不会由于火星（烟灰、电火花等）溅落其上而熔成小孔。

3.4.4 聚丙烯腈纤维的改性

聚丙烯腈纤维被称为合成羊毛，是代替羊毛的一种理想合成纤维，它具有较好的蓬松性、弹性、保暖性，但是其回弹性、卷曲性与羊毛相比仍存在较大的差距。聚丙烯腈纤维吸湿性差的弊端也使其在使用过程中缺少天然纤维的舒适性。此外，聚丙烯腈纤维易产生静电积聚，纤维的体积电阻率高达$6.5\times10^{13}\ \Omega\cdot cm$，影响纺丝加工性能及其应用。随着生活水平的提高，人们对合成纤维的要求也越来越高，传统聚丙烯腈纤维已不能适应人们的需求，因此需要对聚丙烯腈纤维进行改性。

（1）吸湿改性

聚丙烯腈纤维吸湿性的改善可通过三种化学改性方法加以实现：一是引进亲水性基团，通过聚合或共聚在大分子的基本结构中引进大量亲水性基团。如在共聚时引进丙烯酸、甲基丙烯酸和二羰基吡咯化合物等亲水性单体，就可以得到吸湿性较好的聚丙烯腈纤维。也可以采用增加丙烯腈共聚物中第二单体丙烯酸甲酯含量的办法。这种聚合物纤维中的酯经过碱处理会生成酸，从而最终在聚丙烯腈大分子中引进羧基。二是与亲水性物质接枝共聚，同样可以达到增加纤维中亲水性基团的目的，其工艺要比大分子结构亲水化的方法简单易行。聚丙烯腈可与甲基丙烯酸、聚乙烯醇等接枝共聚，达到改善吸湿性的目的。丙烯腈与天然大豆蛋白通过接枝共聚可制得亲水改性的聚丙烯腈纤维，随着接枝效率的提高，吸湿率相应增加。三是用碱减量法对聚丙烯腈纤维进行表面处理，使纤维表面粗糙化，产生沟槽、凹窝，以增强其吸水效果。同时，纤维结构中氰基与酯基在一定浓度碱溶液作用下，水解生成的—COOH、—COONa 等亲水基团，也使纤维对水分子产生很强的亲和力。

（2）抗静电改性

用共混法制备聚丙烯腈抗静电纤维主要有以下几方面：共混炭黑、石墨及碳纤维，共混烷基碳酸盐及其共聚物，共混金属微纤，共混无机盐，共混聚乙二醇/醚及其衍生物。等离子处理技术作为一门新兴的技术在处理抗静电性方面有其优越性。低温等离子体处理纺织品，可使纤维表面改性，亲水性提高，改善织物抗静电性。通过等离子体聚合或等离子体引发亲水性单体在纤维表面上接枝聚合，以改善纤维表面的特性，从而使纤维的抗静电性能得到改善。除共混式制备和等离子处理方法外，还有在后整理中使用抗静电剂的方法，即对聚丙烯腈纤维或织物进行处理，使其表面涂覆上一层抗静电剂，从而使其具有抗静电性能。

（3）阻燃改性

聚丙烯腈纤维具有不完整的准晶态结构，仅仅是侧向有序态较高。由于这种结构对热十分敏感，所以纤维的热稳定性能较差。聚丙烯腈纤维在空气中热氧化裂解，会生成丙烯腈、乙腈、氨和水等热解产物以及可燃性气体（如 CO 及 CH_4、C_2H_6 等低级烃类），因此，聚丙烯腈纤维容易点燃，燃烧速度较快，属于易燃性纤维。其阻燃改性有共聚和共混两种方法。

①共聚阻燃改性。

共聚法是将含阻燃元素（卤、磷等）的乙烯基化合物作为共聚单体，与丙烯腈进行共聚而实现阻燃改性的方法。采用含氯、溴或磷化合物等阻燃性单体，如氯乙烯、偏二氯乙烯、溴乙烯、三卤苯氧基甲基丙烯酸酯，以及带乙烯基的磷酸酯，如烯丙基膦酸烷基酯、二烷基 - 2 - 卤代烯丙基磷酸酯等。其中以偏二氯乙烯较为常用，采用水相聚合法与丙烯腈共聚，湿纺制得阻燃聚丙烯腈纤维。

②共混阻燃改性。

共混法就是在纺丝原液中混入添加型阻燃剂制取阻燃改性聚丙烯腈纤维的方法，其阻燃效果仅次于共聚法。共混法制得的纤维性能与共聚法类似，但有使纤维发黏温度降低和收缩性增加的趋势。对于添加型阻燃剂，要求颗粒细、与聚丙烯腈基质相容性好、不溶于凝固浴和水、纺丝过程中无堵孔现象。适宜的添加型阻燃剂种类十分广泛，有无机化合物（如三氧化二锑、三氯化锑、钛酸钡、草酸锌、磷酸钙、硼酸锌、活性炭等）、有机低分子物（卤代磷酸酯类、四溴邻苯二酸酐、有机锡化合物等）和高分子物（聚氯乙烯、氯乙烯和偏二氯乙烯共聚物、丙烯腈和氯乙烯的共聚物等）。

（4）抗菌消臭改性

聚丙烯腈纤维的抗菌改性方法可通过共聚方式将某些可反应的抗菌基团引入大分子中，或将抗菌剂共混加入纺丝原液中。如通过水相沉淀聚合方法制备了 3 - 烯丙基 - 5,5 - 二甲基己内酰脲/丙烯腈共聚物，将不同配比的共聚物和聚丙烯腈溶解于硫氰酸钠水溶液中配成纺丝液，采用两步法制备聚丙烯腈共混纤维。仅含质量分数 10% 共聚物的共混纤维经氯漂后，对大肠杆菌的杀灭率可达 97.5%。也可通过把具有抗菌作用的基团接枝到纤维表面，如将聚丙烯腈与硫酸铜经还原将氰基与铜离子配位结合而螯合化，赋予纤维抗菌性。在聚丙烯腈的大分子链上引入磺酸基团、磺酸盐基团、羧酸基团或乙烯酰胺基团，可实现其与金属离子的进一步反应，形成金属盐或金属离子的复合物；或在聚丙烯腈的分子链中引入含叔氮的单元，经卤代烷烃处理后，使纤维带有季铵盐基团，从而具有抗菌性。同时，在聚丙烯腈中直接引入一定量的磺酸基团后，纺丝得到的纤维也具有抗菌性。

（5）抗起球改性

普通腈纶制品，特别是针织品抗起毛起球性极差。在穿用和洗涤过程中，经多次摩擦后，织物的纤维端外露，在织物表面呈现许多毛羽，即“起毛”；若这些毛羽不能及时脱落，就会互相纠缠在一起，被揉成球形小粒，即“起球”，严重影响制品的美观性。用二甲基甲酰胺（DMF）、丙烯酸乳胶和有机硅等对纤维或织物进行表面处理，使纤维起皱或形成裂隙而有利于毛球脱落，或使纤维不易从织物中滑出，从而提高聚丙烯腈织物的抗起球性。此外，在纺丝过程中采用异形截面，如C形喷丝孔或降低拉伸倍数从而降低纤维的剪切和抗张强度，或者采用添加剂或用共聚方法改变聚合物组成，或降低聚合物的相对分子质量，都可以提高腈纶的抗起球性能。

（6）其他改性聚丙烯腈纤维

改性聚丙烯腈纤维的种类还有多种，如复合、有色、异形、中空、细旦、仿兽毛、酸性可染、增白、超有光、防污防尘、高强高模、防菌防臭、离子交换和远红外纤维等。下面仅对着色腈纶、酸性染料可染腈纶、离子交换腈纶等做一些简单介绍。

①着色腈纶，着色腈纶的生产有两种方法，即纺前原液着色或凝胶态湿丝束染色。原液着色与传统的染色法相比，可改善环境污染，缩减印染设备，精简多道加热工序，改善纤维的内在质量，如弹性、蓬松性、染色牢度及染色均匀性，并可提高毛型感，增加多色效应，同时能明显地降低染色成本。

原液着色一般用阳离子染料或涂料浆液，在纺前按一定比例经注射器注入纺丝原液，均匀混合后纺成着色纤维。染料或涂料能均匀地分布在纤维的内部和表面，故各项色牢度指标和色泽均匀性都较高。但从染料加入处开始，管道和机件均受染料沾污，因此更改颜色比较麻烦。

对处于凝胶态的腈纶湿丝束进行染色时，由于纤维结构疏松并存在大量微孔，比表面积大，故可在50～60 ℃的较低温度下染色，不需加助剂，染色速度快，可得牢度很好的中、深色泽。着色腈纶可直接用于色织、彩格和提花。由于着色腈纶耐光、耐气候性和色牢度好，故大量用于室外纺织品，如帐篷、遮阳伞和旗帜等。

②酸性染料可染腈纶，腈纶是阳离子染料可染型纤维，若用碱性单体作为第三单体，如乙烯基吡啶，纤维可用酸性染料染色。用少量酸性染料可染腈纶与普通腈纶混纺后，用阳离子染料染色，酸性染料可染腈纶较难着色，而产生一种混色效应，无论制成织物或者毛线都较别致，可制作运动衫及各种针织物。

③离子交换腈纶，离子交换腈纶是一种很有发展前途的工业用功能性纤维。用纤维代替树脂作离子交换材料，具有机械强度高，在交换、再生和冲洗过程中不易流失等优点，又因纤维较细，表面积大，故具有较快的交换速度和较高的交换容量。

3.4.5 聚丙烯腈纤维的应用

聚丙烯腈纤维有着人造羊毛的美称，价格便宜，是羊毛和棉花的最佳替代品。腈纶外观蓬松，手感柔软，具有良好的耐光、耐气候性能，其弹性和保暖性可以和羊毛媲美，深受消费者欢迎，其在服装、装饰、产业三大领域有广泛的应用。聚丙烯腈纤维根据不同用途的要求可纯纺或与天然纤维混纺，与羊毛混纺成毛线，或织成毛毯、地毯等，还可与棉、人造纤维、其他合成纤维混纺，织成各种衣料和室内用品。

聚丙烯腈纤维上的氰基是具有很强功能潜力的基团，通过氰基的化学转化反应，可以制得系列含功能基团的聚丙烯腈合成纤维，这些合成纤维在水处理、贵金属回收以及衡量金属离子分析等方面都有广泛的应用。

将聚丙烯腈纤维经过高温处理可以得到碳纤维和石墨纤维。如在200 ℃左右的空气中保持一定时间，使其碳化，可以获得含碳93%左右的耐高温1 000 ℃的碳纤维。若在2 500～3 000 ℃下继续进行热处理，可以获得分子结构为六方晶格的石墨纤维。石墨纤维是目前已知的热稳定性最好的纤维之一，可耐3 000 ℃的高温。在高温下能经久不变形，并具有很高的化学稳定性、良好的导电性和导热性。碳纤维是宇宙飞行、火箭、喷气技术以及工业上耐高温、防腐蚀领域的良好材料。在医疗上，还可以用于人工肋骨和肌腱韧带等。

3.5 聚丙烯纤维

聚丙烯纤维（Polypropylene Fiber），又称丙纶，是以聚丙烯树脂为原料制得的一种合成纤维，国外商品名称为梅拉克纶（Meraklon）。目前，产量仅次于PAN纤维，主要品种有丙纶长丝、丙纶短纤维、丙纶膜裂纤维、丙纶膨体长丝（BCF）、丙纶工业用丝、丙纶无纺布、丙纶烟用丝束等。

1957年由意大利的Montecatini公司首先实现了等规聚丙烯的工业化生产。1958—1960年，该公司将聚丙烯用于纤维生产，开发商品名为Meraklon的聚丙烯纤维，之后美国和加拿大也相继开始生产。1964年后，开发了捆扎用的聚丙烯膜裂纤维，并由薄膜原纤化制成纺织用纤维及地毯用纱等产品。20世纪70年代，短程纺工艺与设备改进了聚丙烯纤维生产工艺。同期，膨体连续长丝开始用于地毯行业。1980年以后，聚丙烯和制造聚丙烯纤维新技术的发展，特别是茂金属催化剂的发明使得聚丙烯树脂的品质得到了明显的改善。由于提高了其立构规整性（等规度可达99.5%），聚丙烯纤维的内在质量大大提高。80年代中期，聚丙烯特细纤维替代了部分棉纤维，用于纺织面料及非织造布。目前，世界各国对聚丙烯纤维的研究与开发也相当活跃，差别化纤维生产技术的普及和完善，大大扩大了聚丙烯纤维的应用领域。

3.5.1 聚丙烯纤维的结构与分类

聚丙烯分子的主链由在同一平面上的碳原子曲折链所组成，侧甲基可在平面上下有不同的空间排列形式。成纤聚丙烯通常是等规高聚物，具有高度结晶性。等规聚丙烯的结晶是一种有规则的螺旋状链，这种三维的结晶，不仅是单个链的规则结构，且在链轴的直角方向也具有规则的链堆砌。聚丙烯纤维初生纤维的结晶度为33%～40%，经拉伸后，结晶度上升至37%～48%，再经热处理，结晶度可达65%～75%。

纤维级聚丙烯的黏均分子量为18万～20万，熔融指数为6～15，用分子量分布窄的聚丙烯所得的纤维的模量高。成纤聚丙烯要求等规度为95%以上，熔点在164～172 ℃，灰

分 <0.05 ℃，含水率 <0.01%。聚丙烯纤维通常由熔体纺丝法制成，一般情况下，纤维纵向光滑，无条纹，横截面呈圆形，也有纺制成异形纤维和复合纤维的。

聚丙烯纤维可分为长纤维、短纤维、纺粘无纺布、熔喷无纺布等。聚丙烯长纤维也可分为普通长纤维和细旦长纤维。

3.5.2　聚丙烯纤维的纺丝

工业生产聚丙烯纤维一般采用普通的熔融纺丝和膜裂纺丝法。随着生产技术的发展，近年来又有新的纺丝工艺出现，如短程纺丝、膨体纺丝等。

（1）熔融纺丝

聚丙烯可以用熔融纺丝法生产长丝和短纤维，且熔融纺丝法的纺丝原理及生产设备与聚酯和聚酰胺纤维基本相同。

（2）膜裂纺丝

膜裂纺丝包括薄膜成型、单轴拉伸、热定型和裂纤的过程。

薄膜成型有平膜挤出法和吹塑制膜法。平膜挤出法是通过 T 型机头挤出平膜，随后在冷却辊上或通过水浴予以冷却，得到准确控制厚度的薄膜；吹塑制膜法是通过环型模头将熔体挤出成为型为圆桶状，接着向其中心吹气，使其像气球一样膨胀起来而获得拉伸，一直达到所要求的薄膜厚度，随后在环状空气帘中冷却、压平。

单轴拉伸是膜裂纺丝中的第二个重要步骤。拉伸方法有三种：（a）在红外线加热箱、热空气箱或蒸汽加热箱中进行长距离拉伸；（b）在热板上进行长距离拉伸；（c）在热辊短隙间拉伸。

热定型可采用与拉伸相同的加热设备，热定型对要求收缩率较低的产品十分重要，定型温度应比拉伸温度高 5 ~ 10 ℃，但也有定型与拉伸采用不同加热形式的。经过热定型，薄膜或扁丝的沸水收缩率可降至 3% 以下。

裂纤主要有割裂和撕裂两种方法。割裂是通过将 PP 或吹塑得到的薄膜，用刀片切割成扁条，再经单轴拉伸得到 55 ~ 165 tex 的扁丝。撕裂是将挤出或吹塑得到的薄膜，经单轴拉伸使其轴向强度有很大提高，与此同时，垂直于拉伸方向（横向）的强度下降很多，然后经原纤化制成网状物或连续长丝。

（3）短程纺丝

短程纺丝技术是比常规纺丝的工艺流程短、纺丝工序与拉伸工序直接相连、喷丝头空数增加、纺丝速度降低的一种新工艺路线。整套生产线可缩短到 50 m 左右，从切片输入到纤维打包全部连续化，生产单丝线密度为 1 ~ 200 dtex 的短纤。它具有占地面积小、产量高、成本较低、操作方便、宜于迅速开发且适应性强等优点。随着短程纺丝的不断发展，其在技术与设备上都有所突破。如机器高度由三层压缩到一层，该技术主要以生产丙纶为主，也可用于涤纶、锦纶生产。

（4）膨体纺丝

膨体纺丝的生产工艺有两步法和一步法。两步法是首先将纺出的丝条卷绕成卷，然后再进行拉伸、变形和卷绕；一步法将纺丝、牵伸和变形融为一体，不仅各工序连续，而且在一台机组上完成各工序，占地面积小，自动化程度高，产品质量稳定且成本较低。目前应用较广的是一步法工艺。

3.5.3 聚丙烯纤维的性能

(1) 质轻

聚丙烯纤维最大的优点是质地轻，是常见化学纤维中密度最轻的品种，其密度在0.9～0.92 g/cm^3，在所有化学纤维中是最轻的，比锦纶轻20%，比涤纶轻30%，比粘胶纤维轻40%，因此很适合做冬季服装的絮填料或滑雪服、登山服等的面料。

(2) 耐热性

聚丙烯纤维是一种热塑性纤维，熔点较低（165～173 ℃），软化点温度比熔点要低10～15 ℃，故耐热性差，在染整加工及使用过程中，应注意控制温度，以免发生塑性形变。为提高其稳定性，在纺丝时可加入一定量的抗氧化剂。

(3) 机械性能

聚丙烯纤维的吸湿度极低，因此其干、湿强度和断裂强度几乎相等，这一点更优于锦纶，特别适于制作渔网、绳索和滤布等。聚丙烯纤维的强度随温度的降低而增加，随温度的升高而下降，其下降的程度超过了锦纶。由于聚丙烯纤维的熔点低，在高温时强度下降更多，在染整加工时应引起足够重视。聚丙烯纤维的强度高，断裂伸长率和弹性都好。聚丙烯纤维的耐磨性也很好，尤其是耐反复弯曲的寿命长，优于其他的合成纤维。

(4) 吸湿和染色性能

在合成纤维中，丙纶的吸湿性和染色性最差。丙纶的吸湿性很小，几乎不吸湿，一般大气条件下的回潮率接近于零，因此用于服装面料时，常与吸湿性高的纤维混纺。细旦丙纶具有较强的芯吸作用，水汽可以通过纤维中的毛细管来排除。制成服装后，服装的舒适性较好，尤其是超细丙纶纤维，由于表面积增大，能更快地传递汗水，使皮肤保持舒适感。由于纤维不吸湿且缩水率小，丙纶织物具有易洗快干的特点。

丙纶大分子染色很困难，普通的染料均不能使其着色。采用分散染料染色，只能得到很淡的颜色，且染色牢度很差。改善丙纶染色性能可采用接枝共聚法、原液着色法、金属化合物改性等方法。

(5) 化学性能

丙纶的耐酸、碱及其他化学药剂的稳定性优于其他合成纤维。丙纶有较好的耐化学腐蚀性，除了浓硝酸、浓的苛性钠外，丙纶对酸和碱抵抗性能良好，所以适于用作过滤材料和包装材料。丙纶对有机溶剂的稳定性稍差。

(6) 其他性能

丙纶耐光性较差，易老化，不耐熨烫。但可以通过在纺丝时加入防老化剂，来提高其抗老化性能。此外，丙纶的电绝缘性良好，但加工时易产生静电。丙纶属于可燃性的烃类，但不易燃烧，在火焰中纤维发生收缩、熔化，火焰即可自行熄灭。燃烧时形成透明硬块，有轻微的沥青味。

3.5.4 聚丙烯纤维的改性

聚丙烯纤维具有许多优良的性能，但也有蜡感强、手感偏硬、难染色、易积聚静电等缺点。因此对其进行改性，开发新品种已成为聚丙烯纤维发展的主要方向。

(1) 可染聚丙烯纤维

聚丙烯纤维分子中无亲染料基团，分子聚集结构紧密，常规聚丙烯纤维一般难染。目前市售聚丙烯纤维大都是通过纺前着色而获得颜色，但色谱不全，不能印花，限制了织物品种的多样化。如何将通常的染色技术应用于聚丙烯纤维，已成为人们关注的问题。目前，已开发出多种可染聚丙烯纤维技术，这些技术大体可分为两类：一是通过接枝共聚将含有亲染料基团的聚合物或单体接枝到聚丙烯分子链上，使之具有可染性；二是通过共混纺丝破坏和降低聚丙烯大分子间的紧密聚集结构，使含有亲染料基团的聚合物混到聚丙烯纤维内，使纤维内形成一些具有高界面能的亚微观不连续点，使染料能够顺利渗透到纤维中去并与亲染料基团结合。共混法是目前制造可染聚丙烯纤维的主要而实用的方法，产品包括媒介染料可染聚丙烯纤维、碱性染料可染聚丙烯纤维、分散染料可染聚丙烯纤维、酸性染料可染聚丙烯纤维，其中酸性染料可染聚丙烯纤维最有前途。

（2）高强高模聚丙烯纤维

通过选用高分子量、高等规度的聚丙烯原料，从提高大分子链伸展程度和结晶度着手，对纺丝和拉伸、热处理工艺过程合理控制可获得高强高模聚丙烯纤维。高强聚丙烯纤维在产业用纤维领域中具极大竞争潜力。因为其除具有优良力学性能和耐化学性外，还具有生产设备投资少、原料价格便宜、生产过程耗能少等明显的技术经济优势。国外高强聚丙烯纤维的年销量不断递增。高强聚丙烯纤维可以用作各种工业吊带、建筑业安全网、汽车及运动的安全带、船用缆绳，冶金、化工、食品及污水处理等行业的过滤织物，加固堤坝、水库、铁路、高速公路等工程的土工布，汽车和旅游业用的篷苫布，以及高压水管和工业缝纫线等产业领域。

（3）细特及超细特聚丙烯纤维

用细特聚丙烯长丝作为服装用材料具有密度小、静电小、保暖、手感好及有特殊光泽、酷似真丝等特点，并且有芯吸效应及疏水、导湿性，是制作内衣及运动服的理想材料。

国内用可控流变性能的聚丙烯切片在常规纺、高速纺 FDY 设备上成功地开发出单丝线密度达 0.7 ~ 1.2 dtex 聚丙烯细旦丝。超细旦聚丙烯纤维是指直径小于 5 μm 的纤维。其制品作为气悬体的优良过滤介质，在防止空气污染装置、卷烟过滤嘴、采矿、医药及工业用滤网、饮料的速过滤装置等方面得到广泛应用。超细聚丙烯纤维还可做离子交换树脂的载体及电绝缘材料。其生产方法有离心纺丝、熔喷纺和闪蒸纺及不相容混合物纺丝。

（4）阻燃聚丙烯纤维

由聚丙烯纤维制成的织物易燃烧，并伴有燃烧滴熔现象，这一点限制了它的使用范围。聚丙烯纤维的阻燃改性主要是通过织物阻燃整理和共混阻燃改性。

织物阻燃整理是采用含有碳 - 碳双键或羟甲基之类反应性基团的阻燃剂与有相似反应性基团的多官能度化合物（交联剂），在聚丙烯纤维织物上共聚形成聚合物而固着在织物上。缺点：由于等规聚丙烯结晶度高，大分子链中缺乏反应性基团，阻燃剂分子很难扩散到纤维中或与它发生化学结合，用整理法赋予织物阻燃性难以持久，且手感差，因此一般多用于地毯等洗涤次数较少的制品。

共混阻燃改性：是选用磷系或含氮阻燃剂或它们的复合物与聚丙烯预先制成阻燃母粒，在纺丝时按比例与聚丙烯切片共混纺丝。燃烧时，聚丙烯形成碳质焦炭以阻碍与氧气接触，达到阻燃目的。也有使用磷与卤素协同作用或采用三氧化二锑与卤素协同作用的阻燃剂。例如用 7.2% 的八溴联苯醚与三氧化二锑的混合物与聚丙烯共混纺丝，其极限氧指数可以从

18.1%提高到28.1%。

（5）远红外聚丙烯纤维

远红外聚丙烯纤维是一种具有优良保健理疗功能、热效应功能和排湿透气、抑菌功能的新型纺织材料。它含有特殊的陶瓷成分，这种成分能吸收人体释放出来的辐射热，并在吸收自然界光和热后发射回人体最需要的4～14 μm波长的远红外线。这种远红外线具有辐射、渗透和共振吸收特征，易被人体皮肤吸收，活化组织细胞，促进新陈代谢，让人体达到保湿及促进血液循环的保健作用。20世纪80年代中期，日本钟纺和可乐丽公司在聚丙烯中混入远红外陶瓷成分，制成远红外聚丙烯短纤维。远红外丙纶纤维在我国也有多家企业生产，该产品的产量近年内有很大程度的提高。

（6）三维卷曲中空聚丙烯纤维

丙纶具有的导热系数在所有纤维中是最低的，丙纶适合作为保温材料使用。国内开发生产的一种中空三维卷曲丙纶纤维的纤度为6.67 dtex，长度为65 mm，压缩率为76.5%，压缩回复率为35.2%，压缩弹性率为16.6%，该纤维除可作为玩具、被褥、睡袋填充物使用外，还可作为服装保温内衬使用。

除了中空三维卷曲丙纶，还开发了四孔、七孔、九孔高弹中空丙纶，截面形状有圆形、方形和三叶形多种，使纤维的回弹性和保暖性更好，同时该产品生产工艺简单，能耗低，原料价格低廉，来源广泛。因此该产品有着十分广阔的市场前景。应用方向包括床上用品、玩具、汽车靠垫、服装、被褥内衬等，还可用于仿制羊毛毯、仿羊羔皮等。

（7）可生物降解型聚丙烯纤维

聚丙烯纤维的废弃物在自然环境中分解会存在几十年，给环境造成了极大的污染，汽巴嘉基公司开发出一种方便易行、腐烂分解聚丙烯纤维的方法，即在纤维生产过程中将烷链羧酸的过渡金属盐加入常规聚丙烯纤维中，这种过渡金属可以为硬脂酸铜或铁，这种方法生产的纤维在60 ℃的模拟堆积条件下存放14周，腐烂而不污染环境。另外，有研究表明，在聚丙烯纤维中混入淀粉，埋入土壤中后，纤维会很快被侵蚀并迅速分解掉，是一种有着很好前途的生物性降解法。

（8）其他改性聚丙烯纤维

将微晶石蜡、肥皂、硅化物、有机酸的脂肪酸脂、高分子量脂肪醇、含氟代烷基的蜡状物、无规聚丙烯或低分子量聚乙烯与聚丙烯切片相混，可制得耐磨性良好的聚丙烯纤维。聚丙烯切片与抗静电剂混合纺成纤维，抗静电剂以微原纤形态分散在聚丙烯基体中，使纤维具有抗静电性能。选用耐高温而且与聚丙烯有良好的相容性及分散性的抗菌剂，采用共混纺丝的方法可制得抗菌保健聚丙烯纤维。将聚丙烯与吸油物质混合后纺丝得到纤维后，将纤维浸入芳香物质溶液中，使纤维中的吸油物质吸收香料，从而赋予纤维芳香功能。

3.5.5 聚丙烯纤维的应用

（1）产业应用

聚丙烯纤维被广泛用于绳索、渔网、安全带、箱包带、安全网、缝纫线、电缆包皮、土工布、过滤布、造纸用毡和纸的增强材料等产业领域。利用聚丙烯纤维制造的聚丙烯机织土工布，能对建造在软土地基上的土建工程（如堤坝、水库、高速公路、铁路等）起到加固作用，并使承载负荷均匀分配在土工布上，使路基沉降均匀，减少地面龟裂。建造斜坡时，采用机织丙纶土工布可以稳定斜坡，减少斜坡的坍塌，缩短建筑工期，延长斜坡的使用寿命。在承载较大负载时，可使用机织土工布和非织造布为基体的复合土工布。聚丙烯纤维可作为混凝土、灰泥等的填充材料，提高混凝土的抗冲击性、防水隔热性。

作为过滤材料，聚丙烯纤维有着很好的使用前景，新技术使聚丙烯纤维过滤效率高、强度高、质轻、对化学药品稳定性好、滤物剥离性好，因此，在制药、化工、环保、电池等行业作为亲水隔膜、离子交换隔膜等功能性产品，有着良好的发展势头，是提升聚丙烯纤维附加值的新型高科技产品。

（2）装饰应用

用聚丙烯纤维制成的地毯、沙发布和贴墙布等装饰织物及絮棉等，不仅价格低廉，而且具有抗沾污、抗虫蛀、易洗涤、回弹性好等优点。装饰和日用领域消费的聚丙烯纤维主要是长丝、中空短纤维和纺粘法非织造布，产品主要是汽车和家庭用装饰材料、絮片、玩具等。

（3）服装应用

聚丙烯纤维可制成针织品，如内衣、袜类等；可制成长毛绒产品，如鞋衬、大衣衬、儿童大衣等；可与其他纤维混纺用于制作儿童服装、工作衣、内衣、起绒织物及绒线等。细特聚丙烯纤维贴身穿着可以保持皮肤干燥，夏季无湿闷感，冬季无湿冷感，用其制作的服装比纯棉服装轻2/5，保暖性胜似羊毛，是制作运动服、登山服、军用防寒服和内衣的上选材料。用细特聚丙烯纤维加工而成的纯聚丙烯织物、棉盖聚丙烯和丝盖聚丙烯织物已推向市场，Adidas运动服便有由超细特聚丙烯纤维与棉织造的双面织物制造的。美国以细特聚丙烯长丝作原料，加工军用防寒起绒针织内衣，被美国国防部选定为标准军需装备。

（4）非织造布及医疗卫生用聚丙烯纤维

聚丙烯纤维的非织造布可用于一次性卫生用品，如卫生巾、手术衣、帽子、口罩、床上用品、尿片面料等。妇女用卫生巾、一次性婴儿和成人尿布目前已成为人们日常消费的普通产品。另外，通过化学或物理改性后的聚丙烯纤维，可以具备交换、蓄热、导电、抗菌、消味、紫外线屏蔽、吸附、脱屑、隔离选择、凝集等多种功能，将成为人工肾脏、人工肺、人工血管、手术线和吸液纱布等多种医疗领域的重要材料。劳保服装、一次性口罩、帽子、手术服、被单枕套、垫褥材料等都有越来越大的市场。

（5）其他应用

聚丙烯烟用丝束可作为香烟过滤嘴填料。目前，香烟中低档品种所用的过滤嘴，有一半以上是用聚丙烯纤维制造的。

聚丙烯纤维制成的编织袋广泛地替代了黄麻编织成的麻袋，成为粮食、工业原料、化肥、食品、矿砂和煤炭等最主要的基本包装材料，其形式也早已由传统枕型梯式向着桶型、柱型等多元化发展。由于其密度低、重量轻、随形、易储藏，甚至代替了部分小型集装箱。该类产品的需求量很大。聚丙烯非织造布在包装领域的使用也很多，如熔喷法制造的聚丙烯非织造布可用于茶叶袋、防虫剂袋及特殊场合的缓释包装等。

聚丙烯纤维也很适合生产毯子。拉绒毯一般用低捻度的聚丙烯纤维制造。这种毯子具有隔热、抗虫蛀、易洗涤、收缩率低和重量轻等性能，既适于家用，也适于军用。

把聚乙烯薄膜或增塑聚氯乙烯等用熔融涂层技术涂到聚丙烯纤维织物上，可制作防护布、防风布和矿井排气管。用沥青或焦油做涂层的聚丙烯纤维织物可做池塘的衬底，其他涂层的织物可做保持性盖布和临时遮雨布等。

人造草坪是聚丙烯纤维的又一应用。美国比尔特瑞特公司用聚丙烯扁丝通过起圈而制成一种“单一草坪”。美国孟山都公司也用聚丙烯纤维制作了绒面人造草坪（称为化学草）。这些人造草坪已被用在公路的中心广场、交通站和其他风景区。聚丙烯纤维的抗日晒性能较低，因此制作中要加入紫外线吸收剂。

聚丙烯纤维耐酸、耐碱性能优良，抗张强度好，用其制作的帆布比普通帆布轻1/3，不仅搬运轻便，而且降低了成本，延长了使用寿命，实现了价廉物美。用其制作鞋子衬里布或运动鞋面，结实耐用，质轻，防潮，透气，没有汗臭。

3.6 聚乙烯醇纤维

聚乙烯醇纤维（Polyvinyl Alcohol Fiber）是以聚乙烯醇（PVA）为原料纺丝制得的合成纤维。这种纤维经甲醛处理得到聚乙烯醇缩甲醛纤维，中国称维纶，国际上称维尼纶。较低分子量聚乙烯醇为原料经纺丝制得的纤维是水溶性的，称为水溶性聚乙烯醇纤维。一般的聚乙烯醇纤维不具备必要的耐热水性，实际应用价值不大。聚乙烯醇缩甲醛纤维具有柔软、保暖等特性，尤其是吸湿率（可达5%）在合成纤维诸品种中是比较高的，故有“合成棉花”之称，但其耐热性差，软化点只有120 ℃。

1924年，德国的Hermann和Haehnel合成出聚乙烯醇，并用其水溶液经干法纺丝制成纤维。随后，德国的Wacker公司生产出用于手术缝合线的聚乙烯醇纤维。1939年以后，日本的樱田一郎、朝鲜的李升基等人，采用热处理和缩醛化的方法成功地制造出耐热水性优良、收缩率低、具有实用价值的聚乙烯醇纤维。1950年，日本仓敷人造丝公司（现为可乐丽公司）建成工业化生产装置，才使不溶于水的聚乙烯醇纤维实现工业化生产。

3.6.1 聚乙烯醇纤维的生产

（1）聚乙烯醇的制备

游离态的单体乙烯醇是不可能存在的。目前生产成纤用聚乙烯醇都是将聚醋酸乙烯在甲醇或氢氧化钠作用下进行醇解反应而得。反应式如下：

$$n\mathrm{CH_2{=}CH(OCOCH_3)} \xrightarrow{\text{聚合}} \mathrm{-\!\!\!\left[CH_2-CH(OCOCH_3)\right]_{\mathit{n}}\!-} \xrightarrow[\text{醇解}]{\mathrm{CH_3OH}} \mathrm{-\!\!\!\left[CH_2-CH(OH)\right]_{\mathit{n}}\!-} + \mathrm{CH_3COOCH}$$

当反应体系含水较多时，副反应明显加速，反应中消耗的催化剂量也随之增加。在工业生产中，根据醇解反应体系中所含水分或碱催化剂用量的多少，分为高碱醇解法和低碱醇解法两种不同的生产工艺。

①高碱醇解法。

高碱醇解法的反应体系中含水量约6%，每摩尔聚醋酸乙烯链节需加碱0.1～0.2 mol。氢氧化钠是以水溶液的形式加入的，所以此法也称湿法醇解。该法的特点是醇解反应速度快，设备生产能力大，但副反应较多，碱催化剂消耗量也较多，醇解残液的回收比较复杂。

用于醇解的聚醋酸乙烯甲醇溶液经预热至45～48 ℃后，与350 g/L的氢氧化钠水溶液由泵送入混合机，经充分混合后，送入醇解机中。醇解后，生成块状的聚乙烯醇，再经粉碎和挤压，使聚乙烯醇与醇解残液分离。所得固体物料经进一步粉碎、干燥得到所需聚乙烯醇。压榨所得残液和从干燥机导出的蒸汽合并后，送往回收工段回收甲醇和醋酸。

②低碱醇解法。

低碱醇解法中每摩尔聚醋酸乙烯链节仅加碱0.01～0.02 mol。醇解过程中，碱以甲醇溶液的形式加入。反应体系中水含量控制在0.3%以下，因此也将此法称为干法醇解。该方法的最大特点是副反应少。醇解残液的回收比较简单，但反应速度较慢，物料在醇解机中的停留时间较长。低碱醇解法的工艺与高碱醇解法相似。将预热40～45 ℃的聚醋酸乙烯甲醇溶液和氢氧化钠的甲醇溶液分别由泵送至混合机。混合后的物料被送至皮带醇解机的传送带上，于静置状态下，经过一定时间使醇解反应完成，随后块状聚乙烯醇从皮带机的尾部下落，经粉碎后投入洗涤釜用脱除醋酸钠的甲醇液洗涤，然后投入中间槽，再送入分离机进行固-液相连续分离。所得固体经干燥后即为所需聚乙烯醇，残液送去回收。

（2）聚乙烯醇纺丝原液的制备

目前大规模生产中都以水为溶剂配制聚乙烯醇聚乙烯醇纺丝原液，其工艺流程如下：聚乙烯醇→水洗→脱水→精聚乙烯醇→溶解→混合→过滤→脱泡→纺丝原液。

①水洗和脱水。

水洗的目的是降低聚乙烯醇物料中醋酸钠含量，使之不超过0.2%，否则将使纤维在热处理时发生碱性着色。通过水洗，还可以除去物料中一部分相对分子量过低的聚乙烯醇，改善相对分子量的多分散性。另外，水洗过程中，聚乙烯醇发生适度膨润，有利于溶解。

聚乙烯醇水洗后需经挤压脱水，以保证水洗后聚乙烯醇的醋酸钠含量和稳定的含水率。前者为了避免纤维热定型时的碱性着色，后者则为了避免溶解时的浓度控制发生困难。通常精聚乙烯醇的含水率控制在60%～65%，相应压榨率约为70%。当水洗后的聚乙烯醇的膨润度过大，或水洗温度过高时都将使水洗后聚乙烯醇的脱水过程发生困难。

②溶解。

水洗后的聚乙烯醇经中间储存和称量分配后被送入溶解机，用热水溶解。湿法纺丝用的聚乙烯醇水溶液浓度为14%～18%；干法纺丝用的原液浓度则为30%～40%。有时在聚乙烯醇溶解的同时还要添加适量的添加剂，以满足生产不同种类聚乙烯醇纤维的需要。

③混合、过滤和脱泡。

溶解后的聚乙烯醇纺丝原液还不能马上用于纺丝成型，必须在恒定温度（96～98 ℃）下进行混合、过滤和脱泡。混合一般在一个大容量的设备中进行；过滤多采用板框式压滤机；脱泡目前仍以静止式间歇脱泡为主，如采用高效连续脱泡，则必须在饱和蒸汽的保护下进行，以防表层液面蒸发过快而结皮。

（3）聚乙烯醇的纺丝

聚乙烯醇纤维既可采用湿法纺丝，也可采用干法纺丝。一般湿法纺丝用于生产短纤维，干法纺丝用于制造某些专用的长丝。

①湿法纺丝。

与其他湿法成型的化学纤维相似，聚乙烯醇纺丝原液被送至纺丝机，由供液管道分配给各纺丝位，经计量泵、烛形过滤器送至喷丝头，自喷丝孔挤出后成为纺丝细流，在凝固浴中凝固成为初生纤维，经进一步后处理而得成品纤维。

聚乙烯醇湿法纺丝用的凝固浴液有无机盐水溶液、氢氧化钠水溶液以及某些有机溶液等。无机盐在水中生成的离子对水分子有一定的水合能力。在聚乙烯醇以无机盐水溶液为凝固剂的湿法成型中，纺丝细流中的水分子被凝固浴中的无机盐离子所攫取，从而使之不断地脱除，细流固化成为初生纤维。无机盐水溶液的凝固能力主要取决于无机盐离解后所得离子的水合能力和凝固浴中无机盐的浓度。

以硫酸钠水溶液为凝固剂所得聚乙烯醇纤维的截面呈弯曲的扁平状。借助显微镜可以看到明显的皮芯差异，皮层致密，芯层则较为疏松，如图 3－8 所示。这是由于从喷丝孔吐出的聚乙烯醇原液细流进入硫酸钠凝固浴时，首先与浴液直接相接触的细流最外层迅速脱水凝固，形成一极薄的表皮层，继而随着细流中水分的不断透过表皮层向外扩散，凝固层逐渐增厚，形成所谓的皮层。在细流中水分不断向外扩散的同时，凝固浴中的硫酸钠也透过皮层进入细流内部，即发生双扩散现象。当原液细流中的硫酸钠含量达到使细流中剩余聚乙烯醇水溶液完全凝固所需的临界浓度时，这部分尚未凝固的原液会迅速全部固化，形成空隙较多、结构疏松的芯层。因为皮层的形成总是先于芯层，而皮层的存在限制了形成芯层时所产生的体积收缩，所以芯层固化时不可避免地要使截面发生变形，在不改变周长的情况下，使截面积缩小。

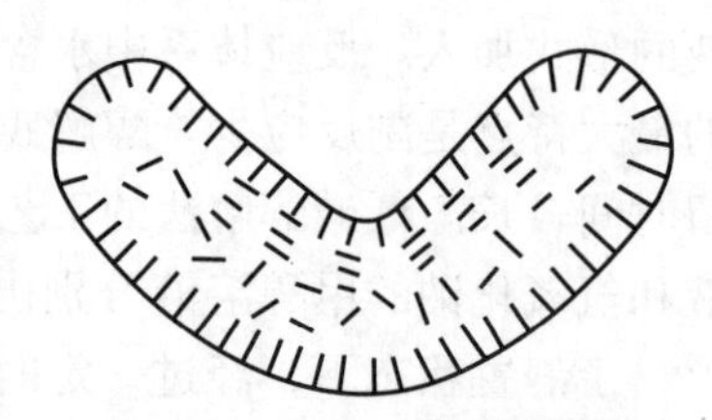

图 3－8　以硫酸钠为凝固浴所得聚乙烯醇纤维的截面

②干法纺丝。

聚乙烯醇干法纺丝主要用于生产长丝。其纤维具有线密度低、截面结构均匀、强度高、伸度低、模量高、染色性能好以及外观和手感近似蚕丝等特点。

聚乙烯醇干法纺丝中，原液浓度一般为 30%～40%。较高的原液浓度可使纺丝时所应挥发的水分量相对减少，以提高纺丝速度，由于原液浓度较高，原液制备以及纺前准备等比较复杂。同时由于水的蒸发潜热较大，纺丝时所需热量较其他干法纺丝的合成纤维多，纺丝速度也相应较低（一般只有数十米），喷丝头孔数较少，故生产能力较之湿法纺丝低得多。

为了增加溶剂的挥发性，借以提高纺丝速度，有人建议在水中添加适量甲醇、乙醇或丙酮等有机溶剂，借以提高水的相对挥发度，以提高纺丝速度。但随着添加量的增加，原液稳定性和可纺性变差。

3.6.2　聚乙烯醇纤维的性能

聚乙烯醇纤维外观形状接近棉，但强度和耐磨性都优于棉。在纺织原料中可用它代替棉花。它的吸湿性能好，居合成纤维之冠，在标准条件下，其公定回潮率为 5%，因此，穿着由聚乙烯醇纤维制作的服装透气、吸汗，不感到闷热。聚乙烯醇纤维的密度为 1.26～1.30 g/cm^3，比棉花及粘胶纤维要小，因此与棉花相同重量的维纶能织出更多的衣料。

（1）耐热水性能

聚乙烯醇纤维在加工和使用过程中的耐热水性能与缩醛度有关，缩醛度低的维纶，耐热水性很差，在热水中收缩大，并会溶解于热水。随着缩醛度的提高，耐热水性能明显提高。当缩醛度达到 30% 时，维纶的耐热水性明显提高。

（2）机械性能

聚乙烯醇纤维与其他化学纤维一样，其机械性能取决于聚乙烯醇的聚合度和纺丝加工的条件，可以在比较大的幅度内改变。聚乙烯醇纤维的强度、弹性和耐磨性比棉要高，但低于其他常见合成纤维（如涤纶、腈纶等）。在合成纤维中，聚乙烯醇纤维的弹性是最差的，故其织物易出现折皱。聚乙烯醇纤维强度一般为35.2～57.2 cN/tex，高强度短纤维可达59.8～74.8 cN/tex。断裂伸长率为12%～25%，干湿态强度比为72%～85%。

（3）化学性能

聚乙烯醇纤维的化学稳定性好、耐腐蚀和耐光性好、耐碱性能强，在一般有机酸、醇、酯及石油等溶剂中均不溶解。聚乙烯醇纤维不虫蛀，长期放在海水或土壤中均无影响。在长时间的日光暴晒下强度稍有降低。

聚乙烯醇纤维在靠近火焰时收缩软化，接触火焰燃烧，离开火焰后继续燃烧，有黑烟冒出。燃烧时有特殊的甜味，灰烬为硬而脆的黑褐色。

总之，聚乙烯醇纤维的特点是强度较高、吸湿性好（合成纤维中吸湿性最好）、耐腐蚀、耐日晒，外观和性能与棉花相似，短纤维主要和棉混纺，织物的坚牢度和耐磨性好，耐穿耐用。它的主要缺点是染色性差（染着量不高、色泽不鲜艳），这是因为纤维具有皮芯结构和经过缩醛化后部分羟基被封闭的缘故。此外聚乙烯醇纤维缩水率较大，一般经向缩水率为7%～8%，纬向缩水率为2%～3%，织物易变形，耐皱性较差，不耐脏，易起毛。

3.6.3 聚乙烯醇纤维的应用

聚乙烯醇纤维主要用于与棉混纺，织成各种棉纺织物。另外，也可与其他纤维混纺或纯纺，织造各类机织或针织物。聚乙烯醇长丝的性能和外观与天然蚕丝非常相似，可以织造绸缎衣料。但是，因其弹性差，不易染色，故不能做高级衣料。随着聚乙烯醇纤维生产技术的发展，它在工业、农业、渔业、运输和医用等方面的应用不断增多，其主要用途如下。

（1）纤维增强材料

聚乙烯醇纤维具有强度高、抗冲击性好、成型加工中分散性好等特点，可以作为塑料及水泥、陶瓷等的增强材料。高强度聚乙烯醇纤维在建材中的应用已日益广泛，已被用于建筑物中混凝土的加强，如水泥板、下水道、正面观台的地面、停车场等；也可作为水泥和玻璃纤维的理想替代物、室内装潢的纤维的补张等中。特别是作为致癌物质——石棉的代用品，制成的石棉板受到建筑业的极大重视。

（2）渔网

利用聚乙烯醇纤维断裂强度、耐冲击强度和耐海水腐蚀等都比较好的长处，用其制造各种类型的渔网、渔具、渔线。

（3）绳缆

聚乙烯醇纤维绳缆质轻、耐磨、不易扭结，具有良好的抗冲击强度、耐气候性并耐海水腐蚀，在水产车辆、船舶运输等方面有较多应用。

（4）帆布

聚乙烯醇纤维帆布强度好、质轻、耐摩擦和耐气候性好，它在运输、仓储、船舶、建筑、农林等方面有较多应用。

另外，聚乙烯醇纤维还可制作包装材料、非织造布滤材、土工布等。

3.7 聚乳酸纤维

聚乳酸纤维（Polylactic Acid Fiber）简称PLA纤维，是一种新型的生态环保型纤维，它是以玉米、小麦、甜菜等含淀粉的农产品为原料，先将其发酵制得乳酸，然后经缩合、聚合反应制成聚乳酸，再利用耦合剂制成具有良好机械性的较高分子量聚乳酸，最后经过化学改性，提升强度和保水性并将其纤维化。产物经抽丝而成，有长丝、短丝、复合丝、单丝。聚乳酸纤维是一种原料可种植、易种植，其废弃物在自然界中可自然降解的合成纤维。它在土壤或海水中经微生物作用可分解为二氧化碳和水，燃烧时，不会散发毒气，不会造成污染，因此是一种可持续发展的生态纤维。聚乳酸纤维织物面料手感、悬垂性好，抗紫外线，具有较低的可燃性和优良的加工性能，适用于各种时装、休闲装、体育用品和卫生用品等，具有广阔的应用前景。

最早对聚乳酸的报道是20世纪30年代著名的化学家Carothers，而后1944年在Hovey、Hodgins及Begji研究的基础上，Filachiene对聚乳酸的聚合方法做了系统的研究。1954年，世界著名的美国DuPont公司采用新的聚合方法制备出了高分子量的聚乳酸。1962年美国的Cyanamid公司制成了可吸收的聚乳酸缝合线。20世纪70年代，聚乳酸对人体的安全性得到了确认，被美国食品及药物管理局批准作为医用材料。1997年，美国嘉吉（Cargill）和陶氏化学（Dow Chemical）公司合资组建了CDP公司，联合开发了聚乳酸纤维，首先建设了生产能力很大的试验工厂，完善了工业化生产工艺，并以玉米为原料建成年产能力6 000 t的试验厂，2001年再建成14万t年生产能力的PLA聚合物工厂，进一步完善现代化生产高分子聚乳酸的生产工艺，开创了聚乳酸的工业化发展阶段。

1989年，日本钟纺公司与岛津制作所合作开发玉米聚乳酸纤维，于1994年研制出商品名为Lactron的纤维。在此基础上又在1998年开发出聚乳酸纤维系列服饰，并在长野冬季奥运会上进行展示。2000年1月，钟纺与CDP合作共同生产聚乳酸纤维树脂。此外，日本的尤尼吉卡和仓敷公司也相继使用CDP公司的PLA聚合物纺制长丝、短纤或用纺粘法生产出了非织造布。在2002年4月瑞士日内瓦举办的非织造布贸易展览会上，日本大阪的纤维生产商Kanebo-Gohsen有限公司对PLA纤维做了有关的报告。

3.7.1 聚乳酸纤维的结构

聚乳酸纤维的化学结构并不复杂，但由于乳酸分子中存在手性碳原子，有d-型（右旋光）和l-型（左旋光）之分，使丙交酯、聚乳酸的种类因立体结构不同而有多种，如聚右旋乳酸（PDLA）、聚左旋乳酸（PLLA）和聚外消旋乳酸（PDLLA）。然而，因为市售的乳酸主要为l-乳酸（左旋乳酸）和dl-乳酸（外消旋乳酸），故通常大量被合成的聚乳酸为PLLA和PDLLA。由于PDLLA为无定形非晶态，而PLLA可以结晶，因此人们对聚乳酸纤维结构的研究主要集中于PLLA。PLLA的链构象、晶胞结构如图3-9所示。以电子显微镜、X射线衍射、原子力显微镜为手段，对稀溶液培养的PLLA晶体的晶胞结构参数进行测定，证明为正交体系，晶胞参数$a=1.078$ nm，$b=0.604$ nm，$c=2.87$ nm。

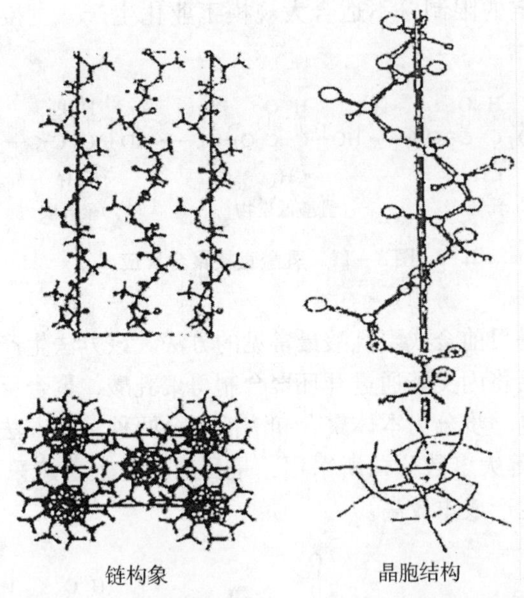

图3-9　聚左旋乳酸纤维（PLLA）的链构象和晶胞结构

聚乳酸纤维横截面和纵截面的形态如图3-10所示，其横截面为近似圆形，表面存在斑点，纵向存在无规律的斑点及不连续的条纹，这些无规律的斑点及不连续条纹形成的原因主要是聚乳酸纤维存在着大量的非结晶部分，在水、细菌、氧气的存在下，可以进行较快的分解而形成。

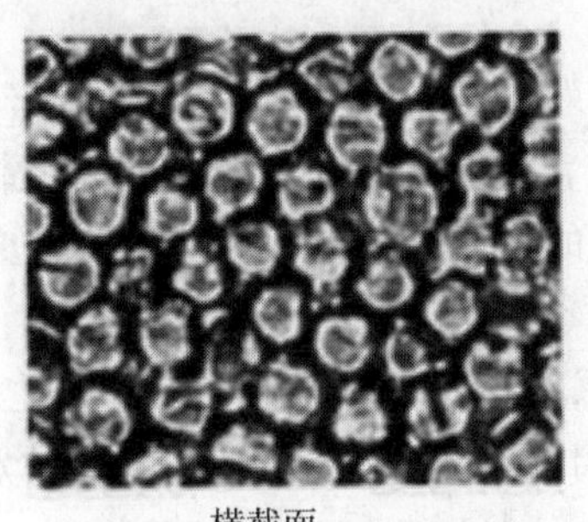

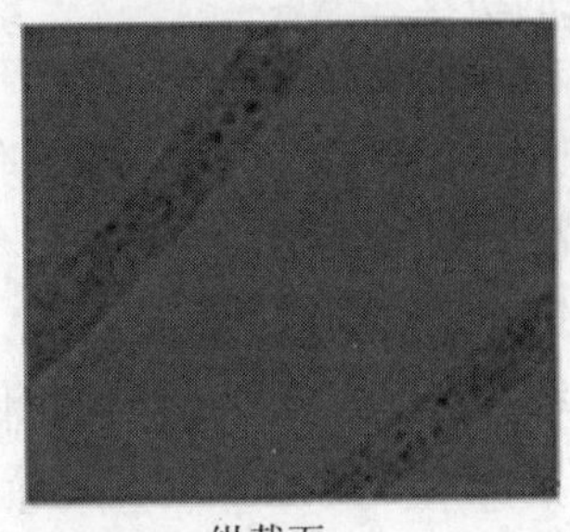

图3-10　聚乳酸纤维横截面和纵截面的形态

3.7.2　聚乳酸纤维生产

（1）聚乳酸树脂的制备

乳酸的聚合是聚乳酸生产的一项核心技术。近年来国内外对乳酸的聚合工艺做了大量研究，目前聚乳酸的制造方法有两种：一种是直接聚合法，另一种是丙交酯开环聚合法。

①直接聚合法。

乳酸→预聚体→聚乳酸，即在高真空和高温条件下用溶剂去除凝结水，将精制的乳酸直接聚合（缩合）成聚乳酸树脂，可以生产较低分子量的聚合体。此方法工艺流程短，成本低，对环境污染小，但制得的聚乳酸平均分子量较小，且分子量分布较宽，强度低，加工性能不满足成纤聚合物的需要，而且聚合反应在高于180 ℃的条件下进行，得到的聚合物极易氧化着色，应用受到一定的限制，不适合大规模工业化生产。直接聚合反应式如图 3 - 11 所示。

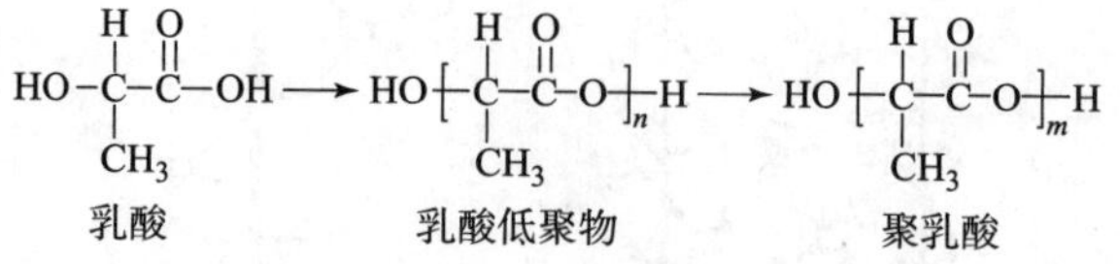

$$HO-CH(CH_3)-C(=O)-OH \longrightarrow HO\!\left[CH(CH_3)-C(=O)-O\right]_n\!H \longrightarrow HO\!\left[CH(CH_3)-C(=O)-O\right]_m\!H$$

乳酸　　乳酸低聚物　　聚乳酸

图 3 - 11　乳酸直接聚合反应

②丙交酯开环聚合法。

丙交酯开环聚合法是目前合成聚乳酸最常见的方法。该方法生产工序为：首先将乳酸脱水环化制成丙交酯，然后将丙交酯通过开环聚合制得聚乳酸，聚合反应如图 3 - 12 所示。丙交酯开环聚合方法还可进一步分为本体聚合和溶液聚合两种。此方法制得的分子量可高达二十几万，被 DuPont 公司等大多数公司所采用，是目前工业上普遍采用的方法。但是生产工艺流程长，工艺复杂，生产成本较高。

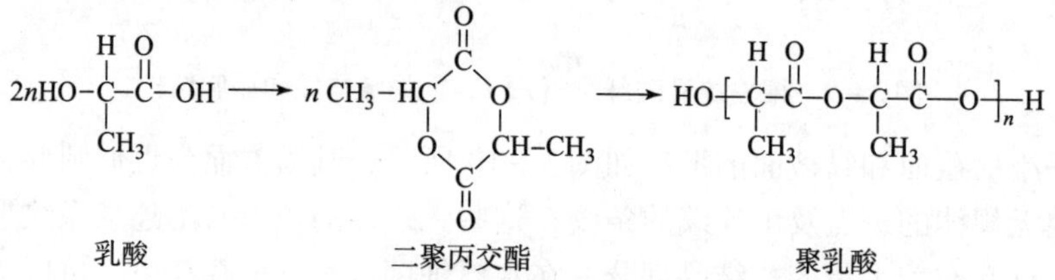

$$2n\,HO-CH(CH_3)-C(=O)-OH \longrightarrow n\,(\text{二聚丙交酯}) \longrightarrow HO\!\left[CH(CH_3)-C(=O)-O-CH(CH_3)-C(=O)-O\right]_n\!H$$

乳酸　　二聚丙交酯　　聚乳酸

图 3 - 12　丙交酯开环聚合制得聚乳酸的反应

（2）聚乳酸的纺丝

聚乳酸是一种热塑性树脂，纺丝加工性能良好。聚乳酸及其共聚物的纺丝可采用溶液纺丝和熔融纺丝工艺，主要采用干纺 - 热拉伸工艺，而干纺纤维的机械性能要优于熔纺纤维。研究表明，聚乳酸的分子量及其分布、纺丝溶液的组成及浓度、拉伸温度、聚乳酸的结晶度和纤维直径，都影响最终纤维的性能。

聚乳酸溶液纺丝主要采用干法 - 热拉伸工艺，纺丝原液的制备一般采用二氯甲烷、三氯甲烷、甲苯做溶剂。1982 年，Pennings 等率先用溶液纺丝法制备出黏均相对分子量为$3\times10^{5}\sim5\times10^{5}$ 的聚乳酸。工艺流程为：聚乳酸酯→纺丝液→过滤→计量→喷丝板出丝→溶剂蒸发→纤维成型→卷绕→拉伸→纤维成品。由于溶液纺丝法的工艺较为复杂，使用溶剂有毒，溶剂回收困难，纺丝环境恶劣，产品成本高，从而限制了其应用，故不适合工业化生产。

聚乳酸的熔融纺丝与现有涤纶生产的各种纺丝工艺相近，如高速纺丝一步法、纺丝 - 拉伸两步法均适用，但聚乳酸的熔纺成型比涤纶难控制，原因是聚乳酸熔体的黏度高以及对温度的敏感性，对相同分子量的聚乳酸熔体，其黏度要远高于涤纶熔体的黏度，为达到纺丝成型时较好的流动性，聚乳酸必须具有较高的纺丝温度，但聚乳酸在高温下尤其是经受较长时间的高温容易分解，造成纺丝型的温度范围较窄，因此，聚乳酸熔纺工艺的良好控制非常关键。聚乳酸熔融纺丝工艺流程为：聚乳酸酯→真空干燥→熔融挤压→过滤→计量→喷丝板出丝→冷却成型→POY 卷绕→热盘拉伸→上油→成品丝。该方法污染小、成本低、便于自动化生产。目前，熔融纺丝法生产工艺和设备正在不断地改进和完善，采用熔融纺丝法目前已成为最主要的加工方法。研究发现拉伸卷绕速度越高，初生纤维的结晶度、强度就越大，熔融温度不能太高，一般在200 ℃左右，最高纺速可达9 000 m/min，可制得各种形态的纤维，如单丝、复丝、长丝（扁平的、变形的）和短纤维等。

3.7.3 聚乳酸纤维的性能

（1）物理、力学性能

通常聚左旋乳酸（PLLA）具有一定的结晶度，力学强度较高，降解周期较长，具有成纤性。而聚外消旋乳酸（PDLLA）不具有成纤性，不能单独纺丝，但可以作为改性剂与PLLA共混后再纺丝。PLLA纤维的力学强度高，是因为在成型过程中大分子链发生了强烈取向。聚乳酸纤维不仅有高结晶性和高取向性，还与聚酯、聚苯乙烯树脂具有同样的透明性。由于结构决定性能，聚乳酸纤维具有高耐热性和高强度，因此它和通常的聚酯纤维一样，可制成长丝、单丝、非织造布，以及编织物、缆绳等。聚乳酸纤维与聚酯纤维、锦纶的物理性能比较见表3-3。

表3-3 聚乳酸纤维与聚酯纤维、锦纶的物理、力学性能比较

项目	聚乳酸纤维	聚酯纤维	锦纶
密度/（$g\cdot cm^{-3}$）	1.27	1.38	1.14
标准回潮率/%	0.5	0.4	4.5
玻璃化温度/℃	57	70	40
熔点/℃	175	260	215
燃烧值/（cal①·g^{-1}）	4 500	5 500	7 500
断裂强度/（$cN\cdot dtex^{-1}$）	3.0~4.5	4.0~4.9	4.0~5.3
断裂伸长率/%	30~50	25~30	25~40
初始模量/（$kg\cdot mm^{-2}$）	32~48	40~90	25~40
杨氏模量/Pa	400~600	1 100~1 300	300
耐酸碱性	耐酸不耐碱	耐酸不耐碱	耐碱不耐酸
染色种类	分散染料	分散染料	酸性染料
染色温度/℃	100	130	100

由表3-3可知，聚乳酸纤维的密度介于聚酯和锦纶之间，比棉、丝、毛等密度小，说明聚乳酸纤维具有较好的蓬松性，制成的服装比较轻盈；聚乳酸纤维的强度较高，达到3.0~4.5 cN/dtex；聚乳酸纤维的断裂伸长率在30%~50%，远高于聚酯和锦纶，会给后道织造工序带来相当的难度；纤维模量小（与锦纶相近），属于高强、中伸、低模型纤维。聚乳酸纤维制成的织物手感柔软、悬垂性很好；聚乳酸纤维与聚酯纤维具有相似的耐酸碱性能，这是由其大分子结构决定的。由于聚乳酸纤维是一种高结晶性、高取向性和高强度的纤维，它的机械性能介于聚酯纤维和锦纶之间。在服用性能方面，聚乳酸纤维具有更好的手感和悬垂性，密度较小，有较好的卷曲性和保型性。

---

① 1 cal=4.186 J。

聚乳酸纤维在小变形时弹性回复率比锦纶还要好，即使变形在10%以上，纤维的弹性回复率也比锦纶以外的其他纤维高很多。聚乳酸纤维熔点较低，模量较低，具有很好的手感。聚乳酸纤维的弹性回复率高，玻璃化温度适宜，说明其定型和保型性能好。聚乳酸纤维制成的服装吸湿性优于涤纶，悬垂性和抗皱性好，比涤纶服装更华丽美观，是制造内衣、外装、制服、时装的理想材料。

（2）生物降解性能

聚乳酸纤维具有可降解性，其根本原因是聚合物链上酯键的水解，并且一般认为聚乳酸末端羧基对其水解起自催化作用，降解过程从无定形区开始。对聚乳酸进行共聚可加速或减缓降解速率。水解速率不仅与聚合物的化学结构、分子量及分子量分布、形态结构和样品尺寸有关，而且依赖于外部水解环境，如微生物的种类及其生长条件环境温度、湿度、pH值等。例如，无定型的PDLLA比结晶性的PLLA易降解；分子量越小，越易降解；在不同pH情况下，碱性水解最快，酸性次之，中性最慢，在存在生物酶作用的活性淤泥中比一般土壤中更易降解；在同等条件下，薄膜的水解比纤维快。

（3）无毒性和生物相容性

聚乳酸纤维无毒性。聚乳酸类材料使用后，可以进行自然降解、堆肥和燃烧处理。聚乳酸的自然降解不会给环境带来污染，甚至PLLA降解过程的中间产物能促进植物生长，这对于聚乳酸类材料作为农膜等的农用品应用具有深远的双重意义。聚乳酸树脂燃烧时，不会产生有毒气体。

聚乳酸纤维具有良好的生物相容性，不刺激皮肤。纯净的聚乳酸几乎没有毒性，它在人体内慢慢分解成乳酸。乳酸可被人体分解吸收，作为碳素源被充分利用。聚乳酸纤维植入体内后无毒副作用，而且有一定的耐菌性和耐紫外性能，因此安全性好，不但可用作可吸收的手术缝合线和组织工程材料，而且很适合用于室外应用领域和室内装饰织物。其制品在生物医用及日常农用领域有着广泛的应用前景，对它的研究极具医学和环境意义。

（4）吸湿快干和保暖性能

聚乳酸纤维的回潮率在0.4%～0.6%，比大多天然和合成纤维都低，吸湿性低，疏水性能较好。但纤维具有独特的芯吸作用，织物具有良好的导吸快干功能。据模拟人体干燥和出汗皮肤状态下的对比测试表明，聚乳酸/棉混纺织物与同规格的涤纶/棉混纺织物对比有更好的舒适感。

（5）阻燃性

聚乳酸纤维燃烧不释放有害气体，燃烧热小；聚乳酸纤维的极限氧指数（24～29）是常用纤维中最高的，接近于国家标准对阻燃纤维限氧指数的要求（28～30）；燃烧时发热量低，只有轻微的烟雾释出，易自熄，火灾危险性小。

（6）染色性

聚乳酸纤维易染色，用它可制得流行的、高性能的生物降解纤维制品。聚乳酸纤维属一脂肪族的聚酯，具有较好的化学惰性，对许多溶剂包括干洗剂稳定，耐碱性差。所以它和聚酯一样，经碱处理后有较好的手感，而且处理时用碱量也减少，但聚乳酸纤维的形态和超分子结构与涤纶有所不同，故染色性能和染色工艺与涤纶有一定的差异。聚乳酸纤维的染色以分散染料为好，能染浅、中或深的色泽，其折射率低，能染成深色。其染品的耐洗牢度和染料移染速率良好，色牢度高于3级；耐紫外线，在氙弧光下不褪色，洗涤后基本不变色。

（7）耐候性

聚乳酸纤维是脂肪族聚酯，对抗紫外线和高能量放射线不是很强。但是，与聚酯同类的PET纤维相比，不仅耐光性较好，而且在伴随降雨促进的耐候试验中也发现具有较好的耐候性。聚乳酸纤维在室外暴露5 300 h后，抗张强度可保留95%（涤纶60%），优于涤纶，因此可用于农业、园艺、土木建筑等领域。

（8）加工性能

聚乳酸纤维的加工适应性很好，可以适应机织、针织、簇绒和非织造等现有绝大多数加工设备。在双组分复合纤维制造中，PLA可以通过改性而调节和控制熔点、热黏合性以及热收缩性，通过控制双组分纤维的皮层熔点和结晶温度来生产海岛型复合纤维、高蓬松性或低蓬松性非织造布。此外，聚乳酸纤维的化学惰性较好，对许多溶剂包括干洗剂表现稳定，由此可以采用溶剂或非溶剂加工工艺。

3.7.4 聚乳酸纤维的应用

目前，聚乳酸纤维已制成复丝、单丝、短纤维、假捻变形丝、针织物和非织造布等，主要用于服装和产业领域。用聚乳酸纤维制得的布料具有真丝的光泽，优良的手感、亮度、吸水性、形状保持性及抗皱性，是较理想的面料，适合做服装尤其是女性服装。1998年，钟纺公司推出了聚乳酸纤维Lactron与棉、羊毛或其他天然纤维混纺制成的新型纺织品“Kanebo Corn Fiber”，1999年又正式展出由Lactron纤维制成的纺织品。2000年，尤尼契卡在亚洲产业用纺织品展览会上展出的产品有聚乳酸纤维与Lyocell纤维交织的毛巾、袜、裤子、T恤衫、衬衣、裙子等。钟纺、尤尼契卡等还已将聚乳酸纤维的用途扩大到产业领域，主要是在土木工程中做网、垫子、沙袋和制土壤流失材料等；在农业、林业中做播种织物、薄膜、防虫防兽害盖布、防草袋和养护薄膜等，在渔业中做渔网、鱼线等；在家用器具中做垃圾网、手巾、滤器、擦布等，在户外器具中做篷布、覆盖布和帐篷等。利用聚乳酸纤维在人体内可降解的特性，它在卫生医疗领域早已得到应用，主要做吸收缝合线、医用绷带、一次性手术衣、尿布等。

美国的CDP公司已将聚乳酸制成纤维用于农用药膜等许多领域，还以聚乳酸为原料制备包装材料。德国在1998年用它生产出来的乳酸盒子已实现商品化。这种物质有促进植物生长的作用，有望用它制作植物移植或植物栽培用容器等。日本岛津公司在1994年建成了生产聚乳酸的装置，并且在各个领域开辟用途。通过压轧，它可以被制成透明的、机械性能良好的纤维、薄膜、容器、镜片等。

随着聚乳酸应用领域的不断扩展，单纯的均聚物已不能满足人们的需要，特别是在高分子药物控制释放体系中，要求对于不同药物有不同的降解速度，同时对于冲击速度、亲水性有更高的要求，这使得人们开始将乳酸与其他单体共聚改性，以调节共聚物的分子量、共聚单体数目和种类来控制降解速度并改善结晶度、亲水性等。长期以来，聚乳酸及其衍生物大都通过丙交酯开环聚合合成，此法易于获得高相对分子量聚乳酸及其衍生物，但路线冗长、成本高，影响了聚乳酸及其衍生物产品的推广应用。近年来，由乳酸单体直接缩合合成聚乳酸及其衍生物的合成路线，已日趋引人注目。聚乳酸纤维作为新型聚酯纤维、生物基化学纤维的优势品种，符合时代节能减排、绿色环保的大潮流，有着广阔的市场前景和发展空间。

3.8 聚氨酯纤维

聚氨酯纤维（Polyurethane Fiber）简称 PU 纤维，是指以聚氨基甲酸酯为主要成分的一种嵌段共聚物制成的纤维，我国简称氨纶。商品名称有莱卡（Lycra）、尼奥纶（Neolon）、多拉斯坦（Dorlastan）等。聚氨酯纤维是由至少 85%（重量）聚氨酯链段组成的线型大分子，拉长至 3 倍后能快速回复到原来长度的纤维，故又称为聚氨酯弹性纤维。

美国杜邦公司于 20 世纪 50 年代后期最先采用干法纺丝路线进行了氨纶的产业化生产，最初称为“T-80”，1962 年以商标“LYCRA”进行全设计规模的聚氨基甲酸酯黏结丝、复丝的生产。与此同时，美国橡胶有限公司推出由聚酯-聚氨基甲酸酯制成的粗支圆形单丝，商品名为“Vyrene”。1963 年日本东洋纺公司开始了商品名为“Espa”的氨纶生产。1964 年，Bayer 公司和日本富士纺公司分别开始了“Dorlastan”和“Fujibo Spandex”品牌氨纶的出产，DuPont 公司与日本东丽公司合资的“Toray-DuPont”公司也于 1966 年开始“LYCRA”的生产。到 1967 年，世界氨纶的年产量已达 6 800 t，生产工厂发展至 28 家。但氨纶制造技术上的障碍和后道加工技术的不成熟，加上当时猜测需求过大，使得氨纶产品滞销积存，欧美很多厂家纷纷停、减产。在 70 年代除了 DuPont 公司之外，其他氨纶生产厂几乎没有新增设备，氨纶业发展缓慢。进入 80 年代后，氨纶生产开始复苏，扩建和新建企业活跃起来，世界氨纶产量由 1980 年的 2 万 t/年缓增到 1985 年的 2.5 万 t/年。进入 90 年代，美国、德国、日本等国家纷纷扩大氨纶生产能力，加速氨纶弹力织物的开发，氨纶产量由 1990 年的 4 万 t/年迅速增加到 1994 年的 9.2 万 t/年。

3.8.1 聚氨酯纤维的结构及弹性

一般的聚氨基甲酸酯均聚物并不具有弹性。聚氨酯纤维实际上是一种以聚氨基甲酸酯为主要成分的嵌段共聚物纤维。其结构式如下：

$$\sim\sim R_e-O-\underset{\underset{O}{\|}}{C}-\underset{\underset{H}{|}}{N}-R_1-\underset{\underset{H}{|}}{N}-\underset{\underset{O}{\|}}{C}-\underset{\underset{H}{|}}{N}-R_2-\underset{\underset{H}{|}}{N}-\underset{\underset{O}{\|}}{C}-\underset{\underset{H}{|}}{N}-R_1-\underset{\underset{H}{|}}{N}-\underset{\underset{O}{\|}}{C}-O-R_e\sim\sim$$

式中：R_e＝ 脂肪族聚醚二醇或聚酯二醇基；

R_1＝ 次脂肪族基，如—CH_2—CH_2—；

R_2＝ 次芳香族基。

在聚氨酯嵌段共聚物中有两种链段，即软链段和硬链段。软链段由非结晶性的聚酯或聚醚组成，玻璃化温度很低（-50 ~ -70 ℃），常温下处于高弹态，它的相对分子量为 1 500 ~ 3 500，链段长度 15 ~ 30 nm。硬链段多采用具有结晶性且能发生横向交联的二异氰酸酯，它的分子量较小（M=500 ~ 700），链段短。软链段长度为硬链段的 10 倍左右。软链段赋予纤维高弹性。硬链段含有多种极性基团（如脲基、氨基甲酸酯基等），分子间的氢键和结晶性起着大分子链间的交联作用，一方面可为软链段的大幅度伸长和回弹提供必要的结点条件（阻止分子间的相对滑移），另一方面可赋予纤维一定的强度。正是这种软硬链段镶嵌共存的结构才赋予聚氨酯纤维的高弹性和强度的统一，所以聚氨酯纤维是一种性能优良的弹性纤维。

软链段可为聚醚或聚酯，又有聚醚型聚氨酯弹性纤维和聚酯型聚氨酯弹性纤维之分。如DuPont公司的Lycra、我国烟台和连云港氨纶厂的产品均属聚醚型，而德国的Dorlastan和美国橡胶公司的Vyrene则属聚酯型。

3.8.2 聚氨酯纤维的性能

由于聚氨酯纤维具有特殊的软硬镶嵌的链段结构，其纤维特点如下：

线密度低：聚氨酯纤维的线密度范围为22~4 778 dtex，最细的可达11 dtex；而最细的橡胶丝约180号（约合156 dtex）。

强度高：聚氨酯纤维的断裂强度，湿态为0.35~0.88 dN/tex，干态为0.5~0.9 dN/tex，是橡胶丝的2~4倍。

弹性好：聚氨酯纤维的伸长率达500%~800%，瞬时弹性回复率为90%以上，与橡胶丝相差无几。

耐热性较好：聚氨酯纤维的软化温度约200 ℃，熔点或分解温度约270 ℃，优于橡胶丝，在化学纤维中属耐热性较好的品种。由于氨纶多以包芯纱或包覆纱的状态存在于织物中，因此在热定型过程中可采用较高温度（180~190 ℃），但处理时间不得超过40 s。

吸湿性较强：橡胶丝几乎不吸湿，而在20 ℃、65%的相对湿度下，聚氨酯纤维的回潮率为1.1%，虽较棉、羊毛及锦纶等小，但优于涤纶和丙纶。

密度较低：聚氨酯纤维的密度为1.1~1.2 g/cm^3，虽略高于橡胶丝，但在合成纤维中仍属较轻的纤维。

染色性优良：由于聚氨酯纤维具有类似海绵的性质，因此可以使用所有类型的染料染色。在使用裸丝的场合，其优越性更加明显。

聚氨酯纤维还具有良好的耐气候性、耐挠曲、耐磨、耐一般化学药品性等。对次氯酸钠型漂白剂的稳定性较差，含氯漂白剂能使纤维泛黄、强度下降，推荐使用过硼酸钠、过硫酸钠等含氧型漂白剂。聚醚型的聚氨酯纤维耐水解性好，而聚酯型的聚氨酯纤维的耐碱、耐水解性稍差。

3.8.3 聚氨酯纤维的纺丝

用于纺丝的聚氨酯嵌段共聚物都为线型结构，其合成过程一般分两步完成：第一步为预聚合，即用1 mol的聚醚或聚酯与2 mol的芳香二异氰酸酯反应，生成分子两端含有异氰酸酪基（—NCO）的预聚物；第二步是用低分子量的含有活泼氢原子的双官能团化合物做链增长剂，如二胺、肼或二醇等，与预聚物继续反应，生成相对分子量为20 000~50 000的线型聚氨酯嵌段共聚物。聚氨酯纤维的工业化纺丝方法有干法纺丝、湿法纺丝、熔融纺丝、反应纺丝四种。

（1）干法纺丝

相对分子量为1 000~3 000且含二个羟基的脂肪族聚醚与二异氰酸酯按1∶2的物质的量比进行反应生成预聚物。通常，聚酯二醇不能用于干法纺丝，因为纺丝时脱溶剂困难。硬链段多采用二苯基甲烷-4,4′-二异氰酸酯（MDI）；软链段选用聚四亚甲基醚二醇（PTMG）

（也称聚四氢呋喃 PTHF）。溶剂采用二甲基甲酰胺（DMF）、二甲基乙酰胺（DMAC）。

聚氨酯纺丝原液由纺丝泵在恒温下定量将纺丝原液压入喷丝头，从喷丝孔挤出的原液细流进入直径 30～50 cm、长 3～6 m 的纺丝甬道，溶剂蒸气和惰性气体 N_2 组成的热气体，由甬道的顶部引入并通过位于喷丝板上方的气体分布板向下流动。甬道上部温度 280～320 ℃，下部温度 200～240 ℃，由于甬道和甬道中的气体高温，丝条细流内的溶剂迅速挥发，并移向甬道底部，丝条中聚氨酯浓度提高直至凝固。与此同时，丝条被拉伸变细，单丝线密度为6～17 dtex，纤维在离开甬道时被加捻，捻度向纺程上方传递，在甬道上方纤维被集束合股，在集束加捻装置内丝束被压缩空气的涡旋加捻，丝条被捻成圆形截面。由于丝条尚未完全固化，单丝之间相互形成化学键合点。从纺丝甬道下部抽出的热气体，进入溶剂回收系统中回收以备重新使用。在甬道上设有氮气进口，可以不断地向体系内补充氮气。集束后的丝束经第一导丝辊后经上油装置上油，再经第二导丝辊调整张力后卷绕成卷装。可纺氨纶丝的纤度范围为 1. 1～246. 4 tex，纺丝速度为 200～600 m/min，有的可高达 1 000 m/min。

（2）湿法纺丝

湿法纺丝采用 DMF 为溶剂，预聚体的制备和纺丝原液的准备与干法纺丝类似。纺丝原液（浓度 5%～35%）经混合、过滤、脱泡后送至纺丝机，再经过滤、分配、稳压后，通过计量泵打入喷丝头，从喷丝孔挤出的原液细流进入由水和 15%～30% 溶剂组成的凝固浴中。当纺丝聚合物从喷丝孔挤出时，由于纺丝聚合物中的溶剂浓度大于凝固浴中的浓度，纺丝聚合物溶液中的溶剂便向凝固浴中扩散，细流中聚氨酯浓度不断提高，纺丝聚合物溶液细流的表面开始凝固，逐步从凝固浴中析出形成初生纤维，但是初生态纤维的抗拉强度很低，不能承受过大倍数的喷丝板拉伸，故采用负拉伸、零拉伸和拉伸倍数不大的正拉伸。纤维在凝固浴出口按所需线密度集束，并假捻成圆形截面的多股丝，合股后的丝条经与丝条逆向的多级萃取液洗涤，洗去纤维中残存的溶剂，并在加热辊上进行干燥、控制收缩热定型、上油等工序，最后卷绕在单独的筒管上。一条湿法纺丝生产线往往可以同时生产 100～300 根多股丝。湿法纺丝速度一般为 5～50 m/min，加工纤度为 0. 55～44 tex。

（3）熔融纺丝

熔纺氨纶丝质柔软；耐气候佳、保存时间长；单根纤维均一性良好；热定型性良好；产品品种变换快；熔融纺丝工艺流程简单，设备投资低，生产效率高，不使用溶剂、凝固剂，无废水废液处理问题，生产成本低。熔纺氨纶的生产方法大致分为三种：一步法、二步法与封端法。

①一步法。

将聚氨基甲酸酯原材料聚酯或聚醚二醇与二异氰酸酯和短链脂肪族二醇扩链剂按一定配比（二异氰酸酯需过量）在螺杆挤出机熔融聚合、造粒，经干燥、熔融、计量、纺丝、卷绕、上油、平衡等工序，即得到熔融纺丝氨纶产品。

②二步法。

二步法又称为预聚体法，是将聚氨酯切片熔融后，加入二异氰酸酯基过量的预聚体，和羟基过量的聚氨酯发生交联反应，修补断裂的软段，改善纤维的热性能和弹性回复率。该生产方法大都是首先合成弹性体，弹性体经过螺杆挤压机熔融、挤出，在螺杆的出口处与预聚体在静态混合器充分混合后，通过计量泵、分配板到达喷丝板纺丝。

③封端法。

以封端剂（如酚、胺等）将二异氰酸酯分子上的异氰酸基先行封闭，合成一种稳定衍生物，然后与聚氨酯弹性体混合进行纺丝。在挤出时此衍生物是稳定的，在纺丝时解封闭，使—NCO 基团再活化，解封闭后的自由—NCO 基团在纤维固化成型过程中与聚氨基甲酸酯大分子发生交联，使纺丝过程中弹性体耐热性能提高，有利于熔纺，同时提高纤维的物理机械性能，这种衍生物称为潜在交联剂。

熔融纺丝只适用于热稳定性良好的聚氨酯嵌段共聚物。熔纺氨纶技术还不够成熟，生产成本、产品品质受原料影响较大。此外，熔纺氨纶在生产过程中由于预聚体在加工温度下不稳定，在高温的停留时间稍长时，会发生过量交联，生成凝胶，导致成品物理机械能也比干纺差，产品档次低，应用范围小。目前我国熔纺氨纶装置规模都偏小，产能也低。

（4）反应纺丝

反应纺丝法亦称化学纺丝法或化学反应法溶液纺丝，是高聚物制成的溶液经扩链剂使其发生化学反应而固化成丝的方法。它是将两端含有二异氰酸酯的聚酯或聚醚预聚体经计量泵喷丝头压出而进入纺丝浴，与纺丝浴中的链扩展剂（如乙二胺）组分产生化学反应，预聚物链增长的同时生成不溶于二甲基甲酰胺的共价交链结构初生纤维。从反应浴中析出的丝条经喷淋水管洗去夹带的乙二胺后送入干燥定型机进行干燥定型。初生纤维经卷绕后，在加压的水中进行硬化以使其内部尚未反应的部分交联，从而转变成三维结构的聚氨酯嵌段共聚物。反应纺丝法的纺丝速度一般为 50～150 m/min，加工纤度为 0.56～38 tex，以生产粗旦丝为主，一般为 44～6 000 dtex。由纺丝液转化成固态纤维时，必须经过化学反应或用化学反应控制成纤速度，反应纺丝法由单体或预聚体形成高聚物的过程与成纤过程同时进行。反应纺丝法工艺过程可分为预聚体的制备、预聚体溶液的配制、扩链固化反应、后处理。这种纺丝方法因工艺复杂、纺丝速度慢、生产成本高、设备投资大，且存在二胺环境污染等问题，逐渐被淘汰。

3.8.4　聚氨酯弹性纤维的应用

聚氨酯纤维具有优异弹性和弹性回复力，在针织或机织的弹力织物中得到广泛应用。通常其使用形式主要有以下四种：裸丝、包芯纱、包覆纱、合捻纱。

（1）裸丝

裸丝是最早开发的聚氨酯弹性纤维品种。它分为低特的长丝单纤纱和高特的复合丝。这种丝拉伸与回复性能好，不用纺纱后加工便能使用，具有成本低的优点。因此，目前仍使用在一些弹力织物上。裸丝氨纶长丝滑动性能差，当时织造要求很高的技术，直接用来做织品的情况不多，一般适用于在针织机上与其他长丝交织。主要纺织产品有紧身衣、运动衣、护腿袜、外科用绷带和袜口、袖口等。

（2）包芯纱

氨纶包芯混纺纱是以聚氨酯长丝为芯丝，外面包一种或几种非弹性的短纤维（棉、毛、涤/棉、腈纶、涤纶等）纺成的纱线。芯层提供优良的弹性，外围纤维提供所需要的表面特征。例如棉包芯纱，除了弹性好以外，还保持了一般棉纱的手感和外观，其织物具有棉布的风格手感和性能，可以制出多种棉型织物；毛包芯纱的服装面料不仅要有一般毛织物的外观和良好的保暖性，而且织物的回弹性好，穿着时伸缩自如，增强了舒适感，并能显现出优美的体型。真丝包芯纱织物，同样可以体现天然丝的特性。包芯纱具有纺纱成本低、纱支范围大、外包纤维广及弹性可选择等优点。包芯纱弹性伸长为150%~200%，氨纶用量为7%~12%，一般以22~235 dtex为主，如40D氨纶外包缠40S棉纱的包芯纱，可织造弹力牛仔布、灯芯绒及针织品的三口（领口、袖口、下摆）等服装辅料。

(3) 包覆纱

包覆纱又称为包缠纱。它是以聚氨酯纤维为芯，无弹性的长丝或短纤维纱线按螺旋形的方式对伸长状态的氨纶丝予以包覆而形成的弹力纱。根据包覆层数和外包层的每厘米圈数不同，可分为单包覆纱（SCY）和双包覆纱（DCY）两种；还可按工艺不同分成空包、机包两种。

包覆纱是经预拉伸的氨纶弹力丝经空心锭子的中心而成为芯线，锭子上的纱线或长丝作为外包覆纱均匀螺旋状地缠绕于氨纶上，然后同步卷取而成。该纱具有弹性伸长大(300%~400%)，手感硬挺、纱支粗及强力高的特点，多用于针织高弹织物，如袜子、纬编内衣、护腿弹力带等。包覆纱是氨纶加工纱中最常使用的品种，约占整个加工纱类型的65%，其外包纱多为涤纶、锦纶或棉纱，亦有采用丙纶作为外包纱的。由于包覆纱对氨纶的质量要求不太苛刻，在袜业和服装等方面有广泛的应用。

①在袜业的应用。

在袜业市场上，主要是以锦纶包氨纶而形成的包覆纱为主。它主要分为男女及童用正统礼仪袜、方便袜、运动袜以及目前正在流行的超薄透明袜。其中，数量最大的是现代女性用长筒袜、连裤袜，以及深受爱美女性喜爱的收腹提臀袜和超薄透明袜。这些都是把氨纶良好的弹性和锦纶高强度、耐磨性有机结合形成的包覆纱制作而成，产品销路及前景都非常看好，有力地促进了锦纶包覆纱的发展。

涤纶包氨纶袜，由于价格比较低廉且结实耐用，仍有一定的市场。目前，主要生产以长短为主的方便袜，产品档次较低。由于染色比较困难，吸湿性和透气性、耐磨性都较差。因此，其产品难以有所发展。若要发展，需改善涤纶自身的服用性能。

包覆纱用来做成比较高档的棉袜。它既具有纯棉织物良好的透气性、吸湿性、舒适感，又具有很好的弹性。但其发展速度受生产成本和耐穿性的制约不是很快，而且水洗牢度和日晒牢度都较差。随着工艺技术的提高和改善，会不断有高档棉包氨纶袜面市，可以不断地满足人们对穿着舒适性和高档化的要求。

随着人们生活水平的提高，人们对穿着的要求越来越向高档化方向发展。追求高档化、舒适性、保温性，已形成一种时尚，也就为毛包氨纶包覆纱的产生和发展提供了很好的机遇和条件。毛包氨纶包覆纱制成的毛袜的保暖性、透气性、吸排湿性、弹性均非常良好。其产品具有广阔的发展前景。

②在服装业的应用。

服装中氨纶丝的运用起始于针织内衣的三口（领口、袖口、裤口）上，以前的针织内衣多用纯棉原料，经水洗后弹性消失，三口变形，既不保暖，也不美观。自氨纶问世以后，针织内衣三口罗纹采用输入裸氨纶丝的织布工艺，大大改善了三口的弹性。随后，各种加氨纶的织物越来越多，如弹力内衣、比赛服、健美服等。但裸氨纶丝在喂入织物时，一般由纬向喂入，所以多数氨纶织物纬向的弹性很好，而经向弹性不是太大，所以服装的贴身性并不太好。随着包覆纱工艺的运用，服装面料的双向弹性大大改善，制成的服装不但可以体现出人体特别是爱美女性的曲线美，而且穿着舒适。目前，其主要用于制作比较高档的男女内衣、健美服、运动服、比赛服、休闲服等，发展前景十分看好，使人们的穿着品位进一步高档化。

锦纶包氨纶、涤纶包氨纶包覆纱面料具有更好的弹性、耐磨性、鲜艳的色泽，其耐水洗和日晒牢度强，经久耐用。它是制作泳装、比赛服、训练服、运动服、练功服、骑车服等服装的理想面料。现在，不管是世界知名品牌，还是其他服装生产厂商，都将它作为生产运动系列服装的首选面料，其产品遍布全世界。

由于真丝具有良好的手感、高透气性、高吸湿性，再加上氨纶良好的弹性，因此，形成的包覆纱面料制成的服装的产品档次很高。该产品布料已成为当代爱美女性的首选衣料。它具有良好的穿着舒适性、滑腻的手感和亲肤性、高透气性、高排汗性、吸湿性，又能充分地展现现代女性身体的曲线美，特别是为夏季服装提供了优质的面料，因此，它将作为现在和将来生产、开发的重点。

（4）合捻纱

合捻纱又称合股纱，就是将有伸缩弹性的氨纶丝边牵伸边和其他无弹性的一根纱线或两根纱线合并加捻而成。一般在加装了特殊喂纱装置的环锭捻线机上进行，可以制取双股线、三股线。合捻纱能与其他纱配合织造。合捻纱是在捻线机上生产的，通常将氨纶在拉伸2.5～4倍下与其他纤维进行加捻。合捻纱多用于织造粗厚织物，如弹力劳动布、弹力单面华达呢等。优点是条干均匀，产品洁净；缺点是手感稍硬，弹性纤维有的露在外面，使染色时容易造成色差，一般不用于深色织物。

目前，由于产业用纺织品行业的不断发展，氨纶在产业用纺织品行业的应用也在不断增加。普遍使用的非织造布的最大优点是成本低廉，适用于一次或几次性产品使用，全球需求一直持续大幅增长，但现有的非织造布不具有伸缩特性，生产过程中必须使用昂贵的弹性原料。含氨纶的弹性非织造布的问世使这一难题迎刃而解。该面料具有免松紧带、贴身舒适等特点，市场前景被普遍看好。利用氨纶丝的高弹性和耐磨性的特点，可加工各种松紧带、腰带；在工业上可用它制成小型或轻型皮带或传动带；在医疗用品方面，它可制成弹性绷带及烫伤病人的护带或护罩。利用氨纶耐油、耐有机溶剂、耐化学药品性能制成各种劳动保护手套，它的使用寿命远远超过普通的工作手套，很受工人的欢迎。此外还可制作家具装饰布、汽车内装饰、假发帽等，为服装、医疗用品、酒店用品和工业用布衬里等领域提供了极具开发潜力和经济效益的升级换代产品。

3.9 碳纤维

碳纤维（Carbon Fiber，CF）是一种含碳量在95%以上的高强度、高模量的新型纤维材料。它是由片状石墨微晶沿纤维轴方向堆砌而成，经碳化及石墨化处理而得到的微晶石墨材料。碳纤维结构近乎石墨结构，比金刚石结构规整性稍差，具有很高的抗拉强度，它的强度约为钢的4倍，密度不到钢的1/4。同时具有耐高温、尺寸稳定、导电性好、耐腐蚀、高模量的优良性能。它是国防军工和民用领域的重要材料，它不仅具有碳材料的固有本征特性，又兼备纺织纤维的柔软可加工性，是新一代增强纤维。

19世纪50年代，美国空军基地和苏联开展太空竞赛，需要寻找航天飞机耐烧蚀材料，获知碳熔点在 3 600 ℃，高温强度高，于是对早在 1860 年英国人约瑟夫斯旺作为灯丝材料发明的碳丝进行一系列的研究，并将碳丝改名为“碳纤维”。与此同时，美国联合碳化物公司 UCC 也进入研制碳纤维行列。1959 年，世界上最早上市的粘胶基碳纤维 Thornel-25 就是 UCC 的产品。Thornel-25 的拉伸强度只有 1 290 MPa，模量 175 GPa。同年日本人近藤昭男发明了聚丙烯腈基的碳纤维。近藤昭男的重要贡献有两方面：一是证明了聚丙烯腈可制造碳纤维；二是得出聚丙烯腈原丝要经过预氧化才能碳化成碳纤维，奠定了聚丙烯腈基碳纤维的基础路线。但是近藤昭男并没有造出高性能的碳纤维，原因是他的工艺路线造出的碳纤维晶体取向无序，使碳纤维的力学性能不能满足使用要求。所以 1962 年日本公司制造的聚丙烯腈基碳纤维并未获得成功，第二年英国人瓦特改进了生产工艺，在生产过程中对原丝预氧丝碳丝施加张力，使晶体取向接近于平行碳纤维轴向，获取了高性能的碳纤维。至此聚丙烯腈基碳纤维进入高速发展时期。

1965 年，日本人大谷杉郎发明了沥青基碳纤维，并在 1970 年开始商业化，虽然沥青基碳纤维并没有聚丙烯腈基碳纤维应用广泛，但在高模量碳纤维领域还是举足轻重的。1971 年，日本东丽公司与美国联合碳化物公司合作生产了 T300 碳纤维，借此东丽公司成为世界第一个碳纤维制造商，目前东丽公司是全球碳纤维营销的领导者。1972 年，美国赫格里斯（Hercules）公司开始生产聚丙烯腈基碳纤维。此时日本开始用碳纤维制造钓竿，美国用碳纤维制造高尔夫球棒。1973 年，日本东邦人造丝公司开始生产聚丙烯腈基碳纤维（0.5 t/月），日本东丽公司扩产至 5 t/月；1974 年，碳纤维钓竿和高尔夫球棒的需求量迅速增加，促使日本东丽公司扩产至 13 t/月；1975 年，美国 UCC 公司公布利用中间相沥青制造高模量沥青基碳纤维“Thornel - P”，该高性能沥青基碳纤维通过制造网球拍开始商品化。1976 年，日本东邦人造丝公司与美国塞兰尼斯进行技术合作，日本住友化学与美国赫格里斯成立联合公司生产碳纤维；1979 年，日本碳公司与旭化成工业公司成立旭日碳纤维公司；1980 年，美国波音公司提出需求高强度、高伸长率的碳纤维；1981 年，中国台湾台塑设立碳纤研究中心，日本三菱人造丝公司与美国 Hitco 公司进行技术合作，共同研发高性能碳纤维；1984 年，中国台湾台塑与美国 Hitco 公司进行技术合作，日本东丽公司研制成功高强中模碳纤维 T800，强度达到5 510 MPa；1986 年，日本东丽公司研制成功高强中模碳纤维 T1000，强度达到 7 020 MPa；1989 年，日本东丽公司研制成功高模中强碳纤维 M60；1992 年，日本东丽公司研制成功高模中强碳纤维 M70J，杨氏模量高达 690 GPa。

我国对碳纤维的研究开始于 20 世纪 60 年代后期。1976 年在中科院山西煤炭化学研究所建成我国第一条聚丙烯腈基碳纤维扩大试验生产线，产品性能基本达到日本东丽公司的 T200，国内也叫作高强 Ⅰ 型碳纤维。制约我国碳纤维发展的“瓶颈”是聚丙烯腈原丝质量没有真正过关。尽管我国碳纤维生产发展缓慢，而消费量却一直在逐渐增加，市场需求旺盛，主要用于体育器材、一般工业和航空航天领域等。特别在航空航天等尖端技术领域需求的高性能碳纤维，长期受到以美国为首的巴黎统筹委员会的封锁，虽然巴黎统筹委员会在 1994 年 3 月解散了，但禁运的阴影仍然存在。即使对我国解除了禁运，开始也只给出售通用级碳纤维，而不会向我们出售高性能碳纤维技术和设备。

3.9.1 碳纤维的分类

碳纤维的分类方法较多，一般可以根据原丝的类型、碳纤维的性能和用途、碳纤维的制造条件和方法等进行分类。

（1）按原丝类型分类

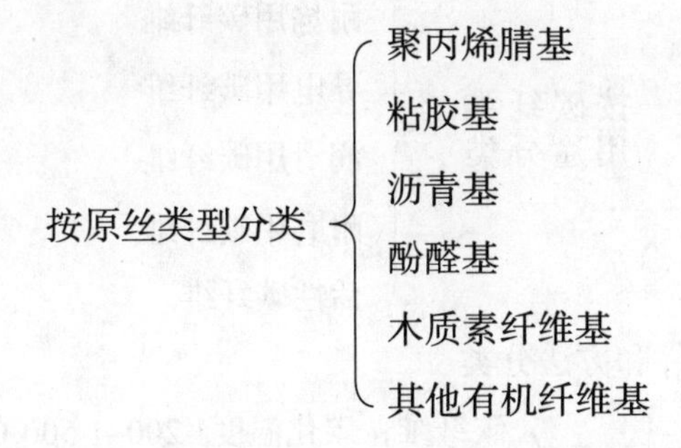

适用于制造碳纤维的前驱体材料类型很多，来源广泛，这些前驱纤维材料在相应的工艺条件下，经过热解、催化热解和炭化生成相应的碳纤维。

粘胶基碳纤维是由粘胶原丝经过化学处理、碳化处理和高温处理制成的碳纤维。从结构上看粘胶基碳纤维通常为各向同性的碳纤维。此类碳纤维的原纤维（粘胶纤维）中，通常碱金属含量比较低，如钠含量一般小于 25×10^{-6}，全灰分含量也不大于 200×10^{-6}，所以，它特别适用于制作那些要求焰流中碱金属离子含量低的烧蚀防热型的复合材料。

聚丙烯腈基碳纤维是聚丙烯腈原丝经过预氧化处理、碳化和在尽可能高的温度下热处理制成的碳纤维。市场上90%以上为该种碳纤维。

沥青基碳纤维包括各向同性沥青基碳纤维和各向异性沥青基碳纤维两大类。由各向同性的沥青纤维经过稳定化、碳化而制得的碳纤维称为各向同性沥青基碳纤维，即力学性能较低的通用级沥青基碳纤维；由类似中间相沥青或中间相沥青经过纺丝工序转变为沥青纤维，再进行稳定化、碳化和适当的高温处理而制得的纤维称为各向异性的沥青基碳纤维。

（2）按碳纤维性能分类

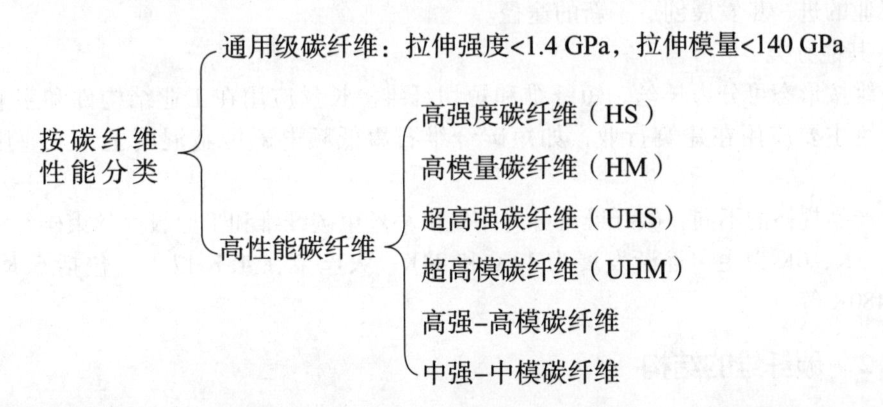

高强度碳纤维的强度大于2 000 MPa、模量大于250 GPa；高模量碳纤维的模量在300 GPa以上；强度大于4 000 MPa的称为超高强碳纤维；模量大于450 GPa的称为超高模碳纤维。随着航天和航空工业的发展，还出现了高强高伸型碳纤维，其延伸率大于2%。

（3）按碳纤维用途分类

按碳纤维用途分类：
- 受力结构用碳纤维
- 耐焰用碳纤维
- 导电用碳纤维
- 润滑用碳纤维
- 耐磨用碳纤维
- 活性碳纤维

（4）按碳纤维制造条件和方法分类

按碳纤维制造条件和方法分类：
- 碳纤维：碳化温度1 200~1 500℃，碳含量95%以上
- 石墨纤维：石墨化温度2 000 ℃以上，碳含量99%以上
- 活性碳纤维：气体活化法，碳纤维在600~1 200 ℃，用水蒸气、CO_2、空气等活化
- 气相生长碳纤维：惰性气氛中将小分子有机物在高温下沉积成纤维—晶须或短纤维

活性碳纤维是经过活化的含碳纤维，将某种含碳纤维（如酚醛基纤维、聚丙烯腈基纤维、粘胶基纤维、沥青基纤维等）经过高温活化（不同的活化方法活化温度不同），使其表面产生纳米级的孔径，增加比表面积，从而改变其物化特性。

气相生长碳纤维是一种采用化学催化气相沉积技术，在高温下（873 ~ 1 473 K），以过渡族金属（Fe、Co、Ni）或其化合物为催化剂，将低碳烃化合物（如甲烷、乙炔、苯等）裂解而生成的微米级碳纤维。与传统的生产工艺相比，气相生长碳纤维的工艺路线简单、成本低廉，且生产出的碳纤维各种力学性能优越，导热导电性能良好，为碳纤维的大量应用和碳纤维工业的进一步发展创造了新的途径。

（5）其他分类

碳纤维按形态可分为长丝、短纤维和短切纤维。长丝应用在工业结构件和宇航结构件中，短纤维主要应用在建筑行业，如短碳纤维石墨低频电磁屏蔽混凝土、工业用碳纤维毡等。

根据产品规格的不同，碳纤维可分为宇航级小丝束碳纤维和工业级大丝束碳纤维。小丝束以 1K、3K、6K 为主，逐渐发展为 12K 和 24K；大丝束在 48K 以上，包括 60K、120K、360K 和 480K 等。

3.9.2 碳纤维的结构

碳纤维的结构取决于原丝结构与碳化工艺。对有机纤维进行预氧化、碳化等工艺处理的目的是除去有机纤维中除碳以外的元素，形成聚合多环芳香族平面结构。在碳纤维形成的过程中，随着原丝的不同，重量损失可达 10% ~ 80%，因此会形成各种微小的缺陷。但是，无论用哪种原料，高模量碳纤维中的碳分子平面总是沿纤维轴平行地取向。用 X 射线、电子衍射和电子显微镜研究发现，真实的碳纤维结构并不是理想的石墨点阵结构，而是属于乱

层石墨结构。

在乱层石墨结构中，石墨层片是基本的结构单元［图3－13（a）］，若干层片组成微晶［图3－13（b）］，微晶堆砌成直径数十纳米、长度数百纳米的原纤［图3－13（c）］，其直径约数微米。原纤呈现弯曲、彼此交叉的许多条带状结构组成，条带状的结构之间存在针形空隙，大体沿纤维轴平行排列。

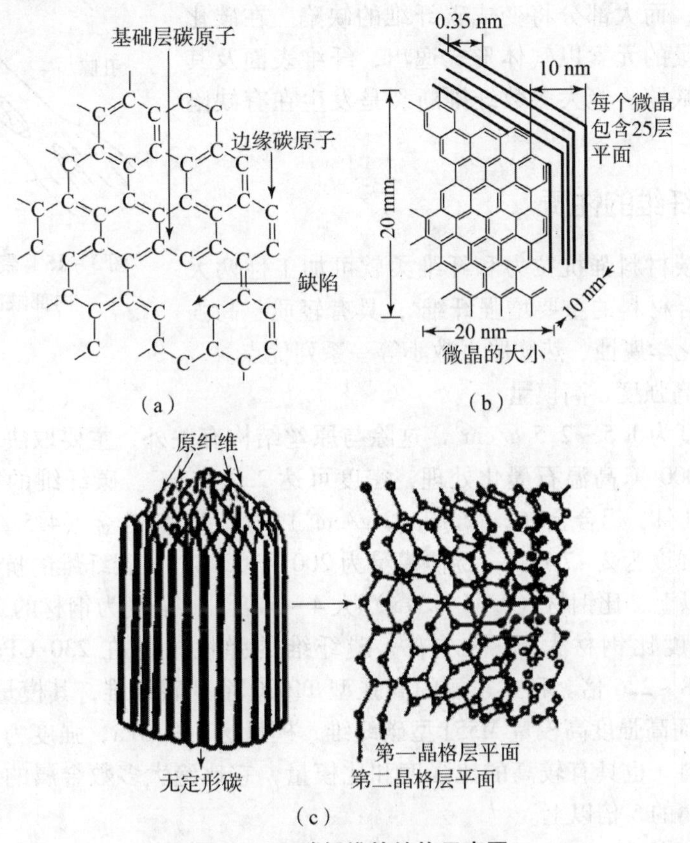

图3－13　碳纤维的结构示意图

（a）基本结构单元—石墨片层的缺陷及边缘碳原子；（b）二级结构单元—石墨微晶；

（c）三级结构单元—原纤维构成的碳纤维单丝

石墨微晶在整个纤维中的分布是不均匀的，碳纤维由表皮层和芯子两部分组成，中间是连续的过渡区。皮层的微晶较大，排列较整齐有序，占直径的14%，芯子占39%，由皮层到芯子，微晶减小，排列逐渐紊乱，结构不均匀性愈来愈显著。碳纤维的皮芯结构模型如图3－14所示。

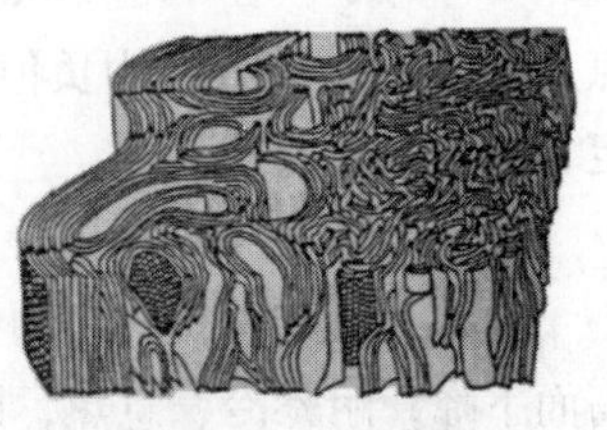

图3－14　碳纤维的皮芯结构模型

实测碳纤维石墨层的面间距为0.339～0.342 nm，比石墨晶体的层面间距（0.335 nm）略大，各平行层面间的碳原子排列也不如石墨那样规整。依据C—C键的键能及密度计算得到的单晶石墨强度和模量分别为180 GPa和1 000 GPa左右。而碳纤维的实际强度和模量远远低于此理论值。这主要是由纤维中的缺陷和原丝中的缺陷所造成的。

影响碳纤维强度的重要因素是纤维中的缺陷：原丝带来的缺陷，碳化过程中产生的缺陷。在聚丙烯腈碳纤维上存在异形、直径大小不均、表面污染、内部杂质、外来杂质、各种裂缝、空穴、气泡等缺陷，聚丙烯腈碳纤维内部缺陷的种类如图3－15所示。原丝带来的缺陷在碳化过程中可能消失小部分，而大部分将变成碳纤维的缺陷。在碳化过程中，由于大量的元素以气体形式逸出，纤维表面及其内部生成空穴和缺陷。绝大多数纤维断裂是发生在有缺陷或裂纹的地方。

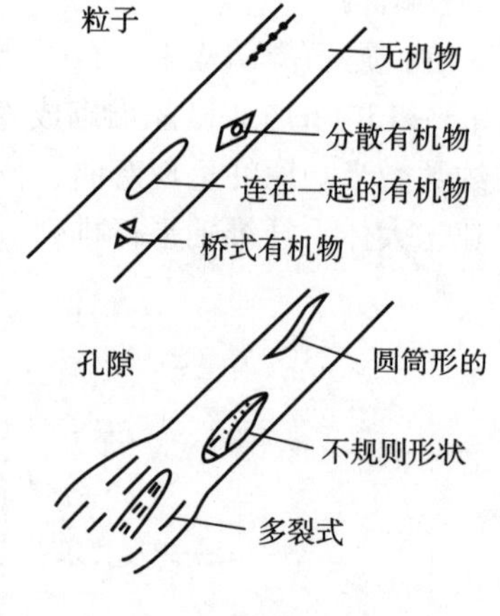

图3－15　聚丙烯腈碳纤维内部缺陷的种类

3.9.3　碳纤维的性质

碳纤维兼具碳材料强抗拉力和纤维柔软可加工性两大特征，是高级复合材料的重要增强纤维，具有轻质、高强度、高模量、耐化学腐蚀、热膨胀系数小等一系列优点。

（1）轻质、高强度、高模量

碳纤维的密度为1.5～2.5 g/cm^3，这除与原丝结构有关外，主要取决于碳化处理的温度。一般经过3 000 ℃高温石墨化处理，密度可达2.0 g/cm^3。碳纤维的密度相当于钢材（7.8 g/cm^3）的1/4、铝合金（2.72～2.82 g/cm^3）的1/2，钛合金（4.5 g/cm^3）的1/3。

碳纤维拉伸强度为2～7 GPa，拉伸模量为200～700 GPa。碳纤维的抗拉强度一般都在1.2～1.9 N/tex以上，比钢材（0.35 N/tex）大4～5倍，比强度为钢材的10倍左右，高模量碳纤维抗拉强度比钢材大68倍左右。碳纤维的弹性模量在230 GPa以上，比钢材（200 GPa）大1.8～2.6倍。日本东丽的高强型T1000系列碳纤维，其模量为295 GPa，强度达7.05 GPa，而高强度高模量M55J型碳纤维，模量达540 GPa，强度为4.02 GPa。即便是制作成复合材料，也具有较高的比强度和比模量，它比绝大多数金属的比强度高7倍以上，比模量为金属的5倍以上。

（2）热膨胀系数小

绝大多数碳纤维本身的热膨胀系数，室内为负数（$-0.5\sim-1.6$）$\times10^{-6}$/K，在200～400 ℃时为零，在小于1 000 ℃时为1.5×10^{-6}/K。碳纤维的热膨胀系数具有各向异性的特点，平行于纤维方向为负值，垂直于纤维方向为正值。由它制成的复合材料膨胀系数比较稳定，可作为标准衡器具。

（3）导热性好

通常无机和有机材料的导热性均较差，但碳纤维的导热性接近于钢铁，其热导率随温度升高而下降，耐骤冷、急热，即使从几千摄氏度的高温突然降到常温也不会炸裂。碳纤维的导热具有方向性，平行于纤维方向为16.74 W/（m·K）；垂直于纤维方向为0.837 W/（m·K）。利用这一优点可作为太阳能集热器材料和传热均匀的导热壳体材料。

（4）导电性好

碳纤维的体电阻率除与测试长度及其电阻有关外，还与纤度和体密度有关。通常碳纤维的导电性较好，25 ℃时高模量碳纤维电阻率为7.75×10^{-2} Ω·m，高强度碳纤维为1.5×10^{-1} Ω·m。碳纤维的电动势为正值，而铝合金的电动势为负值，因此当碳纤维复合材料与铝合金组合应用时会发生电化学腐蚀。

（5）耐化学腐蚀性好

从碳纤维的成分可以看出，它几乎是纯碳，而碳又是最稳定的元素之一。碳纤维对一般的有机溶剂、酸、碱都具有良好的耐腐蚀性，不溶不胀，耐蚀性出类拔萃，完全不存在生锈的问题。它可以制成各种各样的化学防腐制品。

（6）耐磨性好

碳纤维与金属对磨时，很少磨损，用碳纤维来取代石棉制成的高级摩擦材料，已作为飞机和汽车的刹车片材料。

（7）耐高低温性能好

碳纤维耐高温和低温性都较好，在3 000 ℃非氧化环境下不熔化、不软化，在液氮温度下依旧很柔软，不脆化；在600 ℃高温下其性能保持不变，在－180 ℃低温下仍很柔韧。复合材料耐高温性能主要取决于基体的耐热性，树脂基复合材料其长期耐热性只达300 ℃左右，陶瓷基、碳基和金属基的复合材料耐高温性能可与碳纤维本身匹配，因此碳纤维复合材料作为耐高温材料广泛用于航空航天工业。

（8）疲劳强度高

碳纤维的结构稳定，制成的复合材料经应力疲劳数百万次的循环试验后，其强度保留率仍有60%，而钢材为40%，铝材为30%，而玻璃钢则只有20%～25%，因此对于设计制品所取的安全系数，碳纤维复合材料为最低。

（9）加工性能好

碳纤维的可加工性能较好，由于碳纤维及其织物质轻又可折可弯，可适应不同的构件形状，成型较方便，可根据受力需要粘贴若干层，而且施工时不需要大型设备，也不需要采用临时固定，而且对原结构又无损伤。

（10）其他性质

碳纤维的化学性质与碳相似，它除能被强氧化剂氧化外，对一般碱性是惰性的。在空气中温度高于400 ℃时则出现明显的氧化，生成CO与CO_2。其在强酸作用下发生氧化，碳纤维的电动势为正值，而铝合金的电动势为负值，当碳纤维复合材料与铝合金组合应用时会发生金属碳化、渗碳及电化学腐蚀现象。因此，碳纤维在使用前须进行表面处理。碳纤维有耐油、抗辐射、抗放射、吸收有毒气体和减速中子等特性。碳纤维具有突出的阻尼性能与优良的透声呐性能，可作为潜艇的结构材料，如潜艇的声呐导流罩。碳纤维高X射线透射率的特点已经在医疗器材中得到应用。

3.9.4 碳纤维的制备

碳纤维不能用熔融法或溶液法直接纺丝，只能以有机纤维为原料，采用间接方法来制造。有机纤维（原丝）选择的条件是：强度高、杂质少、缺陷少、纤度均匀、毛丝少、细旦化等；纤维中链状分子沿纤维轴取向度越高越好，通常大于80%；热转化性能好。基本条件要满足原丝加热时不熔融，可牵伸，且碳纤维产率高。碳纤维的生产制造过程主要有预氧化（稳定化）、低温碳化、高温碳化（又称石墨化）、表面处理、上浆和干燥六大工艺步骤。经过多年的发展，目前只有粘胶（纤维素）基纤维、沥青基纤维和聚丙烯腈基纤维三种原丝制造碳纤维工艺实现了工业化。

（1）以粘胶基纤维为原丝制造碳纤维

由粘胶纤维制取高力学性能的碳纤维必须经高温拉伸石墨化，碳化收率低，技术难度大、设备复杂，产品主要为耐烧蚀材料及隔热材料所用。粘胶纤维的分子结构如下：

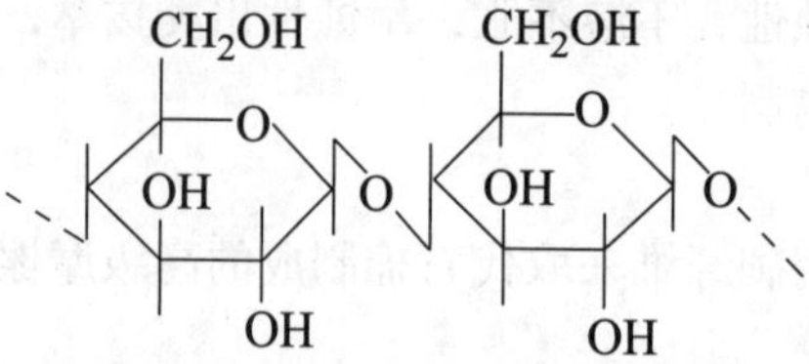

（纤维素分子结构式：CH_2OH、O、OH 等）分子式为（$C_6H_{10}O_5$）$_n$

粘胶纤维由于具有环状分子结构，所以可以直接进行碳化或石墨化处理，加热不会熔融，不需氧化处理进行环化。粘胶纤维优点是瞬间耐烧蚀性能好，可用作火箭的内衬材料；其缺点是粘胶中含有大量的 H、O 原子，所以碳化理论收率仅有 55%，实际收率为 20% ~ 30%；粘胶基碳纤维强度较低，性能平衡性差，弹性系数较大。

粘胶纤维的热处理过程：一是 25 ~ 150 ℃，脱去粘胶纤维的吸附水（脱去物理吸附的水）；二是 150 ~ 240 ℃，纤维素环的脱水（脱去化学吸附的水）；三是 240 ~ 400 ℃，自由基反应，C—O 键及 C—C 键断裂，放出 H_2O、CO、CO_2 等气体；四是 400 ℃以上，进行芳香化，放出 H_2。在整个处理过程中，为使碳纤维性能优良、产率高，要求加热速度较慢，而且不同的过程中，加热速度也不同。

粘胶基碳纤维增强的耐烧蚀材料，可以制造火箭、导弹和航天飞机的鼻锥及头部的大面积烧蚀屏蔽材料、固体发动机喷管等，是解决宇航和导弹技术的关键材料。粘胶基碳纤维还可做飞机刹车片、汽车刹车片、放射性同位素能源盒，也可增强树脂做耐腐蚀泵体、叶片、管道、容器、催化剂骨架材料、导电线材及面发热体、密封材料及医用吸附材料等。

（2）以聚丙烯腈基纤维为原丝制造碳纤维

聚丙烯腈基碳纤维的碳化收率比粘胶纤维高，可达 45% 以上，而且因为生产流程、溶剂回收、三废处理等方面都比粘胶纤维简单，成本低，原料来源丰富，加上聚丙烯腈基碳纤维的力学性能，尤其是抗拉强度、抗拉模量等为三种碳纤维之首，所以是目前应用领域最广、产量也最大的一种碳纤维。聚丙烯腈碳纤维是以聚丙烯腈纤维为原丝制成的碳纤维，其基本工艺流程如图 3 - 16 所示。

由聚丙烯腈纤维原丝制备碳纤维的工艺流程包括：聚丙烯腈原丝→预氧化→碳化→石墨化→表面处理→卷取→碳纤维。

①原丝制备。

先由丙烯腈和其他少量第二、第三单体（丙烯酸甲醋、甲叉丁二酯等）共聚生成共聚聚丙烯腈树脂（分子量高于 6 万 ~ 8 万），然后树脂经溶剂（硫氰酸钠、二甲基亚砜、硝酸和氯化锌等）溶解，形成黏度适宜的纺丝液，经湿法、干法或干湿法进行纺丝，再经水洗、牵伸、干燥和热定型即制成聚丙烯腈基纤维。若将聚丙烯腈基纤维直接加热易熔化，不能保持其原来的纤维状态。

丙烯腈聚合加入共聚单体的目的是：a. 使原丝预氧化时既能加速大分子的环化，又能缓和纤维化学反应的激烈程度，从而使反应易于控制；b. 同时，可大大提高氧化及碳化的速度；c. 有助于预氧化过程的牵伸。在众多的共聚单体中，不饱和羧酸类，如甲基丙烯酸、

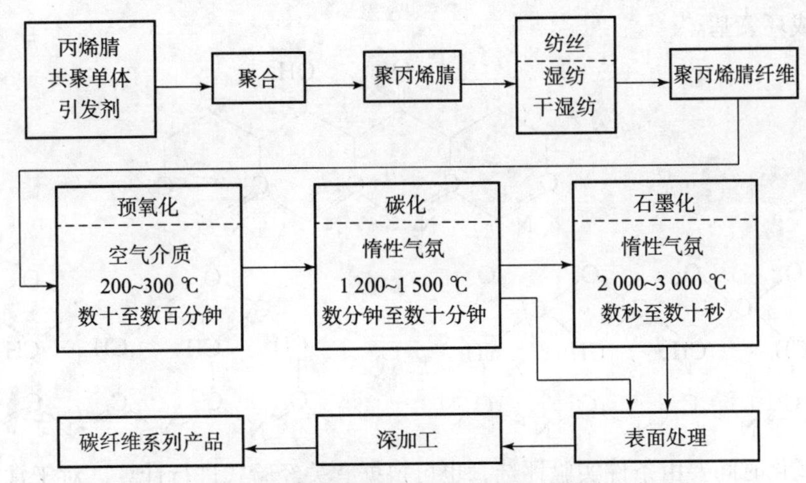

图3-16　以聚丙烯腈为原丝制造碳纤维的基本工艺流程

丙烯酸、丁烯酸、顺丁烯二酸、甲基反丁烯酸等占有重要位置。

聚丙烯腈纺丝通常采用湿法纺丝，干法纺丝较少使用的原因是干纺生产的纤维中溶剂不易洗净。在预氧化及碳化过程将会由于残留溶剂的挥发或分解而造成纤维粘连及产生缺陷。湿法纺丝步骤包括：纺丝原液→喷丝头→凝固浴（溶剂的水溶液）→水洗、拉伸等。

②预氧化。

将聚丙烯腈基纤维放在空气中或其他氧化性气氛中进行低温（200～300 ℃）热处理，即预氧化处理。预氧化处理是纤维碳化的预备阶段。一般将纤维在空气下加热至约270 ℃，保温0.5～3 h，聚丙烯腈基纤维的颜色由白色逐渐变成黄色、棕色，最后形成黑色的预氧化纤维，这是聚丙烯腈线性高分子受热发生氧化、热解、交联、环化等一系列化学反应形成耐热梯形高分子的结果。预氧化使线型聚丙烯腈分子链转化成耐热梯形六元环结构，确保聚丙烯腈纤维在高温碳化时不熔不燃，保持纤维形态，从而得到高质量的碳纤维。预氧化过程中可能发生的反应有：环化反应、脱氢反应、吸氧反应等。环化反应如下：

热作用

（a）

氧化 $+O_2$ $-H_2O$

（b）

脱氢反应，未环化的聚合物链或环化后的杂环可由于氧的作用而发生脱氢反应，形成以下结构：

吸氧反应，氧可以直接结合到预氧化丝的结构中，主要生成—OH，—COOH，—C ═O

等，也可生成环氧基。

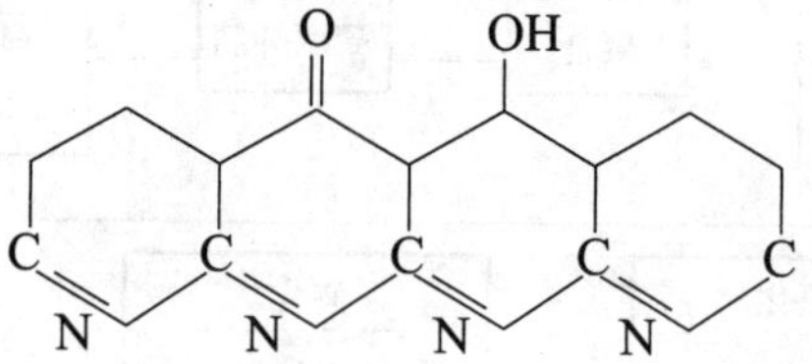

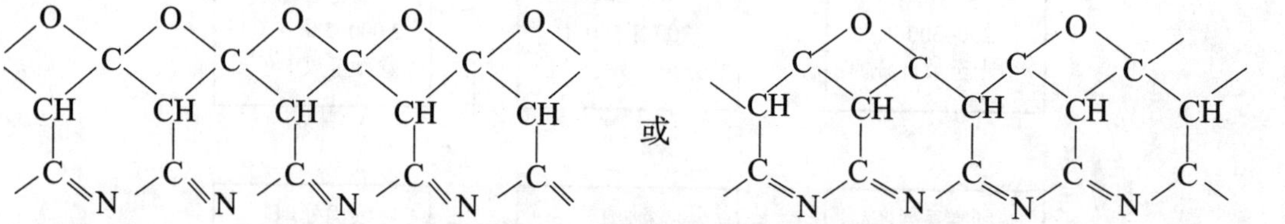

最佳预氧化时间要由条件实验评选，也可根据有关经验式进行计算。对于常用的聚丙烯腈原丝，预氧化温度越高，所需时间越短；纤度越细，时间越短；共聚原丝所需预氧化时间要比均聚的短；改变预氧化气氛（如空气中加入 SO_2 等）可促进预氧化反应的进行，缩短预氧化时间。此外，传热方法对预氧化时间也有影响。

预氧化程度：指在预氧化过程中氰基环化的程度。如果纤维充分氧化，预氧化丝中的氧含量可达16% ~23%，一般控制在6% ~12%。低于6%时，预氧化程度不足，在高温碳化时未环化部分易分解逸出。高于12%时，大量被结合的氧会在碳化过程中以 CO_2、CO、H_2O 等逸出，导致纤维密度、收率、强度下降。

预氧化过程中的技术关键是：预氧化过程中反应热的瞬间排除。采取的措施是：预氧化炉中通入流动空气。

进行预氧化处理的原因是聚丙烯腈的玻璃化温度低于100 ℃，分解前会软化熔融，不能直接在惰性气体中进行碳化；先在空气中进行预氧化处理，使聚丙烯腈的结构转化为稳定的梯形六元环结构，就不易熔融。另外，当加热足够长的时间，将产生纤维吸氧作用，形成聚丙烯腈基纤维分子间的化学键合。

③碳化。

在400 ~1 900 ℃的惰性气体（一般采用高纯氮气）中进行。在碳化过程中，纤维中非碳原子（如N、H、O）被大量除去，纤维进一步产生交联环化、芳构化及缩聚等反应，最后形成二维碳环平面网状结构和层片粗糙平行的乱层石墨结构的碳纤维。碳化不仅使纤维的取向度得到提高，而且使纤维致密化并避免大量孔隙的产生，可制得结构较均匀的高性能碳纤维。

碳化后含碳率：95%左右；碳化产率：40% ~45%。碳化过程的关键技术：非碳元素的各种气体（如 CO_2、CO、H_2O、NH_3、H_2、HCN、N_2）的瞬间排除。如不及时排除，将造成纤维表面缺陷，甚至断裂。解决措施：一般采用减压方式进行碳化。

④石墨化。

聚丙烯腈基纤维的石墨化处理温度为2 500 ~3 000 ℃，保护气体多使用高纯氩气，也可采用高纯氮气；密封装置有水密封、水银密封、保护气体正压密封等。石墨化目的是使纤维中非碳原子进一步排除，芳环平面逐步增加，使之与纤维轴方向的夹角进一步减小，排列较规则，取向度显著提高，由二维乱层石墨结构向三维有序结构转化，以提高碳纤维的弹性模量。石墨化过程中：结晶碳含量不断提高，可达99%以上。纤维结构不断完善，乱层石墨结构经石墨化处理后会转化为类似石墨的层状结晶结构。热处理温度越高，张力越大，模量越大，层间距越小，伸长率下降，直径下降。

⑤表面处理。

表面处理就是进行气相或液相氧化等，赋予纤维化学活性，以增大对树脂的亲和性。表面处理的目的是提高碳纤维增强复合材料中碳纤维与基体的结合强度。碳纤维表面处理的途径包括：清除表面杂质；在纤维表面形成微孔或刻蚀沟槽，增加表面能；引进具有极性或反应性官能团（如羧基、羟基、氨基等）和能与树脂起作用的中间层。经表面处理后，碳纤维表面石墨微晶变细，不饱和碳原子数目增加，极性基团增多，这些都有利于复合材料性能改善。

⑥上浆处理。

上浆处理的作用是：保护纤维表面的活性基团；可以使碳纤维具有良好的集束性，从而使纤维以后的缠绕织造工艺操作简单，并且纤维束损伤较少（保护作用）；选择合适的上浆剂可以达到改善碳纤维表面性能、提高复合材料剪切强度的目的。上浆剂一般采用基体树脂或与之结构相近的树脂溶液。但是由于溶剂挥发使树脂残留在导辊上，纤维通过时就将造成更大损伤，同时又使车间环境受到溶剂污染。目前多采用乳液型上浆剂，是以一种树脂为主体，配以一定量的乳化剂、少量或没有交联剂，以及为提高界面黏合性的助剂配制成的乳液。

（3）以沥青基纤维为原丝制造碳纤维

除天然沥青外，一般将有机化合物在隔绝空气或在惰性气体中热处理，在释放出氢、烃类和碳的氧化物的同时，残留的多环芳烃的黑色稠状物质称为沥青。其含碳量大于70%，平均分子量在200以上，化学组成及结构千变万化，它们是结构变化范围极宽的有机化合物的混合物。沥青资源丰富，成本可降低。在民用方面有很大潜力。

沥青基碳纤维目前主要有两种类型：一是力学性能较低的所谓通用级沥青基碳纤维，即各向同性沥青基碳纤维；二是拉伸强度特别是拉伸模量较高的中间相沥青基碳纤维（蝶状液晶材料），即各向异性沥青基碳纤维。沥青基碳纤维的制备工艺如图3－17所示。

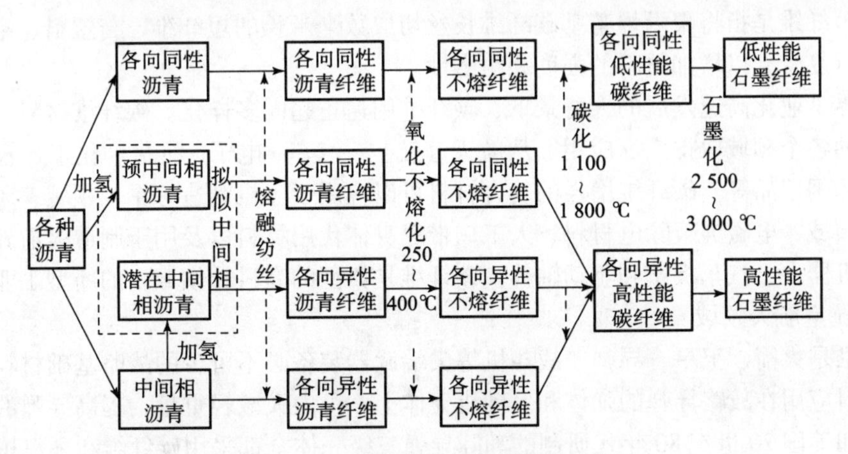

图3－17　沥青基碳纤维的制备工艺

工业沥青的种类繁多，但并不是所有沥青都适用于生产碳纤维，因此必须进行调制和改性处理。焦油和沥青通常含有一些固态杂质和一次喹啉不溶物（QI），加热后很容易生成中间相，但大量杂质和自由碳被吸附后就会阻碍小球的生长和融并，很难形成良好流变性和可纺性的连续各向异性大区域，也很难形成均质的各向同性沥青。含有这种小颗粒的纤维易生成裂纹和孔洞，导致纤维质量变差，因此需将沥青进行精制。煤焦油沥青的精制用溶剂精制或热过滤法。石油沥青用真空蒸馏和刮膜蒸发器法。

美国 Conoco 公司发明了纺织沥青基碳纤维用的含有基金属中间相沥青，原丝经稳定化和碳化后，碳纤维的拉伸强度为 3.5 GPa，模量为 252 GPa；法国国家碳素研究所（CS/C）研制了耐热和高导电的中间相沥青基碳纤维；波兰 Szczecin 技工大学开发了新型金属涂覆碳纤维的方法，如涂覆铜的沥青基碳纤维是用混合法制成，先用铜盐与各向同性煤沥青混匀，进行离心纺丝，在空气中稳定化并在高温氢气中处理，得到合金铜的碳纤维。

与聚丙烯腈基碳纤维相比，沥青基碳纤维发展相对滞后。1987 年 9 月日本三菱和旭化建成了年产 500 t 高性能沥青基碳纤维装置，这标志着沥青基碳纤维已处于工业化过渡的新阶段。沥青基碳纤维的碳化收率比聚丙烯腈基高，原料沥青价格也远比聚丙烯腈便宜，在理论上这些差别将使沥青基碳纤维的成本比聚丙烯腈基碳纤维低。然而要制得高性能碳纤维，原料沥青中的杂质等必须完全脱除，沥青转化为中间相沥青，这使得高性能沥青基碳纤维的成本大大增加。实际上高性能沥青基碳纤维的成本反而比聚丙烯腈基碳纤维高。故目前仅限于只追求性能而不计成本的极少数地方，如宇航部门使用。

3.9.5 碳纤维的应用

碳纤维是发展国防军工与国民经济的重要战略物资，属于技术密集型的关键材料。目前，已经成熟的碳纤维应用形式有四种，即碳纤维、碳纤维织物、碳纤维预浸料坯和切短纤维。碳纤维织物是碳纤维重要的应用形式。碳纤维织物可分为碳纤维机织物、碳纤维针织物、碳纤维毡和碳纤维异形织造织物。碳纤维主要以“缠绕成型法”应用为主。碳纤维织物主要以“树脂转注成型法（RTM 也称真空辅助成型工艺）”应用为主。预浸料坯是将碳纤维按照一个方向一致排列或碳纤维织物经树脂浸泡，加热和塑化，使其转化成片状的一种产品。切短纤维是指将聚丙烯腈基碳纤维长丝切成数毫米长的短纤维，与塑料、金属、橡胶等材料进行复合，以增加材料的强度和耐磨性。

在世界工业化高速发展的大背景下，碳纤维用途正趋向多样化。碳纤维材料已在军事及民用工业的各个领域取得广泛应用。从航天、航空、汽车、电子、机械、化工、轻纺等到运动器材和休闲用品等。碳纤维增强的复合材料可以应用于飞机制造等军工领域、风力发电叶片等工业领域、电磁屏蔽除电材料、人工韧带等身体代用材料以及用于制造火箭外壳、机动船、工业机器人、汽车板簧和驱动轴等。碳纤维是典型的高科技领域中的新型工业材料。

（1）航空航天领域

碳纤维是火箭、卫星、导弹、战斗机等尖端武器装备必不可少的战略基础材料。将碳纤维复合材料应用在战略导弹的弹体和发动机壳体上，可大大减轻重量，提高导弹的射程和突击能力，如美国 20 世纪 80 年代研制的洲际导弹三级壳体全都采用碳纤维和环氧树脂复合材料。碳纤维复合材料在新一代战斗机上也开始得到大量使用，如美国第四代战斗机 F22 采用了约为 24% 的碳纤维复合材料，从而使该战斗机具有超高音速巡航、超视距作战、高机动性和隐身等特性。美国波音推出新一代高速宽体客机的音速巡洋舰，约 60% 的结构部件都采用强化碳纤维塑料复合材料制成，其中包括机翼。采用碳纤维与塑料制成的复合材料制造的飞机以及卫星、火箭等宇宙飞行器，噪声小，而且因质量小而动力消耗少，可节约大量燃料。据报道，航天飞行器的质量每减少 1 kg，就可使运载火箭减轻 500 kg。

航空应用中对碳纤维的需求正在不断增多，新一代大型民用客机空客 A380 和波音 787 使用了约为 50% 的碳纤维复合材料。波音 777 飞机利用碳纤维做结构材料，包括水平和垂直的横尾翼与横梁，称为重要结构材料，所以对其质量要求极其苛刻。波音 787 的机身也采用碳纤维，这使飞机飞得更快、油耗更低，同时能增加客舱湿度，让乘客更舒适。空客也在它们的飞机上使用了大量的碳纤维，碳纤维将被大量应用在新型客机 A380 上。这使飞机机体的结构重量减轻了 20%，比同类飞机可节省 20% 的燃油，从而大幅降低了运行成本、减少了二氧化碳排放。

（2）土木建筑领域

碳纤维密度小、强度高、抗腐蚀性好、柔韧性好、稳定性好、应变能力强，是桥梁、建筑物加固和抗震的理想材料，在工业与民用建筑物、桥梁、隧道等建筑领域发展很快。碳纤维制成的构架屋顶，可减小建筑的体积和质量，使施工效率和抗震性提高。碳纤维增强混凝土具有普通增强型混凝土所不具备的优良机械性能、防水渗透性能、耐温差性能，在强碱环境下具有稳定的化学性能、持久的机械强度和尺寸稳定性，可用作高层建筑的外墙墙板。

碳纤维复合材料的强度和模量高于钢材，弹性模量与钢材相当，但是拉伸强度远远大于钢材，耐久性能好，作为土木工程材料，在美国、日本和欧洲等国家与地区得到了大量推广。碳纤维复合材料补强混凝土时，不需要加铆钉和螺栓固定，耐久性好，可提高结构构件抗弯承载力，减少地震危害，施工工艺简单，不改变混凝土结构，延长使用寿命。

（3）体育运动领域

碳纤维最早的商业化应用就是体育运动休闲领域，如高尔夫球杆、球拍、帆船桅杆、棒球球杆等。高尔夫球杆使用碳纤维使其质量减小，球可以获得较大的初速度，同时，碳纤维具有高阻尼特性，所以击球时间增加，球被击起的距离增加。高级自行车的关键部位大多使用碳纤维，赋予车体较好的刚性和减震性能，且质量较小。由碳纤维制造的自行车质量仅 9. 5 kg，为普通自行车的 2/5，但是抗撞击能力却为普通自行车的 8 倍。碳纤维还应用在划船、赛艇等其他海洋运动中。

（4）汽车制造领域

碳纤维材料现已成为汽车制造商青睐的材料。目前，碳纤维复合材料的车身、底盘、传动轴、刹车片、轮毂、尾翼和引擎盖已经在汽车行业中被广泛应用。碳纤维增强聚合物基复合材料由于有足够的强度和刚度，是制造汽车车身和底盘等主要结构件的最轻材料。预计碳纤维复合材料的应用可使汽车车身和底盘减重 40% ~60%，相当于钢结构质量的 1/3 ~1/6。英国材料系统实验室曾对碳纤维复合材料减重效果进行研究，结果表明，碳纤维增强聚合物材料车身重 172 kg，而钢制车身重 368 kg，减重约 50%。碳纤维制动盘被广泛用于竞赛用汽车上，如 F1 赛车。它能够在 50 m 的距离内将汽车的速度从 300 km/h 降低到50 km/h，此时制动盘的温度会升高到 900 ℃以上，制动盘会因为吸收大量的热能而变红。碳纤维制动盘能够承受 2 500 ℃的高温，而且具有非常优秀的制动稳定性。

（5）能源开发领域

由于传统火力发电对环境有污染，所以风力发电越来越受到人们的重视。提高发电效率一直是风力发电追求的目标。随着科技的进步，传统玻璃纤维在大型复合材料叶片中逐渐显示其性能的不足，耐久性好、质量小、高强的玻璃纤维和碳纤维复合材料成为发电机叶片的首选材料，可以提高叶片的捕风能力。用于对材料强度和刚度要求高的翼缘部位，不但可以提高叶片的承载能力，促进风力发电的发展，而且碳纤维的导电性可避免雷击损伤。据分析，采用碳纤维叶片可减重20%～40%。

（6）医疗卫生领域

碳纤维及其复合材料可以制成人造假肢和人工骨骼等，性能稳定，生物相容性好，可与人体细胞共存。杨小平等研制的碳纤维导电发热材料具有辅助理疗保健的作用，可加快新陈代谢，促进血液循环，加快伤口愈合速度。碳纤维还具有 X 光透过性，CT 扫描时将木床改为碳纤维纺织品覆盖可以减少对 X 光的吸收，碳纤维 X 光线透过性为木材的 10 倍。随着医疗水平的提高，在仪器设备上采用碳纤维复合材料具有较大的应用前景。

此外，碳纤维在电子通信、石油开采、基础设施等领域也有着广泛的应用，主要用于防电屏蔽材料、防静电材料、分离铀的离心机材料、电池的电极、电子管的栅极，在生化防护、除臭氧、食品等领域中也有很出色的表现。

3.10 高性能合成纤维

高性能合成纤维是指具有特殊的物理化学结构、性能和用途，或具有特殊功能的合成纤维，如具有高强度、高模量、耐高温、耐辐射、耐气候、耐化学试剂等特性，主要应用于工业、国防、医疗、环境保护和尖端科学各方面。高性能合成纤维是保障国家安全发展、清洁发展和低碳发展的关键材料，也是国防、能源、交通运输等领域需求的战略性材料之一。

高性能合成纤维的研究和生产开始于20世纪50年代，首先投入工业化生产的是含氟纤维。随着航天和国防工业的发展，60年代出现了各种芳环类的有机耐高温纤维，如芳香族聚酰胺纤维、芳香族聚酯纤维、聚苯并咪唑（PBI）纤维等，后来又研制出有机抗燃纤维如酚醛纤维（Kynol）、聚丙烯腈预氧化纤维（Pyromex）等。到70年代，由于环境保护和节约能源的需要，高强度高模量纤维和各种功能纤维得到较为广泛的应用。下面介绍几种常见的高性能合成纤维。

3.10.1 芳香族聚酰胺纤维

芳香族聚酰胺纤维（Aramid Fiber）泛指至少有85%的酰胺键和两个芳环相连的长链合成聚酰胺。按照酰胺键与芳环的连接位置，可分为间位芳香族聚酰胺纤维和对位芳香族聚酰胺纤维，前者如聚间苯二甲酰间苯二胺纤维（PMIA），又称芳纶1313或Nomex纤维，后者如聚对苯二甲酸对苯二胺（PPTA）纤维，芳纶1414或Kevlar纤维，其结构式如下：

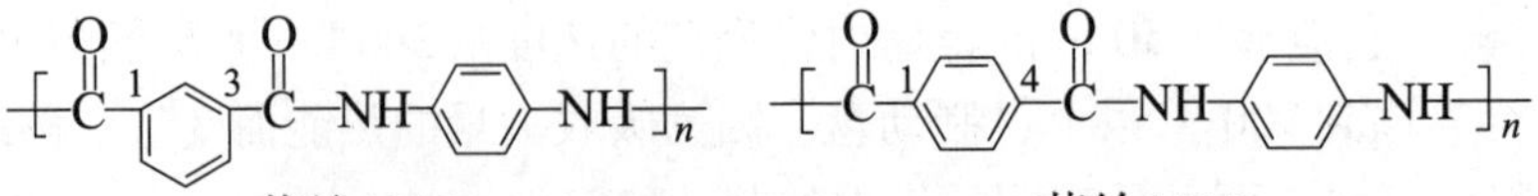

$$\left[\overset{O}{\overset{\|}{C}} - C_6H_4(1,3) - \overset{O}{\overset{\|}{C}} - NH - C_6H_4 - NH \right]_n$$

芳纶1313

$$\left[\overset{O}{\overset{\|}{C}} - C_6H_4(1,4) - \overset{O}{\overset{\|}{C}} - NH - C_6H_4 - NH \right]_n$$

芳纶1414

PMIA 分子结构中酰胺键和间位苯环连接，间位苯环上的共价键内旋转位能低，可旋转角度大，因此 PMIA 大分子是柔性链结构，所以在力学性能上接近普通的柔性链纤维，但苯环基团含量高，耐热性能就大于脂肪族纤维。而 PPTA 纤维是对位连接的苯酰胺，酰胺键与苯环基团形成共轭结构，内旋位能相当高，成为刚性链大分子结构，分子排列规整，因此分子结晶和取向极高，所以纤维的强度和模量相当高。这种结构上的差异，使间位芳纶和对位芳纶在力学性能上区别很大。

芳纶 1313 的耐高温、阻燃性能十分优异，在 200 ℃以下仍可保持原强度的 80% 左右，分解温度高达 385 ℃，且在离开火焰后不续燃，耐磨性和绝缘性也很好，一般耐酸、碱性良好，耐老化、抗辐射性也好，但是其耐光性和染色性能较差。芳纶 1313 其主要用于特种防护服、高温过滤材料、电气绝缘材料、蜂巢结构材料等。国产间位芳纶已实现规模化生产，目前应用仍以过滤材料为主，比例可达到 60% 以上；在安全防护领域的用量逐年增加。

芳纶 1414 具有高强度、高模量、耐高温、密度小、化学性质稳定等优良性能，应用于制造导弹的固体火箭发动机壳体、大型飞机的二次结构材料（如机舱门、窗、机翼等有关部件）、防弹材料（高级防弹衣、防弹头盔、防弹护甲）、电力电信、输送材料、体育用品等。国产通用型对位芳纶应用领域主要集中在室内光缆、摩擦密封和橡胶领域，比例可达到 90%；高端防护和复合材料领域比例约为 10%。

以芳纶为代表的特种纤维，无论在高分子的合成技术还是纤维成型工艺方面，都反映着高科技的水平。在芳纶研究过程中基础理论上也引入许多新的概念，如刚性链大分子结构、高分子液晶理论、干湿法纺丝成型技术等，有许多研究工作目前还在进一步深入。

3.10.2　聚对苯撑苯并双噁唑纤维

聚对苯撑苯并双噁唑[Poly(p-phenylene-2,6-benzoxazole)]，简称 PBO，是含杂环的苯氮聚合物的一种。PBO 纤维是通过液晶纺丝制得的一种新型高性能聚合物纤维。PBO 纤维的分子结构式如下：

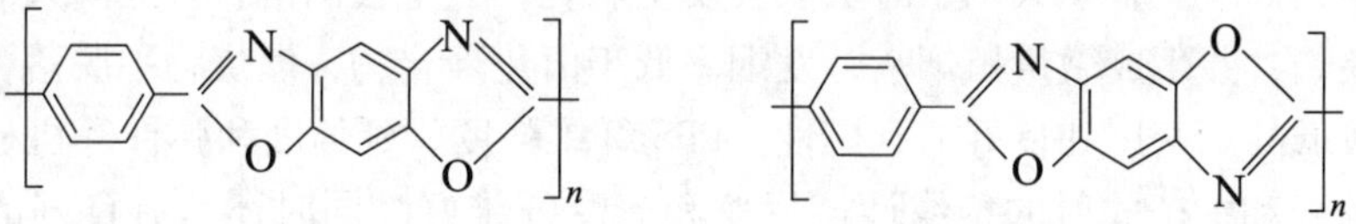

N　N　O　O　n　　　N　O　O　N　n

顺式聚对苯撑苯并双噁唑　　　反式聚对苯撑苯并双噁唑

PBO 分子单元链接角为 180°，是由刚性功能单元组成的棒状高分子。分子结构单元上的双噁唑环和苯环耦合，在苯环大 π 键影响下，芳香性不高的噁唑环的稳定性得到了很大的提高，一般的亲电试剂难以进攻。PBO 纤维的这种结构特征赋予了其优异物理机械性能和化学性能。PBO 纤维的强度及弹性模量约为 Kevlar 纤维的两倍，现有的商业 PBO 纤维的模量超过了钢材，一根直径为 1 mm 的 PBO 纤维可以吊起 450 kg 的重量，其强度是钢丝纤维的 10 倍以上。PBO 纤维从室温加热到 400 ℃，其抗张模量仅从 230 GPa 线性下降到 190 GPa；PBO 有异常高的抗点燃性，其极限氧指数为 68，在有机纤维之中表现出最高值，在燃烧中，热释放速率低，产生一氧化碳、氰化氢等有毒气体的非常少。其分子链的刚直性使得热分解温度比 Kevlar 纤维约高出 100 ℃，500 ℃热处理 60 s 后纤维的强度是原有强度的

90%；PBO 耐化学腐蚀性良好，除强酸外不溶于任何有机溶剂。

PBO 纤维优异的性能使其广泛应用于国防军工领域和民用领域。在国防军工方面，用于导弹和子弹的防护设备、防弹背心、防弹头盔和高性能航行服，用于舰艇的结构材料、降落伞用材料、制造飞机机身等，用于弹道导弹、战术导弹的复合材料用增强材料等。在民用领域，用于轮胎、胶带、胶管等橡胶制品的补强材料以及各种塑料和混凝土等的补强材料，纤维光缆的受拉件和光缆的保护膜，电热线、耳机线等各种软线的增强材料，绳索和缆绳的高拉力材料，高温过滤用耐热过滤材料。PBO 短纤维主要用于铝材挤压加工等用的耐热缓冲垫毡，高温过滤袋、过滤毡及热防护皮带等。PBO 纱线可用于耐高温毛毡、各种耐热工作服、保护服、安全手套、防割破装备等。另外还可用于摩擦材料和密封垫片用补强材料纤维，各种树脂、塑料的增强材料等。

3.10.3 聚苯硫醚纤维

聚苯硫醚，全称为聚亚苯基硫醚（Polyphenylene Sulfide，PPS）。PPS 纤维是一种线型、高相对分子质量、结晶性的高聚物，其分子链是由苯环经对位硫原子交替连接构成，大量的苯环赋予 PPS 以刚性，大量的硫醚又提供柔顺性，其分子结构对称，易于结晶，无极性，电性能好，不吸水。PPS 纤维具有很高的热稳定性、耐化学腐蚀性、阻燃性以及良好的加工性能。

PPS 纤维在高温下有优良的强度、刚性及耐疲劳性，在低于 400 ℃的空气或氮气中性能稳定。在 204 ℃高温空气中，2 000 h 后强度保持率为 90%。在空气中，当温度达到 700 ℃时才能发生完全降解。PPS 纤维具有优异的化学腐蚀性，特别是耐非氧化性酸和热碱液的性能突出，能抵抗酸、碱、氯烃、烃类、酮、醇、酯等化学品的侵蚀，在 200 ℃下不溶于任何化学溶剂，在四氯化碳、氯仿等有机溶剂中 1 周后仍能保持原有的抗拉强度。只有浓硫酸和浓硝酸等强氧化剂才能使 PPS 纤维发生剧烈的降解。因大分子中硫原子容易被氧化，所以 PPS 纤维对氧化剂比较敏感，耐光性也较差。PPS 纤维加工成的制品很难燃烧，不需添加阻燃剂就可以达到标准。置于火焰中时虽然会发生燃烧，但不会滴落，且远离火后自熄。燃烧时呈橙黄色火焰，并生成微量黑烟灰，发烟率低于卤化聚合物，燃烧物不脱落，形成残留焦炭，表现出较低的烟密度和良好的延燃性。PPS 纤维强度、延伸度和弹性等机械性能与聚酯相当，对 γ 射线和中子放射的绝缘性比尼龙和聚酯纤维好。同时还具有良好的纺织加工性能，可用于在燃煤炉中处理 150 ~ 200 ℃含硫酸性气体以及造纸工业中干燥带、电缆包胶层、复合材料等的制作。

PPS 纤维的优异耐热性、耐腐蚀性和阻燃性，使其具有十分广泛的用途，在环境保护、化学工业过滤和军事等领域中的应用尤为突出。例如，用于热电厂的高温袋式除尘、垃圾焚烧炉、水泥厂滤袋、电绝缘材料、阻燃材料、复合材料等；另外，还可用于干燥机用帆布、缝纫线、各种防护布、耐热衣料、电绝缘材料、电解隔膜和摩擦片（刹车用）等。

3.10.4 聚苯并咪唑纤维

聚苯并咪唑（Polybenzimidazoles，PBI）是主链含重复苯并咪唑环的一类聚合物，又称托基纶（Togylen）。聚苯并咪唑可用多种四氨基化合物，如四氨基苯、四氨基联苯及四氨基联苯醚等化合物，与对苯二甲酸、间苯二甲酸、萘二羧酸以及间苯二甲酸二苯酯等苯二酸、二苯酯缩聚反应合成。不同的基团结构会引起性能上的一些变化，如芳香苯环的增多，提供高的热稳定性，而加工性下降。主链引进醚基，侧链引入甲基会增加可溶性和柔软性，但降低了耐热性，因此要根据聚合物的不同用途，选择合适的化学结构，从工业化生产规模和纤维性能的角度出发，聚[2,2－间苯撑－5,5 二苯并咪唑]比较有竞争力，两个单体原料容易得到，聚合体有适宜的纺丝溶剂，在商业上有发展前景，它的合成反应式如下所示：

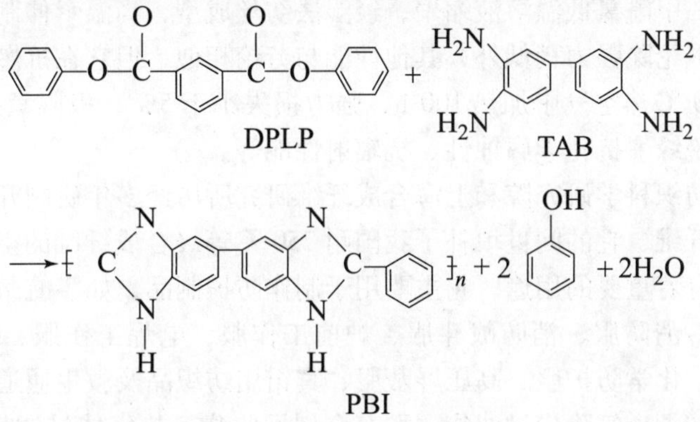

DPLP + TAB

$\longrightarrow$ [PBI]$_n$ + 2 OH（苯酚） + $2H_2O$

PBI 纤维具有一系列特殊的性能，如耐高温性、阻燃性、尺寸稳定性、耐化学腐蚀性和穿着舒适性等。其最大的特点是耐高温性能优良，可用于制作防护服（消防服、防高温工作服、飞行服）和救生用品等，曾经用它制作阿波罗号和空间试验室宇航员的航天服和内衣。还可用作宇宙飞船重返地球时及喷气飞机减速用的降落伞、减速器和热排出气的储存器等。在一般工业中可作石棉代用品，包括耐高温手套、高温防护服、传送带等，使用温度常为 250 ~ 300 ℃，能在 500 ℃下短时间使用。可做气体、液体的耐腐蚀滤材和烟道气滤袋，可在 150 ~ 200 ℃范围内使用，在酸的露点温度以下不受腐蚀。

3.10.5　聚酰亚胺纤维

由于聚酰亚胺分子结构中芳环密度较大，分子中含有酞酰亚胺的结构，因此聚酰亚胺纤维具有高强度、高模量特性的同时还具有耐高温、耐化学腐蚀、耐辐射、阻燃等优越性能。与 Kevlar49 纤维相比，聚酰亚胺纤维具有较好的热氧化稳定性，而且在过热水蒸气中的力学性能也相对较好。聚酰亚胺纤维还具有非常强的耐酸碱腐蚀性和耐光辐射性，经 1×10^{10} rad 快电子剂量照射后，强度保持率仍能达到 90%，这是其他纤维无法比拟的。聚酰亚胺纤维的极限氧指数一般在 35 ~ 75，发烟率低，属自熄性材料。此外，聚酰亚胺纤维还具有较高的热分解温度，全芳香型聚酰亚胺纤维开始分解的温度在 500 ℃左右。在 250 ℃、加热 10 min，热缩率小于 1%。由联苯二酐和对苯二胺合成的聚酞亚胺，热分解温度为 600 ℃，最高工作温度可达 300 ℃，可在 260 ℃条件下连续使用，不会产生物理降解现象；此外还具有良好的耐低温性能，在 －269 ℃液氦中不易脆裂，有较好的介电性能，介电常数在 3.4 左右。

聚酰亚胺纤维可以织成无纺布，主要用于高温放射性和有机气体及液体的过滤网、隔火毯，装甲部队的防护服、赛车防燃服、飞行服等防火阻燃服装；同时也做先进复合材料的增强剂用于航空、航天器、火箭的轻质电缆护套、高温绝缘电器、发动机喷管等。由于聚酰亚胺纤维具有突出的防火阻燃性能，可用于制作军工航天的防护罩及特种防火材料、原子能设施中的结构材料，在其他防火织物上的应用也会迅速增加，其市场前景非常广阔。

3.10.6 聚砜酰胺纤维

聚砜酰胺纤维（Polysulfonamide Fiber）简称芳砜纶（PSA），商品名 Tanlon，是一种在高分子主链上含有砜基（—SO_2—）的芳香族聚酰胺纤维，它由 4,4′-二氨基二苯砜，3,3′-二氨基二苯砜和对苯二甲酰氯低温溶液缩聚，经湿法纺丝成型，高温牵伸制得，纤维呈淡米黄色且富有光泽。芳砜纶除强力稍低外，其他性能与芳纶相似，但它在抗燃和抗热氧老化上显著优于芳纶，在 300 ℃热空气中加热 100 h，强力损失小于 5%，极限氧指数超过 33；还有良好的染色性、电绝缘、抗化学腐蚀性、抗辐射性能等。

芳砜纶是上海纺织科学研究院和上海合成纤维研究所历经多年研制开发的拥有独立知识产权的有机耐高温纤维，它的问世填补了我国耐 250 ℃等级合成纤维的空白。芳砜纶在国防军工和现代工业上有着重要的用途，它主要用于制作防护制品，如宇航服、飞行通风服、特种军服、军用篷布、消防服、消防战斗服、炉前工作服、电焊工作服、森林工作服、均压服、防辐射工作服、化学防护服、高压屏蔽服、宾馆用纺织品及救生通道、防火帘、防火手套等；过滤材料，如烟道气除尘过滤袋、稀有金属回收袋、热气体过滤软管以及作为耐酸、碱及一般有机溶剂的过滤材料和耐腐蚀材料；电绝缘材料，如电机绝缘材料、变压器绝缘材料、防电晕绝缘板、绝缘无纺布、絮片和毡、印刷电路板等；蜂窝结构材料，如飞机夹层材料、赛艇、轮船夹层材料、隔音隔热和自熄材料、护墙材料、复合材料等。

第4章

合成橡胶

4.1 概述

橡胶（rubber）是一类具有高弹性的高分子材料，在外力作用下能发生较大的形变，当外力解除后，能迅速恢复原来形状，如拉伸时能伸长到原长的几倍，拉力撤除后又能恢复到原来的尺寸，是具有可逆形变的高弹性聚合物材料。橡胶属于完全无定形的聚合物，它的玻璃化转变温度（T_g）低，分子量很大，通常几十万。由于种植天然橡胶的生产周期长、成本高、产量低，远远不能满足人类的需要，化学家开始致力于合成橡胶的研究。合成橡胶是以天然气、煤及石油等原料为基础，通过化学方法得到单体，然后再聚合成一定温度范围内具有高度弹性的高分子化合物，可用来替代天然橡胶（NR），也称合成弹性体，是三大合成材料之一，其产量仅次于合成树脂（或塑料）、合成纤维。合成橡胶的性能因单体不同而异，少数品种的性能与天然橡胶相似，大多数与天然橡胶不同，一般均需经过硫化和加工之后，才具有实用性和使用价值。

4.1.1 合成橡胶的发展简史

1823年，英国人麦金托什创办第一个橡胶防水布厂，这是橡胶工业的开始。同期，英国人Hancock发现橡胶通过两个转动滚筒的缝隙反复加工，可以降低弹性、提高塑性。这一发现奠定了橡胶加工的基础，他被公认为世界橡胶工业的先驱。1826年，法拉第首先对天然橡胶进行化学分析，确定了天然橡胶的实验式为C_5H_8。1839年，Goodyear发现硫黄可使橡胶硫化，奠定了橡胶加工业的基础。1860年，威廉斯从天然橡胶的热裂解产物中分离出C_5H_8，定名为异戊二烯，并指出异戊二烯在空气中又会氧化变成白色弹性体。1879年，布查德用热裂解法制得了异戊二烯，又把异戊二烯重新制成弹性体。尽管这种弹性体的结构、性能与天然橡胶差别很大，但至此人们已完全确认从低分子单体合成橡胶是可能的。1888年，Dunlop发明充气轮胎，使橡胶工业真正起飞。

1900年，孔达科夫用2,3-二甲基-1,3-丁二烯聚合成革状弹性体。1905年，人们发现橡胶弹性物质的分子链由无数异戊二烯分子串组成，而分子串的交联方式在当时依旧是个谜。尽管如此，霍夫曼仍决定尝试，由于很难获得“天然橡胶分子”异戊二烯，霍夫曼决定使用与异戊二烯化学结构非常类似，更容易获得的甲基异戊二烯。他将甲基异戊二烯置于锡器中加热，等待，有时甚至反应几个月。根据温度不同，锡器中形成的物质有时更软，有时更硬，但弹性始终保持不变。最终，霍夫曼发明了甲基橡胶，在1909年9月12日他获得了世界第一项合成橡胶专利。第一次世界大战期间，德国的海上运输被封锁，切断了天然橡胶的输入，孔达科夫于1917年将2,3－二甲基－1,3－丁二烯生产的合成橡胶取名为甲基橡胶W和甲基橡胶H。甲基橡胶W是2,3－二甲基－1,3－丁二烯在70 ℃热聚合历经5个月后制得的，而甲基橡胶H是上述单体在30～35 ℃聚合历经3～4个月后制成的硬橡胶。在战争期间，甲基橡胶共生产了2 350 t。这种橡胶的性能比天然橡胶差很多，而且当时单体的合成和聚合技术都很落后，故战后停止生产。

1927—1928年，美国的帕特里克首先合成了聚硫橡胶（聚四硫化乙烯）。卡罗瑟斯利用纽兰德的方法合成了2－氯－1,3－丁二烯，制得了氯丁橡胶。1931年，DuPont公司进行了小量生产。苏联利用列别捷夫的方法从酒精合成了丁二烯，并用金属钠作催化剂进行液相本体聚合，制得了丁钠橡胶，1931年建成了万吨级生产装置。在同一时期，德国从乙炔出发合成了丁二烯，也用钠做催化剂制取丁钠橡胶。20世纪30年代初期，德国施陶丁格大分子长链结构理论的确立（1932）和苏联谢苗诺夫的链式聚合理论（1934）的指引，为聚合物学科奠定了基础。同时，聚合工艺和橡胶质量也有了显著的改进。在此期间出现的代表性橡胶品种有：丁二烯与苯乙烯共聚制得的丁苯橡胶、丁二烯与丙烯腈共聚制得的丁腈橡胶。1935年，德国法本公司首先生产丁腈橡胶，1937年，该公司在布纳化工厂建成丁苯橡胶工业生产装置。丁苯橡胶由于综合性能优良，至今仍是合成橡胶的最大品种，而丁腈橡胶是一种耐油橡胶，目前仍是特种橡胶的主要品种。20世纪40年代初，由于战争的急需，促进了丁基橡胶技术的开发和投产。1943年，美国开始试生产丁基橡胶，1944年美国和加拿大的丁基橡胶年产量分别为1 320 t和2 480 t。丁基橡胶是一种气密性很好的合成橡胶，最适于作轮胎内胎。后来，还出现了很多特种橡胶的新品种，如美国通用电气公司在1944年开始生产硅橡胶，德国和英国分别于40年代初生产了聚氨酯橡胶等。第二次世界大战期间，由于日本占领了马来西亚等天然橡胶产地，促使北美和苏联等加速合成橡胶的研制和生产，使世界合成橡胶的产量从1939年的23 120 t增加到1944年的885 500 t。战后，由于天然橡胶恢复了供应，在1945—1952年，合成橡胶的产量在432 900～893 900 t范围内波动。

20世纪50年代中期，由于发明了齐格勒－纳塔和锂系等新型催化剂，石油工业为合成橡胶提供了大量高品级的单体，人们也逐渐认识了橡胶分子的微观结构对橡胶性能影响的重要性；加上配合新型催化剂而开发的溶液聚合技术，使有效地控制橡胶分子的立构规整性成为可能。这些因素使合成橡胶工业进入生产立构规整橡胶的崭新阶段。代表性的产品有60年代初投产的高顺式－1,4－聚异戊二烯橡胶，简称异戊橡胶又称合成天然橡胶；高反式－1,4－聚异戊二烯，又称合成杜仲胶；高顺式、中顺式和低顺式－1,4－聚丁二烯橡胶，简称顺丁橡胶。此外，有溶液丁苯和乙烯－丙烯共聚制得的乙丙橡胶等。在此期间，特种橡胶也获得了相应的发展，合成了耐更高温度、耐多种介质和溶剂或兼具耐高温、耐油的胶种。其代表性品种有氟橡胶和新型丙烯酸酯橡胶等。60年代，合成橡胶工业以继续开发新品种与大幅度增加产量平行发展为特征，出现了多种形式的橡胶，如液体橡胶、粉末橡胶和热塑性橡胶等。

总之，第一次世界大战期间诞生了合成橡胶，并且有少量生产以适应战争急需。20世纪30年代初期建立了合成橡胶工业。第二次世界大战促进了多品种、多性能合成橡胶工业的飞跃发展。50年代初，发明了齐格勒－纳塔催化剂，单体制造技术也比较成熟，使合成橡胶工业进入合成立构规整橡胶的崭新阶段。60年代以后，合成橡胶的产量开始超过天然橡胶。到70年代后期，合成橡胶已基本上可代替天然橡胶制造各种轮胎和制品。1965—1973年，出现了热塑性弹性体，即第三代橡胶；茂金属催化剂给橡胶工业带来新的革命，现在已合成了茂金属乙丙橡胶等新型橡胶品种；随着环氧化、接枝、共混、动态硫化等技术的采用，合成橡胶正向着高性能化、功能化、特种化方向发展。

4.1.2 合成橡胶的分类

合成橡胶的生产不受地理条件限制，合成橡胶的分类方法很多。根据不同的分类依据，有不同类型的合成橡胶。

（1）根据合成橡胶的使用性能和用途分类

合成橡胶根据使用性能和用途可分为通用合成橡胶和特种合成橡胶两大类别。通用合成橡胶指产量大、应用广、在使用上一般无特殊性能要求的橡胶，通用合成橡胶是可以部分或全部代替天然橡胶使用的橡胶，如丁苯橡胶、异戊橡胶、顺丁橡胶等，主要用于制造各种轮胎及一般工业橡胶制品。特种合成橡胶指用于特殊用途中，如耐油、耐酸碱、耐高温、耐低温、耐辐射等的橡胶。例如，乙丙橡胶、氯磺化聚乙烯橡胶、氯化聚乙烯橡胶、丙烯酸酯橡胶、聚氨酯橡胶、硅橡胶、氟橡胶、氯醚橡胶、聚硫橡胶等，主要用于要求某种特性的特殊场合。

实际上，通用合成橡胶和特种合成橡胶之间并无严格的界限，如氯丁橡胶（CR）、乙丙橡胶（EPDM）、丁基橡胶（IIR）都兼具通用与特种两方面的特点。

（2）根据合成橡胶的物理形态分类

合成橡胶根据物理形态可分为生橡胶、软橡胶、硬橡胶、混炼胶、再生胶、液体橡胶、粉末橡胶等。

生橡胶简称生胶，是指由天然采集、提炼或人工合成、未加配合剂而制成的原始胶料，为较硬的大块。生胶是一种不饱和的橡胶烃，未经配合的生胶性能较差，不能直接使用。

软橡胶又称熟橡胶，是指在生胶中加入各种配合剂，经过塑炼、混炼、硫化等加工过程而制成为具有高弹性、高强度和其他实用性能的橡胶产品。一般所指的橡胶就是这种软橡胶。根据各种工业制品的需要，用不同性能的天然或合成生橡胶，加入各种不同比例的配合剂，就可以制成不同硬度和具有特殊性能的橡胶制品。

硬橡胶又称硬质橡胶，它与软橡胶的不同，是含有大量硫黄（25%～50%）的生胶经过硫化而制成的硬质制品。这种橡胶具有较高的硬度和强度，优良的电气绝缘性以及对某些酸、碱和溶剂的高度稳定性。广泛用于制作电绝缘制品和耐化学腐蚀制品。

混炼胶是指在生胶中加入各种配合剂，经过炼胶机的混合作用后，使其具有所需要物理机械性能的半成品，俗称胶料。通常均作为商品出售，购买者可直接用它加工、硫化压制成所需要的橡胶制品，不需要再配制胶料，混炼胶有不同的品种和牌号。

再生胶是以废轮胎和其他废旧橡胶制品为原料，经过一定的加工过程而制成的具有一定塑性的循环可利用橡胶。它是橡胶工业中的主要原料之一，可以部分地代替生胶，节约生胶。

液体橡胶是20世纪60年代中期新崛起的合成橡胶材料，它是一种低分子量聚合物，常温下为液体状态，带有橡胶的弹性和强力。工业上最早生产的是液体聚硫橡胶，到目前为止，有丁苯、丁腈、氯丁、丁基等品种而且发展趋势迅猛，几乎所有的大品种橡胶都有相应的液体橡胶。它的主要用途是作为胶黏剂使用，还可制作涂料、密封材料、火箭燃料等，此外通过浇注、挤压和注射成型，制作各种制品，这种新的成型工艺简单，不像固体橡胶那样复杂，可以省略塑炼、混炼等许多工序。如在注射成型时可以同时进行硫化或提高预硫化程度。由于它是液态，流动性好，还可以进行连续化和自动化操作，因此，低分子液态橡胶的出现，对橡胶制品加工工艺来说，是一件具有变革意义的事情，推动了橡胶工业的技术革新。

粉末橡胶是在合成橡胶生产工艺中只改变后处理工艺，得到外观呈粉末状的橡胶成品。粉末橡胶与通常的块状合成橡胶的基本性质一样，不需改变混炼配方就能在现有加工设备上得到和块状合成橡胶制品同样的产品，对推动混炼过程连续化、自动化，减轻劳动强度，减低能耗，改善环境有利。

（3）根据橡胶制品形成过程分类

橡胶制品根据形成过程可分为热塑性橡胶和硫化型橡胶。

热塑性橡胶简称 TPE，又称热塑性弹性体，是一类在常温下显示橡胶弹性、受热时呈可塑性的高分子材料，如可反复加工成型的三嵌段热塑性丁苯橡胶。热塑性橡胶具有与普通硫化胶类似的物性，但不需要硫化，可与热塑性树脂一样，用普通塑料加工方法成型，制品可回收再加工而不失其基本性能。这种新型材料的开发，给橡胶工业带来重大革新。它打破了橡胶和塑料之间的传统界限，在节能、省力和防止环境污染方面，更具经济效益和社会效益。

硫化型橡胶也称熟橡胶，通称橡皮或胶皮，是指硫化过的橡胶，是胶料经硫化加工后的总称。具有不变黏、不易折断等特质，橡胶制品大都用这种橡胶制成，硫化后生胶内形成空间立体结构，具有较高的弹性、耐热性、拉伸强度和不溶于有机溶剂等特性。橡胶制品绝大部分是硫化橡胶。

（4）根据主链元素分类

橡胶制品根据主链元素可分为碳链橡胶、杂链橡胶和元素有机类橡胶。

碳链橡胶的主链都是碳原子，如顺丁橡胶、乙丙橡胶等，根据聚合单体的不同，碳链橡胶主要包括烯烃类和二烯烃类橡胶。烯烃类橡胶又称烯烃类热塑性弹性体，包括热塑性聚烯烃（TPOS）、弹性体改性聚丙烯（EMPPS）及工程聚烯烃。热塑性聚烯烃类（主要是聚丙烯）与弹性体的共混物，通常也称为烯烃类共混物。这些共混物具有宽广范围的物理性能和流变性能，从柔软的弹性体到又硬又刚的材料都有，因而有广阔的应用范围。二烯烃类橡胶是含两个碳碳双键的烃类化合物聚合而成的弹性体材料。共轭二烯烃是合成橡胶的重要单体，聚合二烯烃橡胶中的主要工业化产品有顺式 1,4 - 丁二烯橡胶（顺丁橡胶）、顺式 1,4 - 异戊二烯橡胶、高乙烯基丁二烯橡胶、低结晶间同 1,2 - 丁二烯橡胶、反式 1,4 - 异戊橡胶、丁苯橡胶、丁腈橡胶、氯丁橡胶等。

杂链橡胶的主链中除碳原子外，还包括氮、氧、硫、磷等杂原子，如硫醇橡胶、聚氨酯橡胶、聚硫橡胶等。

元素有机类橡胶的主链完全不含碳原子，由杂原子组成，如硅橡胶。

另外根据生胶充填的填充剂可分为充油母胶、充炭黑母胶和充木质素母胶等。

4.1.3 合成橡胶的分子结构和成分

(1) 合成橡胶的分子结构

合成橡胶的一系列特有性能是由它本身的分子结构而决定的。大量的研究和实践表明，橡胶高分子的结构具备如下特点：

①分子量要足够大、分子间作用力要小。分子量大有利于弹性的提高，分子量分布宽不利于弹性的提高。常温无负荷时呈无定形态。为实现链段运动和大形变提供必要条件。例如通用合成橡胶多数为二烯烃的均聚物或共聚物。

②分子内—C—C—单键（或—C—O—C—）容易内旋转。分子链柔性越大，空间位阻效应越小，构象越易于改变，弹性越好。分子链规整性越好，分子间作用力越大，结晶度越高，弹性越差。玻璃化转变温度（T_g）低，例如通用合成橡胶的 T_g 一般从 -50 ~ -110 ℃（乳聚丁苯橡胶的 T_g = -56 ℃，顺式1,4 聚异戊二烯的 T_g = -72 ℃，天然橡胶的 T_g = -73 ℃，顺式1,4 聚丁二烯的 T_g = -110 ℃）；特种橡胶由于往往带有极性侧基（如氯醚橡胶）而分子间作用力增大，内旋转活化能升高，但其 T_g 一般也需在 -20 ℃以下，以便在使用温度下呈现高弹性，这就是说 T_g 是橡胶使用温度的下限。此外 T_g 还与轮胎的耐磨性、抓着力和抗湿滑性有关，所以对合成橡胶来说，T_g 是反映橡胶综合性能优劣的重要参数。

③通常橡胶必须经硫化交联才能制得有使用价值的弹性体制品，合成橡胶硫化分子中必须要有与硫黄（或其他硫化剂）反应的硫化点。这个硫化点对通用橡胶来说就是—C═C—CH_2—，对特种橡胶来说就是侧基。硫化实际上是分子间以共价键（如—C—Sn—C，或—C—O—C—）架桥交联，交联点间的分子量（M_c）必须足够大，以便使链段自由运动而产生弹性（伸缩性），弹性随着硫化交联密度的增加而增大，交联密度与弹性会出现最大值。所以硫化胶既可呈现较好的力、热学性能，又可发挥良好的弹性。与之相比，热塑性弹性体如苯乙烯-丁二烯-苯乙烯嵌段共聚物（SBS），由于其分子间是物理交联（靠聚苯乙烯玻璃化微区），故耐热性、强力和抗蠕变能力均低于共价交联的硫化胶。但其最大的优点和塑料一样，具有热塑性，可反复加工。

合成橡胶的分子结构有线型、支链型、体型三种类型。未经硫化的生胶和乳胶是线型的或含有支链型的分子。硫化后的橡胶则是体型结构。我们常见的大块生胶或牛奶般的乳胶，它们里面就是由许多细长而又具有很大柔顺性和流动性的线型分子链所组成。通常，这种长链的橡胶分子卷曲成无规则的线团，并且相互缠曲；当受到外力拉伸时，分子链就伸直，外力去除后，又恢复成卷曲状态，这就是橡胶高弹性的来源。硫化后，不同分子链之间相互连接成立体网状结构，这种网状结构就是体型结构，它使橡胶的物理机械性能得到全面的增强，从而具有实际使用价值。

(2) 合成橡胶的成分

合成橡胶的成分以生橡胶为主，添加硫化剂、配合剂、增强剂等助剂。

生橡胶是一种不饱和的橡胶烃，即烯烃，它是线型的或含有支链型的长链状分子，分子中含有不稳定的双键，所以性能上有许多缺点（如受热发黏、遇冷变硬），不能直接用来制造橡胶制品。只能在5 ~ 35 ℃范围内保持弹性；同时强度差、不耐磨、不耐溶剂，所以生橡胶只有在经过特种的物理、化学过程，即所谓的硫化处理之后，才具有橡胶的各种特性。

硫化剂是橡胶加工的一个重要助剂，未经硫化的生胶在使用上是没有什么价值的。所谓

“硫化”，就是将一定量的硫化剂（最常用的硫化剂是硫黄）加入生胶中，在规定的温度下加热、保温的一种加工过程。它使生胶的线型分子间通过生成的“硫桥”而互相交联成立体的网状结构，从而使塑性的胶料变成具有高弹性的硫化胶。目前，硫化剂的品种很多，除硫黄外，还有有机多硫化物、过氧化物、金属氧化物等，另外还可用原子辐射的方法直接进行交联作用。

橡胶的配合剂是为了使橡胶获得其他必要的性能，不同用途的橡胶，在生胶中加入的配合剂的品种和数量各不相同。这些物质根据它们所起的作用不同而分为下列不同种类。

①补强剂：是指那些能提高硫化胶的抗张强度、撕裂强度、耐磨性等物理机械性能的物质，如炭黑、氧化锌、白炭黑、活性陶土、活性碳酸钙以及木质素、古玛隆树脂等。其中用量最多、效果最好的是炭黑。

②软化剂：是用来增强生胶塑性，并使橡胶具有一定柔软性的物质。软化剂有松焦油、松香、矿物油类和脂类有机化合物等。

③填充剂：又叫增容剂。主要用来增加橡胶容积，节约生胶，降低生产成本。通常用的填充剂有未经活化处理的碳酸钙、碳酸镁、陶土、滑石粉、云母粉及硫酸钡等。

④防老剂：是用来减缓老化过程、延长橡胶使用寿命的一种物质，有防老剂 A、防老剂 D、防老剂 4010 等。

⑤硫化促进剂和活性剂：硫化促进剂是用来促进硫化过程，活性剂是配合硫化剂加速硫化过程的。

⑥其他特种添加剂：某些特种用途的橡胶，还有专门的配合剂，如发泡剂、硬化剂等。

4.1.4 合成橡胶的性能

合成橡胶材料通常具有优良的耐热性、耐寒性、防腐蚀性，且受环境因素影响小，合成橡胶材料可在 -60 ~ 250 ℃正常使用。合成橡胶也有缺点，主要是它的拉伸效果比较差，抗撕裂强度以及力学性能也比较差，但是由于合成橡胶材料相比天然橡胶成本低廉，也是很多企业生产中低档型产品的首选。

合成橡胶的性能可分为两方面，即结构性能和功能特性，结构性能是指高弹性和强度等力学性能；功能特性指橡胶的物理特性和化学特性，如耐介质、电绝缘性、耐化学腐蚀性等。在橡胶制品中，有的以利用前一类性能为主，如减震制品、密封制品等；有的以利用后一类性能为主，如水封（耐水性）和电缆护套（电绝缘性）等。

（1）橡胶材料的特性

①高弹性，橡胶的弹性模量小，一般在 1 ~ 9.8 MPa，随温度升高而增大。伸长变形大，伸长率可高达 1 000%，仍表现有可恢复的特性，并能在很宽的温度（ -50 ~ 150 ℃）范围内保持有弹性。

②黏弹性，橡胶是黏弹性体。由于大分子间作用力的存在，使橡胶受外力作用产生形变时，受时间、温度等条件的影响，表现有明显的应力松弛和蠕变现象。

③缓冲减震性，橡胶对声音振动和传播有缓和作用，可利用这一特点来防除噪声和振动。

④电绝缘性，橡胶和塑料一样是电绝缘材料，天然橡胶和丁基橡胶的体积电阻率可达到

10^{15} Ω · cm 以上。

⑤温度依赖性，高分子材料一般都受温度影响。橡胶在低温时处于玻璃态变硬变脆，在高温时则发生软化、熔融、热氧化、热分解以至燃烧。

⑥老化性能，如同金属腐蚀、木材腐朽、岩石风化一样，橡胶也会因环境条件的变化而发生老化，使性能变坏，寿命缩短。

⑦硫化性能，必须加入硫黄或其他能使橡胶硫化（或称交联）的物质，使橡胶大分子交联成空间网状结构，才能得到具有使用价值的橡胶制品，但是，热塑性橡胶可不必硫化。

除此之外，橡胶密度低，属于轻质材料，硬度低，柔软性好；透气性较差，可做气密性材料；还是较好的防水性材料等。这些特点使得橡胶材料和橡胶制品的应用范围特别广泛，制品多达数万种。

（2）表征橡胶物理机械性能的参量

①拉伸强度：又称扯断强度、抗张强度，指试片拉伸至断裂时单位断面上所承受的负荷，单位为兆帕（MPa），以往为千克力[①]/厘米^2（kgf/cm^2）。

②定伸应力：旧称定伸强度，指试样被拉伸到一定长度时单位面积所承受的负荷。计量单位同拉伸强度。常用的有100%、300%和500%定伸应力。它反映的是橡胶抵抗外力变形能力的高低。

③撕裂强度：将特殊试片（带有割口或直角形）撕裂时单位厚度所承受的负荷，表示材料的抗撕裂性，单位为kN/m。

④伸长率：试片拉断时，伸长部分与原长度之比叫作伸长率；用百分比表示。

⑤永久变形：试样拉伸至断裂后，标距伸长变形不可恢复部分占原始长度的百分比。通常指解除了外力作用并放置一定时间（一般为3 min）后的变形，以百分比表示。

⑥回弹性：又称冲击弹性，指橡胶受冲击之后恢复原状的能力，以百分比表示。

⑦硬度：表示橡胶抵抗外力压入的能力，常用邵氏硬度计测定。橡胶的硬度范围一般在20～100，单位为邵氏A。

4.1.5 合成橡胶的生产和加工

（1）合成橡胶的生产

目前合成橡胶的生产方法主要是乳液均聚或共聚、溶液均聚或共聚，其生产过程包括原料的准备、聚合、分离回收、洗涤脱水和干燥成型。

用乳液法生产的橡胶有：乳聚丁苯橡胶（E-SBR）、丁腈橡胶（NBR）、丁苯胶乳（SBRL）、聚丁二烯胶乳（BRL）、氯丁橡胶（CR）和丙烯酸酯橡胶（ACM）。2001年我国这六种橡胶的产能力约为60万t/年；自由基聚合对杂质不敏感，胶乳黏度低利于排散聚合热，有利于大规模工业生产。

用溶液法生产的橡胶有：顺丁橡胶（BR9000）、乙丙橡胶（EPDM）、丁基橡胶（IIR）和溶聚丁苯橡胶（S-SBR）、热塑性丁苯橡胶（SBS），2001年我国这五种橡胶产量为59.5万t/年。由于引发剂或催化剂遇水分解（顺式1,4－丁二烯聚合的催化剂为$Ni(nap)_2/AliBu_3/BF_3 \cdot OEt_2$，乙丙共聚的催化剂为$VOCl_3/Al_2Et_3Cl_3$，SBS和S-SBR的引发剂为n-BuLi

---

① 1千克力（kgf）=9.806 65牛。

或 S-BuLi）且对炔烃及含质子物质敏感，故不得不采用高度纯净的溶剂进行溶液聚合。其中用 Ni 系催化剂生产顺丁橡胶产量和单位容积生产效率均居世界第一。

（2）合成橡胶的加工

伴随现代工业尤其是化学工业的迅猛发展，橡胶制品种类繁多，但其加工工艺过程基本相同。以一般固体橡胶（生胶）为原料的加工，工艺过程主要包括：原材料准备→塑炼→混炼→成型→硫化→休整→检验。

①原材料准备。

加工橡胶制品的主要材料有生胶、配合剂、纤维材料和金属材料。其中生胶为基本材料；配合剂是为了改善橡胶制品的某些性能而加入的辅助材料；纤维材料（棉、麻、毛及各种人造纤维、合成纤维）和金属材料（钢丝、铜丝）是作为橡胶制品的骨架材料，以增强机械强度、限制制品变形。在原材料准备过程中，配料必须按照配方称量准确。为了使生胶和配合剂能相互均匀混合，需要对某些材料进行加工，生胶要在 60 ~ 70 ℃烘房内烘软后，再切胶、破胶成小块；块状配合剂如石蜡、硬脂酸、松香等要粉碎；粉状配合剂若含有机杂质或粗粒时需要筛选除去；液态配合剂（松焦油、古马隆）需要加热、熔化、蒸发水分、过滤杂质；配合剂要进行干燥，否则容易结块，混炼时不能分散均匀，硫化时产生气泡，从而影响产品质量。

②塑炼。

将生胶的长链分子降解，使其具有可塑性的过程叫作塑炼。生胶富有弹性，缺乏加工时的必需性能（可塑性），不便于加工。为了提高其可塑性，要对生胶进行塑炼，在混炼时配合剂就容易均匀分散在生胶中；同时，在压延、成型过程中也有助于提高胶料的渗透性（渗入纤维织品内）和成型流动性。生胶塑炼的方法有机械塑炼和热塑炼两种。机械塑炼是在不太高的温度下，通过塑炼机的机械挤压和摩擦力的作用，使长链橡胶分子降解变短，由高弹性状态转变为可塑状态。热塑炼是向生胶中通入灼热的压缩空气，在热和氧的作用下，使长链分子降解变短，从而获得可塑性。

③混炼。

混炼就是将塑炼后的生胶与配合剂混合，放在炼胶机中，通过机械拌合作用，使配合剂完全、均匀地分散在生胶中的一种过程。混炼是橡胶制品生产过程中的一道重要工序，如果混合不均匀，就不能充分发挥橡胶和配合剂的作用，影响产品的使用性能。混炼后得到的胶料，人们称为混炼胶，它是制造各种橡胶制品的半成品材料，俗称胶料，通常均作为商品出售，购买者可利用胶料直接加工成型、硫化制成所需要的橡胶制品。

④成型。

在橡胶制品的生产加工过程中，利用压延机或压出机预先制成形状各式各样、尺寸各不相同的工艺过程，称为成型。成型的方法有压延成型、压出成型和模压成型。

压延成型：是将混炼胶通过压延机压制成一定形状、一定尺寸的胶片的方法。适用于制造简单的片状、板状制品。有些橡胶制品（如轮胎、胶布、胶管等）所用纺织纤维材料，必须涂上一层薄胶（在纤维上涂胶也叫贴胶或擦胶），涂胶工序一般也在压延机上完成。纤维材料在压延前需要进行烘干和浸胶，烘干的目的是减少纤维材料的含水量（以免水分蒸发起泡）和提高纤维材料的温度，以保证压延工艺的质量。浸胶是挂胶前的必要工序，目的是提高纤维材料与胶料的结合性能。

压出成型：是把具有一定塑性的混炼胶，放入挤压机的料斗内，在螺杆的挤压下，通过各种各样的口型（也叫样板）进行连续造型的一种方法。压出之前，胶料必须进行预热，使胶料柔软、易于挤出，从而得到表面光滑、尺寸准确的橡胶制品。用于较为复杂的橡胶制品，像轮胎胎面、胶管、金属丝表面覆胶需要用压出成型的方法制造。

模压成型：也可以用模压方法来制造某些形状复杂（如皮碗、密封圈）的橡胶制品，借助成型的阴、阳模具，将胶料放置在模具中加热成型。

⑤硫化。

把塑性橡胶转化为弹性橡胶的过程叫作硫化，它是将一定量的硫化剂（如硫黄、硫化促进剂等）加入由生胶制成的半成品中，在规定的温度下加热、保温，使生胶的线性分子间通过生成“硫桥”而相互交联成立体的网状结构，从而使塑性的胶料变成具有高弹性的硫化胶。由于交联键主要是由硫黄组成，所以称为“硫化”。随着合成橡胶的迅速发展，现在硫化剂的品种很多，除硫黄外，还有过氧化物、有机多硫化物、金属氧化物等。凡是能使线状结构的塑性橡胶转化为立体网状结构的弹性橡胶的工艺过程都叫硫化，凡能在橡胶材料中起“搭桥”作用的物质都称为“硫化剂”。硫化后的弹性橡胶叫硫化橡胶，又叫软橡胶，俗称“橡胶”。硫化是橡胶加工的一个最为重要的工艺过程，各种橡胶制品必须经过硫化来获得理想的使用性能。未经硫化的橡胶，在使用上是没有什么使用价值的，但欠硫（硫化程度不够，硫化时间不够，未能达到最佳状态）和过硫（硫化时间超过、性能显著下降）都使橡胶性能下降。所以生产过程中一定要严格控制硫化时间，以保证硫化后的橡胶制品具有最好的使用性能和最长久的使用寿命。

⑥辅助措施。

为了达到使用性能，还应在生产工艺中增加一些辅助措施。如增加强度：配用硬质炭黑，掺用酚醛树脂；增加耐磨性：配用硬质炭黑；气密性要求高：少用挥发性高的组分；增加耐热性：采用新的硫化工艺；增加耐寒性：通过生胶的解枝镶嵌，降低结晶倾向，使用耐低温的增塑剂；增加耐燃性：不用易燃助剂、少用软化剂、使用阻燃剂（如三氧化锑）；增加耐氧性、耐臭氧性：采用对二胺类防护剂；提高电绝缘性：配用高结构填充剂或金属粉，配用抗静电剂；提高磁性：采用锶铁氧粉、铝镍铁粉、铁钡粉等作填充剂；提高耐水性：采用氧化铅或树脂硫化体系，配用吸水性较低的填充剂（如硫酸钡、陶土）；提高耐油性：充分交联、少用增塑剂；提高耐酸碱度：多用填充剂；提高真空性：配用挥发性小的添加剂；降低硬度：大量填充软化剂等。

4.2　丁苯橡胶

丁苯橡胶（Styrene-Butadiene Rubber，SBR）是由 1,3－丁二烯与苯乙烯两种单体共聚得到的高聚物弹性体，是一种综合性能较好且产量和消耗量最大的合成橡胶，占合成橡胶总产量的 60%。丁苯橡胶是最早工业化的合成橡胶。20 世纪 20 年代，德国法本公司在致力于改进乳液法聚丁二烯物理性质时用苯乙烯作为第二单体与丁二烯共聚，从而产生了乳聚丁苯橡胶。1933 年，该公司发表了采用乙炔路线合成乳液聚合丁苯橡胶的第一个专利，并于 1937 年开始工业化生产。第二次世界大战爆发以后，作为战略物资，橡胶的需求量急增，美国迅速发展了乳聚丁苯橡胶的生产，于 1942 年生产出 GR－S 丁苯橡胶。苏联于 1949 年也开始了丁苯橡胶的生产。以上合成丁苯橡胶均是 50 ℃下的共聚产物，称为高温丁苯橡胶。20 世纪 50 年代初，出现了在 5 ℃下聚合的性能优异的低温丁苯橡胶。目前，低温乳聚丁苯橡胶约占整个乳聚丁苯橡胶的 90%，高温乳液聚合生产配方简单，过程易于控制，对某些性能要求不高的橡胶制品仍有使用。20 世纪 60 年代中期，随着阴离子聚合技术的发展，溶液聚合丁苯橡胶问世。这种胶料由于具有较低的滚动阻力、较高的抗湿滑性和较好的综合性能，发展较快，目前溶液丁苯橡胶已占丁苯橡胶总产量的 15% 以上。

4.2.1 丁苯橡胶的分类

丁苯橡胶品种繁多，如按聚合方法、聚合温度、辅助单体含量及充填剂等的不同，可简单分为下列几类：

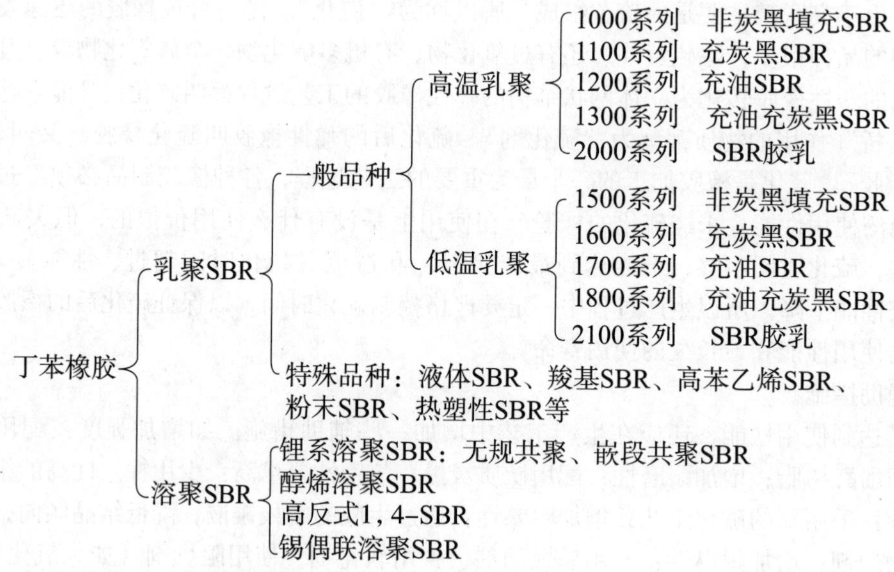

（1）按聚合方法和条件分类

按聚合方法和条件可分为乳液聚合丁苯橡胶和溶液聚合丁苯橡胶；乳液聚合丁苯橡胶开发历史悠久，生产和加工工艺成熟，应用广泛，其生产能力、产量和消耗量在丁苯橡胶中均占首位。溶液聚合丁苯橡胶是兼具多种综合性能的橡胶品种，其生产工艺与乳聚丁苯橡胶相比，具有装置适应能力强、胶种多样化、单体转化率高、排污量小、聚合助剂品种少等优点。

乳液聚合丁苯橡胶又可以分为高温乳液聚合丁苯橡胶和低温乳液聚合丁苯橡胶，后者应用较广，前者趋于淘汰。在生产工艺上，乳液聚合丁苯橡胶更加成熟。

（2）按填料品种分类

按填料品种可分为充炭黑丁苯橡胶、充油丁苯橡胶和充炭黑充油丁苯橡胶等。

（3）按苯乙烯含量分类

按苯乙烯含量可分为丁苯橡胶 -10、丁苯橡胶 -30、丁苯橡胶 -50 等，其中数字为苯乙烯聚合时的含量（质量分数），最常用的是丁苯橡胶 -30。

4.2.2 丁苯橡胶的结构、性能及应用

(1) 丁苯橡胶的结构

丁苯橡胶的分子结构式如下：

$$-\!\!\left(CH_2-CH=CH-CH_2\right)_x\!\left(CH_2-\underset{\substack{|\\ CH\\ \|\\ CH_2}}{CH}\right)_y\!\left(CH_2-\underset{\substack{|\\ C_6H_5}}{CH}\right)_z\!-$$

丁苯橡胶的化学结构中含有4个结构单元：苯乙烯结构单元、顺式1,4-丁二烯结构单元、反式1,4-丁二烯结构单元以及1,2-丁二烯结构单元。微观结构特征取决于：苯乙烯质量分数、顺式1,4-丁二烯质量分数、反式1,4-丁二烯质量分数以及1,2-丁二烯质量分数。宏观结构特征包括：支化、凝胶质量分数、分子量、相对分子量分布。

丁苯橡胶结构不规整，不易结晶，是无定形聚合物。数均分子量为 $(1.5\sim4)\times10^5$，重均分子量为 $(2\sim10)\times10^5$，通用丁苯橡胶的玻璃化温度为-55 ℃，苯乙烯含量大的丁苯橡胶玻璃化温度高。典型丁苯橡胶的结构特征见表4-1。

表4-1 典型丁苯橡胶的结构特征

丁苯橡胶类型	宏观结构					微观结构		
	支化	凝胶	M_n	HI	PS/%	顺式/%	反式/%	乙烯基/%
低温乳液聚合丁苯橡胶	中等	少量	100 000	4~6	23.5	9.5	55	12
高温乳液聚合丁苯橡胶	大量	多	100 000	7.5	23.4	16.6	46.3	13.7

丁苯橡胶的玻璃化温度取决于苯乙烯均聚物的含量。可以按需要的比例从100%的丁二烯（顺式、反式的玻璃化温度都是-100 ℃）调到100%的聚苯乙烯（玻璃化温度为90 ℃）。玻璃化温度对硫化橡胶的性质起重要作用，大部分乳液聚合丁苯橡胶含苯乙烯为23.5%，这种含量的丁苯橡胶具有较好的综合物理机械性能。非充油乳液聚合丁苯橡胶的数均相对分子量约为10万。充油丁苯橡胶的相对分子量可相对高一些。

丁二烯微观结构的变化对丁苯橡胶性能的影响不大，在丁苯橡胶硫化时，丁二烯链节中顺式-1,4和反式-1,4两种结构会发生异构而相互转化，最后可达到一个平衡态。在低温丁苯和高温丁苯中1,2-丁二烯链节的含量相差不太大，所以丁二烯微观结构的变化对丁苯橡胶性能的影响不大。

低温丁苯橡胶性能优于高温丁苯橡胶，高温（50 ℃）聚合时，支化较严重，凝胶物含量较高；在同等分子量下，高温丁苯橡胶分子量分布较宽。低温聚合下由于它的分子量分布较窄，硫化时不被硫化的低分子量部分较少，可均匀硫化，从而使交联密度较高。故由低温丁苯橡胶所得硫化胶的物理机械性能（如拉伸强度、弹性及加工性）均较高温丁苯为优。

(2) 丁苯橡胶的性能

丁苯橡胶是浅黄褐色弹性固体，密度随苯乙烯含量的增加而变大，耐油性差，但介电性能较好；橡胶抗拉强度只有20~35 kgf/cm²，加入炭黑补强后，抗拉强度可达250~280 kgf/cm²；其黏合性、弹性和形变发热量均不如天然橡胶，但耐磨性、耐自然老化性、耐水性、气密性等却优于天然橡胶。

①化学性质。

与天然橡胶一样，都属于链烯烃。但 SBR 双键的活性要稍低于天然橡胶，具体表现在硫化的速度要比天然橡胶慢，耐老化性要比天然橡胶好，但 SBR 对臭氧的作用比天然橡胶敏感，耐臭氧性比天然橡胶差。耐高温性能好；耐低温性能稍差，脆性温度约为 -45 ℃。

②物理机械性能。

SBR 弹性中等，要低于天然橡胶。SBR 比天然橡胶的滞后损失大，生热多。SBR 不能结晶，所以强度要低于天然橡胶。SBR 的耐磨性要高于天然橡胶。耐磨性与材料的拉伸强度有着密切的关系，SBR 的内聚能密度（297.9 ~ 309.2 kJ/m）高于天然橡胶，分子间作用力大，拉伸时不易滑动。耐龟裂性优于天然橡胶，但裂口增长速度比天然橡胶快。抗湿滑性好，对路面抓着力大。

③加工性能。

SBR 的综合加工性能仅次于天然橡胶，好于大多数合成橡胶，但加工温度达 120 ℃以上，易产生凝胶，不易加工。黏结性不好，可塑性低。挤出压延成型收缩率较大。

优点：胶料不易焦烧和过硫，加工过程中不易过炼，可塑度均匀，硫化橡胶硬度变化小；加工过程中分子链不易断裂，加工性能好；可以实现高填充，充油橡胶的加工性能好；容易与其他高不饱和通用橡胶并用，尤其是与天然橡胶或顺丁橡胶并用，经配合调整可以克服丁苯橡胶的缺点。丁苯橡胶耐磨性、耐热性、耐油性和耐老化性等均比天然橡胶好，高温耐磨性好，适用于乘用胎。

缺点：纯丁苯橡胶强度低，需要加入高活性补强剂后方可使用；加配合剂难度大，配合剂在丁苯橡胶中分散性差；反式结构多，侧基上带有苯环，因而滞后损失大，生热高，弹性低，耐寒性也稍差，生胶强度低，黏性差；硫化速度慢等。但充油后可以降低生热；热撕裂性能差。加工性能不如天然橡胶。不容易塑炼，对炭黑的润湿性差，混炼生热高，压延收缩率大。

（3）丁苯橡胶的应用

丁苯橡胶是橡胶工业的骨干产品，是合成橡胶第一大品种，综合性能良好，价格低，在多数场合可代替天然橡胶使用，也可与天然橡胶、顺丁橡胶并用。主要用于轮胎工业、汽车部件，其次用于胶鞋、胶管、胶带、胶布、电线电缆以及模型制品。世界上生产的丁苯橡胶有75%用于轮胎。丁苯橡胶还可用于制造透明性软质件、医疗器械、食品容器、文化用品和汽车内装饰件等。溶液聚合丁苯橡胶是制造安全节能子午线轮胎和制作胶鞋等的理想原料。

4.2.3 丁苯橡胶的生产

丁苯橡胶的工业生产方法有乳液聚合和溶液聚合。世界丁苯橡胶生产中约 87% 使用乳液聚合法，通常所说的丁苯橡胶主要是指乳液聚合丁苯橡胶。乳液聚合丁苯橡胶又包括高温乳液聚合的热丁苯与低温乳液聚合的冷丁苯。前者于 1942 年工业化，目前仍有少量生产，主要用于水泥、黏合剂、口香糖及某些织物包覆与模塑制品及机械制品。低温乳液聚合法生产的丁苯橡胶在 1947 年实现工业化，它有较高的耐磨性和很高的抗张强度、良好的加工性能，以及其他综合性能，是目前产量最大、用途最广的合成橡胶品种。

（1）乳液聚合丁苯橡胶的生产

乳液聚合丁苯橡胶（Emulsion-polymerized Styrene Butadiene Rubber，E-SBR）是由丁二烯和苯乙烯在低温下进行自由基乳液聚合而制得。丁苯橡胶低温乳液聚合工艺过程如下：

①原料准备过程。

用计量泵将规定数量的相对分子量调节剂与苯乙烯在管路中混合溶解，再在管路中与处理好的丁二烯混合。然后与乳化剂混合液（乳化剂、去离子水等）等在管路中混合后进入冷却器，冷却至10 ℃。再与活化剂溶液（还原剂、螯合剂等）混合，从第一个釜的底部进入聚合系统，氧化剂从第一个釜的底部直接进入。

②聚合过程。

系统由8～12台聚合釜组成，采用串联操作方式。当聚合到规定转化率后，在终止釜前加入终止剂终止反应。聚合反应的终点主要根据门尼黏度和单体转化率来控制，转化率是根据取样测定固体含量来计算，门尼黏度由取样测定来确定。虽然生产中转化率控制在60%左右，但当所测定的门尼黏度达到规定指标要求，而转化率未达到要求时，加终止剂终止反应，以确保产物门尼黏度合格。

③分离过程。

丁二烯分离：从终止釜流出的终止后的胶乳液进入缓冲罐，然后经过两个不同真空度的闪蒸器回收未反应的丁二烯。第一个闪蒸器的操作条件是22～28 ℃，压力0.04 MPa，在第一个闪蒸器中蒸出大部分丁二烯；再在第二个闪蒸器中（温度27 ℃，压力0.01 MPa）蒸出残存的丁二烯。回收的丁二烯经压缩液化，再冷凝除去惰性气体后循环使用。

苯乙烯分离：脱除丁二烯的乳胶进入苯乙烯汽提塔（高约10 m，内有10余块塔盘）上部，塔底用0.1 MPa的蒸汽直接加热，塔顶压力为12.9 kPa，塔顶温度50 ℃，苯乙烯与水蒸气由塔顶出来，经冷凝后，水和苯乙烯分开，苯乙烯循环使用。塔底得到含胶20%左右的胶乳，苯乙烯含量<0.1%。经减压脱出苯乙烯的塔底胶乳进入混合槽，在此与规定数量的防老剂乳液进行混合，必要时加入充油乳液，经搅拌混合均匀后，送入后处理工段。

④后处理工段。

混合好的乳胶用泵送到絮凝槽中，加入24%～26%食盐水进行破乳形成浆状物，然后与浓度0.5%的稀硫酸混合后连续流入胶粒皂化槽，在剧烈搅拌下生成胶粒，操作温度均为55 ℃左右。从胶粒皂化槽出来的胶粒和清浆液经振动筛进行过滤分离后，湿胶粒进入洗涤槽用胶清液和清水洗涤，操作温度为40～60 ℃。洗涤后的胶粒再经真空旋转过滤器脱除一部分水分，使胶粒含水率低于20%，然后进入湿粉碎机粉碎成5～50 mm的胶粒，用空气输送器送到干燥箱中进行干燥。

干燥箱为双层履带式，分为若干干燥室分别控制加热温度，最高为90 ℃，出口处为70 ℃。履带由多孔的不锈钢板制成，为防止胶粒黏结，可以在进料端喷淋硅油溶液，胶粒在上层履带的终端被刮刀刮下落入第二层履带继续通过干燥室干燥。干燥至水含量<0.1%。然后经称量、压块、检测金属后包装得成品丁苯橡胶。

（2）溶液聚合丁苯橡胶的生产

溶液聚合丁苯橡胶（S-SBR）是丁二烯与苯乙烯在烃类有机溶剂中，用有机锂化合物作引发剂进行阴离子共聚反应所得的弹性体。S-SBR是20世纪60年代初由美国Firestone和Phillips率先实现工业化生产的。80年代后期生产的第二代溶液聚合丁苯橡胶，滚动阻力优于乳液聚合丁苯橡胶和天然橡胶，抗湿滑性优于顺丁橡胶，耐磨性好，可以满足轮胎高速、安全、节能、舒适的要求，用其制造轮胎比乳液聚合丁苯橡胶节油3%～5%。

当前溶液聚合丁苯生产技术主要有间歇聚合技术与连续聚合技术两大类，其各有优缺点。相对来说，连续聚合技术具有物耗、能耗较低的优点，其投资也相对高一些；而间歇聚合技术在多功能化方面更具优势，可灵活地根据市场情况来生产不同的产品，可最大限度地降低市场变化带来的风险。

（3）溶液聚合生产丁苯橡胶工艺条件

①总单体的浓度。

从自由基反应动力学可知，单体浓度增加，聚合物反应速率提高。聚合物平均分子量与单体浓度成正比，因此提高单体浓度也使聚合物分子量提高。聚合采用正丁基锂或仲丁基锂为引发剂，单体浓度不能随意提高，否则会影响聚合物的分子量和单体的转化率。

②引发剂的浓度。

随着引发剂浓度的增加，聚合速度加快，但聚合物分子量降低，反应速率随引发剂用量的增加而增加，聚合物平均分子量随引发剂用量增加而减小，所以引发剂的浓度要控制适当。

③聚合反应温度。

反应温度升高，速率常数增大，反应速率加快。由于温度升高，引发剂分解速率加快，形成的自由基增多，导致链引发速率及链终止速率增大，使聚合物平均分子量降低，因此聚合温度要适当，在 90～150 ℃。

④聚合时间。

聚合时间短，聚合热来不及释放，聚合转化率也低，聚合时间太长则会降低设备的生产能力，因此聚合时间要适当控制。

⑤杂质。

杂质对反应有阻聚作用，使反应速率下降，聚合物分子量降低，因此要求单体纯度高。

（4）丁苯橡胶乳液聚合与溶液聚合工艺比较

①溶液聚合与乳液聚合的主要原料都是丁二烯与苯乙烯，若以乳液聚合丁苯－30 与溶液聚合丁苯－25 相比，苯乙烯含量也基本相同。因此，两种方法的原料精制与配制基本相同。但乳液聚合丁苯需要近 30 种助剂，而溶液聚合丁苯除用烷基锂做催化剂外，仅用少数几种助剂，助剂溶液的配制与操作简单。

②乳液聚合转化率一般在 60% 左右，反应周期为 6～7 h；溶液聚合转化率理论上可达 100%，反应周期约为乳液聚合的一半。因此，同样的聚合生产能力，溶液聚合反应器个数仅为乳液聚合反应器个数的一半左右。

③溶液聚合需要大量的溶剂（一般采用环己烷），因而需要增添一些溶剂精制和回收设备，并要消耗一定量的水、电、汽等能量。

④溶液聚合排污量少，仅为乳聚的 1/4～1/3，有利于“三废”治理和环境保护。

⑤溶液聚合丁苯，可通过控制分子量及其分布、支化度、苯乙烯含量、乙烯基含量及嵌段程度来合成各种产品，生产比较灵活。

⑥溶液聚合装置适应性强，可与低顺丁、异戊橡胶、SBS 等并用一套生产装置，生产应变能力强，可迅速转产、改产。

⑦溶液聚合丁苯橡胶胶质纯，加工性能好。硫化速度快，可减少硫化剂和促进剂用量。加工溶液聚合丁苯橡胶省工、省时、节能。

⑧溶液聚合无规丁苯橡胶的分子量分布比乳液聚合丁苯橡胶的要窄，支化度也低，为了

减轻生胶的冷流倾向，需在共聚过程中添加二乙烯基苯或四氯化锡作为交联剂，使聚合物的分子间产生少量交联，还可以将分子量不同的共聚物掺混，使分子量分布加宽。

⑨溶液聚合无规丁苯橡胶的耐磨、挠曲、回弹、生热等性能比乳液聚合丁苯橡胶好，挤出后收缩小，在一般场合可以替代乳液丁苯橡胶。特别适宜制作浅色或透明制品，也可以制成充油橡胶。

4.2.4　丁苯橡胶的配合与加工

丁苯橡胶和天然橡胶有大致类似的配合原则：由于丁苯橡胶是非自补强的，必须配合补强剂；和NR相比，用硫黄硫化体系时，SBR的硫黄用量要少，促进剂用量较多，SBR硫黄用量为1.0~2.5份。当然不同牌号丁苯橡胶之间配合的促进剂、硫黄量也有差别。

配合的必要成分包括：硫化剂——硫黄用量比NR中少（双键量少）；促进剂——促进剂用量比NR中多（硫化速度慢）；补强剂——主要是炭黑（非自补强性）；增黏剂——本身黏性差，用烷基酚醛树脂，古马隆树脂增黏。一般成分为防老剂、软化剂。

丁苯橡胶的综合加工性能次于天然橡胶，但好于大多数合成橡胶；加工温度在120 ℃以上，易产生凝胶，为后加工带来困难；溶液聚合丁苯包辊性差，但炼焦生热比乳液聚合的小；乳液聚合的挤出压延收缩率大，溶液聚合的在这方面有比较大的改善；丁苯橡胶的黏性比天然橡胶差。

加工性能包括：塑炼性——软丁苯（门尼黏度在40~60）一般不需要塑炼；混炼性——SBR对炭黑湿润性差，混炼生热高，开炼机应控温在40~50 ℃且包冷辊。密炼机混炼时间不宜过长，温度不能太高，排胶温度应低于130 ℃；压延、压出性——压延、压出收缩率高，表面不光滑，并用部分NR可以改善；成型性——格林强度低，自黏性差，可与NR并用或采用增黏剂改善；硫化性——硫化速度慢，操作安全性好。

4.3　聚丁二烯橡胶

聚丁二烯橡胶（Butadiene Rubber，BR）是以1,3-丁二烯为单体，通过乳液聚合和溶液聚合而制得的一种通用合成橡胶。1956年，美国首先合成高顺式丁二烯橡胶，我国于1967年实现顺丁橡胶的工业化生产。在合成橡胶中，聚丁二烯橡胶的产量和消耗量仅次于丁苯橡胶，居第二位。BR按制备方法分类如下：

- 聚丁二烯橡胶
  - 溶聚
    - 超高顺式聚丁二烯橡胶（顺式98%以上）
    - 高顺式聚丁二烯橡胶（顺式96%~98%，Ni、Co、稀土催化剂）
    - 低顺式聚丁二烯橡胶（顺式35%~40%，Li催化剂）
    - 低乙烯基聚丁二烯橡胶（乙烯基8%，顺式91%）
    - 中乙烯基聚丁二烯橡胶（乙烯基35%~55%）
    - 高乙烯基聚丁二烯橡胶（乙烯基70%以上）
    - 低反式聚丁二烯橡胶（反式9%，顺式91%）
    - 反式聚丁二烯橡胶（反式95%以上，室温为橡胶态）
  - 乳聚：乳聚聚丁二烯橡胶
  - 本体聚合：丁钠橡胶（已淘汰）

4.3.1 聚丁二烯橡胶的结构、性能和应用

（1）聚丁二烯橡胶的结构

结构式如下：

$$-\!\!\left(CH_2-CH=CH-CH_2\right)_x\!\!\left(CH_2-\underset{\substack{|\\CH\\\|\\CH_2}}{CH}\right)_y$$

有顺式1,4－结构（97%），反式1,4－结构（1%）和1,2－结构（2%）。工业常用的聚丁二烯弹性体是上述几种结构的无规共聚物。聚丁二烯橡胶的玻璃化温度 T_g 决定于分子中所含的乙烯基的量。顺式：$T_g = -105$ ℃，1,2 结构的 $T_g = -15$ ℃，随1,2－结构含量的增大，分子链柔性下降，T_g 升高。

聚丁二烯橡胶中顺、反1,4－结构，全同、间同1,2－结构都能结晶，结晶温度低，如顺式的结晶温度为3 ℃，结晶最快的温度为－40 ℃；结晶能力比NR差，自补强性比NR低很多。顺式含量越高，补强性越好；结晶对应变的敏感性比NR低，而对温度的敏感性较高。所以BR需要用炭黑进行补强。

溶聚BR分子量分布窄，一般分布系数为2～4，支化和凝胶少，加工性能差。乳聚BR分子量分布宽，支化和凝胶也较多，加工性能好。

（2）聚丁二烯橡胶的性能

弹性好，耐寒性好，弹性和耐磨性在通用胶中是最好的（$T_g = -105$ ℃）；滞后损失小、动态生热低，在通用胶中是最好的，大部分用于轮胎行业。耐磨性和耐屈挠性优异；拉伸强度和撕裂强度低；纯胶硫化胶的拉伸强度低，只有1～2 MPa，补强硫化胶的拉伸强度可达17～25 MPa。抗湿滑性差、耐刺穿及黏着性差；BR的冷流性大（生胶或未硫化胶在停放过程中因为自身重量而产生流动的现象）；BR的老化性能比NR好，主要以交联为主。

（3）聚丁二烯橡胶的应用

①轮胎。

聚丁二烯橡胶的优点使其用作汽车轮胎十分适宜，主要表现在可提高胎面胶的耐磨性、耐沟裂性（花纹沟），以及提高胎侧胶的耐屈挠龟裂性（对变形较大的子午胎胎体及胎侧，耐屈挠龟裂性能尤为重要）。同时由于聚丁二烯橡胶与其他通用橡胶的相容性及对油和补强剂的混合性好，所以通过与其他橡胶并用，且选择适当的硫化体系及补强体系，可弥补、克服或改进聚丁二烯橡胶在拉伸强度、抗湿滑性、崩花掉块及加工性方面所存在的不足。聚丁二烯橡胶在轮胎方面的耗用量占80%以上，主要用在胎面胶和胎侧胶中。由于聚丁二烯橡胶的玻璃化温度低，弹性高，因此在湿路面上的牵引力较低，在掺用聚丁二烯橡胶的胶料中，适当增加炭黑和油的用量可改善胶料的抗湿滑性能。

②力车胎。

力车胎掺用聚丁二烯橡胶后，在实际使用中胎面不崩花掉块，磨面光滑，耐磨性及胎侧耐老化龟裂性能均优于天然橡胶。

③制鞋。

聚丁二烯橡胶在制鞋业的应用占有很高的比例，主要应用于制造鞋底，掺有聚丁二烯橡

胶的鞋底可延长胶鞋寿命。

④输送带覆盖胶。

在普通输送带覆盖胶中掺用聚丁二烯橡胶，可以生产出物理机械性能达到国家标准的普通输送带，使用寿命比较长。聚丁二烯橡胶与高压聚乙烯（PE）并用也可制得性能较好的输送带覆盖胶。该制品在使用过程中不掉块，寿命延长，且可节约生胶、降低成本。

⑤电线绝缘胶料。

聚丁二烯橡胶在电线绝缘胶料中代替丁苯橡胶，可降低胶料吸水率、提高绝缘性能。

⑥胶管。

吸引胶管中的内、中、外层胶中均可掺用聚丁二烯橡胶，在合适的配方条件下可以制得性能很好的吸引胶管，经抽真空及负荷试验，均可达到较高水平。输水和输气胶管主要要求外管具有耐老化、耐磨和一定的强撕性能。采用天然橡胶、氯丁橡胶、聚丁二烯橡胶按合适的比例并用胶料制得的胶管外层胶可延长使用寿命，降低成本。

⑦体育用品。

用聚丁二烯橡胶生产的体育用品具有弹性好、不易老化等特点。

⑧胶布。

在胶布中采用30份聚丁二烯橡胶代替30份天然橡胶，可改善胶料的弹性、永久变形等性能。

4.3.2 聚丁二烯橡胶的生产、配合与加工

聚丁二烯橡胶的聚合方法有自由基乳液聚合法、阴离子聚合法和配位聚合法。

自由基乳液聚合：典型的乳液体系含水、单体、引发剂和乳化剂（皂）。常用引发剂有：过硫酸钾、过氧化二苯甲酰、对异丙苯过氧化氢和偶氮二异丁腈。调节剂为硫醇，主要起链转移作用，可调节分子量。乳液聚合不能得到结构规整的聚丁二烯。例如，丁二烯于5～50 ℃进行乳液聚合，所得聚合物的微观结构如下：顺式-1,4占13%～19%；反式-1,4占69%～62%；1,2结构占17%～19%。

阴离子聚合：最老的方法是用钠作催化剂，德国和苏联都生产过丁钠橡胶，美国用丁基锂生产聚丁二烯。由于用烷基锂容易控制引发过程，可以广泛用来研究丁二烯的阴离子聚合。用金属锂或丁基锂在烃类溶剂中聚合得到的聚丁二烯中，顺式-1,4结构含量约为35%，可用于生产低顺丁橡胶，而在四氢呋喃溶液中主要形成1,2结构。

配位聚合：用齐格勒-纳塔催化剂可合成出不同立体结构的聚丁二烯。工业上重要的催化剂有四种：钛、钴、镍和稀土催化剂体系。配位聚合生产通常采用连续式溶液聚合。

（1）聚丁二烯橡胶的配位聚合生产工艺

生产工序包括：催化剂、终止剂和防老剂的配制计量，丁二烯聚合，胶液凝聚和橡胶的脱水干燥。其聚合几乎都采用连续溶液聚合流程，聚合装置大都用3～5釜串联，单釜容积为12～50 m^3。

①单体浓度和反应体系黏度：单体1,3-丁二烯纯度>99.6%。单体浓度一般为10%～20%。

②引发剂的活化和陈化，丁二烯聚合采用引发剂主要有Li系、Ti系、Co系、Ni系等多种类型，其用于丁二烯聚合后的产物结构与性能相差较大。Ti、Co、Ni系引发剂引发丁二烯聚合可得到顺式含量大于90%的聚丁二烯橡胶（称高顺式聚丁二烯橡胶），是聚丁二烯橡

胶的主要品种。

③聚合温度控制：由于丁二烯聚合反应的反应热为 1 381.38 kJ/ kg，如不及时排除热量将会影响产物的质量，甚至造成生产事故。

④溶剂的选择

聚丁二烯橡胶溶液聚合生产中，溶剂的选择对聚合反应有重要的影响，常用溶剂对聚合生产的影响见表4－2。

表4－2　丁二烯溶液聚合常用溶剂的比较

溶剂	$\Delta\delta$	溶解性能	体系黏度	传热	搅拌	沸点/℃	回收	提高生产能力	毒性	来源	输送
苯	0.7	C	C	差	不利	80.1	难	难	大	一般	难
甲苯	0.5	A	A	差	不利	110	难	难	大	一般	难
甲苯－庚烷	0.51	B	B	差	不利	—	难	难	较大	一般	难
溶剂油	1.15	D	D	有利	有利	60～90	易	易	无毒	充足	易

注：$\Delta\delta$ 为溶剂溶解参数与聚丁二烯溶解参数的差值，A＞B＞C＞D。

（2）聚丁二烯橡胶配位聚合生产所用溶剂和所得产物随催化剂不同而异

①用丁基锂为催化剂生产聚丁二烯橡胶，多以环已烷（或已烷）做溶剂。这种聚合体系的催化活性高，工艺简单，反应容易控制；但所得聚丁二烯橡胶的顺式－1,4 含量低，分子量分布窄，不易加工，硫化后的聚丁二烯橡胶的物理性能较差，一般只与聚苯乙烯树脂混炼做改性树脂。

②用钛或钴催化体系生产聚丁二烯橡胶时，一般选用苯或甲苯做溶剂，制得聚丁二烯橡胶的顺式－1,4 含量高，硫化胶的物理性能类似，不同的是钛系顺丁橡胶的分子量分布窄、冷流倾向大，加工性能也不如钴系和镍系顺丁橡胶好。

③用镍系催化剂生产聚丁二烯橡胶，芳烃（如苯或甲苯）和脂肪烃（如环已烷、已烷、庚烷或加氢汽油）均可作为聚合溶剂，而且都能得到高分子量、高顺式顺丁橡胶，以环烷酸镍－三异丁基铝－三氟化硼乙醚络合物做催化剂、以抽余油作溶剂生产顺丁橡胶的技术（我国生产橡胶的主要技术方法），中国自 1959 年开始研究，于 1971 年建成万吨级生产装置并投产。

④有三种新型催化剂即稀土催化剂（如环烷酸稀土－一氯二乙基铝－三异丁基铝）、π－烯丙基氯化镍催化剂［如（$\pi-C_3H_5NiCl)_2$－四氯苯醌］和卤化 π－烯丙基铀催化剂［如（$\pi-C_3H_5)_3UCl-AlRCl_2$，式中 R 为乙基）］均可制得高顺式（96%～99%）的顺丁橡胶，而且活性和所得硫化胶的物理性能也好，但由于开发较晚，至 20 世纪 80 年代中期尚未达到工业化生产的程度。

聚丁二烯橡胶可用传统的硫黄硫化工艺硫化，其加工性能除混炼时混合速度慢、轻度脱辊外，其他如胶片平整性和光泽度、焦烧时间等均与一般通用橡胶类似。顺丁橡胶特别适于制汽车轮胎和耐寒制品，还可以制造缓冲材料以及各种胶鞋、胶布、胶带和海绵胶等。顺丁橡胶存在加工性能较差、生胶有一定冷流倾向等缺点。近年来，出现的充油顺丁橡胶可使上述缺点得到一定程度的改善。但其抗撕裂强度偏低，抗湿滑性不好，以及黏着性不如天然橡胶和丁苯橡胶，尚有待研究改进。

(3) 聚丁二烯橡胶的配合

与天然橡胶、丁苯橡胶大体相同，硫化速度介于丁苯橡胶和天然橡胶之间，用硫黄硫化体系，用炭黑补强，加入10份白炭黑可以提高硫化胶的耐磨性和耐刺扎性。

(4) 聚丁二烯橡胶的加工

具有冷流性：分子量分布窄，凝胶少。对储存和半成品存放不利。包辊性差：玻璃化温度低，包辊性差。难塑炼，混炼时易打滑。黏着性差。压延压出时对温度敏感，速度不宜过快，压出时适应温度范围较窄。硫化时充模容易，不易过硫。

4.4　异戊橡胶

异戊橡胶（Polyisoprene Rubber，IR）：是催化剂作用下，异戊二烯单体通过本体聚合或者溶液聚合制得的一种重要合成橡胶。根据聚异戊二烯橡胶中异戊二烯单元结构的不同，可分为顺式-1,4-聚异戊二烯橡胶、反式-1,4-聚异戊二烯橡胶、顺式-3,4-聚异戊二烯橡胶和1,2-聚异戊二烯橡胶四种异构体，结构式如图4-1所示，但实现工业化的仅前两种。在顺式-1,4-聚异戊二烯橡胶中，按其顺式-1,4-结构含量又可细分为高顺式聚异戊二烯橡胶和中顺式聚异戊二烯橡胶；按催化体系可以分为锂系聚异戊二烯橡胶、钛系聚异戊二烯橡胶和稀土系聚异戊二烯橡胶等。异戊橡胶主要指高顺式-1,4-聚异戊二烯橡胶，由于其分子结构和性能与天然橡胶（NR）十分相似，故有“合成天然橡胶”之称，是仅次于丁苯橡胶、顺丁橡胶而居于第三位的合成橡胶。异戊橡胶1954年开始工业化生产。从整体上看，异戊橡胶的加工配合、性能及应用与天然橡胶相当，适于做浅色制品。但由于与天然橡胶存在结构及成分上的差别，所以性能上还存在一定的差异。

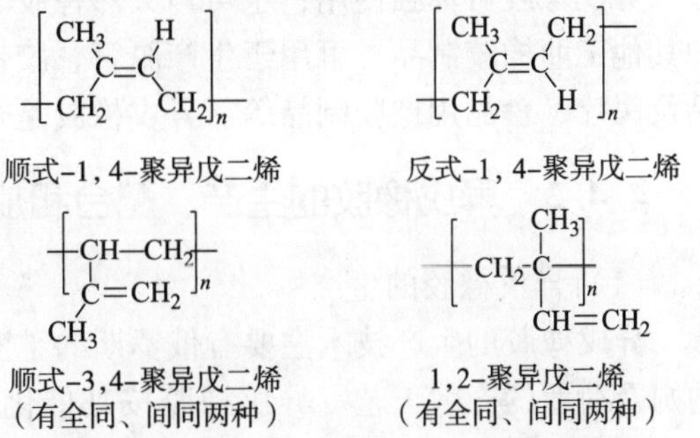

顺式-1,4-聚异戊二烯　　反式-1,4-聚异戊二烯

顺式-3,4-聚异戊二烯（有全同、间同两种）　　1,2-聚异戊二烯（有全同、间同两种）

图4-1　聚异戊二烯四种异构体的结构式

4.4.1　异戊橡胶的结构、性能和应用

(1) 异戊橡胶的结构与性能

异戊橡胶具有与天然橡胶相似的化学组成、立体结构和物理机械性能，是一种综合性能良好的通用合成橡胶。两者的差别在于异戊橡胶的顺式-1,4结构含量没有天然橡胶高；聚合物结构的规整性较低，非橡胶成分的含量较少，聚合物分子链中没有官能基团，结晶性能比天然橡胶差，并且带部分支链和凝胶，异戊橡胶于-25 ℃结晶，但是与天然橡胶相比，结晶速度较低，结晶程度较小，这主要是因为分子链的规整性较低。异戊的主要缺点是其混炼胶的内聚强度低，这与它的分子结构和分子量分布有关。不同催化体系制备的异戊橡胶结构见表4-3。

表 4-3　不同催化体系制备的异戊橡胶结构

催化体系	微观结构				宏观结构				
	顺式-1,4含量/%	反式-1,4含量/%	1,2-含量/%	顺式-3,4-含量/%	重均相对分子量/万	数均相对分子量/万	相对分子量分布指数	支化	凝胶含量/%
天然橡胶	98	0	0	2	100~1 000	—	0.89~2.54	支化	15~30
钛系	96~97	0	0	2~3	71~135	19~41	0.4~3.9	支化	7~30
锂系	93	0	0	7	122	62	0	线型	0
稀土系	94~95	0	0	5~6	250	110	<2.8	支化	0~2

异戊橡胶与天然橡胶相比具有质量均一、纯度高、塑炼时间短、混炼加工简便、颜色浅、膨胀和收缩小、流动性好等优点。异戊的主要物理机械性能与天然橡胶相近，合成聚异戊二烯橡胶能与所有二烯类橡胶很好共混。具有优良的弹性、密封性、耐蠕变性、耐磨性、耐热性和抗撕裂性，抗张强度和伸长率等与天然橡胶接近。

（2）异戊橡胶的应用

异戊橡胶可单独使用，也可与天然橡胶、顺丁橡胶等配合使用。其被广泛用于制造轮胎和其他工业橡胶制品，可用于生产胶管、胶带、胶鞋、胶黏剂、工艺橡胶制品、浸渍橡胶制品及医疗、食品用橡胶制品等。异戊橡胶是合成橡胶中结合性能最好的一个胶种。

4.4.2　异戊橡胶的生产、配合和加工

（1）异戊橡胶的生产

异戊橡胶的生产技术主要有俄罗斯的雅罗斯拉夫工艺、美国固特里奇工艺、意大利的斯纳姆及荷兰的壳牌工艺。异戊橡胶按其催化体系基本分为三大系列：锂系、钛系、稀土体系。到目前为止，异戊橡胶的生产主要采用前两种催化体系，且经过几十年的发展，技术相对成熟。中国于 1966 年由吉化研究院和长春应用化学研究所共同开发出钛系异戊橡胶。异戊橡胶的生产有以下两种流程：

①用齐格勒-纳塔催化剂，以己烷（或丁烷）做溶剂的连续溶液聚合流程。这一流程首先由美国固特异轮胎和橡胶公司于 1963 年实现工业化。过程包括：催化剂（四氯化钛-三烷基铝或四氯化钛-聚亚胺基铝烷）制备、聚合、脱除催化剂残渣、脱水干燥及成型包装。在单釜容积为 40~50 m^3 的 3~6 台串联釜中进行聚合。操作工艺参数为：单体浓度 12%~25%，聚合温度 0~50 ℃，反应时间 3~5 h，转化率可达 80%~90%，所得生胶的门尼黏度为 80~90，凝胶含量 <1%，异戊橡胶的顺式-1,4-结构含量 >95%。

②用锂或烷基锂（RLi）为催化剂，以环己烷（或己烷）做溶剂的间歇溶液聚合流程。该流程最早由美国壳牌公司于 1962 年采用固特里奇化学公司的专利首先实现工业化，所得异戊橡胶的顺式-1,4 结构含量为 92%~93%。因锂系催化剂用量少，转化率高，故流程中可省去单体回收和脱除催化剂残渣工序。与连续溶液聚合相比，该工艺对原料纯度要求高，聚合条件更需严格控制，所得异戊橡胶的性能稍差。

1974 年，中国首次发表了用环烷酸稀土-三异丁基铝-卤化物合成顺式-1,4-聚异戊二烯的实验结果，之后进行了催化剂筛选、聚合物结构和性能以及中间试验开发工作，这种

稀土催化剂可在加氢汽油中制得顺式-1,4-结构含量高达94%以上的异戊橡胶，是一种有工业化前途的新型催化剂体系。

(2) 异戊橡胶的配合

聚异戊二烯橡胶的配合体系包括：硫化体系——NR一般用硫黄硫化体系，促进剂用噻唑类、次磺酰胺类、秋兰姆类等，活化剂有氧化锌、硬脂酸。补强填充体系——最常用的是炭黑，其次是白炭黑及非补强性填充剂碳酸钙、滑石粉等。防护体系——对苯二胺类最好，如4010、4010NA等。增塑体系——以松焦油、三线油最为常用。其次是松香、古马隆及石蜡。

IR与NR的主链分子结构是一样的，因而在配方设计上没有本质区别。但需要注意NR中含有的非橡胶成分有加速硫化的作用，及IR与NR在分子微观结构和相对分子量分布等方面的差异对其加工性能和硫化胶物理性能有影响。

(3) 异戊橡胶的加工

①塑炼：由于IR的相对分子量比NR小，门尼黏度也低。因而IR的塑炼不需要专用设备，采用普通开炼机或密炼机即可。低顺式IR的机械塑炼效果不好，故一般使用塑解剂塑炼，且塑炼时必须使塑解剂充分塑化，否则聚合物会由于缺乏黏性而成为碎块，使填充剂的分散性变坏，胶料不能成片，加工性能变差，混炼胶质量下降。低顺式IR在辊筒上形成连续的且表面有光泽的胶片所需的时间要比高顺式IR长3~5 min。用开炼机塑炼高顺式IR与NR基本相同。由于高顺式IR的塑性本来就接近已塑炼过的NR，因此在密炼机中塑炼时，在一段混炼中，当整包胶投入密炼机30~60 s后，即可进行加料混炼。

②混炼：IR的混炼方法与NR非常相近，而高顺式IR与低顺式IR混炼效果不同。若采用开炼机进行混炼，高顺式IR可以沿用NR的混炼方法，辊温为50~70 ℃。加工性能最好。为使硫黄分散均匀，一般在混炼初期，即趁橡胶尚未充分变软时加入硫黄。此外IR的配合剂比NR的配合剂易混入，因此混炼时间可稍有缩短。要在缩短混炼时间的同时提高辊温，低顺式IR为主体的胶料在混炼时，要使配合剂分散均匀，后辊温度至少要比前辊温度高5 ℃。非炭黑及纯胶配方的混炼温差要更大一些。

③压延和挤出：IR胶料的热炼与NR一样，辊温为50~60 ℃，以比压延机的中辊温度低10 ℃为宜。由于IR包辊快，因而其热炼时间应短一些。IR压延温度一般是：上辊90~100 ℃；中辊80~90 ℃；下辊60~70 ℃。IR的挤出工艺条件和NR基本相同，挤出速度大体相同，焦烧性能相当，但IR的口型膨胀较小。IR在压延时容易成片且收缩小，在擦胶时容易渗入纤维或钢丝帘线中，这有利于胶料与纤维或钢丝的黏合。因IR的生胶强度较小，当返胶率大时，可能会产生挺性下降的现象，所以必须注意胶条的供给情况。若IR用于胎体帘布胶料时，帘布筒容易变形，胎圈包布易脱开，给轮胎成型带来困难。为了使IR胶料挤出物表面光滑，其最适宜的挤出温度应比NR低10~20 ℃，或使其胶料门尼黏度比NR稍高一些。机筒温度也应低于NR。但应注意，当温度过低时，会造成胶料黏度上升，从而导致挤出物表面粗糙。挤出时，螺杆转速可以比NR更大。

4.5 乙丙橡胶

乙丙橡胶（Ethylene Propylene Rubber，EPR）是采用齐格勒-纳塔引发剂合成的乙烯和丙烯的新型橡胶类共聚物。仅次于异戊橡胶，居合成橡胶第四位。其耐老化、电绝缘性能和耐臭氧性能突出。乙丙橡胶可大量充油和填充炭黑，制品价格较低，乙丙橡胶化学稳定性好，耐磨性、弹性、耐油性和丁苯橡胶接近。合成乙丙橡胶的单体乙烯和丙烯是石油化学工业的廉价产物，来源丰富，所以乙丙橡胶是合成橡胶中价格相对较低的。

4.5.1 乙丙橡胶的分类

乙丙橡胶是橡胶制品工业中一项极为重要的原材料，有多种良好的理化特性。乙丙橡胶可分为二元乙丙、三元乙丙、改性乙丙和热塑性乙丙橡胶。

二元乙丙橡胶（EPM）是以单烯烃乙烯、丙烯共聚而成；由于二元乙丙橡胶分子不含双键，不能用硫黄硫化，因而限制了它的应用。在乙丙橡胶商品牌号中，二元乙丙橡胶只占总数的10%左右。

三元乙丙橡胶（EPDM）是以乙烯、丙烯及少量非共轭双烯为单体共聚而制得，由于三元乙丙橡胶二烯烃位于侧链上，因此三元乙丙橡胶不但可以用硫黄硫化，同时还保持了二元乙丙橡胶的各种特性。从而获得了广泛的应用，并成为乙丙橡胶的主要品种，在乙丙橡胶商品牌号中占90%左右。目前工业化生产的三元乙丙橡胶常用的第三单体主要有以下三种：

D型——双环戊二烯

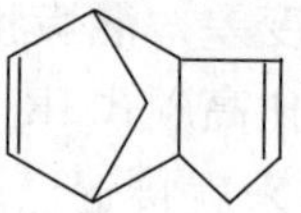

E型——亚乙基降冰片烯　　$=CH-CH_3$

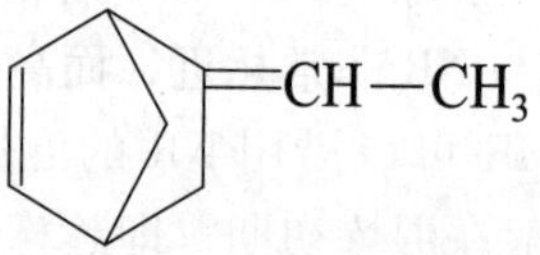

H型——1,4-己二烯　　$CH_2{=}CH-CH_2-CH{=}CH-CH_3$

近年来第三单体技术不断有新发展，国外研制出用1,7-辛二烯、6,10-二甲基-1,5,9-十一三烯、3,7-二甲基-1,6-辛二烯、5,7-二甲基-1,6-辛二烯、7-甲基-1,6-辛二烯等作为三元乙丙橡胶的第三单体，使三元乙丙橡胶的性能有了新的提高。

改性乙丙橡胶主要是将乙丙橡胶进行溴化、氯化、磺化、顺酐化、马来酸酐化、有机硅改性、尼龙改性等。乙丙橡胶还有接枝丙烯腈、丙烯酸酯等。多年来，采用共混、共聚、填充、接枝、增强和分子复合等手段，在性能方面获得很大的改善，扩大了乙丙橡胶的应用范围。

热塑性乙丙橡胶（EPDM/PP）是以三元乙丙橡胶为主体与聚丙烯进行混炼，同时使乙丙橡胶达到预期交联程度的产物。不但在性能上仍保留乙丙橡胶所固有的特性，而且还具有显著的热塑性塑料的注射、挤出、吹塑及压延成型的工艺性能。

4.5.2 乙丙橡胶的结构

乙丙橡胶的分子链属聚亚甲基结构。分子主链上的乙烯与丙烯单体单元呈无规则排列，丧失了聚乙烯或聚丙烯分子结构的规整性，为无定形结构和非结晶性的弹性橡胶。其结构具有如下特征：

（1）饱和性及非极性

二元乙丙橡胶是完全饱和的橡胶，分子主链上不含双键，呈现出极高的化学稳定性和较高的热稳定性。因分子链上不含有供硫化的双键，所以只能采用过氧化物进行自由基型的链转移硫化。

三元乙丙橡胶主链完全饱和，侧基仅为 1% ~ 2% 的不饱和的第三单体，主要影响乙丙橡胶的硫化速度和硫化胶性能。乙丙橡胶不易被极化，不产生氢键，是非极性橡胶，耐极性介质作用，而且电绝缘性能极佳。

（2）乙烯与丙烯组成比

乙丙橡胶分子结构中，乙烯/丙烯含量比对乙丙橡胶生胶和混炼胶性能及工艺性均有直接影响。一般认为乙烯含量控制在 60% 左右，能获得较好的加工性能和物理力学性能，乙烯含量较高时，易挤出，挤出表面光滑，挤出件停放后不易变形，但乙烯含量大于 70% 时，乙烯链段出现结晶，耐寒性能下降，加工性能变差。当丙烯含量为 20% ~ 40%（摩尔百分比）时，低温性能、压缩变形，弹性均较好，但热性能较差，丙烯含量较高时，乙丙橡胶的耐热性能有所改善。丙烯的含量在 30% ~ 40% 时有较好的弹性。应用时，可并用 2 ~ 3 种乙烯/丙烯含量比不同的乙丙橡胶以满足不同的性能要求。

（3）第三单体的含量

为使第三单体在乙丙橡胶中分布均匀，聚合时一般采取分批加入的方法。第三单体用量多时，不饱和度高，硫化速度快，与不饱和橡胶相容性好，可与不饱和橡胶并用，但是耐热性和老化性下降。

乙丙橡胶的重均分子量为 20 万 ~ 40 万，数均分子量为 5 万 ~ 15 万，黏均分子量 10 万 ~ 30 万。重均分子量与门尼黏度密切相关。乙丙橡胶门尼黏度值［ML 1 + 4（100 ℃）］为 25 ~ 90，高门尼值 105 ~ 110 也有不少的品种。随着门尼黏度值的提高，填充量能也提高，但加工性能变差；硫化后乙丙橡胶的拉伸强度、回弹性均有提高。乙丙橡胶分子量分布指数一般为 3 ~ 5，大多在 3 左右。分子量分布宽的乙丙橡胶具有较好的开炼机混炼性和压延性。近来，已研制出分子量采用双峰分布形式的三元乙丙橡胶，即在低分子量部分再出现一个较窄的峰，减少极低分子量部分，此种三元乙丙橡胶既提高了物理机械性能，有良好的挤出后的挺性，又保证了良好的流动性及发泡率。

4.5.3　乙丙橡胶的性能

（1）低密度高填充性

乙丙橡胶是密度较低的一种橡胶，其密度为 0.86 g/cm^3，橡胶制品质量轻，可以大量填充油和填充剂（可高达 200 份），因而可降低橡胶制品的成本，弥补了乙丙橡胶生胶价格高的缺点，对高门尼值的乙丙橡胶来说，高填充后物理机械性能降低幅度不大。

（2）耐老化性

①耐臭氧性能：三元乙丙橡胶在臭氧浓度 50×10^{-6}、拉伸 30% 的条件下，可达 150 h 以上不龟裂，被誉为“无龟裂橡胶”，在通用橡胶中它的耐臭氧性能是最好的。

②耐热老化性能：乙丙橡胶的耐老化性能在通用橡胶中是最好的，在 130 ℃下可以长期使用，在 150 ℃或再高的温度下可以间断或短期使用。加入适宜防老剂可提高使用温度。以过氧化物交联的三元乙丙橡胶可在更苛刻的条件下使用。EPM 的耐老化性能优于 EPDM。

③耐候性：乙丙橡胶的耐天候（光、热、风、雨、臭氧、氧）性在所有的通用橡胶中是最好的，能长期在阳光、潮湿、寒冷的自然环境中使用，做屋面防水卷材使用寿命可以达

到25年以上。

(3) 耐腐蚀性

由于乙丙橡胶缺乏极性，不饱和度低，因而对各种极性化学品如醇、酸、碱、氧化剂、制冷剂、洗涤剂、动植物油、酮和脂等均有较好的抗耐性；乙丙橡胶可以做某些化学药品容器的内衬材料。但在脂肪族和芳香族溶剂，如汽油、苯、二甲苯等溶剂和矿物油中的稳定性较差。

(4) 耐水蒸气性能

乙丙橡胶有优异的耐水蒸气性能并优于其耐热性。在230 ℃过热蒸汽中放置近100 h后外观无变化。而氟橡胶、硅橡胶、氟硅橡胶、丁基橡胶、丁腈橡胶、天然橡胶在同样条件下，经历较短时间外观发生明显劣化现象。

(5) 耐过热水性能

乙丙橡胶耐过热水性能较好，但与所用硫化系统密切相关。以二硫代二吗啡啉为硫化系统的乙丙橡胶，在125 ℃过热水中浸泡15个月后，力学性能变化甚小，体积膨胀率仅0.3%。

(6) 冲击弹性和低温性能

乙丙橡胶具有较高的弹性，在通用橡胶中其弹性仅次于天然橡胶和顺丁橡胶。具有最佳低温性能的乙丙橡胶的丙烯含量为40%~50%（质量分数）。低温仍具有较好的弹性，最低极限使用温度-50 ℃或更低。

(7) 电性能

乙丙橡胶具有优异的电绝缘性能和耐电晕性，电性能优于或接近丁苯橡胶、氯磺化聚乙烯、聚乙烯和交联聚乙烯。可以作为电缆材料，特别是浸水之后电性能变化很小，适用于作电绝缘制品和水中作业的绝缘制品。

(8) 柔顺性

由于乙丙橡胶分子结构中无极性取代基，分子内聚能低，分子链可在较宽范围内保持柔顺性，仅次于天然橡胶和顺丁橡胶，并在低温下仍能保持。

(9) 粘接性

乙丙橡胶由于分子结构中缺少活性基团，内聚能低，加上胶料易于喷霜，自黏性和互黏性很差。但乙丙橡胶也存在一些缺点，如硫化速度最慢，不能与二烯烃橡胶共硫化，难以与不饱和橡胶共用；自黏性与互黏性差，给加工工艺带来很大困难，不能在轮胎胎体中使用；耐燃性和气密性差，与丁基橡胶混合作内胎时用量较少；耐矿物油和烃类溶剂性差。包辊性差，不易混入炭黑，硫化时需采用超速促进剂，用量多会喷霜。

4.5.4 乙丙橡胶的应用

乙丙橡胶的用途十分广泛，可以作为轮胎胎侧、胶条和内胎以及汽车的零部件，还可以做电线、电缆包皮及高压、超高压绝缘材料、胶鞋制品、卫生用品、塑料改性和油品添加剂等。乙丙橡胶的消耗量逐年增加，从实际应用情况分析，乙丙橡胶在汽车工业、建筑行业、电气和电子行业等都得到了广泛的应用。

(1) 汽车工业

乙丙橡胶在汽车制造行业中应用量最大，主要应用于汽车密封条、散热器软管、火花塞护套、空调软管、胶垫、胶管等。在汽车密封条行业中，主要利用 EPDM 的弹性、耐臭氧、耐候性等特性，其 ENB 型的 EPDM 橡胶已成为汽车密封条的主体材料，国内生胶年消耗量已超过 1 万 t。由于热塑性三元乙丙橡胶 EPDM/PP 具有强度高、柔性好、涂装光泽度高、易回收利用的特点，在国内外汽车保险杠和汽车仪表板生产中已作为主导材料。此类产品的回收利用主要采用的工艺方法是：去掉产品表面的涂料—粉碎—清洗—再造粒—添加新料后生产新产品。这样在保险杠和仪表板生产中，就能节约大量原材料，取得较好的经济效益。目前，我国乙丙橡胶在汽车工业中的用量占全国乙丙橡胶总用量的 42% ~ 44%，其中还不包括船舶、列车和集装箱密封条的乙丙橡胶用量。因乙丙橡胶的黏结性能不好，在汽车轮胎行业中大量用料的轮胎主体和胎面部位上无法推广使用乙丙橡胶，只在内胎、白胎侧、胎条等部位少量使用乙丙橡胶。

（2）建筑行业

由于乙丙橡胶具有优良的耐水性、耐热、耐寒性和耐候性，又有施工简便等特点，因此乙丙橡胶在建筑行业中主要用于塑胶运动场、防水卷材、房屋门窗密封条、玻璃幕墙密封、卫生设备和管道密封件等。乙丙橡胶在建筑行业中用量最大的还数塑胶运动场和防水卷材，就国内用量而言已占乙丙橡胶总用量的 26% ~ 28%。用 EPDM 生产的防水卷材已逐渐代替其他材料（如 CMS）制作的防水卷材，尤其是用于地下建筑的防水卷材。

（3）电气和电子行业

在电气和电子行业中主要利用乙丙橡胶的优良电绝缘性、耐候性和耐腐蚀性。例如用乙丙橡胶生产电缆，尤其是海底电缆用 EPDM 或 EPDM/PP 代替了 PVC/NBR 制作电缆的绝缘层，电缆的绝缘性能有了大幅度提高，使用寿命得到了延长。在变压器绝缘垫、电子绝缘护套方面也大量采用了乙丙橡胶制作。

（4）其他行业

乙丙橡胶与其他橡胶并用也是乙丙橡胶应用的一个很大的领域。乙丙橡胶与其他橡胶并用在性能上可互补并改善工艺和降低成本。但由于各种配合剂对不同高聚物的亲和能力各异，共硫化性又取决于各高聚物交联效率，因此不同高聚物并用共混不可能达到分子级相容，而是分相存在的不均体系。

4.5.5　乙丙橡胶的生产、配合与加工

（1）乙丙橡胶的生产

乙丙橡胶的合成是由乙烯（$CH_2=CH_2$）和丙烯（$CH_2=CH—CH_3$）在配位阴离子催化作用下由共聚而成，主要分为溶液聚合法和悬浮聚合法。溶液聚合法是典型的齐格勒 - 纳塔型催化体系，主要包括聚合和后处理两部分。

合成乙丙橡胶的引发剂多采用钒化物 - 卤化烷基铝类的可溶性引发剂体系，如双乙酰丙酮基钒 - $AlEt_2Cl$。工业上多采用以苯或庚烷作溶剂的溶液聚合工艺，聚合温度为 0 ~ 25 ℃，可采用加入氢气的方法控制相对分子量。

（2）乙丙橡胶的配合

①硫化体系：EPDM 可以用硫黄硫化体系，硫黄用量 1 ~ 2 份，促进剂宜选用活性较大的品种或不同的促进剂并用，这样既能保证硫化速度，又能防止喷霜现象。

②补强体系：由于乙丙橡胶是非结晶橡胶，所以要加入补强剂。

③增塑体系：乙丙橡胶最常用的增塑剂是石油系增塑剂，包括环烷油、液状石蜡及芳香油，其中环烷油与乙丙橡胶的相容性较好。

④增黏剂：乙丙橡胶的自黏性及与其他材料的黏着性均不好，配合时可以在其中加入增黏剂如烷基酚醛树脂、石油树脂、萜烯树脂、松香等。

⑤防护体系：虽然乙丙橡胶的耐老化性能很好，但在较高温长期使用的情况下仍需加入防老剂，常用的是胺类。

（3）乙丙橡胶的加工

乙丙橡胶的加工不易包辊、不易吃炭黑，采用密炼分散效果较好，装胶容量比正常高15%。为了提高黏合性能，可以采用提高黏合温度、增加黏合压力的方法。

4.6 氯丁橡胶

氯丁橡胶（Chloroprene Rubber，CR），是由2－氯－1,3－丁二烯（简称氯丁二烯）通过自由基乳液均聚或少量其他单体共聚而成的一种高分子弹性体。DuPont公司的华莱士·卡罗瑟斯于1930年4月17日首先制得，DuPont公司于1931年11月公开宣布已经发明氯丁橡胶，并于1937年正式推向市场，使氯丁橡胶成为第一个实行工业化生产的合成橡胶品种。

氯丁橡胶按其特性和用途分为通用型、专用型和氯丁胶乳三大类，如下所示：

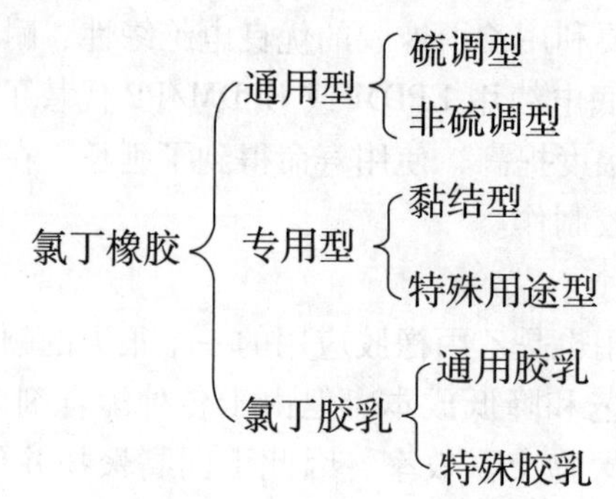

硫调型是分子链中含有硫黄的氯丁橡胶，硫黄以多硫桥的形式存在。制造过程中用的调节剂是硫黄或硫黄与硫醇并用。非硫调节型是组成中不含硫黄的聚合物，合成时主要采用的调节剂是硫醇。

氯丁橡胶的品种和牌号也可按如下几种情况划分：

①按分子量调节方式分为硫黄调节型、非硫黄调节型、混合调节型。

②按结晶速度和程度大小分为快速结晶型、中等结晶型和慢结晶型。

③按门尼黏度高低分为高门尼型、中门尼型和低门尼型。

④按所用防老剂种类分为污染型和非污染型。

4.6.1 氯丁橡胶的结构、性能与应用

（1）氯丁橡胶的结构

氯丁橡胶的分子结构式如下：

$$\text{硫调型}\quad -\!\!\left(CH_2-\underset{}{\overset{Cl}{\overset{|}{C}}}=CH-CH_2\right)_n\!\!-S_x-\qquad x=2\sim6,\ n=80\sim110$$

$$\text{非硫调型}\quad -\!\!\left(CH_2-\overset{Cl}{\overset{|}{C}}=CH-CH_2\right)_n\!\!-$$

由于氯丁橡胶主要是1,4-聚合，大分子链上反式-1,4-加成结构占88%~92%，顺式-1,4-结构占7%~12%，1%~5%的1,2结构和3,4结构，属于结晶不饱和极性橡胶。95%的氯原子直接连在双键碳原子上，形成p-π共轭，氯原子的吸电子效应使C—Cl键电子云密度增加，氯原子不易被取代，双键电子云密度降低，不易加成。硫化反应和氧化反应活性低，不能采用硫黄硫化体系。但是氯丁橡胶中有约1.5%的1,2-聚合，形成了叔碳烯丙基氯结构，这种结构中的Cl原子很活泼，易于发生反应，为氯丁橡胶提供了交联点，使其可以用金属氧化物（氧化锌ZnO、氧化镁MgO）进行硫化。

氯丁橡胶的分子量分布宽，平均分子量为10万~20万。聚氯丁二烯虽然有高的不饱和度，但仍有高的化学稳定性和耐各种形式的老化。这是因为双键碳原子上电负性的氯原子吸引了π键电子层，减少了双键的电子密度，从而降低了双键的反应能力。这使氯原子本身丧失了活动性和反应能力。

氯丁橡胶的性质取决于聚合物的微观结构，其加工性能取决于聚合体的分子量及其分布，支链和交联的数目与分布，其化学性质取决于与碳原子相连的氯原子的影响。CR的基本品种是氯丁二烯的均聚体。在常温下具有规整的分子排布和结晶倾向，其结晶度随聚合物的老化而下降。实际应用的胶黏型CR是在20 ℃以下聚合的，结晶性较高。

（2）氯丁橡胶的性能

氯丁橡胶外观为乳白色、米黄色或浅棕色的片状或块状物，密度为1.23~1.25 g/cm^3（相对密度是所有合成橡胶中最大的），玻璃化温度为-40~50 ℃，碎化点为-35 ℃，结晶相熔融温度：40~65 ℃，软化点约80 ℃，230~260 ℃下分解。溶于氯仿、苯等有机溶剂，在植物油和矿物油中溶胀而不溶解。

氯丁橡胶的性能介于饱和和不饱和橡胶的性能之间，由于极性高且为结晶橡胶，所以物理机械性能较好，拉伸强度、抗弯曲性、扭曲性显著，抗压缩性良好。

氯丁橡胶耐老化、耐热氧老化、臭氧老化和耐天候老化性能较好，仅次于乙丙橡胶和丁基橡胶。

氯丁橡胶的化学稳定性较高，耐水性良好。其极性使它耐脂肪烃溶胀，具有较好的耐油、耐溶剂性能，耐油性能优于天然橡胶、丁苯橡胶、顺丁橡胶，仅次于丁腈橡胶。具有良好的抗碱、稀释矿物酸和无机盐溶液等性能，可长期浸于水中或埋于土壤下。

氯丁橡胶的耐水性比其他合成橡胶好，气密性仅次于丁基橡胶。

氯丁橡胶的耐燃烧性是橡胶中最好的，聚氯丁二烯中氯的存在，使它具有较强的耐燃性和优异的抗延燃性。CR的氧指数为38~41，离火自熄（氧指数>27）。

氯丁橡胶的缺点是生胶在储存时不稳定。CR的储存稳定性是个独特的问题，30 ℃下硫调型的可以存放10个月，非硫调型的可以存放40个月，存放时间长，容易出现变硬、塑性下降、焦烧时间短、流动性下降、压出表面不光滑等现象。

（3）氯丁橡胶的主要应用

氯丁橡胶用途广泛，如用来制作运输皮带和传动带，电线电缆的包皮材料，制造耐油胶管、垫圈以及耐化学腐蚀的设备衬里。不同型号的氯丁橡胶用途不同。

CR122 型氯丁橡胶可用作传动带、运输带、电线电缆、耐油胶板、耐油胶管、密封材料等橡胶制品。

CR232 型氯丁橡胶可用作电缆护套、耐油胶管、橡胶密封件、黏合剂等。

CR2441 和 2442 型氯丁橡胶是黏合剂生产的原料，用于金属、木材、橡胶、皮革等材料的粘接。

CR321 和 322 型氯丁橡胶可用作电缆、胶板、普通和耐油胶管、耐油胶靴、导风筒、雨布、帐篷布、传送带、输送带、橡胶密封件、农用胶囊气垫、救生艇等。

4.6.2 氯丁橡胶的生产、配合与加工

（1）氯丁橡胶的生产

生产氯丁橡胶的单体是氯丁二烯（2－氯－1,3－丁二烯）。用乳液聚合方法可制取各种不同类型的聚氯丁二烯。调节聚合过程，可制得无交联、无支化的聚合物（α－聚合物）。

氯丁橡胶均以乳液聚合法生产，生产工艺流程为单釜间歇聚合。聚合温度控制在 40～60 ℃，转化率则在 90% 左右。聚合温度、最终转化率过高或聚合过程中进入空气（氧气）均会导致产品质量下降。生产中用硫黄－秋兰姆（四烷基甲氨基硫羰二硫化物）体系调节分子量。硫黄－秋兰姆体系的主要缺点在于硫键不够稳定，这是影响储存性的重要原因之一。若用硫醇调节分子量，则可改善此种性能。氯丁橡胶与一般合成橡胶不同，它不用硫黄硫化，而是用氧化锌、氧化镁等硫化。氯丁橡胶的品种和牌号较多，是合成橡胶中牌号最多的一个胶种。

（2）氯丁橡胶的配合

①硫化体系：CR 要用金属氧化物硫化，如用 5 份 ZnO，4 份 MgO，对于非硫调型的还要用促进剂 NA－22，否则硫化速度太慢。

②补强体系：CB 对 CR 的补强作用不是很明显，对非硫调型的相对要好一些。为了提高撕裂强度、定伸应力，仍需加入补强剂。

③防护体系：虽然 CR 的耐老化性能比 NR 好，但仍需使用防护剂。

④增塑体系：一般使用石油系的增塑剂，液状石蜡一般用 5 份以下，环烷油一般用20～25 份，芳香油可以达到 50 份，要求耐寒性好则用酯类增塑，要求阻燃则用磷酸酯类。

⑤增黏体系：一般选用古马隆、酚醛树脂、松焦油。对结晶性的非硫调型更需要。

（3）氯丁橡胶的加工

CR 的加工性能主要取决于未硫化胶的黏弹行为，其黏弹行为随温度的变化见表 4－4。

表 4－4　CR 的加工性能

状态	硫调型	非硫调型	天然橡胶
弹性态	室温～71 ℃	室温～79 ℃	室温～100 ℃
粒状态	71～93 ℃	79～93 ℃	100～120 ℃
塑性态	93 ℃以上	93 ℃以上	约 130 ℃

由表4-4可见，CR对温度的敏感性较大，加氧化镁时温度为50 ℃左右，否则易结块。最适合的硫化温度为150 ℃，因为它硫化不返原，所以可以采用170~230 ℃的高温硫化。

4.7　丁腈橡胶

丁腈橡胶（Nitrile Butadiene Rubber，NBR）是由丁二烯（$CH_2=CH-CH=CH_2$）和丙烯腈（$CH_2=CH-CN$）通过乳液共聚而成的一种合成橡胶。丁腈橡胶于1930年首先由德国进行研究，在1931年制成丁二烯与丙烯腈的共聚物，发现其具有优异的耐油、耐老化及耐磨等性能。1937年由德国法本公司投入工业化生产，以商品名BunaN问世。1941年，美国也开始大规模生产。此后不久，一些国家也相继开始生产丁腈橡胶，现在世界上已有很多国家能够生产各种牌号的丁腈橡胶。

4.7.1　丁腈橡胶的分类

根据丙烯腈含量不同有如下品种：

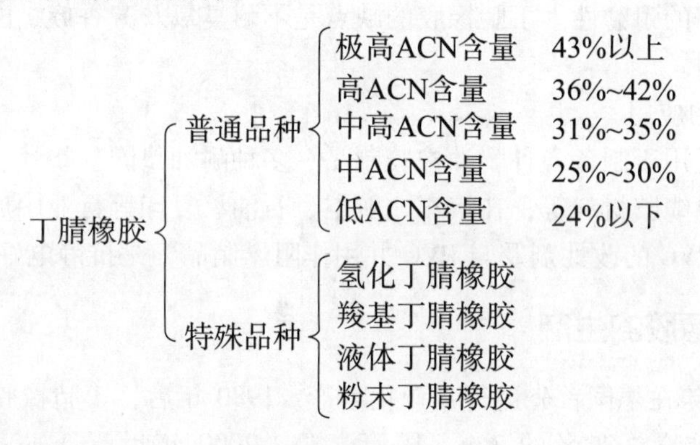

4.7.2　丁腈橡胶的结构、性能与应用

（1）丁腈橡胶的结构与性能

丁腈橡胶的化学结构式如下：

$$-\!\!\left(CH_2-CH=CH-CH_2\right)_x\!\!-\!\!\left(\underset{\displaystyle CN}{CH_2-\overset{}{\underset{|}{C}H}}\right)_y\!\!\left(CH_2-\underset{\substack{|\\ CH\\ \|\\ CH_2}}{CH}\right)_z\!\!-$$

丁腈橡胶聚合物中，丁二烯的结合方式不同，性能也会不同。当丁二烯顺式-1,4加成时有利于提高弹性，降低玻璃化转变温度；当丁二烯反式-1,4加成时拉伸强度提高，热塑性好，弹性降低；当丁二烯1,2加成时支化度和交联度提高，凝胶含量高，加工性不好，低温性能变差，力学性能和弹性降低。

丁腈橡胶中丙烯腈的含量是影响丁腈橡胶性能的重要指标，其含量一般在15%~50%范围内，目前丙烯腈含量有42%~46%、36%~41%、31%~35%、25%~30%、18%~24%五种。丙烯腈含量越多，大分子极性越大，内聚能密度提高，加工性能变好，硫化速度加快，耐热性、耐磨性、气密性提高，但弹性降低，耐寒性能下降。它可以在120 ℃的空气中或在150 ℃的油中长期使用。此外，它还具有良好的耐水性、气密性及优良的黏结性能。

丁腈橡胶聚合物的平均分子量在70万左右，分子量大时，分子间作用力增大，大分子链不易移动，拉伸强度和弹性提高，可塑性降低，加工性变差；分子量分布较宽时，分子间作用力相对较弱，分子易于移动，改进了可塑性和加工性。分子量分布过宽时，影响硫化交联，拉伸强度和弹性等力学性能受到损害。

丁腈橡胶属于非结晶性的极性不饱和橡胶，由于分子结构中含有腈基，因而具有较高的对油如矿物油、动植物油、液体燃料和溶剂的稳定性，丁腈橡胶的耐油性（尤其是烷烃油）优于天然橡胶、丁苯橡胶和氯丁橡胶，仅次于聚硫橡胶、氟橡胶、丙烯酸酯橡胶。

丁腈橡胶具有良好的耐老化性、耐水性、气密性及优良的黏结性能。耐臭氧性优于通用二烯烃类橡胶，逊于氯丁橡胶；耐热性好于NR、SBR和BR，较其他橡胶有更宽的使用温度，长时间使用温度为100 ℃，短期使用温度为120～150 ℃。丁腈橡胶还具有良好的耐低温性，脆点为－55 ℃。

丁腈橡胶中存在易被电场极化的腈基，从而降低了介电性能，属半导体橡胶，具有良好的抗静电性能。丁腈橡胶是非自增橡胶，需加入炭黑、白炭黑等增强性填料增强后才具有适用的力学性能和较好的耐磨性。丁腈橡胶的缺点是不耐臭氧及芳香族、卤代烃、酮及酯类溶剂，不宜做绝缘材料。

（2）丁腈橡胶的应用

丁腈橡胶被广泛用于制备各种耐油橡胶制品、多种耐油垫圈、垫片、套管、软包装、软胶管、印染胶辊、电缆胶材料等，在汽车、航空、石油、复印等行业中成为必不可少的弹性材料，还可以作为PVC的改性剂及与PVC并用作阻燃制品，是抗静电好的橡胶制品。

4.7.3 丁腈橡胶的生产

丁腈橡胶1935年在德国首先进行工业化生产。1980年后，丁腈橡胶的世界年产量约为400 kt，约占合成橡胶总产量的3%，居第七位，2000年世界丁腈橡胶生产能力约为610 kt/年，占合成橡胶总生产能力的4.7%。1996—2000年世界丁腈橡胶消耗量年均增长2.9%。

丁腈橡胶多采用乳液聚合连续生产。其工艺过程与丁苯橡胶类似。温度可采用30 ℃或5 ℃，转化率一般维持在70%～85%。生产工艺有以下一些特点：

一是单体丙烯腈极性较强，致使在聚合过程中胶乳不太稳定，丙烯腈用量越大，胶乳的稳定性就越差。

二是介质的碱性或酸性太强或聚合温度过高都会引起氰基的水解，即生成的酸会破坏乳化剂，这也是导致乳胶不稳定的原因之一。

三是上述水解反应的中间产物酰胺基和聚合物链中的氰基在较高温度下，都可能进行交联反应，使产品质量下降。

四是丁二烯与丙烯腈的竞聚率相差颇远（在40 ℃时分别为0.3和0.02），因此，共聚物中单体的组成及分布，对转化率的依赖性较大。采用分批加入丙烯腈的办法可以改善氰基分布。

将一定比例的丁二烯、丙烯腈混合均匀，制成碳氢相。在乳化剂中加入氢氧化钠、焦磷酸钠、三乙醇胺、软水等制成水相，并配制引发剂等待用。将碳氢相和水相按一定比例混合后送入乳化槽，在搅拌下经充分乳化后送入聚合釜。往聚合釜内直接加入引发剂，在一定温度的釜内进行聚合反应（工艺条件聚合温度为13 ℃），然后分批加入调节剂，以调节橡胶的分子量。聚合反应进行至规定转化率时，加入终止剂终止反应，并将胶浆卸入中间贮槽。经过终止后的胶浆，送至脱气塔，减压闪蒸出丁二烯，然后借水蒸气加热及真空脱出游离的丙烯腈。丁二烯经压缩升压后循环使用，丙烯腈经回收处理后再使用。在后处理经脱气后的胶浆中加入防老剂D，过滤除去凝胶后，用食盐水凝聚成颗粒胶，经水洗后挤压除去水分，再用干燥机干燥，最后包装即得成品橡胶。经干燥后的橡胶含水量应低于1%，成品胶一般每包重25 kg。

丁腈橡胶由于分子链间作用力较强，硬度较大，故加工较困难，其中以聚合温度为30 ℃所制得的硬胶最不易加工，需在冷辊上预先塑化后才能操作。工业上常采用更有效的调节分子量的方法，同时把聚合温度降低至5 ℃，以减少副反应来改善它的加工性能。另外，丁腈橡胶还可通过与多种橡胶如氯丁橡胶、异戊橡胶、顺丁橡胶、丁苯橡胶等及合成树脂如聚氯乙烯、酚醛树脂等共混，使性能得到改进。

4.7.4 特种丁腈橡胶

丁腈橡胶分子主链上存在不饱和双键，影响了它的耐热、耐候等化学稳定性。为了使丁腈橡胶性能更符合不同用途制品的要求，国内外相继开发出具有特殊性能和特殊用途，能适应苛刻条件使用的特种丁腈橡胶。如氢化丁腈橡胶、羧基丁腈橡胶、粉末丁腈橡胶、液体丁腈橡胶等，以及与不同橡胶共混、橡塑并用等来改善丁腈橡胶的综合性能。

（1）氢化丁腈橡胶

氢化丁腈橡胶（Hydrogenated Acrylonitrile-Butadiene Rubber，HNBR）是通过氢化丁腈橡胶主链上所含的不饱和双键而制得，又称为高饱和度丁腈橡胶。HNBR不仅继承了NBR的耐油、耐磨等性能，而且还具有更优异的耐热、耐氧化、耐臭氧、耐化学品性能，可以与氟橡胶相媲美，在许多方面可取代氟橡胶、CR、NBR等特种橡胶。制备HNBR的方法主要有三种：NBR溶液加氢法、NBR乳液加氢法和乙烯－丙烯腈共聚法。

（2）羧基丁腈橡胶

羧基丁腈橡胶（XNBR）是在分子结构中引入丙烯酸结构，可提高强力、耐磨及黏合等性能。其制备方法有丁二烯、丙烯腈、不饱和羧酸（如丙烯酸、甲基丙烯酸等）三元乳液共聚和NBR接枝不饱和羧酸两种方法，前者已工业化。在XNBR的三种结构单元中（图4－2），丁二烯链段赋予分子链柔性，使聚合物具有弹性和耐寒性；丙烯腈链段主要赋予聚合物优异的耐油性能；羧基的引入进一步增加了聚合物的极性，提高了耐油性和与金属的粘接性能，改善了NBR的拉伸强度、撕裂强度、硬度、耐磨性、黏合性和抗臭氧老化性等性能，以及与PVC和酚醛树脂等的相容性。

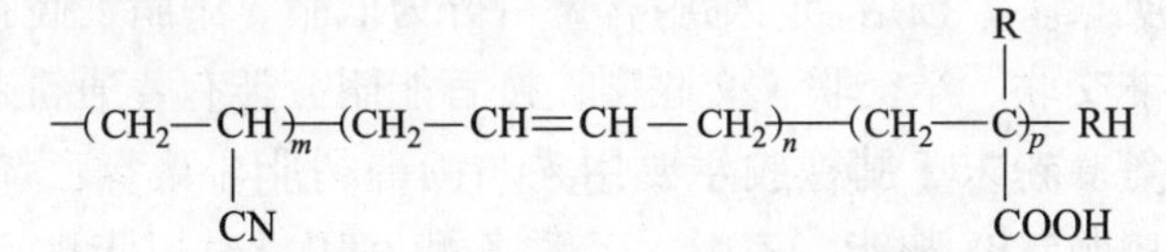

$$
-\!\!(CH_2-\underset{\displaystyle CN}{\underset{|}{CH}})_m\!\!-\!(CH_2-CH=CH-CH_2)_n\!\!-\!(CH_2-\overset{\displaystyle R}{\overset{|}{\underset{\displaystyle COOH}{\underset{|}{C}}}})_p\!-RH
$$

图4－2 羧基丁腈橡胶的分子结构示意图

（3）部分交联型丁腈橡胶

部分交联型丁腈橡胶由丙烯腈、丁二烯和二乙烯基苯三元共聚而得。由于引进第三单体会产生部分交联，故加工性较好，但物理性能较差，只宜做加工助剂使用。当这种橡胶以20% ~30%的比例并用于通用型丁腈橡胶中时，可明显改善胶料压延、压出性能，而且包辊性好，胶片表面光滑，收缩率小，半成品尺寸稳定，压出速度快；当以50%并用时，则压出速度可提高1倍，口型膨胀减少75%，压延收缩率降低50%，但拉伸强度却下降30%，因此最高用量不超过50%。

部分交联型丁腈橡胶是一种有效的非挥发性、非迁移性、非抽出性的高分子增塑剂。可与极性树脂并用，改进树脂的性能，用于制备板材、薄膜、人造革、垫圈、树脂管、电线和树脂砖等制品。另外，部分交联型丁腈橡胶在用直接蒸气硫化时，还可防止制品产生下垂变形。

（4）液体丁腈橡胶

液体丁腈橡胶（LNBR）有两种类型：一类是低分子量（600 ~7 000）的丁二烯和丙烯腈共聚物；另一类是含有端基低分子量液体丁腈橡胶。按端官能基团的不同有端羧基、端羟基、端胺基、端巯基和端卤基等品种。

LNBR主要用途是做固体丁腈橡胶的增塑剂。它和任何丁腈橡胶都能完全互溶，用量不受限制。用于耐油制品中，这种增塑剂不会被油抽出而影响制品性能。另外，它还可和树脂并用，对树脂改性，也可用于配制胶黏剂等。

（5）交替丁腈橡胶

交替丁腈橡胶是丙烯腈－丁二烯交替共聚橡胶。由丙烯腈和丁二烯按1∶1比例，$AlR_3-AlCl_3-VOCl_3$催化体系为定向催化剂，于0 ℃下经悬浮聚合而成，其结构式如下：

$$\left[CH_2-CH=CH-CH_2-\underset{\displaystyle CN}{\underset{|}{CH}}-CH_2 \right]_n$$

聚合物分子链由丁二烯和丙烯腈交替排列而成。每个单元链节有6个碳原子和1个侧腈基。丙烯腈含量为48% ~49%。几乎全部丁二烯链节（97% ~100%）呈反式－1,4－构型，是一种有规立构高聚物。

与乳聚丁腈橡胶相比，交替丁腈橡胶链节序列规整，微观结构均一，平均组成恒定，无丙烯腈微嵌段，无凝胶，可完全溶解于甲乙酮和二甲基酰胺。

交替丁腈橡胶的玻璃化温度为－15 ℃，耐寒性较好。该胶能拉伸结晶，耐油性优异，机械强度好，包括蠕变、强伸和耐油性能在内的综合性能优于乳聚超高丙烯腈丁腈橡胶。同时由于它不含凝胶，加工性好，不需特殊塑炼，在开炼机上易于加工。

（6）粉末丁腈橡胶

粉末丁腈橡胶种类很多，按结合丙烯腈含量可分为低腈、中腈、高腈粉末丁腈橡胶，按凝胶含量分类可分为非交联、半交联、交联型，按官能团分类有普通粉末丁腈橡胶、羧基丁腈橡胶、丁腈酯橡胶等。粉末丁腈橡胶主要用来与酚醛树脂、聚氯乙烯树脂共混制造制动带、刹车片、挡泥板；与ABS树脂、乙烯－乙酸乙酯并用，对树脂进行改性；和石棉混合用作密封材料或胶黏剂等。

4.8　丁基橡胶

丁基橡胶（Butyl Rubber）为异丁烯与少量异戊二烯（1%～5%）的低温共聚物（-95～-100 ℃），主要采用淤浆法生产，是世界上第四大合成橡胶胶种，外观为白色或淡黄色晶体，无臭无味，它具有良好的化学稳定性和热稳定性，玻璃化温度很低，不溶于乙醇和丙酮。1943年，美国埃索化学公司首先实现工业化生产，为白色或暗灰色的透明弹性体。1960年，实现连续化生产卤化丁基橡胶，此后，加拿大、法国、苏联等也相继实现了丁基橡胶的工业化生产。20世纪80年代初，世界丁基橡胶生产能力约为650 kt，占合成橡胶总产量约5%。

4.8.1　丁基橡胶的分类

丁基橡胶以异丁烯与异戊二烯为单体，以一卤甲烷为溶剂，通过阳离子聚合得到。通常按照异戊二烯的含量即不饱和度及是否卤化来分类。

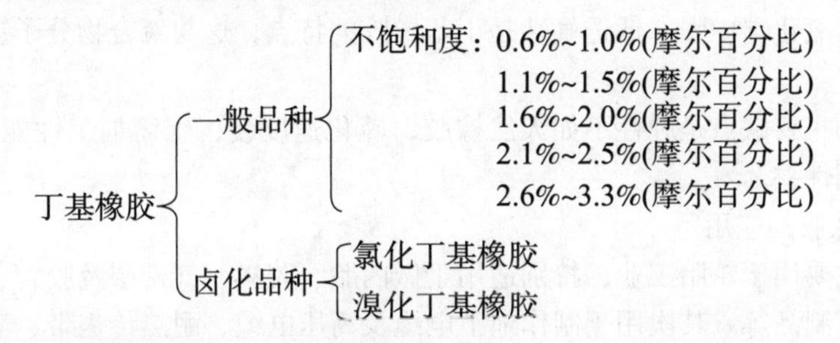

4.8.2　丁基橡胶的结构、性能和应用

（1）丁基橡胶的结构

丁基橡胶的化学结构式如下：

$$-\!\!\left(\underset{CH_3}{\overset{CH_3}{\underset{|}{\overset{|}{C}}}}-CH_2\right)_x-CH_2-\overset{CH_3}{\overset{|}{C}}=CH-CH_2-\left(\underset{CH_3}{\overset{CH_3}{\underset{|}{\overset{|}{C}}}}-CH_2\right)_y$$

丁基橡胶的分子主链周围有密集的侧甲基，且有不饱和双键位于主链上，对稳定性影响较大。引入的异戊二烯便于交联，其数量相当于主链上每100个碳原子才有一个双键，可以近似地看作饱和橡胶。但因双键的位置与三元乙丙橡胶中双键的位置不同，对性能的影响较大。

丁基橡胶是能结晶的自补强橡胶，低温下不结晶，高拉伸下才结晶，T_m = 45 ℃，T_g = -65 ℃。未补强橡胶的强度可以达到14～21 MPa，为了提高耐磨及抗撕裂性能，仍需补强。

丁基橡胶的分子量为20万～40万，分子量分布较宽（2.5～3）。由于丁基橡胶的低不饱和度，它耐氧、臭氧和很多氧化剂。它的耐臭氧龟裂性能略低于主链不含双键的乙丙橡胶。丁基橡胶的耐臭氧性随不饱和性的降低而增高。

异戊二烯与异丁烯的比例决定着聚合物的不饱和性。丁基橡胶的不饱和度是指在100个共聚物链节中异戊二烯链节的数量，用%（摩尔百分比）表示。通常丁基橡胶不饱和度波动在0.6%～2.5%（摩尔百分比），是天然橡胶不饱和度的1%～5%，在个别情况下也生产具有更高不饱和度的橡胶。

（2）丁基橡胶的性能

尽管丁基橡胶分子链具有较高的规整性，但其结晶过程进行得非常慢。丁基橡胶硫化胶结晶的主要特点是应力对它有很强烈的影响，以致在拉伸高于400%时，在室温和更高温度下都能观察到结晶，并伴随着强烈的放热。丁基橡胶具有高介电性能，丁基橡胶由于吸水很少（丁基橡胶的吸附能力是天然橡胶的1/3～1/4），所以在很潮湿的介质中介电性能也不变化。

丁基橡胶与乙丙胶有类似的性能：优良的化学稳定性、耐水性、高绝缘性、耐酸碱、耐腐蚀。气密性非常好，是所有橡胶中最好的（可用作内胎）。丁基橡胶的弹性低、阻尼性能优越，其弹性在通用橡胶中是最低的，室温冲击弹性只有8%～11%。良好的减震性能特别适用于缓冲性能要求高的发动机座和减震器。拉伸强度较高，为结晶自补强橡胶，未填充硫化胶的拉伸强度为14～21 MPa。丁基橡胶易溶于烃类溶剂，其中饱和烃中的溶解性要比在芳烃、氯仿和四氯化碳中强。低透气性是丁基橡胶的特点，这与聚合物分子链的柔性小和堆积密度高有关。

丁基橡胶的主要缺点是弹性不如天然橡胶，硫化速度慢，辊筒加工性能和黏着性能差，与其他橡胶并用性差。

（3）丁基橡胶的应用

丁基橡胶主要用于轮胎工业，特别适用于做内胎、胶囊、气密层及胶管、防水卷材、耐腐蚀制品、电气制品等。其次用于制作地下电缆及高压电缆、耐热传送带、蒸汽胶管、防辐射手套、化工设备衬里及防震橡胶制品等。

4.8.3 丁基橡胶的生产、配合与加工

（1）丁基橡胶的生产

丁基橡胶是在1943年投入工业生产。自实现工业化生产以来，原料路线、生产工艺及聚合釜的结构形式一直变化不大，一般采用氯甲烷做稀释剂，三氯化铝做催化剂，控制这两者的用量可以调节单体的转化率。根据产品不饱和度的等级要求，异戊二烯的用量一般为异丁烯用量的1.5%～4.5%，转化率为60%～90%。聚合温度维持在－100 ℃（采用乙烯及丙烯做冷却剂）。丁基橡胶的聚合是以正离子反应进行的，反应温度低，速度快，放热集中，且聚合物的分子量随温度的升高而急剧下降。因此，迅速排出聚合热以控制反应在恒定的低温下进行，是生产上的主要问题。聚合釜采用具有较大传热面积并装有中心导管的列管式反应器。操作时借下部搅拌器高速旋转，增大内循环量，从而保证釜内各点温度均匀。

为改善丁基橡胶共混性差的缺点，1960年以来出现了卤化丁基橡胶。这种橡胶是将丁基橡胶溶于烷烃或环烷烃中，在搅拌下进行卤化反应制得。它含溴约2%或含氯1.1%～1.3%，分别称溴化丁基橡胶和氯化丁基橡胶。丁基橡胶卤化后，硫化速度大大提高，与其他橡胶的共混性和硫化性能均有所改善，黏结性也有明显提高。卤化丁基橡胶除有一般丁基橡胶的用途外，特别适用于制作无内胎轮胎的内密封层、子午线轮胎的胎侧和胶黏剂等。

（2）丁基橡胶的配合

丁基橡胶与乙丙橡胶一样，具有比不饱和橡胶难以硫化、难以黏结、配合剂溶解度低、包辊性不好等特点。但它又具有不能用过氧化物硫化、一般炭黑对它的补强性差、与一般二烯类橡胶的相容性差、对设备的清洁度要求高等特点。

硫化：可以用较强的硫黄促进剂体系、树脂、醌肟在较高的温度下进行，硫黄用量要少，促进剂选用秋兰姆和二硫代氨基甲酸盐为主促进剂、噻唑类或胍类为第二促进剂。树脂硫化的硫化胶的耐热性好。用过氧化物硫化会引起断链。

补强：最常用的是炭黑，但效果不如不饱和橡胶好，结合橡胶只有5%～8%。一般使用槽黑。

增塑：不宜用高芳烃油，而宜用石蜡或液状石蜡5～10份，或适量环烷油。

（3）丁基橡胶的加工

炼胶：不易塑炼，可以加入塑解剂使其断链。混炼时用密炼效果好。密炼容量比NR、SBR的标准容量多10%～20%。混炼起始温度70 ℃，排胶温度高于125 ℃，一般以155～160 ℃为宜。

压延压出：比天然橡胶困难得多，做内胎时压出前要滤胶后再加硫黄，防止引起焦烧。

成型硫化：自黏性及与其他橡胶的互黏性差，要在配方中加入增黏剂，工艺上注意黏合面防污，可以采用卤化丁基橡胶作增黏层，提高黏合部位的压力及温度。丁基橡胶需长时间高温硫化方可达到最佳硫化状态。

4.9 硅橡胶

硅橡胶是由硅氧烷与其他有机硅单体共聚而成的高分子有机硅化合物，分子主链为硅和氧原子共价键形成的—Si—O—无机结构，侧基为有机基团（主要为甲基、乙基）的一类弹性体，属于半无机饱和的、杂链、非极性弹性体，典型的代表是甲基乙烯基硅橡胶，其中的乙烯基提供交联点。硅橡胶产品在1945年问世，1948年通过采用高比表面积的气相法，白炭黑补强的硅橡胶研制成功，使硅橡胶的性能跃升到实用阶段，奠定了现代硅橡胶生产技术的基础。从二甲基二氯硅烷合成开始生产硅橡胶的国家有美国、俄罗斯、德国、日本、韩国和中国等。

4.9.1 硅橡胶的分类

（1）按取代基分类

根据硅原子上所链接的有机基团不同，硅橡胶有二甲基硅橡胶、甲基乙烯基硅橡胶、甲基苯基硅橡胶、氟硅橡胶、腈硅橡胶、乙基硅橡胶、乙基苯撑硅橡胶等许多品种。

二甲基硅橡胶简称甲基硅橡胶，是硅橡胶中最老的品种。在－60～250 ℃温度范围内能保持良好弹性。由于存在硫化活性低、工艺性能差、厚壁制品在二段硫化时易发泡、高温压缩变形大等缺点，目前除少量用于织物涂覆外，已被甲基乙烯基硅橡胶替代。

甲基乙烯基硅橡胶，简称乙烯基硅橡胶，是由二甲基硅氧烷与少量乙烯基硅氧烷共聚而成，乙烯基摩尔分数一般为0.001～0.003。将少量金属化合物加入硅橡胶生胶中使其硫化工艺及成品性能提高，特别是耐热老化性和高温抗压缩变形有很大改善。在硅橡胶生产中，甲基乙烯基硅橡胶产量最大、应用最广、品种牌号最多，除大量应用的通用型胶料外，各种专用型硅橡胶和具有加工特性的硅橡胶（如高强度硅橡胶、低压缩永久变形硅橡胶、导电硅橡胶、导热硅橡胶、颗粒硅橡胶等）也都以其为基础进行加工配合。

甲基乙烯基苯基硅橡胶，简称苯基硅橡胶，是在乙烯基硅橡胶的分子链中引入二苯基硅氧烷链节（或甲基苯基硅氧烷链节）而制成的。当苯基摩尔分数为0.05～0.10时，统称为低苯基硅橡胶。此时，橡胶的硬化温度降到最低值（－115 ℃），其具有最佳的耐低温性能，在－100 ℃以下仍具有弹性。随着苯基摩尔分数的增大，分子链的刚性也增大，其结晶温度反而上升。苯基摩尔分数在0.15～0.25时统称为中苯基硅橡胶，具有耐燃特点。苯基摩尔分数在0.30以上时，统称为高苯基硅橡胶，具有优良的耐辐射性能。苯基硅橡胶应用在要求耐低温、耐烧蚀、耐高能辐射、隔热等的场合。中苯基和高苯基硅橡胶由于加工困难，物理性能较差，生产和应用受到一定限制。

甲基乙烯基三氟丙基硅橡胶，简称氟硅橡胶，是在乙烯基硅橡胶的分子链中引入氟代烷基（一般为三氟丙基），具有优良的耐油、耐溶剂性能。例如，对于脂肪族、芳香族和氯化烃类溶剂，石油基的各种燃料油、润滑油、液压油及某些合成油，其工作温度范围为－50～250 ℃，在常温和高温下稳定性较好。

腈硅橡胶主要是在分子链中引入含有甲基－β－腈乙基硅氧链节或甲基－γ－腈丙基硅氧链节的一种弹性体，其主要特点与氟硅橡胶相似，即耐油、耐溶剂并具有良好的耐低温性能。但由于在聚合条件下存在引起腈基水解的因素，生胶的重复性差，其应用发展受到一定限制。

（2）按硫化温度分类

按照硫化方法不同，硅橡胶可分为高温硫化（热硫化 HTV）硅橡胶和室温硫化（包括低温硫化 RTV）硅橡胶两大类。

高温硫化硅橡胶是高分子量（分子量一般为40万～80万）的聚有机硅氧烷（生胶）加入补强填料和其他各种添加剂，采用有机过氧化物为硫化剂，经加压成型（模压、挤压、压延）或注射成型，并在高温下交链成橡皮。这种橡胶一般简称为硅橡胶。高温硫化硅橡胶的硫化一般分两个阶段进行：第一阶段是将硅生胶、补强剂、添加剂、硫化剂和结构控制剂进行混炼，然后将混炼料在金属模具中加压加热成型和硫化，其压力为50 kg/cm^2 左右，温度为120～130 ℃，时间为10～30 min；第二阶段是将硅橡皮从模具中取出后，放入烘箱内，于200～250 ℃下烘数小时至24 h。使橡皮进一步硫化，同时使有机过氧化物分解挥发。

室温硫化硅橡胶的分子量较低（3万～6万），常为黏稠状液体，分子两端含有羟基或乙酰氧基，这些活性官能团发生缩合反应，形成交联结构而成为弹性体。室温硫化硅橡胶一般包括缩合型和加成型两大类。加成型室温胶是以具有乙烯基的线型聚硅氧烷为基础胶，以含氢硅氧烷为交联剂，在催化剂存在下于室温至中温下发生交联反应而成为弹性体。缩合型室温硫化硅橡胶是以硅羟基与其他活性物质之间的缩合反应为特征，于室温下即可交联成为弹性体的硅橡胶，产品分为单组分包装和双组分包装两种形式。

此外，按性能和用途的不同可分为通用型、超耐低温型、超耐高温型、高强力型、耐油型、医用型等。

4.9.2 硅橡胶的结构、性能和应用

（1）硅橡胶的结构

硅橡胶的结构通式如下：

$$
\left[\begin{array}{c} R \\ | \\ Si-O \\ | \\ R \end{array}\right]_m \left[\begin{array}{c} R^1 \\ | \\ Si-O \\ | \\ R^2 \end{array}\right]_n
$$

其中 R、R^1、R^2 为甲基、乙烯基、氟原子、氰基、苯基等。

硅橡胶分子主链由 Si 和 O 交替组成，分子呈螺旋状结构，外围为有机基团屏蔽，链中硅氧键的极性和取代基的体积很大，使聚合物链之间具有极弱的分子间作用力。由于硅氧键角很大，原子很容易绕 Si—O 键旋转，因此链本身活动性较强。链与硅原子上取代基很大的活动性决定了聚有机硅氧烷具有较好的耐低温性能（二甲基硅橡胶的玻璃化温度为 -130 ℃，是聚合物中玻璃化温度最低的。）

硅橡胶分子主链高度饱和，Si—O 键的键能（165 kJ/mol）比 C—C 键能（84 kJ/mol）大得多，这决定了硅氧烷聚合物的高度耐热性。有机基团的性质在很大程度上影响硅橡胶的性能，包括影响其耐热性。聚合物在有氧存在下的耐热性随烷基增大相应降低（从甲基开始）。带有苯基取代的聚硅氧烷具有高耐热性。

硅橡胶是一种直链状高分子量的聚硅氧烷，分子量一般在 15 万以上，它的结构形式与硅油类似。

（2）硅橡胶的性能

①高温性能：硅橡胶显著的特征是高温稳定性，虽然常温下硅橡胶的强度仅是天然橡胶或某些合成橡胶的一半，但在 200 ℃以上的高温环境下，硅橡胶仍能保持一定的柔韧性、回弹性和表面硬度，且力学性能无明显变化。

②低温性能：硅橡胶的玻璃化温度一般为 -70 ~ -50 ℃，特殊配方可达 -100 ℃，表明其低温性能优异。这对航空、宇航工业的意义重大。

③耐候性：硅橡胶中 Si—O—Si 键对氧、臭氧及紫外线等十分稳定，在不加任何添加剂的情况下，就具有优良的耐候性。硅橡胶硫化胶在自由状态下室外暴晒数千年后性能无显著变化。

④电气性能：硅橡胶具有优异的绝缘性能，耐电晕性和耐电弧性也非常好。硅橡胶在受潮、遇水和温度升高时的电绝缘性能变化很小。

⑤物理机械性能：硅橡胶常温下的物理机械性能比通用橡胶差，但在 150 ℃的高温和 -50 ℃的低温下，其物理机械性能优于通用橡胶。一般硅橡胶除弹性较好以外，拉伸强度、伸长率、撕裂强度都很差。

⑥耐油及化学试剂性：硅橡胶具有优良的耐油、耐溶剂性能，它对脂肪族、芳香族和氯化烃类溶剂在常温和高温下的稳定性非常好。一般硅橡胶对低浓度的酸、碱有一定的抗耐性，对于乙醇、丙酮等介质也有较好的抗耐性，硅橡胶的耐辐射性能一般。

⑦气体透过性：室温下硅橡胶对空气、氮、氧、二氧化碳等气体的透气性比天然橡胶高出 30 ~ 50 倍。

⑧生理惰性：硅橡胶无毒，无味，无臭，与人体组织不黏连，具有抗凝血作用，对肌体组织的反应性非常少。特别适合作为医用材料。

⑨疏水和防雾性：硅橡胶是疏水的，对许多材料不黏可起隔离作用。硅橡胶制品长期存放，其吸水性小于 0.015%，对各种藻类和霉菌无滋生作用，故不会发霉。

硅橡胶的主要缺点是常温下其硫化胶的拉伸强度、撕裂强度和耐磨性等比天然橡胶和其他合成橡胶低得多，耐酸、耐碱性差，且价格较高 。

（3）硅橡胶的应用

硅橡胶具有独特的综合性能，尤其是硅橡胶的生物相容性更是一种关键的特性，它已成功地用于其他橡胶用之无效的场合，解决了许多技术问题，满足了现代工业和日常生活的各种需要。

①汽车工业：橡胶在汽车工业中的应用增长速度很快，硅橡胶（特别是具有各种特性的硅橡胶）可耐燃油、润滑油的侵蚀，提高汽车各部件的使用性能，降低维修费用。可用于汽车点火线、火花塞保护罩、加热及散热器用软管、消声器衬里、蓄电池接头以及用氟硅橡胶制的加油泵等。随着车辆电子电气化的发展，室温硫化硅橡胶广泛用于电子零件、电气装配件的灌封料、风挡玻璃、车体四周密封及反射镜等处的黏结密封剂。

②电子、电气工业：该工业是硅橡胶作为绝缘材料使用最早、需求量较大的一个领域。硅橡胶主要用于电视机阳极罩、高压保护罩、高压引出线、冰箱除霜器电线、功率或信号传递用电线和电缆等。用硅橡胶制造的绝缘子将替代陶瓷制品广泛用于输电线路，特别是超高压线路。导电硅橡胶用于电子计算机、电话等仪器的电接点件及液晶显示触点件。阻燃和耐辐射硅橡胶制造的电线、电缆广泛用于原子能发电站。硅橡胶加热片、加热带用于控制多种精密仪表和输油管道的工作温度，在医疗上做理疗热敷器用的加热毯。室温硫化型硅橡胶可作为防水、防潮和防震用灌封材料。

硅橡胶因具有耐热洗涤液性能，目前已广泛用于洗碗机和洗衣机的泵用密封上。硅橡胶非常适于用作咖啡锅、电气油炸锅和蒸汽熨斗等用具上的垫圈。立体声耳机耳部和头部的衬垫改用硅橡胶，能排除外界杂音，且柔软舒适。

③宇航工业：硅橡胶是宇航工业中不可缺少的高性能材料，它能承受太空的超冷和返回大气层的灼热，延长飞机零件寿命，降低检修保养费用，减少意外事故。主要用于飞机机体孔穴密封件、电接头、密封开关、防尘和防水罩、垫圈垫片、喷气式引擎和液压装置的“O”形密封环、氧气面罩、调控膜片、热空气导管和雷达无线减震器等。耐烧灼硅橡胶适用于做火箭燃油阀门、动力源电缆和火箭发射井盖涂层，以免受火箭喷射流的烧灼。室温硫化硅橡胶可作为机体气密性密封、窗框密封和防震、防潮灌封材料。

④建筑工业：硅橡胶具有良好的耐候性和施工性，作为粘接密封剂在建筑工业中得到了广泛应用，超过了其他类型的密封剂。近年来，又开发了低模量高伸长型双组分密封剂，它用于接缝移动大的混凝土预制件和幕墙等大型构件。室温硫化硅橡胶还用于石棉水泥板连接处的密封、浴室砖缝和盥洗用具的密封。随着今后橡胶价格的下降，硅橡胶将进一步扩大应用范围，如在公路接缝的应用中替代沥青和氯丁橡胶。高温硫化型硅橡胶海绵条用作建筑物的门窗密封嵌条。

⑤医疗器材领域：硅橡胶具有良好的生物相容性，对机体反应小，性能稳定，血凝性低，能承受高温高压多次蒸煮，而且能加工成各种形状的制品，这些制品主要用途大致可分为：脑外科用人工颅骨、脑积水引流管、人工脑膜；耳鼻喉科用人工鼻梁、鼻孔支架、鼻腔止血带气囊分道导管、人工耳郭、人工下颌、“T”形中耳炎通气管、人工鼓膜、人工喉、喉罩、“T”形气管插管、泪道栓、吸氧机波纹管；胸外科用体外循环机泵管、胸腔引流管、人工肺薄膜、胸腔隔离膜、人工心瓣；内科用胃管、十二指肠管、胃造瘘管；腹外科用腹膜

透析管、腹腔引流管、"T"形或"Y"形管，毛细引流管、人工腹膜；泌尿科和生殖系统用单腔导尿管、梅花型导尿管、双腔或三腔带气囊分道导管、膀胱造瘘管、肾盂造瘘管、阴茎假体、子宫造影导管、人工节育器、皮下植入型避孕药物缓释胶棒、胎儿吸引器；骨科用人工指关节、人工月骨、人工肌腱、人工膝盖膜、减震足垫；皮肤科用人工皮肤、软组织扩张器、疮疤贴；整形用人工乳房、修补材料等几大类。

⑥食品领域：加成型液态硅橡胶安全无毒、性能优良、化学惰性优异，具有高卫生等级，不含亚硝胺等有害物质，从而成为婴儿用品的首选。此外，利用其透气性好的特点，也可制成水果蔬菜保鲜气调膜。由加成型液体硅橡胶制造的密封圈不会发生由加热而引起的密封性下降的现象，使食品安全得到保障，同时耐久性也非常优异，因此，它可用于制造食用型产品密封圈，用于瓶子及食品罐头（如装有草莓果酱的瓶子、灌装泡菜的瓶子）。

4.9.3 硅橡胶的生产和配制

（1）硅橡胶的生产过程

硅橡胶的生产包括氯硅烷单体的合成、环硅氧烷及其聚合、胶料生产三个单元过程，这些过程都是有机硅胶生产体系的一个组成部分，以生胶或者胶料形式提供产品，而硫化和后硫化加工则是二次加工厂进行。一般硅胶制品的生产过程是原料→配制混炼→整形→硫化成型→包装→成品。

在硅橡胶中，HTV 甲基硅橡胶是最早出现的品种，后来，在聚二甲基硅氧烷的大分子中引入少量甲基乙烯基硅胶氧链接，制得了乙烯基硅橡胶，从而提高了生胶的硫化活性，可用过氧化物硫化，用量也可相应减少，改善硫化工艺和制品性能。目前，二甲基硅橡胶已被淘汰，甲基乙烯基硅橡胶成了最大用量的 HTV 硅橡胶，都在主链中引入少量甲基乙烯基硅氧链接。商品硅橡胶主要有 HTV 甲基乙烯基硅橡胶、苯基硅橡胶、氟硅橡胶以及缩合型或者加成型 RTV 硅橡胶。各品种硅橡胶的生产过程如下：

①甲基乙烯基硅橡胶：首先在 $ZnCl_2$ 催化剂存在下由甲醇和氯化氢制得氯甲烷，然后在大型沸腾床反应器内进行氯硅烷合成，所得粗氯硅烷组成如下：$(CH_3)_2SiCl_7$，为 65% ~ 80%，CH_3SiCl_6 为 10% ~15%，$(CH_3)_3SiCl$ 为 3% ~5%，CH_3HSiCl_6 为 3% ~5%，高沸物（沸点高于 70 ℃）为 5% ~8%，其他为 2% ~3%，一般要经过三塔连续精馏，一塔间歇精馏这样庞大的精馏系统，才能将各组分分离提纯。

二甲基二氯硅烷的纯度对后续的工艺操作乃至产品质量都具有决定性的影响，因此，对二甲基二氯硅烷 - 甲基 - 三氯硅烷的分离精制，通常都由 2 ~3 个高塔串联进行，以保证二甲基二氯硅烷的纯度达到 99.5% 以上。

二甲基二氯硅烷经水解后，水解物在高温真空下经 KOH 催化重组，得到更纯的低分子二甲基环硅氯烷，即为生产各种线型聚硅氯烷的单体，经开环聚合，分子量较低的产物为二甲基硅油，分子量较高的为 HTV 二甲基硅橡胶。若在二甲基环硅氯烷中加入少量甲基乙烯基四硅氧烷，以同样的条件进行共聚合，则可得到含有摩尔量占 0.15% ~0.5% 甲基乙烯基硅氧链节的甲基乙烯基硅橡胶。

②苯基硅橡胶：最常见的方法是由甲基苯基二氯硅烷水解制得三甲基三苯基环氧烷，然后再以甲基硅橡胶同样的生产方式，在碱催化作用下，与二甲基环硅氧烷和少量的甲基乙烯基四硅氧烷共聚，即得到无规分布的甲基苯基硅橡胶。其中以苯基链节含量为 7% 左右的特

低温专用的低苯基硅橡胶最为常见，而含量在20%以上的，耐烧蚀性、耐辐射性优异，但加工性能差，用量极少。

③氟硅橡胶：首先合成三氟丙基甲基二氯硅烷，再经与前述相同的水解、重排解聚过程，得到三氯丙基甲基环三硅氧烷，热后经碱催化进行本体聚合或引入0.15%～0.2%（摩尔百分比）的甲基乙烯基硅氧链节进行共聚合，即得氟硅橡胶。

④RTV硅橡胶：缩合型RTV硅橡胶是羟基封端的线型聚硅氧烷。制备方法是先按上述方法将制得的二甲基环硅氧烷聚合，然后在较高温度下加水断链，得到合适黏度的硅橡胶，再加入少量气相法白炭黑以中和KOH，脱除挥发份，即得生胶。

⑤双组分缩合型RTV硅橡胶：它是由羟基封端的聚硅氧烷生胶加入白炭黑或TiO_2等填料经捏和、混炼、包装而成。使用时与单独包装的催化剂（如二丁基二月桂酸锡）和交联剂（如正硅酸乙酯）按规定量混合，即发生硫化交联。

⑥单组分RTV硅橡胶：它是将羟基封端的聚硅氧烷生胶填料、交联剂在干燥条件下封装在包装筒中。挤出使用时，由于空气中水分渗入而发生交联反应，同时释出低分子副产物。由于空气中水分难以渗入深部，故单组分RTV硅橡胶只适于作为黏结剂或薄层密封剂。

⑦加成型双组分RTV硅橡胶：它是含乙烯基的聚硅氧烷，制法与前述方法相似。交联剂是硅上连接氢基的较低分子量的聚硅氧烷，制法与一般含氢硅油相同。使用时以抓铂酸或其络合物为催化剂即发生交联反应。硫化时不生成任何副产物，这是与缩合型RTV硅橡胶最明显的差别。

（2）硅橡胶生产的特点

不论何种硅橡胶的生产，都是由低分子环硅氧烷在KOH或其他暂时性催化剂存在下进行聚合或共聚而制得。硅橡胶只是整个有机硅生产体系中的一个组成部分，甲基氯硅烷既是硅橡胶的单体，又是其他有机硅产品的基础原料。因此，对氯硅烷的各种组分进行合理的综合利用十分重要，只有甲基氯硅烷的生产技术先进、经济合理，硅橡胶乃至整个有机硅生产的发展才会有基础。

此外，与通用型橡胶相比，硅橡胶生产的特点是品种多、批量小。以甲基乙烯基硅橡胶为例，一般要生产10种左右不同性能和用途的生胶和胶料，而且这些生胶的生产方法相同，胶料配制工艺和设备也相似。这些特点对硅橡胶生产的设计和组织都是很有意义的。

（3）硅橡胶胶料的配制

目前，生胶生产技术已比较成熟，以不同配方和工艺进行生胶和各种添加剂的配合，可以得到各种专用的胶料，就硅橡胶技术而言，其技巧在于胶料的配制。国内硅橡胶与国外先进水平的差距，也主要反映在胶料配制方面。例如，国产HTV硅橡胶生胶的质量，甚至可优于国外著名厂家的产品，但经配合、加工后，混炼胶料的储存稳定性、加工性能、制品综合性能则低于国外同类胶料。而对RTV硅橡胶来说，配方更是多种多样，除了影响胶料的物理机械性能外，还影响其流动性、施工期、起泡性和收缩率等。

硅橡胶胶料配合用各种添加剂中，影响最显著的是白炭黑。细分散的白炭黑对硅橡胶生胶具有很高的补强系数40，对丁苯、丁腈橡胶仅为10左右。除白炭黑和惰性填料外，其他添加剂还有结构控制剂（其功能是阻滞胶料的结构化倾向）硫化剂或催化剂，专用添加剂（如高温专用胶料的添加剂Fe_2O_3，高导热专用胶料的添加剂金属氧化物、氟化钙等）。

HTV硅橡胶胶料的配制工艺是将生胶、填料、结构控制和其他添加剂先在密闭式捏合机内混合成面团状，再在开炼机上混炼，最后经滤胶机过滤，包装。RTV 硅橡胶胶料中一般含较多的惰性填料，以改善其流动性。双组分 RTV 硅橡胶最好在混炼机上混炼。胶料经热处理，然后过滤，包装。

4.10　氟橡胶

氟橡胶是一类特种合成弹性体，其主链或侧链的碳原子上接有电负性极强的氟原子，由于 C—F 键能大（485 kJ/mol），且氟原子共价半径为 0.64 Å[①]，相当于 C—C 键长的一半，因此氟原子可以把 C—C 主链很好地屏蔽起来，保证了 C—C 链的稳定性，使其具有其他橡胶不可比拟的优异性能，如耐油、耐化学药品性能，良好的物理机械性能和耐候性、电绝缘性和抗辐射性等，在所有合成橡胶中综合性能最佳，俗称“橡胶王”。主要用于制作耐高温、耐油、耐介质的橡胶制品，如各种密封件、隔膜、胶管、胶布等，也可用作电线外皮、防腐衬里等。在航空、汽车、石油、化工等领域得到了广泛的应用。在军事工业上，氟橡胶主要用于航天、航空及运载火箭、卫星、战斗机、新型坦克的密封件、油管和电气线路护套等方面，是国防尖端工业中无法替代的关键材料。

4.10.1　氟橡胶的种类

从主链结构上看，氟橡胶可以分为三种基本类型：氟碳橡胶、氟硅橡胶、氟化磷腈橡胶。其中以氟碳橡胶为主，氟碳橡胶中又以偏氟乙烯与三氟氯乙烯共聚（1#胶）、偏氟乙烯和六氟丙烯共聚（2#胶）、偏氟乙烯和六氟丙烯及四氟乙烯三元共聚（3#胶）为主。

氟橡胶的主要品种有四种：含氟烯烃类橡胶、亚硝基类氟橡胶、全氟醚类氟橡胶、氟化膦腈类氟橡胶。国内外最常用的氟橡胶如下：

①氟橡胶 23，国内俗称 1 号胶，为偏氟乙烯和三氟氯乙烯共聚物。平均分子量 50 万～100 万。乳白色半透明弹性体。无毒，无臭，难燃。相对密度为 1.82～1.85。氟橡胶 23 的牌号有中国的氟橡胶 23－11、23－21，美国的 Kel－F－5500、3700，俄罗斯的 32－11、32－12。

②氟橡胶 26，国内俗称 2 号胶，DuPont 牌号 VITON A，为偏氟乙烯和六氟丙烯共聚物，综合性能优于 1 号胶。白色弹性体，无臭，无毒。相对密度为 1.81，玻璃化温度约 －17 ℃。

③氟橡胶 246，国内俗称 3 号胶，DuPont 牌号 VITON B，为偏氟乙烯、四氟乙烯、六氟丙烯三元共聚物，氟含量高于 26 型氟橡胶，耐溶剂性能好。

④氟橡胶 TP，国内俗称四丙胶，旭硝子牌号 AFLAS，为四氟乙烯和碳氢丙烯共聚物，耐水蒸气和耐碱性能优越。

⑤偏氟醚橡胶，DuPont 牌号 VITON GLT，为偏氟乙烯、四氟乙烯、全氟甲基乙烯基醚、硫化点单体四元共聚物，低温性能优异。

⑥全氟醚橡胶，DuPont 牌号 KALREZ，耐高温性能优异，氟含量高，耐溶剂性能优异。

⑦氟硅橡胶，即 γ－三氟丙基聚硅氧烷，平均分子量 40 万～130 万。无色或淡黄色固体。相对密度为 1.36～1.85。低温柔韧性好，脆化温度为 －60 ℃。氟硅橡胶的牌号中国有 SF－1、SF－2、SF－3，美国道康令公司的 RTV733、RTV142、94－011、Q－2817 等，日本

---

① 1 Å = 0.1 nm。

信越化学工业公司的FE201U系列、FE301U系列。氟橡胶生产供应商不止DuPont一家，在中国市场上，进口氟橡胶供应商还有美国3M、日本的大金和欧洲的Solvay。国产的有3F、晨光、东岳等。

4.10.2 氟橡胶的性能

（1）化学稳定性佳

氟橡胶具有高度的化学稳定性，是目前所有弹性体中耐介质性能最好的一种。26型氟橡胶耐石油基油类、双酯类油、硅醚类油、硅酸类油，耐无机酸，耐多数的有机、无机溶剂、药品等，仅不耐低分子的酮、醚、酯，不耐胺、氨、氢氟酸、氯磺酸、磷酸类液压油。23型氟橡胶的介质性能与26型相似，且更有独特之处，它耐强氧化性的无机酸如发烟硝酸、浓硫酸性能比26型好，在室温下98%的HNO_3中浸渍27天它的体积膨胀仅为13%~15%。

（2）耐高温性优异

氟橡胶的耐高温性能和硅橡胶一样，可以说是目前弹性体中最好的。26-41型氟橡胶在250 ℃下可长期使用，在300 ℃下短期使用；246型氟橡胶耐热性比26-41型还好。300 ℃×100 h空气热老化后的26-41型氟橡胶的物理性能与300 ℃×100 h热空气老化后246型的性能相当，其扯断伸长率可保持在100%左右，硬度90~95度。246型在350 ℃热空气老化16 h之后保持良好弹性，在400 ℃热空气老化110 min之后保持良好弹性，在400 ℃热空气老化110 min之后，含有喷雾炭黑、热裂法炭黑或碳纤维的胶料伸长率上升1/2~1/3，强度下降1/2左右，仍保持良好的弹性。23-11型氟橡胶可以在200 ℃下长期使用，250 ℃下短期使用。

（3）耐老化性能好

氟橡胶具有极好的耐天候老化性能，耐臭氧性能。据报道，DuPont公司开发的VitonA在自然存放10年之后性能仍然令人满意，在臭氧浓度为0.01%的空气中经45天作用没有明显龟裂。23型氟橡胶的耐天候老化、耐臭氧性能也极好。

（4）真空性能极佳

26型氟橡胶具有极好的真空性能。246型氟橡胶基本配方的硫化胶真空放气率仅为37×10^{-6} mL/(s·cm^2)。246型氟橡胶已成功应用在10^{-9} Pa的真空条件下。

（5）机械性能优良

氟橡胶一般具有较高的拉伸强度和硬度，但弹性较差，见表4-5。

表4-5 氟橡胶的一般物理机械性能

橡胶品种	拉伸强度/MPa	伸长率/%	硬度（邵氏A)/度	撕裂强度/(kN·m^{-1})
26型氟橡胶	9.18~15.7	150~300	70~85	25~39
246型氟橡胶	16.7	240	75	21
GH氟橡胶	19.6	330	72	—
23型氟橡胶	12.7~24.5	200~600	75	21~39
四丙氟橡胶	9.81~19.6	250~350	72	25~39

26型氟橡胶一般配合的强力在10～20 MPa，扯断伸长率在150%～350%，抗撕裂强度在3～4 kN/m。23型氟橡胶强力在15.0～25 MPa，伸长率在200%～600%，抗撕裂强度在2～7 MPa。一般地，氟橡胶在高温下的压缩永久变形大，但是如果在相同条件下比较，如从150 ℃下的同等时间的压缩永久变形来看，丁苯橡胶和氯丁橡胶均比26型氟橡胶要大，26型氟橡胶在200 ℃×24 h下的压缩变形相当于丁橡胶在150 ℃×24 h下的压缩变形。氟橡胶的摩擦系数为0.80，较丁腈橡胶（0.9～1.05）小，耐磨性能良好，但用作动密封件时，因为有较大的运动速度，产生较高的摩擦热量，从而耐磨性降低。

（6）电性能较好

23型氟橡胶的电性能较好，吸湿性比其他弹性体低，可作为较好的电绝缘材料。氟橡胶一般只适于在低频低压下使用，温度对其电性能影响很大，从24 ℃升到184 ℃，其绝缘电阻下降35 000倍。26型氟橡胶可在低频低压下使用。

（7）透气性小

氟橡胶对气体的溶解度比较大，但扩散速度比较小，所以总体表现出来的透气性也小。在氟橡胶中，填料的加入，充填了橡胶内部的空隙，从而使硫化胶的透气性变小，这对真空密封是很有利的。如配合适中，氟橡胶可解决10^{-7} Pa真空密封。据报道，26型氟橡胶在30 ℃下对于氧、氮、氦、二氧化碳气体的透气性和丁基橡胶、丁橡胶相当，比氯丁胶、天然橡胶要好。

（8）低温性能不好

氟橡胶的低温性能不好，这是由其本身的化学结构所决定的，它能保持弹性的极限温度为-15～-20 ℃。随着温度的降低，它的拉伸强度变大，在低温下显得强韧。在测2 mm厚的标准试样时，它的脆性温度在-30 ℃左右；厚度1.87 mm时为-45 ℃；厚度0.63 mm时为-53 ℃；厚度0.25 mm时为-69 ℃。一般氟橡胶的使用温度可略低于脆性温度。如23-11型的$T_g>0$ ℃。实际使用的氟橡胶低温性能通常用脆性温度及压缩耐寒系数来表示。胶料的配方以及产品的形状（如厚度）对脆性温度影响都比较大，如配方中填料量增加则脆性温度敏感地变坏，制品的厚度增加则脆性混同度也敏感地变坏。

（9）耐辐射性能较差

氟橡胶的耐辐射性能是弹性体中比较差的一种，26型氟橡胶经受辐射作用后表现为交联效应，23型氟橡胶则表现为裂解效应。246型氟橡胶在5×10^7伦[①]剂量的常温辐射下性能剧烈变化，在1×10^7伦条件下硬度增加1～3度，强度下降20%以下，伸长率下降30%～50%，所以一般认为246型氟橡胶可以耐1×10^7伦，极限为5×10^7伦。

（10）耐燃性

氟橡胶与火接触能燃烧，但离开火后即熄灭，它属于自熄橡胶。氟橡胶的氧指数为61～64。

4.10.3 氟橡胶的应用

由于氟橡胶具有耐高温、耐油、耐高真空及耐酸碱、耐多种化学药品的特点，已应用于现代航空、导弹、火箭、宇宙航行、舰艇、原子能等尖端技术及汽车、造船、化学、石油、

① 1伦（伦琴）$=2.58\times10^{-4}$库仑/千克。

电信、仪器、机械等工业领域。

（1）在密封方面的应用

氟橡胶密封件用于发动机的密封时，可在 200 ~ 250 ℃下长期工作，在 300 ℃下短期工作，其工作寿命可与发动机返修寿命相同，达 1 000 ~ 5 000 飞行小时（时间 5 ~ 10 年）；用于化学工业时，可密封无机酸（如 140 ℃下的 67% 的硫酸、70 ℃的浓盐酸、90 ℃以下 30% 的硝酸）、有机溶剂（如氯代烃、苯、高芳烃汽油）及其他有机物（如丁二烯、苯乙烯、丙烯、苯酚、275 ℃下的脂肪酸等）；用于深井采油时，可承受 149 ℃和 420 个大气压的苛刻工作条件；用于过热蒸汽密封件时，可在 160 ~ 170 ℃的蒸汽介质中长期工作。在单晶硅的生产中，常用氟橡胶密封件以密封高温（300 ℃）下的特殊介质——三氯氢硅、四氯化硅、砷化镓、三氯化磷、三氯乙烯以及 120 ℃的盐酸等。

23 型、四丙氟橡胶主要用作耐酸、耐特殊化学品的腐蚀性密封场合。羟基亚硝基氟橡胶主要用作防护制品和密封制品，以溶液形式作为不燃性涂料，应用于防火电子元件及纯氧中工作的部件。其溶液和液体橡胶可用喷涂、浇注等方法制造许多制品，如宇宙服、手套、管带、球等。也可用作玻璃、金属、织物的胶黏剂，制造海绵及接触火箭推进剂（N_2O_4）的垫圈、“O”形圈、胶囊各类密封件等。

G 型系列氟橡胶制作的密封件具有使用 VitonA、B、E 等氟橡胶无法达到的耐高温蒸汽性、耐甲醇汽油或含高芳香烃汽油的性能。

用氟橡胶制成的密封剂——腻子，耐燃料油性能突出，可在 200 ℃左右的油中使用，被用作飞机整体油箱的密封材料。

（2）在高真空方面的应用

在高真空应用方面，当飞行高度在 200 ~ 300 km 时，气压为 133×10^{-6} Pa（10^{-6} mmHg），氯丁橡胶、丁橡胶、丁基橡胶均可应用；当飞行高度超过 643 km 时，气压将下降为 133×10^{-7} Pa（10^{-7} mmHg）以下，在这种高真空中只有氟橡胶能够应用。一般在高真空或超高真空装置系统使用前，需经过高温烘烤处理，26 型、246 型氟橡胶能承受 200 ~ 250 ℃高温老化，因此成为高真空设备及宇宙飞行器中最主要的橡胶材料。

（3）在耐高温、耐油及耐特种介质方面的应用

用氟橡胶制造的胶管适用于耐高温、耐油及耐特种介质场合，如用作飞机燃料油、液压油、合成双酯类油、高温热空气、热无机及其他特种介质（如氯化烃及其他氯化物）的输送、导引等。用氟橡胶制成的电线电缆屈挠性好，且有良好的绝缘性。氟橡胶制作的玻璃纤维胶布，能耐 300 ℃的高温和耐化学腐蚀。芳纶布涂氟胶后，可以制作石油化工厂耐高温、耐酸碱类储罐间的连接伸缩管（两端可由金属法兰连接），可承受高压力、高温度和介质腐蚀，并对两罐的变形伸缩起缓冲减震连接作用。尼龙布涂氟胶后制成的胶布密封袋，作为炼油厂的内浮顶贮罐用软密封件，起到密封、减少油液面的挥发损失等作用。

GLT 型氟橡胶、氯化磷橡胶、全氟醚橡胶等更具有宽广的使用温度范围、低温柔软性、弹性密封性等。全氟醚橡胶还具有突出的耐介质腐蚀性，在军工尖端技术中得到广泛应用。

用氟橡胶制得的闭孔海绵，具有耐酸、耐油、宽广使用温度范围和良好的绝缘性，可用作火箭燃料、溶剂、液压油、润滑油及油膏的密封和火箭、导弹的减震材料，耐温达 204 ℃，浸渍氟胶乳液的石棉纤维布，可制成石棉胶板，用于耐高温、耐燃烧和耐化学腐蚀性的场合。

4.10.4　氟橡胶的制备

（1）初始单体的配制

氟橡胶聚合所需的初始单体，一般按传统方法配制，即按需要的分压向槽中加入定量偏二氯乙烯（VDF）、六氟丙烯（HFP）、四氟乙烯（TFE）等，通过混合和分析，其组成达到要求即可。在釜中初始单体正压下，升温至反应温度，将初始单体压入釜中达到反应压力即可反应，其后以补加单体维持恒压反应。

（2）聚合反应

①氟橡胶聚合类型。

由含氟单体分子形成弹性聚合物的反应称为氟橡胶聚合。从聚合类型划分，氟橡胶聚合属于加成聚合；从反应机理和动力学特征划分，氟橡胶聚合属于链式聚合；从链增长活性种划分，26型氟橡胶聚合属自由基聚合，自由基聚合的推动力是自由基单电子的配对倾向和单体 π 键打开形成 σ 键时体系内能的降低。

自由基聚合实施方法可以是本体聚合、溶液聚合、悬浮聚合和乳液聚合。本体聚合导热难，溶液聚合的速度低、分子量低。水介质的悬浮聚合产生胶粒黏凝阻塞。水介质的乳液聚合速度快、分子量高、导热好、黏度低、搅拌功率小，易于工业化规模生产，缺点是析出过程复杂，器壁管道挂胶阻塞，助剂品种多，胶中残留量大。

目前，氟橡胶聚合全采用乳液聚合方法，所以根据聚合实施方法划分，氟橡胶聚合属乳液聚合，严格讲，属气溶乳液聚合。

②反应体系组成及功能

a. 反应介质：水，承载聚合反应。

b. 分散剂：全氟辛酸铵（低浓度即可，因低分子聚合物类似分散剂结构及功能），形成聚合物乳液，使聚合反应在液相中进行。

c. pH值缓冲剂：中和反应产生的酸，减轻釜体腐蚀，维持胶体稳定性、反应速度稳定性及胶乳浓度稳定性，一般以pH值5～6为宜。

d. 引发剂：$K_2S_2O_8$，分解出活性基引发聚合反应，85 ℃以上有分解速度，90 ℃下0.5 h分解30%，1 h分解50%，2 h分解75%，3 h分解90%；$(NH_4)_2S_2O_8$，40 ℃以上分解，比 $K_2S_2O_8$ 易分解，85 ℃有较快的分解。

e. 链转移剂：丙二酸二乙酯等，降低共聚物分子量，从而降低门尼黏度，更重要的功能是在分子链端产生非离子端基，使硫化性能优越，加工流动性好，不引起合金腐蚀。

③链转移。

一般认为，链转移只是活性中心的转移，而不是自由基的消失，不影响聚合速度，只改变聚合物的分子量和分子量分布。但转移后形成的自由基比较稳定，甚至不能再引发单体聚合，此时不仅聚合速度降低，而且聚合物分子量急剧减小，尤其是向单体链转移且转移常数高。氟橡胶聚合以丙二酸二乙酯做链转移剂，它的加入能使反应的单体自由基消失，使聚合速度降低、分子量降低、反应速度降低。

异戊烷作为链转移剂时，应是活性中心的转移，而不是自由基的消失，对聚合速度影响小。但因链转移常数特别大，能剧烈改变聚合物的分子量和分子量分布，日本大金公司以异戊烷做链转移剂，如果引用，在用量和用法上应区别于丙二酸二乙酯。

增长的单体自由基有向聚合物大分子链转移的可能，特别是倒数第 2 个碳原子上有氢原子易发生链转移。发生大分子链转移的结果不仅不会使分子量下降，反而因产生支链使分子量增大。氟橡胶中也有轻微的这种大分子链转移现象。

④反应结束后釜中单体的处理。

a. 回收配制再利用。氟橡胶反应结束后釜中单体的处理，目前基本采用回收再利用的方法。该方法在于回收速度必须缓慢，否则易带出胶乳阻塞管阀，而回收单体配制再利用时，随回收利用的循环增加，反应速度逐渐减慢，产品质量也就难以稳定，这是回收单体中七氟丙烷及其他惰性杂质积累的结果。

b. 直接补加降压反应转为合格聚合物。在聚合反应达到规定的终点后，无论是 26 型氟橡胶还是 246 型氟橡胶，釜中单体中都是六氟丙烯含量高，而 246 型氟橡胶釜气中的 VDF 与 TFE 的比例和聚合物中 VDF 与 TFE 的比例又基本相同，因此现有技术能精确无误地对 26 型氟橡胶的聚合釜连续补加 VDF、对 246 型氟橡胶聚合釜连续补加符合比例的 VDF 与 TFE 混合单体进釜连续降压和继续反应，生成组成合格的橡胶，至釜气耗尽结束。

⑤聚合工艺条件的选择。

氟橡胶聚合工艺条件的选择直接影响产品的质量，所以应该以质量需要来选择工艺条件。有些工艺条件的选择受到设备条件和环境条件的限制，如反应压力、反应温度、投料量、分散剂浓度、反应量（终点）、单体质量等。只能选择一个合适的范围，再根据质量原理，选择釜中引发剂浓度、调聚剂加入时间及加入量，以得到需要的分子量和分子量分布的聚合物，再以反应压力、反应温度、投料量、反应量小范围地选择配合，可以得到加工性能、使用性能和反应速度均理想的产品。

4.11 热塑性弹性体

热塑性弹性体简称 TPE，是一种兼有塑料和橡胶特性，在常温下显示橡胶的高弹性，高温下又能塑化成型的高分子材料（不需要硫化）。热塑性弹性体的结构特点是由化学键组成不同的树脂段和橡胶段，树脂段凭借链间作用力形成物理交联点，橡胶段是高弹性链段，贡献弹性。塑料段的物理交联随温度的变化而呈可逆变化，显示了热塑性弹性体的塑料加工特性。因此，热塑性弹性体具有硫化橡胶的物理机械性能和热塑性塑料的工艺加工性能，是介于橡胶与树脂之间的一种新型高分子材料，常被人们称为第三代橡胶。

热塑性弹性体作为新一代合成橡胶，已开始取代部分传统合成橡胶，应用领域不断扩大。目前，全球热塑性弹性体的产销量已超过 1.2×10^{6} t，占橡胶产销量的 8% 以上。许多工业制品以及胶鞋等都开始大量使用 TPE 材料，每年以 7% ~8% 的速度飞快发展。

4.11.1 热塑性弹性体的种类

从 1958 年德国 Bayer 公司首次制备出热塑性聚氨酯（TPU），1963 年和 1965 年美国 Phillips 和 Shell，开发出热塑性苯乙烯 - 丁二烯 - 苯乙烯（SBS）嵌段聚合物弹性体，到 20 世纪 70 年代美、日及欧洲各国开始批量生产烯烃类热塑性弹性体以来，技术不断创新，新的热塑性弹性体品种不断涌现，构成了当今热塑性弹性体的庞大体系，使橡胶工业与塑料工业结合联姻大大向前迈进了一步。世界上已工业化生产的热塑性弹性体有：苯乙烯类（SBS、

SIS、SEBS、SEPS）、烯烃类（TPO、TPV）、双烯类（TPB、TPI）、氯乙烯类（TPVC、TCPE）、聚氨酯类（TPU）、聚酯类（TPEE）、聚酰胺类（TPAE）、有机氟类（TPF）、有机硅类和乙烯类等，几乎涵盖现在合成橡胶与合成树脂的所有领域。

按制备方法的不同，热塑性弹性体主要分为化学合成型热塑性弹性体和橡塑共混型热塑性弹性体两大类。前者是以聚合物的形态单独出现的，有主链共聚、接枝共聚和离子聚合等。后者主要是橡胶与树脂的共混物，其中还有以交联硫化出现的动态硫化胶（TPE－TPV）和互穿网络的聚合物（TPE-IPN）。现在，TPE以苯乙烯类和烯烃类为中心，在世界各地获得了迅速发展，两者的产耗量已占到全部TPE的80%左右。双烯类TPE和氯乙烯类TPE也成为通用TPE的重要品种。其他如TPU、TPEE、TPAE、TPF等则转向以工程为主。

4.11.2　热塑性弹性体的性能特点

（1）热塑性弹性体的优点

①可用一般的热塑性塑料成型机加工，如注塑成型、挤出成型、吹塑成型、压缩成型、递模成型等。

②能用橡胶注塑成型机硫化，时间可由原来的20 min左右缩短到1 min以内。

③可用压出机成型硫化，压出速度快、硫化时间短。

④生产过程中产生的废料（逸出毛边、挤出废胶）和最终出现的废品，可以直接返回再利用。

⑤用过的TPE旧品可以简单再生之后再次利用，减少环境污染，扩大资源再生来源。

⑥不需硫化，节省能源，以高压软管生产能耗为例：橡胶为188 MJ/ kg，TPE为144 MJ/ kg，可节能25%以上。

⑦自补强性大，配方大大简化，从而使配合剂对聚合物的影响制约大为减小，质量性能更易掌握。

⑧为橡胶工业开拓新的途径，扩大了橡胶制品应用领域。

（2）热塑性弹性体的缺点

TPE的耐热性不如橡胶，随着温度上升而物性下降幅度较大，因而适用范围受到限制。同时，压缩变形、弹回性、耐久性等同橡胶相比较差，价格上也往往高于同类的橡胶。但总的说来，TPE的优点仍十分突出，而缺点则在不断改进之中，作为一种节能环保的橡胶新型原料，发展前景十分看好。

4.11.3　热塑性弹性体的加工

热塑性弹性体具有硫化橡胶的物理机械性能和软质塑料的工艺加工性能。由于不需再像橡胶那样经过热硫化，因而使用简单的塑料加工机械即可很容易地制成最终产品。它的这一特点，使橡胶工业生产流程缩短了1/4，节约能耗25%～40%，提高效率10～20倍，堪称橡胶工业又一次材料和工艺技术革命。

制造加工热塑性弹性体的主要两种方法是挤塑和注塑成型，模塑成型用得极少。通过注塑成型来制造加工热塑性弹性体，既快速又经济。用于一般热塑性塑料的注塑成型方法和设备均适用于热塑性弹性体。

热塑性弹性体还可通过吹塑、热成型及热焊接进行加工。而这些方法均不能应用于热固性橡胶制品。

热塑性弹性体在加工应用上有以下特点：

①可用标准的热塑性塑料加工设备和工艺进行加工成型，如挤出、注射、吹塑等。

②不需硫化，可制备生产橡胶制品，减少硫化工序，节约投资，能耗低，工艺简单、加工周期缩短，生产效率提高，加工费用低。

③边角废料可回收使用，节省资源，也对环境保护有利。

④由于在高温下易软化，所制产品的使用温度有一定限制。

4.11.4 常见热塑性弹性体种类及性能特点

（1）苯乙烯类 TPE

苯乙烯类 TPE 又称 TPS，为丁二烯或异戊二烯与苯乙烯嵌段型的共聚物，其性能最接近 SBR 橡胶，是化学合成型热塑性弹性体中最早被人们研究的品种之一，是目前世界上产量最大的 TPE。

代表性的品种为 SBS，广泛用于制鞋业，已大部分取代了橡胶；同时在胶布、胶板等工业橡胶制品中的应用也在不断扩大。SBS 还大量用作 PS 塑料的抗冲击改性剂，也是沥青路面耐磨、防裂、防软和抗滑的优异改性剂。以 SBS 改性的 PS 塑料，不仅可像橡胶那样大大改善抗冲击性，而且透明性也非常好。SBS 较之 SBR 橡胶、WRP 胶粉，更容易溶解于沥青中。因此，虽然价格较贵，仍然得到大量使用。现今，更是进一步推广到建筑物屋顶、地铁、隧道、沟槽等的防水、防潮上面。SBS 与 S-SBR、NP 橡胶并用制造的海绵，比原来 PVC、EVA 塑料海绵更富于橡胶触感，且比硫化橡胶要轻，颜色鲜艳，花纹清晰。因而，SBS 不仅适于制造胶鞋中底的海绵，也是旅游鞋、运动鞋、时装鞋等一次性大底的理想材料。

近些年来，异戊二烯取代丁二烯的嵌段苯乙烯聚合物（SIS）发展很快，约 90% 用在黏合剂方面。SBS 和 SIS 的最大问题是不耐热，使用温度一般不能超过 80 ℃。同时，其强伸性、耐候性、耐油性、耐磨性等也都无法同橡胶相比。为此，近年来美、欧等对它进行了一系列性能改进，先后出现了 SBS 和 SIS 经饱和加氢的 SEBS 和 SEPS。SEBS（以 BR 加氢做软链段）和 SEPS（以 IR 加氢做软链段）可使抗冲强度大幅度提高，耐天候性和耐热老化性也好。日本三菱化学在 1984 年又以 SEBS、SEPS 为基料制成了性能更好的混合料，并将此饱和型 TPS 命名为“Rubberron”上市。因此，SEBS 和 SEPS 不仅是通用塑料也是工程塑料用的改善耐天候性、耐磨性和耐热老化性的共混材料，故而很快发展成为尼龙（PA）、聚碳酸酯（PC）等工程塑料类“合金”的增容剂。

此外，还开发了环氧树脂用的高透明性 TPS 以及医疗卫生用的生体无毒 TPS 等许多新的品种。SBS 或 SEBS 等与 PP 塑料熔融共混，还可以形成 IPN 型 TPS。所谓 IPN，实际是两种网络互相贯穿在一起的聚合物，故又称之为互穿网络化合物。虽然它们大多数属于热固性树脂类，但也有不少像 TPE 的以交叉连续相形态表现出来的热塑性弹性体。用 SBS 或 SES 为基材与其他工程塑料形成的 IPN-TPS，可以不用预处理而直接涂装。涂层不易刮伤，并且具有一定的耐油性，弹性系数在低温较宽的温度范围内没有什么变化；大大提高了工程塑料的耐寒和耐热性能。苯乙烯类化合物与橡胶接枝共聚也能成为具有热塑性的 TPE，已开发的有 EPDM/苯乙烯、BR/苯乙烯、CI－IIR/苯乙烯、NP/苯乙烯等。

（2）烯烃类 TPE

烯烃类 TPE 是以聚丙烯（PP）为硬链段和三元乙丙橡胶（EPDM）为软链段的共混物，简称 TPO。由于它比其他 TPE 的相对密度小（仅为0.88），耐热性高达100 ℃，耐天候性和耐臭氧性也好，因而成为 TPE 中又一发展很快的品种。

1973 年出现了动态部分硫化的 TPO，1981 年出现了完全动态硫化型的 TPO，性能又大为改观，最高温度可达 120 ℃。这种动态硫化型的 TPO 简称为 TPV，主要是对 TPO 中的 PP 与 EPDM 混合物在熔融共混时，加入能使其硫化的交联剂，利用密炼机、螺杆机等机械高度剪切的力量，使完全硫化的微细 EPDM 交联橡胶的粒子，充分分散在 PP 基体之中。通过这种交联橡胶的"粒子效果"，TPO 的耐压缩变形性、耐热老化性、耐油性等都得到明显改善，甚至达到了 CR 橡胶的水平，因而人们又将其称为热塑性硫化胶。由于 TPV 的耐油性，现已用其替代 NBR、CR 制造各种橡胶制品。

TPV 还可以与 PE 共混，同 SBS 等其他 TPE 并用，互补改进性能。目前，在汽车上已广泛作为齿轮、齿条、点火电线包皮、耐油胶管、空气导管及高层建筑的抗裂光泽密封条，还有电线电缆、食品和医疗等领域，其增长幅度大大超过 TPS。近年，在 TPV 的基础上推出了聚合型 TPO，使 TPV 的韧性和耐低温等性能又出现了新的突破。美国也开发出综合性能更好的 IPN 型 TPO。

1985 年又出现完全动态硫化型的 PP/NBR－TPV，它以马来酸酐与部分 PP 接枝，以部分 NBR 用胺处理，形成胺封末端的 NBR。这种在动态硫化过程中能形成少量接枝与嵌段的共聚物，可取代 NBR 用于飞机、汽车、机械等方面的密封件、软管等。这种共混体由于两种材料极性不同，彼此不能相容，因而在共混时必须加入 MAC 增容剂。这类增容剂主要有：亚乙基多胺化合物，如二亚乙基三胺或三亚乙基四胺，还有液体 NBR 和聚丙烯马来酸酐化合物等。马来西亚于1988 年开发成功了 PP/NR－TPV，它的拉伸和撕裂强度都很高，压缩变形也大为改善，耐热可达100～125 ℃。同期，还研发出PP/ENR-TPV，它是使NR先与过氧乙酸反应制成环氧化 NR，再与 PP 熔融共混而得。性能优于 PP/NR-TPV 和 PP/NBR-TPV，用于汽车配件和电线电缆等方面。在此期间，英国又出现了 PP/IIR-TPV、PP/CI-IIR-TPV，美国开发了 PP/SBR、PP/BR、PP/CSM、PP/ACM、PP/ECO 等一系列熔融共混物，德国制成了 PP/EVA，使 PP 与各种橡胶的共混都取得了成功。此外，见之于市场的还有 EPDM/PVC、IIR/PE 等。

目前，以共混形式采用动态全硫化技术制备的 TPE 已涵盖 11 种橡胶和 9 种树脂，可制出 99 种橡塑共混物。其硫化的橡胶交联密度已达 7×10^{-5} mol/mL（溶胀法测定），即有97%的橡胶被交联硫化，抗拉伸长率大于100%，拉伸永久变形不超过50%。TPV 可以用塑料加工通用的吹塑、注塑和挤出成型等方式生产各种零件。吹塑制品有汽车的空气净化器导管、齿轮罩防护套、联轴节护套等。注塑制品有塞头衬垫、反光镜衬垫、脚踏刹车衬垫、刹车增力装置导管护套、曲轴罩护套等，还可制造同步带。挤出制品有电线电缆护套、燃料管外层胶和各种密封条。尤其是汽车上的密封条，使用 TPV 已成为时髦，包括实心和发泡产品，静密封和准动/动态密封制品等，已基本取代了橡胶。

在烯烃基 TPE 中，TPO 占 80%～85%，TPV 占 15%～20%。为适应不同加工方式及应用，一般都在 10 种以上。虽然它们的具体生产方法和生产量大多未被公布，但不外乎都是烯烃类的各种熔融共混物。熔融共混的 TPV 正成为各橡胶、塑料生产厂家竞相发展的新型橡塑材料和最热门的研发课题。还有各种 TPO－TPV 之间的相互共混，如 EPDM/PP TPV 与 NBR/PP－TPV，ACM/PP TPV 与 EPDM/PA－TPV 等，也正成为新的改性共混材料。

（3）二烯类 TPE

二烯类 TPE 主要为天然橡胶的同分异构体，又称为热塑性反式天然橡胶（1－NR）。早在 400 年前，人们发现了这种材料，但因其产自与三叶橡胶树不同的古塔波和巴拉塔等野生树上，因而称为古塔波橡胶、巴拉塔橡胶。这种 T－NR 用作海底电缆和高尔夫球皮等虽已有 100 余年历史，但因呈热塑性状态、结晶性强、可供量有限，应用长期未能扩展。

1963 年以后，美、加、日等国先后以有机金属触媒制成了合成的 T－NR－反式聚异戊二烯橡胶，称之为 TPI。它的微观结构同异戊橡胶（IR）刚好相反，反式结合 99%，结晶度为 40%，熔点为 67 ℃，同天然产的古塔波和巴拉塔橡胶极为类似。因此，已开始逐步取代天然产品，并进一步发展到用于整形外科器具、石膏代替物和运动保护器材。近年来，TPI 由于优异的结晶性和温度的敏感性，又成功地被开发为形状记忆橡胶材料，备受人们青睐。从结构上来说，TPI 是以高的反式结构所形成的结晶性作为硬链段，再与其余任意形呈弹性相状态部分的软链段结合而构成的热塑性橡胶。同其他 TPE 相比，优点是机械强度、耐伤性好，又可硫化，缺点是软化温度非常低，一般只有 40～70 ℃，应用受到限制。

我国正在开发中的还有大量产于湘、鄂、川、贵一带杜仲树上的杜仲橡胶，它也是一种反式－1,4－聚异戊二烯天然橡胶，资源非常丰富，颇具发展潜力。1974 年，日本公司开发成功 BR 橡胶（顺式－1,4－聚丁二烯）的同分异构体——间同－1,2－聚丁二烯，简称 TPB。它是含 90% 以上 1,2 位结合的间同聚丁二烯橡胶。微观构造系由硬链段间同结构的结晶部分与软链段任意形柔软部分相互构成的嵌段聚合物。虽其耐热性、机械强度不如橡胶，但以良好的透明性、耐天候性和电绝缘性以及光分解性，广泛用在制鞋、海绵、光薄膜以及其他工业橡胶制品等方面。

TPB 和 TPI 同其他 TPE 的最大不同点在于可以进行硫化。解决了一般 TPE 不能用硫黄、过氧化物硫化，而必须采用电子波、放射线等特殊装置，才能提质改性的问题，从而改进 TPE 的耐热性、耐油性和耐久性不佳等缺点。TPB 可在 75～110 ℃的熔点范围之内任意加工，既可用以生产非硫化注射成型的拖鞋、便鞋，也可以利用硫化发泡制造运动鞋、旅游鞋等的中底。它较之 EVA 海绵中底不易塌陷变形，穿着舒适，有利于提高体育竞技效果。TPB 制造的薄膜，具有良好的透气性、防水性和透明度，易于光分解，十分安全，特别适于家庭及蔬菜、水果保鲜包装之用。

（4）氯乙烯类 TPE

氯乙烯类 TPE 分为热塑性聚氯乙烯（PVC）和热塑性氯化聚乙烯（CPE）两大类，前者称为 TPVC，后者称为 TCPE。TPVC 主要是 PVC 的弹性化改质物，又分为化学聚合和机械共混两种形式。机械共混主要是部分交联 NBR 混入 PVC 中形成共混物（PVC/NBR）。TPVC 实际说来不过是软 PVC 树脂的延伸物，只是因为压缩变形得到很大改善，从而形成了类橡胶状的 PVC。这种 TPVC 可视为 PVC 的改性品和橡胶的代用品，主要用其制造胶管、胶板、胶布及部分胶件。目前 70% 以上消耗在汽车领域，如汽车的方向盘、雨刷条等。其他应用，电线约占 75%，建筑防水胶片占 10% 左右。近年来，又开始扩展到家电、园艺、工业及日用作业雨衣等方面。

目前，国际市场上大量销售的主要是PVC与NBR、改性PVC与交联NBR的共混物，它们现已成为橡胶与塑料共混最成功的典型，美、日、加、德等国家的丁腈橡胶生产厂家皆有大量生产，在工业上已单独形成了PVC/NBR材料，用其大量制造胶管、胶板、胶布等各种橡胶制品。PVC与其他聚合材料的共混物，如PVC/EPDM、PVC/PU、PVC/EVA的共混物，PVC与乙烯、丙烯酸酯的接枝物等，也都相继问世投入生产。随着环保要求的日益严格，TPVC逸出的酸气有害气体等始终难以彻底解决，污染环境，所以TPVC产量近来在世界上的增长幅度有所下降，使用范围受到很大影响。我国生产使用的TPVC主要有HPVC，从20世纪90年代开始研究，只有少量生产供应。目前以PVC/NBR和PVC/EVA共混的形式居多，除个别商品共混料外，大多由橡胶加工厂自行参混，广泛用于制造油罐、胶管、胶鞋等，已部分取代了CR和NBR以及NR、SBR，效果甚佳，用量逐年扩大。现CPE橡胶与CPE树脂共混的带有TPE功能的TCPE，也开始得到应用。今后，TPVC和TCPE有可能成为我国代替部分NR、BR、CR、SBR、NBR橡胶和PVC塑料的新橡塑材料。

(5) 聚氨酯类TPE

聚氨酯弹性体又称聚氨酯橡胶（PUR），它属于特种合成橡胶。传统上按聚氨酯弹性体加工特性的不同，把它分为浇注型（CPU）、热塑型（TPU）和混炼型（MPU）三大类。混炼型聚氨酯弹性体是采用聚醚多元醇和异氰酸酯反应制得的固体生胶状聚合物，利用传统橡胶加工机械和加工程序，进行塑炼混炼，用模具硫化成型。浇注型聚氨酯弹性体，它是采用聚醚多元醇和异氰酸脂、扩链剂等配合剂经两步或一步法合成的线型液态聚合物，它是以液体状态浇注在模具中，加热、熟化转化成具有一定网状结构的橡胶状固体。热塑性聚氨酯弹性体，它是使用聚醚多元醇和异氰酸酯反应生成的线型聚合物，然后经过加工成为颗粒状固体。

聚氨酯弹性体是弹性体比较特殊的一类，其原材料种类很多，配方多种多样，可调范围很大。聚氨酯弹性体硬度范围很宽，是介于橡胶与塑料之间一类特殊的高分子材料。由与异氰酸酯反应的氨酯硬链段与聚酯或聚醚软链段相互嵌段结合的热塑性聚氨酯橡胶，简称TPU。TPU具有优异的机械强度、耐磨性、耐油性和耐屈挠性，特别是耐磨性最为突出。缺点是耐热性、耐热水性、耐压缩性较差，外观易变黄，加工中易粘模具。目前在欧美主要用于制造滑雪靴、登山靴等体育用品，并大量用以生产各种运动鞋、旅游鞋，消耗量甚多。

TPU还可通过注塑和挤出等成型方式生产汽车、机械以及钟表等零件，并大量用于高压胶管（外胶）、纯胶管、薄片、传动带、输送带、电线电缆、胶布等产品。其中注塑成型占到40%以上，挤出成型约为35%。近年来，为改善TPU的工艺加工性能，还出现了许多新的易加工品种，如适于双色成型，能增加透明性和高流动、高回收的可提高加工生产效率的制鞋用TPU；用于制造透明胶管的无可塑、低硬度的易加工型TPU；供作汽车保险杠等大型部件专用的、以玻璃纤维增强的可提高刚性和冲击性的增强型TPU等。特别是在TPU中加入反应性成分，在热塑成型之后，通过熟化，形成不完全IPN（由交联聚合物与非交联聚合物形成的IPN），发展十分迅速。这种IPN TPU又进一步改进了TPU的物理机械性能。此外，TPU/PC共混型的合金TPU，更提高了汽车保险杠的安全性能。还有高透湿性TPU、导电性TPU以及专用于生体、磁带、安全玻璃等方面的TPU。

(6) 聚酯类TPE

聚酯类TPE是一类线型嵌段共聚物（英文缩写为TPEE）。热塑性聚酯弹性体通常是由二羧酸及其衍生物、长链二醇（分子量600～6 000）及低分子量二醇混合物通过熔融酯交换反应制备的。随原料品种及其原料配比的不同，得到不同品种和牌号的热塑性聚酯弹性体。其硬度跨越宽广的范围。合成热塑性聚酯弹性体最常用的原料有对苯二甲酸二甲酯、1,4－丁二醇、聚四亚甲基乙二醇醚等。

由对苯二甲酸二甲酯、聚四亚甲基乙二醇醚和1,4－丁二醇通过交换反应得到的是长链的无规嵌段共聚物。对苯二甲酸和聚四亚甲基乙二醇醚反应生成较长的链段，它们为无定形的软段。对苯二甲酸和低分子二醇反应生成较短的链段，它们是硬段，并具有结晶性。在热塑性聚酯弹性体中受热可变的物理“交联”，就是短的结晶链段所起的作用。热塑性聚酯弹性体在低于结晶相熔点时，同样具有微相分离结构。连续相由软段以及链长度不够或链缠结而不能结晶的其他聚酯嵌段构成，它赋予聚合物以弹性。改变结晶相与无定形相的相对比例，可以调整聚合物的硬度、模量、耐化学侵蚀性能和气密性能。显然，结晶链段的含量越多，硬度就越高。热塑性聚酯弹性体具有一系列的优越性能，尤其是弹性好，抗屈挠性能优异，耐磨以及使用温度范围宽。此外还具有良好的耐化学介质、耐油、耐溶剂及耐大气老化等性能。

热塑性聚酯弹性体的密度为1.17～1.25 g/cm^3，拉伸强度为25～45 MPa，断裂伸长率为300%～500%，弯曲模量可从50～500 MPa。热塑性聚酯弹性体在橡胶的弹性与塑料的刚性之间架起了一道宽阔的桥梁。它们之中比较软的品种很接近通常的硫化橡胶，比较硬的品种则接近通常的塑料。硬度为40 D的热塑性聚酯弹性体其回弹率超过60%，当热塑性聚酯弹性体的硬度接近塑料的硬度（63 D）时，其回弹率仍然在40%以上。硬度为72 D的热塑性聚酯弹性体既具有足够的坚韧性也有良好的弹性，抗冲击并能够弯曲而不破裂，既有高的模量，又有良好的耐曲挠性能。

与其他热塑性弹性体相比，在低应变条件下，热塑性聚酯弹性体的模量比相同硬度的其他热塑性弹性体高，其承载能力优于硬度相似的热塑性聚氨酯弹性体。这在以模量为重要设计因素时，缩小制品的横截面积、减少材料的用量是有利的。

热塑性聚酯弹性体的高温拉伸强度大，特别是在应变小的情况下，它们可以保持优异的拉伸性能，表现出在相当大的温度范围内有很高的使用价值。

当热塑性聚酯弹性体于屈服点以下受应力作用时，在动态用途中的滞后损失小，产生热量低。动态滞后性能好也是热塑性聚酯弹性体的一大特点。这一特点与高弹性相结合，因此该材料成为多次循环使用条件下的理想材料，齿轮、胶辊、挠性联轴节、皮带均可采用。

由于热塑性聚酯弹性体的软段有着很低的玻璃化温度，而硬段有着较高的熔点，使得这类聚合物具有很宽的使用温度范围。维卡软化点在112～203 ℃。热塑性聚酯弹性体，尤其是较硬的聚合物，具有特别好的耐热性。在121 ℃以上时，其拉伸强度远远超过热塑性聚氨酯弹性体。如DuPont公司的Hytrel 55D在175 ℃的拉伸强度仍然接近于14 MPa。全部的Hytrel热塑性聚酯弹性体的脆化温度都在－34 ℃以下，而比较软的材料则具有更好的低温柔韧性。因此，在很宽的温度范围内都可做出适当的设计选择。

热塑性聚酯弹性体有良好的耐辐射性。多数弹性体都会因长期遭受辐射而发脆，有些聚合物（明显的是丁基橡胶）却与之相反，受照射后降解成低分子量的焦油状物。虽然有控制的低剂量辐射可以提高质量（如辐射交联聚烯烃），但在一般情况下，长时间受到辐射会使质量下降。但各种硬度的热塑性聚酯弹性体在空气中于23 ℃，10 Mrad射剂量引起的性能变化很小，受辐射后试样仍有光泽，有高弹性而且柔韧。

热塑性聚酯弹性体耐油性能极好，即使在高温下也是如此。经热稳定的热塑性聚酯弹性体（如 Hytrel 5555HS）有优良的热油老化寿命。热塑性聚酯弹性体于室温下也能耐大多数极性液体，但是在 70 ℃以上其耐极性液体的能力大大下降，因此，它不能在高温下与这些液体连续接触使用。一般情况下，热塑性聚酯弹性体能够耐受的化学品和各种液体与热塑性聚氨酯弹性体相近，但是，因为热塑性聚酯弹性体的高温性能比聚氨酯好，故可以在同样的液体中于较高的温度下使用。

热塑性聚酯弹性体在工业领域有着广泛的应用。用热塑性聚酯弹性体做成的工业油管具有强度高、柔软、使用温度范围宽、耐屈挠疲劳和耐蠕变等特点，因而，适于多种场合下使用。如用热塑性聚酯弹性体做成的软管，即使很薄，强度也较大，温度使用范围可在 -40 ~ 120 ℃。因为可以不加增塑剂，因而无增塑剂喷出到制品表面，也由于不使用大量炭黑，胶料介电性能好，还可以连续挤出，无须硫化工序。利用热塑性聚酯弹性体的高模量、低蠕变特点，可以用该材料制造传动带以代替织物 - 橡胶层压传动带，这种传动带可以在机器上直接续接，长度易于控制和调节。热塑性聚酯弹性体还可以用于很多其他方面，如挠性联轴节、垫圈、防震制品、阀门衬里，以及高压开关、电线电缆护套、配电盘绝缘子和保护罩等电气零配件。

第5章
高分子涂料

5.1 概述

5.1.1 定义

涂料（coating）是一类呈流动状，能在物体表面扩展形成薄层，并随着时间延续，在加热以及其他能量作用下在被修饰表面牢固黏附固化，并形成具有特定性能连续皮膜的物质。概括起来说，涂料是一种液态或粉末状态能均匀涂覆在物体表面并形成坚韧保护膜的材料。由于在物体表面结成干膜，故又称为涂膜或涂层。涂料可以是无机物质，如陶瓷釉、电镀铜、电镀镍、电镀锌等，也可以是有机物质。而高分子涂料（polymer coating）是一种有机高分子混合物，用于保护与装饰材料表面，以免受到外界侵蚀，并且能起到掩盖缺陷的作用。由于涂料早期制作时，大多采用植物油脂和天然树脂，如亚麻子油、桐油、松香、生漆等为主要原料，故以前又称为油漆。但随着现代工艺和技术的不断发展，大多数厂家已采用更为先进的合成树脂取代植物油脂和天然树脂，故许多新型涂料已不再含有油的成分，这样“油漆”这个名词就显得不够确切了，因此，现在把用于涂装物体表面的各种材料统称为涂料。总体上涂料和漆差别不大，可相互使用，但是前者似乎更为科学。

涂料的使用已有相当悠久的历史。从浙江河姆渡出土的文物表明，早在7 000年前，我国劳动人民就知道用颜料来涂饰陶器。约在公元前14世纪，奴隶社会的商代，从事手工业的奴隶已经能制作出相当精美的漆器，秦始皇兵马俑个个都披着彩色的战袍。到了西汉，漆器工艺已达到了相当水平，马王堆出土的汉代文物中就有非常精美的脱胎漆器。两汉以后，开始人工培植漆树，造漆技术已基本完善。特别是明代的油漆技术，在世界文化史上享有很高的声誉。古埃及人曾用阿拉伯胶来制备色漆。11世纪欧洲人开始用亚麻油制备油基清漆，17世纪又出现含铅的油漆，之后工业制漆得到较快的发展。

20世纪初，DuPont公司首先用硝基纤维素制成涂料投入工业生产，开始了合成高分子在涂料方面的应用，随着高分子科学的发展，合成高分子涂料迅速崛起，每10年左右就有一个代表性的品种出现。30年代开发了醇酸树脂，后来成为涂料中重要的品种之一——醇酸漆。40年代开发了环氧树脂类防腐涂料。50年代出现的聚丙烯酸酯涂料，是一种具有优良耐久性和高光泽的涂料，结合当时出现的静电喷涂技术，使汽车漆的发展又上了一个台阶。50年代后期，福特公司发展了阳极电泳漆，之后PPG又发展了阴极电泳漆。电泳漆不但是一种低污染的水性漆，而且进一步提高了涂料防腐蚀的效果，为工业涂料的发展做出了贡献。60年代，聚氨酯涂料得到较快的发展，它可以室温固化，而且性能特别优异，尽管价格较贵，仍受到重视，是最有前途的现代涂料品种之一。由于环保的限制，70年代粉末涂料得到很大发展，它是一种无溶剂涂料，制备方法接近于塑料成型的方法。80年代涂料发展的重要标志是DuPont公司发现的基团转移聚合方法。基团转移聚合法可以控制聚合物的相对分子量和相对分子量分布以及共聚物的组成，是制备高固含量涂料的理想聚合方法。有人认为它是高分子化学发展的一个新的里程碑，但它首先在涂料上得到了应用。到了90年代，随着原子转移自由基聚合的出现，又给涂料的发展提供了一次机遇，该类聚合方法的工业化将为涂料的发展注入新的活力。进入21世纪以来，由于受到来自环保和节能等方面日渐严酷的压力，涂料工业不得不重新评估现有涂料品种的可适用性，发展环保可持续材料就显得极为重要，大力发展水性耐高温涂料，成为国内外化工行业的共识。

5.1.2 涂料的作用

涂料是一种流动状态的物质，通过简单施工方法，并经干燥或固化，在物体表面牢固覆盖一层均匀的薄膜。涂层将对物体起保护作用、装饰作用、标志作用和其他方面的特殊作用。

（1）保护作用

在现实生活中，各类生产和生活用具、设备及其设施，都是由金属、塑料、木材和混凝土制造的。金属材料，如钢铁容易受到环境中腐蚀性介质、水分和空气中氧的侵蚀和腐蚀，尤其在恶劣的海洋环境中，金属的腐蚀极为严重，每年因腐蚀造成的损失都占国民生产总值相当可观的比例。例如在海洋环境中的设施，不保护时，寿命只有几年。采用防腐蚀涂料并定期加以维护，海洋设施的使用寿命可延长到30～50年，甚至100年。事实上，在各类防腐蚀措施的开支费用中，采用涂料保护的花费占到60%以上，因此用涂料保护是金属防腐蚀的重要手段，它的消耗量占到钢铁产量的2%。木材易受潮气、微生物的作用而腐烂；塑料则会受光和热的作用而降解；混凝土易风化或受化学品的侵蚀，因此这些材料也要用涂料来保护。

（2）装饰作用

用色彩来装饰环境，是人类的天性，并伴随着人类及其社会的整个发展过程，有着悠久的历史。为了人类情感上的需求，大家总是用各种颜色来美化物品、美化生活和工作环境。由于涂料很容易配出成百上千种颜色，色彩丰富，加上涂层既可以做到平滑光亮，也可以做出各种立体质感的效果，如锤纹、橘纹、裂纹、晶纹、闪光、珠光、多彩和绒面等，既有丰富的装饰效果，又有便利的施工方法，因此人们最喜欢用涂料来美化装饰各种用具、物品和生活环境。

（3）标志作用

标志作用是利用了色彩的明度与反差强烈的特性。通常是将红、橙、黄、绿、蓝、白和黑等明度与反差强烈的几种色彩，用在交通管理、化工管路和容器、大型或特种机械设备上进行标识，指示道路交通，引起人们警觉，避免危险事故发生，保障人们的安全。有些公用设施，如医院、消防车、救护车、邮局等，也常用它来标识，方便人们辨识。另外，它还有广告标志作用，以吸引人们注意。关于这方面，某些产品也往往被厂家用某种专用色彩来装饰，并赋予某种象征意义和内涵，使其品牌成长为名牌。

（4）特殊作用

涂层除了赋予上述几种常见功能外，还有几大方面的特殊功能。

①力学功能，如耐磨涂料、润滑涂料、阻尼涂料等。

②热功能，如示温涂料、耐高温涂料、防火阻燃涂料等。

③电磁学功能，如导电涂料、防静电涂料、电磁波吸收涂料等。

④光学功能，如发光涂料、荧光涂料、反光涂料等。

⑤生物功能，如防污涂料、防霉涂料等。

⑥化学功能，如耐酸、耐碱等耐化学介质涂料。

⑦其他功能，如抗淤积涂料、自修复涂料等。

涂层的这些特殊作用，增强了产品的使用性能，拓宽了使用范围，同时也对涂料和涂装技术提出了更高的要求，因此涂料与涂装已成为当今国民经济生活中一门必不可缺又极其重要的技术学科。

5.1.3 涂料的组成

涂料尤其是高分子涂料其实就是一种较为复杂的复合材料，按照涂料中各组分所起的作用，可将其分为主要成膜物质、次要成膜物质和辅助成膜物质。

（1）主要成膜物质

主要成膜物质也称胶黏剂或固化剂。其作用是将涂料中其他组分黏结在一起形成一体，并使涂料附着在被涂物体表面形成坚韧的保护膜。主要成膜物质一般为高分子化合物或成膜后能形成高分子化合物的有机物质，如油料、天然树脂、合成树脂等。

①油料。

在涂料工业中，油料主要为植物油，用来制造各种油类加工产品、清漆、色漆、油改性合成树脂及作为增塑剂。在目前的涂料生产中，含有植物油的品种仍占较大比重。涂料工业中应用的油类分为干性油、半干性油和不干性油三类。干性油指涂成薄层后，在空气中能干燥而结成一层固体膜的油脂，如棉籽油、亚麻油、桐油等，其碘值在 130 以上；半干性油是指氧化干燥性能界于干性油和非干性油之间的油类，干燥速度比干性油慢得多，但比非干性油快得多，在空气中氧化后仅局部固化，形成并非完全固态而有黏性的膜，其碘值约为 130，如豆油、糠油、向日葵油等。不干性油主要成分为脂肪酸三甘油酯，如橄榄油含大量的油酸甘油酯，蓖麻油含大量的蓖麻酸甘油酯等，一般为黄色液体，其碘值在 100 以下。

②树脂。

涂料用树脂有天然树脂、人造树脂和合成树脂三类。天然树脂是指天然材料经处理制成的树脂，主要有松香、虫胶和沥青等；人造树脂是由有机高分子化合物经加工而制成的树脂，如松香甘油酯（酯胶）、硝化纤维等；合成树脂是由单体经聚合或缩聚制得的，如醇酸树脂、氨基树脂、丙烯酸酯、环氧树脂、聚氨酯等。其中合成树脂涂料是现代涂料工业中产量最大、品种最多、应用最广的涂料。

（2）次要成膜物质

次要成膜物质主要是颜料和填料（有的称为着色颜料和体质颜料），它们不能离开主要成膜物质而单独形成涂膜。颜料是一种不溶于水、溶剂或涂料基料的微细粉末状有色物质，能均匀地分散在涂料介质中，涂于物体表面形成色层。颜料有时还能提高涂膜本身的强度，如建筑涂料。颜料还有防止紫外线穿透的作用，从而可以提高涂层的耐老化性及耐候性。颜料还能使涂膜抑制金属腐蚀，具有耐高温等特殊效果。颜料的品种很多，按化学组成可分为有机颜料和无机颜料两大类；按来源可分为天然颜料和合成颜料；按所起的作用可分为着色颜料、防锈颜料和体质颜料等。着色颜料的主要作用是着色和遮盖物面，是颜料中品种最多的一类。着色颜料根据它们的色彩可分为红、黄、蓝、白、黑及金属光泽等。防锈颜料的主要作用是防金属锈蚀，品种有红丹、锌铬黄、氧化铁红、偏硼酸钡、铝粉等。体质颜料又称填料，它们不具有遮盖力和着色力，其主要作用是增加涂膜厚度和体质、提高涂膜耐磨性，大部分是天然产品和工业上的副产品，如碳酸钙、碳酸钡、滑石粉等。

（3）辅助成膜物质

辅助成膜物质不能构成涂膜或不是构成涂膜的主体，但对涂膜的成膜过程有很大影响，或对涂膜的性能起一定辅助作用。

①溶剂。

溶剂又称稀释剂，是液态涂料的主要成分。溶剂是一种能溶解油料、树脂，又易挥发，能使树脂成膜的物质。涂料涂刷到基层上后，溶剂蒸发，涂料逐渐干燥硬化，最终形成均匀、连续的涂膜。它们最后并不留在涂膜中，因此称为辅助成膜物质。溶剂与涂膜的形成及其质量、成本等有密切的关系。尤其在选择有机溶剂时，首先应考虑有机溶剂对基料树脂的溶解性；此外，还应考虑有机溶剂本身的挥发性、易燃性和毒性等。常用的有机溶剂有松香水、酒精、汽油、苯、二甲苯、丙酮等。

②辅助材料。

其实有了成膜物质、颜料和溶剂就可以形成涂料，但为了改善涂膜的性能，诸如涂膜干燥时间、柔韧性、抗氧化性、抗紫外线作用、耐老化性能等，还常在涂料中加入一些辅助材料。辅助材料又称为助剂，它们量很少，但作用显著，常用的有催干剂、固化剂、催化剂、引发剂、增塑剂、紫外光吸收剂、抗氧化剂、防老剂等。某些功能性涂料还需采用具有特殊功能的助剂，如防火涂料用的阻燃剂等。

5.1.4 涂料的分类

涂料由于应用广、功能多，品种已多达近千种。

按涂料形态分类：溶剂型涂料、高固体量涂料、无溶剂型涂料、水性涂料、非水分散涂料及粉末涂料等。

按涂料用途分类：建筑涂料、工业涂料和维护涂料。工业涂料包括汽车涂料、船舶涂料、飞机涂料、木器涂料、皮革涂料、纸张涂料、卷材涂料、塑料涂料等。

按涂膜功能分类：防锈涂料、防腐涂料、绝缘涂料、防污涂料、耐高温涂料、导电涂料等。

按成膜工序分类：底漆、腻子、中涂（或二道浆）、二道底漆、面漆、罩光漆。

按施工方法分类：喷漆、浸漆、电泳漆、自泳涂料及烘漆等。

按所含颜料情况分类：清漆、磁漆、厚漆等。

按成膜机理分类：非转化型和转化型涂料。非转化型涂料是指分子量较高的聚合物可以溶解在溶剂中或分散在分散介质中，施涂之后，溶剂或分散介质挥发，基料就在底材上形成连续而均匀的涂膜，大多数为挥发性涂料。纤维素酯类或醚类、氯化橡胶、乙烯类树脂

(包括聚氯乙烯、氯乙烯-醋酸乙烯共聚物、聚乙烯醇缩丁醛等)、丙烯酸酯类树脂、沥青等都是非转化型涂料。转化型涂料是指在成膜之前处于未聚合或部分聚合的状态，施涂之后，通过化学（聚合）反应形成固态涂膜，如油脂和油基树脂、醇酸树脂、氨基树脂、环氧树脂、酚醛树脂、聚氨酯树脂及有机硅树脂等。

5.2 溶剂型涂料

5.2.1 基本概念

溶剂型涂料是以有机溶剂作为成膜物分散介质的涂料，在涂料发展的历史长河中一直雄踞首位。为了与现代液态涂料相区别，有些文献把一般溶剂型涂料称为传统溶剂型涂料(conventional solvent based coatings)。溶剂型涂料中的成膜物质是油脂和用油作为其中一种原料的合成树脂，一些涂料经销商和管理人员把溶剂型涂料又叫作“油性涂料”或“油性漆”，显然这种叫法是不确切的。

大多数涂料含有挥发物，它们在施工和成膜时会挥发。一般将挥发性有机物称为溶剂，不管它是否能溶解树脂。所用的溶剂大多是烃类，其余是酮、醇、乙二醇、醚、酯等。溶剂有利于薄膜形成，溶剂蒸发聚合物就会互相结合。当溶剂保持一个适当的蒸发速率，会形成平滑和连续的薄膜。对于溶剂型涂料中所用溶剂可以分为三类：真溶剂：溶解涂料中聚合物的溶剂；助溶剂：在一定量内可与真溶剂混合使用，除能改善溶解能力，还能改善涂料的其他性能；稀释剂：无溶解聚合物的能力，也不能助溶，但它价格较低，与真溶剂、助溶剂混合使用可降低成本。但这种分类是相对的，三种溶剂必须搭配合适。在整个过程中要求挥发速率均匀又有适当溶解能力，又要避免某一组分不溶而产生析出现象。溶剂的挥发速率会随涂膜干燥而匀速减少，不可忽高忽低。湿涂料膜的黏度应缓慢增加，不可突然增加，避免表面不平或出现缺陷。所以对溶剂型涂料而言选择合适的溶剂是非常关键的。

5.2.2 发展历程

最早期的涂料是不用有机溶剂的。大漆是我国的特产，也是我国使用最早的一种无溶剂涂料，可以追溯到4 000多年以前。随后大量使用的我国另一特产桐油也是如此。随着经济的发展和社会的进步，对涂料品种颜色要求越来越多、性能要求越来越高，逐步发展了改性天然产品、早期合成产品的涂料。农副产物加工业发展，以及煤化工的进步，为涂料合成树脂提供了众多的原料，加上科技的进步，促进了涂料合成树脂的发展。涂料中的溶剂使用也逐步增多。1927年，醇酸树脂问世，使涂料工业开始向现代化工发展，涂料制造者从手工作坊的生产方式向现代化工企业模式过渡。20世纪50年代后期石油化工大发展，为合成树脂提供了丰富原料，促进了涂料合成树脂的蓬勃发展。工业涂料、建筑涂料、特种功能性涂料品种层出不穷，满足了国民经济、国防工业和高科技产业发展的要求，使涂料工业发展成为重要的精细化工行业，这个时期涂料工业的发展可说是溶剂型涂料“执牛耳”。

但随着经济的发展、社会文明的进步，一些先进工业国从“先污染、后治理”的沉痛教训中觉醒，认识到在发展经济的同时，保护环境的重要性。1966年，美国洛杉矶率先颁布限制有机溶剂挥发的环保法令，规定溶剂型涂料中有机溶剂（尤其是易产生光化学烟雾的溶剂）含量要低于 17%（体积分数），这是很严格的。其他先进的工业国陆续效仿，相继出台环保法规，规定有机挥发物（VOC）限值。环保法规颁布促进了环境友好型涂料的发展，使涂料中有机溶剂用量逐渐减少，因此涂料经历了“无溶剂 - 有溶剂 - 无溶剂”的循环发展过程（图 5 - 1）。

当然，这种历史的循环发展不是机械地重复，而是质的不断飞跃的发展过程。现在涂料工业是站在历史的新起点，要在保持和提高传统溶剂型涂料优点的前提下，发展省资源、省能源的环境友好型涂料，跟上建设环境友好型和资源节约型社会的步伐。

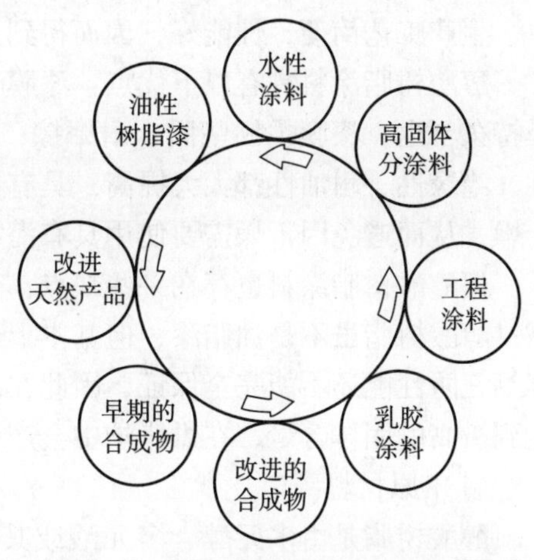

图 5 - 1　涂料发展的历史循环示意图

溶剂型涂料高、中、低档品种已系列化，配套条件齐全，生产与应用技术成熟，性价比早已为市场所接受。尤其是国防工业、高科技产业、一些重要工业涂装要求性能较高的特种功能性涂料、专用涂料，一般仍选用溶剂型涂料。美、欧等先进国家的溶剂型涂料仍占 30% 左右，主要是为了满足特种涂料和重要工业专业用涂料的需要。这些国家的特种涂料一般占涂料总量的 15% ~ 20%，有的工业专用涂料如卷材涂料，其涂装的流水线挥发的溶剂可以集中回收焚烧，热量可综合利用，故现在仍以溶剂型涂料居多。即使到了 21 世纪，欧洲的卷材涂料中水性涂料仍只占 0.8%。汽车尤其是轿车，现在也多采用溶剂型面漆或罩光清漆。

美国在最早的“66 法规”中规定，涂料中有机溶剂（VOC）含量不得超过 17%（体积分数），如执行这个标准，美国的涂料企业基本都要倒闭，因为生成技术跟不上。所幸该法规不是强制性标准。“66 法规”公布以后，对涂料中有机溶剂限量的强制性标准美国是几年一修订，逐步提高要求的。1999 年，美国公布实施的《建筑涂料挥发性有机化合物释放》国家标准，对几十类产品（其中也有工业涂料）的 VOC 限值做了规定，最低 VOC 为 250 g/L，一般在 400 g/L 左右，最高 VOC 允许值 >700 g/L，远低于“66 法规”的限定。足见美国也是根据国内生产和技术发展实际，使标准逐步变严格，给行业发展留有足够的缓冲时间。2001 年，我国也制定了有关溶剂型木器涂料中有机溶剂限量标准 GB 18581—2001，它是国内溶剂型涂料第一个 VOC 限值的强制性标准。涂料 VOC 限量的标准逐步趋严的过程，也给了溶剂型涂料自身不断减少 VOC、减少污染的发展时间，也是它进一步增强生命力的缓冲时间。提高溶剂型涂料生命力的方法主要有：(a) 提高固体含量：固体含量是指涂料在正常施工黏度下的固体含量，传统溶剂型涂料的固体含量一般在 40% ~ 50%，在此基础上，每提高 10% 的固体含量，就可以节省 10% 的有机溶剂，这是溶剂型涂料不断降低 VOC 的途径；(b) 选择合适有机溶剂：选用低毒无毒溶剂代替有毒有害溶剂，减少污染，符合国家环保法规，可能更现实些。

溶剂型涂料的主要组分为成膜物质（目前主要为合成树脂）、有机溶剂、颜料、助剂等。本章将按照成膜物质来介绍一些重要的涂料。

5.2.3　醇酸树脂涂料

1927 年发明醇酸树脂对涂料工业的发展是一个新的突破，使涂料工业开始摆脱了以干性油与天然树脂合并熬炼制漆的传统旧法而真正成为化学工业的一个部门。它所用原料简单、生产工艺简便，性能好，因而得到了飞快发展。

醇酸树脂涂料具有以下优点：漆膜干燥后形成高度网状结构，不易老化，耐候性好，光泽持久不退；漆膜柔韧坚固，耐摩擦；抗矿物油、抗醇类溶剂性良好，烘烤后的漆膜面水性、绝缘性、耐油性都大大提高；具有自动氧化进行交联的能力，可以采用空气干燥或低温干燥，从而避免因干燥需要使用具有潜在毒性的交联剂。

但醇酸树脂涂料也存在一些缺点：干结成膜快，但完全干燥的时间长；耐水性差，不耐碱；醇酸树脂虽不是油脂漆，但基本上还未脱离脂肪酸衍生物的范围，防湿热、防菌和防盐雾等三防性能还不能完全保证，因此在品种选择时都应加以考虑；溶剂型醇酸树脂涂料难以达到极高的固体含量，在烘烤炉中会产生烟，从而引起空气污染问题。

（1）原材料

醇酸树脂是由多元醇、多元酸或其他单元酸通过酯化作用缩聚而得，也可称为聚酯树脂。其中，多元醇主要有丙三醇（甘油）、三羟甲基丙烷、三羟甲基乙烷、季戊四醇、乙二醇、1,2-丙二醇、1,3-丙二醇等。分子中羟基的个数称为官能度，如丙三醇的官能度为3，季戊四醇的官能度为4。根据醇羟基的位置，有伯羟基、仲羟基和叔羟基之分，它们分别连在伯碳、仲碳和叔碳原子上。羟基的活性顺序为：伯羟基 > 仲羟基 > 叔羟基。用三羟甲基丙烷合成的醇酸树脂具有更好的抗水解性、抗氧化稳定性、耐碱性和热稳定性，与氨基树脂有良好的相容性。此外还具有色泽鲜艳、保色力强、耐热及快干的优点。乙二醇和二乙二醇主要同季戊四醇复合使用，以调节官能度，使聚合平稳，避免胶化。

有机酸可以分为两类：一元酸和多元酸。一元酸主要有苯甲酸、松香酸以及脂肪酸（亚麻油酸、妥尔油酸、豆油酸、菜籽油酸、椰子油酸、蓖麻油酸、脱水蓖麻油酸等）；多元酸包括邻苯二甲酸酐（PA）、间苯二甲酸（IPA）、对苯二甲酸（TPA）、顺丁烯二酸酐（MA）、己二酸（AA）、癸二酸（SE）、偏苯三酸酐（TMA）等。多元酸以邻苯二甲酸酐最为常用，引入间苯二甲酸可以提高耐候性和耐化学品性，但其熔点高、活性低，用量不能太大；己二酸（AA）和癸二酸（SE）含有多亚甲基单元，可以用来平衡硬度、韧性及抗冲击性；偏苯三酸酐（TMA）的酐基打开后可以在大分子链上引入羧基，经中和可以实现树脂的水性化，用作合成水性醇酸树脂的水性单体。一元酸主要用于脂肪酸法合成醇酸树脂，亚麻油酸、桐油酸等干性油脂肪酸较好，但易黄变、耐候性较差；豆油酸、脱水蓖麻油酸、菜籽油酸、妥尔油酸黄变较弱，应用较广泛；椰子油酸、蓖麻油酸不黄变，可用于室外用漆和浅色漆的生产。苯甲酸可以提高耐水性，由于苯环单元，涂膜的干性和硬度得到改善，但用量不能太多，否则涂膜变脆。

油类有桐油、亚麻仁油、豆油、棉籽油、妥尔油、红花油、脱水蓖麻油、蓖麻油、椰子油等。植物油是一种三脂肪酸甘油酯。脂肪酸可以是饱和酸、单烯酸、双烯酸或三烯酸，但是大部分天然油脂中的脂肪酸主要为十八碳酸，也可能含有少量月桂酸（十二碳酸）、豆蔻酸（十四碳酸）和软脂酸（十六碳酸）等饱和脂肪酸，脂肪酸受产地、气候甚至加工条件的重要影响。

若使用醇解法合成醇酸树脂，醇解时需使用催化剂。常用的催化剂为氧化铅和氢氧化锂（LiOH）。由于环保问题，氧化铅被禁用。醇解催化剂可以加快醇解进程，且使合成的树脂清澈透明，其用量一般占油量的0.02%。聚酯化反应也可以加入催化剂，主要是有机锡类，如二月硅酸二丁基锡、二正丁基氧化锡等。

(2) 醇酸树脂的分类

①按脂肪酸或油的干性。

a. 干性油醇酸树脂：由不饱和脂肪酸或油脂制备的醇酸树脂，通过氧化交联干燥成膜，可以自干或低温烘干，但干燥需要很长时间，原因是它们的相对分子量较低，需要多步反应才能形成交联大分子。

b. 不干性油醇酸树脂：不能单独在空气中成膜，属于非氧化干燥成膜，主要是用作增塑剂和多羟基聚合物（油）。用作羟基组分时可与氨基树脂配制烘漆或与多异氰酸酯固化剂配制双组分自干漆。

c. 半干性油醇酸树脂：性能在干性油、不干性油醇酸树脂性能之间。

②按醇酸树脂油度。

油度（OL）的含义是醇酸树脂配方中油脂的用量（W_0）与树脂理论产量（W_t）之比，油度表示醇酸树脂中含油量的高低。其计算公式如下：

$$OL = W_0/W_t(\%)$$

油度对醇酸树脂配方的意义如下：

a. 表示醇酸树脂中弱极性结构的含量。

因为长链脂肪酸相对于聚酯结构极性较弱，弱极性结构的含量，直接影响醇酸树脂的可溶性，如长油度树脂溶解性好，易溶于汽油；中油度树脂溶于溶剂汽油-二甲苯混合溶剂；短油度树脂溶解性最差，需用二甲苯或二甲苯/酯类混合溶剂溶解。同时，油度对光泽、刷涂性、流平性等施工性能亦有影响，弱极性结构含量高，光泽高、刷涂性、流平性。

b. 表示醇酸树脂中柔性成分的含量。

因为长链脂肪酸是柔性链段，而苯酐聚酯是刚性链段，所以油度也能反映出树脂的玻璃化温度（T_g），或常说的“软硬程度”，油度长时硬度较低，保光、保色性较差。故醇酸树脂可分为短油度漆（含油量为树脂总量的45%以下）、中油度漆（含油量为树脂总量的45%~60%）和长油度漆（含油量为树脂总量的60%以上）。

(3) 醇酸树脂的合成原理及工艺

醇酸树脂主要是通过脂肪酸、多元酸和多元醇之间的酯化反应制备的。根据使用原料的不同，醇酸树脂的合成可分为醇解法、酸解法和脂肪酸法三种；从工艺过程上可分为溶剂法和熔融法。醇解法的工艺简单，操作平稳易控制，原料对设备的腐蚀性小，生产成本也较低。溶剂法在提高酯化速率、降低反应温度和改善产品质量方面均优于熔融法（表5-1）。因此，目前醇酸树脂的工业生产仍以醇解法和溶剂法为主。

表5-1 溶剂法和熔融法的生产工艺比较

方法	项目				
	酯化速度	反应温度	劳动强度	环境保护	树脂质量
溶剂法	快	低	低	好	好
熔融法	慢	高	高	差	较差

醇酸树脂涂料因含有多个强极性基团（酯基—COOR、羧基—COOH、羟基—OH），在金属和木材上有良好的附着力，被广泛用作各种底漆（如铁红醇酸底漆C06-1）。

醇酸树脂涂料是一种氧化聚合型涂料，即按氧化聚合机理干燥成膜。氧化聚合型涂料大部分是指以油或油改性树脂为主要成膜物质的一类涂料，可常温干燥，也可低温烘烤（70~80 ℃），烘烤后的漆膜性能较好。这类涂料在储存期间要注意容器的密闭，隔绝外界空气，防止涂料表面结皮。

（4）改性醇酸树脂

除了常规的醇酸树脂外，为了满足应用需要，主要从以下几方面来获得改性醇酸树脂：

①用多元醇改性：用季戊四醇代替甘油，由于其活性较大，一般用于制备长油度树脂漆。它的涂刷性、干燥、抗水、耐候、保色等性能均优于甘油醇酸树脂。如果季戊四酸和乙二醇配合，当物质的量比为1：1时，其平均官能度为3，与甘油相同，可用以代替甘油制短油度树脂，性能较甘油的好。用三羟甲基丙烷取代甘油制成的醇酸树脂烘漆，烘干所需要时间短，漆膜硬度较大，耐碱性较好，漆膜的保色、保光性较好，耐烘烤性能也较好。

②用多元酸改性：如果用已二酸或癸二酸代替苯酐，制得的醇酸树脂特别柔软，只能用作增塑剂；用顺酐来代替苯酐，生成的树脂黏度大，颜色浅；用含氯二元酸代替苯酐，制得的醇酸树脂耐燃性好；用十一烯酸改性制得的树脂色浅不易泛黄；用间苯二甲酸代替苯酐，生成的醇酸树脂干燥速率较高，耐热性能也更优越。

③其他改性醇酸树脂：通过往醇酸树脂的脂肪酸烃基的双键中引入其他基团或醇酸树脂上保留的羟基、羧基等与其他基团发生反应来改性醇酸树脂，能提高醇酸树脂漆的性能。

5.2.4 丙烯酸树脂涂料

丙烯酸树脂是由丙烯酸酯（$CH_2=CHCOOR$）和甲基丙烯酸酯类（$CH_2=C(CH_3)-COOR$）以及其他烯类单体共聚而成。用于制备涂料的丙烯酸树脂可分热塑性（挥发性）与热固性（交联固化）。热塑性树脂的结构一般都是线型的链状高分子物，它是可熔可溶的。加热会软化，冷却后能恢复原来的性能（硬化），即固化前后分子结构不发生变化。热固性树脂未固化前也是线型的链状高分子物，但其侧链上的活性官能团经加热或其他方法可自交联或与其他外加树脂（或单体）交联形成网状体型高分子物（固化前后分子结构发生了变化）。交联后的树脂分子量增大，不熔不溶，在很多方面表现出比原来更完善的性能。

丙烯酸树脂是以丙烯酸酯、甲基丙烯酸酯等与少量烯类单体共聚而成，所用单体不同所得树脂性质也不同，其基本反应如下：

$$m\,CH_2=CH-COOR+n\,CH_2=\underset{\underset{CH_3}{|}}{C}-COOR'\longrightarrow \left[CH_2-\underset{\underset{COOR}{|}}{CH}\right]_m\left[CH_2-\overset{\overset{COOR'}{|}}{\underset{\underset{CH_3}{|}}{C}}\right]_n$$

同一烯酸的丙烯酸酯随着酯基碳链增长，脆性下降；酯基相同时，含支链的丙烯酸酯的脆性远远高于不含支链的丙烯酸酯。而把由热塑性与热固性丙烯酸树脂所制的涂料也相应地称为热塑性和热固性丙烯酸树脂涂料。丙烯酸树脂涂料在中国是极具发展前景的大类品种之一。

（1）热塑性丙烯酸树脂涂料

热塑性丙烯酸树脂涂料是依靠溶剂挥发干燥成膜，其组成除丙烯酸树脂外，还有溶剂、增塑剂、颜料等，有时也和其他能相互混溶的树脂一块形成。因此，热塑性树脂作为成膜物，其 T_g 尽量低些，但又不能低到使树脂结块或凝胶。它们的性质主要取决于所选用的单体、单体配比和相对分子量及其分布。由于树脂本身不再交联，因此用它制成的涂料若不采用接枝共聚或互穿网络聚合，其性能如附着力、T_g、柔韧性、抗冲击性、耐腐蚀性、耐热性和电性能等就不如热固性树脂。但是，热塑性丙烯酸树脂涂料还是具有一些独特的优点：漆膜光泽度高、丰满度好，保色保光耐候性强，抗紫外光性优良，不易发生断链、分解或氧化等化学变化。由于主链上不含有易被碱皂化的酯基（RCOOR′），耐化学性能好，可耐一般酸、碱、盐，具有良好的“三防”性能。但由于结构主链为C—C键，耐溶剂性、耐汽油性差，故可以通过引入其他树脂进行改性。

（2）热固性丙烯酸树脂涂料

热固性丙烯酸树脂涂料是溶剂挥发后在加热（烘烤）条件下，丙烯酸与其他官能团（如异氰酸酯）反应固化成膜，故制备该涂料选用的单体结构上必须带有活性官能团，如—COOH、—OH、—CO—NH_2、环氧基等。同时，热固性丙烯酸树脂还必须具有两个共同的化学特征：树脂的主链是通过C—C双键加成聚合而成，侧链基具有进一步的反应能力。

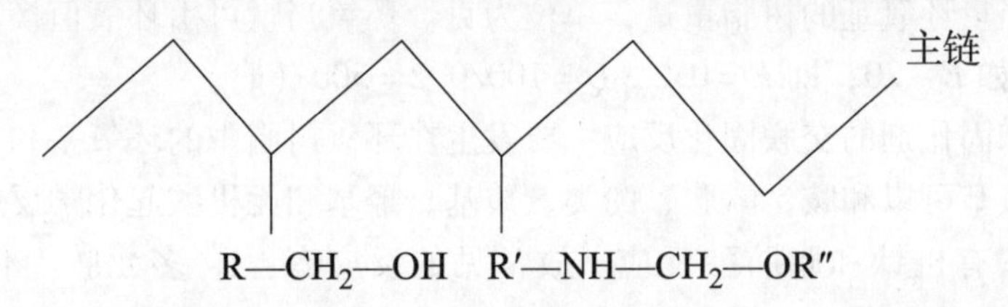

$$—R—CH_2—OH + R''—O—CH_2—NH—R' \longrightarrow —R—CH_2—O—CH_2—NH—R'— + R''OH$$

这类树脂的分子链上必须含有能进一步反应而使分子链节增长的官能团，因此在未成膜前树脂的相对分子量可以低一些，固体含量可高一些，但是制备高固体含量的丙烯酸树脂涂料比较困难，不大可能制备出像聚酯类树脂涂料那样高的固体含量的涂料。

热固性丙烯酸树脂分为两类：第一类为“自反应性”或热固化丙烯酸树脂，即树脂需在一定温度下加热（有时还需加催化剂），使侧链活性官能团之间发生交联反应，形成网状结构；第二类为“潜反应性”或交联剂固化丙烯酸树脂。能与可熔的线型高分子化合物反应（交联反应）而将其转变成不熔不溶的体型高分子化合物的物质称为交联剂。交联剂可以在制备涂料时加入（加热固化），也可以在临施工前加入（常温固化又称冷固化，多包装）。改变交联剂可以调整涂料的性能。

热固性丙烯酸树脂涂料的漆膜往往在溶剂挥发后，表面已干燥，但其性能必须在加热烘烤固化后才能很好地呈现出来。以热固性丙烯酸树脂涂料涂饰的马口铁表面，不仅涂膜光亮美观，而且有很好的耐水、耐热和耐油脂性能，适宜用作罐头盒内外壁涂层和耐高温、高压蒸煮消毒器具的保护装饰涂层和耐腐蚀涂层。

5.2.5 环氧树脂涂料

环氧树脂可作为黏合剂，也可作为涂料。一般将组成中含有较多环氧基团的涂料统称为环氧树脂涂料。环氧树脂是分子结构中含有两个或两个以上环氧基的，大多数由环氧氯丙烷和二酚基丙烷在碱作用下缩聚而成的一类高分子预聚体，因此环氧树脂本身是热塑性树脂，其平均相对分子量一般在300~700，分子结构如下：

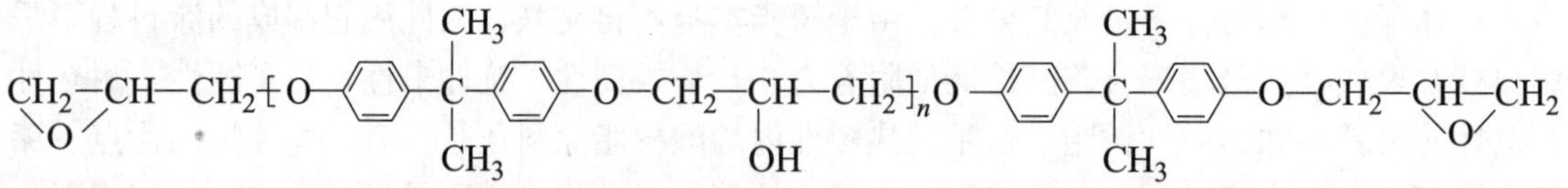

$$CH_2\underset{\diagdown O \diagup}{-}CH-CH_2+O-C_6H_4-\underset{CH_3}{\overset{CH_3}{C}}-C_6H_4-O-CH_2-\underset{OH}{CH}-CH_2\,]_nO-C_6H_4-\underset{CH_3}{\overset{CH_3}{C}}-C_6H_4-O-CH_2-CH\underset{\diagdown O \diagup}{-}CH_2$$

但是，只有使其与固化剂或植物油脂肪酸反应，交联成网状结构的大分子，才能显示出各种优良性能，因此目前一般所提及的环氧树脂是由含环氧基的低聚物或含环氧基的低分子化合物和固化剂组成，是一种重要的热固性树脂。

环氧树脂的特性指标主要有：①环氧值（E），每 100 g 环氧树脂中含有环氧基的当量数称为环氧值。当 $n=0$ 时，分子量为 340 时，环氧值 $E=(2/340)\times 100=0.58$。环氧树脂的分子量越高，其环氧值越小。环氧值过高的树脂强度较大，但较脆；环氧值中等的高低温度强度都较好；环氧值低的则高温强度差些。这是因为强度和交联度的大小有关，环氧值高固化后交联度也高，环氧值低固化后交联度也低，从而导致强度上的差异。②环氧当量（Q）是指含有一个当量环氧基的树脂重量，单位为克。环氧当量可由环氧值换算得到，即环氧当量 $Q=100/E$。如 E－20，即 $E=0.2$，$Q=100/0.2=500$（g）。

环氧树脂和固化剂的交联固化反应主要发生在环氧树脂中的环氧基和羟基上，环氧基的活性较强。环氧基可以和胺、酰胺、酚类、羧基、羟基和无机酸起化学反应。羟基可以和羟甲基、有机硅、有机钛和脂肪酸反应。故常见的反应有：a. 多元胺固化反应（$R—NH_2$、$Ar—NH_2$）可以室温固化，常用的胺类固化剂有乙二胺、二乙烯三胺、三乙烯四胺、间苯二胺等；b. 酰胺反应（$RCONH_2$）；c. 酚类反应（ArOH）；d. 羧基反应（RCOOH）；e. 羟基反应（ROH）。而后面四种反应需在高温下固化。反应结果通常是固化剂上的活泼氢原子转移到环氧基的氧原子上，是一个逐步开环的过程。其中，伯胺、仲胺固化剂用量的计算是根据胺基上的活泼氢原子和树脂中环氧值确定的，如公式 1：$m=M/H_n\times E$，式中 m 为 100 g 环氧树脂所需胺量，g；M 为胺的相对分子量；E 为环氧树脂的环氧值；H_n 为胺基上活泼氢原子总数。公式 2：$m=Q_1/Q_2\times 100$，式中 m 为 100 g 环氧树脂所需胺量；Q_1 为活泼氢当量（胺的相对分子量/活泼氢个数）；Q_2 为环氧当量（100/环氧值）。

例如：求 601 环氧树脂 100 g 固化时需要已二胺多少克？

解：已知 601 环氧树脂的环氧值 $E=0.2$，己二胺分子式为 $H_2N(CH_2)_6NH_2$，

按公式 1 计算，$M=116$，$H_n=4$，$E=0.2$，则

$$m=M/H_n\times E=116/4\times 0.2=5.8\ (g)$$

环氧树脂品种繁多，按其化学结构和环氧基的结合方式分为：（a）缩水甘油醚类；（b）缩水甘油酯类；（c）缩水甘油胺类；（d）脂肪族环氧化合物；（e）芳香环族环氧化合物；（f）混合型环氧树脂。按室温下树脂的状态分为：（a）液态环氧树脂：可用作浇注料、无溶剂胶黏剂和涂料；（b）固态环氧树脂：相对分子量较大的环氧树脂，是一种热塑性的固态低聚物，可用作溶剂型涂料、粉末涂料和固态成型材料等。按其主要组成物质的分类见表 5－2。

常用的环氧树脂是双酚 A 同环氧氯丙烷反应制备的双酚 A 二缩水甘油醚，即双酚 A 型环氧树脂。在环氧树脂中，它原料易得，成本最低，因而产量最大。国内约占环氧树脂总产量的 90%，全球范围内约占环氧树脂总产量 75%～80%，被称为通用型环氧树脂。

固态双酚 A 环氧树脂：平均相对分子量较高，一般为 $n=1.8\sim 19$。当 $n=1.8\sim 5$ 时，为中等相对分子量环氧树脂，软化点为 55～95 ℃，如 E－20，E－12 等。当 $n>5$ 时，为高

相对分子量环氧树脂，软化点 >100 ℃，如 E-06，E-03 等。

表 5-2　环氧树脂的分类

代号	环氧树脂类型	代号	环氧树脂类型
E	二酚基丙烷环氧树脂	B	丙三醇环氧树脂
ET	有机钛改性二酚基丙烷环氧树脂	IQ	脂肪族缩水甘油酯
EG	有机硅改性二酚基丙烷环氧树脂	J	间苯二酚环氧树脂
F	酚醛多环氧树脂	D	聚丁二烯环氧树脂

双酚 A 型环氧树脂大分子结构具有以下特征：

①大分子的两端是反应能力很强的环氧基。

②分子主链上有许多醚键，是一种线型聚醚结构。

③n 值较大的树脂分子链上有规律地、相距较远地出现许多仲羟基，可以看成一种长链多元醇。

④主链上还有大量苯环、次甲基和异丙基。

因此使得固化后的环氧树脂涂料具有以下优点：

①黏合力强，特别是对金属表面的附着力更强，耐化学腐蚀性好，这是由于环氧树脂涂料含羟基、醚基和活泼的环氧基，由于羟基和醚基的极性使环氧树脂分子和相邻表面之间产生引力，而且环氧基能和活泼氢的金属表面形成化学键。

②环氧树脂的机械强度高、收缩性小，一般为 1% ~2%，是热固性树脂中固化收缩率最小的品种之一。线胀系数也很小，一般为 6×10^{-5}/℃，所以固化后体积变化不大。

③环氧树脂中苯环上的羟基能形成醚键，涂料保色性、耐化学品性及耐溶剂性优良。

④环氧树脂有较好的热稳定性和电绝缘性，环氧固化物的耐热性一般为 80 ~100 ℃。环氧树脂的耐热可达 200 ℃或更高。

⑤使用温度范围大，一般为 -60 ~50 ℃。

⑥工艺性能好。环氧树脂固化时基本上不产生低分子挥发物，故可低压成型或接触成型，能与各种固化剂配合制备多类环保涂料。

环氧树脂也有一些缺点：耐候性差、易粉化、涂膜丰满度不好，不适合作高质量户外漆和高装饰性用漆；环氧树脂中具有羟基，如处理不当，涂膜耐水性差，环氧树脂涂料中有的品种是双包装，制备和使用都不方便；环氧树脂固化后，涂层坚硬，用它制成的底漆和腻子不易打磨。

环氧树脂涂料组成主要包括：环氧树脂（或改性环氧树脂）+增塑剂+固化剂+助剂+(颜料、填料）+溶剂。做涂料时，一般选用低环氧值（<0.25）的环氧树脂。

环氧树脂涂料是合成树脂涂料的四大支柱之一，环氧树脂涂料大体上有五种分类：

①以施工方式分类：喷涂用涂料、滚涂用涂料、流涂用涂料、浸涂用涂料、静电用涂料、电泳用涂料、粉末流动涂料和刷涂用涂料等。

②以用途分类：建筑涂料、汽车涂料、舰船涂料、木器涂料、机器涂料、标志涂料、电气绝缘涂料、导电及半导体涂料、耐药品性涂料、防腐蚀涂料、耐热涂料、防火涂料、示温涂料、润滑涂料、食品罐头涂料和阻燃涂料。

③以固化方法分类：自干型涂料有单组分、双组分和多组分液体涂料；烘烤型涂料有单

组分和双组分固体或液体涂料；辐射固化涂料。

④以固化剂名称分类：胺固化型涂料、酸酐（或酸）固化型涂料及合成树脂型涂料等。

⑤以涂料状态分类：溶剂型（液态和固态）涂料以及水性（水乳化型和水溶型）涂料。

作为涂料用的环氧树脂约占环氧树脂总量的35%，现在环氧树脂涂料的应用非常广泛，具体有以下几种：

①防腐蚀环氧树脂涂料：人们以防腐蚀涂料的特定要求为依据，分别设计出了纯环氧树脂涂料、环氧煤焦沥青防腐蚀涂料、无溶剂环氧树脂防腐蚀涂料、环氧酚醛防腐蚀涂料等。

②舰船涂料：环氧树脂涂料附着力强，防锈性和耐水性优异，机械强度和耐化学药品性良好，在舰船防护中起重要作用。环氧树脂涂料用于船壳、水线和甲板等部位，发挥了耐磨、耐水和黏结性强等特点。

③电气绝缘环氧树脂涂料：环氧树脂涂料形成的涂层具有电阻系数大、介电强度强、介质损失少和“三防”（耐湿热、耐霉菌、耐盐雾）性能好等优点，广泛用于浸渍电机和电器等设备的线圈、绕组和各种绝缘纤维材料，各种组合配件表面涂覆，黏结各种绝缘材料，裸露导线涂装等。

④食品罐头内壁涂料：环氧树脂与甲基丙烯酸甲酯/丙烯酸进行接枝反应，制得的饮料内壁涂料是一种水性环氧树脂涂料，如可用于啤酒等饮料瓶内壁，使用效果良好。

⑤水性涂料：用环氧树脂配置的水性电泳涂料有独特的性能，涂层不但有良好的防腐蚀性，而且有一定的装饰性和保色性，电泳涂料除用于汽车工业外，还用于医疗器械、电器盒等轻工产品。双组分水性环氧树脂涂料用于新与旧混凝土间的黏结，有优异的黏结强度，能有效防止机械损伤和化学药品危害。它对核反应堆装备进行防护，容易除去放射性污染。

⑥地下设施防护涂料：地下设施的防护，是环氧树脂涂料或改性环氧树脂涂料的重要用途之一，因为环氧树脂涂料有优良的防水渗漏效果。环氧－聚氨酯涂料用于地下贮罐的防腐蚀，已取得公认的效果。

5.2.6 特殊涂料

特殊涂料是指在性能、功能或原材料，或固化机理，或涂装工艺方面不同于一般涂料的新型涂料，例如带锈底漆、高固体分涂料和光固化涂料等。

(1) 带锈底漆

带锈底漆是指可直接涂覆于带有一定锈蚀的钢铁表面，并具缓蚀效果的一种底漆，可分为以下几种：

稳定型带锈底漆——漆料中加有能与铁锈起化学反应使其生成能稳定铁锈的杂多酸配合物的防锈颜料（活性颜料）。

渗透型带锈底漆——利用漆料的渗透力与湿润能力将铁锈湿润、渗透并把它紧密包围在漆料之中，不让基体进一步腐蚀，同时借助涂料中防锈颜料的防锈作用达到不去锈又防锈的一种带锈底漆。

转化型带锈底漆——由转化液与成膜液组成的分装涂料。转化液（如单宁酸、磷酸等）能与铁锈反应使其转化为稳定络合物或螯合物而达到不去锈之目的。

(2) 高固体分涂料

高固体分涂料是一种固体含量较高的溶剂型涂料。一般的溶剂型涂料，其固含量一般在

40% ~60%，而所谓的高固体分涂料的固含量则为60% ~80%。高固体分涂料与一般溶剂型涂料结构上的区别：高固体分涂料是采用相对分子量分布很窄，并含有较多的反应官能团的低相对分子量聚合物作为成膜物质。固体分高，一次成膜厚度可比普通涂料增厚30% ~50%，可减少涂装次数和VOC（挥发性有机化合物）值。

（3）光固化涂料

光固化涂料又称光敏涂料或紫外线固化涂料，由可光固化的预聚物、活性稀释剂、光敏剂和助剂等组成，可用特定波长的光照射漆膜使其产生聚合反应，从而能在极短时间形成固体漆膜的涂料。通常采用波长为300 ~450 nm的紫外线照射。其中，光敏剂又称光引发剂，一种能吸收光辐射，分解产生活性游离基团，随即引发聚合反应，在极短的时间内使漆膜硬化的物质，常用的有安息香丁眯、二苯甲酮、安息香双甲脒、米氏酮等；活性稀释剂不同于一般溶剂，能降低树脂黏度以利施工，同时又参与共聚反应起到有利于树脂交联固化的作用，常用的有苯乙烯、各种丙烯酸酯等不饱和单体；预聚物一般有不饱和聚酯树脂、聚烯酸酯、丙烯酸聚氨酯、聚醚丙烯酸酯等。颜料需对紫外线的穿透力强，紫外线固化技术仅限于清漆、低颜料分的涂料使用，如填孔剂、二道浆、透明清漆等品种。

5.3 水性涂料

5.3.1 基本概念

随着涂料工业的发展，一个新的问题日益被人们所关注，即有机涂料对环境的污染问题。在涂料工业中，所用的溶剂和助剂中常含有VOC，它们挥发到空气中会造成空气污染。除此之外，有害空气污染物（HAP）、重金属等有毒有害物质也对环境和人体健康造成危害。为了减少涂料对环境的污染，绿色涂料的概念应运而生。绿色涂料是低公害（或无公害）和低毒（或无毒）的涂料的总称，常常也称为“环境友好涂料”或“环保涂料”。这类涂料对生态环境所造成的危害很小或者没有危害，也不会影响到人类健康。为实现这一目标，涂料工业的研究和生产主要向四个方向发展，即高固体分涂料、无溶剂涂料、粉末涂料和水性涂料。水性涂料是指以水为主要分散介质的涂料。进入20世纪90年代，水性涂料发展速度非常快，已形成多品种、多功能、多用途的庞大体系。由于对环境的相容性和保护性，水性涂料的市场占有率迅速提高。

水作为涂料介质，有如下特点：

①水在0 ℃结冰，水性涂料应保存在凝固点以上，并且应随时检查涂料的技术性质（如稳定性、使用性、表面特性等）是否因凝固而变化。

②水在100 ℃沸腾，单一的水挥发时其挥发性比溶剂低得多。

③水的表面张力比有机溶剂高，这就导致对被涂基底浸润性较差，使用水性涂料时基材前处理要求更加严格。

④与溶剂相比，水的汽化热高，干燥困难，时间长。

⑤水是不燃的，有利于储存和运输，使用时可安全接触。

水性树脂是一类能溶解于水或分散于水中的树脂。能溶解于水的树脂有水性醇酸树脂、水性环氧树脂、水性丙烯酸树脂、水性聚氨酯、水性聚酯等；能分散于水的水分散性树脂有苯丙乳液、醋酸乙烯乳液、丙烯酸乳液等。

实际上，水性涂料并非完全不含有机溶剂。在实际应用中，为提高涂料的各种性能需添加一些助溶剂、助剂、固化剂等，这些都可能含有部分有机溶剂。此外，各种助剂、填料、颜料及涂料中的部分重金属同样会给水性涂料带来不环保的因素。因此，水性涂料并不能简单等同于绿色涂料或环保涂料。但是，水性涂料和涂料的水性化，极大地降低了有机溶剂的用量和对环境的污染，这为涂料工业向绿色、环保方向迈进提供了坚实的基础。

5.3.2 水性涂料的分类

水性涂料一般根据树脂形态可分为水溶性型、水溶胶型、水乳胶型和粉末水浆型四种类型，其物性见表5－3。

表5－3 水性涂料物性

类别	粒径/μm	相对分子量	外观
水溶性型	溶液	$1\times10^3\sim5\times10^4$	透明
水溶胶型	<0.1	$5\times10^3\sim1\times10^5$	半透明
水乳胶型	0.1～10	$>1\times10^5$	白色乳液
粉末水浆型	1～3	$>2\times10^5$	白色泥浆状

（1）水溶性涂料

水溶性涂料是由水溶性树脂制备的，通过在树脂中引入较多亲水基团以增加其在水中的溶解性。水溶性涂料在20世纪60年代发展最快，特别是水溶性电泳涂料和电泳法涂浆工艺的出现，使水性涂料的发展更为迅速，不仅打破了涂料生产必须使用有机溶剂的惯例，同时可以使涂装过程实现机械化、自动化。但目前仍存在树脂在水中的储存稳定性、漆的流动性以及施工时的湿度控制等一些问题。

（2）水溶胶涂料

水溶胶涂料是在水中，树脂分散粒径很小（通常在0.01～0.1 μm）的水分散体。其配制的清漆通常为透明或半透明，无色或微白色。水溶胶粒度比乳胶小，具有一定的“自然乳化”能力，因此乳化剂用量低，涂膜耐水性好，光泽、流平性、硬度也较一般乳胶涂料高。可做金属、木材、塑料、水泥制品的表面涂装，特别适用于聚乙烯等热塑性塑料制品表面的涂装。

（3）水乳胶涂料

水乳胶涂料是在水中，树脂分散粒径大于0.1 μm的水分散体。其配制的清漆通常为乳白色不透明状。特点为：具有良好的力学性能、干燥性、耐水性及耐腐蚀性。它是水性涂料的最大家族，在建筑涂料中得到最广泛应用。历经丁苯、聚醋酸乙烯、丙烯酸乳胶涂料三代产品，逐步由热塑性型发展到热固性型。目前广泛应用的水乳胶涂料有醋酸乙烯丙烯酸系乳胶涂料、苯乙烯丙烯酸系乳胶涂料和纯丙烯酸系乳胶涂料三大类。

交联乳胶是乳胶涂料的新品种，已工业化的产品有含N－羟甲基丙烯酰胺及其醚化物组成的共聚型自交联乳胶乳料。防锈乳胶涂料作为一类具有特殊应用背景的乳胶涂料，发展较快。但防锈乳胶漆在水挥发过程中有瞬锈现象，在配方中加入缓蚀剂（亚硝酸钠）等又会降低涂膜的耐水性。为解决这一问题，目前已开发不需要缓蚀剂而自身能抗瞬锈和早锈的防锈乳胶涂料，用于涂装钢铁、镀锌钢板等防锈性能很好，若罩以云母铁面漆效果更佳，一般寿命可达6年，在海滨地区也可达3年之久。

（4）粉末水浆涂料

粉末水浆涂料，一般指含颜料的水溶性树脂粉末，借助于表面活性剂均匀混合分散在水中形成的涂料。另外一种水厚浆涂料，是采用亲水性有机溶剂（如丙酮等）制备成溶剂型涂料，再以水做凝固剂使涂料粒子经凝集、过滤、添加助剂处理、研磨后用水调制而成。目前已实用化的水厚浆涂料也只有丙烯酸和环氧系两大品种。

而按照树脂类型，水性涂料还可以分成水性丙烯酸涂料、水性环氧树脂涂料、水性聚氨酯涂料等。

按照用途分类，水性涂料可以分成水性建筑涂料和水性工业涂料等。水性建筑涂料的应用包括：（a）在内墙上的应用：乳胶涂料中聚醋酸乙烯酯类是内墙涂料的主要品种，基本取代了耐水性差的聚乙烯醇为黏结剂的106、107建筑涂料。（b）在外墙上的应用：乳胶型外墙涂料方面，德国、日本主要以苯丙乳液为主，我国主要以丙烯酸乳液为主。水性工业涂料中汽车涂料是发展最快的涂料品种，用量仅次于建筑涂料，汽车涂料是性能要求最高的涂料品种。国内汽车防锈底涂层绝大部分使用水性电泳漆。汽车闪光涂料具有光泽高、色彩艳丽和有闪光效应等特点。闪光涂料的发展方向也是水性化。美国、加拿大、日本等其他国家水性汽车涂料树脂主要包括水性丙烯酸、水性醇酸和水性环氧树脂，目前正大力发展水性聚氨酯。

5.3.3　水性涂料的优缺点

近几年来，我国涂料工业水性化的进程十分迅猛，取得良好业绩。其中尤以建筑涂料最为突出。目前我国建筑涂料的水性化比例约占75%，与国际基本同步。工业涂料中，水性涂料的比例也在逐步上升，目前主要集中在皮革漆、木器漆、地坪漆、装修漆等领域，在金属防护、塑胶、机车等领域的应用也在逐步推广。《涂料行业科技中长期发展规划》中提出：未来10年中，我国将大幅削减传统溶剂型涂料在工业涂料中的比例，使其所占份额由目前的50%锐减至5%。用10～15年时间，对传统涂料产业实行新技术嫁接与改造，最终将传统溶剂型涂料市场份额缩减至1%以下。当然，这主要取决于水性涂料的优点。

（1）环境友好

水性涂料从原料来源到生产及使用的全生命周期，均有利于环境的健康发展。它不仅在生产过程中将易挥发的有机溶剂替代，而且使用时涂装工具可用水清洗，也减少了清洗溶剂的消耗。有机溶剂的生产需要消耗化工原料，在资源紧缺的现阶段是对资源的一大挑战，水性涂料的出现解决了这一问题。同时，溶剂的削减，大大减少了生产及使用过程VOC的排放，为改善周边大气环境作出了积极的贡献。例如“溶剂型中涂＋溶剂型色漆＋单组分罩光清漆”工艺体系的VOC排放量为120 g/m^3，而“水性中涂＋水性色漆＋水性罩光清漆”工艺体系的VOC排放量仅为28 g/m^3。

（2）安全性提高

以溶剂中最常见的甲苯和二甲苯为例：甲苯的闪点为4 ℃，蒸气能与空气形成爆炸性混合物，爆炸极限为1.2%～7.0%（体积分数）；二甲苯闪点为29 ℃，蒸气能与空气形成爆炸性混合物，爆炸极限为1% ~7%（体积分数），两者均为易燃物质。因此，溶剂型涂料的易燃易爆原料在储存和使用过程中，具有发生火灾爆炸事故的风险。而水性涂料的生产和使用，减少了对易燃易爆原材料的需求，极大地降低了风险。

(3) 降低成本

一是原料成本。随着人们对资源能源的需求日益增大，在世界范围内出现资源能源短缺的问题，导致石油乃至下游产品价格持续上涨，作为下游产品的有机溶剂也不例外。在资源价格的压力下，以水作为稀释剂的价格优势逐渐显现。二是环境成本。传统的溶剂型涂料涂装过程中产生大量的有机废气，为了达到排放要求，企业需要配置尾气处理设施及相关的配套设施，并负担日常运行及维护费用。水性涂料的有机废气排放很少，为企业减轻了负担。三是安全成本。水性涂料以水作为稀释剂，使之成为更为安全的涂料，从生产到运输再到应用中的火灾隐患较传统溶剂型涂料大幅降低。对于管理者来说，安全方面的投入成本也将相应地降低。

(4) 施工条件及外观性能

水性涂料由于透气性比较好，基层内部的水蒸气可以向外扩散，不容易起泡，因此在对基层的要求上，水性涂料施工的基层含水率应小于10%，溶剂型涂料施工的基层含水率应小于8%。水性涂料对材质表面适应性好，涂层附着力强，在潮湿环境中可直接涂覆施工。通常，溶剂型涂料的涂着固体质量分数高达60% ~70%，而水性涂料的涂着固体质量分数仅为20% ~30%，由此可见，水性涂料的平滑性相对较好。

但水性涂料也存在一些缺点：

①水性涂料对施工过程及材质表面的清洁度要求高，因水的表面张力大，污物易使涂膜产生缩孔。

②水性涂料对抗强机械作用力的分散稳定性差，输送管道内的流速急剧变化时，分散微粒被压缩成固态微粒，使涂膜产生麻点。故要求输送管道形状良好，管壁无缺陷。

③水性涂料对涂装设备腐蚀性大，需采用防腐蚀衬里或不锈钢材料，设备造价高。水性涂料对输送管道的腐蚀，导致金属溶解，使分散微粒析出，涂膜产生麻点，故也需采用不锈钢管。

④烘烤型水性涂料对施工环境条件（温度、湿度）要求较严格，增加了调温调湿设备的投入，同时也增大了能耗。

⑤水性涂料水的蒸发潜热大，烘烤能量消耗大。阴极电泳涂料需在180 ℃烘烤，而乳胶涂料完全干透的时间则很长。

⑥水性涂料沸点高，有机助溶剂等在烘烤时产生很多油烟，凝结后滴于涂膜表面影响外观。

⑦水性涂料存在耐水性差的问题，使涂料和槽液的稳定性差，涂膜的耐水性差。水性涂料的介质一般都呈微碱性（pH 值为7.5 ~8.5），树脂中的酯键易水解而使分子链降解，影响涂料和槽液稳定性及涂膜的性能。

⑧对于敏感的材料（如纸张），水性涂料不易涂装或涂装后易产生缺陷。

5.3.4 水性涂料的配方特点及组成

由于水性涂料存在上述不足，在配方设计时常添加各种助剂加以克服，如助溶剂提高涂料的稳定性和挥发速度，成膜助剂提高涂层的质量，分散剂和增稠剂提高涂料的抗沉降性，防锈剂防止涂层对金属基材的锈蚀，触变剂提高涂料的施工性能等。与相应的溶剂型涂料相比，水性涂料的配方往往十分复杂，选用的原料有时多达十几至几十种组分。

水性涂料通常由水性树脂、颜填料、助剂、水组成，某些水性涂料中由于树脂合成时带入或出于配方设计的需要，可能含有少量有机溶剂。

水性树脂是水性涂料的主要成膜物质，在水性涂料中的用量通常占总配方量的60%～85%，其性能的好坏直接影响水性涂料的最终性能（如储存稳定、施工性能、成膜物的理化性能等），故水性树脂的选择是至关重要的，且在配方设计时最能被工程师所关注。

颜填料大多数可与溶剂型涂料通用，但在选择合适的颜填料时应注意：水性涂料用颜填料必须耐碱，因为水性涂料自身的pH值是微碱性的；在涂膜耐水要求高的场合，不宜用水溶性大的颜填料；铝银浆是专门用于水性涂料的一种颜填料；在采用某类颜填料时，应先试验其与水性树脂的兼容性，以防因颜填料自身所带电荷属性与水性树脂电荷属性相差太大而导致水性树脂产生破乳凝胶化现象而影响涂料的储存稳定性；某些颜填料在涂料生产时的加入工艺与溶剂型涂料不同，如消光粉的加入，需先用水润湿后再加入。

水必须是去离子水，因一般自来水中所含钙、镁等离子太多，这会影响水性涂料的储存稳定性及烘干速度。

助剂在水性涂料中是必不可少的组分，直接影响水性涂料的储存、施工、涂膜理化性能等。常用的有润湿分散剂、流平剂、消泡剂、增稠剂、缓蚀剂、防霉杀菌剂、催干剂、成膜助剂、共溶剂、消光剂、pH值调节剂等。其中，pH值调节剂是将水性涂料pH值调至8～9，因为水性涂料只有在微碱性条件下才能有较好的储存稳定性，如氨水及其改性物等；成膜助剂通常为高沸点的有机溶剂，大多微溶于水，其作用是降低水性涂料的最低成膜温度，在水性涂料自干时的作用最为明显，常用的有丙二醇醚类。共溶剂通常为高沸点的有机溶剂（在低温下可能会用部分低沸点溶剂），有一定的水溶性，起流平和防橘皮的作用，常用的有NMP（N－甲基吡咯烷酮）、丙二醇甲醚醋酸酯等，在选用时应注意低分子醇类（如异丙醇）易使水性聚氨酯树脂类涂料产生破乳现象，进而影响储存稳定性，故在选用共溶剂时，应先做它对涂料的储存稳定性测试，即50 ℃水浴7 d，无异常即可。增稠剂是水分散型涂料中的常用助剂，因水分散型树脂自身的触变性低，加之水的挥发速度慢，涂料在施工中往往会出现流挂现象，添加合适的增稠剂往往能解决此问题，在选用时应注意很多种类的增稠剂加入后会影响如膨润土类、纤维素类漆膜的最终耐水性，而聚氨酯类缔合型增稠剂对耐水性影响较小。水性涂料易受环境温度的影响，如低于0 ℃，水性涂料或水性树脂的冻结和熔化过程可能会造成表观黏度的升高或乳液的凝聚而报废，故加入防冻剂如甲醇、丙酮、乙二醇及甘油等是常用的防冻措施，用于降低乳液的冻结温度，此类溶剂可能在水性树脂出厂时已添加，因此在设计涂料配方前应咨询相关供货方。但它不是必须加入的物质，会增加VOC量。

因此，水性涂料与溶剂型涂料的最大区别在于涂料中的大部分有机溶剂被水所取代，两者组分对比如图5－2所示。

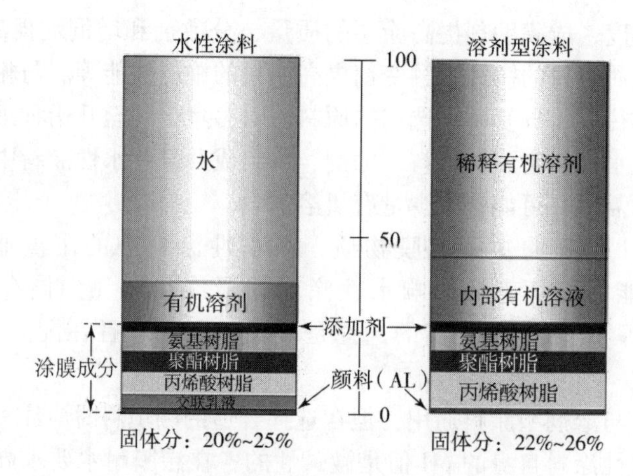

图 5-2　水性涂料与油性涂料组分的对比图

5.3.5　水性涂料的成膜机理

涂料的成膜就是涂覆在基材表面的涂料由液态转化为无定形固态薄膜的过程。根据聚合物乳液成膜过程的机理，普遍认为成膜过程分为三个阶段，如图 5-3 所示。第一阶段：聚合物乳液中水分挥发，当乳胶颗粒占胶层的 74% 时，乳胶颗粒相互靠近达到密集的充填状态，水和水溶性物质充满在乳胶颗粒的空隙间。第二阶段：随着水分不断挥发，聚合物颗粒表面吸附的吸附层被破坏，间隙越来越小，直至形成毛细管，毛细管作用迫使乳胶颗粒变形，随着挥发介质的增多，压力越来越大，直至颗粒间界面消失。第三阶段：水分完全挥发，压力达到使每个乳胶粒中的分子链扩散到另一颗粒分子链中，颗粒进一步合并，乳胶颗粒中的聚合物链段开始不断相互扩散，逐渐形成连续均匀的乳胶涂膜。

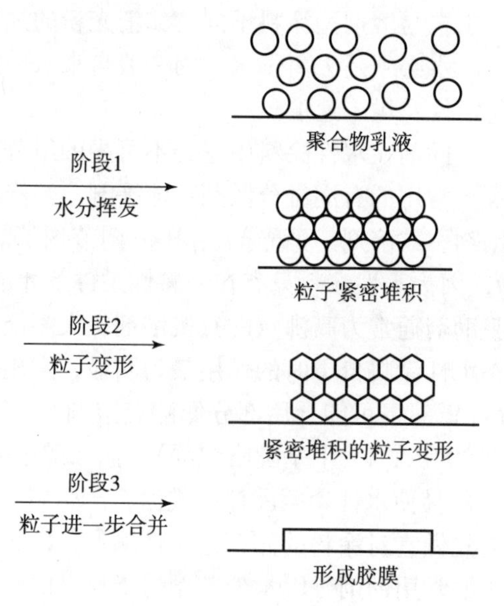

图 5-3　单组分聚合物乳液涂料成膜过程

5.3.6　水性涂料的生产工艺

要给水性涂料的生产工艺一个广泛适用的描述是不可能的，这是因为工厂的规模不同，产品结构不同，生产工艺也不同，因而，从原料到设备，再到流程，自动化控制程度都在不断改变，使得生产过程更加灵活多样。水性涂料不是一个单一的产品类型，而是代表不同配方的众多产品，可以满足广泛的需求，生产过程同样要适合不同的需求。本章主要讨论生产过程的基本因素。通常，水性涂料与溶剂型涂料的生产过程并没有本质的不同，主要是它们各自基本原则的不同导致生产过程有稍许不同。水性涂料的生产过程可以分成几个独立的步骤，其中关键的步骤是颜料和填料在水中的分散。主要生产步骤如下：

第一步为分散准备预混料。大部分的添加剂都在这步加入，固体组分要在慢速搅拌下加入，为了能在较低的黏度下去除气泡及限制气泡产生，首先应加入最细组分。

第二步为分散操作。包括三个独立又紧密联系的过程：(a) 颜料和填料的分散（分散要尽量好）；(b) 表面的良好浸润；(c) 达到稳定状态，防止它们重新团聚。

第三步是分散操作结束后进入放置阶段。这时要加入剩余黏结剂、水和其他辅助组分，使涂料的配方最终完成。

第四步是调整、测试。当初始配方不够严格时，在检验之后进行微调是为了保证产品质量。

第五步是放料后过筛包装。要注意正确选择容器的材料，如用聚乙烯容器包装建筑涂料就比较好；用金属容器时内表面都要用适宜涂料完全涂覆。水性涂料在储存期间要特别注意防冻，储存温度以不低于 +5 ℃为宜。

5.3.7　水性环氧树脂涂料

水性环氧树脂涂料主要包括两种组分：疏水性环氧树脂分散体系（乳液）和亲水性的胺类固化剂。水性环氧树脂涂料按环氧树脂树脂分散体系的物理状态可分为水乳性环氧树脂涂料和水溶性环氧树脂涂料。乳液型环氧树脂涂料主要由乳化剂乳化环氧树脂或自乳化环氧树脂和水溶性或乳液型固化剂组成。而水溶性环氧树脂涂料由水性改性环氧树脂或水溶性环氧树脂和相应的水溶性固化剂组成。按成膜时是否需要加热可分为室温固化型和烘烤型。室温固化型主要指采用胺或羧酸和环氧基团反应，而烘烤型环氧树脂的固化剂常为双氰胺(DICY)、酚醛树脂、脲醛树脂、水溶性氨基树脂或其他树脂等，主要通过固化剂和环氧树脂主体上的仲醇或侧链上的羟基等官能团反应，需要用酸进行催化交联。如按照储存时的组分来看，可分为单组分和双组分两大类。室温固化的水性环氧 - 胺、环氧 - 羧酸均为双组分，水溶性环氧树脂一般也为双组分，单组分比较少，如环氧改性丙烯酸乳液（自交联和非交联型)、环氧 - 酚醛乳液、环氧 - DICY 单组分乳液，还有采用环氧树脂为母体，丙烯酸类单体接枝共聚物组成自交联阴极电泳漆。

依据所用环氧树脂的不同，水性环氧树脂涂料还可以分为两类：第一类是建立在小分子量的液态环氧树脂上的，是以液态的 EEW <250 的双酚 A/F 环氧树脂为基的，固化剂作为树脂的乳化剂；第二类是建立在大分子量固态环氧树脂分散体系上的。

在第一类水性环氧树脂涂料体系中，固化剂不仅可以交联环氧树脂，而且还可作为环氧树脂的乳化剂，其固化剂和环氧树脂的相分离较少。涂料涂覆后，随着水分不断蒸发，乳胶粒之间逐渐形成紧密堆积。组分的低分子量和高扩散速率使得乳胶粒有良好的结合效果，从而形成相对整齐的涂膜结构。且所用液态环氧树脂具有刚性骨架，故所形成涂膜的强度较高，但是韧性和抗冲击性较差。为了克服不足，故设计了一种基于高分子量固态环氧树脂的水性环氧体系。

第二类体系表现出与常规溶剂型固态环氧树脂配方类似的施工和外观优点。高分子量树脂涂料的干燥时间短，具有比液态环氧树脂更低的交联度，提高了抗冲击强度；环氧基团浓度低，适用期更长，减少了胺固化剂的用量。

尽管第二类水性环氧树脂涂料体系较第一类有了很大进步，但是其耐腐蚀性和耐化学品性能仍然较弱。为了进一步提高水性环氧树脂涂料的综合性能，20 世纪 80 年代末和 90 年代初，发展了一种基于中等分子量的多官能团环氧树脂分散体系和改性多胺加成物固化剂，该体系含有多种官能团，所以无须外加乳化剂即可分散于水中形成均匀乳液。改性多胺加成物中的伯胺基团一般用于改性，因此大大降低了固化剂的反应活性。且改性又可使固化剂与环氧树脂乳液的相容性进一步增加，有利于固化剂分子向环氧树脂乳液颗粒内部扩散，增加涂膜的交联密度，提高涂膜性能。

水性环氧树脂的乳化技术经历了三代的发展：

第一代乳化技术主要有直接乳化法、相反转法和外加乳化剂法。直接乳化法即机械法，用机械力将环氧树脂研碎后加入适量乳化剂，再通过高速搅拌将粒子分散于水中；或将环氧树脂与乳化剂均匀混合，加热到适当的温度，在高速搅拌下缓慢加水形成乳液。常用的乳化剂有聚氧乙烯烷芳基醚、聚氧乙烯烷基醚、聚氧乙烯烷基酯等。此外，也可根据树脂的不同自制活性乳化剂。相反转法会使聚合物从 W/O 状态转变成 O/W 状态，故它是一种制备高分子树脂乳液的有效方法。绝大部分的高分子树脂借助于外加乳化剂的作用并通过物理乳化的方法。

第二代乳化技术主要是固化剂乳化法。通过扩链、接枝、成盐等反应，可以使多胺固化剂成为具有亲环氧分子结构的水分散型固化剂，同时可作为阳离子型乳化剂对环氧树脂进行乳化，两组分混合均匀后即可制成稳定的乳液。

第三代乳化技术主要是通过化学方法使环氧树脂具有自乳化的功能，又称化学法。在环氧树脂分子骨架上引入极性基团，使其具有亲水性，改性环氧树脂在不用外加乳化剂的情况下能自分散于水中形成乳液。这种方法制得的粒子粒径更细，也更均匀。尽管化学法制备步骤较多，成本偏高，但在某些领域更具有实用意义。

目前化学改性是制备水性环氧树脂的主要方法。化学改性法是通过打开环氧树脂分子中的部分环氧键，引入极性基团，或者通过自由基引发接枝反应，在环氧树脂分子骨架中引入极性基团，这些亲水性基团或者具有表面活性作用的链段能帮助环氧树脂在水中分散。由于化学改性法是将亲水性的基团通过共价键直接引入环氧树脂的分子中，因此制得的乳液稳定，粒子尺寸较小。化学改性法引入的亲水性基团可以是阴离子、阳离子或非离子的亲水链段。

（1）引入阴离子

通过酯化、醚化、胺化或自由基接枝改性法在环氧聚合物分子链上引入羧基、磺酸基等功能性基团，中和成盐后，环氧树脂就具备了水分散的性质。酯化、醚化和胺化都是利用环氧基与羧基、羟基或氨基反应来实现的。

酯化是利用氢离子先将环氧基极化，酸根离子再进攻环氧环，使其开环，得到改性树脂，然后用胺类水解、中和。如利用环氧树脂与丙烯酸反应生成环氧丙烯酸酯，再用丁烯二酸（酐）和环氧丙烯酸酯上的碳碳双键通过加成反应生成富含羧基的化合物，最后用胺中和成水溶性树脂；或与磷酸反应成环氧磷酸酯，再用胺中和也可得到水性环氧树脂。

醚化是由亲核性物质直接进攻环氧基上的碳原子，开环后改性剂与环氧基上的仲碳原子以醚键相连得到改性树脂，然后水解、中和。比较常见的方法是环氧树脂与对羟基苯甲酸甲酯反应后水解、中和；或者通过巯基乙酸与环氧树脂进行醚化反应之后水解中和，也可在环氧树脂分子中引入阴离子。

胺化是利用环氧基团与一些低分子的扩链剂反应，如氨基酸、氨基苯甲酸、氨基苯磺酸（盐）等化合物上的氨基，在链上引入羧基、磺酸基团，中和成盐后可分散于水中。如用对氨基苯甲酸改性环氧树脂，使其具有亲水亲油两种性质，以改性产物及其与纯环氧树脂的混合物制成水性涂料，涂膜性能优良，保持了溶剂型环氧树脂涂料在抗冲击强度、光泽度和硬度等方面的优点，而且附着力提高，柔韧性大为改善，涂膜耐水性和耐化学药品性能优良。

自由基接枝改性法是利用双酚 A 型环氧树脂分子上的亚甲基在过氧化物作用下易于形成自由基并与乙烯基单体共聚的性质，将（甲基）丙烯酸、马来酸（酐）等单体接枝到环氧树脂上，再用中和剂中和成盐，最后加水分散，从而得到水性环氧树脂。

（2）引入阳离子

含胺基的化合物与环氧基反应生成含叔胺或季胺碱的环氧，用酸中和后得到阳离子型的水性环氧树脂。例如，用酚醛型多官能团环氧树脂 F. 51 与一定量的二乙醇胺发生加成反应（每个 F. 51 分子中打开了一个环氧基）引入亲水基团，再用冰乙酸中和成盐，加水制得改性 F. 51 水性环氧树脂乳液，该方法使树脂具备了水溶性或水分散性，同时每个改性树脂分子中又保留了两个环氧基，使改性树脂的亲水性和反应活性达到合理的平衡。由于环氧固化剂通常是含胺基的碱性化合物，两者混合后，体系容易失去稳定性而影响使用性能，因此这类树脂的实际应用较少。

（3）引入非离子的亲水链段

通过含亲水性的氧化乙烯链段的聚乙二醇（PEG）或其嵌段共聚物上的羟基或含聚氧化乙烯链上的胺基与环氧基团反应可以将聚氧化乙烯链段引入环氧分子链上，得到含非离子亲水成分的水性环氧树脂。该反应通常在催化剂存在下进行，常用的催化剂有三氟化硼络合物、三苯基磷、强无机酸等。

水性环氧树脂涂料和溶剂型环氧树脂涂料一样也是通过环氧树脂与固化剂反应交联成膜的，固化剂的性质对涂膜的物理和化学性能至关重要。因此，水性环氧固化剂成为水性环氧树脂涂料中的研究热点。要使环氧树脂与固化剂之间充分混合、固化，就需使二者的溶解度参数相匹配。亲水性的固化剂与疏水性环氧树脂间溶解度参数差异较大，得到的涂膜综合性能不好；疏水性固化剂与环氧树脂的溶解度参数匹配，若能固化则可得到综合性能较好的涂膜，但它难溶于水，不能稳定分散于水中，需要采用一些方法如成盐来提高其亲水性使其能稳定地分散于水中。目前常用的水性环氧固化剂主要为改性胺类固化剂：（a）酰胺基胺，主要是 C_{18}脂肪酸和多元胺缩聚产物。（b）聚酰胺，主要是 C_{36}二聚酸和多乙烯多胺缩聚产物。（c）胺加成物，主要是胺与环氧加成物。水性环氧树脂固化剂常用的胺主要是脂肪族多胺、间苯二胺、曼尼基碱、聚氧乙烯二胺等。但这三类固化剂与环氧树脂相容性差，需进行改性提高其与环氧树脂的相容性以提高其固化性能。最常用的改性方法是降低固化剂中伯胺的含量。这种方法能降低固化剂的总体反应性，延长适用期和提高与环氧树脂的相容性的双重作用。典型的方法就是将其用单环氧化合物或丙烯腈封端。尽管这种方法降低了伯胺的含量，但骨架上的仲胺仍然足够产生交联。另一种方法就是通过减压蒸馏除去未反应的游离胺，这是因为低分子量胺会存在于水相中，当两组分混合时，这些游离胺会增加涂膜的水敏感性。尽管以上改性方法提高了固化剂与环氧树脂的相容性，但固化剂的水溶性也会随之降低。此外，为使固化剂在水中稳定分散，需加入有机酸成盐来提高水溶性。但残留的有机酸会降低涂膜的耐水性和耐蚀性，在金属上使用易出现闪锈，因此使用的有机酸应尽量少。少量的酸在固化后挥发，不会影响涂膜的耐蚀性。

由于水性环氧树脂优异的性能和特点，它被广泛应用于屋顶防漏、机场跑道、高架桥路面加固、停车场、运动场、厂房地坪、墙体、船舶、甲板、地下室及仓库、航空母舰停机坪、隧道等各领域。

5.3.8 水性聚氨酯涂料

聚氨酯树脂是含有氨基甲酸酯—NHCOO—基团的聚合物，通常由多异氰酸酯（含—NCO基团）或其加成物与含活泼氢（主要是羟基中的活泼氢）的聚多元醇反应而成。异氰酸酯R—N═C═O（异氰酸H—N═C═O）具有两个共轭双键，非常活泼，极易与其他含活泼H原子的化合物反应，生成聚氨酯树脂。异氰酸酯的碳原子呈正电性，异氰酸基在反应时是亲电子的，易被亲核试剂所攻击。

$$R{-}\ddot{N}{=}C{=}\ddot{O}:$$

$$R{-}N{=}C{=}O \;+ R'OH \longrightarrow$$

$$R{-}\overset{-}{N}{=}\underset{\underset{\underset{R'\quad H}{O}}{\uparrow}}{\overset{+}{C}}{=}\overset{-}{O} \longrightarrow \left[R{-}N{=}\underset{OR'}{\underset{|}{C}}{=}OH\right] \longrightarrow R{-}\overset{H}{\overset{|}{N}}{-}\underset{OR'}{\underset{|}{C}}{=}O$$

聚氨酯材料不但具有优良的物理化学性能，如耐化学品性、耐磨性好，硬度高，力学性能良好等，而且施工温度范围广。

聚氨酯涂料是以聚氨酯树脂作为主要成膜物质，再配以颜料、溶剂、催化剂及其他辅助材料等所组成的涂料。

1937年，德国Bayer等首先利用异氰酸酯和多元醇进行聚合反应制得聚氨酯，并获得了德国专利。1940年左右，聚氨酯发泡材料问世，聚氨酯弹性体也相继开发出来。随后Bayer等成功研制了聚氨酯涂料，该涂料的多异氰酸酯组分牌号为Desmodur，多羟基组分牌号为Desmophen。1941年，德国卡洛泽斯（Carothers）等采用丁二醇和六亚甲基二异氰酸酯（HDI）进行加成聚合，制得了聚氨酯纤维。1953年后，德国Bayer公司首先成功开发无毒性的多异氰酸酯组分，其牌号为Desmodur L。1985年，Bayer公司成功研制耐候性的脂肪族多异氰酸酯——HDI缩二脲。我国在20世纪50年代后期才开始研制聚氨酯树脂。1956年，大连染料厂首次合成了甲苯二异氰酸酯，并于1958年将其应用于聚氨酯涂料的试生产。直至1965年，在天津、上海等地才有小批量商品涂料生产。20世纪60年代末70年代初，随着涂料工业的发展，聚氨酯涂料的各项优异性能逐渐为涂料生产厂和广大用户所认识，生产工艺和施工技术不断完善，为聚氨酯涂料的发展创造了条件，有力地推进了聚氨酯涂料的生产和应用。1969年以后，我国先后成功开发了六亚甲基和十亚甲基二异氰酸酯单体的生产工艺，使聚氨酯涂料在生产和应用方面取得了许多可喜的成果，如聚氨酯木器漆、环氧-聚氨酯尿素造粒塔防腐漆、聚氨酯油罐漆、脂肪族聚氨酯航空漆、弹性聚氨酯抗渗耐油涂料、聚氨酯改性过氯乙烯出口机床漆、聚氨酯塑胶跑道铺面材料及其标志划线漆等。

聚氨酯涂料的类型和品种很多，有许多不同的分类方法。按照包装类型可分为单罐装（单组分）聚氨酯涂料和双罐装（双组分）聚氨酯涂料。单组分聚氨酯涂料使用方便，打开包装即可使用，但性能较差；双组分聚氨酯涂料使用时需先混合，性能较好，但必须现用现配，并在一定时间（施工期限）内用完，否则混合后的涂料发生化学反应，无法使用造成浪费。双组分聚氨酯涂料又分为催化固化型聚氨酯涂料和羟基固化型聚氨酯涂料。羟基固化型双组分聚氨酯涂料是目前市场上用量最大的聚氨酯涂料。按照所使用的分散介质可分为有机溶剂型、无溶剂型、高固体型、水分散型、粉末涂料类等聚氨酯树脂涂料。其中有机溶剂型聚氨酯树脂涂料在聚氨酯涂料生产领域占有一定的地位。无溶剂型、高固体型、水分散型、粉末涂料类聚氨酯涂料是各国为减少挥发性有机溶剂、减少污染、节省能源而大力研制和开发的类型。按照涂料的固化情况可分为常温固化型（白干型）和加热固化型（烘烤型）两大类。大多数聚氨酯涂料既可常温固化，也可加热固化，加热固化后的聚氨酯涂料性能优于常温固化的聚氨酯涂料。

水性聚氨酯涂料（WPU）是指以水作为溶剂，将聚氨酯树脂溶解或分散于水中而形成的一种涂料。

（1）水性聚氨酯涂料的分类

由于聚氨酯原料和配方的多样性，水性聚氨酯涂料品种繁多，根据不同的分类方法，可划分为不同的种类。

按分散状态水性聚氨酯涂料可分为聚氨酯水溶液、聚氨酯分散液和聚氨酯乳液，见表5－4。

表5－4　水性聚氨酯涂料分类

名称	水溶液	分散液	乳液
状态	溶解→胶体	分散	分散
外观	透明	半透明乳白	白浊
粒径/μm	<0.001	0.001～0.1	>0.1
相对分子量	100～1 000	数千到20万	>5 000

聚氨酯涂料的主要组分有多元醇和异氰酸酯，因此按主要低聚物多元醇类型，可将水性聚氨酯涂料分为聚醚型、聚酯型及聚烯烃型等，分别指采用聚醚多元醇、聚酯多元醇、聚丁二烯二醇等作为低聚物多元醇而制成的水性聚氨酯。还有聚醚－聚酯、聚醚－聚丁二烯等混合型。按聚氨酯的异氰酸酯原料分，可分为芳香族异氰酸酯型、脂肪族异氰酸酯型、脂环族异氰酸酯型。按具体原料还可细分，如TDI型、HDI型、IPDI型等。

按使用形式分为单组分和双组分。单组分水性聚氨酯是指可直接使用，或无须交联剂即可得到所需使用性能的水性聚氨酯，主要包括热固性聚氨酯、含封闭异氰酸酯的水性聚氨酯、光固化水性聚氨酯、第三代水性聚氨酯等几个品种。

双组分水性聚氨酯分为利用水性聚合物多元醇与多异氰酸酯固化剂发生交联固化反应的水性聚氨酯体系和向水性聚氨酯中添加外交联剂如碳化二亚胺、氮丙啶或氨基树脂等发生交联固化反应的水性聚氨酯体系。

根据聚氨酯分子侧链或主链上是否有离子基团或是属于亲水基聚合物，水性聚氨酯可分为阴离子型、阳离子型、非离子型及混合型。阴离子型一般是指分子主链或侧链上含有阴离子型亲水性基团的水性聚氨酯。阳离子型一般是指主链或侧链上含铵离子（一般为季铵离子）或锍离子的水性聚氨酯，绝大多数情况是季铵阳离子；非离子型一般是指分子中不含离子基团的水性聚氨酯，亲水性链段一般是中低相对分子量聚氧化乙烯，亲水性基团一般是羟甲基。混合型一般是指聚氨酯分子结构中同时具有离子型及非离子型亲水基团或链段。

按原料及结构分可分为聚氨酯乳液、乙烯基聚氨酯乳液、多异氰酸酯乳液、封闭性聚氨酯乳液。按分子结构可分为聚氨酯乳液（热塑性）和交联型水性聚氨酯（热固性）。交联型又可分为内交联型和外交联型。内交联型在合成时形成一定支化交联分子结构，或引入可热反应性基团，是稳定的单组分体系。外交联型是在体系中添加能与聚氨酯分子链中基团起反应的交联剂，是双组分体系。

按水性化方法分类，水性聚氨酯可分为内乳化法和外乳化法。

(2) 水性聚氨酯的组成

与溶剂型聚氨酯相比，形成水性聚氨酯的组分有其独特性。

①水性多元醇低聚物。

用于水性聚氨酯的多元醇低聚物主要包括聚醚型和聚酯型两大类，它们构成聚氨酯的软段，分子量通常为 500 ~ 3 000。常用于制备水性聚氨酯的聚醚多元醇有聚氧化乙烯二醇(PEG)、聚氧化丙烯二醇（PPG）、聚氧化丙烯三醇、聚四氢呋喃二醇（PTMG）、聚氧化丙烯 - 氧化乙烯多元醇以及上述单体的共聚二醇或多元醇。PPG 用量大、用途广，PTMG 综合性能优于 PPG，但价格较高，一般用于制备高档水性聚氨酯。

目前国外的水性聚氨酯主流产品以聚酯型为主。常用的聚酯型多元醇有三大系列：一是己二酸系列聚酯二醇，如聚己二酸乙二醇酯二醇（PEA）、聚己二酸一缩二乙二醇酯二醇(PDA)、聚己二酸乙二醇 - 1,4 - 丁二醇酯二醇（PEBA）、聚己二酸 - 1,4 - 丁二醇酯二醇(PBA）等；二是聚 ε - 己内酯二醇（PCL），其合成的水性聚氨酯具有更好的耐水解性能和更低的黏度，同时耐温、耐磨和强度等性能都有提升；第三大系列是聚碳酸酯二醇(PCDL)，其水性聚氨酯耐候、耐热性好，易结晶，价格较高。合成水性聚氨酯时，通常用少量的聚碳酸酯二醇与聚醚或聚酯的混合物，在不增加成本的情况下，提高水性聚氨酯的性能。

②多异氰酸酯体系。

使用的大多数异氰酸酯是甲基二异氰酸（TDI）、4,4′ - 二苯基甲烷二异氰酸（MDI）等芳香族二异氰酸，1,6 - 己二异氰酸酯（HDI）等脂肪族二异氰酸，以及异佛尔酮二异氰酸酯（IPDI）和 4,4′ - 二环己基甲烷二异氰酸（MDI12H）等脂环族二异氰酸。利用芳香族的异氰酸酯制得的聚氨酯涂料，耐候性不佳，在户外暴晒后，涂膜易于变黄，因此有时也称为泛黄性异氰酸酯，但是价格相对较低、来源方便，因此得到广泛的应用；脂肪族和脂环族二异氰酸酯在室外曝光后，一般不泛黄，因此又称不泛黄异氰酸酯。TDI 是应用最广泛的异氰酸酯之一，它的主要优势在于原料的来源非常方便。HDI 和 IPDI 合成的涂膜外观好，干燥速度和活化期具有良好的平衡性。HDI 具有长的亚甲基链，黏度较低，容易被多元醇分散，涂膜流平性好，外观亦佳，具有较好的柔韧性和耐刮性。IPDI 具有脂肪族环状结构，其涂膜干燥速度快，硬度高，且具有较好的耐化学品性和耐磨性。为了提高多异氰酸酯固化剂在水中的分散性，常采用亲水基团对其进行改性，亲水组分为离子型或非离子型两类，它们与多异氰酸酯具有良好的相溶性，作为内乳化剂有助于异氰酸酯组分分散在水相中，降低体系的混合剪切能耗。但是其缺点在于亲水改性消耗了固化剂的部分—NCO 基，降低了固化剂的官能度。所以新一代改性的亲水固化剂必须降低亲水改性剂的含量，提高固化剂—NCO 基团的官能度，同时保证固化剂在水中的分散性。

③亲水扩链剂。

亲水扩链剂是使水性聚氨酯具有良好水分散性或自乳化性的关键原料。在扩链剂方面，可分为阴离子（二羟甲基丙酸、酒石酸、磺酸丁二醇、乙二胺基乙磺酸钠、丙三醇和顺酐合成的半酯）、阳离子（甲基二乙醇胺、三乙醇胺）和非离子（端羟基聚环氧乙烷）三类。阴离子的引入将导致自由体积缩小，玻璃化温度提高。非离子亲水剂如聚环氧乙烷，必须含量很高才能使分散体稳定。阳离子产物大多具有较好的强度指标，而阴离子产物综合性能较好。

④水和溶剂。

水是水性聚氨酯的主要介质，一般采用的水是去离子水，水除了作为分散介质之外，还是重要的反应原料。水在体系中的反应主要是充当扩链剂的作用，使得体系形成脲键，而脲键的耐水性能比氨酯键好。反应体系中有时黏性太大，为了降低黏度，利于分散，可适当加入一些溶剂降黏。丙酮是最常用的降黏溶剂，除此以外还有甲乙酮、N－甲基吡咯烷酮等有机溶剂，这类溶剂一般在体系中呈惰性，易除去。

⑤其他添加剂。

除了上述原料以外，还有乳化剂、交联剂、封闭剂等，加入这些添加剂的目的是改善性能、降低成本。微量的催化剂可以降低反应活化能，促进异氰酸酯的反应。常用的催化剂为有机锡类催化剂：二月桂酸二丁基锡（DBTDL）和辛酸亚锡。水性聚氨酯制备过程中或其预聚体经水分散后，为了提高分子量，常采用小分子二元胺或醇进行扩链，包括小分子胺：乙二胺、己二胺、异佛尔酮二胺、甲基戊二胺、二乙烯三胺、水合肼等和二元醇：乙二醇、丙二醇、1,4－丁二醇（BDO）、1,6－己二醇（HD）、一缩二乙二醇等。其中BDO性能比较平均，最为常用。

（3）水性聚氨酯涂料的合成方法

由于异氰酸酯遇水迅速反应的特殊性，水性聚氨酯的制备不能采用一般水性乙烯基合成树脂的乳液聚合方法，必须采用新的方法来合成水性聚氨酯。对于水性聚氨酯的合成方法，人们已进行了很多研究。大多数水性聚氨酯的制备过程包含两个主要步骤：第一阶段为预逐步聚合，即低聚物二醇、二异氰酸酯、扩链剂、亲水单体通过溶液（或本体）逐步生成分子量为10^3量级的预聚体；第二阶段为中和、预聚体在水中的分散和后扩链。

从乳化方法上可分为外乳化法和内乳化法两类。

①外乳化法。

外乳化法是指在乳化剂存在下将聚氨酯预聚体或聚氨酯有机溶液强制性乳化于水中，其原理是先制备一定分子量的聚氨酯预聚体，在搅拌下加入适当的乳化剂，在强烈搅拌下经强力剪切作用将其分散于水中，依靠外部机械力制成聚氨酯乳液，所制得的聚氨酯粒径较大（一般大于1 μm），稳定性较差。并且使用了较多的乳化剂，产品的成膜性不好，涂膜的耐水性、强韧性和黏着性也受到影响，限制了其使用范围，一般只能用于要求不高的材料表面处理，如羊毛不黏处理等。

②内乳化法。

内乳化法又称自乳化法，是一种不用乳化剂制备稳定的、能成膜的水性聚氨酯乳液的新方法，即在聚氨酯的分子骨架中引入亲水性基团（多为可形成离子键的基团）。亲水性基团是通过亲水单体扩链而进入聚氨酯分子骨架，使聚氨酯分子具有一定的亲水性，在不外加乳化剂的条件下，凭借这些亲水基团使之乳化，从而制成水性聚氨酯乳液，这种类型的水性聚氨酯被称为自乳化型水性聚氨酯。自乳化型聚氨酯体系稳定性高，产品成膜性能好、黏附性好，因而发展非常迅速。

按照亲水基团种类的不同，自乳化型水性聚氨酯可分为阳离子型、阴离子型、两性离子型和非离子型。阳离子型是指在预聚体溶液中使用 N－烷基二醇扩链，引入叔氨基，然后经季铵化或用酸中和从而实现自乳化。阴离子型是采用二羟基甲基丙酸（DMPA）、二氨基烷基磺酸盐等为扩链剂，引入磺酸基或羧基，再用三乙胺等进行中和并乳化。非离子型是指在聚氨酯骨架上移入羟基、醚基、羟甲基等非离子基团，尤其是聚氧化乙烯链段。

在水性聚氨酯的合成过程中，根据反应中溶剂用量和分散过程的特点，自乳化可分为酮亚胺法－酮连氮法、保护端基法、丙酮法、预聚体分散法、熔融分散法等，以前两种为主。

丙酮法是 Bayer 公司的 Dieterich 首先研制成功的。用聚醚或聚酯多元醇与多异氰酸酯反应制得端基为—NCO 基团的高黏度预聚体，加入较多的低沸点能和水混溶的惰性溶剂如丙酮、甲乙酮，使体系黏度降低，易于搅拌反应，增加分散性。然后用亲水性单体如二羟甲基丙酸（DMPA）等进行扩链，反应一定时间后，加入成盐剂中和成盐，最后在高速搅拌下加入去离子水，通过强力剪切作用使之分散于水中。乳化后升温减压蒸馏回收溶剂，即可制得聚氨酯分散体。该方法的特点是丙酮、甲乙酮的沸点低，与水互溶，易于回收处理，整个体系均匀、操作方便。由于降低黏度的同时也降低了浓度，有利于在乳化前制得高分子量的聚氨酯预聚体。此法的缺点是制成的聚氨酯分散体不稳定，在减压脱溶剂的时候容易破乳。具体工艺为：预聚体—丙酮降黏—扩链—季胺化—分散于水—蒸出丙酮—WPU。

预聚体分散法首先是聚醚或聚酯和二异氰酸酯反应生成含亲水基团的端异氰酸基的预聚物，中和分散后用胺进行扩链而得到稳定的聚氨酯乳液。制备的关键是要控制预聚体的分子量和官能度，避免黏度过高和因缩二脲或氨基甲酸酯的生成带来支化反应；分散应在低温下进行，以免—NCO 基团与水反应过快，有时可加一些亲水性溶剂如 N－甲基吡咯烷酮以促进分散。该方法的优点在于不用或少用溶剂，制得聚氨酯乳液具有一定交联度，能提高产品性能。聚氨酯分子量的高低或微交联结构对乳液黏度没有明显影响，可以方便地得到高分子量、高固体含量的聚氨酯乳液。缺点是扩链反应在异相进行，即胺基要从水相扩散到预聚物粒子中才能与—NCO 基团反应，所以难以进行精确的化学计量控制，从而造成产品的质量和重复性低于丙酮法。具体工艺为：预聚体—引入亲水基—分散于水—扩链—WPU。

熔融分散法又称熔体分散法、预聚体分散甲醛扩链法，是在无溶剂条件下，氨基的缩聚反应和异氰酸酯的加聚反应紧密地结合起来制备水性聚氨酯的一种方法。首先合成含亲水基团的端异氰酸酯基预聚体，然后在高温下该预聚体和过量的脲反应生成缩二脲基聚氨酯预聚体。再在 100 ℃左右下加水分散。然后利用甲醛与缩二脲基的氨基化反应来扩链，再通过降低 pH 值或升温进行缩聚，伴随着分子量的上升和分子链亲水性的减小最终形成稳定的分散液。此法是制备聚氨酯乳液的一种新方法，目前应用并不广泛，但可制备出交联的水性聚氨酯乳液，乳液稳定性好，反应容易控制，不需要溶剂和高效混合装置，适合大规模工业化生产，相信是今后水性聚氨酯生产的一个方向。具体工艺为：预聚体（含离子基团）—熔融—季胺化—羟甲基化—分散于水—WPU。

酮亚胺法和预聚体分散法相类似，不同的是酮亚胺法用封闭型二胺作潜在的扩链剂，它可以加到亲水的端异氰酸酯基预聚体中而不发生反应。当水加入该混合物中时，酮亚胺发生水解，水解的速度比异氰酸酯基和水的反应速度快得多，释放出的二胺和聚合物的分散粒子反应得到扩链的聚氨酯-脲。在这个过程中，扩链和分散同时进行，混合物的黏度逐渐增加。所以，分散时需要强烈的搅拌和少量的溶剂。此法特别适用于芳香族二异氰酸酯，易获得可与丙酮法相媲美的高质量产品，又具有预聚体混合法的工艺简单、经济的特点。具体工艺为：预聚体-引入亲水基-分散于水/扩链-WPU。酮亚胺，酮连氮的结构如图5-4所示。

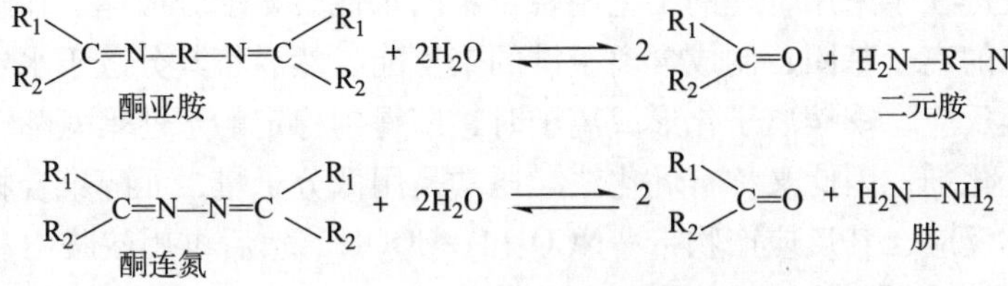

$$(R_1)(R_2)C{=}N{-}R{-}N{=}C(R_1)(R_2) + 2H_2O \rightleftharpoons 2\,(R_1)(R_2)C{=}O + H_2N{-}R{-}NH_2$$

酮亚胺 二元胺

$$(R_1)(R_2)C{=}N{-}N{=}C(R_1)(R_2) + 2H_2O \rightleftharpoons 2\,(R_1)(R_2)C{=}O + H_2N{-}NH_2$$

酮连氮 肼

图5-4 酮亚胺、酮连氮的水解过程

保护端基法是为防止异氰酸酯基与水反应，在乳化之前利用特定的封闭剂，将—NCO基团保护起来，然后制备一种部分或双封端—NCO的聚氨酯预聚物，使其在水中能乳化、扩链，通过加热，再形成—NCO基团，发生交联反应，获得满意的热塑性或热固性的聚氨酯乳液成膜物。常用的封闭剂有酚类、甲基乙基酮亚胺、乙酰醋酸乙酯、叔醇、丙酰胺、内酰丙酮、亚硫酸氢钠等。例如，用水溶性二官能度聚醚和HDI等二异氰酸酯反应生成预聚物，用亚硫酸氢钠水溶液封闭预聚物的端—NCO基团，再加入扩链剂和交联剂及其他助剂进行乳化，制成聚氨酯乳液。此法的关键在于封闭剂的选择，当有效的封闭剂存在时，甚至在乳化过程中进行异氰酸酯基的封闭保护也是可能的。还可制成单组分交联型聚氨酯、环氧乳液，但需要选择解封温度低的高效封闭剂，工艺要求高，应用较少。

（4）单组分水性聚氨酯涂料

自20世纪60年代以来，进入市场的水性聚氨酯大部分为线型结构的高分子材料。单组分水性聚氨酯涂料属于热塑性树脂，聚合物相对分子量较大，其最大优点是以水为分散介质，作为涂料使用时不含液体有机填料，在成膜过程中只是水分挥发到环境中，符合环保的要求，且施工简单。单组分水性聚氨酯涂料是应用最早的水性聚氨酯涂料，具有很高的断裂延伸率（可达800%）和适当的强度（20 MPa），并能常温干燥。单组分水性聚氨酯涂料的制备方法主要有热固法、封闭端基法、自乳化法、室温固化法、光固化法等。聚氨酯水分散体在应用时与少量外加交联剂混合组成的体系叫热固型水性聚氨酯涂料，也叫作外交联水性聚氨酯涂料。首先，在合成原材料上选用多官能度反应物如多元醇、多元胺扩链剂和多异氰酸酯交联剂等，合成具有交联结构的水性聚氨酯分散体。其次是添加内交联剂，早期的内交联剂有碳化二亚胺和甲亚胺，在聚氨酯乳液中能稳定存在，在涂膜干燥过程中由于水及中和剂的挥发，胶膜的pH值下降，交联反应得以进行。例如，采用氮丙啶，一般用量为聚氨酯质量的3%~5%，就有很好的交联薄膜生成；氨基树脂用量为5%~10%时，需要较高的温度固化；环氧交联剂用量为3%~5%，也要在较高的温度下固化。封闭端基法就是合成含封闭异氰酸酯的水性聚氨酯，封闭水性聚异氰酸酯及含羟基的聚多元醇同时分散在水中，形成单组分体系，是由于多异氰酸酯被苯酚或其他含单官能团活泼氢原子的化合物所封闭，封闭异氰酸酯基团在室温下不会与羟基发生固化反应，也不会与水反应，只有当温度升高到一定程度时，解封以后才能与交联剂发生交联固化反应。具有良好的储藏稳定性。多异氰酸酯组分与苯酚、丙二酸酯、己内酰胺等封闭剂反应生成氨酯键，而氨酯键在加热的情况下又裂解生成异氰酸酯，再与羟基组分反应生成聚氨酯，因此封闭型聚氨酯水性涂料的成膜就是利用不同结构的氨酯键的热稳定性的差异，以较稳定的氨酯键来取代较弱的氨酯键。封闭剂的种类很多，但是芳香族异氰酸酯水性聚氨酯涂料主要用苯酚或甲酚。脂肪族水性聚氨酯漆不用酚类，以免变色，一般用乳酸乙酯、己内酰胺、丙二酸二乙酯、乙酰丙酮、乙酰乙酸乙酯等。自乳化法的关键在于采用合理的工艺制备稳定的水性聚氨酯分散体。在疏水的聚氨酯分子结构中引入亲水的离子基团，制成含离子键的聚氨酯，然后将其分散于水中，并在油水两相体系中进行扩链反应，季铵离子化形成离子时，即得到稳定的水性聚氨酯。这种方法进行的反应可不加外乳化剂，因此又称自乳化法。通常是用低分子量二元醇聚合物、二羟甲基丙酸与异氰酸酯单体反应，其反应产物带—NCO 和—COOH，然后再用叔胺中和，以改善其亲水性，再用二元胺扩链得到分子量较高的水分散体。亲水基团越多制成的乳液越稳定，但涂层的耐水性降低。室温固化法是指对于某些热敏基材和大型制件，不能采用加热的方式交联，必须采用室温交联的水性聚氨酯涂料。光固化水性聚氨酯涂料采用电子束辐射、紫外光辐射的高强度辐射引发低活性的聚物体系产生交联固化，考虑到设备投资等因素，目前以紫外光固化形式为主。通常采用不饱和聚酯或者聚醚多元醇制备预聚物，再采用常规的方法引入粒子基团，然后经亲水处理后便制得在主链上带有双键的聚氨酯水分散体，最后与易溶的高活性三丙烯酸烷氧基酯单体、光敏剂等助剂混合就制得光固化水性聚氨酯涂料。

但单组分水性聚氨酯涂料也存在一些问题。因为相对分子量高的聚合物不能形成良好而稳定的水分散体，所以传统的单组分水性聚氨酯涂料通常具有较低的相对分子量或低交联度，并且在其骨架结构中存在亲水性基团，在干燥固化过程中，如果成盐试剂不能完全逸出，那么亲水性基团会残留在体系中，使胶膜耐水性变差，单组分水性聚氨酯的机械和耐化学品性能也较差。

（5）双组分水性聚氨酯涂料

双组分 WPU 涂料是将含—NCO 基团的交联固化剂（也称 A 组分）加入含羟基的水性多元醇乳液（也称 B 组分）组成的双组分体系，A 组分进入乳液微粒内与 B 组分大分子链上的活性基团反应，或在成膜的过程中形成交联结构，以提高相对分子量从而改善其硬度、光泽、耐磨性及耐热性等，具有成膜温度低、附着力强、耐磨性好、硬度高以及耐化学品性好、耐候性好等优点。

从原理上讲，水性双组分聚氨酯涂料的制备是可行的，但要得到有实用价值的涂料，还要注意几个关键因素：第一，含羟基的组分应该具有相当的乳化能力，从而保证两个组分混合后，很容易把不具亲水性的固化剂组分（特别是固化剂组分未进行亲水改性时）乳化。同时，含羟基的组分本身粒径要尽可能小，以便于在水中扩散；第二，固化剂组分的黏度要尽可能小，从而减少有机溶剂的用量，或根本不用有机溶剂，同时又能保证与含羟基的组分很好地混合；第三，选择与水反应较慢的脂肪族或脂环族异氰酸酯或它的加成物，如己二异氰酸酯三聚体或缩二脲以及异佛尔酮二异氰酸酯等。

①多元醇部分（B组分）。

水性双组分聚氨酯涂料的多元醇体系必须具有分散功能，能将憎水的多异氰酸酯体系很好地分散在水中，使得分散体粒径足够小，保证涂膜具有良好的性能。水性双组分聚氨酯涂料的多元醇有分散体型多元醇和乳液型多元醇。

最早采用的多元醇为乳液型多元醇（粒径在0.08～0.5 μm），通过乳液聚合技术制备多种结构的丙烯酸多元醇乳液，主要优点有：聚合物平均分子量大，涂膜在室温下干燥速度快；丙烯酸多元醇乳液的羟基当量大，所以配制双组分涂料所需的多异氰酸酯用量小，成本低。缺点是：丙烯酸多元醇乳液粒径较大，对多异氰酸酯固化剂的分散性能差，导致涂膜外观差，活化期较短，有时需要使用高剪切混合设备，或使用双组分喷枪施工；乳液型丙烯酸酯多元醇在制备时需要使用乳化剂，这些乳化剂在形成涂膜后会使涂料耐水性下降。为了解决分散性问题，可以对疏水的多异氰酸酯进行非离子改性，使之转变为亲水固化剂，再将该亲水多异氰酸酯与多元醇配合制备水性双组分聚氨酯涂料。研究发现当多元醇乳胶的羟基含量高，乳液粒径、核壳结构的乳胶粒子较小和乳液聚合物玻璃化温度较低时，有助于提高涂料的性能。

如果羟基组分对多异氰酸酯固化剂的分散性能差，就会导致涂膜外观差，活化期较短。为了改善多元醇体系对多异氰酸酯固化剂的水分散性，提高双组分水性聚氨酯涂料的性能，可采用分散体型多元醇，也称第二代水型羟基树脂。分散体型多元醇的制备一般是在有机溶剂中合成分子结构中含有亲水离子或非离子链段的树脂，然后通过相转移将树脂熔体或溶液分散在水中得到。其优点为：聚合物的分子量及其分子量分布易于控制，相对分子量低，乳液粒径小（粒径小于0.08 μm），对固化剂分散性好，涂膜外观好，综合性能优异等；在与多异氰酸酯固化剂配合使用时，不用加聚集剂等，施工简便。缺点是：聚合物分散到水中后，有机溶剂必须脱除，会增加合成成本；聚合物在水中的分散过程往往发生相转移，体系黏度会急剧增大，形成高黏度低固含量的分散体，不利于双组分体系的物理成膜；亲水离子或链段的存在会降低双组分涂膜的耐水性和耐溶剂性等。

根据化学结构将分散体型多元醇分为丙烯酸多元醇分散体、聚酯多元醇分散体和聚氨酯多元醇分散体等。丙烯酸多元醇分散体是通过含羟基丙烯酸单体、丙烯酸或甲基丙烯酸与其他丙烯酸酯单体在溶剂中通过自由基聚合后，中和分散在水中制得。与丙烯酸多元醇乳液相比，丙烯酸多元醇分散体具有较低的分子量（$M_w = 2\,000 \sim 10\,000$）、较高的羟基官能度，涂膜交联密度高，且具有良好的耐溶剂性、耐化学品性和耐候性。聚酯多元醇分散体是采用多元醇和多元酸高温催化酯化，当获得合适的相对分子量、酸值和羟值后，加入有机碱将羧基中和为盐，然后在水中分散制备的。由聚酯多元醇型分散体配制的双组分涂料具有良好的流动性，涂膜的光泽较高，对颜料的润湿性好，特别适合配制高光泽色漆。但聚酯多元醇酯键易水解，导致聚合链断裂而影响漆膜性能。聚醚多元醇分子中含有的醚键亲水性强，制得的涂料耐水性不好。因此，此类多元醇配制涂膜最大的缺陷就是耐水解性差。聚氨酯分散体型多元醇也称为聚酯－聚氨酯分散体，是由二异氰酸酯、聚酯或聚醚二元醇、二羟甲基丙酸加成聚合而成。一般采用“一步法”和“预聚体”法制备出含羟基的聚氨酯水分散体，即聚氨酯多元醇水分散体。

“一步法”指的是二异氰酸酯与过量的聚酯或聚醚二元醇、二羟甲基丙酸反应，生成含羟基、羧基的多异氰酸酯，用氨中和羧基即可溶于水，制得羟基封端的聚氨酯水分散体，如图5－5所示。

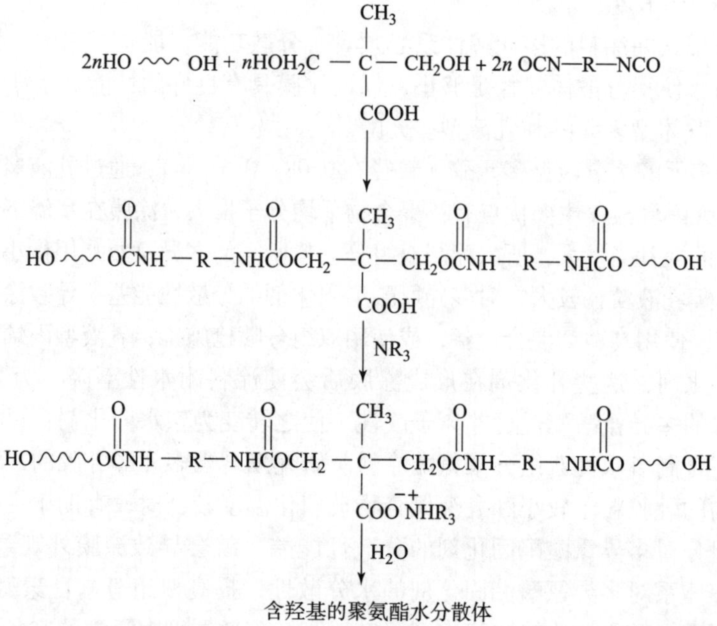

$$2n\text{HO}\sim\sim\text{OH} + n\text{HOH}_2\text{C}-\underset{\text{COOH}}{\overset{\text{CH}_3}{\text{C}}}-\text{CH}_2\text{OH} + 2n\,\text{OCN}-\text{R}-\text{NCO}$$

$$\downarrow$$

$$\text{HO}\sim\sim\text{O}\overset{\text{O}}{\overset{\|}{\text{C}}}\text{NH}-\text{R}-\text{NH}\overset{\text{O}}{\overset{\|}{\text{C}}}\text{OCH}_2-\underset{\text{COOH}}{\overset{\text{CH}_3}{\text{C}}}-\text{CH}_2\text{O}\overset{\text{O}}{\overset{\|}{\text{C}}}\text{NH}-\text{R}-\text{NH}\overset{\text{O}}{\overset{\|}{\text{C}}}\text{O}\sim\sim\text{OH}$$

$$\downarrow \text{NR}_3$$

$$\text{HO}\sim\sim\text{O}\overset{\text{O}}{\overset{\|}{\text{C}}}\text{NH}-\text{R}-\text{NH}\overset{\text{O}}{\overset{\|}{\text{C}}}\text{OCH}_2-\underset{\text{COO}^-\overset{+}{\text{N}}\text{HR}_3}{\overset{\text{CH}_3}{\text{C}}}-\text{CH}_2\text{O}\overset{\text{O}}{\overset{\|}{\text{C}}}\text{NH}-\text{R}-\text{NH}\overset{\text{O}}{\overset{\|}{\text{C}}}\text{O}\sim\sim\text{OH}$$

$$\downarrow \text{H}_2\text{O}$$

含羟基的聚氨酯水分散体

图 5－5　“一步法”制备含羟基聚氨酯水分散体（其中，R 为多异氰酸酯的烃基部分）

“预聚体法”类似于单组分聚氨酯的制备方法，首先用聚酯或聚醚二元醇、二羟甲基丙酸和过量的二异氰酸酯反应，生成含异氰酸酯基、羧基的预聚体，再用氨中和后，与含羟基链终止剂进行扩链，得到羟基封端的聚氨酯水分散体，改变链终止剂的官能度，即可制得高或低官能度的聚氨酯分散体，如图 5－6 所示。

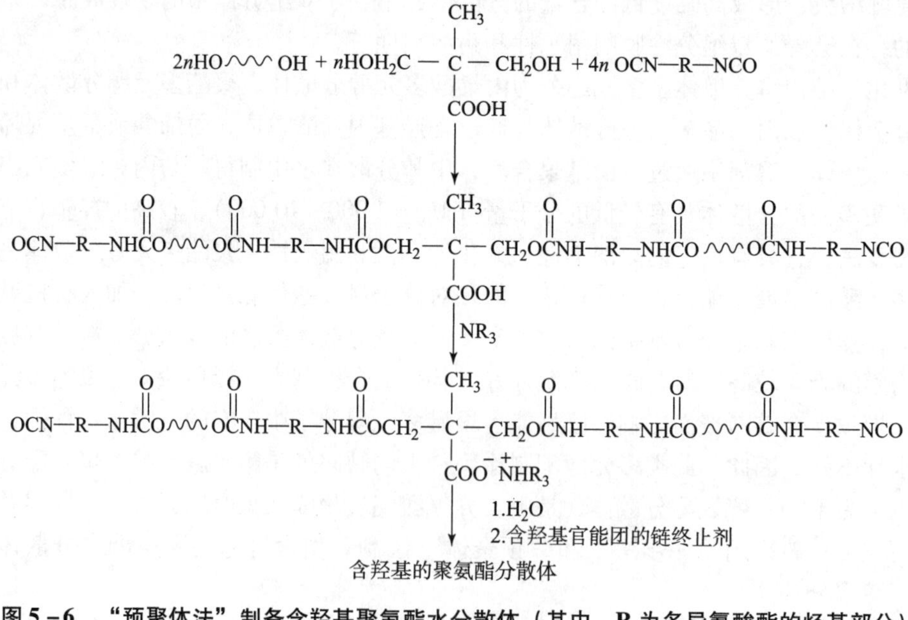

$$2n\text{HO}\sim\sim\text{OH} + n\text{HOH}_2\text{C}-\underset{\text{COOH}}{\overset{\text{CH}_3}{\text{C}}}-\text{CH}_2\text{OH} + 4n\,\text{OCN}-\text{R}-\text{NCO}$$

$$\downarrow$$

$$\text{OCN}-\text{R}-\text{NH}\overset{\text{O}}{\overset{\|}{\text{C}}}\text{O}\sim\sim\text{O}\overset{\text{O}}{\overset{\|}{\text{C}}}\text{NH}-\text{R}-\text{NH}\overset{\text{O}}{\overset{\|}{\text{C}}}\text{OCH}_2-\underset{\text{COOH}}{\overset{\text{CH}_3}{\text{C}}}-\text{CH}_2\text{O}\overset{\text{O}}{\overset{\|}{\text{C}}}\text{NH}-\text{R}-\text{NH}\overset{\text{O}}{\overset{\|}{\text{C}}}\text{O}\sim\sim\text{O}\overset{\text{O}}{\overset{\|}{\text{C}}}\text{NH}-\text{R}-\text{NCO}$$

$$\downarrow \text{NR}_3$$

$$\text{OCN}-\text{R}-\text{NH}\overset{\text{O}}{\overset{\|}{\text{C}}}\text{O}\sim\sim\text{O}\overset{\text{O}}{\overset{\|}{\text{C}}}\text{NH}-\text{R}-\text{NH}\overset{\text{O}}{\overset{\|}{\text{C}}}\text{OCH}_2-\underset{\text{COO}^-\overset{+}{\text{N}}\text{HR}_3}{\overset{\text{CH}_3}{\text{C}}}-\text{CH}_2\text{O}\overset{\text{O}}{\overset{\|}{\text{C}}}\text{NH}-\text{R}-\text{NH}\overset{\text{O}}{\overset{\|}{\text{C}}}\text{O}\sim\sim\text{O}\overset{\text{O}}{\overset{\|}{\text{C}}}\text{NH}-\text{R}-\text{NCO}$$

$$\downarrow$$

1.H_2O
2.含羟基官能团的链终止剂

含羟基的聚氨酯分散体

图 5－6　“预聚体法”制备含羟基聚氨酯水分散体（其中，R 为多异氰酸酯的烃基部分）

以上两种方法中，“预聚体法”可通过改变链终止剂的官能度，由线型预聚物制得高官能度的分散体，同时分散体黏度较小，故分散体与异氰酸酯的反应比“一步法”制得的分散体反应快，也比水与异氰酸酯的反应快。例如使用HDI制得的聚氨酯多元醇分散体黏度较低，很容易分散在水中，涂膜光泽度高、柔韧性好，并具有优良的耐磨性。

②多异氰酸酯组分（A组分）。

多异氰酸酯是由二异氰酸酯单体形成的预聚物，其数均异氰酸酯官能度≥3，主要包括芳香族和脂肪（环）族两大类。芳香族多异氰酸酯有甲苯二异氰酸酯－三羟甲基丙烷加成物、TDI三聚体、TDI/HDI混合三聚体等。由于芳香族多异氰酸酯中的2个—NCO基团之间存在诱导效应，其反应活性增加，因此芳香族异氰酸酯与水的反应活性高于脂肪族异氰酸酯，且芳香族异氰酸酯含苯环，涂膜易黄变，耐老化性能差，易同水反应生成并释放二氧化碳，使用期限短，多用于胶黏剂，在水性涂料中使用需采用双口喷枪喷涂工艺。

脂肪（环）族异氰酸酯常见的有1,6－己二异氰酸酯、异佛尔酮二异氰酸酯、4,4′－二环己基甲烷二异氰酸酯以及它们的二聚体、三聚体。这些异氰酸酯单体疏水性强，黏度较大，难以混合分散在羟基分散体中。异氰酸酯的二聚体、三聚体具有稳定的六元环结构及较高的官能度，黏度较低，易于分散，漆膜耐候性好，不易黄变，是聚氨酯涂料常用的固化剂。而缩二脲由于黏度较高，不易分散，较少直接用于双组分水性聚氨酯涂料。用于双组分水性聚氨酯涂料体系的多异氰酸酯固化剂应具有：良好的溶解性以及与其他树脂的混溶性；足够的官能度；黏度较低，易于分散；游离的异氰酸酯基在0.7%以下和与水反应活性低。

可水分散多异氰酸酯是指通过化学反应或与亲水化合物的物理混合，对普通多异氰酸酯进行改性，制得的一种可水分散的多异氰酸酯树脂，该多异氰酸酯能够在水中分散并稳定地存在一段时间。

由于多异氰酸酯为疏水性物质，其分子链上具有反应活性较大的—NCO基团，以其作为固化剂加入羟基组分时，与水反应速度较快，瞬间生成脲，将多异氰酸酯外层包覆成壳状物，丧失一定的活性。Jacobs等人提出若对疏水性多异氰酸酯分子链采取某种方式引入亲水基团，使其全部或部分分子带有亲水基团，即具有表面活性剂功能，则亲水基团朝向水相，疏水基团嵌入多异氰酸酯形成液滴，亲水基团的相互排斥使得多异氰酸酯乳液处于稳定状态，如图5－7所示。

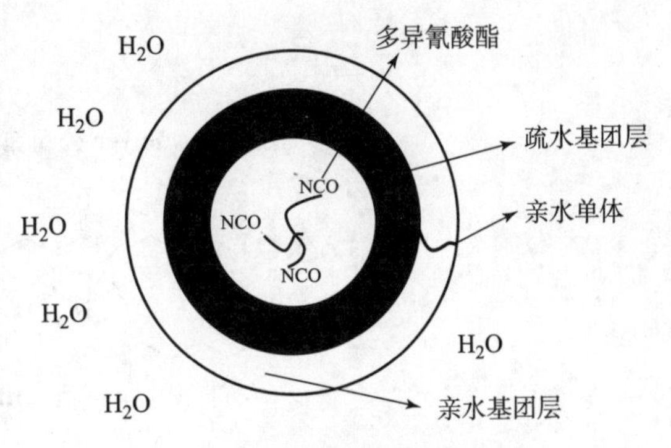

图5－7　可水分散多异氰酸酯在水中的示意图

根据引入亲水基团种类的差异，对多异氰酸酯进行亲水改性的方法有三种：使用亲水的聚醚多元醇的烷基醚进行非离子亲水改性，在其分子中引入阴离子或阳离子基团进行离子改性，用以上两种方法进行混合改性。这些亲水基团与多异氰酸酯具有良好的相容性，作为内乳化剂有助于多异氰酸酯固化剂分散在水相中，降低混合剪切能耗。

a. 非离子型改性多异氰酸酯。这是目前亲水改性多异氰酸酯最主要的方法，主要是向多异氰酸酯结构中引入亲水的非离子基团获得亲水性。含亲水非离子基团的化合物主要有聚乙二醇单醚、如聚乙二醇单甲醚、聚乙二醇单丁醚等。聚乙二醇单醚结构中含有—CH_2CH_2O—，提供亲水性，端基—OH与多异氰酸酯上—NCO基团反应，可将其引入多异氰酸酯分子结构中，反应式如图 5 - 8 所示。

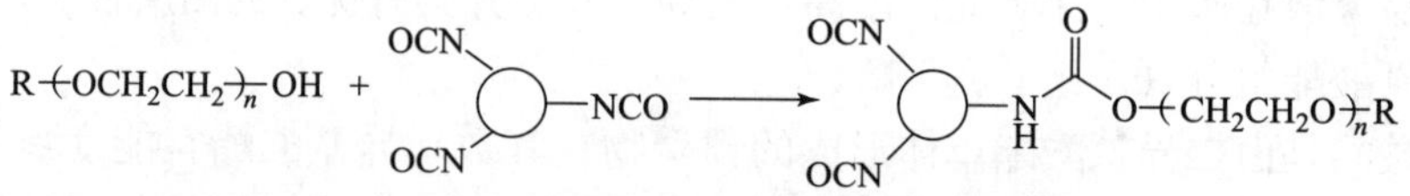

图 5 - 8　多异氰酸酯与聚乙二醇单醚的反应

（其中 R 为—CH_3，—C_4H_9，O 为多异氰酸酯的烃基部分）

随着聚醚长度（n）的增加，改性后的多异氰酸酯亲水性增加，稳定性增加，与分散体更容易混合。聚乙二醇单醚的相对分子量一般要求大于 120（$n>2$），小于 1 040（$n<24$），而 $n>10$ 时，易结晶；当 $5<n<10$ 时，既有充分的水分散性又不会产生结晶现象。

Bayer 公司推出第一、二代水性多异氰酸酯。第一代水性多异氰酸酯（如图 5 - 9 所示），是用亲水的单羟基聚醚与环状的多异氰酸酯三聚体反应，使多异氰酸酯三聚体水性化；第二代水性多异氰酸酯（图 5 - 10）是在第一代的基础上，对多异氰酸酯组分进行改性降低亲水基团含量，增加—NCO 官能团数目，这样与固化剂交联成膜后，涂膜性能基本达到溶剂型双组分的水平。

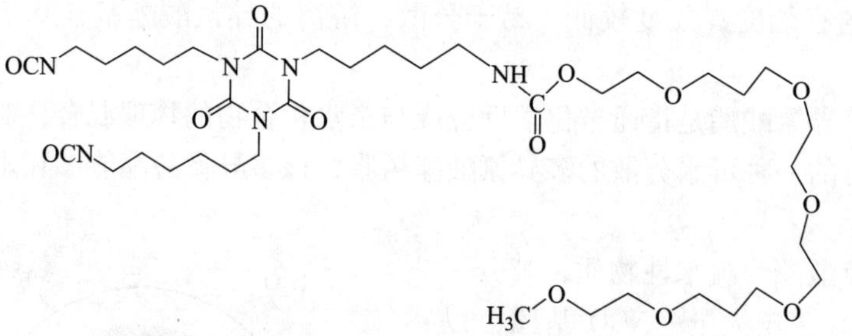

图 5 - 9　Bayer 公司第一代水性多异氰酸酯

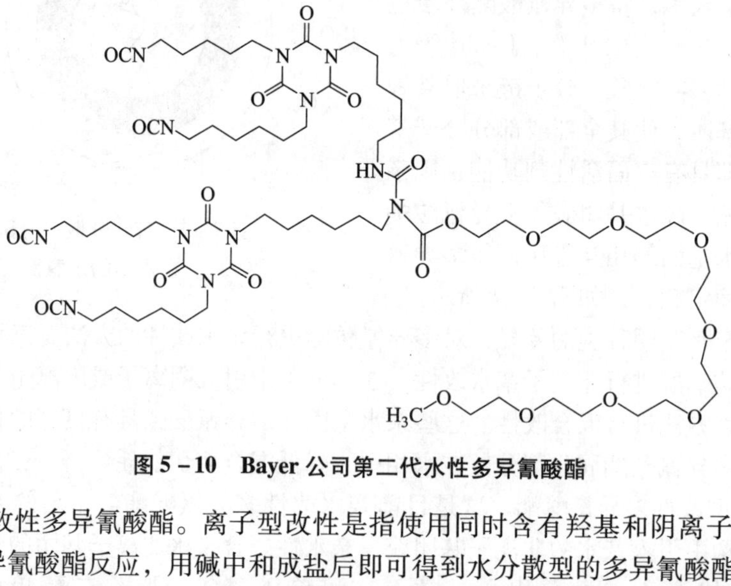

图 5 - 10　Bayer 公司第二代水性多异氰酸酯

b. 离子型改性多异氰酸酯。离子型改性是指使用同时含有羟基和阴离子或阳离子基团的化合物与多异氰酸酯反应，用碱中和成盐后即可得到水分散型的多异氰酸酯。含阴离子基团的化合物有羧酸盐和磺酸盐，含阳离子基团的化合物有叔胺盐、季铵盐和磺胺盐等。采用二羟甲基丙酸（DMPA）和HDI三聚体进行加成反应，然后用N－甲基吗啉进行中和，得到的改性多异氰酸酯可作为丙烯酸多元醇分散体的交联剂，制备双组分水性聚氨酯。阳离子型多异氰酸酯不能和阴离子型聚合物多元醇一起使用，否则混合体系会发生凝聚。阳离子型聚合物多元醇实际应用较少，同时制备阳离子型多异氰酸酯工艺复杂，该法使用范围有限。

c. 混合改性。混合改性是采用阴离子和非离子复合改性的方法来制备亲水的多异氰酸酯，如DMPA和少量聚乙二醇单醚共同改性能够赋予改性后的多异氰酸酯在叔胺水溶液中优异的分散性，降低了结晶化倾向，减少了漆膜的水敏感性，制备的涂膜耐水性好、硬度高。例如，用N－3－三甲氧基硅烷、天冬氨酸二乙酯、聚乙二醇单甲醚改性HDI三聚体，制得的水可分散多异氰酸酯可用于水性双组分涂料体系。

③双组分水性聚氨酯涂料的制备工艺。

在制备双组分水性聚氨酯涂料时，先制备各种含羟基多元醇分散体或乳液，然后在搅拌下加入各种助剂，均匀搅拌，再将亲水性异氰酸酯组分以一定的比例在搅拌下慢慢地加入羟基多元醇组分中，具体工艺流程如图5－11所示。根据不同的施工方法，可加水调节黏度，搅拌均匀后静置15～20 min后刷涂或喷涂使用。

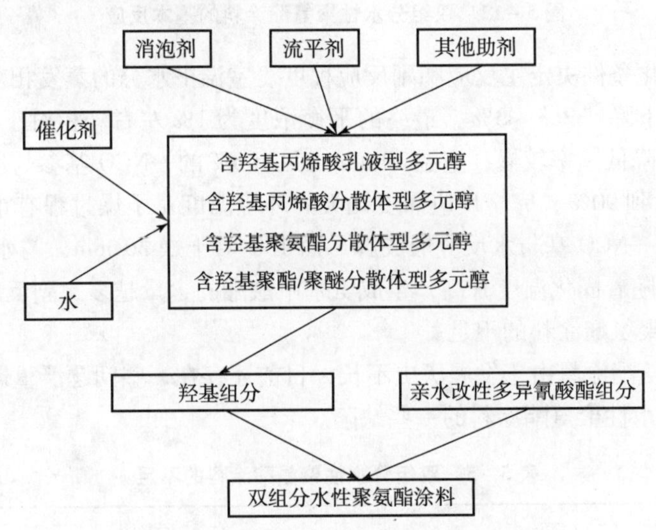

图5－11　双组分水性聚氨酯涂料的制备工艺

④双组分水性聚氨酯涂料的成膜。

在溶剂型聚氨酯涂料中，人们总是千方百计地除去水分，因为水会与异氰酸酯反应，生成胺和二氧化碳，胺继续与异氰酸酯反应，使异氰酸酯大量消耗，同时二氧化碳逸出，在漆膜表面形成气泡，导致漆膜性能很差。而水性双组分聚氨酯涂料的成膜过程不同于溶剂型。水性双组分聚氨酯涂料的成膜初期为物理干燥成膜，随着水分的蒸发，分散体或乳液粒子凝聚，聚合物链相互扩散和反应。影响因素首先是水分的蒸发量，蒸发量越大，物理成膜时间越长，水分的蒸发量由涂料的施工固含量决定；同时，环境温度和湿度影响水分的蒸发速率；其次，多元醇和固化剂的黏弹性影响粒子的凝聚过程，黏弹性由聚合物的玻璃化温度、极性、分子量和溶剂或增塑剂含量决定；最后，聚合物粒子之间的排斥力，起稳定乳液粒子的作用，乳液粒子相互接触，必须克服粒子之间的排斥力，化学干燥过程比较复杂，涉及固化剂的—NCO 基与多元醇的羟基、水和稳定聚合物粒子的羧基等反应，反应速率取决于施工环境的温度、湿度、反应体系中催化剂含量和基团的反应活性等。

水性双组分聚氨酯涂料体系的固化反应分为主反应和副反应，以丙烯酸分散体多元醇和亲水改性的多异氰酸酯固化剂组成的双组分水性聚氨酯体系为例，体系含有胺中和剂和羟基功能化的共溶剂，主反应为多元醇与固化剂反应形成氨基甲酸酯聚合物，副反应包括固化剂与共溶剂或中和剂的羟基、胺基、羧基及水反应，如图 5 - 12 所示。固化剂与水的副反应生成胺和二氧化碳，胺立即与—NCO 基反应形成脲，随着水分的蒸发和涂膜的形成，二氧化碳会溶解在涂膜中或以气体形式释放。多元醇的羧基与—NCO 基的反应生成酰胺，但反应速度较慢，胺中和剂脱离涂膜后，羧基可和羟基反应，该反应极大减弱涂料体系的亲水性，改善涂膜的耐水性。为了补充副反应消耗的—NCO 基，常采用过量的多异氰酸酯固化剂以保证涂膜优异性能。

—NCO(异氰酸酯) + —OH(多元醇) ⟶ —NHCOO—(聚氨酯)
—NCO(异氰酸酯) + H_2O ⟶ —NH_2(胺) + CO_2
—NCO(异氰酸酯) + —NH_2(胺) ⟶ —NHCONH—(脲)
—NCO(异氰酸酯) + —COOH(羧酸) ⟶ —NHCOO—(酰胺)

图 5 - 12　双组分水性聚氨酯涂料的基本反应

施工环境和固化条件决定主反应和副反应程度。室温下水分的蒸发相对较快，30 min 内水在涂膜中的浓度下降到 2% ~ 3%，最终的平衡浓度为 1% 左右。相对于水分的蒸发速率，涂膜的—NCO 基的降低速率较慢，室温 30 min，只有 6% 的—NCO 基参与反应，24 h 后参与反应的 NCO 基增大到 90%，完全反应需要几天。环境温度对干燥过程有重要作用，室温固化过程约有 60%，—NCO 基与水反应形成脲，而 130 ℃ 干燥 30 min，与水反应的—NCO 基含量降低到 10%。随着固化温度升高，生成氨基甲酸酯的含量越多，副反应程度越低。

⑤双组分水性聚氨酯涂料的不足。

双组分水性聚氨酯涂料由于发展历史不长，目前还存在一些问题严重影响它的应用，表 5 - 5 给出了双组分水性聚氨酯涂料的一些缺陷。

表 5 - 5　双组分水性聚氨酯涂料的不足

缺陷	原因
适用期短	—NCO 与 H_2O 反应
干燥速度慢	多元醇的相对分子量低，固含量不高
施工不便	多元醇与固化剂混合困难
成本高	羟基树脂合成复杂，固化剂成本高
耐水性不佳	在多异氰酸酯组分中引入了亲水链段或亲水基

(6) 水性聚氨酯涂料的改性

水性聚氨酯的硬、软段的结构与比例灵活可调，同时还具有无毒、VOC 含量低与不燃等特点，因此其在涂料、胶黏剂等领域的应用越来越广泛。但是水性聚氨酯分子链大多是线型结构，难以得到交联密度高的涂膜，同时链段结构中引入亲水基团，其涂膜的力学性能、热稳定性与耐水性较差，因此需要对水性聚氨酯进行改性，以提高其综合性能。常见的提高水性聚氨酯涂料上述性能的方法有交联改性、环氧树脂改性、纳米材料改性以及复合改性等。

①用丙烯酸酯进行改性——接枝和嵌段共聚合。

接枝反应通常是在水相中用乳液聚合的方法进行，即在骨架中含有不饱和聚酯多元醇和聚丙二醇的阴离子和阳离子型聚氨酯分散体的主链上接枝上丙烯酸酯链段，或与聚丙烯酸链段形成嵌段共聚物。经过丙烯酸酯改性的水性聚氨酯兼有聚氨酯和聚丙烯酸酯两者的优点，因此被誉为“第三代水性聚氨酯”。

制备丙烯酸酯改性水性聚氨酯涂料的方法较多。一种较为传统的方法是共混交联反应法，其工艺为乳液共混，或溶液共混后再乳化，二者均工艺复杂。第二种方法是乳液共聚法，工艺途径有丙烯酸氨基甲酸酯单体法和聚氨酯－脲－马来酸酐法。第三种方法是复合乳液聚合法，工艺有两种：其一是溶剂法制备聚氨酯种子，即直接将丙烯酸单体作溶剂制备聚氨酯；其二是在水中扩链制备聚氨酯，还有一种与复合乳液聚合相类似的方法是通过加聚反应，将含有潜在粒子基团的端—NCO聚氨酯预聚体首先用反应性稀释剂如2－羟乙基丙烯酸酯（HEA）封端，然后中和潜在粒子基团，并经过自由基聚合使丙烯酸酯单体与HEA进行聚合，在搅拌下加水分散，最后得到聚氨酯离子聚合物和聚丙烯酸酯的嵌段共聚物。

②环氧树脂改性。

环氧改性可增加涂膜本身对基材的剥离强度。另外，耐水、耐溶剂、耐热蠕变性能及抗张强度亦能得到明显改变。多羟基的环氧化合物与聚氨酯反应时可以将支化点引入聚氨酯主链，使之部分形成网状结构。聚氨酯－丙烯酸乳液进一步用环氧接枝，耐水性、耐溶剂性及附着力等能进一步改善，且拉伸强度改变十分明显。环氧改性的聚氨酯分散体用作电泳涂料可明显提高机械性能，涂层的耐腐蚀性好。

③交联改性。

虽然利用多元醇或多异氰酸酯可以制备轻度交联的聚氨酯，但此法中两个交联点间的相对分子量不宜大于4 000，否则体系黏度太大，成膜性也会下降。水性聚氨酯分散体也能通过其他水性聚合物采用相同方法进行交联，并且在阴离子水性聚氨酯中交联反应大都集中在羧酸中。使用的交联剂主要有氮丙啶（或含有特别官能团的氮丙啶）、蜜胺－甲醛树脂等。还可采用封端异氰酸酯进行交联，封端异氰酸酯就是将—NCO基保护起来，使其在室温时失去反应活性，升温时封端剂解析下来，从而恢复其反应活性。封端异氰酸酯广泛地用作通用聚氨酯和水性聚氨酯的交联剂，这种类型的聚氨酯分散体既可用作单组分涂料，又可用作线型分散体的交联剂。可作为外加交联剂的还有烷氧化三聚氰胺－甲醛、巴西棕榈蜡、多官能团氰基酰胺、三缩水甘油醚、环氧型交联剂等。其他新的性能更加优越的交联剂也在不断地研究开发之中。

④纳米材料改性。

纳米材料具有独特的小尺寸效应、光电效应、表面界面效应等，将其复合到水性聚氨酯材料中可赋予复合材料导电、吸波、隔热、耐磨等特性，提高了材料的力学性能、热性能与耐老化性。将其与聚氨酯自身具有的高黏结强度、可加工性相结合，可制备出性能卓越的水性聚氨酯纳米复合材料，从而扩大了水性聚氨酯材料的应用领域。

纤维素是自然界中含量最丰富的生物质材料，从纤维素中得到的纤维素纳米晶（CN）是一种具有棒状纳米结构的高度结晶物质，具有价廉易得、可再生、容易改性等特点，其杨氏模量接近150 GPa。将纤维素纳米晶与水性聚氨酯相复合，可以有效提高水性聚氨酯涂料的耐热性与力学性能，拓宽了水性聚氨酯涂料的使用范围。

淀粉纳米晶体（StN）是一种具有规整结构的天然高分子纳米材料。StN不仅继承了天然高分子物质的生物降解、生物相容性好、无毒等优良性质，还具有类似无机填料的刚性，可以对复合材料起到增强作用。将其与无毒的水性聚氨酯相复合在制备高性能的生物纳米材料方面有良好的应用前景。当水性聚氨酯复合材料中StN的质量分数为10%时，材料的拉伸强度达到最大值31.1 MPa；当StN的质量分数为30%时，复合材料的杨氏模量达到最大值204.6 MPa。

纳米级蒙脱土（MMT）是由两层Si—O四面体和一层Al—O八面体组成的层状硅酸盐晶体。蒙脱土的层状结构、高长径比、分散性好等特点使其广泛应用于高分子材料中，以提高材料的力学性能、热稳定性和气体阻隔性。但是蒙脱土硅酸盐层间含有大量水分子，需要对它进行有机改性来提高与聚合物的相容性。季铵盐与硅烷偶联剂改性是两种常见对蒙脱土的有机化改性方式。例如用异佛尔酮二异氰酸酯、PBA3000、十二烷基双羟乙基甲基氯化铵改性后的蒙脱土（OMMT）等为原料，制备了OMMT/WPU纳米复合材料。研究发现，随着OMMT含量的增加，复合材料的热稳定性变好，这是因为一方面插层剂在MMT与水性聚氨酯分子链间起到桥梁作用，提高了体系的交联密度；另一方面MMT产生"栅栏效应"，有效阻碍了材料热分解过程的热量传递，同时复合材料的疏水性能与粘接性能有明显提高。

纳米SiO_2包括粉体SiO_2和胶体SiO_2。纳米SiO_2比表面积大、比表面能高、强度高、表面含有大量的羟基，简单的物理共混很难将其均匀分散到水性聚氨酯体系中。将纳米SiO_2表面改性或改性后进一步添加界面相容剂，可以提高其与聚合物基质的相容性，从而制备出纳米SiO_2均匀分散的高性能复合材料。例如以沉淀、萃取相结合，硅烷偶联剂A-174包裹改性的方式制备了含15%改性的纳米SiO_2的聚丙二醇（PPG）的分散液，进而制备了不同纳米SiO_2含量的水性聚氨酯复合材料。研究结果表明，含纳米SiO_2的PPG分散液参与了预聚反应，从而使SiO_2在乳化后均匀分布在分散体中。当纳米SiO_2的含量为预聚体的2%时，制得的分散体的复合涂膜断裂伸长率为300%，拉升强度达到13 MPa，耐水性、硬度与热性能都有显著提升。

⑤有机氟共聚改性。

氟元素原子电负性较高，极化率较低，半径比较小，所以，将水性聚氨酯与氟聚合物相结合使材料具有独特的低吸水率、低表面能、附着性好、耐热性、耐氧化、生物相容性和稳定性等一系列优良品质。例如用1H,1H,8H,8H-十二氟-1,8-辛二醇（F12）作为水性聚氨酯的硬段改性剂，制备了氟化水性聚氨酯，随着F12含量的增加，所制备的氟化水性聚氨酯涂膜的水接触角、附着力以及硬度逐渐增大，吸水率逐渐降低，拉伸强度、断裂伸长率则先增加后减少。当F12用量为0.3%~0.4%时，涂膜的综合性能较佳，附着力1级，铅笔硬度H~2H，柔韧性3~5 mm，拉伸强度16.32~18.64 MPa，断裂伸长率为397.65%~301.65%，涂膜吸水率为7.1%~6.7%，水接触角为67°~72°，故以F12制备的氟化水性聚氨酯表面能低，具有良好的拉伸强度和耐水性，有望在纺织物及海洋防污涂层材料中得到应用。

⑥植物油改性。

植物油是一种来源广、低价、易降解、可再生的水性聚氨酯改性原料。植物油本身具有多烃基结构，互穿网络结构也是植物油与异氰酸酯反应而成的，这样一来增强了水性聚氨酯材料的机械性和耐热性。具有长链烷烃结构的植物油与水性聚氨酯材料相结合时能使它的耐水性能进一步加强。另外，含有不饱和双键的天然植物油改性水性聚氨酯后可以进一步进行光固化，从而制成高品质的产品。

(7) 水性聚氨酯涂料的发展前景

由于水性聚氨酯形成的涂膜具有附着力好、坚硬、柔韧，耐磨、耐化学腐蚀性能优异，电绝缘性能也很好的特点，其应用近年来获得了很大的发展。其主要应用于皮革涂饰、汽车漆、木器漆等。但目前，国内外生产的水性聚氨酯涂料几乎都是单组分的，而单组分体系的抗拉伸强度提高的程度很有限，对于高强度的涂膜，必须采用双组分体系，其综合性能与传统的溶剂型双组分聚氨酯产品相当，这正是当前国内外的发展方向之一。

5.3.9 水性丙烯酸酯涂料

丙烯酸树脂的 C—C 主链具有特殊的光、热、化学稳定性。水性丙烯酸酯涂料是以丙烯酸类树脂为基料，以水为溶剂或分散介质制备而成的涂料。水性丙烯酸兼具有丙烯酸的优异性能，在耐候性、耐污性、耐酸性、耐碱性、机械性能、耐油和耐溶剂方面均有独特的优势。水性丙烯酸酯一般采用乳液聚合的方法进行制备。相关研究报告显示，水性丙烯酸涂料为水性涂料最大的品种，约占23%，聚酯占19%、环氧树脂占16%、聚氨酯占7%、醇酸树脂占6%和其他占29%，并且它在未来也将会是增长速度最快的领域。

国外水性丙烯酸酯涂料的消费主要集中在建筑领域，2017 年美国、西欧和日本的消费量分别占其总消费量的69%、80%和67%。随着国内建筑业的快速发展和环保约束力的不断加强，越来越多的内外墙面、屋面和地坪等建筑部位将会采用水性丙烯酸酯涂料进行装饰和保护。

(1) 外墙涂料

外墙涂料是用于建筑物外墙面起装饰和保护以及其他功能（如隔热）的建筑涂料，应有良好的耐候、防水、耐腐蚀、耐热、耐紫外线等性能。丙烯酸酯及其共聚物外墙涂料以其优异的性能获得了大量的应用，并成为主导产品。例如，以苯乙烯、甲基丙烯酸甲酯和丙烯酸丁酯等为单体，采用乳液聚合工艺制备了水溶性丙烯酸树脂，通过添加硅藻土、空心玻璃微珠、热反射隔热粉、氧化铝等隔热功能填料，制备了集阻隔、反射、辐射三种隔热机理为一体的复合型隔热涂料，测试结果表明其隔热温差可达 8.7 ℃，涂膜综合性能优异，无毒环保，符合建筑外墙涂料低碳节能环保的发展趋势。

(2) 内墙涂料

内墙涂料是用于建筑物内墙面装饰的建筑涂料，2013 年内墙涂料产量已占到建筑涂料的44.1%。内墙涂料应具有良好的透气性、吸湿性和安全无毒，为人们提供一个良好的室内环境。水性丙烯酸酯涂料具有良好的性能，符合室内健康型建筑涂料的卫生标准，是目前大力发展的内墙涂料品种。例如以丙烯酸酯作为主单体，双丙酮丙烯酰胺（DAAM）作为功能性单体，双组分体系进行乳液聚合的湿度控制。该水性内墙涂料具有很好的吸水率(274%)，在干燥的环境下能增加室内的湿度，在潮湿环境下能除去湿气，而且涂膜有很好的硬度、光泽度和耐水性能。

(3) 屋面防水涂料

近年来屋面防水涂料正朝着水性化和环保型方面发展。美欧等发达国家使用的白色水性丙烯酸酯屋面涂料，不仅具有优良的防水性能，还能保护原有的防水层，并能反射太阳光和紫外线，大大延长屋面使用寿命，同时还能维持室内温度平衡，节省空调能耗，带来明显的经济效益和生态效益。例如，由丙烯酸酯聚合物、环保助剂、纤维素和高性能填料组成的厚浆型环保防水涂料，该水性防水涂料具有超强耐水性、超强耐候性，断裂伸长率可高达740%以上。

（4）地坪涂料

地坪涂料是一类应用于水泥基层的涂料，要求具备耐碱、耐水、耐磨、耐沾污等性能。另外，可根据特殊需求，赋予地坪以防静电、防滑、耐高温等特殊功能。例如，以丙烯酸丁酯共聚改性的甲基丙烯酸甲酯乳液为成膜物质，与其他涂料组分配合制备出了水性丙烯酸类乳液地坪涂料，该涂料具有较高的硬度，耐磨性能优异。

水性纯丙烯酸涂料存在一些缺陷，如吸水性较高，低温韧性较差，耐溶剂性较差，“热黏冷脆”等。近年来，人们开始研究水性丙烯酸酯的复合乳液，通过各组分间的优势互补来提高水性漆涂膜的综合性能，拓宽丙烯酸酯树脂涂料的应用范围，因此对其进行物理或化学改性是目前重要的研究方向。①杂化改性主要是依靠分子设计，向大分子链引入含硅单体或含氟单体等，结合有机硅树脂或者氟碳树脂性能形成高性能化、高功能乳液；②通过粒子设计、结构控制获得特殊形貌的乳液，如核-壳结构乳液、互穿网络聚合物乳液等。另外，新型乳液聚合技术像无皂乳液聚合、微乳液聚合技术、细乳液聚合技术等新技术的出现，也促进了水性丙烯酸酯涂料的进步。水性丙烯酸酯涂料以其自身优势，加上近年来人们环保意识的增强，正逐渐取代溶剂型丙烯酸酯涂料，在塑料、金属、木材、建筑以及装饰等领域得到越来越广泛的应用。

5.3.10 水性醇酸树脂涂料

醇酸树脂是最先应用于涂料工业的合成树脂之一，它是由多元醇或者多元胺与多元酸和一元酸（植物油）缩聚而成的一种树脂。醇酸树脂配方灵活，原料来源广泛，可通过用其他材料改性来提高醇酸树脂的综合性能。醇酸树脂对各种底材有良好的润湿性及相容性，附着力优良，成为涂料行业中量大面广的产品。目前，水性醇酸树脂的制备方法可以大致分为三种：（a）成盐法。将聚合物中的羧基或氨基分别用适当的碱或酸中和，使聚合物能溶于水。最常见的是含羧基官能团的聚合物，酸值一般在40～80 mg KOH/g，并用胺或氨水将其中和成盐以获得水溶性。（b）在聚合物中引入非离子基团法。非离子基团主要有羟基和醚基，聚合物与非离子表面活性剂具有相似之处，能与现有的水溶性树脂以及大多数溶剂型树脂相容，可作为活性稀释剂，取代水溶性树脂体系中的助溶剂。（c）将聚合物转变成两性离子中间体法。通过合成两性离子型共聚物而得到一种无胺或无甲醛逸出的新型水溶性涂料体系。在这种两性离子型共聚物中，胺和羧酸都是以共价键与树脂相连。

水性醇酸树脂的相对分子量比相应的溶剂型醇酸树脂的相对分子量低，除干燥速度较慢之外，其早期的硬度、耐水性和耐溶剂性较差，配制清漆和色漆的水解稳定性也不令人满意。传统的催干剂体系在水性体系中丧失了部分活性，需要选用新型的催干体系提高水性醇酸树脂的干燥速度和交联密度；酯键在水性体系中容易发生水解，导致体系的稳定性降低。新型催干体系和提高酯键的水解稳定性等领域已成为水性醇酸树脂研究的重点，近年来也取得了一些进展。如Servo公司、Vianova公司、OMG公司等正在开发新型催干剂来提高水性醇酸树脂的干燥速度，如钴盐和钾盐的络合物；通过在分子链上引入耐水解的合成原料（如用长碳链多元醇替代短碳链多元醇、间苯替代邻苯等）和控制亲水基团中和度等方法来解决醇酸树脂易水解的问题。

为了进一步提高水性醇酸树脂的性能，可对其进行物理改性和化学改性。其中以丙烯酸树脂、有机硅树脂和苯乙烯的改性效果较为显著。近年来，聚氨酯改性醇酸树脂的研究也日趋增多。为了满足日益发展的需要，水性醇酸树脂涂料应使用对环境友好的助溶剂，降低涂料的施工黏度，进一步增强薄涂膜的耐腐蚀性，降低成本，开发一些特殊功能。

5.3.11　水性有机硅涂料

有机硅涂料是以有机硅聚合物或其改性聚合物为主要成膜物质，以水为溶剂或分散介质制备而成的涂料，具有一系列优良的特殊性能。它的成膜物质主要是有机硅树脂和有机硅改性树脂（或改性有机硅树脂）。有机硅树脂是具有高度交联的网状结构的聚有机硅氧烷（—Si—O—Si—），兼有有机树脂与无机材料的特点。与一般有机树脂相比，有机硅都具有良好的耐热性和电绝缘性能。硅树脂由于有机基团在硅氧主链的侧基排列，具有优良的憎水性能，但透湿性较差。有机硅是以特殊的硅氧烷键（—Si—O—）为主链，不易被紫外光或臭氧分解，不易产生氧化反应，因此有机硅的耐候性极佳，这也是有机硅最为突出的优点。另外，由于有机硅树脂具有大分子结构，非极性分子间作用力较弱，赋予了它良好的耐寒性。纵然有机硅树脂有着突出的优点，但是在某些方面也存在不同程度的不足，如成本高、机械强度差、耐溶剂性差、相容性与黏结性差，因而限制了它在某些特殊领域的推广和使用。若通过物理或化学的方法，用有机树脂改性硅树脂则可以克服硅树脂的部分缺点，扩展其应用范围与使用价值，这就出现了改性硅树脂。改性硅树脂就是通过有机树脂对硅树脂进行改性而形成的兼具两种树脂优良性能的新型树脂，如醇酸改性硅树脂、酚醛改性硅树脂、环氧改性硅树脂等。

5.3.12　水性涂料的发展趋势

以水作为稀释剂的水性涂料较溶剂型涂料 VOC 含量大幅降低，对环境友好，对施工者、使用者的健康无害，在国内已有不少水性涂料企业的成功案例。今后，大力开展基础性研究，降低水性涂料的施工难度、改善使用性能，是水性涂料拓展应用领域、大规模普及应用的当务之急。同时，加强对政策指引、推广技术、转变思想观念、消除公众对水性涂料的偏见及顾虑等相关工作的重视，也将对水性涂料的应用发展起到推动作用。总之，在发展涂料工业“三原则”（无污染、省资源、节能）和“4E 原则”（经济、效率、生态、能源）的指导下，水性涂料将有更大的发展。根据 Grand View Research 的最新研究报告，预计到 2022 年水性涂料市场将达到 1 461.1 亿美元，随着亚太地区基础建设项目的增加，2015—2022 年亚太地区水性涂料增长率最快将达到 7.9%，届时亚太地区将取代欧洲成为全球最大的水性涂料市场。

从技术上，水性涂料要达到溶剂型涂料的性能还存在一定的难度（表 5 - 6）。虽然国际上水性涂料产品的性能已大幅提高，有些已接近和超过溶剂型产品，但国内技术发展还有很长的路要走。水性涂料领域还应做好：（a）在现有基础上扬长避短，拓宽水性涂料的应用领域；（b）在进一步降低 VOC 的基础上，开发高性能、高功能水性涂料；（c）积极开发绿色的、可持续发展的涂料涂装工艺技术。

表 5－6 水性涂料常见问题分析

常见问题	产生原因及解决措施
附着力差	(1) 选用的水性涂料本身对该底材附着力差：选用合适的树脂体系 (2) 底材表面有油污：采用合适方法除净油污 (3) 施工时成膜温度太低：降低水性涂料成膜温度或升高烘烤温度 (4) 漆膜干燥时，空气湿度太高：降低空气湿度或采用强制干燥 (5) 双组分涂料混合后使用，已过有效期：重新开油或于内添加硅烷偶联剂（仅针对以硅烷偶联剂作为成膜固化剂或附着力增进剂的场合）
易起泡	(1) 检查漆膜是否喷涂过厚或局部过厚 (2) 施工时如采用强制干燥，是否烘烤温度变化太急剧 (3) 采用的消泡剂是否合适，添加量是否够 (4) 喷涂黏度是否过高 (5) 增稠剂或流平剂是否加入量过多 (6) 如开罐后开稀使用时发现气泡太多，则建议用滤布过滤后，静置 0.5～1 h 后再施工 (7) 底材是否多孔或未清理干净（油污，酸，碱，硬水干后残存的盐类等）
易流挂	(1) 涂料开稀黏度是否过低 (2) 施工方法及手法是否合理 (3) 漆膜是否喷涂过厚 (4) 增稠剂选择不当或加入过少 (5) 配方设计本身存在缺陷（重体质颜料过多，流平剂加入过多，慢干类溶剂加入过多等）
漆膜有颗粒	(1) 涂料储存稳定性不佳，导致部分树脂破乳凝结 (2) 防冻措施不够或储存温度太低：导致部分树脂破乳析出 (3) 颜填料自身细度不够或研磨细度不够 (4) 涂料生产时受到污染或部分原料自身存在颗粒 (5) 原料加入方式不对（如增稠剂、哑粉等） (6) 是否有原料析出（如染料）
缩孔	(1) 底材或底涂层存在污染 (2) 如底涂层是油性涂料，则可能是该层未干透 (3) 增稠剂加入过多或配方中引入不相溶的易缩孔物质 (4) 流平剂选择不当或加入太少
易缩边	(1) 流平剂选用不当：可选取对底材润湿性好的流平剂，另外适当增加一些水性助溶剂，如正丁醇、丙二醇甲醚等 (2) 底材表面张力未处理好（除油、磷化等） (3) 涂料施工黏度太低或太高 (4) 增稠剂触变性太强或加入过多

续表

常见问题	产生原因及解决措施
易发雾	（1）施工开稀时加水过多 （2）空气湿度太高 （3）施工温度过低或过高：调整施工温度，调整开稀稀料（可加部分快干或慢干的助溶剂） （4）可于内加入部分防白水，缓解此现象 （5）涂料中是否存在不混溶的物质
亮光漆光泽度低	（1）对光泽度要求是否过高：受客观局限，水性涂料的光泽度较油性涂料的要低 （2）因发雾或不混溶现象导致 （3）施工时成膜温度太低：降低水性涂料成膜温度或升高烘烤温度 （4）颜填料细度不够或太粗糙或加入过多 （5）底材太粗糙或易吸油 （6）树脂体系本身光泽是否偏低
有破乳现象	（1）是否加了易导致破乳的溶剂 （2）是否加了与体系不兼容的原料 （3）是否未做好防冻措施 （4）所用的水是否含离子过多 （5）涂料生产时 pH 值未调至微碱性或储存时 pH 值变化太多

5.4　高性能涂料

除了传统的溶剂型和水性涂料外，为了满足不同应用，需要不断研制出一些高性能的涂料，本节结合最新文献简单介绍一些高性能涂料。

5.4.1　聚醚醚酮涂料

聚芳醚酮是一类综合性能优异的热塑性耐高温工程塑料，其中聚醚醚酮（Polyether Ether ketone，PEEK）是聚芳醚酮家族中商业化最重要的品种之一。PEEK 正凭借出色的耐高温性能、机械性能、耐腐蚀性能和摩擦学性能等，逐渐扩大了其在航空航天、汽车、机械制造以及石油化工等诸多领域的应用，成为 21 世纪最有吸引力的高性能材料之一。

PEEK 涂料是由纯 PEEK 树脂和填料组成的一种高性能涂料，拥有独特的综合性能，包括优异的耐高温性、耐摩擦性、耐腐蚀性、耐久性以及高强度、高附着力等，通过加入不同功能填料还可以具备防黏、防静电等性能。

PEEK 涂料的出现改善了涂覆零件在应用中的性能和寿命，弥补当今多种涂料技术中存在的性能不足之处，因此 PEEK 涂料被广泛应用于石油与天然气、汽车、食品加工、半导体电子、制药等行业。PEEK 涂料能以粉末和分散液形式呈现，PEEK 粉末涂料可通过静电喷涂、热喷涂进行涂覆，PEEK 分散液涂料可以用重力、吸上式 HVLP 或压力喷涂设备进行涂覆。

PEEK 涂料继承了 PEEK 树脂的全部优异性能，还具备作为涂层的独特优势。PEEK 涂料的优点有：低比重，PEEK 涂料比一般粉末涂料的比重低，相同质量的涂料涂覆面积更大；环保，PEEK 涂料一般采用粉末或水性涂料，有机化合物的污染达到业内最低标准，PEEK 涂层符合美国食品药品监督管理局（FDA）标准，可与食品直接接触；易于加工，PEEK 涂料的加工温度在 380 ~420 ℃。PEEK 涂层的形貌良好，表面平滑均匀；优异的附着力，无须底漆就对金属基材有良好的附着力；涂层表面高承载，非常坚硬、强韧；涂层硬度高，对压力引起的蠕变和流动有极强的抵抗力；耐磨性优异，能与钢、陶瓷之类的硬物质形成优异的耐磨面，对磨过程中几乎无磨损，低脱粒、不脱皮；耐高温性好，连续使用温度高达 260 ℃；防腐性能出色，具有低吸湿性和优异的耐水解性，不溶于任何普通溶剂，对酸、碱、碳氢化合物、盐类及蒸汽也具有卓越的耐受性，可有效阻隔环境对基材的腐蚀；耐刮伤性卓越；PEEK 涂层在较宽温度、湿度与频率范围内，电绝缘性保持不变；涂层气体释放量和萃取物极少。

PEEK 涂料在工业、石油与天然气、汽车、食品加工、半导体、电子、制药等行业被广泛应用。由于 PEEK 出色的摩擦和耐磨性能，先进机械技术公司（AMTI）将威格斯（Victrex）生产的 PEEK 涂料涂覆在新型双带跑步机的铝制耐磨板上，克服了皮带面下方磨损的问题。相比于普通传送带，PEEK 涂覆的传送带提供了更高的耐磨性能，更好的耐切割性，更优的耐穿刺性、抗冲击性以及不粘连性能。这些性能与更好的尺寸稳定性、耐油脂性和耐高温性相结合，可使传送带的寿命延长至少 40%。滚针轴承广泛应用在摩托车、割草机及各种外置的发动机中，用来减少曲柄轴与连杆机构的旋转表面之间的摩擦。其中使用的传统银/铜涂层用 PEEK 涂层代替，相同磨损条件下性能提高 1 倍。

5.4.2 新型防雾涂料

透明基材（如玻璃、塑料等）是人们日常生活、工作和生产中不可或缺的材料，但在其使用过程中常常会产生结雾现象，造成基质的透光率、反射率降低，影响视线，给人们的生活带来不便，甚至会发生危险。防雾涂料是一种功能型涂料，用以减缓或防止雾化现象的产生。而防雾涂料的防雾机理就是改变基体的表面特性：一是使基材表面亲水，降低基材表面对水的接触角，使凝聚在表面上的小水滴不形成微小的水珠，而是在表面铺展开形成薄膜，减少光线的漫射，从而保证材料的透明度；二是在材料表面涂上一层疏水性物质，改善材料表面的湿润状态，使接触角增大，水汽冷凝生成的小水珠不能吸附在基材上，而是形成水滴，水滴在其自身重力的作用下滑落，来达到防雾的目的。

①水性防雾涂料：水性防雾涂料的成膜物有聚丙烯酸酯、聚氨酯、氨基树脂、不饱和聚酯等。水性防雾涂料中作为成膜物的树脂很少是单一聚合物，大都是共聚或共混的产物。例如王晓峰以自制改性防雾树脂与聚乙烯醇生成高分子合金双组分体系为成膜物质，三聚氰胺为固化剂，成功研制了在相对湿度 90% 条件下、防雾时间达到 6 h 以上的透明防雾涂料，此水性防雾涂料具有优良的透光率和防雾性，力学性能达到一般涂料的标准。为顺应防雾涂料向高耐候性、高耐沾污性、多功能性发展的潮流，可将含聚烯烃树脂、无机胶体及含有机胺的水溶性聚合物组合形成水性防雾涂料。将该涂料涂覆于塑料、金属或玻璃表面可形成膜厚为 0.05 ~30 μm 的防雾涂膜，此涂膜还具有一定的防污性能。

②紫外光固化防雾涂料：紫外光（UV）固化涂料是一种新型的绿色涂料。随着涂

料中 VOC 低排放的趋势，UV 固化涂料得到了快速的发展。与传统涂料固化技术相比，UV 固化的最大优点是固化速度快、涂膜质量高、环境污染少、能量消耗低、性能优异、固化设备体积小、投资少等，因此，UV 固化防雾涂料将成为防雾涂料发展的主要方向之一。赵子千等以光敏丙烯酸酯低聚物（UVB）、甲基丙烯酸丁酯（BMA）、丙烯酸－β－羟乙酯（HEA）、丙烯酰胺（AM）及丙烯基烷醚羟磺酸钠（CAS）为主要成膜物质，再配以适量的溶剂、交联剂、光敏剂及各种助剂制成 UV 固化防雾涂料，单体的选择及用量、光敏剂的种类及用量等都会影响涂膜性能及涂膜固化速度，该涂料具有较好的机械性能及优异的防雾性能，其接触角为 15°，透光率为 93%。

③有机－无机杂化防雾涂料：有机无机杂化亲水涂料实际上是无机亲水涂料和有机高分子涂料的综合产品，其与无机亲水性防雾涂料的区别在于涂膜的亲水性主要由有机高分子树脂提供，而加入的硅酸盐或有机硅溶胶则是为了进一步增强膜层的硬度和耐磨性能。此类涂料具有储存稳定性好、耐磨性高、附着力好、防雾持久等特点。例如，通过二氧化硅纳米粒子与聚合物共混，制备了聚合物/SiO_2 纳米复合涂料，该涂料具有良好的成膜性，膜层中由于存在大量的亲水性羟基基团而具有良好的超亲水性能和防雾效果。

④纳米防雾涂料：纳米涂料不仅具有良好的附着力、耐冲击性、柔韧性，而且能提高涂膜耐老化、耐腐蚀、抗辐射性能。此外，纳米涂料还可能呈现出某些特殊功能如自清洁、抗反射、抗静电、隐身吸波、阻燃、防雾等性能。防雾涂料已在工农业生产和日常生活中得到广泛应用，如用于建筑物窗玻璃、运输工具窗玻璃、挡风玻璃、后视镜、浴室镜子、眼镜镜片（如防水眼镜、潜水镜、游泳镜、滑雪镜等）、测量仪器的玻璃罩、农用大棚等。同时防雾涂料还广泛应用于航空航天、军事器械、医疗卫生等领域。随着防雾涂料的多功能化发展，如防静电防雾涂料、自清洁防雾涂料、防雾防霉涂料、防水防雾涂料等，其应用前景将更加广阔。

5.4.3　疏水性自清洁涂料

随着环境污染的不断加剧，越来越严重的雾霾、油性烟雾、尾气废气等给建筑外墙带来严重的侵蚀，影响其美观性、功能性及耐久性。耐沾污能力差是传统外墙涂料普遍存在的缺点，在一定程度上制约了其应用。因此，针对目前外墙涂料耐污能力不足的问题，具有自清洁功能的涂料成为研究开发的热点。

自然界中普遍存在通过形成疏水表面来达到自清洁功能的现象，如以荷叶为代表的多种植物的叶子和花、昆虫的腿和翅膀等均表现出低黏附、自清洁能力，这种现象被称为“荷叶效应”。“荷叶效应”的仿生学原理是自清洁技术开发的基础。20 世纪 70 年代，德国波恩大学植物学家 Barthlott 和 Neinhuis 等系统地研究了荷叶表面的自清洁效应，通过电子显微镜观察发现荷叶表面生长着无数微米乳突，并且其表面覆盖着纳米蜡质晶体。2002 年，中科院化学所江雷等研究发现荷叶表面微米乳突上还存在纳米结构，乳突的平均直径为 5～9 μm，每个乳突表面还分布着直径约为 124 nm 的绒毛，研究还发现这些乳突之间也存在纳米结构（图 5－13）。大量研究证实，微米、纳米级的微观粗糙结构及具有低表面能的蜡质晶体的共同作用，使荷叶表面具有高水接触角、低滚动角，从而表现出超疏水自清洁效果。

疏水性涂料的自清洁行为来源于其高的水接触角和低的滚动角。当水珠滴在疏水表面

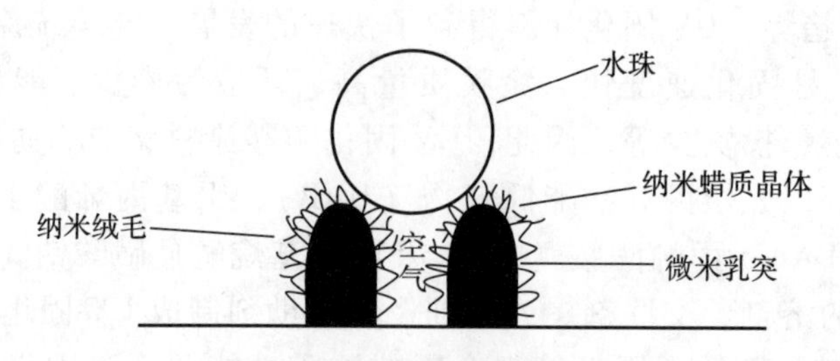

图 5-13　荷叶的表面效应

上，液滴不能自动扩展，保持其球形状态，减少与涂层的接触面积。当该表面具有一个较小的倾斜角时，液滴在涂层表面滚动，污染物黏附在水珠表面被带走，从而起到自清洁的作用。合适的表面粗糙度和低表面能物质表面的润湿性能与表面的微观结构有着密切关系。疏水表面的制备通常采用硅烷或氟碳链降低表面能，但研究表明在光滑的物体表面上通过化学方法调节表面能并不能完全实现超疏水自清洁的目的。因此，通过构建合适的微观粗糙结构与引入低表面能物质共同作用，才能更好地实现疏水自清洁。故实现疏水自清洁的途径主要有两种：一是在粗糙表面上修饰低表面能物质，通常用于制备疏水表面的低表面能材料主要有聚硅氧烷、氟碳化合物及其他有机物（如聚乙烯、聚苯乙烯等）；二是在疏水材料表面构建类似荷叶表面的粗糙结构，制备方法有无机纳米粒子（如 TiO_2、SiO_2、ZnO 等）修饰、激光/等离子体/化学刻蚀、模板法、静电纺丝法、溶胶-凝胶、自组装、电化学沉积及化学气相沉积等多种（表 5-7）。低表面能物质易在聚合物表面富集，显著改善聚合物的耐水性，使聚合物具有较好的疏水性、自清洁性。因此，具有耐氧化和低表面能等显著优点的有机硅、有机氟等物质常被用来制备超疏水自清洁表面。硅树脂广泛应用于高压户外绝缘材料、防污涂料和超疏水材料等多个领域。聚二甲基硅氧烷（PDMS）因其固有的变形性和疏水特性常用来制备疏水表面，主要由于 PDMS 表面的多孔性及高聚物链段的存在，涂层表面的水接触角高达到 175°，具有优异的疏水性能。

表 5-7　疏水性涂料的制备方法

方法	原理
模板法	常用的制备超疏水涂膜的整体覆盖的表面技术。以具有粗糙结构的固体表面为模板，将疏水材料在特定的模板上通过挤压或涂覆后，利用光固化等技术在粗糙固体表面成型、脱模而制得超疏水涂膜
刻蚀法	利用现代物理化学方法如激光、等离子体、电化学等方法，在不同材料的涂层表面刻蚀出仿荷叶表面的粗糙微观结构
静电纺丝法	静电雾化的一种。通过给聚合物溶液或熔体施加外加电场，使聚合物溶液或熔体经过喷射、拉伸、变形、细化，随着溶剂蒸发得到纤维或其他形状的物质固化在基板上，形成粗糙的疏水表面

续表

方法	原理
化学气相沉积法	将一种或几种化合物供给基底，借助气相反应在基材表面反应获得具有特殊结构的超疏水自清洁表面
自分层法	由于聚合物极性不同，分子间作用力不同，在介质中的溶解度不同，随着涂膜干燥和固化，介质组成不断变化，成膜物质在界面张力的作用下，通过液相对选择性润湿和对气相界面的趋差异，导致树脂间的相分离，形成涂膜组分的梯度分层结构
溶胶－凝胶法	通过控制前驱体在溶胶－凝胶过程中的水解反应，调节微观结构，经过浸涂、喷涂等方法得到所需要的粗糙表面

第6章
高分子胶黏剂

6.1　概述

6.1.1　定义及发展历程

胶黏剂是一种靠界面作用（化学力或物理力）把各种固体材料牢固地黏结在一起的物质，又叫黏结剂或胶合剂，简称“胶”。通俗来讲，胶黏剂就是一种使物体与物体黏结成一体的媒介，它能使金属、玻璃、陶瓷、木材、纸质、纤维、橡胶和塑料等不同材质或同一材质黏结成一体，赋予各物体各自的应用功能。

胶黏剂是一类古老而又年轻的材料。早在数千年前，人类的祖先就已经开始使用胶黏剂。许多出土文物表明，5 000 年前我们祖先就会用黏土、淀粉等天然产物作胶黏剂；4 000 年前就会用生漆作胶黏剂和涂料制造器具；3 000 年前的周朝已用动物胶作木船的填缝密封胶。2 000 年前我国用糯米糨糊制成棺木密封剂，再配用防腐剂及其他措施，使在 2 000 多年后棺木出土时尸体不但不腐烂，而且肌肉及关节仍有弹性，从而轰动了世界；秦朝用糯米浆与石灰作砂浆黏合长城的基石，使万里长城成为中华民族伟大文明的象征之一；秦俑博物馆中出土的大型彩绘铜车马的制造中就用了磷酸盐无机胶黏剂；古埃及人从金合欢树中提取阿拉伯胶，从鸟蛋、动物骨骼中提取骨胶，从松树中收集松脂制成胶强剂，还用白土与骨胶混合，再加上颜料，用于棺木的密封及饰涂。1690 年，荷兰首先创建了生产天然高分子胶黏剂的工厂。英国在 1700 年建成了以生产骨胶为主的工厂。美国于 1808 年建成了第一家胶黏剂工厂。19 世纪，瑞士和德国出售了从牛乳中提炼出来的胶黏剂——酪朊，由酪朊与石灰生成的盐制成了固态胶黏剂，在第一次世界大战中还用来制造小型飞机。20 世纪以来，由于现代化大工业的发展，天然胶黏剂不论产量还是品种方面都已不能满足要求，促成合成胶黏剂的出现和不断发展。1909 年发明工业酚醛树脂。1912 年，出现了用酚醛胶黏剂黏结的胶合板。第二次世界大战期间，由于军事工业的需要，胶黏剂也有了相应的变化和发展，尤其在飞机的结构件上应用了胶黏剂，出现了“结构胶黏剂”这一新的名称。1941 年，英国 Aero 公司发明酚醛 - 聚乙烯醇缩醛树脂混合型结构胶黏剂，1944 年 7 月将其用于战斗机主翼的黏结。1943 年德国根据异氰酸酯的高反应性，开发了聚氨酯树脂。10 多年以后，出现了它的胶黏剂，并用于制鞋、织物及包装等工业部门。20 世纪 50 年代开始出现环氧树脂胶黏剂，与其他胶黏剂相比，具有强度高、种类多、适应性强的特点，成为主要的结构胶黏剂。1957 年，美国 Eastman 公司发明的氰基丙烯酸酯胶黏剂，开创了瞬间黏结的新时期。在常温无溶剂的普通条件下，几秒到几十秒内就可以产生强有力的结合。60年代开始出现了热熔胶黏剂，近来出现了反应、辐射固化热熔胶。70年代有了第二代丙烯酸酯胶黏剂（SGA），以后又有第三代丙烯酸酯胶黏剂。80年代以后，胶黏剂的研究主要在原有品种上进行改性、提高其性能、改善其操作性、开发适用涂布设备和发展无损检测技术。由于能源、环保条件制约，为了适应这种形势需要，展开了大量的研制工作，以水乳胶、无溶剂胶、高反应性的胶种逐步代替易燃、有毒溶剂型胶种和固化时间长、消耗多的胶种，出现了一批新品种，如厌氧胶、氰基丙烯酸酯胶黏剂、第二代环氧树脂胶黏剂等。目前，胶黏剂的应用已渗入国民经济中的各个部门，成为工业生产中不可缺少的技术，在高技术领域中的应用也十分广泛。据报道，国外生产一辆汽车要使用5～10 kg胶黏剂；一架波音飞机的黏结面积达到2 400 m^2；一架宇航飞机需要黏结30 000块陶瓷片。在汽车工业中，汽车发动机中罩与前后加强梁，通常用改性环氧树脂胶黏剂；顶棚、车门内护板、地毯、挡风玻璃都用胶黏剂；大约有25种类型的胶黏剂适用于汽车的组装，每台典型的机动车用胶量约9 kg。在建筑工业中（结构与装饰，包括木材工业），胶黏剂主要用于：①整体衬板墙面与木框架黏结；②带衬板的地板和天花板与桁条和椽子的黏结，起到T形梁的作用；③各种表面受力的夹层板；④胶合木顶桁架的装配；⑤桁条或椽子箱形梁和其他类型的组合梁；⑥将所有的部件黏结成最后的结构件等。随着科学技术的发展，目前不同行业对胶黏剂及黏结技术的要求越来越高。1999年，世界胶黏剂总需求量为1 700万t，2010年将达2 500万t，预计2020年将达到3 000万t。我国目前已有1 200多家企业，品种牌号3 000多个，胶黏剂生产能力约750万t。其中产量最大的仍然是三醛胶（酚醛、脲醛和三聚氰胺甲醛）和乳液型胶，二者分别占总产量的45.2%和29.2%。从市场应用看，建筑业用量最大，约占总胶量的51.8%；其次是纸包装业，约占总胶量的12.6%；最后是制鞋业，约占9.0%。木材胶黏剂用量日益增多，全世界木材胶黏剂产量占胶黏剂总产量的3/4，如美国约60%的合成胶黏剂用于木材加工业，俄罗斯为79%，日本为75%，在我国60%～70%的胶黏剂也用于木材加工业。

胶黏剂中涉及的一些专业术语包括以下几个。

胶接接头：是由胶黏剂与被黏物表面依靠黏附作用形成的，胶接接头在应力－环境作用下会逐渐发生破坏。但是，对于胶接接头是怎样形成的，又是怎样破坏的，至今尚没有成熟的理论，主要原因之一是被黏物表面及其与胶黏剂之间的界面极其复杂。

被黏物：接头中除胶黏剂外的固体材料。

黏结：胶黏剂把被黏物所受的载荷传递到胶接接头的现象。

黏附力：强度由被黏物和胶黏剂的力学性能决定。

内聚：单一物质内部各粒子靠主价力、次价力结合在一起的状态。

黏附破坏：胶黏剂和被黏物界面处发生的目视可见的破坏现象。

内聚破坏：胶黏剂或被黏物中发生的目视可见的破坏现象。

固化：胶黏剂通过化学反应（聚合、交联等）获得并提高胶接强度等性能的过程。

硬化：胶黏剂通过化学反应或物理作用（如聚合、氧化反应、凝胶化作用、水合作用、冷却、挥发性组分的蒸发等），获得并提高胶接强度、内聚强度等性能的过程。

储存期：在规定条件下，胶黏剂仍能保持其操作性能和规定强度的最长存放时间。

适用期：配制后的胶黏剂能维持其可用性能的时间，又称为使用期。

固体含量：在规定的测试条件下，测得的胶黏剂中不挥发性物质的质量百分数，又称为不挥发物含量。

6.1.2 胶黏剂的组成

胶黏剂一般是由基料、固化剂、稀释剂、增塑剂、填料、偶联剂、引发剂、促进剂、增稠剂、防老剂、阻聚剂、稳定剂、络合剂、乳化剂等多种成分构成的混合物。

(1) 基料

基料是胶黏剂的主要成分，有天然聚合物、合成聚合物和无机物三大类。当为高分子材料时，有树脂型和橡胶型两大类，有均聚物也有共聚物，有热固性也有热塑性。黏结接头的性能主要受基料性能的影响，而基料的流变性、极性、结晶性、分子量及分布又影响物理机械性能。

(2) 固化剂

固化剂是一种可使单体或低聚物变为线型高聚物或网状体型高聚物的物质，即固化剂是一种使液态基料通过化学反应，发生聚合、缩聚或交联反应转变成高分子量固体，使胶接接头具有一定力学强度和稳定性的物质。固化剂又称为硬化剂或熟化剂，有些场合称为交联剂或硫化剂。按被固化对象不同可将固化分为：物理固化（主要为由于溶剂的挥发，乳液的凝聚，熔融体的凝固等）和化学固化（实质是低分子化合物与固化剂起化学反应变为大分子，或线型分子与固化剂反应变成网状大分子）。不同的基料应选用固化快、质量好、用量少的固化剂。

(3) 溶剂（稀释剂）

有些胶黏剂需用溶剂，分为能参与固化反应的活性稀释剂和惰性稀释剂两种。惰性稀释剂为常用溶剂，主要有脂肪烃、酯类、醇类、酮类、氯代烃类、醇类、醚类、砜类和酰胺类等。由于用于配胶的高分子物质是固态或黏稠的液体，不便施工，溶剂可降低胶黏剂的黏度，使其便于施工；同时，溶剂能增加胶黏剂的润湿能力和分子活动能力；溶剂还可提高胶黏剂的流平性，避免胶层厚薄不匀，故通常宜选择与胶黏剂基料极性相同或相近的溶剂。反应性溶剂既能溶解或分散成膜物质，又能在胶黏剂成膜过程中参与成膜反应，形成不挥发组分而留在涂膜中的一类化合物。例如环氧活性稀释剂，其主要品种有单环氧基的丙烯基缩水甘油醚、苯基缩水甘油醚、双环氧基的乙二醇双缩水甘油醚、间苯二酚双缩水甘油醚等。

(4) 增塑剂

增塑剂是一种能降低高分子玻璃化温度和熔融温度，改善胶层脆性，增进熔融流动性的物质。按其作用可分为两种：内增塑剂和外增塑剂。内增塑剂是一种可与高分子化合物发生化学反应的物质，如聚硫橡胶、液体丁腈橡胶、不饱和聚酯树脂、聚酰胺树脂等。外增塑剂是一种不与高分子化合物发生任何化学反应的物质，如各种酯类等。

增塑剂的作用有：能屏蔽高分子的活性基团，减弱分子间作用力，从而降低分子间的相互作用；增加高分子的韧性、延伸率和耐寒性，降低其内聚强度、弹性模量及耐热性，如加入量适宜，还可提高剪切强度和不均匀扯离强度，若加入量过多，反而有害。胶黏剂中常用的增塑剂主要有邻苯二甲酸酯类、磷酸酯类、己二酸酯和癸二酸酯等。

增塑剂的选择依据包括：(a) 极性：增塑剂极性大小是选择时应首先考虑的参数，由于增塑剂会永久地留在胶黏剂组分中，故增塑剂极性大小对胶的性能影响往往比溶剂还要大。极性大能增加胶黏剂与极性被黏材料的吸引力，如丁腈橡胶为增塑剂比用邻苯二甲酸二丁酯所配制的环氧胶黏剂黏结强度要大。极性大小还会影响增塑剂与主体材料的相容性，其原理同溶剂作用。(b) 持久性：增塑剂在使用过程中由于渗出、迁移、挥发而损失，从而影响胶的物理机械性能，为此宜选用高沸点或高分子量的增塑剂，如聚酯树脂等。(c) 分子量及状态：当其他条件相同时，增塑剂分子量越高，胶黏剂的黏结强度越好，如环氧树脂胶选用树脂型或橡胶型增塑剂的黏结强度比邻苯二甲酸二丁酯的要好。

(5) 填料

在胶黏剂组分中不参与反应，可提高胶接强度、耐热性、尺寸稳定性并可降低成本的惰性物质叫填料，如石棉粉、铝粉、云母、石英粉、碳酸钙、钛白粉、滑石粉等。

(6) 偶联剂

偶联剂是指具有能分别和被黏物及黏合剂反应成键的两种基团，能提高胶接强度的一种物质，其特点是分子中同时具有极性和非极性部分。偶联剂主要有有机铬偶联剂、有机硅偶联剂和钛酸酯偶联剂。常用胶黏剂为有机硅偶联剂，一般结构通式为 RSiX，其中 R 为有机基团，能与胶黏剂结合，如 C_6H_5—，—CH ═CH_2，—ph—CN、—CH_2—CH_2—CH_2NH_2 等；X 为水解基团，如—OCH_3，—OCH_2CH_3、—Cl 等，能与被黏物表面很好地亲和。

(7) 其他辅助性组成

①引发剂。

引发剂是在一定条件下能分解产生自由基的物质，一般在含有不饱和键的化合物如不饱和聚酯胶、厌氧胶、光敏胶等中都会加入某些引发剂。常用的引发剂有过氧化二苯甲酰、过氧化环己酮、过氧化异丙苯、偶氮二异丁腈等。

②促进剂。

促进剂（催化剂）是能降低引发剂分解温度或加速固化剂与树脂、橡胶反应的物质。很多胶黏剂为了降低固化温度、缩短固化时间往往都添加一些促进剂。

③防老剂。

防老剂是能延缓高分子老化的物质。高温、曝晒下的胶黏剂由于容易老化变质，一般在配胶时都加入少量防老剂。

④增稠剂。

有些胶黏剂的黏度很低，涂胶时容易流失或渗入被黏物孔隙中而产生缺胶等弊病，需要在这些胶中加入一些能增加黏度的物质即增稠剂。常用的增稠剂有气相二氧化硅、气溶胶、丙烯酸树脂等。

⑤阻聚剂和稳定剂。

阻聚剂是可以阻止或延缓胶黏剂含有不饱和键的树脂、单体在储存过程中自行交联的物质，如对苯二酚等。稳定剂是一种能提高胶在储存时的光、热稳定性的物质。如氰基丙烯酸酯胶等常加入稳定剂 SO_2。

⑥络合剂。

某些络合能力强的络合剂，可以与被黏材料形成电荷转移配价键，从而增强胶黏剂的黏结强度，由于很多胶黏剂的主体材料，如环氧树脂、丁腈橡胶等和固化剂如乙二胺等都有络合能力，所以必须选择络合能力很强的络合剂。常用的络合剂有 8 - 羟基喹啉、邻氨基酚等。

⑦乳化剂。

乳化剂的作用是降低连续相与分散相之间的界面能，使它们易于乳化，并且在液滴（直径0.1～100 μm）表面上形成双电层或薄膜，从而阻止液滴之间的相互凝结，促使乳状液稳定化。常用的有十二烷基磺酸钠、十二烷基苯磺酸钠、季铵盐类、氨基酸类、聚醚如OP、OP－10，OP－7等乳化剂。

⑧触变剂。

触变剂就是利用触变反应，使胶黏剂静态时有较大的黏度，从而防止胶液流挂的一类配合剂。

6.1.3 胶黏剂的分类

胶黏剂品种繁多，从天然高分子物质到合成树脂乃至无机物都可用于黏结。目前国外已有了2 000多个牌号，国内也有2 500个以上牌号，故胶黏剂的分类方法也非常多。

（1）按基料的化学成分

天然材料：动物胶有骨胶、皮胶等；植物胶有淀粉、糊精、阿拉伯树胶、天然树脂胶、天然橡胶等；矿物胶有矿物蜡、沥青等。

合成高分子材料包括合成树脂型，合成橡胶型和复合型三大类。合成树脂又分热塑性和热固性。热塑性有烯类聚合物、聚氯酯、聚醚、聚酰胺、聚丙烯酸酯、聚苯乙烯类、纤维素类、醇酸树脂类等。热固性有环氧树脂、酚醛树脂、三聚氰胺－甲醛树脂、有机硅树脂、聚氨酯树脂等。合成橡胶型主要有氯丁橡胶、丁苯橡胶、丁腈橡胶等。复合型主要有酚醛－丁腈胶、酚醛－氯丁胶、酚醛－聚氨酯胶、环氧－丁腈胶等。无机材料有热熔型如焊锡、玻璃陶瓷等，水固型如水泥、石膏等，硅酸盐型及磷酸盐型。

（2）按形态与固化反应类型

分为溶剂型、乳液型、反应型（热固化、紫外线固化、湿气固化等）、热熔型、再湿型以及压敏型（即黏附剂）等。

①溶剂（分散剂）型：溶液型和水分散型。

溶液型包括有机溶剂型如氯丁橡胶、聚乙酸乙烯酯和水溶剂型如淀粉、聚乙烯醇；水分散型如聚乙酸乙烯酯乳液。

②反应型：包括一液型和二液型。一液型有热固型（环氧树脂、酚醛树脂）、湿气固化型（氰基丙烯酸酯、烷氧基硅烷、尿烷）、厌氧固化型（丙烯酸类）、紫外线固化型（丙烯酸类、环氧树脂）；二液型有缩聚反应型（尿素、酚）、加成反应型（环氧树脂、尿烷）、自由基聚合型（丙烯酸类）。

③热熔型：是一种以热塑性塑料为基体的多组分混合物，如聚烯类、聚酰胺、聚酯。室温下为固状或膜状，加热到一定温度后熔融成为液态，涂布、润湿被黏物后，经压合、冷却，在几秒钟甚至更短时间内即可形成较强的黏结力。

④压敏型（黏附剂）：有可再剥离型（橡胶、丙烯酸类、硅酮）和永久黏合型。在室温条件下有黏性，只加轻微的压力便能黏附。

⑤再湿型：包括有机溶剂活性型和水活性型（淀粉、明胶、聚已烯醇）。在牛皮纸等上面涂敷胶黏剂并干燥，使用时用水和溶剂湿润胶黏剂，使其重新产生黏性。

（3）按用途

①结构胶：酚醛树脂、间苯二酚树脂、异氰酸酯树脂、酚醛－丁氰、环氧－酚醛、环氧－尼龙等。

②非结构胶：聚醋酸乙烯、聚丙烯酸酯、橡胶类等。

③特种胶：导电胶、导热胶、光敏胶、医用胶等。

（4）按耐水性

①高耐水性胶：酚醛树脂、环氧树脂、间苯二酚树脂、异氰酸酯胶等。

②中等耐水性胶：脲醛树脂。

③低耐水性胶：蛋白质胶。

④非耐水性胶：豆胶、聚醋酸乙烯酯乳液、淀粉胶等。

6.1.4 胶黏剂的黏结理论

胶黏剂和物体接触，首先润湿表面，然后通过一定的方式链接两个物体并使之具有一定的机械强度的过程称为胶接。此过程可用不同的方式来实现（物理、化学），但都必须经过一个便于浸润的液态或类液态向高分子固态转变的过程。但黏结过程是一个复杂过程，以下几种胶接理论既有实验事实做依据，又都存在局限性，因此应根据材料的具体性能确定合适的黏结理论。

（1）机械锚合理论

该理论认为胶黏剂必须渗入被黏物表面的空隙内，并排除其界面上吸附的空气，才能产生黏结作用，也就是说胶黏剂浸透到被黏物表面的空隙中，固化后就像许多小钩和锥头似的使黏合剂和被黏物发生纯机械咬和与镶嵌，这种细微的机械结合对多孔性表面更为显著。而机械连接力和摩擦力有关。

$$F = \frac{WH}{\lambda}$$

式中，F 为摩擦力；W 为法向压力；H 为固体表面的凹凸高度；$1/\lambda$ 为单位长度的凹凸高度。

打磨可使表面变得比较粗糙，能使表面层物理和化学性质发生改变，从而提高黏结强度，故胶黏剂黏结经表面打磨的致密材料效果要比表面光滑的致密材料好。但机械锚合理论不适合解释非多孔材料的黏结。

（2）吸附理论

吸附理论认为胶接过程分两个阶段：第一阶段胶黏剂分子通过布朗运动，向胶接物体移动扩散，使二者的极性基团或分子链段互相靠近。第二阶段吸附力产生。作用能 E 为

$$E = -\frac{2}{R^6}\left[\mu^4/(3kT) + \alpha\mu^2 + \frac{3}{8}\alpha^2 I\right]$$

式中，μ 为分子偶极矩；I 为分子电离能；R 为分子间距离；α 为极化率；k 为玻耳兹曼常量；T 为热力学温度。

由此可知：胶黏剂与被胶接材料表面间的距离是产生胶接力的必要条件；胶接体系内分子接触区（界面）的稠密程度是决定胶接强度的主要因素；物质的极性有利于获得高胶接强度，但过高会妨碍湿润过程的进行。

吸附理论解释不了以下现象：胶黏剂与被胶黏物之间的胶接力大于胶黏剂本身的强度；胶接强度大小与分子间分离速度的关系；高分子化合物极性过大时反而胶接强度降低；水的影响等。

（3）静电理论

静电理论认为在胶接接头中存在双电层，胶接力来自双电层的静电引力，当胶黏剂从被黏物上剥离时有明显的电荷存在，是对该理论有力的证实。胶接功等于电容器瞬间放电的能量，计算公式如下：

$$W_A = \frac{2\pi Q^2}{\varepsilon}h$$

式中，W_A 为胶接功；Q 为电荷表面密度；h 为放电距离；ε 为介质的介电常数。

可以将被胶接材料和固化的胶黏剂层理想化为电容器，即在胶接接头中存在双电层，胶接力主要来自双电层的静电引力。静电引力的产生是相 1 电荷场相 2 电荷场相互作用的结果。这样就可以成功地解释了黏附功与剥离速度有关的实验事实，但静电引力（<0.04 MPa）往往较小，有时对胶接强度的贡献可忽略不计。因此，该理论无法解释：用炭黑做填料的胶黏剂及导电胶的胶接现象；由两种以上互溶高聚物构成的胶接体系的胶接现象；温度、湿度及其他因素对剥离实验结果的影响等现象。

（4）扩散理论

扩散理论认为，黏结是通过胶黏剂与被黏物界面上分子扩散产生的，当胶黏剂和被黏物都具有能够运动的长链大分子聚合物时，扩散理论基本适用。通过扩散理论可以发现，胶接强度与接触时间、胶接温度、胶接压力、胶层厚度有关系；胶黏剂分子量越高越不利扩散；分子链的柔韧性增加，侧基减少，有利分子扩散，胶接强度也有增加；极性与极性和非极性与非极性聚合物之间都具有较高的黏附力。扩散理论可以解释聚合物之间的黏结，无法解释聚合物与金属或其他类型材料黏结的过程。

（5）化学键理论

化学键理论认为黏合剂与被黏合物之间除存在范德华力外，有时还可形成化学键。化学键的键能比分子间作用大得多，形成较多的化学键对提高胶接强度和改善耐久性都具有重要意义。但解释不了不发生化学反应的胶接现象。

6.1.5 胶黏剂的选择依据

胶黏剂的品种繁多，各有其应用范围和使用条件，因此在黏结之前，应根据不同黏结材料、不同的黏结要求选择合适的胶黏剂，这是保证良好黏结的重要因素之一。选择合适的胶黏剂应从以下几方面考虑：

①被黏结材料的性质和被黏结材料与胶黏剂的相容性。

黏结多孔而不耐热的材料，如木材、纸张、皮革等，可选用水基型、溶剂型胶黏剂；对于表面致密，而且耐热的被黏物，如金属、陶瓷、玻璃等，可选用反应型热固性胶黏剂；对于难黏的被黏物，如聚乙烯、聚丙烯，则需要进行表面处理，提高表面自由能后，再选用乙烯－醋酸乙烯共聚物热熔胶或环氧胶。被黏结材料为极性材料应选用极性强的胶黏剂，如环氧树脂胶、酚醛树脂胶、聚氨酯胶、丙烯酸酯胶等；被黏结材料为非极性材料一般采用热熔胶、溶液胶等；对于弱极性材料，可选用高反应性胶黏剂，如聚氨酯胶或用能溶解被黏材料的溶剂进行黏结。

一般介电常数3.6以上的为极性材料；2.8~3.6为弱极性材料；2.8以下的为非极性材料，见表6-1。

表6-1 常用高分子材料的介电常数

高分子材料	介电常数	高分子材料	介电常数
聚四氟乙烯	2.0~2.2	聚砜	2.9~3.1
聚乙烯	2.3~2.4	聚氯乙烯	3.2~3.6
聚苯乙烯	2.72	聚甲基丙烯酸甲酯	3.5
硅橡胶	2.3~4.0	聚甲醛	3.8
ABS	2.4~5.0	尼龙MC	3.7
聚碳酸酯	3.0	不饱和聚酯	3.4
尼龙6	4.1	脲醛树脂	6.0~8.0
聚酰亚胺	3.0~4.0	聚氨酯弹性体	6.7~7.5
双酚A环氧	3.9	丁腈橡胶	6.0~14
酚醛树脂	4.5~6.3	氯丁橡胶	7.3~8.5
聚乙烯醇缩丁醛	5.6		

②被黏结体应用的场合及受力情况。

黏结接头的使用场合，主要指其受力的大小、种类、持续时间、使用温度、冷热交变周期和介质环境。对于黏结强度要求不高的一般场合，可选用价廉的非结构胶黏剂；对于黏结强度要求高的结构件，则要选用结构胶黏剂，要求耐热和抗蠕变的场合，可选用能固化生成三维结构的热固性树脂胶黏剂；冷热突变频繁的场合，应选用韧性好的橡胶-树脂胶黏剂；要求耐疲劳的场合，应选用合成橡胶胶黏剂；对于特殊要求的考虑，如电导率、热导率、导磁、超高温、超低温等，则必须选择一些具有特殊应用的胶黏剂。例如，被黏结材料在-70 ℃以下使用，就要选择耐低温或超低温胶黏剂，如环氧-聚氨酯胶、聚氨酯胶和环氧-尼龙胶等；普通环氧树脂胶、α-氰基丙烯酸酯胶和氯丁胶等只能粘接在100 ℃下使用的工件；如果黏结材料在100~200 ℃使用，胶黏剂可选用耐热环氧树脂或酚醛-丁腈胶；当使用温度为200~300 ℃时，可选择聚酰亚胺胶或聚苯并咪唑类。

③黏结过程有特殊要求。

④黏结效率和黏结成本。

6.1.6 涂料与胶黏剂的比较

涂料的黏附是指涂料涂装于被涂底材表面成膜固化之后，涂膜与底材结合在一起的坚牢程度。这和胶黏剂的胶接粗看起来似乎很相近，但实际上各有特点，主要区别如下：

(1) 目的

涂料的主要目的是对被涂物体表面起保护和装饰作用。保护包括耐磨、耐腐蚀、防潮、防氧化、防锈蚀等方面；装饰包括对被涂物体表面增加色彩、光泽及各种图案花纹。

胶黏剂的主要目的是将两种或两种以上同质或异质的材料连接在一起，固化后具有足够强度的物质。除了彩色或印花、印字胶黏带或胶黏膜有装饰要求或效果以外，一般的胶黏剂没有装饰的要求，也没有耐磨的要求。

（2）配方组分

涂料主成分大多是以高分子树脂为基础的成膜物质；其次是起装饰作用的颜料；大多数涂料是溶剂型和水溶剂型；助剂包括固化剂、催干剂、流平剂及表面活性剂。但也有不需溶剂和水的固体粉末涂料。

胶黏剂的主成分大多是以高分子树脂为基础的胶接力强大的黏合物质。它基本不含颜料；也有溶剂或水；助剂以固化剂、偶联剂为主一般不需要催干剂、流平剂等，也用固体的热熔胶。

（3）性能

涂料性能主要要求黏附力好、成膜均匀并有一定的韧性和硬度，其次还要求有流变性、储存稳定性、流平性、遮盖力、透明度、光泽、颜色、耐磨性、耐老化、耐霉菌等性能的要求。

胶黏剂则以胶合强度、韧性、固化速度、耐热性、耐寒性、耐水性、耐溶剂性及可靠性等性能要求为主。

（4）表面处理

为提高涂膜的黏附力和胶黏剂的黏合力，均需要对被涂底材或被黏物表面进行表面处理，处理方法亦大致相同。

6.2　热塑性胶黏剂

6.2.1　定义

热塑性高分子胶黏剂是以线型聚合物为黏料，配制成溶液状、乳液状或熔融状黏合剂进行黏结操作，使用方便。固化过程中不发生交联反应，而是通过溶剂或分散介质的挥发或熔体冷却成为胶层、产生黏结力。其机械性能、耐热性、耐化学性、耐溶剂和胶接强度等比较差，常温下往往有蠕变倾向，但其使用方便，有较好的柔韧性、初黏力高、储存稳定性好等。常用于非结构件的粘接，如纸张、木材、皮革、纤维制品等低受力物品的黏结。而热塑性聚酰胺、聚酯等也可用于金属间、金属与塑料、橡皮间的黏结。

按固化机理，热塑性高分子又可分为：靠溶剂挥发而固化的溶剂型胶黏剂；靠分散介质挥发而凝聚固化的乳液型胶黏剂；靠熔体冷却而固化的热熔型胶黏剂；靠化学反应而快速固化的反应型胶黏剂。

热塑性胶黏剂的玻璃化温度是影响热塑性胶黏剂性能的指标之一。玻璃化温度高于室温的树脂，作为胶黏剂使用时，黏结力低，形成的黏结层发硬发脆；反之，玻璃化温度大大低于室温的树脂，黏结层在室温下柔软，抗挠曲，成膜性能好，黏结力也高。常用的热塑性胶黏剂有聚醋酸乙烯酯、乙烯－醋酸乙烯酯、聚乙烯醇、聚乙烯醇缩醛、丙烯酸树脂、聚氯乙烯、聚酰胺等。

6.2.2 聚醋酸乙烯酯胶黏剂

(1) 聚醋酸乙烯酯乳液胶黏剂

聚醋酸乙烯酯乳胶黏剂是以醋酸酸乙烯酯（VAc）作为单体在分散介质中经乳液聚合而制得的，俗称白胶或乳白胶。

聚酯酸酸乙烯酯（PVAc）乳液是最重要的乳液胶黏剂之一，于1937年在德国实现工业化生产，特别是法本公司发明以聚乙烯醇（PVA）作保护胶进行VAc乳液聚合的方法，大大推动了PVAc乳液工业的进展。我国20世纪50年代末开始着手PVAc乳液的研制工作，70年代PVAc乳液工业有了迅速的发展。

PVAc的反应式如下：

$$n\mathrm{CH_2{=}CH(O{-}COCH_3)} \xrightarrow[\text{引发剂}]{\text{PVA}} \mathrm{{-}\!\!\!\left[CH_2{-}CH(OCOCH_3)\right]\!\!\!{-}_n}$$

VAc聚合是自由基反应机理，引发剂可以是过氧化苯甲酰、过氧化氢、过硫酸钾、过硫酸铵等。聚合方法有本体聚合、溶液聚合和乳液聚合等。目前生产量最大的是乳液聚合。PVAc可配制乳液胶黏剂、溶液胶黏剂、热熔胶及VAc共聚物胶黏剂。

PVAc乳液胶黏剂是水基胶黏剂，具有以下优点：（a）对多孔材料如木材、纸张、棉布、皮革、陶瓷等有很强的黏合力；（b）能够室温固化，干燥速度快；（c）胶膜无色透明，不污染被黏物；（d）不燃烧，不污染环境，安全无害；（e）单组分，使用方便，清洗容易；（f）贮存期较长。但PVAc乳液胶黏剂的耐水性差，如空气湿度分别为65%和96%时，吸湿率为胶重的1.3%和3.5%，黏结强度会很大程度下降；且成膜的抗蠕变性差，在长时间静载荷作用下，胶层易滑动。同时，它的耐寒性及机械稳定性也较差，这些缺陷难以满足实际应用要求，限制了其在特定条件下的使用。

合成PVAc乳液除了单体VAc外，还需要分散介质、引发剂、乳化剂、保护胶体、增塑剂、冻融稳定剂及各种调节剂等。

①VAc醋酸乙烯酯：为无色可燃液体，具有甜的醚香，微溶于水，它在水中的溶解度28 ℃时为2.5%，易水解。VAc蒸气有毒，对中枢神经系统有伤害作用，同时刺激黏膜并引起流泪。当存在少量氧化物时，VAc就可以聚合。

②分散介质：在乳液聚合过程中应用最多的分散介质是水。水便宜易得，没有任何危险，同时吸热，放热反应易于控制，有利于制得均匀且分子量高的产物。

③引发剂：常用过氧化物作为引发剂。用得较多的是过硫酸钾、过硫酸铵，也有用过氧化氢的。用量为单体质量的0.1%～1%。过硫酸钾和过硫酸铵的引发性能非常相似，但由于室温下过硫酸钾和过硫酸铵在水中的溶解度分别为2%和20%以上，所以工业生产常用过硫酸铵。

④乳化剂：一般是由亲水的极性基团和疏水（亲油）的非极性基团构成，它可使互不相溶的油（单体）-水，转变为相当稳定、难以分层的乳液。常用的乳化剂有OP-10、烷基硫酸钠、烷基苯磺酸钠、油酸钠等。阴离子型乳化剂可用磺化动物脂、磺化植物油、烷基磺酸盐（如十二烷基磺酸钠）。

⑤保护胶体：保护胶体在黏性的聚合物表面形成保护层，以防凝聚。常用的保护胶体有

聚乙烯醇、甲基纤维素、羧甲基纤维素、聚丙烯酸钠等。VAc乳液聚合常采用PVA作为保护胶体。

⑥缓冲剂：用以保持反应介质的pH值。聚合时，pH值太低引发速度太慢，pH值越高，引发剂的分解越快，形成活性中心越多，聚合速率就越快，故可通过缓冲剂来控制聚合速度。常用碳酸盐、磷酸盐、醋酸盐。用量为单体质量的0.3%～5%。

⑦增塑剂：PVAc的玻璃化温度为28 ℃。添加增塑剂的目的是使PVAc在较低温度时有良好的成膜性和黏结力。常用的有酯类，特别是邻苯二甲酸烷基酯类如邻苯二甲酸二丁酯和芳香族磷酸酯如磷酸三甲苯酯。

⑧填料：填料的作用是降低成本，提高固含量，提高黏度，降低渗透率，改善填充性能。主要分为有机和无机两种，一般有机填料的用量低于5%～10%；无机填料的用量可高至50%。

目前，最典型的配方见表6－2。其质量指标一般为：固含量为45%～50%，pH值为4～6，颗粒粒径为0.5～5.0 μm，黏度为1～2 Pa·s。

表6－2　PVAc乳液胶黏剂的经典配方

组成	质量比	组成	质量比
VAc	100	过硫酸钾	0.2
OP－10	1.1	去离子水	100
碳酸氢钠	0.3	PVA－1780	5.4
邻苯二甲酸二丁酯	10.9		

PVAc乳液胶黏剂适合于胶接多孔性、易吸水的材料。固化过程是胶接之后由于乳液中的水渗透或扩散到多孔性材料中，水逐渐挥发使乳液的浓度不断增大，由于表面张力的作用析出聚合物。环境温度与胶膜性质有很大关系。每种乳液都有一个最低的成膜温度。使用乳液时环境温度不能低于最低成模温度。不加增塑剂的PVAc乳液胶黏剂的最低成膜温度一般为20 ℃，增塑剂能降低成膜温度。

PVAc乳液胶黏剂广泛用于木材加工、织物黏结、家具组装、包装材料、建筑装潢等诸多领域中材料的黏结，成为胶黏剂工业中的一个大宗产品。现在我国PVAc乳液产量仅次于脲醛树脂胶，在胶黏剂的生产中居第二位。但PVAc乳液胶为热塑性胶，软化点低，且制备时用亲水性的PVA作乳化剂和保护胶体，因而使它产生了最大的弱点：耐热性和耐水性差。为了改善其耐热性和耐水性，一般采用内加交联剂和外加交联剂两种方法。这两种方法的基本出发点是使乳胶从热塑性向热固性转化。

①内加交联剂。

内加交联剂的方法是在PVAc乳液胶黏剂制备过程中加入一种或几种能与VAc共聚的单体，得到可交联的热固性共聚物。近年来，内加交联剂采用较多，用这种方法制得的共聚乳液，在胶合过程中分子进一步交联，使胶层固化。固化后的胶层，也和其他热固性树脂一样，具有不溶（熔）的性质，因此它的胶接强度及胶层的耐热、耐水、耐蠕变性能大大提高。其他性能，如耐酸碱性、耐溶剂性和耐磨性等，也相应得到改善。实践证明，这是改进各种热塑性乳液缺点的一个有效途径。

②外加交联剂。

外加交联剂的方法是在 PVAc 均聚乳液中，加入能使大分子进一步交联的物质，使 PVAc 的性质向热固性转化。常用作外加交联剂的物质有热固性树脂胶（如酚醛树脂胶、间苯二酚树脂胶、三聚氰胺树脂胶、脲醛树脂胶等）、硅胶、异氰酸酯等。

（2）共聚改性 PVAc 乳液

PVAc 是一种刚性的材料，可以由其与增塑剂共混或与适当的单体共聚合而增加其柔韧性。当一种均聚物用一种增塑剂或溶剂共混形成柔韧性胶黏剂时，由于增塑剂易渗出，常会使生成的胶接逐渐减弱而老化。当 PVAc 乳液用共聚单体进行内部增韧时，这种增塑作用将是持久的而不会渗出，这是由于共聚单体会是聚合物主链的一部分，同时常带有侧链基团，会增加链的旋转自由度，从而引起聚合物软化及易运动，使聚合物对塑料表面的胶接作用较好。

①乙烯共聚改性。

VAc 单体能够同另一种或多种单体，如与丙烯酸酯、甲基丙烯酸酯、具有羧基或多官能团的单体进行二元或多元共聚。引入共聚单体不仅可改善其性能，而且还可降低成本。目前，国内外研究较多的是醋酸乙烯酯 - 乙烯共聚乳液。

醋酸乙烯酯 - 乙烯共聚乳液自 1965 年由美国 Air Production 公司实现工业化生产以来，得到了很大发展。醋酸乙烯酯 - 乙烯共聚物分子中，由于乙烯的引入，产生了“内增塑”的作用，既能增大分子内的活动性，又能增大分子间的活动性。这种内增塑的作用是永久的，使 PVAc 乳液的综合性能得到很大的改善。醋酸乙烯酯 - 乙烯共聚乳液具有成膜温度较低、机械性能好、储存性能稳定等特点；另外，醋酸乙烯酯 - 乙烯共聚物胶膜具有较好的耐水、耐酸碱性能，对氧、臭氧、紫外线都很稳定。因此，其广泛应用于建筑、纺织包装等行业。

目前商品化的醋酸乙烯酯—乙烯共聚物可分为三类：

a. 低 VAc 含量（10% ~40%）的共聚物（EVA），一般是以乙烯为主要单体组分的共聚物，在高压下用本体聚合法制备，常用作热熔胶。

b. 中 VAc 和乙烯含量接近相同（45% ~55%）的共聚物（EVA），专用于橡胶方面或作为聚氯乙烯的抗冲击改性剂。它们是在中等压力下通过溶液聚合法获得的。

c. 高 VAc 含量（60% ~95%）的共聚物（VAE），一般是在 2.07 ~10.3 MPa 压力下用乳液聚合法制备的，是热塑性树脂。

②丙烯酸类共聚改性。

在乳液聚合的过程中加入丙烯酸类单体，与 AVc 共聚，在合适的工艺条件下，不仅可以降低生产成本，且能很大程度上提高共聚乳液的性能。由于 PVAc 均聚物一般是在 PVA 水溶液中聚合得到的，PVA 既起乳化剂的作用，又起保护胶体的作用。因为 PVA 含有大量的亲水性羟基，而且又缺少空间障碍，分子间的羟基有很强的氢键作用，随着放置时间的增长或温度的降低，分子键相互缠绕会凝胶化，影响乳液的稳定性和防冻性，且乳液的耐水性也较差。引入可交联的丙烯酸（AA）或者丙烯酸酯类单体，能够在乳液中引入极性羧基，并能够产生空间障碍，从而会增加乳胶韧性和成膜的稳定性。丙烯酸类单体的玻璃化温度较低，如丙烯酸丁酯的玻璃化温度为 -54 ℃，共聚后还可降低乳液的玻璃化温度和最低成膜温度。

③有机硅共聚改性。

有机硅改性就是在 VAc 乳液聚合过程中加入一定量的有机硅，作为一种单体参与 VAc

的聚合反应。所得的乳液因为有机硅的加入，相关性能得到很大改善。有机硅改性中采用的有机硅大多是聚硅氧烷，硅氧烷中 Si—O 键的键能（450 kJ/mol）远大于 C—O 键的键能（345 kJ/mol）和 C—C 键的键能（351 kJ/mol），具有优良的耐候、耐热、保光性和抗紫外光能力，同时有机硅表面能较低，不易积尘，具有抗沾污性能。一方面，在 PVAc 分子链中引入疏水性的有机硅链段，会提高乳胶膜的耐水性；另一方面，因为有机硅具有卓越的抗寒性，可以在较低的温度下使用不凝固，共聚后可以提高抗冻性。又由于硅油具有很好的耐热性，可以在 170 ℃下长期使用，共聚后，胶膜的耐热性得到提高。

（3）保护胶体的改性

VAc 乳液聚合主要还是采用 PVA 做保护胶体，由于 PVA 分子中含有大量的羟基，分子间的羟基有很强的氢键作用，导致乳液胶膜耐水性差。采用 PVA 改性的方法可以保留 PVA 的特点，制备的 PVAc 乳液有良好的稳定性，具有较大的实用价值，是目前 PVAc 乳液改性的主要方向之一。

将保护胶体 PVA 缩甲醛化，减少了 PVA 分子的亲水性羟基数目，从而提高了 PVAc 乳液的耐水性。以聚乙烯醇缩甲醛为主的复合乳化剂，其乳胶抗冻性、耐水性良好。

以聚乙二醇和水溶性聚羟甲基丙烯酰胺做保护胶体，制备 PVAc 乳液胶黏剂，玻璃化温度 T_g 可达 -20 ℃。以聚甲基丙烯酸作为保护胶体进行 PVAc 乳液聚合，可使聚甲基丙烯酸 75% ~80% 吸附于 PVAc 乳液粒子内部，提高了机械稳定性和冻融稳定性。

（4）核壳复合乳液

近年来研究表明，核壳聚合物乳液又称异相结构乳液或多相结构乳液，可以有效地改进聚合物乳液的性能。乳液粒子的核心主要由聚合物 A 组成，外壳主要由聚合物 B 组成。通过对 A 和 B 的优选复合，可使乳液具有某种特性。核壳结构乳液的聚合主要采用种子聚合方法，也称两步聚合法。首先将构成核的单体进行乳液聚合，聚合产生的颗粒作为“核种”，再加入另一种构成壳层的单体使之与“核种”共聚。

在保持乳液基本性能不变的情况下，使乳液成为以无机物为核、VAc 为壳的复合粒子，从而制备了无机物-有机物的核壳结构的 PVAc 复合乳液，其压剪强度、耐水性和储存稳定性均优于普通的 PVAc 乳液。

6.2.3 聚乙烯醇胶黏剂

聚乙烯醇（PVA）都是用 PVAc 作为起始原料（所谓理论单体乙烯醇 $CH_2=CHOH$ 并不存在）。PVAc 转化为 PVA 是用碱性催化的甲醇醇解工艺，氢氧化钠为常用的碱。

PVAc 聚合是由常规的工艺方法完成的，如溶液聚合、本体聚合或乳液聚合。由于生成 PVA 的过程中最重要的步骤是醇解反应还需要加入溶剂，故溶液聚合最受欢迎。PVA 的水解度由醇解过程控制，而与相对分子量无关。若甲醇醇解完全，则 PVA 就能完成水解，水解的程度与水的加入量成反比关系，加水的缺点是增加了副产物醋酸钠的生成，醋酸钠可以作为灰分存在于商品 PVA 中。醇解反应可以在高速搅拌下进行，生成一种很细的沉淀物，再用甲醇洗涤、过滤和干燥。醇解工序产生的醋酸甲酯是一种副产物。PVA 的性质取决于 PVAc 的结构和水解程度。例如，水解度为 99.7% ~100% 的 PVA 是高度结晶的聚合物，耐水性相当好；水解度为 87% ~89% 的 PVA 对水敏感，易溶于水；而水解程度进一步下降时，又会降低水敏感性。

PVA 胶黏剂能形成坚韧透明的膜，这种膜具有很高的拉伸强度和耐腐蚀性。它隔绝氧的特性（干燥膜）在现有的聚合物中是最令人惊奇的。它是优异的胶黏剂，且具有较高的耐溶剂、耐油和耐动物油脂的性能。PVA 主要用于纺织上胶和黏合纸制品，也大量用于建筑、医院洗衣袋用水溶性薄膜、化妆品乳化剂、避免强擦洗时擦伤表面的暂时性保护膜、木材、皮革加工等方面。例如，牌号为 PVA－1788 的聚乙烯醇，醇解度为 88%，平均聚合度为 1 700，价格低，无毒，主要用于纸品的黏结和作为办公用品中的浆液。

6.2.4 聚乙烯醇缩醛胶黏剂

PVA 与醛类进行缩醛化反应就可得到聚乙烯醇缩醛，反应式如下：

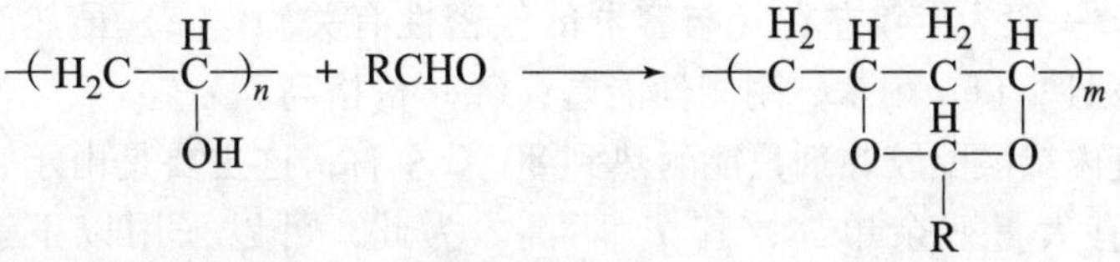

$$\left(H_2C - \underset{OH}{\overset{H}{C}} \right)_n + RCHO \longrightarrow \left(\overset{H_2}{C} - \underset{O}{\overset{H}{C}} - \overset{H_2}{C} - \underset{O}{\overset{H}{C}} \right)_m \quad \text{(O}-\underset{R}{\overset{H}{C}}-\text{O)}$$

工业中最重要的缩醛品种是聚乙烯醇缩丁醛和聚乙烯醇甲醛。

聚乙烯醇缩醛的溶解性能决定于分子中羟基的含量。缩醛度为 50% 时，可溶于水并配制成水溶液胶黏剂，市售的 107 胶黏剂就属于这种类型。缩醛度很高时不溶于水，只能溶于有机溶剂中。

聚乙烯醇缩丁醛是安全玻璃层压制造最常用的胶黏剂，它既要求光学透明，又要求结构性能和黏合性能。聚乙烯醇缩醛对玻璃的黏附能力与缩醛化程度有密切的关系，如适用于配制安全玻璃胶黏剂的是高分子量的缩醛化程度为 70%～80%、自由羟基占 17%～18% 的聚乙烯缩丁醛。但是，聚乙烯醇甲醛的韧性不如聚聚乙烯醇缩丁醛，但耐热性比聚乙烯醇缩丁醛好。但聚乙烯醇缩醛作为一般的热熔胶的主体树脂用得不多，因为价格太高。

6.2.5 聚丙烯酸酯胶黏剂

20 世纪 60 年代发展起来的丙烯酸酯类胶黏剂因其原料来源广泛，易合成，耐久性好，低温性能好，透明性好，基本上无毒和无环境污染，制造及储运时无火灾危险，黏结面广，黏结性能好等特点而受到重视。

丙烯酸酯胶黏剂是以各种类型的丙烯酸酯为基料，经化学反应制成的胶黏剂，主要有 α－氰基丙烯酸酯胶黏剂、第二代（反应型）丙烯酸酯胶黏剂、丙烯酸酯厌氧胶、丙烯酸酯类压敏胶、丙烯酸酯乳液胶黏剂。

（1）α－氰基丙烯酸酯胶黏剂

1947 年，B. F. Goodrich 公司首次合成了氰基丙烯酸酯，但并不知道它具有胶接性。直到 1950 年，Eastman Kodak 在鉴定其单体时，不小心把阿贝折光仪的棱镜粘在一起，才发现它是一种瞬间强力胶黏剂。1958 年，Eastman Kodak 公司正式推出了世界上第一种 α－胶——Eastman 910。由于 α－胶有快速发生胶接作用的特点，特别是它能胶接人体组织而引起人们的广泛注意。目前生产氰基丙烯酸酯胶黏剂中酯基主要有甲基、乙基、丙烯基、丁基、异丁基等。其中以乙酯（502 胶）为主，占销售量的 90% 以上。

α－氰基丙烯酸酯胶黏剂（ $CH_2{=}\overset{CN}{\overset{|}{C}}{-}COOR$ ）的制备方法是将氰基乙酸酯与甲醛在碱

性介质中进行加成缩合得到的低聚物裂解成为单体，所得单体经精制后，加入各种辅助成分就得到α-氰基丙烯酸酯胶黏剂。

α-氰基丙烯酸酯胶黏剂具有以下特点：（a）单组分，无溶剂，使用方便；（b）快速固化，便于流水线生产；（c）适应面广，对多种材料具有良好的胶接强度；（d）电气绝缘性好，与酚醛塑料相当；（e）无毒，能用于人体组织的胶接；（f）耐药品性、耐候性、耐寒性良好；（g）固化后胶层无色透明、外观平整。故α-氰基丙烯酸酯胶黏剂特别适合于工艺美术品、贵金属、装饰品、精密仪器、光学仪器的胶接。但是仍存在以下缺点：（a）抗冲击性能差，尤以胶接刚性材料时更为明显；（b）耐热性差，未经改性的产品只能在70～80 ℃下使用；（c）固化迅速，难用于大面积的胶接，若未加以增黏，难用于充填性胶接；（d）储存期较短，一般为半年左右（与容器的气密性有关）；（e）虽然对人体无毒，但对黏膜有一定的刺激性；（f）耐水、耐潮性能差；（g）价格高。

一般α-氰基丙烯酸酯胶黏剂只能耐热到80 ℃左右，这主要是由于它们是热塑性高分子，固化后还含有大量残余单体，其 T_g 不高。为此，可以采用以下途径改善热性能：（a）加入交联剂（多官能团的单体），使其具有一定程度的热固性，如乙二醇的双氰基丙烯酸酯、氰基丙烯酸烯丙基酯、氰基戊二烯酸的单酯或双酯、二乙烯基苯；（b）采用耐热黏附促进剂，改善胶和胶接材料之间的界面状态，如单元或多元羧酸、酸酐、酚类化合物等；（c）在α-胶中引入马来酰亚胺等增塑剂。

在α-氰基丙烯酸酯胶黏剂中引入交联单体或共聚单体，会改善其耐水性；就界面来说，黏附促进剂（如二酐、苯酐、硅烷等）可以改善界面状态，在一定程度上改善黏附性，也同时改善了耐水性。

为了改善α-氰基丙烯酸酯胶黏剂固化后胶层脆性，提高胶层的冲击强度，可以采用以下三种方法：（a）引入可共聚的内增塑单体，如α-氰基-2,4-戊二烯酸酯等；（b）添加各种增塑剂，如苯酰丙酮、多羟基苯甲酸及其衍生物、脂肪族多元醇、聚醚及其衍生物等；（c）用高分子量弹性体来改性，如聚氨酯橡胶、聚乙烯醇缩醛、丙烯酸酯橡胶及接枝共聚物等。

（2）第二代（反应型）丙烯酸酯胶黏剂——丙烯酸酯结构胶黏剂

第二代（反应型）丙烯酸酯胶黏剂是一类相对较新的胶黏剂。20世纪70年代由DuPont公司开发成功，1975年投放市场，是相对于性能较差、应用不广的第一代丙烯酸酯胶黏剂（FGA）而言。

第一代丙烯酸酯胶黏剂是美国Eastman公司在1955年合成一系列乙烯类化合物时偶然发现其黏性的。它主要由丙烯酸系单体、催化剂、弹性体（丙烯腈橡胶或丁二烯橡胶等）组成。固化时由引发剂引发聚合，单体与弹性体之间不发生化学反应。因而其耐水性、耐溶剂性、耐热性及耐冲击性都较差，在早期并没有得到广泛应用。研究者们加入各种橡胶进行改性，改善了剥离强度，开发出第二代丙烯酸酯胶黏剂，简称SGA。

SGA从组成上讲与FGA基本相同，但是单体在聚合过程中会与弹性体发生化学反应。这一点是它区别于第一代丙烯酸酯胶黏剂的地方，也是其性能得以改进的重要原因。在SGA的基础上，又有了第三代丙烯酸酯胶黏剂（TGA）。它与SGA的主要区别是固化方式，即SGA靠与固化剂进行化学交联而固化；TGA靠紫外光或电子束照射引发自由基聚合而固化。在物化性能方面两者并无大的区别。

反应型丙烯酸酯胶黏剂分为底涂型和双主剂型两大类。底涂型有主剂和底剂两个组分，主剂包含聚合物（弹性体）、丙烯酸酯单体（低聚物）、氧化剂、稳定剂等；底剂中包含促进剂（还原剂）、助促进剂、溶剂等。双主剂型不用底剂，两个组分均为主剂，其中一个主剂中含有氧化剂，另一个主剂中含有促进剂及助促进剂。使用的氧化－还原体系必须匹配且高效，这样才能室温快速固化，并固化完全。

反应型丙烯酸酯胶黏剂的组分包括：丙烯酸酯单体有甲基丙烯酸甲酯、甲基丙烯酸乙酯、甲基丙烯酸丁酯、甲基丙烯酸 2－乙基己酯、甲基丙烯酸 β－羟乙（丙）酯、甲基丙烯酸缩水甘油酯等；聚合物弹性体可以提高胶层抗冲击、抗剥离性能，包括氯丁橡胶、丁腈橡胶、丙烯酸橡胶、ABS、MBS、聚甲基丙烯酸甲酯等；稳定剂可提高胶液贮存稳定性，有对苯二酚、对苯二酚甲醚、吩噻嗪、2,6－二叔丁基－对甲酚等；引发剂有二酰基过氧化物（如 BPO、LPO）、过氧化氢类（如异丙苯过氧化氢、叔丁基过氧化氢等）、过氧化酮类（如过氧化甲乙酮等）；促进剂（还原剂，加速固化反应）包括胺类（如 N,N－二甲基苯胺、乙二胺、三乙胺等）、硫酰胺类（如四甲基硫脲、乙烯基硫脲等）；助促进剂（加速固化反应）包括有机金属盐（如环烷酸钴、油酸铁、环烷酸锰等，多用环烷酸钴）；溶剂有乙醇、丙酮、丁酮等。

反应型丙烯酸酯胶黏剂的优点：（a）室温固化快，一般 3～15 min 基本固化（25 ℃左右），24 h 完全固化；（b）使用时不需要正确计量及混合；（c）二液可分别涂布，使用寿命不受限制；（d）可进行油面黏结，被黏结材料范围宽广，如金属、非金属（一般是硬性材料）可自黏及互黏；（e）耐冲击性、抗剥离性能优良。

反应型丙烯酸酯胶黏剂可用于黏结不锈钢、铝合金、钢、铜、铁等金属材料，也可黏结硬塑料、硬橡胶、陶瓷、玻璃等非金属材料，还可用于汽车油箱、文物古董的修复等。

（3）丙烯酸酯厌氧胶黏剂

1955 年美国 GE 公司发现了丙烯酸双酯的厌氧性，并于 20 世纪 60 年代中期由 Loctite 公司制成厌氧胶黏剂出售。

厌氧胶黏剂是一类性能独特的丙烯酸酯类胶黏剂。它是一种单组分、无溶剂、室温固化的液体胶黏剂，是一种引发（金属可以起促进聚合的作用使黏结牢固）和阻聚（大量氧抑制引发剂产生游离基）共存的平衡体系。它能够在氧气存在下以液体状态长期储存，隔绝空气后可在室温固化成为不熔不溶的固体。由于黏结力强、密封效果好、使用方便，适合于生产线使用。目前多作为锁固密封胶，如用来锁固间隙较大的螺栓、做金属与玻璃之间的密封。

厌氧型丙烯酸酯胶黏剂是以甲基丙烯酸双酯为主体配以改性树脂、引发剂、促进剂、稳定剂等组成，还可根据需要添加其他助剂，如染料和颜料、填料、增稠剂、增塑剂、触变剂等。单体是厌氧型丙烯酸酯胶黏剂的主要成分，占总配比量的 80%～95%。具体组成：（a）单体：不同分子量的单酯、双酯、多酯（多缩乙二醇甲基丙烯酸酯、环氧树脂甲基丙烯酸酯、多元醇甲基丙烯酸酯及小分子量的聚氨酯丙烯酸酯）；（b）引发剂（约 5%）：多用有机过氧化物如异丙苯过氧化氢、过氧化苯甲酰、叔丁基过氧化氢、过氧化酮、过羧酸等。要求考虑胶液储存稳定性和隔绝空气后能快速固化；（c）促进剂（0.5%～5%）：含氮化合物（N,N－二甲基苯胺）、含硫化合物（如四甲基硫脲），肼类化合物助促进剂：亚胺和羧酸类应用最多、效果最好的是邻苯磺酰亚胺（即糖精）；（d）稳定剂（约

0.01%）：胺、醌、酚、草酸等；（e）增稠剂：聚丙烯酸酯、纤维素衍生物等。

丙烯酸酯厌氧胶黏剂有如下特点：黏度可调节，变化范围广，固化收缩率较少，胶接口处应力小，低黏度时，具有良好的浸润性，特别适用于间隙在0.1 mm以下的缝隙的胶接和密封；可室温固化，能在较高温度使用，当采用促进剂还可加速固化，因此厌氧胶节约能源，便于进行自动化流水作业；胶接强度变化范围大，便于使用者选择；单组分，质量稳定，使用方便，不沾污其他容器，用胶量省，无浪费；厌氧胶的渗透性、吸振性、密封性好；无溶剂，挥发性及毒性低；胶接接头与空气接触的外部胶缝的胶不固化，清除方便；在空气下的胶液储存期长，一般在1年以上。

6.3 热固性胶黏剂

6.3.1 定义

热固性树脂胶黏剂是一种以中低分子量，且含有高反应性基团的聚合物为粘料的胶黏剂，在加热（或/和固化剂）作用下，聚合物之间发生交联反应，形成不熔不溶的胶层。热固性胶黏剂中聚合物分子量小，易扩散渗透，黏结力强，胶层耐热性、耐蠕变性好。但起始黏结力小，固化后易产生体积收缩和内应力，使胶接强度下降，所以往往需加压、加入填料来弥补这些不足。根据固化温度不同可以分为常温和加热两种热固性胶黏剂。主要的种类包括：氨基树脂胶黏剂、酚醛树脂胶黏剂、环氧树脂胶黏剂、热固性丙烯酸树脂胶黏剂、芳杂环聚合物胶黏剂、聚氨酯胶黏剂、不饱和聚酯胶黏剂、脲醛树脂胶黏剂、压敏胶黏剂、间苯二酚－甲醛树脂胶黏剂和三聚氰胺－甲醛树脂胶黏剂等。本节将选择几种有代表性的热固性胶黏剂进行介绍。

6.3.2 环氧树脂胶黏剂

环氧树脂胶黏剂主要由环氧树脂和固化剂两大部分组成，为改善某些性能，还加入稀释剂、促进剂、偶联剂、填料等。为此选择合适的配方，对形成高性能的环氧树脂胶黏剂非常必要。

首先，环氧树脂作为胶黏剂的主要成分，最好选用中等环氧值（0.25～0.45）的树脂，主要是因为环氧值过高的树脂强度较大，但较脆；环氧值中等的高、低温时强度均好；环氧值低的则高温时强度差些。如果胶黏剂不需耐高温，对强度要求不大，同时希望环氧树脂能快干，不易流失，则可选择环氧值较低的树脂；如果要求强度较好的，则可选用环氧值较高的树脂。

其次，环氧树脂本身是热塑性线型结构的化合物，不能直接做胶黏剂使用，必须加入固化剂并在一定条件下进行固化交联反应，生成不溶（熔）体型网状结构，才有实际应用价值。因此，固化剂是环氧树脂胶黏剂必不可少的组分。而环氧树脂胶黏剂的固化过程有如下特点：酸性或碱性固化剂作用下均能固化；有的可在低温或常温初步完成，有的只能在高温下进行；固化过程伴随着放热，而放热又可以促进固化；固化过程不放出水或其他小分子化合物，可不加压固化。为此可将环氧树脂胶黏剂中固化剂分为图6－1所示类型。

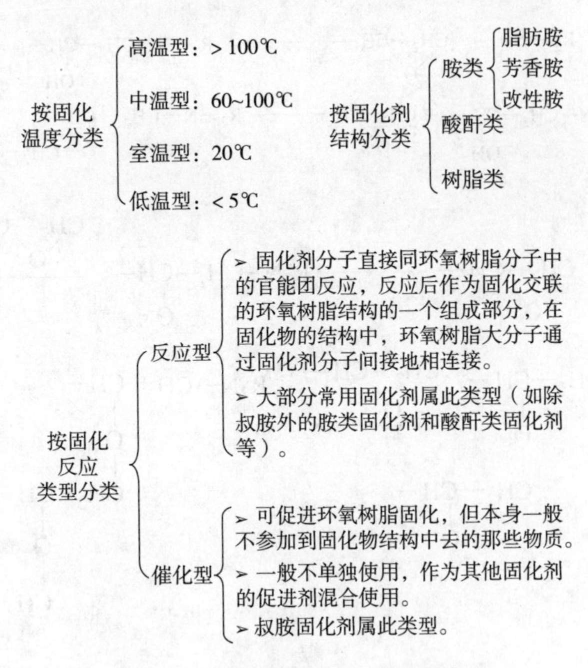

图 6－1　环氧树脂胶黏剂所用固化剂

下面就逐一介绍环氧树脂胶黏剂中的常见组分。

（1）胺类固化剂

胺类固化剂包括脂肪族胺类、芳香族胺类和改性胺类，是环氧树脂最常用的一类固化剂。脂肪族类如乙二胺、二乙烯三胺等具有能在常温下固化、固化速度快、黏度低、使用方便等优点，在固化剂中使用较为普遍。芳香族胺类如间苯二胺等，其分子中存在很稳定的苯环，固化后的环氧树脂耐热性较好。与脂肪族类相比，在同样条件下固化，其热变性温度可提高 40～60 ℃。改性胺类是指胺类与其他化合物的加成物，如 590 固化剂是由间苯二胺经部分与环氧丙烷苯基醚缩合而成的一种衍生物，黄至棕黑色黏稠液体，软化点在 20 ℃以下。用量为环氧树脂质量的 15%～20%，可在 60～80 ℃固化 2 h，也可在常温条件下固化，适用期较长。胺类固化剂与环氧树脂的固化原理有：

①伯胺：伯胺的活泼氢原子与环氧树脂中的环氧基起加成反应生成仲胺；新生成的仲胺中的活泼氢原子与另一个环氧基加成生成叔胺；新生成的羟基与环氧基反应生成醚键和羟基。

$$R{-}NH_2 + \underset{\diagdown O \diagup}{CH_2{-}CH} \longrightarrow R{-}NH{-}CH_2{-}\underset{OH}{\underset{|}{CH}}{-}$$

$$R{-}NH{-}CH_2{-}\underset{OH}{\underset{|}{CH}}{-} + \underset{\diagdown O \diagup}{CH_2{-}CH} \longrightarrow R{-}N{\left[CH_2{-}\underset{OH}{\underset{|}{CH}}\right]_2}$$

$$R{-}N{\left[CH_2{-}\underset{OH}{\underset{|}{CH}}\right]_2} + 2\underset{\diagdown O \diagup}{CH_2{-}CH} \longrightarrow R{-}N{\left[CH_2{-}\underset{O{-}CH_2{-}\underset{OH}{\underset{|}{CH}}{-}}{\underset{|}{CH}}\right]_2}$$

②仲胺：仲胺的活泼氢原子和环氧基起加成反应生成叔胺；新生成的叔胺分子上的羟基与另一个环氧基反应生成醚键和新的羟基；新的羟基再和环氧基反应生成网状交联。

③叔胺：不参加交联，而起催化作用，使环氧基本身彼此聚合。

$$R_2—NH + \underset{\diagdown O \diagup}{CH_2—CH}— \longrightarrow R_2—N—CH_2—\underset{OH}{\underset{|}{CH}}—$$

$$R_2—N—CH_2—\underset{OH}{\underset{|}{CH}}— + \underset{\diagdown O \diagup}{CH_2—CH}— \longrightarrow R_2—N—CH_2—\underset{O—CH_2—\underset{OH}{\underset{|}{CH}}—}{\underset{|}{CH}}$$

$$R_3N + \underset{\diagdown O \diagup}{CH_2—CH}— \longrightarrow R_3\overset{+}{N}—CH_2—\underset{O^-}{\underset{|}{CH}}— \xrightarrow{\underset{\diagdown O \diagup}{CH_2—CH}—}$$

$$R_3\overset{+}{N}—CH_2—CH(—O—CH_2—\underset{O^-}{\underset{|}{CH}}—)— \xrightarrow{\underset{\diagdown O \diagup}{CH_2—CH}—} R_3\overset{+}{N}—CH_2—CH(—O—CH_2—CH(—O—CH_2—\underset{O^-}{\underset{|}{CH}}—)—)—$$

几种胺类固化剂的性能见表6－3。

表6－3　胺类固化剂的性能

固化剂名称	LD_{50}/（$mg \cdot kg^{-1}$）	SPI分类
二乙烯三胺	2 080	4～5
三乙烯四胺	4 340	4～5
二乙氨基丙胺	1 410	4～5
间苯二胺	130～300	2
聚酰胺	800	2
间苯二甲胺	625～1 750	4～5

注：SPI分类：1—无毒性；2—有弱刺激性；3—有中等程度刺激性；4—有强烈敏感性；5—有强烈刺激性；6—对动物有致癌可能性

胺类固化剂在环氧树脂中理论用量按照式（6－1）计算：

$$X = \frac{M}{H} \cdot K \tag{6-1}$$

式中，X为固化100 g环氧树脂所需胺的量，g；M为胺类固化剂分子量；H为胺类固化剂分子中活性氢原子总数；K为环氧树脂环氧值。

（2）酸酐类固化剂

酸酐类如顺丁烯二酸酐、邻苯二甲酸酐等都可以作为环氧树脂的固化剂。固化后树脂有较好的机械性能和耐热性，但由于固化后树脂中含有酯键，容易受碱侵蚀。酸酐固化时放热量低，适用期长，但必须在较高温度下烘烤才能完全固化。酸酐类固化剂与环氧树脂的固化原理：

①酸酐与羟基反应生成单酯：

$$C_6H_4(CO)_2O + HO-CH< \longrightarrow C_6H_4(COO-CH<)(COOH)$$

②单酯中第二个羧基与环氧基酯化生成二酯：

$$C_6H_4(COO-CH<)(COOH) + \underset{\diagdown O \diagup}{CH_2-CH}- \longrightarrow C_6H_4(COO-CH<)(COO-CH_2-\underset{OH}{CH}-)$$

③在酸存在下环氧基与羟基起醚化反应：

$$>CH-OH + \underset{\diagdown O \diagup}{CH_2-CH}- \longrightarrow >CH-O-CH_2-\underset{OH}{CH}-$$

④单酯与羟基反应生成二酯：

$$C_6H_4(COO-CH<)(COOH) + HO-CH< \longrightarrow C_6H_4(COO-CH<)(COO-CH<) + H_2O$$

⑤叔胺、季铵盐或氢氧化钾都可以加速酸酐固化反应。工业上常用有机碱作为酸酐固化的催化剂：

$$-\overset{O}{\overset{\|}{C}}-OH + OH^- \longrightarrow -\overset{O}{\overset{\|}{C}}-O^- + H_2O$$

$$-\overset{O}{\overset{\|}{C}}-O^- + \underset{\diagdown O \diagup}{CH_2-CH}- \longrightarrow -\overset{O}{\overset{\|}{C}}-O-CH_2-\underset{O^-}{CH}-$$

$$-\overset{O}{\overset{\|}{C}}-O-CH_2-\underset{O^-}{CH}- + -\overset{O}{\overset{\|}{C}}-OH \longrightarrow -\overset{O}{\overset{\|}{C}}-O-CH_2-\underset{OH}{CH}- + -\overset{O}{\overset{\|}{C}}-O^-$$

酸酐类固化剂在环氧树脂中理论用量按照式（6-2）计算：

$$X = \frac{M}{100} \cdot G(0.6 \sim 1) \qquad (6-2)$$

式中，X 为固化100 g环氧树脂所需酸酐的量，g；M 为酸酐类固化剂分子量；G 为环氧树脂环氧值；0.6～1为修正系数，一般酸酐取0.85。

（3）合成类固化剂

有许多合成树脂，如酚醛树脂、氨基树脂、醇酸树脂、聚酰胺树脂等都含有能与环氧树脂反应的活泼基团，能相互交联固化。合成树脂本身都各具特性，当它们作为固化剂使用引入环氧结构中时，就给予最终产物某些优良的性能。

酚醛树脂：酚醛树脂可直接与环氧树脂混合作为胶黏剂，胶接强度高，耐温性能好。但在胶合时，必须加温加压处理，才能获得比较理想的效果。如果同时加入胺类固化剂（如乙二胺）作为加速剂，可缩短固化时间。作为固化剂的酚醛树脂是在碱性催化剂作用下制得的。酚醛树脂的用量可为环氧树脂质量的30% ~40%，乙二胺的用量可为环氧树脂质量的5% ~6%。

氨基树脂：脲醛树脂及三聚氰胺甲醛树脂的固化是羟甲基与环氧基、羟基反应。固化后，可提高机械强度、耐化学药品等性能。三聚氰胺甲醛树脂作为固化剂加入高分子量的环氧树脂时，用量为环氧树脂质量的4%，配制时粉状混合。

$$—CH_2—OH + HO—\overset{|}{\underset{|}{C}}H \longrightarrow —CH_2—O—\overset{|}{\underset{|}{C}}H + H_2O$$

$$—CH_2—OH + \underset{\diagdown O \diagup}{CH_2—CH}— \longrightarrow —CH_2—O—CH_2—\underset{OH}{\underset{|}{C}}H—$$

聚酰胺树脂：聚酰胺树脂一般是琥珀色、低熔点的热塑性树脂，是一种毒性较低的固化剂。聚酰胺本身既是固化剂，又是性能良好的增塑剂。只要两种树脂按一定量配合搅拌均匀，就可在常温下操作和固化。聚酰胺树脂的用量范围较大，一般用量为环氧树脂质量的100%较为合适。低于20 ℃时，聚酰胺树脂黏度较大，使用时可适当加温，降低黏度后再用。常用的聚酰胺树脂的牌号有200#、300#、400#等，固化条件是常温2 ~3 天或150 ℃保温2 h后，缓慢冷却至常温即完全固化。

按固化工艺及特性来说，上述环氧树脂的固化剂都属于显在型，还有一类为潜伏型，两者的主要区别为环氧树脂和固化剂混合后的储存稳定性。传统的显在型固化剂又称双组分固化剂，它们在常温下与环氧树脂混合后迅速发生反应固化，因此需要将显在型固化剂与环氧树脂分开储存。其储存、运输困难，配制时易产生误差和混合不均匀等问题限制其应用。潜伏型固化剂克服了显在型固化剂的缺点。潜伏性环氧固化剂是潜伏型固化剂和环氧树脂组成的，在室温下具有较长的储存期，在加热、光照、湿气等外界条件下能迅速反应固化。因此，操作工艺简单、加工可控、易储存，且储存时间长的单组分潜伏性环氧固化剂成为研究热点。这类固化剂主要是通过对固化剂中反应活性高而储存稳定性差的活性基团和结构暂时封闭、钝化，或对反应活性低而储存稳定性好的固化剂的活化来实施的。根据其激活方式，可以分为湿气激活、加热激活和光照激活潜伏性固化剂三种。其中加热激活潜伏性固化剂（热潜伏性固化剂）最为常见。热潜伏性固化剂对温度十分敏感，在常温下很难与环氧树脂反应，一旦加热到特定的温度，便迅速与环氧树脂反应生成交联产物，如双氰胺易于结晶，熔点为203 ~210 ℃，常温下为固体，常以粉末的方式分散于环氧树脂中，室温下可储存半年之久。当固化体系的温度达到180 ℃时，双氰胺开始熔融，并与环氧树脂发生反应，60 min左右就有较好的固化效果。由于双氰胺单独作环氧树脂固化剂时的固化温度过高，导致许多材料不能使用，因此一般采用额外添加促进剂或改性双氰胺的方法来降低体系的固化温度。

除了固化剂外，环氧树脂胶黏剂中还有增韧剂（或增塑剂），以来增加环氧树脂的流动性，降低树脂固化后的脆性，提高韧性及抗弯和抗冲击强度。常用增塑剂如图6 -2 所示。

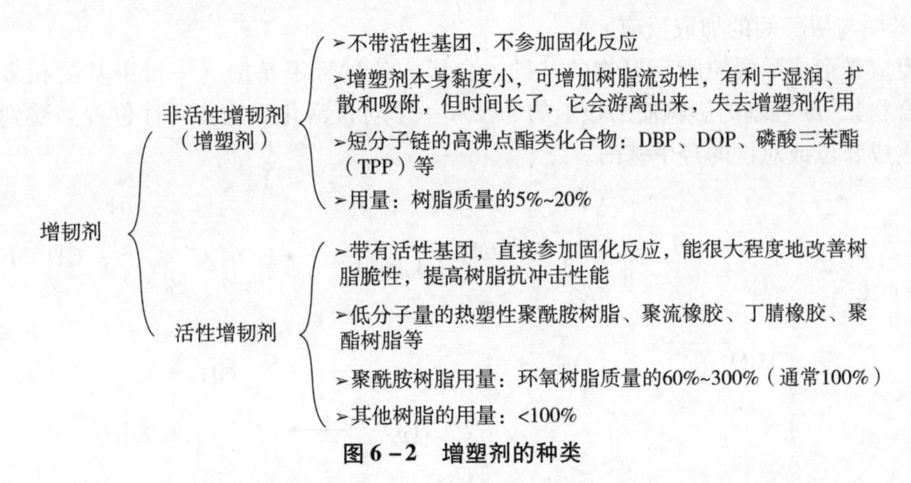

图 6－2　增塑剂的种类

稀释剂的作用是降低环氧树脂的黏度，增加其流动性和渗透性，便于操作，可延长其适用期，稀释剂可以分为活性稀释剂和非活性稀释剂两大类，主要特点如图 6－3 所示。

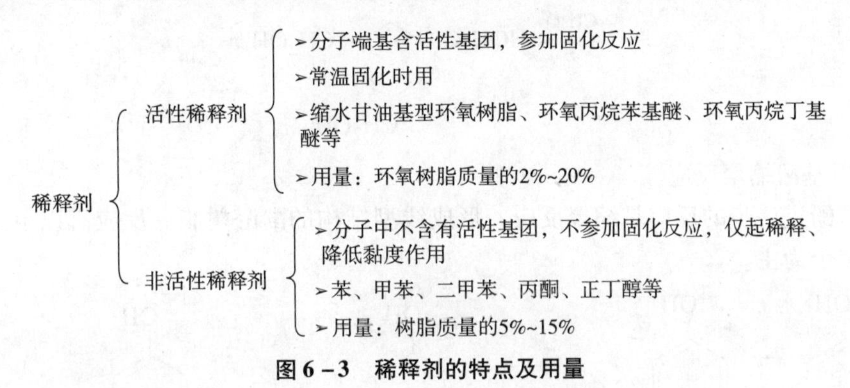

图 6－3　稀释剂的特点及用量

6.3.3　酚醛树脂胶黏剂

酚醛树脂是最早用于胶黏剂的合成树脂，由于酚醛树脂黏合力强，耐高温，价格低廉，至今还大量用于木材加工工业中。采用柔性聚合物改性的酚醛树脂结构胶黏剂，如酚醛－缩醛、酚醛－丁腈胶黏剂，在金属结构胶中占有很重要的地位，广泛应用于飞机、汽车和船舶等方面。

酚醛树脂（PF 树脂）是酚类与醛类在催化剂作用下形成树脂的统称。酚类主要为苯酚、甲酚、间苯二酚、单宁等，醛类主要为甲醛、糠醛等。用于胶黏剂的酚醛树脂通常是苯酚与甲醛经缩聚反应得到的树脂。在酚醛树脂的合成中，根据原料的化学结构、酚和醛的用量（物质的量比）以及介质的 pH 值的不同，可分别得到热塑性和热固性酚醛树脂。热固性酚醛树脂是在碱性催化剂作用下苯酚与甲醛以物质的量比小于 1 的情况下反应制成。热塑性酚醛树脂是在酸性催化剂作用下苯酚与甲醛以物质的量比大于 1 的情况下反应制成。

（1）合成原理

①热固性酚醛树脂。

甲阶酚醛树脂（resol）是一种可熔、易溶的线型结构酚类树脂，分子量较低，含有一定量的活性羟甲基，进一步反应树脂变得不熔，是在碱性催化剂作用下苯酚与过量的甲醛反应生成，如热固型 PF 树脂胶黏剂。其反应分为两步。

a. 苯酚与甲醛间的加成反应。

此反应是形成酚醛树脂高聚物的基础，会形成各种羟甲基酚（一羟甲基酚和多羟甲基酚的混合物）。酚羟基的影响使酚核上的邻位和一个对位活化。这些活性位置当受到甲醛的进攻时生成邻位或对位的羟甲基酚。

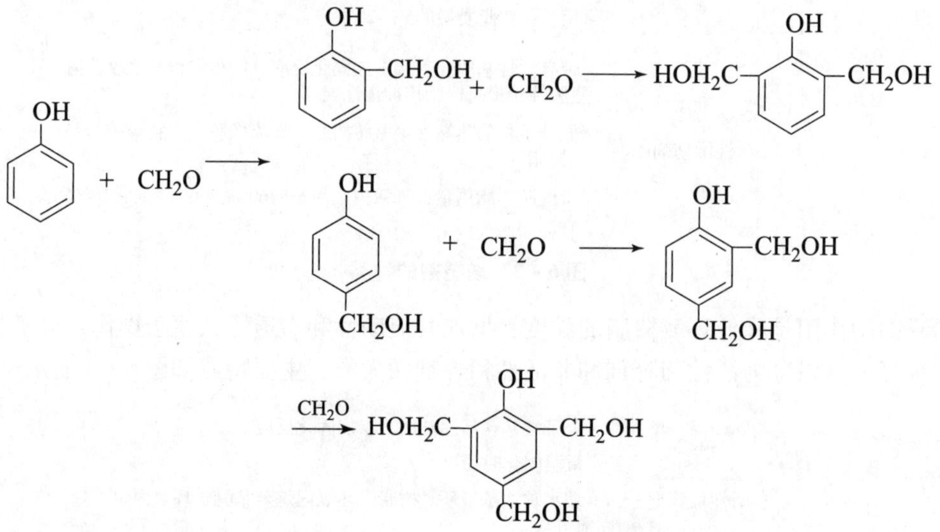

OH + CH_2O ⟶ OH, CH_2OH + CH_2O ⟶ OH, HOH_2C, CH_2OH

OH, CH_2OH + CH_2O ⟶ OH, CH_2OH, CH_2OH

$\xrightarrow{CH_2O}$ OH, HOH_2C, CH_2OH, CH_2OH

b. 羟甲基酚缩聚反应。

羟甲基酚进一步的反应是缩聚反应，形成线型结构的酚醛树脂。反应有以下三种情况，其中以第二个为主。

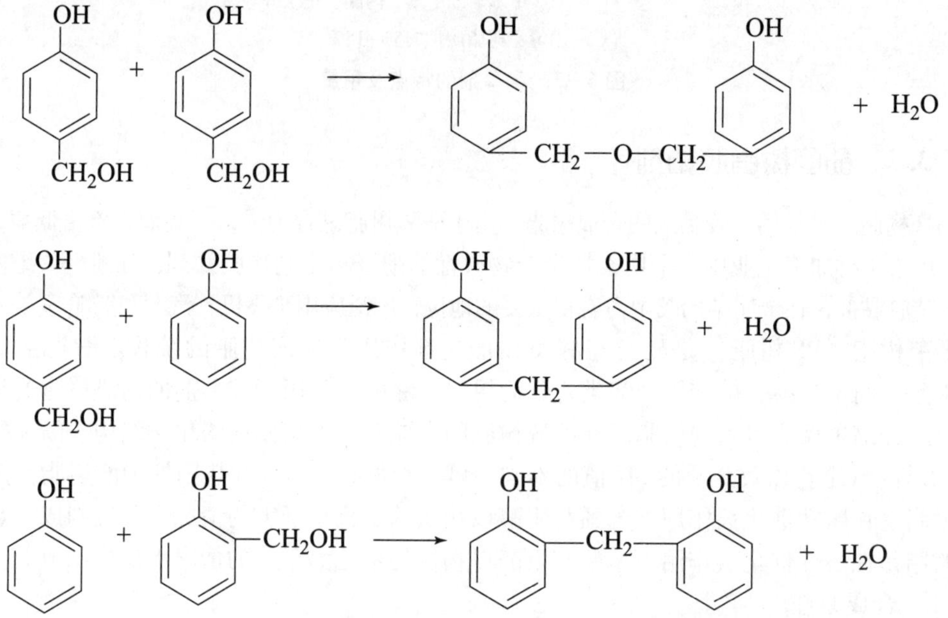

OH, CH_2OH + OH, CH_2OH ⟶ OH, $CH_2—O—CH_2$, OH + H_2O

OH, CH_2OH + OH ⟶ OH, CH_2, OH + H_2O

OH + OH, CH_2OH ⟶ OH, CH_2, OH + H_2O

在碱性条件下，缩聚体主要通过次甲基键连接起来。羟甲基酚的缩聚反应进行到凝胶点前，突然把反应体系冷却，各种反应速度都降低，此时可得到不同用途的可溶性酚醛树脂，即甲阶酚醛树脂（A 阶树脂）是由不同聚合度的树脂组成的。

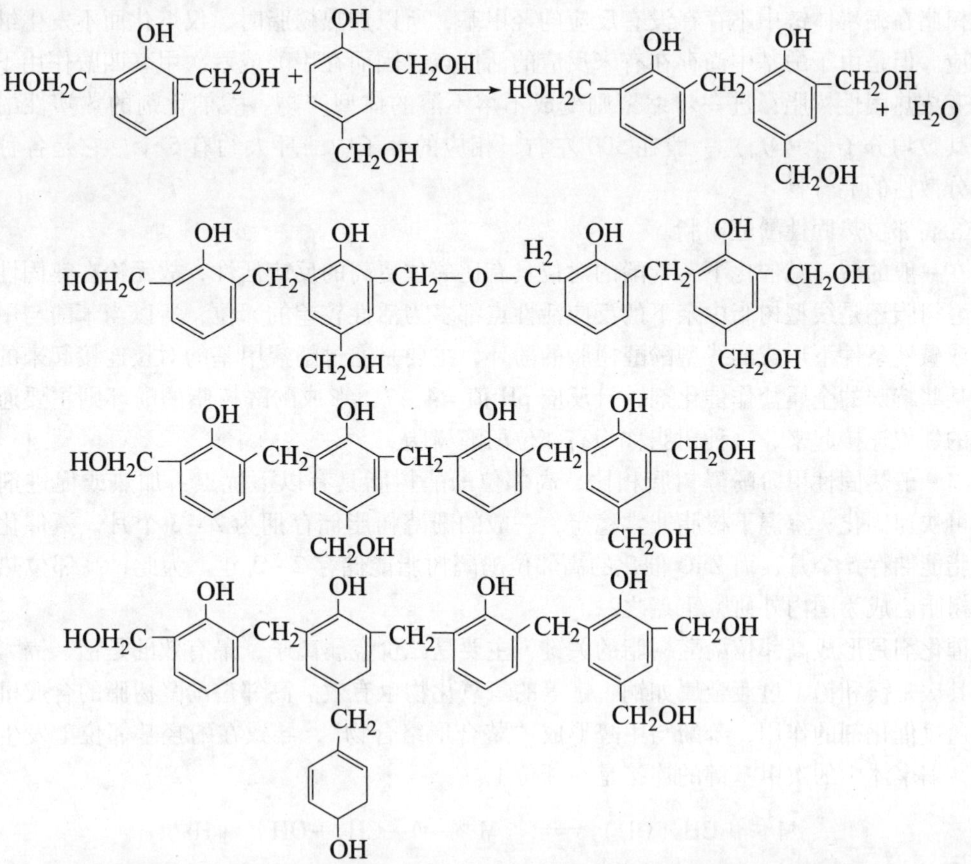

乙阶酚醛树脂由甲阶酚醛树脂经加热或长期储存缩聚而成，树脂分子量较高(1 000左右)，聚合度为6～7，可部分溶于丙酮、乙醇等溶剂，具溶胀性，加热可软化，冷却后变脆。

丙阶酚醛树脂是乙阶酚醛树脂继续反应缩聚而得到的最终产物，具有不熔不溶的体型结构，机械强度、耐水性、耐久性均很好。

②热塑性酚醛树脂。

在酸性催化剂作用下，苯酚过量情况下，苯酚与甲醛反应生成双羟基苯甲烷的中间体。双羟基苯甲烷继续与苯酚、甲醛作用，但因为甲醛用量不足，只能生成线型热塑性酚醛树脂。故线型酚醛树脂（热塑性酚醛树脂，Novolak）是一种甲醛与苯酚物质的量比小于1：1的酚醛树脂。通常情况下它保持热塑性，当加热并与适量甲醛（聚甲醛或六次甲基四胺）反应时形成不溶物。

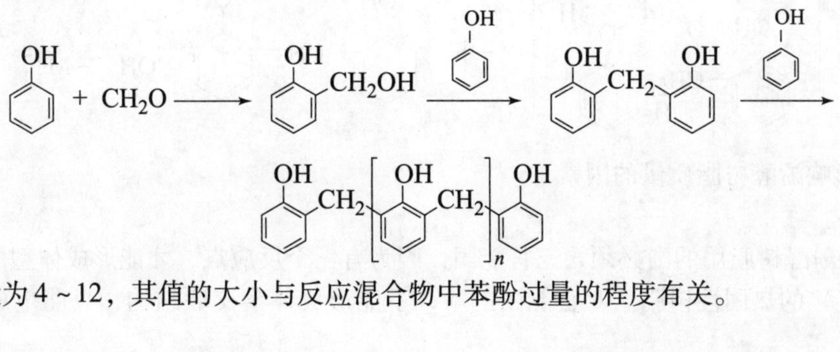

n 一般为4～12，其值的大小与反应混合物中苯酚过量的程度有关。

树脂在缩聚体链中不存在没有反应的羟甲基，所以加热树脂时，仅熔化而不发生继续缩聚反应。但是由于酚基中尚存在有未反应的活性点，因而在甲醛或六次甲基四胺作用下，就会转变成热固性树脂，进一步缩聚则变成不熔不溶的体型产物。酸催化剂的热塑性酚醛树脂，其数均分子量（M_n）一般在500左右，相应的分子中酚环大约有5个，它是各种级分且具分散性的混合物。

③高邻位热固性酚醛树脂。

在一般的酸、碱催化下，苯酚的对位具有比邻位更高的反应活性，故无论在热固性的甲阶酚醛树脂还是线型树脂中余下的反应活性点都多为活性较差的邻位，所以当苯酚与甲醛在酸性或碱性条件下形成的线型酚醛树脂的酚环，主要是通过酚羟甲基的对位连接起来的，如果用某些特殊的金属盐作催化剂，且反应 pH 值 =4 ~ 7，形成酚醛树脂的酚环则主要通过酚羟基的邻位连接起来，这种树脂称为高邻位酚醛树脂。

与一般热固性甲阶酚醛树脂相比，高邻位酚醛树脂具有以下优点：加热或促进剂条件下，可快速固化；室温下树脂非常稳定，一般的酚醛树脂储存期为 2 ~ 3 个月，氨催化的酚醛树脂能储存 5 个月，而 ZnO 催化的高邻位酚醛树脂能储存 2 ~ 3 年。为此，高邻位热固性酚醛树脂已成为国内外研究重点之一。

催化剂是形成高邻位酚醛树脂的关键，主要是二价金属离子，最有效的是锰、镉、锌和钴，其次是镁和铅，过渡金属如铜、锰等的氢氧化物也有效。高邻位酚醛树脂的合成机理主要是通过催化剂的作用，苯酚与甲醛形成“螯合形络合物”，导致在酚羟基邻位上发生缩聚反应，缩聚体中的次甲基键的连接是在邻位上。

$$M^{2\oplus} + CH_2(OH)_2 \rightleftharpoons [M^{\oplus}—O—CH_2—OH] + H^{\oplus}$$

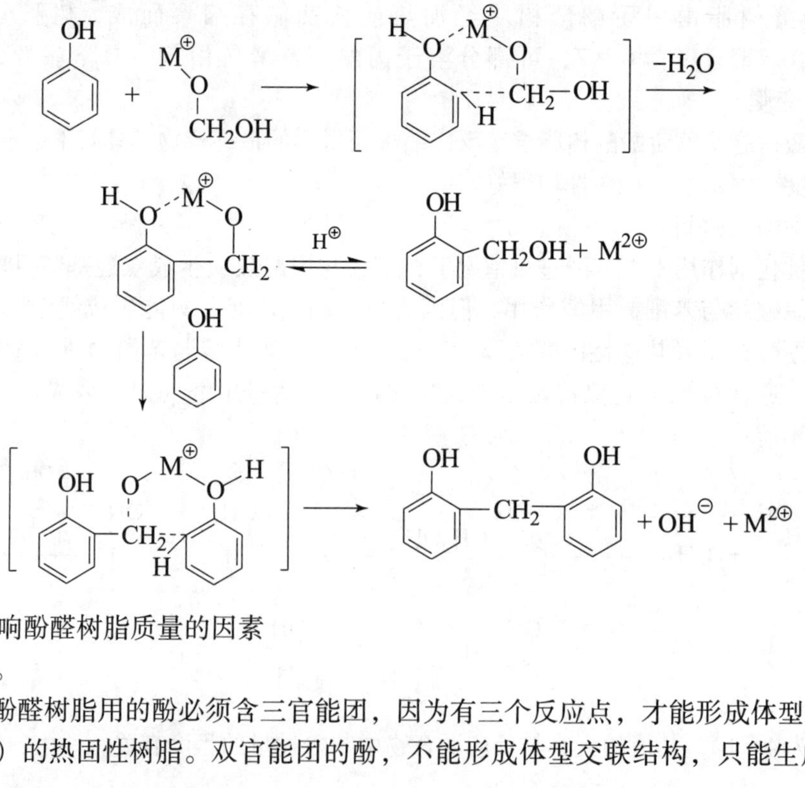

（2）影响酚醛树脂质量的因素

①原料。

热固性酚醛树脂用的酚必须含三官能团，因为有三个反应点，才能形成体型的结构，得到不熔（溶）的热固性树脂。双官能团的酚，不能形成体型交联结构，只能生成热塑性的线型树脂。也就说两种原料的官能度总和不小于5才能形成热固性PF。不同的酚类与甲醛的反应活性不同，见表6-4。从表6-4可知，酚类的反应活性，间位取代的酚类（如3,5-二甲酚，间苯二酚）由于增加了酚羟基对位和邻位的活性，大大提高了与甲醛的反应速度。

表6-4 各种酚的反应活性

酚类	比较速率（以苯酚为1）	酚类	比较速率（以苯酚为1）
3,5-二甲酚	7.75	2,5-二甲酚	0.71
间甲酚	2.88	对甲酚	0.35
2,3,5-三甲酚	1.49	邻羟苯甲醇	0.34
苯酚	1.00	邻甲酚	0.26
3,4-二甲酚	0.83	2,6-二甲酚	0.16

②酚与甲醛的物质的量比。

只有当酚与醛的物质的量的比小于1时，才能形成一定数量的多羟甲基酚，由多羟甲基酚进一步反应形成的线型结构树脂在胶合时才能形成体型结构的树脂，而用作胶黏剂的酚醛树脂均为热固性树脂，一般物质的量比的范围为苯酚:甲醛=1:(1.4~2.5)。

③催化剂。

酚醛树脂的形成必须在酸或碱的催化下进行。当苯酚与甲醛的物质的量比大于1（苯酚过量），在强酸性（pH值<3）条件下可合成热塑性酚醛树脂；当苯酚与甲醛的物质的量比大于1，在二价金属离子催化剂作用下可合成高邻位酚醛树脂；当苯酚与甲醛的物质的量比小于1（甲醛过量），在碱性（pH值>7）条件下可合成热固性酚醛树脂。

a. 催化剂对反应速度的影响。

酚与醛的反应速度与反应介质pH值有很大关系，当pH值为4~5时，pH值的变化对反应速率的影响很小；当pH值小于4时，反应为酸催化类型，反应速度与pH值成正比；pH值大于5时，反应为碱催化类型，反应速度与pH值成正比。

b. 催化剂对树脂性质的影响。

碱性催化剂有利于形成多羟甲基酚，因而有利于形成热固性树脂。酸性催化剂则易于促使羟甲基酚形成亚甲基型化合物，当苯酚与醛的物质的量比为1或大于1时，就形成热塑性树脂。

c. 催化剂种类和用量的影响。

碱性催化剂：热固性酚醛树脂都用碱性催化剂，常用的碱性催化剂有氢氧化钠、氢氧化钙、氢氧化钡、氢氧化铵等。前两种多用于制造热固性的水溶性酚醛树脂，氢氧化钡多用制造冷固性的水（醇）溶性酚醛树脂，氢氧化铵用于制造醇溶性酚醛树脂。催化剂的用量一般为苯酚用量的10%~15%。

酸性催化剂：热塑性酚醛树脂一般采用酸催化剂。常用的有盐酸、硫酸、磷酸、苯磺酸等。

金属离子催化剂：常用的是锌、锰、铝等碱金属或碱土金属的氧化物、氢氧化物或有机盐。催化作用平缓，反应易于控制，常用于合成高水溶性快速固化酚醛树脂。

④反应温度和反应时间的影响。

低温下反应缓慢，高温下反应迅速。合成树脂的聚合度、平均分子量及其分布、羟甲基含量及官能度，是物质的量比、pH 值、催化剂类型及用量、酚类的官能度、反应温度及反应时间等主要因素共同作用的结果，而各因素之间又相互制约。当其他因素固定不变时，反应温度与反应时间之间的关系成反比，即反应温度高，反应时间短。一般在反应初期升温速度不宜太快，且在初期反应形成羟甲基酚（一羟甲基酚、二羟甲基酚）和低级缩聚物的过程中伴随有大量的放热反应。一般来说，升温速度还与催化剂的催化作用强弱有关，采用快速升温时，使用较缓和的催化剂为宜。

（3）改性酚醛树脂胶黏剂

酚醛树脂胶黏剂虽然具有胶接强度高、耐水、耐热、耐磨及化学稳定性好等优点，生产耐候、耐热的木材制品时酚醛树脂胶黏剂为首选胶黏剂，但因其存在耐磨性较低、成本较高、固化温度高、热压时间长、胶层颜色较深、胶层内应力大易产生老化龟裂、甲阶酚醛树脂初黏性低、渗透力强而易透胶、耐碱性差、对异种材料的胶接性能不理想，特别是在胶接木质材料时，固化时间长、毒性大等缺点，所以应用受到一定限制。为此，需要采用多种改性方法。一般是将柔韧性好的线型高分子化合物（如合成橡胶、聚乙烯醇缩醛、聚酰胺树脂等）混入酚醛树脂中；也可以将某些黏附性强的，或者耐热性好的高分子化合物或单体与酚醛树脂用化学方法制成接枝或嵌段共聚物，从而获得具有各种综合性能的胶黏剂。

①酚醛－缩醛树脂胶黏剂。

热塑性的聚乙烯醇缩醛树脂改性的酚醛树脂的机械强度高，柔韧性好，耐寒、耐大气老化性能极佳，可用于木材和金属的胶接。

聚乙烯醇缩醛是由聚乙烯醇与醛类反应生成，而聚乙烯醇一般是利用聚醋酸乙烯酯经水解制得的。常用的有聚乙烯醇缩甲醛和聚乙烯醇缩丁醛。聚乙烯醇缩醛对许多表面都有极好的黏附性。

值得注意的是缩醛的结构不同，赋予胶黏剂的性质也不同。用碳链较长的醛形成的缩醛，其改性胶黏剂的韧性好，但不耐热，如丁醛比甲醛形成的缩醛胶黏剂的韧性与弹性好，但耐热性差。糠醛形成的缩醛，其胶黏剂的刚性高、耐热性好、化学稳定性强，但憎水。

②酚醛－丁腈橡胶胶黏剂。

橡胶改性的酚醛树脂：柔韧性好、耐温等级高，具有较高的胶接力。以丁腈橡胶改性酚醛树脂的应用最为广泛，它广泛用于金属、非金属的胶接。应考虑催化剂、橡胶硫化剂及硫化促进剂、填充剂、溶剂等的选择。

③苯酚－三聚氰胺共缩合树脂胶黏剂。

可采用苯酚、三聚氰胺与甲醛同时加入反应，或顺序加入后再反应；也可采用将分别制造的酚醛树脂与三聚氰胺树脂共混的方法得到苯酚－三聚氰胺共缩合树脂胶黏剂，可以改进酚醛树脂固化所需温度高、时间长的缺点。

④尿素改性酚醛树脂胶黏剂。

在致力于提高酚醛树脂胶黏剂性能的同时，也应注意降低生产成本，降低酚醛树脂胶黏剂成本的主要途径是引入价廉的尿素。以苯酚为主的苯酚－尿素－甲醛（PUF）树脂胶黏剂，不但降低酚醛树脂的价格，而且可以降低游离酚和游离醛。

⑤木质素改性酚醛树脂胶黏剂。

木质素是广泛存在于自然界植物体内的天然酚类高分子化合物。木质素－苯酚－甲醛胶黏剂已应用于生产人造板，不仅可以降低造纸废液的污染，而且也能降低酚醛树脂成本。在一定条件下，可用木质素硫酸盐或黑液代替高达42%的酚醛树脂胶黏剂，而固化时间无明显延长，板的性能也不降低。

⑥间苯二酚改性酚醛树脂胶黏剂。

自从1943年间苯二酚－甲醛（RF）树脂应用以来，主要用于船用胶合板以及在恶劣环境中使用的结构件。由于苯酚和间苯二酚两者结构相近，不少研究利用间苯二酚改性酚醛树脂，提高其固化速度，降低固化温度，主要有两种方法：（a）将RF树脂和酚醛树脂按一定比例进行共混；（b）间苯二酚、甲醛两者共缩聚，其主要特点是能在低温或室温固化。

还可以通过以下方式降低酚醛树脂的固化温度和减少固化时间：添加固化促进剂或高反应性的物质，如添加碳酸钠、碳酸氢钠、碳酸氢钾、碳酸丙烯酸酯类的碳酸盐与碳酸酯、间苯二酚、异氰酸酯等；改变树脂的化学构造，赋予其高反应性，如高邻位酚醛树脂的合成；与快速固化性树脂复合，如苯酚－三聚氰胺共缩合树脂、苯酚－尿素共缩合树脂、木素、单宁－酚醛树脂共缩合树脂等；提高树脂的聚合度。

6.4　橡胶型胶黏剂

6.4.1　概况

橡胶高分子是天然橡胶和合成橡胶的总称，它是具有高弹性的一类弹性材料。橡胶型胶黏剂是以合成橡胶或天然橡胶做基料制成的胶黏剂。以橡胶为原材料制成的胶黏剂具有橡胶的特性：分子量大、柔顺性佳、多分散性、分子链上化学键可以内旋转、玻璃化转变温度比较低、弱次价键力、在室温下和未拉伸状态下分子处在无定形状态、分子间具有一定的交联度。大部分的天然橡胶和合成橡胶都能够制成胶黏剂，此类胶黏剂一般可以分为溶剂型和水性体系。溶剂型橡胶型胶黏剂是一类将橡胶溶解在有机溶剂中的胶黏剂，生产简便、应用施工广泛，但是其对于环境的污染也相对较高，对人体的损害较大。水性体系橡胶胶黏剂相比溶剂型胶黏剂而言，制造工艺十分复杂，应用范围较窄，耐候性相对较差，好在其对环境的污染很低，对人体基本没有损害。因此，在最近的20年间，水性橡胶型胶黏剂的发展很快。天然橡胶是人类历史上应用最早的一类天然高分子材料，是最早被用来制造胶黏剂的原材料之一。随着20世纪40年代以后合成橡胶的兴起，合成橡胶也被越来越多地用到胶黏剂配方中，使橡胶型胶黏剂进入飞速发展的时代。到目前为止，橡胶胶黏剂的主体材料涵盖了氯丁、丁腈、丁苯、丁基、聚硫橡胶以及硅胶和氟胶等特种橡胶。橡胶型胶黏剂对很多材料都具有良好的黏结性能，用其制成的产品还拥有橡胶的回弹性，所以橡胶型胶黏剂被广泛应用于制鞋、建筑装修、家电家具和汽车工业等行业中，水性体系橡胶型胶黏剂甚至还被应用于民用领域中。

6.4.2 氯丁橡胶胶黏剂

氯丁橡胶胶黏剂是以氯丁橡胶为粘料并加入其他助剂如填料、硫化剂、防老剂、溶剂等而制得的胶黏剂。氯丁橡胶胶黏剂的主要成分是氯丁橡胶，是氯丁二烯的聚合物，其结构比较规整，分子上又有极性较大的氯原子，故结晶性强，在室温下就有较好的胶接性能和内聚力，非常适宜做胶黏剂，是橡胶型胶黏剂中最重要和产量最大的品种，有“万能胶”之称，主要用于胶接橡胶与金属、橡胶与橡胶，广泛用于织物、皮革、塑料、木材、玻璃等材料的黏结。氯丁橡胶黏剂的特点有：氯丁橡胶分子结构中有电负性较强的氯原子，可提供黏结所需的极性，不需硫化就有很好的凝聚力，大部分氯丁橡胶胶黏剂为室温固化接触型的，涂胶于表面，经过适当的晾干、合拢接触后，便能够瞬时结晶，有很大的初黏力，被黏材质涂胶晾干后一经接触便有很强的黏结强度；黏结软性材质时，能够缓解由于膨胀、收缩所引起的应力集中；有良好的耐水、耐老化、耐曲挠性，对多种材质有良好的黏结力，性能可靠；可以配成单组分，使用方便，价格低廉等。但其缺点也很明显，如耐热性较差，耐寒性不佳；溶剂型氯丁橡胶黏合剂稍有毒性；储存稳定性差，容易分层、凝胶、沉淀等。按照制备方法，氯丁橡胶型胶黏剂分为溶剂型、水乳型和无溶剂型三类。

氯丁橡胶胶黏剂的主要成分及作用如下：

（1）作为粘料的氯丁橡胶

氯丁橡胶是由氯丁二烯经乳液聚合而制得的胶浆。用于溶剂型胶黏剂的氯丁橡胶是将胶浆酸化，然后加电解质凝聚而得到的固体产品（生胶）。其分子式为

$$\left[CH_2-\underset{\underset{Cl}{|}}{C}=CH-CH_2 \right]_n$$

按聚合条件可将氯丁橡胶分为硫黄调节通用型（G 型）、非硫调节通用型（W 型）（表 6-5）和胶接专用型。

一般来说，氯丁橡胶的分子量越大，门尼黏度越大，炼胶时不易包辊，但分子量过大，配成溶液的黏度就大，使涂布性能变差。氯丁橡胶的结晶速度快，初期胶接强度高，但太快，适用期缩短，胶层柔软性变差，因此作为胶黏剂时，氯丁橡胶分子量和结晶性应进行适当控制。

（2）硫化剂

硫化剂的作用是促使橡胶（生胶）发生硫化反应（交联反应），提高胶的耐热性，增加抗张强度。最常用的有氧化锌（3 号）和氧化镁（轻质），两者必须并用，一般氧化镁用量为氯丁橡胶质量的 4% ~8%，氧化锌为 5% ~10%。

（3）防老剂

防老剂的作用是防止氯丁橡胶老化，常用的有 N-苯基-α-萘胺（防老剂甲或 A）、N-苯基-β-萘胺（防老剂丁或D）等，其用量为氯丁橡胶重的 2%。

（4）填料（补强性填料）

填料的作用是改善操作性能，降低成本和减少体积收缩率，提高胶的耐热性。常用的有炭黑、白炭黑、重质碳酸钙等，用量为氯丁橡胶重的 50% ~100%。

表6-5 聚氯丁橡胶的分类

调节类	牌号	化学式	特性	用途	剥离强度（N·m^{-1}）
硫黄调节	LCJ-121（Hφ）	$(C_4H_5Cl)_nS_m$	低结晶性，胶接性能比较好	可配制一般用途的胶黏剂	78~118
非硫调节	LDJ-231（54-2）	$(C_4H_5Cl)_n$	中等结晶性，胶接性能好，黏性保持期较长，储存稳定性好	除可用于胶黏剂外，还可用于电线、电缆、胶带、胶辊	78~118
	LDJ-233（高门尼）	$(C_4H_5Cl)_n$	门尼黏度高，可添加大量填充剂	橡胶制品和配制胶黏剂	
	LDJ-240（66-1）	$(C_4H_5Cl)_n$	结晶速度快，结晶度高，门尼黏度高，胶接强度大，耐老化，储存稳定性好，黏性保持期长	广泛配制胶黏剂，用于建筑材料、制鞋等	>176
	LDJ-241（66-3）	$(C_4H_5Cl)_n$	LDJ-240的改性胶，黏性保持期长，储存稳定性特好	用于配制胶黏剂	>176
	LDJ-244（接枝专用）	$(C_4H_5Cl)_n$	结晶度高，含少量丙烯腈共聚物，其溶液具有一定反应活性	制备接枝氯丁胶黏剂	>176
	LBJ-210（氯苯胶）	$(C_4H_5Cl)_n$（苯乙烯含量7%~9%）	结晶慢，非硫黄调节，含少量聚苯乙烯共聚物，低温时具有抗晶化性能	适于配制低温胶黏剂	
	LBJ-211（耐寒氯苯胶）	$(C_4H_5Cl)_n$	结晶速度慢，门尼黏度高，可塑性好，低温性能优良	适宜与LDJ-240和LDJ-241并用，增加黏性保持期	

（5）酚醛树脂

酚醛树脂的作用是增加胶的极性，提高胶接强度和耐热性，一般用的是烷基或萜烯改性的酚醛树脂，用量以50%为宜。

（6）溶剂

溶剂的作用是使胶液具有合适工作黏度和固体含量，常用的有甲苯、醋酸乙酯、正己烷等，用量是以配制成固体含量为20%~35%的胶液为准。

制备氯丁橡胶胶黏剂的方法一般有两种：

①混炼法。

将氯丁橡胶加入炼胶机在温度低于40 ℃进行塑炼10~30 min，加入各种配合剂后继续混炼（加料次序为氯丁橡胶、促进剂、防老剂、氧化锌、氧化镁和填料等），温度≤60 ℃，混炼时间在保证各种配料充分混合均匀的条件下应尽量缩短，使得胶破碎成小块，溶解（改性时只需将氧化镁预反应树脂加入搅拌均匀）就得到溶剂型氯丁橡胶胶黏剂。

②浸泡法。

将氯丁橡胶与混合溶剂在密闭容器内浸泡2～3天，移至反应釜内加热至50 ℃左右，搅拌溶解，加入各种配料，搅拌均匀得到溶剂型氯丁橡胶胶黏剂。

两种方法相比，在胶接强度和储存性能方面，混炼法优于浸泡法，但混炼法比较麻烦，浸泡法简单。

为适应多种黏结要求，以氯丁橡胶或胶乳为基料，以有机低分子为单体进行二元、三元或四元接枝改性的胶黏剂成为目前应用较多的品种。下面主要介绍溶剂型（混配型）氯丁胶黏剂、接枝型氯丁胶黏剂、氯丁胶乳胶黏剂和液体氯丁橡胶胶黏剂。

①混配型氯丁胶黏剂。

混配型氯丁橡胶胶黏剂由氯丁橡胶、增黏树脂、金属氧化物、溶剂、防老剂、填充剂、促进剂、交联剂等组成。溶剂型氯丁胶黏剂是以溶剂使氯丁橡胶和树脂等组分溶解制成的，胶液涂布晾置溶剂挥发后借助氯丁橡胶的快速结晶性而产生很多的初始黏结力。胶黏剂的黏度、干燥速度、初黏力、黏性保持时间、防冻性、工艺性、黏结强度、阻燃性、毒害性、污染性、安全性、储存稳定性、经济性等都与溶剂的性质密切相关。因此，溶剂选择得合适与否，对氯丁胶黏剂有着决定性的影响。并不是每一具体配方都包括上述各组分，因用途不同而有所差异。混配型氯丁橡胶胶黏剂是实用性很强的胶黏剂，广泛应用于工业生产和日常生活，特别是建筑、汽车、制鞋、家具等行业用量很大。

②接枝型氯丁胶黏剂。

接枝氯丁胶黏剂的黏结强度比普通或酚醛树脂、氯化橡胶、多异氰酸酯等改性的氯丁胶黏剂高得多，其中甲基丙烯酸甲酯是最为常用的接枝单体。甲基丙烯酸甲酯与氯丁橡胶的接枝共聚主要有溶液聚合与乳液聚合两种，其中溶液聚合研究得较早、较多，也较成熟。为适应更为广泛的黏结要求，相继开发了三元接枝胶和四元接枝胶等，如氯丁胶－丁苯胶/甲基丙烯酸甲酯三元接枝胶适用于EVA、SBS、PVC、PU等材料，其黏结性能优于普通氯丁胶及二元接枝胶。氯丁胶/甲基丙烯酸甲酯－丙烯酸（AA）三元接枝胶引入了活性基团AA，它与固化剂直接作用，能缩短晾干和固化时间，对PVC、PU的黏结强度可提高60%以上。氯丁胶/甲基丙烯酸甲酯－醋酸乙烯三元接枝胶中引入VAC单体，成本低，与PVC相容性好，能吸收和抵抗增塑剂，用于黏结PVC、PU等材料。顺丁胶－氯化聚乙烯/甲基丙烯酸甲酯三元接枝胶引入含氯量50%以上的CPE，CPE的化学组成与PVC相似，具有与PVC、皮革的黏结力强，初黏性好，耐候、耐老化的优点。氯丁胶－丁苯胶/甲基丙烯酸甲酯－丙烯酸四元接枝胶在黏结时固化时间缩短，初黏力提高，与难粘材料如SBS、TPR（热塑性弹性体）等可直接涂胶而不需先表面处理，简化了生产工艺。

③氯丁胶乳胶黏剂。

氯丁胶乳为水性胶，简称胶乳黏合剂，是由乳液聚合所得的橡胶胶乳直接加入各种配合剂制成的。它无毒、不燃、操作安全，在工业上得到广泛应用。目前，我国水性氯丁胶的初黏性、防冻性、耐水性、稳定性还远不如溶剂型氯丁胶，因而用量极为有限，应用领域很不广泛。必须加大研发力度，尽快解决干燥速度慢、初黏性差的难题。

④液体氯丁橡胶胶黏剂。

液体氯丁橡胶又称聚氯丁二烯。20 世纪 60 年代已逐渐工业化，最初仅有美国杜邦公司和日本电化（Denka）公司的 5 个品种。此后又出现了端巯基、端羟基的聚氯丁二烯，它们与树脂、橡胶、增塑剂等都有很好的相容性，端基有无官能团的均可固化，因此，可用于配制无溶剂型氯丁橡胶胶黏剂和密封剂，室温固化，初黏力较大。

6.4.3 丁腈橡胶胶黏剂

丁腈橡胶胶黏剂是以丁腈橡胶作为基料加入其他各种助剂配制而成的胶黏剂，是橡胶胶黏剂中的一个重要品种。具有以下优点：优异的耐油、耐溶剂性能；对极性材料（如木材）有较高的胶接强度；与极性树脂（如酚醛树脂）有良好的相溶性，能制成橡胶－树脂结构型胶黏剂；胶层具有良好的挠曲性和耐热性；良好的储存稳定性；不产生损害被胶接物的气体；黏性（尤其是初黏性）较差，成膜缓慢；胶层弹性、耐臭氧性、耐低温性和电气绝缘性均较差；胶接时需在压力下保持 24 h，应用受限。

丁腈橡胶胶黏剂的主要成分及作用如下：

（1）丁腈橡胶

丁腈橡胶是丁二烯和丙烯腈在 30 ℃下进行乳液共聚所得的胶浆，用电解质（NaCl）凝聚后，经洗涤、干燥、包装成卷而制得。其分子式为

$$-\!\!\left[\mathrm{CH_2-CH{=}CH-CH_2}\right]_x\!\!-\!\!\left[\mathrm{CH_2-\underset{\underset{\displaystyle C\equiv N}{|}}{CH}}\right]_y\!\!-$$

丁腈橡胶胶黏剂的胶接强度随丁腈橡胶分子量的增大而降低，而丙烯腈含量也会对胶接强度产生影响，但因被胶接材料而异：胶接金属时随丙烯腈含量的提高强度增强，胶接聚酰胺时却相反。高丙烯腈含量时，胶的耐油性、胶层强度和胶接强度均较高，且与酚醛树脂相溶性好，但胶的耐寒性和胶膜弹性有所下降。为此，选择溶剂中溶解性好、溶液黏度适中而均匀、储存时黏度变化小的胶黏剂非常重要。

（2）树脂

由于丁腈橡胶结晶性差，内聚力弱，加入与其相溶性好的树脂，能显著提高胶接强度和耐油性。例如加入热固性酚醛树脂、环氧树脂、间苯二酚甲醛树脂等能增加交联点，有利于提高胶的胶接强度、耐热性和胶层强度，其用量为 30～100 份（以丁腈橡胶为 100 份计）。

（3）硫化剂及硫化促进剂

加入硫化剂及硫化促进剂的目的是改善胶的耐热等性能，适应于常温胶接，使丁腈橡胶能在低温下快速硫化。常用的硫化剂有硫黄、氧化锌及有机过氧化物（如过氧化二异丙苯）等；常用硫化促进剂有二硫化二苯并噻唑（DM）、硫醇基苯并噻唑（M）；超速硫化促进剂有二甲基氨荒酸锌（PZ）、二乙基氨荒酸锌（EZ）、二丁基氨荒酸锌（BZ）等。一般最常用的硫化体系为 1.5～2.0 份硫黄、1～1.5 份促进剂 DM 和 5 份氧化锌并用。

（4）防老剂

加入防老剂的目的是提高胶层的耐老化性，常用防老剂有没食子酸酯类（没食子酸丙

酯、没食子酸乙酯等）；防老剂丁、防老剂 HP（苯基－β－萘胺和 N,N′－二苯基对苯二胺的混合物）、防老剂 RD（丙酮和苯胺的反应物）等，但有污染性；非污染的防老剂，如防老剂 DOD（4,4′－二羟基联苯），其用量为 0.5 ~5 份。

（5）填料

加入填料的目的是提高胶层的物理机械性能、耐热性和胶接强度，调节胶层的热膨胀系数；如黑色填料（提高胶接性能）：槽法炭黑 40 ~60 份、氧化铁 50 ~100 份；白色填料（提高胶接性能、胶的白度和储存稳定性）：氧化锌 25 ~50 份、二氧化钛（钛白粉）5 ~25 份。

（6）增塑剂和软化剂

加入增塑剂和软化剂的目的是改善丁腈橡胶加工性能，提高胶接性能。酯类（邻苯二甲酸二丁酯、邻苯二甲酸二辛酯和磷酸三甲苯酯等）是常用的增塑剂，可以改善胶层弹性和耐寒性，用量≤30 份。常用软化剂有甘油松香树脂、醇酸树脂、煤焦油树脂等，用量≤10份。

（7）增黏剂

加入增黏剂的目的是提高胶的黏度和稠度。常用增黏剂有聚羰基乙烯化合物（多溶于甲乙酮中使用）或硅酸盐等。

（8）溶剂

对丁腈橡胶及其功能助剂的溶解能力最强的有酮类化合物（如丙酮、甲乙酮、甲基异丁酮）、硝化链烷烃以及氯代烃（如氯苯、二氯乙烷、三氯乙烷等）；有时为了调节溶剂的挥发速度和胶液的其他性能，通常采用混合溶剂。

丁腈橡胶胶黏剂主要应用于汽车工业中耐油部件的胶接和海绵材料的胶接；其对多孔性材料（如软木、硬木板、皮等）、极性的聚合材料（如软质聚氯乙烯塑料、赛璐珞、聚酯等）、金属材料及硅酸盐材料（玻璃、陶瓷、水泥等）均有很好的胶接效果；也被用于将塑料、金属及其他材料胶贴到木材或人造板基材上进行二次加工。

6.5 新型胶黏剂

6.5.1 环保型胶黏剂

（1）无溶剂型聚氨酯胶黏剂

传统胶黏剂的生产和使用过程都要用到有机溶剂，这对环境会带来严重的污染，因此，研究无溶剂型的胶黏剂十分重要。德国的某家公司设计并合成了一种无溶剂型聚氨酯胶黏剂，合成过程不存在废气排放问题，不需要庞大复杂的加热鼓风和废气处理装置，设备简单，能源消耗减少。

（2）水溶性聚氨酯胶黏剂

水性聚氨酯是在 1943 年由西德人 P. Schlack 首次成功制备，1967 年聚氨酯乳液首次实现工业化并在美国市场问世，1972 年 Bayer 公司率先将聚氨酯水乳液用作皮革涂饰剂，水性聚氨酯开始成为重要商品。水性聚氨酯具有无毒、不易燃烧、无污染、节能、安全可靠及不易擦伤被涂饰表面等优点，其发展非常迅速。

（3）生物基胶黏剂

传统的胶黏剂以石油化工原料为单体，一方面污染较大，另一方面也不符合可持续发展的规则，因此，发展以生物素为原料的胶黏剂也是很多研究者的重点。木质素大豆蛋白胶黏剂就是一种生物基的胶黏剂，其以大豆蛋白胶黏剂为基础，木质素的芳环结构以及交联结构可以提高大豆蛋白胶黏剂的强度、耐水性和耐生物腐蚀性。

6.5.2　生物胶水

手术切口及伤口的缝合是外科最常见的操作，但缝合容易造成新的损伤，使愈合后留下“蜈蚣”一样的疤痕，如果能用胶粘代替缝合术黏合伤口，则有望消除疤痕，给病人带来更好的就诊体验。例如，腹腔镜术后创口的黏合、颜面部皮肤裂伤的处理等都会用到医用胶。哈佛大学科学家以鼻涕虫为原型，制出了一种双层的水凝胶，这种水凝胶模拟了鼻涕虫体内双层藻酸盐－聚丙烯酰胺基质延展结构。同时借鉴其静电作用、共价键、物理渗透作用，确保粘连的强度。

6.5.3　导电胶黏剂

一般胶黏剂是绝缘的，但在不少场合中，需要胶黏剂也能导电。导电胶作为取代传统焊料的一种新型绿色环保材料，具有操作工艺简单、黏结温度低等优点，从而被广泛应用于微电子封装、IC 封装、LED 封装等领域。但与传统焊料相比，导电胶在性能上还存在一定的差距，如体积电阻率偏高、黏结强度不够、储存运输性能较差、价格偏高等，需要进一步研究。例如，通过向双氰胺固化型环氧导电胶（有优异的室温存储性）添加5种不同结构有机短链二元酸以提高导电胶的导电性能，发现己二酸不仅可显著提高导电胶的导电性能，并能部分增强导电胶的力学性能。己二酸的作用机制是：它在导电胶中的一个官能团先与银粉表面油酸盐发生置换反应，当达到一定温度后，另一个官能团再与树脂体系进行反应，起到银粉与树脂体系间的偶联作用，从而有效提高导电胶的导电性能和力学性能。

6.5.4　压敏胶带

压敏胶，俗称不干胶，是一种同时具备液体黏性性质和固体弹性性质的高分子黏弹性体，通过指触压力就能立即达到黏结物体的目的，相比于传统的机械固定或胶黏剂产品等，极大简化了作业方法，得到了迅速发展，广泛应用于包装印刷、交通建筑、电器电子、医疗卫生和办公生活等各行各业，渗透到人类生产生活的各个方面，成为一种重要且不可缺的应用材料。特别是在进入21世纪的信息时代，中国已成为全球消费电子产品制造第一大国，电子产品制造业已成为高性能压敏胶带最大的应用市场，并呈不断发展的趋势。根据压敏胶制品的结构、性能及用途等，可以将其从不同角度进行分类。双面压敏胶带就是按照压敏胶制品的结构划分出的一大类产品，由于其正反两面都具有压敏胶的黏结特性，可以将不同物件直接黏合一起，起到固定、贴附等功能，极大简化了电子产品的组装作业。此外，单面压敏胶带和压敏标签在电子产品中也有大量使用，起到绝缘、保护、遮蔽、固定或标识等作用。信息产业高速度发展的今天，消费电子产品对于压敏胶带的需求仍处于快速成长阶段，只有在消费电子产品应用市场占据一席之地，才有可能在压敏胶带行业跻身前列。但是，我国的高性能压敏胶带，如超黏、超薄、超透、抗跌落、可清洁移除等产品，与世界先进产品还有相当距离。

6.5.5 蜂窝节点胶

我国从1960年开始研制玻璃布蜂窝，当时用的是室温固化的环氧胶。随着蜂窝夹层结构的广泛使用，出现了各种材质的蜂窝，也出现不同用途的蜂窝节点胶，其中比较突出的是耐高温玻璃布蜂窝节点胶和芳纶纸蜂窝节点胶。蜂窝夹层结构具有比强度高、比刚度高、耐疲劳、耐高温、抗震等一系列优异性能，在飞机、火箭、卫星、船舶、建筑、化工、环保、通信、体育器材等领域得到了广泛应用。耐高温玻璃布蜂窝节点胶，是以酚醛型氰酸酯为主体树脂，固体羧基丁腈橡胶为增韧剂，气相法二氧化硅为无机填料，乙酸乙酯为溶剂，通过机械共混和溶解分散方法制备。采用15质量份BDM/BA（二烯丙基双酚A改性双马来酰亚胺树脂），对酚醛型氰酸酯树脂（PT-30）具有较好的促进作用，树脂体系可以在200 ℃以下固化成成型；采用30质量份固体羧基丁腈橡胶制备的蜂窝节点胶的力学性能较好，其常温剪切强度为27.6 MPa，200 ℃剪切强度为14.6 MPa，常温蜂窝节点强度达到了4.6 N/cm。200 ℃/500 h热老化后其常温剪切强度仍保持在20.0 MPa以上；在95%~100%相对湿度和(55±2) ℃的湿热条件下1 000 h后，常温剪切强度仅下降4.0%。

第7章 智能高分子

7.1 概述

材料是人类生活和生产的基础，一般将其划分为结构材料和功能材料两大类。对结构材料主要要求其机械强度，而对功能材料则主要侧重于其特有的功能。智能材料与传统的结构材料和功能材料不同，它模糊了两者之间的界限，并加上了信息科学的内容，实现了结构功能化、功能智能化。智能材料被称为“21世纪的新材料”。1989年，日本高木俊宜教授将信息科学融于材料的功能中，首先提出智能材料概念，是指对环境具有可感知、可响应等功能的新材料。美国R. E. Newnham教授提出灵巧材料概念，也称为“机敏材料”。他将机敏材料分为三类：仅对外界刺激具有感知能力的材料称为“被动灵巧材料”，即所说的各种单一功能材料或静态功能材料；能识别变化，经执行路线能诱发反馈回路，而且能响应环境变化的材料称为“主动灵巧材料”，即所说的机敏材料或双功能材料、动态功能材料；将有感知、执行功能并且能响应环境变化，从而改变特性参数的材料称为“很灵巧材料”，即“智能材料”。智能材料通常不是一种单一的材料，而是一个材料系统，是一个由多种材料组元通过有机紧密复合或严格科学组装而构成的材料系统。智能材料是机敏材料和控制系统相结合的产物，或者说是敏感材料、驱动材料和控制材料（系统）的有机合成。就本质而言，智能材料就是一种智能机构，它由传感器、执行器和控制器三部分组成（图7－1）。因此，智能材料是可以感知外部刺激（传感功能），通过自我判断和自我结论（处理功能），实现自我指令功能（执行功能）的材料。

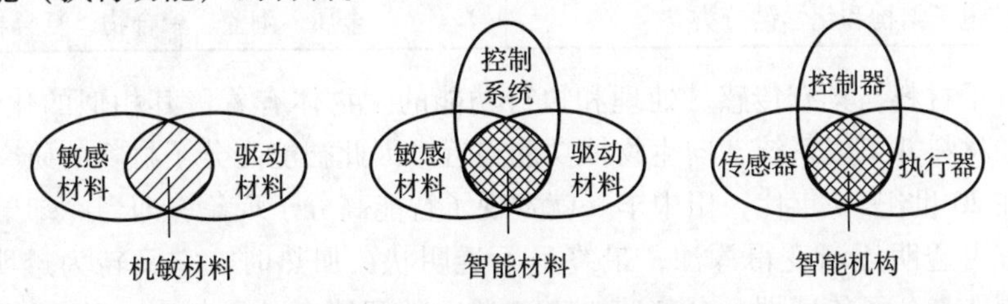

图7－1　智能材料的结构

一般来说智能材料应具备以下特征：

①传感功能：能感知自身所处的环境与条件，如负载、应力、应变、振动、热、光、电、磁、化学、核辐射等的强度及其变化。

②反馈功能：可通过传感网络，对系统输入与输出信息进行对比，并将其结果提供给控

制系统。

③信息识别与积累功能：能识别传感网络得到的各类信息并将其积累起来。

④响应功能：根据外界环境和内部条件变化，适时动态地做出相应的反应，并采取必要行动。

⑤自诊断能力：能通过分析比较系统目前的状况与过去的情况，对诸如系统故障与判断失误等问题进行自诊断并予以校正。

⑥自修复能力：能通过自繁殖、自生长、原位复合等再生机制来修补某些局部损伤或破坏。

⑦自适应能力：对不断变化的外部环境和条件，能及时地自动调整自身结构和功能，并相应地改变自身状态和行为，从而使材料系统始终以一种优化方式对外界变化做出恰如其分的响应。

智能材料的种类也非常多，分类方法也有多种，典型的分类形式见表7-1。

表7-1　智能材料的具体分类

分类方法	智能材料种类
按材料的种类分类	金属类智能材料 非金属类智能材料 高分子类智能材料 智能复合材料
按材料的来源分类	天然智能材料 合成智能材料
按材料的应用领域分类	建筑用智能材料 工业用智能材料 军用智能材料 医用智能材料 航天用智能材料
按材料的功能分类	半导体、压电体、电致流变体
按电子结构和化学键分类	金属、陶瓷、聚合物、复合材料

由于高分子材料与具有传感、处理和执行功能的生物体有着极其相似的化学结构，较适合制造智能材料并组成系统，向生物体功能逼近，因此智能高分子材料的研究和开发受到了关注。早在20世纪70年代，田中丰一就发现了智能高分子现象，即当冷却聚丙烯酰胺凝胶时，此凝胶由透明逐渐变得浑浊，最终呈不透明状，加热时，它又转为透明。80年代，出现了用来制造高分子传感器、分离膜、人工器官的智能高分子材料。90年代，智能高分子材料进入高速发展阶段。进入21世纪后，智能高分子材料正在向智能高分子高性能材料方向发展。十余年来，有关于智能高分子的研究已成为新型功能材料的研究热点，可以预见，在不久的将来这一研究的成功必将产生极大的波及效果，特别是可能左右航天航空、原子能、生物领域等尖端产业的发展。

智能高分子材料，也被称为刺激-响应型聚合物或环境敏感聚合物，是智能材料的一个重要的组成部分。它是通过分子设计和有机合成的方法使有机材料本身具有生物所赋予的高级功能：如自修与自增殖能力，认识与鉴别能力，刺激响应与环境应变能力等。刺激－响应型高分子材料被认为是智能材料的代表之一，它也是目前最常见且研究最广泛的一类智能材料，其自身可以感知外界环境的细微变化（刺激），从而做出响应产生相应的物理结构和化学性质的变化甚至突变。Tanaka 等认为诱导高分子发生相转变的作用力主要有四种：疏水相互作用、亲水相互作用（包括水的溶剂化作用和氢键）、离子间的静电相互作用以及范德华力。随着外界环境的不断变化，这四种作用力之间互相竞争，从而引起高分子链段构象的变化，最终导致了相转变的发生。

（1）温度敏感性相转变

温敏型高分子是一类具有温度敏感性的聚合物，温敏材料的最大特点就是存在临界溶液温度（相转温度），通常分为具有最高临界溶液温度（UCST）或具有最低临界溶液温度（LCST）两种类型。尤其当大分子链上同时具有亲水性的基团和疏水性的基团时线型高分子在水溶液中会随着溶液温度的变化而发生分子链构象的变化，由伸展的无规线团状转变为蜷曲球状，这种构象的变化一般认为是亲水作用和疏水作用相互竞争的结果。例如线型聚(N－异丙基丙烯酰胺)（PNIPAM)，其结构式为

$$
\mathrm{-\!\!\left(CH_2-\underset{\underset{\displaystyle O=C-NH-CH(CH_3)_2}{|}}{CH}\right)_{\!n}\!\!-}
$$

该大分子链上同时具有亲水性的酰胺基和疏水性的异丙基。在低温时，水分子与PNIPAM 的酰胺基团形成氢键，使得聚合物被一层高度有序的水分子包裹，此时水和聚合物之间的亲水相互作用导致体系的混合自由能降低，聚合物在水中溶解形成均匀的溶液；当温度升高至 32 ℃时，氢键和溶剂化层遭到破坏，包裹在聚合物周围的水分子减少，疏水相互作用大于亲水作用，体系混合自由能上升为正值，溶液发生相分离，表现出最低临界溶解温度（LCST)。在 NIPAM 聚合过程中加入交联剂，就成为 PNIPAM 水凝胶，它在室温下吸水溶胀，而在 32 ℃左右发生体积相转变而收缩，收缩的凝胶会随着温度的降低而再次溶胀，恢复原状。

与 PNIPAM 类似，聚(N,N－二乙基丙烯酰胺)（PDEAM）也具有温度敏感性。研究表明，与亲水性单体共聚可以增强聚合物和水之间的氢键作用，影响聚合物在溶液中的相分离行为，从而可以提高温度敏感性聚合物的 LCST，得到 LCST 接近人体生理温度的共聚物。例如，采用自由基（共）聚合的方法合成了线型聚(N,N－二乙基丙烯酰胺）和聚(N,N－二乙基丙烯酰胺－co－N－羟甲基丙烯酰胺）（P(DEAM－co－NHMAA))，发现它们在水溶液和盐溶液中的相转变行为以及 NHMAA 含量会对水溶液相分离过程产生影响。在 PDEAM 的侧链上引入亲水性的 OH 后，一方面，OH、酰胺基等与水分子形成更多、更稳定的氢键，使溶剂化的分子链以舒展线团的构象溶于水。要破坏分子链周围这种有序的溶剂化层结构，使分子链与水的相互作用参数突变而发生相转变，就需要更高的温度以获得更多的能量，从而导致 LCST 升高。另一方面，侧链上的 OH 和酰胺基在分子链内及链间形成的氢键将导致侧链乙基彼此更加靠近，此时疏水相互作用相对增强，LCST 降低。由此可见，大分子链内亲水基团与水之间的氢键作用、大分子链间的氢键作用共同与侧链乙基之间的疏水作用相互

竞争，最终将导致随着 NHMAA 含量的增加，共聚物的 LCST 先下降后上升，相分离的浓度依赖性减弱的结果。这一结果充分说明上述两种聚合物和水分子形成的氢键、大分子链间及链内形成的氢键及侧链乙基的疏水相互作用共同影响着分子链的构象变化及相分离过程。

（2）pH 值敏感性相转变

pH 值敏感的高分子材料中四种作用力会共同起作用引发 pH 值响应，但起主要作用的是离子间作用力，而另外三种作用力则相互影响和制约。大体来讲，pH 敏感高分子材料中都含有弱酸（碱）性基团，它们会随着介质的离子强度和 pH 值而改变，当基团发生电离时，会使高分子内外的离子浓度发生改变并会引发大分子链段间的氢键断裂，导致不连续体积溶胀或溶解度变化。聚丙烯酸（PAA）和聚甲基丙烯酸（PMAA）分子链上含有大量可电离的 COOH 基团，因而是一类具有 pH 值敏感特性的智能高分子。当溶液 pH 值高于丙烯酸 pK_a 时，COOH 呈解离状态，此时 PAA 的亲水性加强，同时 COO^- 静电排斥作用导致 PAA 链以伸展的无规线团构象存在，体系自由能降到最低；当溶液 pH 值低于丙烯酸的 pK_a 时，由于 COOH 的亲水性低于 COO^-，PAA 的亲水性减弱，疏水性相对增强。当 pH 值低于甲基丙烯酸的 pK_a 时，由于骨架碳链及侧链甲基的疏水相互作用，PMAA 采取高度压缩线团构象，随 pH 值的升高，COOH 解离获得负电荷，库仑静电作用导致 PMAA 转化为较为松散的伸展构象。所以改变溶液 pH 值会引起丙烯酸类聚合物的构象转变。

（3）温度和 pH 值双重敏感性相转变

将两种或两种以上互不干扰的单一敏感性聚合物单体，通过自由基共聚合或活性/可控聚合的方法组合到一起，便能得到具有多重响应功能的新型聚合物。例如采用可逆加成断裂链转移聚合（RAFT）方法，Schilli 等合成了温度和 pH 值双重敏感的二嵌段共聚物聚（丙烯酸－b－N－异丙基丙烯酰胺）［P(AA110－bNIPAMN)（n＝50，74，137)］，其结构式为

$$*\!-\!\left(CH_2-\underset{\underset{\displaystyle O=C-OH}{|}}{\overset{H}{C}}\right)_{110}\!\left(CH_2-\underset{\underset{\displaystyle O=C-\overset{H}{N}-CH(CH_3)_2}{|}}{\overset{H}{C}}\right)_{n}\!-*$$

动态激光光散射、温度扫描核磁共振谱、红外光谱等研究表明，该嵌段共聚物在水溶液中形成星状微胶束的行为同时依赖于溶液温度及 pH 值。浊点测试表明，当溶液 pH 值＝4.5，温度高于 LCST 时，共聚物团聚，而 pH 值为 5～7 时形成胶束。N－异丙基丙烯酰胺单元和丙烯酸单元之间的氢键强烈地影响着嵌段共聚物在溶液中的构象转变行为。在稀水溶液中，PDEAM 与 PMAA 之间在 pH 值 <6 时存在明显的氢键缔合作用，这种作用是共聚物 P（DEAM－co－MAA）随 pH 值变化发生相转变的基础。当共聚物中 MAA 含量、溶液温度或 pH 值发生变化时，共聚物分子内部亲/疏水相互作用、分子间氢键缔合作用将随之发生变化，从而导致共聚物发生相转变。对二嵌段共聚物聚(丙烯酸叔丁酯－b－N,N－二乙基丙烯酰胺)（P(tBA45－b－DEAM360)），将酯基水解得到双亲性二嵌段共聚物聚(丙烯酸－b－N,N－二乙基丙烯酰胺（P(AA45－b－DEAM360))，动态激光光散射研究表明，在碱性溶液中，当 $T\geqslant 35$ ℃时，聚合物以疏水段 PDEAM360 为核的平头式微胶束构象形式存在；而在酸性溶液中，当 $T\leqslant 35$ ℃时，共聚物的构象则是以 PAA45 为核、PDEAM360 为壳的星状微胶束（图 7－2），此现象具有良好的重现性，表现出对温度和 pH 值的双重敏感特性。

（4）电场敏感型高分子材料

电场敏感型高分子是一类在电刺激下可以引起构象变化的智能型材料，其主要特点是可以将电能转化为机械能，因此在机器人、传感器、可控药物释放、人工肌肉等领域都有广泛的应用前景。例如，PAANa 和 PVA 构成的凝胶纤维能够在外加直流电压下产生收缩－溶胀现象，使得利用电响应型凝胶制造人造肌肉成为可能。随后出现了一系列具有电制动性能的聚合物凝胶材料，如 PAM、PVA、PAA 及它们的共聚体。但这些材料普遍都有响应速度慢、需在酸碱性环境中才能实施电敏感实验等缺点。Moschou 等将 PAA/PAM 水凝胶中掺杂具有导电性的吡咯/炭黑混合物制备了一种新型仿生学人造肌肉，其电响应制动性能很快，在中性溶液以及很小的外加电压下也表现出优良的电响应特性。

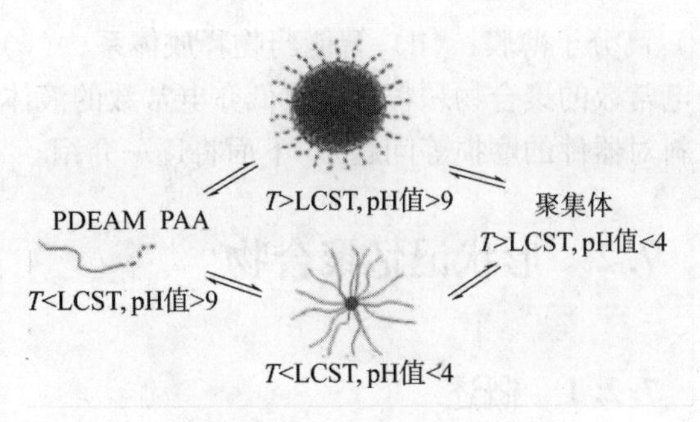

图 7－2　不同温度下 P（AA－b－DEAM）在不同 pH 值缓冲溶液中的构象变化示意图

（5）光响应型高分子材料

光响应型高分子材料是一类吸收光能后，分子内或分子间发生物理变化和化学变化的功能高分子材料。随着分子结构或形态的转变，材料的宏观性质如颜色、形状、折射率等发生变化。光能具有瞬时性、远程可控性等优异的特性，是一种环保性能源，通过一定的设计，光响应型高分子材料可以产生光致形变或具有形状记忆的功能。这类材料在光的刺激下会发生几何尺寸的变化，在尺寸变化的过程中材料产生一定的宏观运动，即产生了机械能。机械能可以被直接利用，同时推动了各种自动装置以及器件制备行业的发展，因此光响应型高分子材料及其器件的开发和应用成为最近各国科学家的研究热点。

智能高分子的光响应机理有以下三种：（a）将遇光能够分解的感光性化合物添加到高分子材料中，在光的刺激作用下，材料内部将产生大量离子，引起凝胶内部渗透压的突变，溶剂由外向内扩散，促使高分子发生体积相转变，产生光敏效应；（b）在温敏型高分子中加入感光性化合物，当高分子吸收一定能量的光子之后，感光化合物将光能转化为热能，使得高分子内部局部温度升高，当温度升高到高分子的相转变温度时，高分子就会溶胀或收缩，发生体积相转变；（c）在高分子主链或侧链引入感光基团，这些感光基团吸收了一定能量的光子之后，就会引起某些电子从基态向激发态的跃迁。此时，处于高能激发态的分子会通过分子内部或分子间的能量转移而发生异构化作用，引起分子构型的变化。例如，偶氮苯及其衍生物在紫外光照射下其分子结构会发生顺－反异构的变化，由“V”字形的反式异构体转变成棒状的顺式异构体，不仅分子尺寸发生大的变化，同时也改变了大分子链间距离，从而导致相转变的发生。Mamada 等将光敏性分子与 NIPAM 共聚制得光敏感性凝胶，以温度为函数测定其平衡溶胀度，在无紫外光照射情况下，随温度增加，在 30 ℃处凝胶体积发生突跃的连续性变化；当用紫外光照射时，在温度升高至 32.6 ℃时，凝胶发生突跃的非连续性体积相转变，凝胶的平衡溶胀度突然降低大约 10 倍，温度继续升高时凝胶平衡溶胀度没有明显的变化。当温度固定在 32 ℃时，该凝胶在紫外光照射下溶胀，无紫外光照射时收缩，且该溶胀－收缩过程是非连续性的。

目前智能高分材料主要研究内容包括：（a）形状记忆聚合物；（b）智能型凝胶；

(c) 高分子薄膜；(d) 智能药物释放体系；(e) 智能织物；(f) 聚合物电流变流体（由高介电常数的聚合物颗粒悬浮在低介电常数的液体中构成，可有效解决无机电流变液的沉降和材料对器件的磨损等问题）。下面将逐一介绍。

7.2 形状记忆聚合物

7.2.1 概述

形状记忆材料通常包括形状记忆合金、形状记忆陶瓷、形状记忆聚合物。其共同特性是经形变固定之后，通过加热等外部条件刺激，又可恢复到预先设定的状态。其中，形状记忆合金是一种传统的且应用较为普遍的形状记忆材料，但尚存在密度大、形变量小的不足；形状记忆陶瓷因变形能力差而极大地限制了其在工程领域上的应用；与形状记忆合金和形状记忆陶瓷相比，形状记忆聚合物具有密度小、变形量大、赋形容易、响应温度可调等特点。

形状记忆聚合物（Shape Memory Polymers，SMP）是日本率先开发出来的，属于弹性记忆材料。形状记忆聚合物是利用结晶或半结晶高分子材料经过辐射交联或演化交联后具有记忆效应的原理而制造的一类新型智能高分子材料，应用范围极为广泛。这类材料当其温度达到相变温度时，便从玻璃态转变为橡胶态，此刻材料的弹性模量发生大幅度变化，并伴随产生很大变形。即随着温度的增加，材料变得很柔软，加工变形很容易；反之，温度下降时，材料逐渐硬化，变成持续可塑的新形状。在一定的条件下发生形变后，SMP 还可再次成型得到二次形状，通过加热等外部刺激手段的处理又可使其发生形状回复，从而“记忆”初始形状。故概括起来，形状记忆过程可简单表述为：初始形状的制品→一次形变→形变固定→形变回复，如图 7－3 所示。

$$L \xrightarrow[\text{变形}]{T>T_g\text{或}T>T_m} L+L' \xrightarrow[\text{固定}]{T<T_g\text{或}T<T_m} L+L' \xrightarrow[\text{回复}]{T>T_g\text{或}T>T_m} L$$

L—样品原长，L'—变形量

图 7－3　形状记忆过程示意图

SMP 所展现的相关性行为称之为形状记忆效应（Shape Memory Effect，SME）。早期各国研究者对材料能展现 SME 比较公认的基本原理是由日本的石田正雄所提出的两相结构理论，即形状记忆功能主要来源于材料内部存在不完全相容的两相结构：固定相和可逆相。固定相是保持成型制品初始形状的记忆和回复，而可逆相则是随温度变化让其形状发生可逆的变化。这类聚合物的形状记忆机理可解释为：当温度上升到软链段的熔点或高弹态时，软链段的微观布朗运动加剧，易产生形变，但硬链段仍处于玻璃态或结晶态，阻止分子链滑移，抵抗形变，施以外力使其定型；当温度降低到软链段玻璃态时，其形变被冻结固定下来，提高温度，可以回复至其原始形状。也可以认为，形状记忆高分子就是在聚合物软链段熔化点温度上表现为高弹态，人为地在高弹态变化过程中引入温度下降或上升等因素，高分子材料则发生从高弹态到玻璃态之间转化的过程。一般，SMP 的可逆相和固定相的组成如图 7－4 所示。

聚合物具备 SME 的内在原因是柔性高分子材料的长链结构，分子链的长度与直径相差悬殊，柔软而易于互相缠结，而且每个分子链的长短不一，要形成规整的完全晶体结构是很

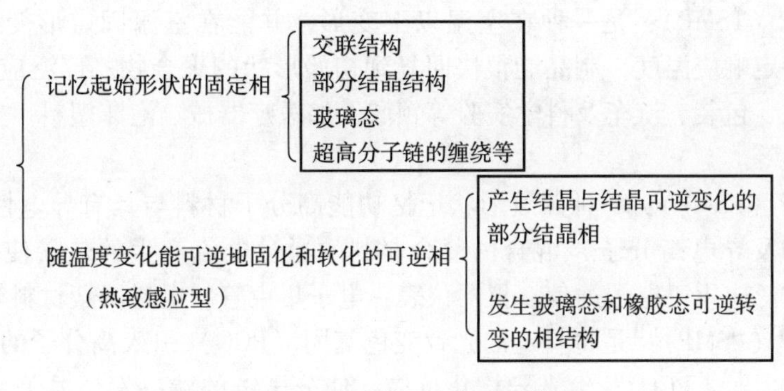

图7－4　SMP的固定相和可逆相

困难的。这些结构特点就决定了大多数高聚物的宏观结构均是结晶和无定形两种状态的共存体系，如PE、PVC等。高聚物未经交联时，一旦加热温度超过其结晶熔点，就表现为暂时的流动性质，观察不出记忆特性；高聚物经交联后，原来的线性结构变成三维网状结构，加热到其熔点以上不再熔化，而是在很宽的温度范围内表现出弹性体的性质，如图7－5所示。在玻璃化温度 T_g 以下A段为玻璃态，在这个状态，分子链的运动是冻结的，表现不出记忆效应。当温度升高到 T_g 以上，运动单元解冻，开始运动，受力时，链段很快伸展开来，外力去除后，又可回复原状，此为高弹形变。由链段运动所产生的高弹形变是高分子材料具有记忆效应的先决条件。其次，高弹形变是通过分子链的构象改变来实现的，当构象的改变跟不上应变变化的速度时，则将出现滞后现象，如图7－5所示。当拉伸时，应力与应变沿 ACB，回缩时沿 BDA，而不是原路线，也就是说形变常常落后于应力的变化，当应力达到最大值时，形变尚未达到最大值，当应力变小时，形变才达到最大值，这样能来得及将形变有效地冻结。如果将一个赋形的高分子材料加热到高弹态，并施加应力使高弹态产生形变，在该应力尚未达到平衡时，使用骤冷方法使高分子链结晶或变到玻璃态，这尚未完成的可逆形变必然以内应力的形式被冻结在大分子链中。如果将聚合物材料再加热到高弹态，这时结晶部分熔化，高分子链段运动，那么未完成的可逆形变将要在内应力的驱使下完成，在宏观上就导致材料自动回复到原来的状态，这就是形状记忆效应的本质。

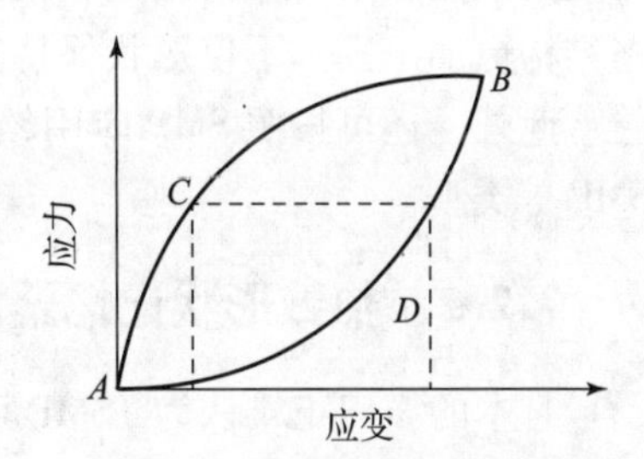

图7－5　聚合物的滞后现象

为此，一般具有SME的聚合物材料应该具备以下特点：具有结晶和无定形的两相结构，比例适中；在 T_g 或 T_m 以上的较宽温度范围具有高弹态，并具有一定强度，以便实施变形；在较宽的环境温度条件下具有玻璃态，保证在储存状态下冻结应力不会释放。例如，室温具有玻璃态的热塑性聚酯弹性体、热塑性聚苯乙烯－丁二烯弹性体、热塑性聚氨酯弹性体，交联结构的热塑性塑料：交联PE、交联EVA、交联PVC等都是非常好的SMP。天然橡胶等弹性体，因其在使用温度环境下已呈高弹态，而无法冻结并保持其拉伸后的应力，因此不能作为SMP弹性体使用。

引发SME的外部环境因素包括物理因素：热能、光能、电能和声能等和化学因素：酸碱度、螯合反应和相转变反应等。故根据记忆响应机理，形状记忆高分子可以分为以下几类：

①热致 SMP（TSMP）：是一种在室温以上变形，并能在室温固定形变且可长期存放，在升温至某一特定响应温度，制品能很快回复到初始形状的聚合物。广泛应用于医疗卫生、体育运动、建筑、包装、汽车及科学实验等领域，如医疗器械、泡沫塑料、坐垫、光信息记录介质及报警器等。

②电致 SMP（ESMP）：一种热致形状记忆功能高分子材料与具有导电性能物质（导电炭黑、金属粉末及导电高分子）混合的复合材料。通过电流产生的热量使体系温度升高，使形状回复。广泛应用于电子通信，仪器仪表：电子集束管、电磁屏蔽材料等。

③光致 SMP（PSMP）：是将特定的光致变色基团（PCG）引入高分子的主链和侧链中，当受到紫外光照射时，PCG 发生光异构化反应，使分子链的状态发生显著变化，材料在宏观上表现为光致形变；光照停止时，PCG 发生可逆的光异构化反应，分子链的状态回复，材料也回复原状。该材料用作印刷材料、光记录材料、“光驱动分子阀”和药物缓释剂等。

④化学感应 SMP（CSMP）：利用材料周围介质性质的变化来激发材料变形和形状回复。常见的化学感应有 pH 值变化、平衡离子置换、螯合反应、相转变反应和氧化还原反应。该材料用于蛋白质或酶的分离膜、“化学发动机”等特殊的领域。

按照 SMP 的化学结构特征，可将 SMP 分为热塑性 SMP 和热固性 SMP。热塑性 SMP 指分子链为线型且固定相为物理交联结构的聚合物材料，其在一定温度条件下可以软化或熔融从而进行反复加工成型。热固性 SMP 指在一定温度下分子链之间通过交联反应等化学变化形成三维网状结构作为固定相的材料，这种变化具有不可逆性。相对来说，热固性 SMP 网络结构更加牢固，不仅形状保持能力稳定，而且形状回复能力更强。

此外，还可按照 SMP 应用领域来进行分类，如医用 SMP、航天航空用 SMP、纺织品用 SMP 等类型。

7.2.2 热致形状记忆聚合物（TSMP）

日本的石田正雄认为 TSMP 可看作两相结构，即由记忆起始形状的固定相和随温度变化能可逆地固化和软化的可逆相组成。可逆相为物理交联结构，如 T_m 较低的结晶态或 T_g 较低的玻璃态，而固定相可分为物理交联结构（T_g 或 T_m 较高的一相在较低温时形成的分子缠绕）和化学交联结构，以物理交联结构为固定相的称为热塑性 SMP，以化学交联结构为固定相的称为热固性 SMP。如聚氨酯、聚降冰片烯等可反复塑炼成型多次，属于热塑性 SMP；而交联的聚乙烯是在成型过程中利用过氧化物或硅烷进行交联或成型后通过高能射线辐射而形成网状结构，网状结构的生成使聚合物失去可塑性，因而称为热固性 SMP。图 7-6 和图 7-7 分别为热塑性和热固性 TSMP 的形状记忆示意图。热塑性 TSMP 是将粉末状或颗粒状树脂加热熔化时，可逆相和固定相均处于软化状态，原料中原有的物理交联点消失，将其注入模具中成型、冷却成为希望的形状，在新的条件下产生新的物理交联点，形成制品中的固定相和可逆相，得到起始态。当加热到适当的温度时，如玻璃化转变温度（T_g），可逆相的布朗运动加剧，材料由玻璃态转为橡胶态，制品发生很大的形变。而固定相仍处于固化状态，作为物理交联点，其分子链被束缚，整体呈现出有限的流动性。因此，以一定的加工方法可使橡胶态的 TSMP 在外力作用下变形。当在外力保持下冷却，可逆相在形变以后的条件下固化，解除外力后可得到变形态。此时的形状由可逆相维持，其分子链沿外力方向取向，而固定相处于高应力形变状态。当变形态被加热到形状恢复温度如 T_g，可逆相软化而固定相保持固化。可逆相分子链运动复活，在固定相的恢复应力作用下解除取向，并逐步达到热力学平衡状态，即宏观上表现为回复原状。

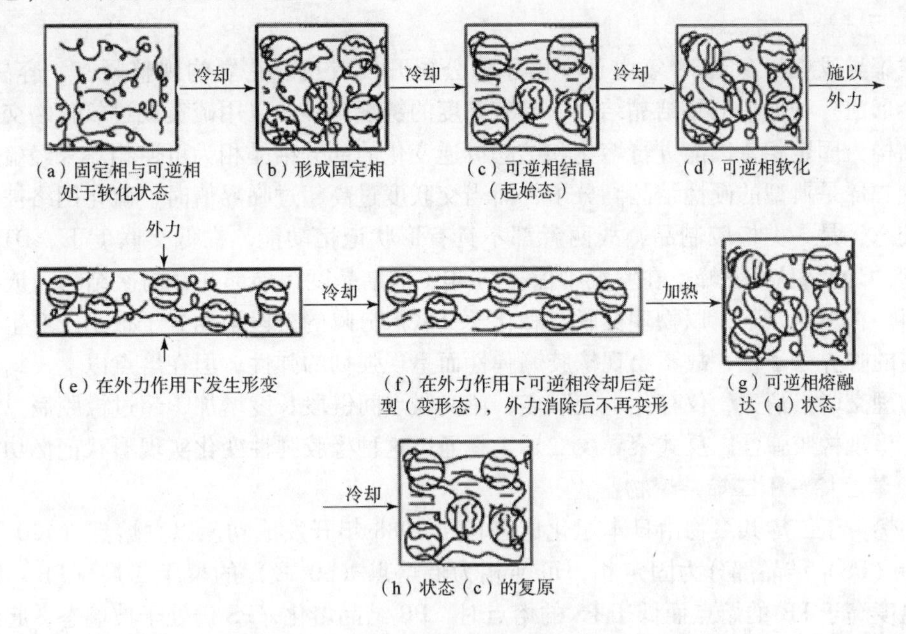

图7-6 热塑性TSMP的形状记忆示意图

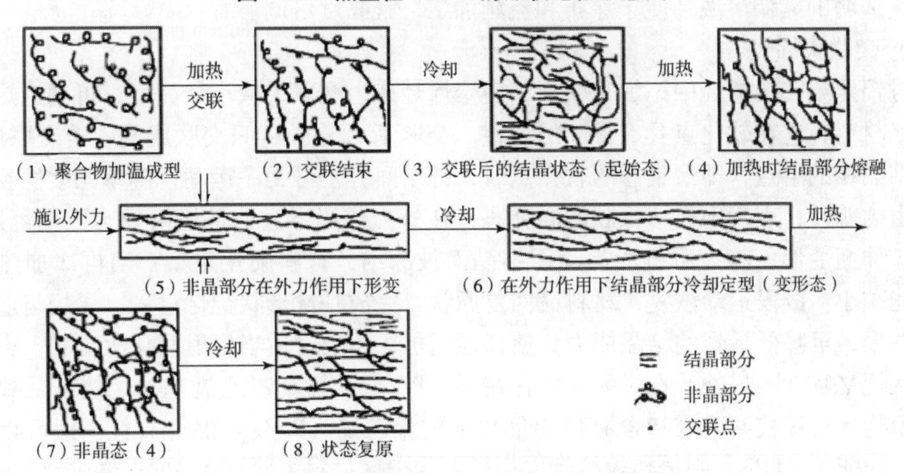

图7-7 热固性TSMP的形状记忆示意图

典型的TMSP材料有以下几种：

(1) 聚降冰片烯

聚降冰片烯是最早发现的一种TSMP，它是由乙烯和环戊烯催化制得的降冰片烯通过开环聚合得到的双键和五元环交替结合的无定形聚合物，日本的杰昂公司首先发现其具有形状记忆功能并投入市场，其平均分子量在300万以上，比普通塑料高100倍，玻璃化转变温度为35 ℃，固定相为高分子链的缠结点，可逆相为玻璃态，具有超高分子结构。聚降冰片烯分子内没有极性官能团和交联结构，可通过压延、挤出、注射、真空成型等工艺加工成型，但由于分子量太高，加工较困难。

（2）反式聚异戊二烯

反式聚异戊二烯在 1988 年由日本可乐丽公司开发成功。它立构规整紧密，容易结晶，结晶时会形成一种球形的超结晶结构，具有高度的链规整性，以用硫黄或过氧化物交联得到的网络结构为固定相，以能进行熔化和结晶可逆变化的部分结晶相为可逆相。未经硫化的反式聚异戊二烯是典型的硬性结晶高分子，而当交联度过高超过临界值时，硫化网络被固定在无规橡胶态，是一类橡胶制品，故两者都不具有形状记忆功能。在低交联度下，DTA 曲线上残留 35 ℃的结晶熔融峰，在室温中保持约 40% 的结晶度，局部并存高次结构，成为形状记忆材料。在熔点以下，以物理交联点和化学交联点分隔的链段平均分子量小于产生橡胶熵弹性所需的临界分子量，故不出现橡胶熵弹性而呈现强韧的弹性；但在熔点以上，结晶全部熔化，物理交联点消失，仅存化学交联点，使交联点间链段长度增加，超过橡胶熵弹性临界分子量，呈现橡胶弹性。反式聚异戊二烯正是通过这种橡胶弹性变化实现形状记忆功能的。

（3）苯乙烯－丁二烯共聚物

苯乙烯－丁二烯共聚物由日本旭化成公司于 1988 年开发成功。以高熔点（120 ℃）的聚苯乙烯（PS）结晶部分为固定相，可逆相为低熔点（60 ℃）的聚丁二烯（PB）结晶部分，当温度高于 PB 的熔点而低于 PS 的熔点时，PB 结晶熔化，PS 仍处于玻璃态，起结点作用，PS 结点间的 PB 链段超过橡胶熵弹性链段长度因而具有形状回复功能。该共聚物形状回复速度快，常温时形状的自然回复极小，具有良好的耐酸碱性和着色性，易溶于甲苯等溶剂形成无色透明的黏稠溶液，便于涂布和流延加工，且黏度可调。

（4）交联聚烯烃

通过辐照或在聚烯烃中添加交联剂，使聚烯烃产生交联，减小结晶度，可制造热回复性形状记忆材料，它在软化点具有橡胶的特性。交联后大分子链间交联成网，若交联度适宜，则在其结晶相的熔点，即聚集态的软化点时，链结间分子可无序运动，链单元柔性卷曲，链段能自由内旋转，表现出类似橡胶的高弹态，在外力作用下卷曲链段沿外力方向舒展开来，材料因拉伸而变形，淬火后链段运动因结晶而被冻结，材料硬化定型，当再次加热到熔点时，势能减小，链段运动恢复，材料又回复原状，完成一次形状记忆过程。烯烃与适量的醋酸乙烯共聚，可降低烯烃的结晶能力，使韧性增加，再通过适当辐射和化学交联，也可使其具有形状记忆特性。另外，在过氧化物存在下，PE 与乙烯基三乙氧基硅烷接枝共聚，形成接枝共聚物，将接枝共聚物和含有机锡催化剂的聚乙烯（95/5）混合造粒，即可得到具有形状记忆功能的 XLPE。制造热收缩管常用的形状记忆材料主要是 XLPE，将成型后的 PE 制品交联，再加热至熔点以上，使结晶熔化，呈橡胶态。这时进行二次成型并冷却，依靠结晶的形成将二次成型的形状固定下来，对于热收缩管，其形变量可达 200% 以上。如将二次成型的制品再加热至熔点以上，结晶熔化，形变消失并回复到初始的形状。

（5）聚氨酯（PUR）

日本三菱重工业公司于 1988 年开发的形状记忆 PUR 是由异氰酸酯、多元醇和扩链剂三种单体原料聚合而成的含有部分结晶的线型聚合物。故一般聚氨酯是由低玻璃化转变温度的软段和高玻璃化转变温度的硬段组成。作为硬段的氨基甲酸酯链段聚集体由于其分子间强的氢键力的作用而具有较高的 T_g，而软段一般由线型脂肪族聚醚或聚酯组成，其 T_g 很低，由于聚氨酯分子结构的异同性，产生分子间的相分离，而利用两相间玻璃化温度的差别使大分子聚集体在一定温度下具有形状记忆功能成为可能。作为形状记忆材料，软段区结晶和高于室温的熔点以及硬段微区的形成是必要的。以往人们研究聚氨酯嵌段共聚物侧重于其热塑性弹性行为，尽量避免软段区结晶，这样的共聚物是不具有形状记忆功能的。要得到形状记忆聚氨酯材料，软段区应具有良好的结晶性。软段分子量较低时不结晶，只有分子量超过某一临界值，软段结晶度才迅速增加，然后趋于平缓。因此聚氨酯软段的分子量必须超过这一临界值，才能具有形状记忆功能。聚氨酯具有形状记忆功能的另一个必要条件是硬段聚集成微区起物理交联点的作用。尽管软段有较大的分子量，但当聚氨酯中硬段含量高于一定值时，仍可聚集成微区并形成较为完善的物理交联网络，在此临界值以下，难以形成完善的物理交联网络，因此不具有形状记忆特征。聚氨酯与一般TMP相比，玻璃化转变温度易调节，即通过调节组分种类、含量和比例，可获得具有不同临界记忆温度的聚氨酯材料。调节范围在 -30~70 ℃范围内变化，若将 T_g 设定在室温范围，则制成室温形状记忆聚氨酯。由于分子链为直链结构，具有热塑性，因此可通过注射、挤出和吹塑等方法加工成型。此外，该TSMP还具有质轻、价廉、着色容易、形变量大等特点，耐候性和重复形变效果亦较好。另据报道，日本三洋化成工业公司也开发了一类液态PUR系列SMP，分为热固性和热塑性两大类。除加工成片材及薄膜外，还可通过注射成型加工成各种形状，将形变后的制品加热至40~90 ℃，又可回复到原来的形状。

(6) TSMP的其他品种

目前已发现的TSMP还有聚乙烯/丁二烯共聚物、聚酯系聚合物合金、交联聚乙烯基甲基醚、聚乙烯醇缩醛凝胶、乙烯/乙酸乙烯酯共聚物、聚己酸内酯、聚酰胺、聚氟代烯烃等。例如以聚酯为主要成分的TSMP，通过改变聚合物的组分，可将其形状恢复温度控制在4~30 ℃。这种TSMP具有较高的力学强度、耐候性、耐油性、耐化学腐蚀性，可以通过挤出、注射、吹塑等方法加工成型。

尽管TSMP的开发时间短，但由于其具有质轻、价廉、形变量大、成型容易、赋形容易、形状回复温度便于调整等优点，目前已在医疗、包装、建筑、玩具、汽车、报警器材等领域应用，并可望在更广泛的领域开辟其潜在用途。

①异形管接合材料。

先将其加热软化成管状，并趁热向内插入直径比该管子内径大的棒状物，以扩大口径，冷却后抽出棒状物，得到的制品为热收缩管。使用时，将直径不同的金属管插入收缩管中，用热水或热吹风加热，套管即收缩紧固，如图7-8所示。此法广泛用于仪器内部线路集合、线路终端的绝缘保护、通信电缆的接头防水，以及钢管线路结合处的防护等工程。

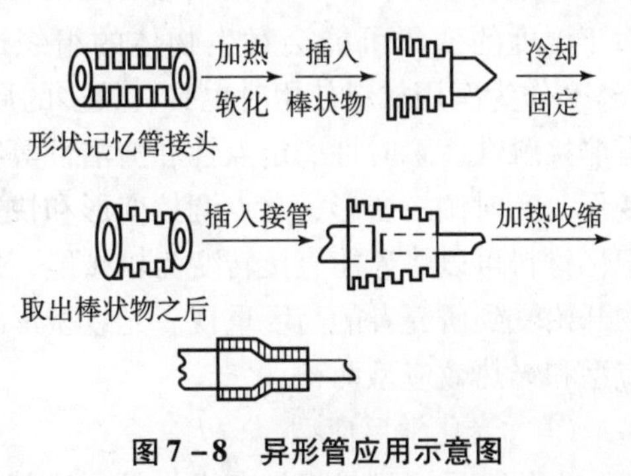

图7-8 异形管应用示意图

②医疗器材。

具有低温形状记忆特性的聚降冰片烯、反式聚异戊二烯、PUR等可以代替传统的石膏绷带用于创伤部位的固定材料。将TSMP加工成创伤部位的形状，用热水或热风使其软化，施加外力变形为易装配的形状，冷却后装配到创伤部位，再加热便回复原状起固定作用。同样，加热软化后变形，取下也极为方便。这种固定器材质轻，强度高，容易做成复杂的形状，操作简单，易于卸下。聚合物凝胶在药物缓释领域具有非常重要的应用，以聚(异丙基丙烯酰胺－甲基丙烯酸烷基酯）为载体，在温度为 5 ℃时，由于凝胶表面体积变化，可实现药物的通/断控制。

③缓冲材料。

TSMP 可以应用于汽车的外壳、缓冲器、保险杠、安全帽等领域，当汽车突然受到冲撞时，保护装置会发生变形，变形以后，只需加热就可回复原状。

④包装材料。

TSMP 可以很容易制成筒状的包装薄膜，套到需要包装的产品外面，经过一个加热工序，TSMP 便可牢固地收缩包装在产品外面，可以很方便地实现连续自动化包装生产，如电池、药品、书籍、高档服装等都可以利用 SMP 进行封装，以提高产品的档次和价值。常用材料有 PE 薄膜、聚酯薄膜。

⑤火灾报警器。

先制成接通时的形状，再一次成型为断开时的形状。当火灾发生时，由于温度上升，连接器自动回复原状而使电路接通，报警器就开始工作（图 7－9)。

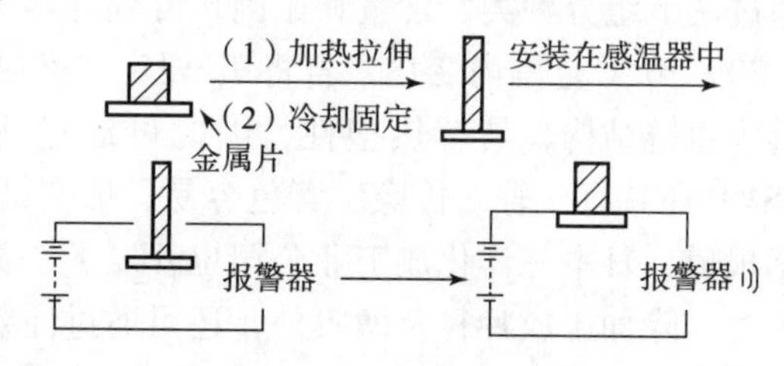

图 7－9　火灾报警器的示意图

7.2.3　光致形状记忆聚合物（PSMP)

热作为刺激源，操作简单、容易实现，所以 TSMP 开始被应用于便携系统、药物载体等领域。但由于往往需要直接加热使得温度改变来诱导材料发生相应的形变，该类材料不易实现远程控制，导致其在屏蔽体系和非接触体系中的应用受到限制；而且由于需要温度的显著改变来调控材料的记忆行为，该类材料也不适合应用于较低温度条件下或者对温度敏感的体系（温度的改变对材料的性能、功能有副作用的体系)。特别是应用在当前研究热点之一的生物医学领域时，如作为植入性的支架、自动捆扎的手术缝线、组织固定材料等医用材料。由于温度的变化可能会对生物体的组织造成破坏，或者抑制部分组织功能的发挥，导致 TSMP 作为医用材料使用时也具有较多的局限性。而光作为刺激源能够克服这些缺点，它具有非接触性、瞬时性、定点性和清洁性等特点。因此，光致形状记忆聚合物具有非接触调控变形、实时调控变形、定点调控变形和快速、清洁调控变形等独特优势。更重要的是，光致记忆材料可以将光能直接转变为机械能，提高光的利用效率，所以近年来光致形状记忆聚合物开始受到研究者的高度重视。光致型形状记忆聚合物根据记忆机理的不同，分为光化学反应型和光热效应型两种。

(1) 光化学反应型

光化学反应型是将具有光化学反应特性的官能团或分子作为“分子开关”引入聚合物网络，制备光致形状记忆聚合物。形状记忆聚合物中的“分子开关”也叫可逆交联点，是在外界条件控制下能够实现“交联/解交联”的分子或基团。在光致形状记忆聚合物中，通过外界光源控制“分子开关”的“交联/解交联”来实现材料形状的“记忆/回复”。例如可以采用两种不同的方式将肉桂酸基团（CA）引入高分子网络，制备了两种结构的光致形状记忆聚合物。第一种是通过自由基共聚方法将 CA 接枝到丙烯酸酯类共聚物网络的侧链上，获得接枝型结构的光致形状记忆聚合物。将该材料制成薄膜后，在外力作用下赋形，同时用波长大于 260 nm 的光在材料两边照射，两个 CA 分子生成二聚体，发生交联，形状被固定（赋形）；当用波长小于 260 nm 的光照射时，CA 二聚体结构被破坏，发生解交联，材料形状回复到初始状态（回复），其变形过程见图 7－10（a），其形状记忆机理见图 7－10（c）。第二种是通过掺入的方法将四臂星型 CA 大分子单体（质量分数 20%）引入丙烯酸酯类共聚物的网络中，获得了半互穿网络型结构的光致形状记忆聚合物料。当用波长大于 260 nm 的光在该材料的一边照射时，由于光的照射深度有限，被照射一侧的 CA 发生交联，导致该侧材料发生收缩，而未照射的一侧保持不变，使得整个材料发生卷曲；当用波长小于 260 nm 的激光照射时，材料形状回复，其赋形、回复过程如图 7－10（b）所示。

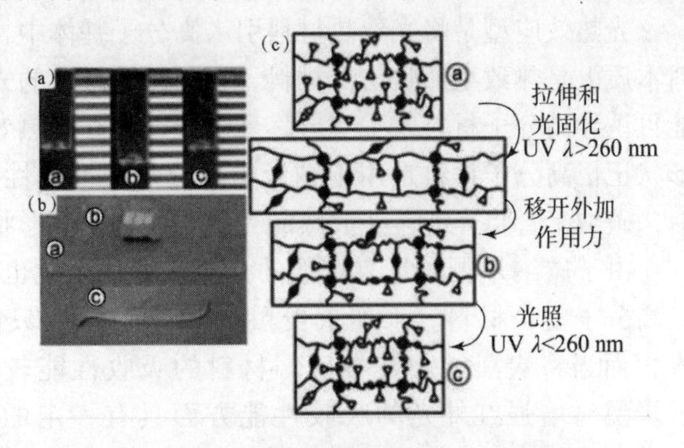

图 7－10 光化学反应型光致形状记忆效应

（a）接枝型高分子薄膜的光致形状记忆效应；

（b）半互穿网络型高分子薄膜的光致形状记忆效应；

（c）接枝型光致型形状记忆高分子的记忆机理

（空心三角形：CA 单体分子；实心菱形：CA 二聚体；实心圆：永久交联点）

光致构型变化的分子和基团也被用来构筑光致形状记忆聚合物。光致顺反异构的偶氮苯可作为介晶基元制备液晶弹性体，在紫外光照射下，偶氮苯转变为顺式结构，使得液晶弹性体从向列相转变为各向同相结构，宏观表现为材料的弯曲；当用可见光照射时，材料结构从各向同相转变为向列相，宏观表现为材料的形变发生回复。还可以利用薄膜材料表面和内部对于紫外光吸收量的不同而导致的不对称收缩，实现三维弯曲运动（图 7－11）。

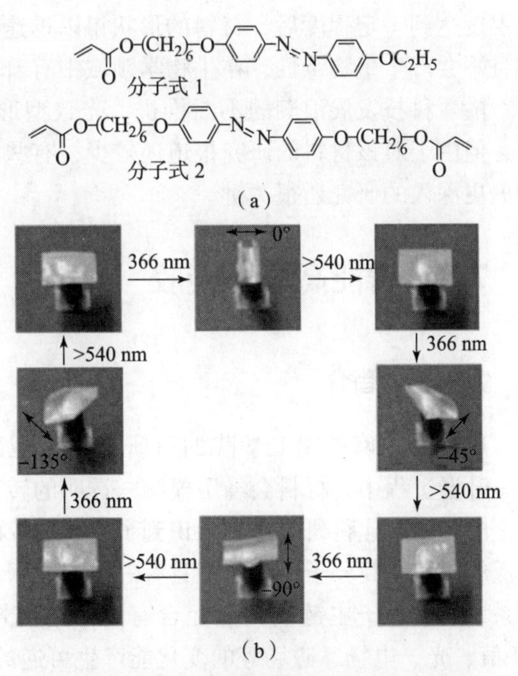

图 7－11（a）构筑液晶聚合物的单体（分子式 1）和交联剂（分子式 2）的分子结构；（b）液晶弹性体在不同波长光照下的三维运动

金属和配体之间的光控配位作用也可应用于构筑光致形状记忆聚合物，即将金属和配体间配位作用的“连接点”引入高分子基体中。材料经紫外光照射后，配位作用被破坏，金属与配体间的连接点处于开启状态，借助外力的作用对材料赋予一定的形状，当停止紫外光照射后，可重新形成配位作用，材料的形变被固定，若再次实施紫外光照射后，材料形状就会回复到原样。

（2）光热效应型

光热效应型是将光致热材料引入高分子基体中，制备光致形状记忆高分子材料。这类材料本质上是热致型形状记忆材料，它通过体系中的光致热材料将吸收的光能转化成热能，热能再诱导高分子材料发生变形。最早通过具有光热效应的材料引入高分子体系，制备光致型形状记忆高分子材料是用碳纳米管填充热塑性弹性体制备高分子复合材料，经红外光照射后，碳纳米管将光能转变成热能，诱导材料发生形状的回复。

由于碳纳米颗粒具有较强的光热效应，因此也可将炭黑引入聚合物基体中制备形状记忆高分子复合材料。未加入炭黑的高分子基体只能对红外光谱中特定波长的光进行吸收，而当将炭黑加入其中后，材料的吸收性能较之前得到了明显的增强，由此也说明了炭黑对增强红外光的吸收性能方面具有一定的促进作用，从而实现材料形状的快速回复。

将光纤引入聚合物基体中所形成的光致型记忆高分子，主要是利用中红外激光进行照射，光纤将光能转化成热能从而实现材料形状的快速回复。照射时间的不同会影响材料的回复性能，一般在照射 12 s 左右，材料已能达到原样。中外红光的优点是对基体的影响较小，但其穿透力较强，因此可在血栓清除中加以使用。

金纳米材料是一种新型材料，也具有一定的光热效应，很多研究者也将其引入高分子基体记忆材料中，如将金纳米棒引入聚丙烯酸叔丁酯和聚氨基酸酯体系制备形状记忆高分子复合材料，这是因为金纳米棒具有较强的光吸收能力，并将所吸收的光能转化成热能，使得体系温度达到一定程度后，材料的形状得以迅速恢复。且金纳米材料具有良好的生物相容性，而且不会产生生物毒性，在生物学领域中有着广阔的应用前景。

随着科技发展浪潮的不断推进，光致型形状记忆高分子材料在更多的领域中得到了应用，但由于对该材料的研究报道还较少，有些地方还缺少一定的理论数据作支撑，因此对其开展更深入的研究还很关键。

7.3 智能高分子凝胶

7.3.1 简介

1975 年，麻省理工学院的科研工作者在研究聚丙烯凝胶时，发现该聚合物凝胶在冷却—升温过程中，材料会经历模糊—透明的转变。这种由于聚合物网状结构随温度而发生相转变的现象，让科研工作者意识到了智能凝胶的存在。随后科学家们围绕这一概念，开展了广泛的研究。高分子凝胶是由具有三维交联网络结构的聚合物与低分子介质共同组成的多元体系，其大分子主链或侧链上含有离子解离性、极性或疏水性基团，对溶剂组分、温度、pH 值、光、电场、磁场等的变化能产生可逆的、不连续（或连续）的体积变化，所以可以通过控制高分子凝胶网络的微观结构与形态，来影响其溶胀或伸缩性能，从而使凝胶对外界刺激作出灵敏的响应，表现出智能性。

从体积相转变现象的发现至今，研究高分子凝胶的环境响应十分活跃，如溶液的组成、温度、pH 值、离子强度、光、电场等。刺激响应性高分子凝胶是其结构、物理性质、化学性质可以随外界环境改变而变化的凝胶。当受到环境刺激时这种凝胶就会随之响应，发生突变，呈现相转变行为，体现了凝胶的智能性。高分子凝胶的刺激响应性包括物理刺激（如热、光、电场、磁场、力场、电子线和X射线）响应性和化学刺激（如pH值、化学物质和生物物质）响应性。根据环境响应因素的多少，可将智能高分子凝胶分为单一响应智能凝胶、双重或多重响应智能凝胶。根据响应条件不同，单一响应智能凝胶又可分为温度响应型凝胶、pH值响应型凝胶、电场响应型凝胶、光响应型凝胶、磁场响应型凝胶等；双重或多重响应智能凝胶可分为pH值、温度响应型凝胶，热、光响应型凝胶，pH值、离子强度响应型凝胶等。根据来源可以分为天然凝胶和合成凝胶；根据交联方式可以分为物理凝胶和化学凝胶；根据介质又可以分为水凝胶和有机凝胶。目前，研究较多的凝胶为水凝胶，因此无特指的话，本节中介绍的智能高分子凝胶均为智能水凝胶。

高分子水凝胶网络通常由一定程度交联的亲水性聚合物构成，如聚丙烯酰胺、聚丙烯酸、聚乙烯醇、聚乙二醇等，也可以是生物基的聚合物，如藻酸盐、壳聚糖、纤维素，甚至聚多巴胺、聚氨基酸、DNA等。水凝胶网络中的交联点可以是化学交联点，也可以通过物理作用形成交联。化学交联点可以是N,N－亚甲基双丙烯酰胺等化学交联剂，物理交联可以是带有功能性官能团的高分子之间的静电相互作用，主客体作用，疏水作用，氢键、π－π共轭、配位键作用以及高分子间的链缠结作用等。近年来还可通过动态共价键形成交联构筑水凝胶网络。另外，许多纳米材料如二氧化硅纳米颗粒、碳纳米管、石墨烯、氧化石墨烯、四氧化铁纳米颗粒、纳米黏土等都可以和高分子之间通过多种作用结合在一起，作为一种宏观交联点形成纳米复合水凝胶。用于制备高分子水凝胶的聚合物通常都具有很强的亲水性，在制备的过程中通过交联作用使得这些亲水性聚合物形成网络结构。这种具有网络结构的亲水性高分子材料在遇到水之后因为交联作用的存在并不会发生溶解，同时由于极强的亲水性，高分子网络会发生溶胀，吸收大量的水，其含水量通常可以达到90%以上。

一种高分子对于一种特定溶剂的溶胀能力取决于高分子和这种溶剂分子之间的相互作用能力（包括高分子链之间的相互作用，高分子链与溶剂分子之间的相互作用，溶剂分子与溶剂分子之间的相互作用）。当高分子和溶剂分子间的相互作用发生变化时，整个高分子网络的溶胀平衡就要发生改变，即所谓的凝胶体积相变，这就是智能高分子凝胶对外界刺激作出响应的依据。对于水凝胶网络，如果高分子和水的相互作用急剧减弱，就可以观察到水凝胶失去大量水，发生相转变，如图7－12所示。在相转变过程中，水凝胶的体积也会发生显著收缩，有些水凝胶如PNIPAM（聚N－异丙基丙烯酰胺）水凝胶，在相变时的体积变化可以超过10倍。通常情况下，水凝胶的相变是可逆的，恢复高分子和水之间良好的相互作用，水凝胶又会重新溶胀，体积恢复。

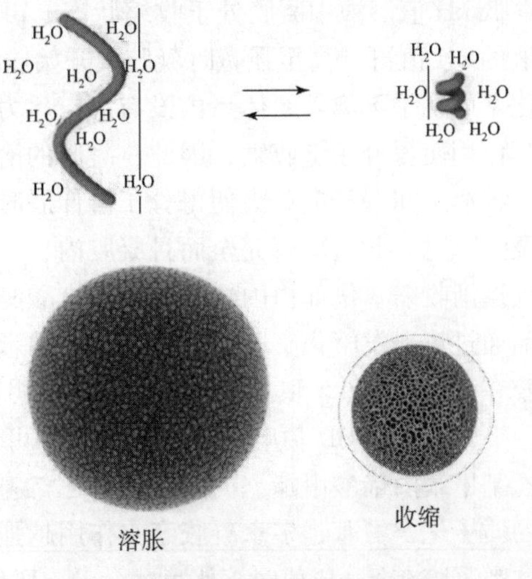

图7－12　高分子和水相互作用减弱，水凝胶发生相转变

7.3.2 不同响应的智能高分子凝胶

（1）溶剂响应型凝胶

溶剂响应型凝胶利用高分子与溶剂之间的相互作用力的变化、溶胀高分子凝胶的大分子链的线团—球的转变，使凝胶由溶胀状态急剧地转化为退溶胀状态，从而表现出对溶剂组分变化的响应，这类材料可由聚乙烯醇、聚丙烯酰胺等制成。如聚丙烯酰胺（PAAM）纤维经环化处理后除去未环化的部分以及未参加反应的物质，干燥后即得到PAAM凝胶纤维。这种纤维在水中伸长，在丙酮中收缩，而且其体积随溶剂体系中丙酮含量的增加发生连续的收缩。如果在凝胶网络中引入电解质离子成部分离子化凝胶，则在某一溶剂组成时产生不连续的体积变化。

（2）pH值响应型凝胶

pH值响应型凝胶是利用了电荷数随pH值变化而变化的高分子制备得到的，是目前研究最为广泛的响应型高分子凝胶之一。pH值响应型高分子其侧链一般是随pH值变化而解离程度发生变化的酸（羧酸、磺酸等）或碱（铵盐等），这些基团解离程度的改变，一方面造成凝胶内外离子浓度改变，一方面还破坏凝胶内相关的氢键，使凝胶网络物理交联点减少，造成凝胶网络结构发生变化，从而引起凝胶宏观上的溶胀或去溶胀。这类凝胶按照解离基团的类型可分为阴离子、阳离子和两性离子三种类型。三种凝胶通常情况下随pH值变化时溶胀度的变化规律如图7-13所示。

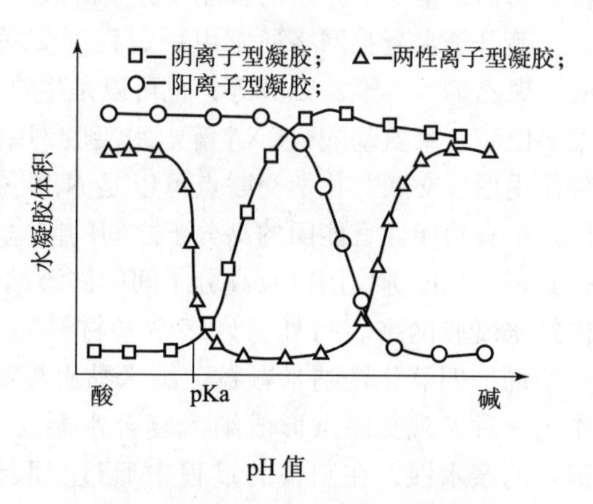

图7-13 不同类型pH值响应的智能凝胶的通常相变行为

阴离子型pH值响应的智能凝胶的可离子化基团通常为羧基，对于丙烯酸类水凝胶而言，在低pH值溶液中凝胶处于收缩状态，pH值升高至中性时，凝胶的溶胀度迅速增大，当溶液的pH值再升高至强碱时凝胶又开始收缩。这是由于介质的pH值较低时，凝胶中可离子化基团几乎不离解，体系内没有静电斥力的作用，同时在此时阴离子基团之间存在较强的氢键作用使得分子链收缩，因此，凝胶的溶胀度很低；随着pH值的升高，可离解基团迅速解离，离子间的静电斥力使得分子链伸展凝胶网络变大，溶胀度开始变大；当pH值继续升高至强碱时，此时离解完全而且凝胶内、外离子浓度基本相等，凝胶内外的渗透压趋于零，凝胶逐渐收缩。例如由丙烯酰胺-马来酸酐共聚物溶液电纺丝制成纳米纤维，以二甘醇为交联剂通过热引发酯化交联的方式制备了纳米纤维水凝胶，由于聚马来酸酐的两步解离使得该凝胶在pH值为2.5和8.5处显示出两个明显的溶胀度增大过程。

阳离子型pH值响应的智能凝胶的可离子化基团通常为氨基（如N,N-二甲基/乙基氨乙基甲基丙烯酸甲酯、丙烯酰胺和乙烯基吡啶等），这类凝胶pH值响应性主要来源于氨基的质子化，氨基越多水凝胶亲水作用越强，平衡溶胀度越大。其溶胀机理与阴离子型相似，这类凝胶在低pH值时溶胀度大，高pH值时溶胀度小。例如，N,N-二甲基氨乙基甲基丙烯酰胺-乙二醇二甲基丙烯酸酯共聚物水凝胶均随着pH值的增大而溶胀度降低，并且在pH值为2~4时发生体积相转变。

两性pH值响应的智能凝胶则同时含有可解离的酸碱基团，其pH值敏感性来源于分子链上两种基团的离子化作用。低pH值时碱性基团离子化，高pH值时酸性基团离子化，故两性凝胶在酸碱溶液中均有较大的溶胀度，而在中性时溶胀度较小。例如，羧甲基壳聚糖/聚2－二甲基氨乙基甲基丙烯酸酯半互穿网络水凝胶中均同时存在可离子化的羧基和氨基，表现出在酸性条件下随着pH值的增加凝胶溶胀度降低，而在碱性时随着pH值的进一步升高凝胶的溶胀度随之升高，随pH值的变化凝胶的溶胀度呈现典型的两性离子凝胶的"V"形变化。在酸性条件下氨基离子化、在碱性条件下羧基离子化，使得在酸碱条件下凝胶体系中均存在静电排斥作用使凝胶分子链趋于伸展，凝胶的溶胀度大；而在中性时（$4<pH$值<8）酸碱基团均存在部分离子化，由于阴阳离子的配合作用使得凝胶在此区域的溶胀度很低，尤其在pH值为6~7时两者离解程度相近时溶胀度最小。

（3）温度响应型凝胶

温度敏感型凝胶在环境温度发生变化时发生响应，凝胶自身的性质发生改变（溶胀度、透光率等）。由于温度变化（刺激）不仅在自然情况下存在，而且很容易靠人工实现，因此温度敏感型凝胶是研究最为广泛的一类智能凝胶。目前研究较多的是随着温度的变化凝胶发生溶胀度、透光率的变化：凝胶的溶胀度在很小的温度变化范围内发生数十倍的变化甚至不连续的突变，或是凝胶透光率发生突变即出现透明－不透明的转换，均可定义为发生相变行为。该凝胶存在一定的亲疏水基团或分子链间的氢键作用，温度的变化可以影响基团间的疏水作用及分子链间的氢键作用，从而使凝胶的结构改变即发生相变行为，这一温度称为相变温度。温敏型凝胶对温度变化的响应通常有两种类型：正向温度敏感凝胶，逆向温度敏感凝胶。两类凝胶的性质（体积/相变/透光率）随温度变化的示意图如图7－14所示。

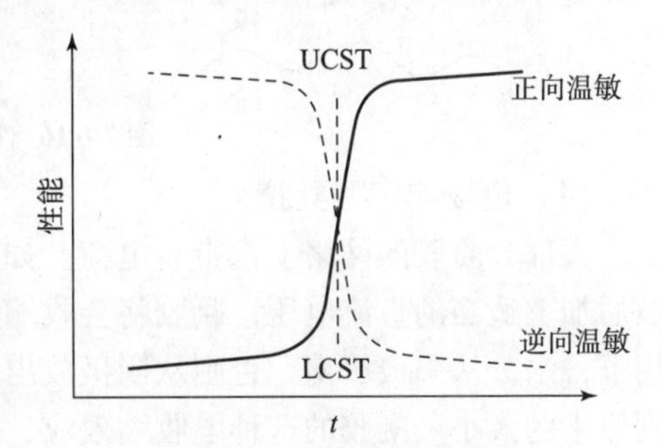

图7－14　正、逆向温敏凝胶随温度变化的示意图

正向温度敏感凝胶在温度低于相变温度时凝胶处于收缩或不透明的状态，在相变温度以上时凝胶处于膨胀或透明的状态，这个相变温度为高临界溶解温度（UCST）。凝胶的溶胀度/透光率在UCST附近随着温度的升高而突变式地增大，反之亦然。正向温度敏感凝胶通常由丙烯酸－丙烯酰胺共聚物或聚丙烯酸－聚丙烯酰胺、聚丙烯酸－聚乙二醇（半）互穿网络组成。这类凝胶的相变行为是由分子间氢键的形成－解离所引起的：在环境温度低于UCST时，羧基－氨基/乙氧基之间形成强的氢键作用使分子链处于收缩的状态，对外表现出溶胀度低或凝胶不透明；而一旦环境温度高于UCST，分子链间的氢键作用快速解离使得分子链伸展表现出溶胀度迅速升高或凝胶转向透明。例如UCSTPAA/PAM（聚丙烯酸/聚丙烯酰胺）凝胶体系，PAA和PAM形成互穿网络水凝胶后，在温度较低时PAA高分子链上的羧基会和PAM高分子链上的酰胺基生成氢键，如图7－15所示，整个凝胶网络处于比较疏水的状态。当温度升高时，羧基和酰胺基

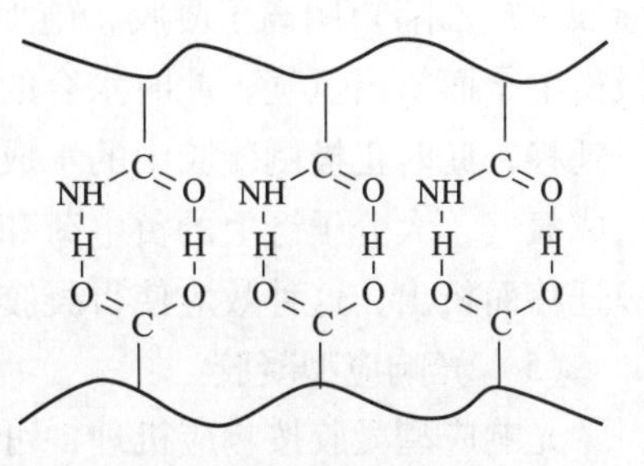

图7－15　PAM/PAA凝胶中PAA和PAM高分子间形成氢键

之间的氢键会受到破坏，从而裸露出亲水性极强的羧基和酰胺基，整个凝胶体系的亲水性显著提高，吸水溶胀。

逆向温度敏感凝胶在温度低于相变温度时凝胶处于膨胀状态或透明状态，当温度高于相变温度时凝胶处于收缩状态或不透明状态，这个相变温度称之为低临界溶解温度（LCST）。凝胶的溶胀度/透光率在 LCST 附近随着温度的升高而突变式地减小，反之亦然。逆向温敏水凝胶的研究以聚 N－异丙基丙烯酰胺（NIPAAM）的均聚物、共聚物为主，在这类凝胶中存在氢键和亲疏水的平衡。外界温度在 LCST 以下时，凝胶网络中高分子链上的亲水基团通过氢键与水分子结合，凝胶吸水溶胀。随着温度的上升，这种氢键作用减弱，凝胶对水的束缚作用减弱，同时高分子链中疏水基团之间的相互作用加强，凝胶逐渐收缩。温度升至 LCST 以上时，疏水作用成为体系内主要作用力，高分子链通过疏水作用互相聚集，凝胶的溶胀度急剧下降，如图 7－16 所示。

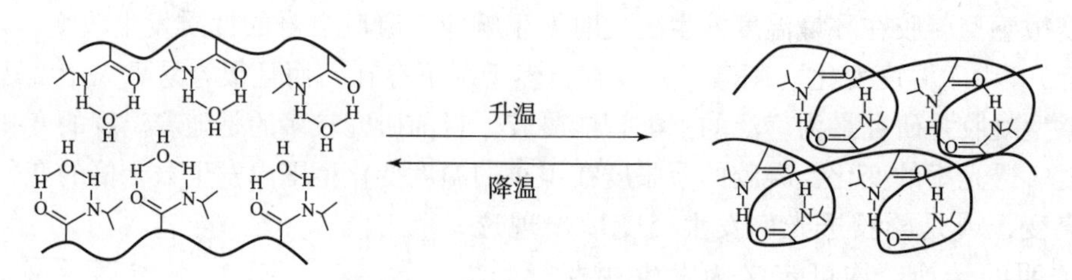

图 7－16　NIPAM 凝胶的相转变

（4）电场响应型凝胶

大部分凝胶的网络上都带有电荷。如果将一块高吸水膨胀的水凝胶放在一对电极之间，然后加上适当的直流电压，凝胶将会收缩并放出水分。网络上带有正电荷的凝胶，在电场作用下，水分从阳极放出，否则从阴极放出。如果将在电场下收缩的凝胶放入水中，则会膨胀到原来的大小。凝胶的这种电收缩效应，实际上反映了一个将电能转化为机械能的过程。

一般电场响应型水凝胶中都具有可离子化的基团，又称聚电解质水凝胶，如带负电的聚阴离子电解质凝胶聚乙烯醇/聚丙烯酸（钠）、丙烯酸－丙烯酰胺共聚凝胶（或部分水解 PAAM）、聚[（环氧乙烷－co－环氧丙烷）－星型嵌段聚丙烯酰胺]/交联聚丙烯酸 IPN、2－丙烯酰胺－2－甲基－1－丙磺酸（钠）及其共聚物；聚阳离子电解质凝胶，如CS/PEG；同时含有阴阳离子的水凝胶，如明胶/聚羟乙基丙烯酸甲酯 IPN。在相应的电解质水溶液中，这些凝胶在非接触直流电场作用下，向负极或正极弯曲，如图 7－17 所示。在接触直流电场作用下，凝胶的收缩可由动电现象予以解释：如聚(2－丙烯酰胺－2－甲基丙磺酸－甲基丙烯酸－羟乙酯）阴离子凝胶，施加电压时，凝胶中的抗衡离子和水一起向负极迁移，在负极得电子而析出氢气，此时水合的水分子脱水，向凝胶外释出，反应所得 H^+ 和水一起向负极迁移，此时正极侧凝胶中的水成为 H^+ 的供给源，使正极反应生成的 OH 在正极附近氧化生成氧气，大分子链上的负电荷和正极相互作用，电荷中和而脱水，此时水和 H^+ 一起向负极迁移而析出，这种效应使得凝胶由正极向负极位移而产生收缩。

（5）光响应型凝胶

光响应型凝胶按响应机理，可以分为直接光响应水凝胶和间接光响应水凝胶。直接光响应型高分子智能凝胶的特征是高分子的主链或侧链上导入具有受光异构化性能的化合物，这些感光基团吸收了一定能量的光子之后，就会引起分子构型的变化。凝胶的光刺激溶胀体积

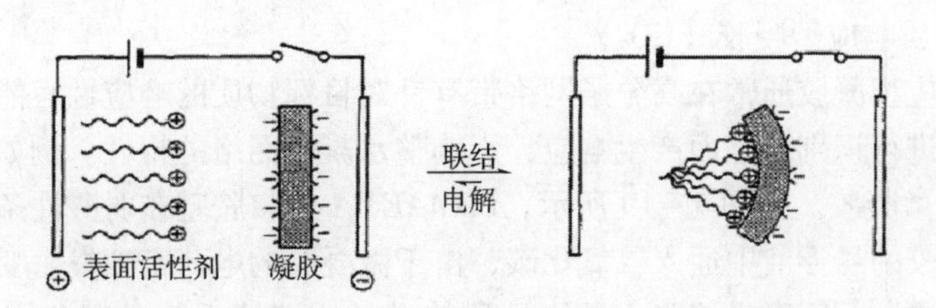

图7-17　聚电解质水凝胶在电场中和表面活性剂分子不对称结合造成凝胶弯曲

变化是由于聚合物链受光刺激发生构型变化，即其光敏部分经光辐照转变为异构体，它可由热或光化学作用而返回基态，这类反应为光异构化反应，而光敏部分即光敏变色分子，反应常伴有此类发色基团物理和化学性质的变化如偶极矩和几何结构的改变，这就导致具有发色基团聚合物性能的改变。光异构化反应包括偶氮基团等的反式-顺式异构、无色三苯基甲烷衍生物的离解等。例如，由氧胆酸-β-环糊精衍生物和接枝偶氮苯的聚丙烯酸制备了一种光响应型的超分子水凝胶，通过紫外-可见光照射，可以控制β-环糊精和偶氮苯可逆的结合进而调控整个水凝胶体系的溶胶-凝胶转变，如图7-18所示。

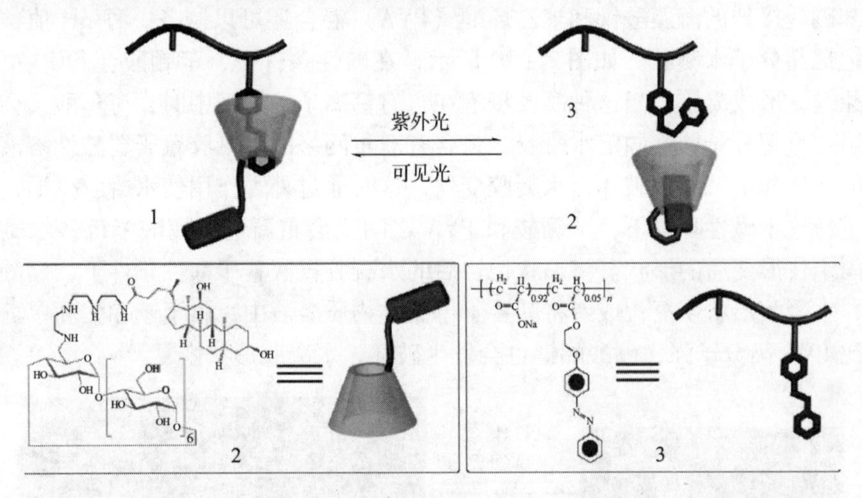

图7-18　通过紫外-可见光照射调控偶氮苯/β-环糊精凝胶的溶胶凝胶转变

间接光响应的凝胶则通过在热响应水凝胶体系中（如PNIPAM水凝胶）加入还原氧化石墨烯、纳米金颗粒、叶绿素铜等光热效应的物质，通过光热转换产生热能，刺激热响应的水凝胶体系发生响应。

（6）磁场响应型凝胶

对于用电解质而溶胀的凝胶的电场驱动，电极有必要与凝胶牢固连接，这对于通过电场驱动的系统来讲是不可避免的。但为了将这样的材料应用于将来的微型机械，非接触的驱动源也是必不可少的，故可利用磁场驱动。对磁场感应的智能高分子凝胶由高分子三维网络和磁性流体构成。利用磁性流体的磁性及磁性流体与高分子链的相互作用，使高分子凝胶在外加磁场的作用下发生膨胀和收缩。磁性流体作为凝聚块被固定时，磁性流体所具有的固有特性很难显现。与磁性粉末被固定时的情况相似，当水状磁性流体被封闭在高分子凝胶内时，则保持了超常的磁性，表现出沿磁场方向伸缩的行为。通过调节磁性流体的含量、交联密度等因素，可以得到对磁刺激十分灵敏的智能高分子凝胶。

(7) 化学物质响应型凝胶 (CO_2)

化学物质响应型凝胶通常在高分子网络带有针对目标物质的响应性官能团，通过这些官能团对目标物质进行识别，进而产生响应，影响整水凝胶网络的特性。例如，二氧化碳响应性的 PDMAEMA 微凝胶。如图 7-19 所示，PDMAEMA 的叔胺基在弱酸性条件下就可以质子化，往这种微凝胶的悬浮液中通入二氧化碳，由于微凝胶的电荷密度发生变化，微凝胶内抗衡离子富集，渗透压升高发生溶胀，最终导致整个悬浮液体系的黏度急剧升高，出现“二氧化碳拥堵效应”。

图 7-19　PDMAEMA 微凝胶的“二氧化碳拥堵效应”

通过苯硼酸接枝的海藻酸钠和聚乙烯醇 (PVA) 混合还可以制备一种 pH 值、糖双重响应的形状记忆超分子水凝胶。如图 7-20 所示，在碱性条件下，苯硼酸会和 PVA 上的羟基形成硼酸酯键，形成凝胶。当这种凝胶浸泡在含有钙离子的溶液中时，海藻酸又会和钙离子螯合形成第二重超分子网络固定水凝胶。将含有双重网络的水凝胶置于弱酸性溶液中时，凝胶网络中的硼酸酯键就会被破坏，水凝胶变软，这时通过外力作用使水凝胶变形，将变形后的水凝胶重新置于碱性环境下，苯硼酸和 PVA 之间又会重新形成硼酸酯键，水凝胶发生形状记忆，固定住形变后的形状。将形状记忆后的水凝胶再次置于酸性条件下，硼酸酯键又会发生破坏，水凝胶形状恢复；或者将其置于单糖类物质溶液中，由于苯硼酸和单糖类物质的结合能力比 PVA 高分子强，硼酸酯键也会发生破坏，水凝胶形状恢复。

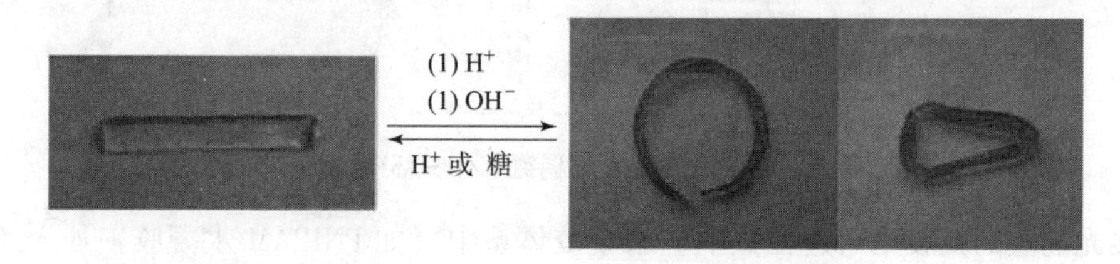

图 7-20　对 pH 值、糖双重响应的水凝胶

7.3.3　智能高分子凝胶的应用

(1) 细胞培养

凝胶具有良好的生物相容性，结构上又和生物体具有相似性，因此在细胞培养领域应用广泛。而使用响应型水凝胶进行细胞培养则可以实现可控的细胞吸附和脱附。例如，用 PNIAM 和胶原混合，制备了一种智能型的细胞培养基，当细胞在其上生长完成后，通过控制温度导致 PNIAM 水凝胶发生相转变，可以使细胞在其上脱附。

智能凝胶的响应性引起细胞生长微环境的变化，对细胞的迁移和分化均有重要影响。例如，某种自变形的水凝胶形变成立方体 (图 7-21)，可在其上培养人骨髓间质干细胞。在水凝胶立方体的不同面上 (底面、表面、侧面)，通过重力作用诱导干细胞向不同的方向进行细胞分化。该方法不仅揭示了重力作用在细胞分化上的影响，同时还为细胞的可控分化提供新的方法。

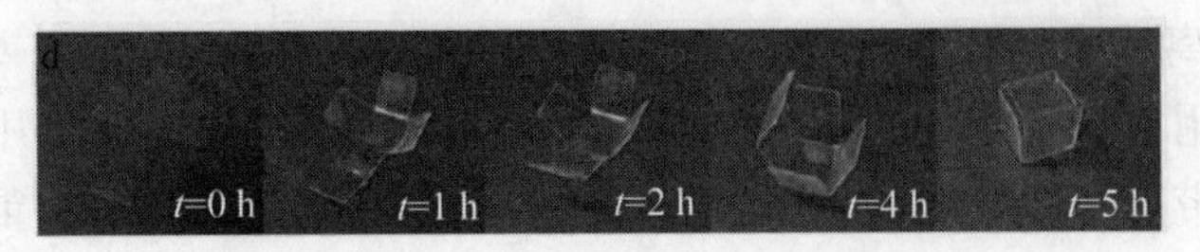

图7-21　水凝胶自变形构成立方体

（2）药物释放系统（DDS）

药物释放系统是指在某些物理刺激（如温度、光、超声波、微波和磁场等）或化学刺激（如pH值、葡萄糖等）作用下可释放药物的系统，而且能由体外的光、电、磁和热等物理信号遥控体内的刺激响应性药物，使其向信号集中的特定部位靶向释放。

病人患病时常伴随着全身或局部的发热及各种化学物质浓度的变化，因此可利用智能高分子凝胶构成具有自反馈功能的智能型药物释放系统（图7-22）。浸含药物的凝胶粒子在身体正常的情况下呈收缩状态，因为形成致密的表面层，可以使药物保持在粒子内。当感受到病灶信号（温度、pH值、离子、生理活性物质）后，凝胶体积膨胀，使包含的药物通过扩散释放出药物；当身体恢复正常后，凝胶又恢复到收缩状态，从而抑制了药物的进一步扩散。

例如将胰岛素和包裹了葡萄糖酶的纳米胶囊包埋在pH值响应型壳聚糖微凝胶中，得到一种针对Ⅰ型糖尿病的智能药物体系。如图7-23所示，这种壳聚糖微凝胶可以通过注射的方式进入血液中，当葡萄糖通过扩散进入微胶囊后就会被葡萄糖特异性酶转化为葡萄糖酸，葡萄糖酸的产生导致壳聚糖微凝胶质子化溶胀，微凝胶溶胀后就会释放出胰岛素促进血液中的血糖下降。在正常的血糖环境中，这种微凝胶的胰岛素释放处于一个基础水平，当处于高血糖环境中时，胰岛素的释放速率就会相应提升。pH值响应型壳聚糖微凝胶基质和微胶囊包埋的葡萄糖酶构成了一个针对血糖的智能响应体系，同时由于葡萄糖酶被包裹在微凝胶中的纳米胶囊体系中，避免了酶的脱附、失活及抗原反应。

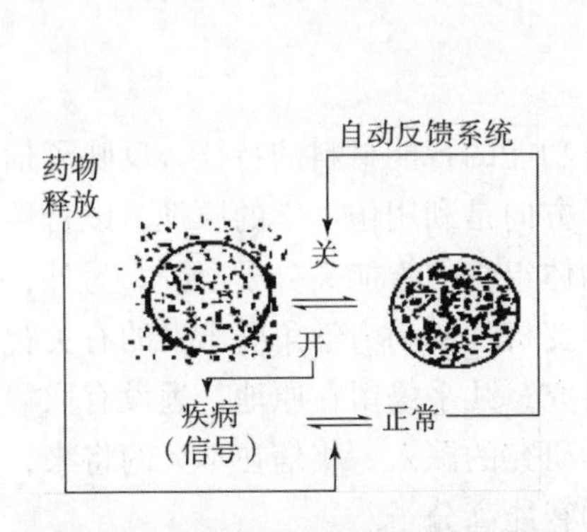

图7-22　智能型药物释放系统的原理

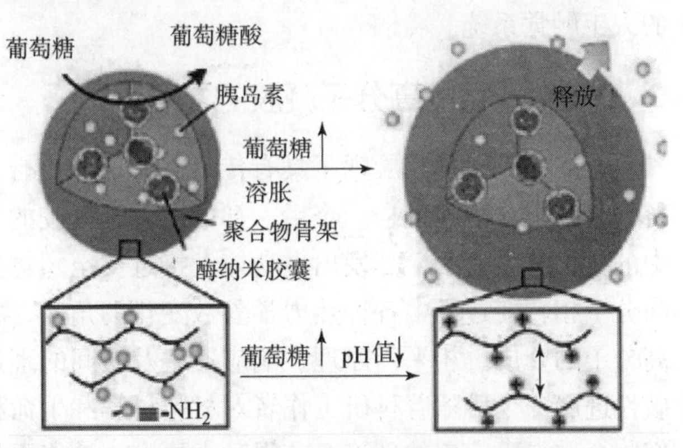

图7-23　基于壳聚糖微凝胶的智能胰岛素释放体系

（3）化学机械

利用智能高分子凝胶的溶胀—退溶胀还可以实现机械能-化学能之间的转换，即智能高分子凝胶作为化学机械材料，比如在由聚丙烯酸和水构成的智能高分子凝胶上加上一定质量的负荷，然后通过调节周围溶液的pH值或离子强度，使凝胶发生膨胀收缩，从而将化学能转变为机械能，人们形象地称之为人工肌肉。采用聚乙烯醇和聚丙烯酸的韧性水凝胶，经反复冷冻和解冻制成大孔径结构，其拉伸强度高达0.5 MPa，具有反复的化学机械性能和高持久性。

（4）吸附与分离技术

除了在生物医用材料领域的广泛应用之外，响应型水凝胶也可以应用在污水处理、土壤再生等环保领域。带有极性基团的水凝胶如聚丙烯酸类水凝胶对于各种重金属离子有很好的吸附性，在工业废水中可以吸附这些重金属离子，应用于土壤中可以使这些重金属离子富集达到净化土壤的效果。在这些环保凝胶中引入响应型水凝胶体系，就可以通过水凝胶的相变来使污染物脱附，从而使材料清洁再生。

另外，在膜分离技术领域，引入响应型水凝胶，可以通过水凝胶的体积变化来控制膜的孔径等因素，进而实现膜通量等因素的控制。例如，以功能化石墨烯抽滤膜为骨架和PNIPAM高分子通过超分子作用制备一种通过石墨烯组装的水凝胶膜。这种水凝胶膜在温度升高后，由于PNIPAM发生相变而塌缩，从而导致水凝胶膜的孔道增大，膜通量显著提升。温度下降后，膜的通量又会恢复到原来水平，如图7－24所示。

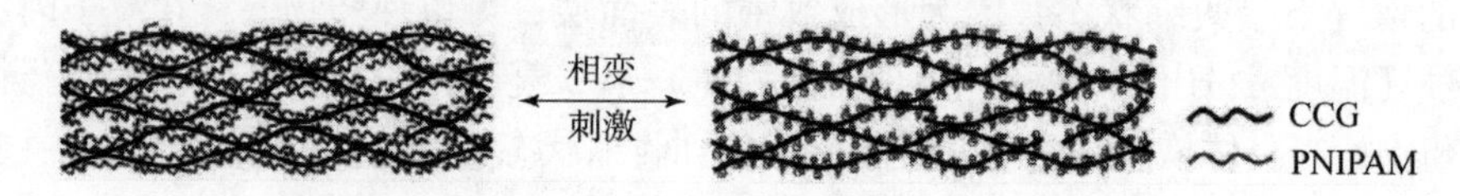

图7－24　石墨烯诱导组装的水凝胶膜在受到外界刺激时孔结构发生可逆变化

（5）人工触觉系统

根据仿生学的原理，智能高分子凝胶可制成人工触觉系统。人们知道，许多生物体的传感系统（如人的皮肤表面、手指）是通过压电效应来实现传感的。在由聚电解质构成的凝胶中，同样存在压电效应，采用智能高分子凝胶制成压力传感器就是利用这一原理。将两块由聚电解质构成的凝胶并排放在一起，并使其中一块发生变形，受力变形的凝胶就会形成新的电离平稳，从而导致两块凝胶间出现离子浓度差而产生电位差，可以制成像人的手指那样的人工触觉系统。

7.3.4　智能高分子凝胶的发展前景

智能高分子凝胶展现了具有传感、处理和执行三重功能的智能材料的特征，反映了信息科学与材料科学的融合。今后，智能高分子凝胶的发展方向是利用仿生学的原理，以自然界中的生物体为蓝本，开发出在功能上接近甚至超过生物体组织的智能高分子凝胶。另外，从高分子相转变过程中各种热力学参数变化的角度、相转变机理的动力学角度出发的有关智能高分子的合成、相平衡原理、响应速率及时间的理论研究，几乎停留在原地，远没有取得突破性进展。今后随着科研工作者对材料科学和生命科学研究的深入，相信在不久的将来，人们将会取得更完善的理论，获得种类更多、性能更优的智能高分子。

7.4　智能高分子膜

膜分离法是近年来发展起来的一种新型分离技术，具有突出的传输选择性和低的能耗等优势。膜技术由于具备实用、高效、节能、工艺简单和可调等优势，在现代经济发展和人们日常生活中被广泛应用，产生了很高的经济效益。在膜分离中，膜材是膜分离技术的物质基础和核心部件。膜是一个中间相，控制着两侧的连续相物质传输。膜材的种类非常丰富，见表7－2。

表7－2　膜材分类

分类标准	名称
结构	致密膜、多孔膜（微孔膜、大孔膜）
来源	天然膜、合成膜（无机材料膜、高分子聚合物膜）
应用	过滤膜、吸附性膜、扩散性膜、离子交换膜、选择渗透膜
被分离物质的尺度	纳滤膜、超细滤膜、超滤膜、微滤膜

由于科技的更新，人类对自主机制有了进一步了解，因此对膜材料进行功能化和智能化，开发出能对外界刺激做出响应的膜已成为必然趋势，这种膜被称为智能型膜材或环境响应型膜材。智能膜材的结构、有效孔径、膜的通量及膜的性能会随着外界刺激如光、电、温度、化学因素等的改变发生变化，这种既兼顾传统膜材料优势又能对外界刺激做出响应的特点，促使智能膜材料成为一种新型的功能性膜材料。智能膜在物质的分析检测、分离提纯、药物释放、人工器官等领域具有广阔的应用前景。

智能膜拥有广阔前景的技术，其社会意义深远悠长、在经济价值方面有很重要的地位，所以在国际上备受关注和重视。由于还受到多种因素的制约，环境响应型智能膜材料和膜技术目前仍处于基础研究阶段，还需要进一步开发与完善，前途充满挑战。高分子膜作为高分子材料中的一种，相比于无机材料，具有多重结构层次性以及分子间作用力弱的特点，主链和侧链更容易引入官能团，分子链或集聚态结构更容易进行设计，即更容易实现智能化，能有效结合智能聚合物的响应型和多孔基材膜良好的优点。环境响应型高分子膜大多是由两部分构成，一部分是多孔膜基材，另一部分是能感应外界环境刺激的聚合物功能开关。

环境响应型高分子膜按照膜的结构可以分为整体型智能膜和开关型智能膜两类膜。制成此类膜的智能高分子材料具有环境刺激响应，从而让膜可随环境的变化而改变其渗透性。开关型膜，就是在多孔基材膜上运用化学或物理方法固定住具有环境刺激响应特性的智能高分子材料，随着环境信息的变化，膜孔大小会发生相应的变化，也就是说智能高分子在膜孔中发挥着“开关”的作用。按照高分子智能膜对环境刺激的响应的不同分为温度响应型、pH值响应型、光响应型、电场响应型、分子识别响应型、葡萄糖浓度响应型和压力响应型等不同的类型。

（1）温度响应型高分子智能膜

当一种高分子分离膜的孔径大小、渗透速率等随着所在的环境温度改变而发生敏锐的响应变化和突跃性变化时，这种高分子分离膜叫作温度响应型高分子膜，当温度响应型高分子膜在某一温度吸溶剂量和吸水量有突变性的变化时，这一温度叫作最低临界溶液温度（LCST）。因为温度变化不仅在自然情况下存在，且更容易通过人工来实现，所以迄今为止，对温度响应型智能化开关膜的研究比较多。

温敏型分离膜的可控渗透机理主要有两种：第一种是凝胶扩散机理。在低温下，PNIPAM基凝胶溶胀，渗透介质的扩散速度快；高温下，PNIPAM基凝胶溶胀收缩，渗透物质的扩散速度相对较慢。由此证实了“高关低开”的控制模式。第二种被称为阀门机理。

在低温下，温敏型聚合物由于强烈的氢键作用水合膨胀，导致膜上的孔“关闭”，阻止了渗透物质的通过；但是在高温下，聚合物由于非极性作用链段收缩，从而使膜上的孔“打开”，这时，渗透物质便可以自由通过。在整个体系中，形成了“高开低关”的控制模式，而温度就是里面的阀门，控制着分离膜的通量。而温敏型膜的开关形式大致可分为覆孔型接枝链开关、填孔型接枝链开关和填孔型微球开关三种，如图 7－25 所示。

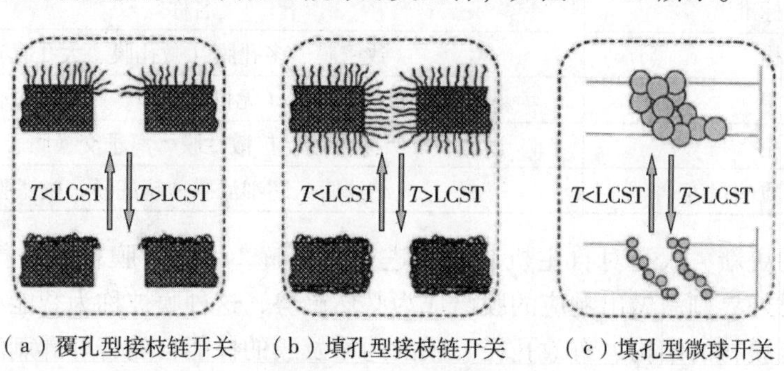

（a）覆孔型接枝链开关　（b）填孔型接枝链开关　（c）填孔型微球开关

图 7－25　不同开关形式的温度响应型智能开关膜

（2）pH 值响应型高分子智能膜

pH 值响应型的高分子膜是在基材膜上面接枝具有响应性的聚电解质开关，从而实现定点定位控制释放以及响应性分离，在酶的固定、物料分离、化学阀、药物释放等领域具有广阔的应用前景。对于阴离子型聚电解质，一般含有官能基团—COOH，如聚丙烯酸（PAA）和聚甲基丙烯酸（PMAA）等，在低 pH 值下，$—COO^-$ 质子化，疏水作用起主导作用，导致含羧基基团的聚合物链卷曲，使微孔膜上的孔径变大，从而有利于渗透介质的通过。在高 pH 值下，—COOH 电离成 $—COO^-$，使聚合物链上电荷密度增大，聚合物链段上的电荷相互排斥，聚合物链舒展，微孔的孔径变小，渗透介质难以通过。聚合物弱电解质的链段构象的转变点由聚合物的值来决定，这个机理被称为“通透孔机理”，它适用于响应型膜。在高值情况下的聚阴离子膜呈现开放状态，而在低值的情况下则呈现出关闭的状态。这一行为可以用“通透聚合物机理”进行解释：聚合物溶胀，渗透物质扩散；聚合物收缩，渗透物质扩散受阻。

而对于含叔胺基的甲基丙烯酸酯类单体而言，其中的叔胺基团与这种碱溶胀型基团相反，是一种酸溶性基团。在低 pH 值时，由于叔胺基团质子化，聚合物链因为电荷间的互相排斥而舒展，微孔的孔径变小，渗透介质难以通过。在高 pH 值时，基团质子化作用减弱或者消失，聚合物链段上的电荷间的互相排斥力减弱而使聚合物之间的吸引力增强，聚合物的整体直径减小，聚合物链卷曲，使微孔膜上的孔径变大，从而有利于渗透介质的通过。聚甲基丙烯酸(2－N,N－二乙胺基）乙酯(PDEAEMA）是目前研究最多的含叔胺基团的聚合物之一。

（3）光响应型高分子智能膜

光响应型的高分子光敏特性的实现依赖于链段的构象改变和功能性基团。例如偶氮苯及其衍生物在紫外光照射下，偶氮苯从反式构象转向顺式；在加热和可见光照射下，偶氮苯恢复到反式，这种转变改变了分子尺寸和其偶极矩，最终控制渗透通量。不同的光敏型膜是因为分离膜中引进不同的偶氮苯及其衍生物而异。转换可见光与紫外光的条件，可调节渗透通量，并能重复实施和快速响应。构型转变的影响远大于膜结构改变，故 pH 值敏感性分离膜的面敏感程度远大于光敏型分离膜。

（4）电场响应型高分子智能膜

电场响应型高分子膜的作用机理是基于导电聚合物的可逆的氧化还原作用、电活性和本征电导率等特性。掺杂着反离子的聚苯胺、聚噻吩、聚吡咯是常见的导电聚合物模式，有研究表明将方波电势施加到聚合物膜上，可促使聚合物膜反复氧化和还原。掺杂的反离子的性质在很大程度上决定着通过聚合物的阴离子和阳离子的量。目前，这种导电聚合膜在矿物离子、蛋白质的选择性分离和药物控制方面应用比较突出。

（5）分子识别型高分子智能膜

分子识别型智能膜是在基材膜上接枝具有分子识别能力的主体分子和构象可变化的高分子链。PNIPAM－co－PMAA－β－CD 分子识别型的温敏膜。当膜孔中聚合物链上的 β－CD 在识别客体分子 ANS 后，两者生成包合结构，使得聚合物链的 LCST 与之前相比会朝着低温迁移，因此这也造成了聚合物链发生由伸展到收缩的相变过程，从而使膜孔发生由“关”到“开”的变化；当在识别了客体分子后，两者生成包合物的结构使得聚合物链的 LCST 与之前相比会朝着高温迁移，因此这也造成了聚合物链发生由收缩到伸展的相变过程，而使得膜孔发生由“开”到“关”的变化。

（6）葡萄糖浓度响应型高分子智能膜

葡萄糖浓度响应型智能膜，它的制备及响应特性如图 7－26 所示。首先在多孔膜上接枝羧酸类聚电解质，制备响应智能开关膜，然后在羧酸类聚电解质开关链上固定葡萄糖氧化酶，使开关膜能够响应葡萄糖浓度的变化。其开关可以根据葡萄糖浓度的变化而开启或关闭，在无葡萄糖、中性条件下，羧基解离带负电，接枝物表现伸展构象，从而使膜孔处于关闭状态，胰岛素释放速度变慢；反之，当环境葡萄糖升高到一定浓度时，催化氧化将葡萄糖变成葡萄糖酸，而这使羧基变得质子化，也减小了静电斥力，接枝物表现收缩构象，导致膜孔处于开放状态，胰岛素释放速度增大，从而实现了胰岛素浓度随着血糖浓度变化而进行自调节型的智能化控制释放。

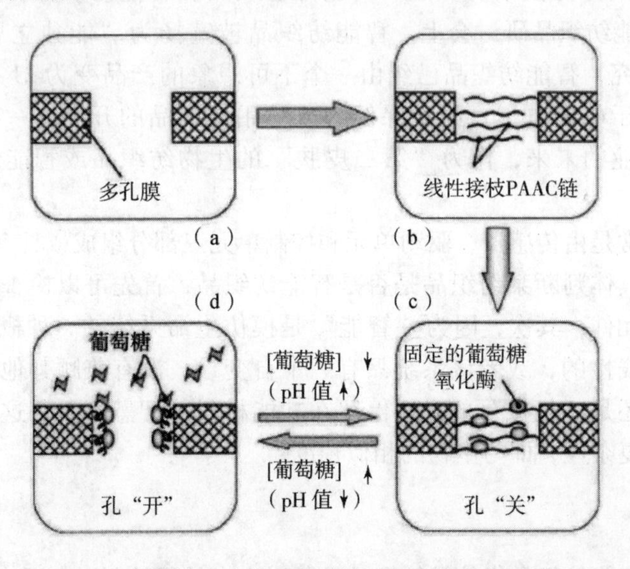

图 7－26　葡萄糖浓度响应型膜的制备及其响应原理示意图

（7）压力响应型高分子智能膜

压力响应型高分子智能膜是一种新型的功能膜，该膜主要是依据聚合物共混界面相分离原理和热力学相容理论制备而成的，主要利用了聚合物与无机微粒之间或聚合物与聚合物之间的热力学相容性和物理机械性能的差异，使其界面在相成型过程中发生分离，制备具有界面微孔结构的新型的中空纤维膜，该膜能对分离体系压力变化有明显响应。

迄今，人们已经设计和开发出许多不同类型的环境响应型智能膜材料和膜系统。环境响应型智能膜由于在众多领域具有重要的潜在应用价值，被认为将是21世纪膜科学与技术领域的重要发展方向之一。智能膜目前已成为国际上膜学领域研究的新热点，新型智能膜材料的研制和智能膜过程的强化是被普遍关注的两大基础研究课题。环境响应型智能化膜材料和膜技术由于还受到许多因素的制约，目前在国际上仍多处于基础研究阶段，还需要进一步开发完善。要实现智能膜的大规模应用，还需要多学科领域的科技工作者的进一步努力。尽管这方面的研究和开发充满挑战，但由于智能膜技术前景广阔、具有很重要的社会意义和显著的经济价值，因此在国际上将备受关注和重视。

7.5 智能纺织品

7.5.1 定义

智能纺织品源于智能材料，是对环境因素的刺激有感知和能做出响应的纺织品，如在光、热、电、湿、机械和化学物质等因素的作用下，它们能通过颜色、振动、电性能、能量储藏等变化，对外界刺激做出响应。它比普通的纺织品具有更多的功能，其命名通常是与其功能紧密联系的，所以也属于功能性纺织品。智能纺织品最早是1979年在日本提出的，它把形状记忆蚕丝称之为机敏纺织品，但是智能纺织品的概念到20世纪90年代后期才被人们普遍认知，它先后被称为技术纺织品、功能性纺织品和智能纺织品。1999年，在Heriot-Watt大学召开的智能纺织品研讨会上，智能纺织品被宣扬为“能独立思考的纺织材料”。经过二十几年的研究，智能纺织品已经由一个不可想象的产品变为21世纪新时尚哲学的基础，并广泛应用于电子电工、医疗保健品或军用纺织品的开发，一些专家将智能纺织品看作纺织服装工业的未来，作为“第二皮肤”的生物纺织品或智能纺织品将会有非常好的市场前景。

智能纺织品通常是由传感器、驱动单元和控制单元三部分组成或具有感知、反馈和响应三大要素，因此，具体判断某纺织品是否是智能纺织品，首先可以检查分析其是否存在感知、反馈和响应的元件；其次，因为“智能”是模仿生命系统的一种概念，如果某一系统的输入输出关系是线性的，或者该系统只有一个自变量，没有兼顾其他变量进行思考的能力，则这样的系统还是“机械”的，还停留在功能材料的智慧水平。这一判据实际上考核的是系统的运算的复杂性，即与生物的相似程度。

7.5.2 分类

广义上来看，智能纺织品指的是纺织品具备对来自外界的刺激如温度、湿度、光线、压力、电子磁场等因素有感知，并做出反应的功能；狭义上来看，智能纺织品指的是电子信息智能纺织品，它融合了信息、电子和计算机等多学科技术，且能够采集信号并做出一系列相应的处理。参照美国 R. E. Newnham 教授对智能材料的分类方法，将其分为以下三种类型：

（1）消极智能纺织品

这类智能纺织品仅能感知外界环境的变化或刺激，不能自动控制。如光纤传感技术就属于这种类型，光纤具有感知和单向传输功能，主要用于检测应变、温度、位移、压力、电流、磁场等这些材料和环境的性能；光导纤维、抗紫外线服装及压敏织物等均为现有的消极智能纺织品的应用。消极智能纺织品主要包括有士兵作战服、消极智能衬衫、导电纺织品、压敏纺织品等。

（2）积极智能纺织品

积极智能纺织品具有感知外界环境变化或刺激，并做出响应的能力。除传感器外，还包含有制动器，能够检测所得信号或从中央控制单元获得信息，从而使结构变化以适应外界环境的变化，如形状记忆、防水、变色织物、蓄热调温纺织品、芳香纺织品等。

（3）高级智能纺织品（适应型智能纺织品）

这类纺织品除了感知、反应能力，还能自我调节，以适应外界环境的变化或刺激，属于最高水准的智能纺织品，是纺织工程和材料技术、人工智能、传感器、通信技术、结构力学、生物学及其他一些先进技术的成功结合。现已开发的智能纺织品有信息服装、数字服装、智能文胸、保健服装、灭蚊服装、情感服装、军用帐篷等。

7.5.3　智能纺织品智能化的实现方式

从目前已开发智能纺织品的品种来看，纺织品的智能化主要是通过以下几种方式来实现的：

①将所需的性能引入聚合物中去，即利用高分子化学和物理原理，合成能对环境进行响应的新型聚合物，或对原有的通用聚合物或天然高分子进行改性处理使其具有“智能化”特征。

②通过染整加工赋予普通织物智能特性。

③通过将普通纤维与特种纤维交织或将特种纤维编入织物中而使织物获得智能特性。

④将织物与智能型膜材等材料复合而制得智能型复合织物。

⑤在织物设计中根据特定的应用场合，通过特定的组织结构设计使织物能够对特定的环境或刺激物产生响应。

⑥将织物或服装与其他外加元件相结合，从而制得智能织物或智能服装。例如美军采用在袖口上设置有化学探测器的服装来装备其步兵部队。

7.5.4　防水透湿纺织品

防水透湿织物是指可以使水（主要是雨水）在一定的压力下不浸透织物，而人体散发出的汗液可以水蒸气的形式通过织物传导至外界，不在人体表面和织物间积累冷凝使人感到不舒适的功能性织物，又称为会呼吸的织物，其设计与织物转移水蒸气的机理密切相关。

（1）防水透湿的高密织物

根据孔隙自然扩散机理，气体分子通过纱线间孔隙由高浓度向低浓度方向自然扩散是不可逆的过程。根据 Washburn 公式，当液体的温度一定时，液体黏度（η）和表面张力（γ）

为常数，液体渗透速率和毛细管半径及 $\cos\theta$ 成正比，而与渗透距离成反比，公式为

$$\omega = \frac{\mathrm{d}L}{\mathrm{d}t} = (\gamma R\cos\theta)/(\eta L)$$

式中，ω 为液体渗透速率；θ 为液体和纤维表面间的接触角；η 为液体的黏度；R 为毛细管半径；L 为液体渗透距离；γ 为液体表面张力。

对于亲水性纤维，$\theta < 90°$，增大毛细管半径，有利于液体的渗透；对于疏水性纤维，$\theta > 90°$，增大毛细管半径，不利于液体的渗透，液体不易向织物外扩散，而引向织物内部，造成不适感。例如英国锡莱研究所开发的纯棉高密织物“Ventile”，在干燥时，汗液（汽）可通过纱线、纤维间孔隙向外界扩散，而在浸湿后棉纤维横向膨胀，纱线、纤维间孔隙变得很小，水不能透过，表现出防水性。

（2）微孔膜防水透湿织物

微孔透湿机理利用雨滴直径和水蒸气分子直径存在巨大差异来实现。微孔直径为水滴直径的数千至数万分之一，而是水蒸气分子直径的700倍左右。同时，大量的孔隙和通道在内部连成网络，起到防水透湿的作用，其透湿量（W_{vp}）可用下式表示：

$$W_{vp} = AB/[T + 0.7d(1 - B)]$$

式中，A 为常数；B 为开孔率；T 为薄膜厚度；d 为孔径。

（3）无孔膜防水透湿织物

在嵌段共聚物的大分子链上引入亲水性链段制成薄膜，水分子可以薄膜上亲水性链段中的亲水基团为依托，按“吸附—扩散—解吸”的方式，由高湿度侧传递到低湿度侧，获得透湿性，防水性源自薄膜的连续性和膜面张力，因涂层膜无孔，还兼有优良的防风性，无孔亲水膜的透湿量（W_{vp}）可用下式表示：

$$W_{vp} = DS(p_1 - p_2)/L$$

式中，D 为扩散系数；S 为溶解度参数；L 为膜的厚度；$p_1 - p_2$ 为膜两侧的水蒸气分压差。

此类高分子材料有聚酯、聚酰胺和聚氨酯等。亲水性组分质量分数及链段尺寸决定了膜的透湿性及防水性。

（4）透湿性可变的防水透湿织物

温敏型高分子材料能感知外界温度的变化，透湿性也随之发生响应，如将其与织物复合在一起可以制成防水透湿织物。例如，日本 Horrii 等将一种玻璃化温度为0～60 ℃的聚氨酯材料涂在织物上制成薄膜，聚氨酯的不同玻璃化温度使该织物具有调节透湿量功能，用于控制汗液向外的发散。

7.5.5 蓄热调温纺织品

蓄热调温纺织品是一种通过纺织品表面或纤维内含有的相变材料遇冷、热后发生固－液可逆相变而吸收、放出能量，从而具有温度调节功能的新型高技术纺织品。这类纺织品能够根据外界环境温度的变化在一定的温度范围内自由调节纺织品内部温度，即当外界环境温度升高时，可以储存能量，使纺织品内部温度升高相对较低；当外界环境温度下降时，可以释放能量，使纺织品内部温度降低相对较少，做成服装后比常规纺织品更具舒适性。

相变材料（Phase Change Materials，PCM）是一种利用相变潜热来储能和释能的化学材料，是近30年来国内外科技工作者广泛重视的研究课题。用在纺织领域上的相变材料主要

是石蜡类烷烃。石蜡具有不同的熔点和结晶点，改变相变材料中不同种烷烃的混合比例，可以得到纺织品所需的相变温度发生范围。而且石蜡无毒性、不腐蚀、不吸湿，其热性能在长期使用中保持稳定。在客运车厢内，白天热空气向车厢顶部移动，如用相变材料做顶棚则可吸收过剩的热量降低车内温度；相反，夜间可使车内温度升高。常选用相变温度范围为25～40 ℃的材料。聚乙二醇也是一种相变材料，其相变温度恰好在人们感觉最舒适的范围，用聚乙二醇链段嵌入聚氨酯涂层具有良好的挡风和保温性，用它制成的织物称为“空调织物”，如美国 Polytech 公司的 Uneatech 产物。

蓄热调温纺织品的制造方法：织物表面整理法（包括相变材料直接整理法和蓄热微胶囊整理法）、中空纤维内部填充法、直接纺丝法（包括相变材料直接纺丝法和蓄热微胶囊共混纺丝法）。

7.5.6 变色纺织品

所谓变色纺织品是指随外界环境条件（如光、温度、压力等）的变化而可以显示不同色泽的纺织品。生产变色纺织品主要有纤维技术、染色技术和印花技术三种方法。纤维技术主要有溶液纺丝型、熔融纺丝型（包括聚合法、共混纺丝和皮芯纺丝）和后整理型三种；染色技术是采用变色染料染色；印花技术是采用变色涂料进行印花。

（1）光敏变色纺织品

光敏变色纺织品是指具有光致变色性能的纺织品。光致变色是指某些物质在紫外光或可见光的照射下会发生变色，而当光线消失之后又会可逆地变回原来颜色的现象。

日本 Kanebe 公司将吸收 350～400 nm 波长紫外线后由无色变为浅蓝色或深蓝色的螺吡喃类光敏物质包敷在微胶囊中，用于印花工艺制成光敏变色织物。微胶囊化可以提高光敏剂的抗氧化能力，从而延长使用寿命。采用这种技术生产的光敏变色 T 恤衫已于 1989 年供应市场，近年来，国内也有类似的产品销售。美国 Clemson 大学和 Georgia 理工学院等几所大学近年来正在探索在光纤中掺入变色染料或改变光纤的表面涂层材料，使纤维的颜色能够实现自动控制，其中噻吩衍生物聚合后特有的电和溶剂敏感性受到格外重视。美国军方研究人员认为，采用光导纤维与变色染料相结合，可以最终实现服装颜色的自动变化。光敏变色纺织品主要用于娱乐服装、安全服和装饰品及防伪制品等。

（2）热敏变色纺织品

随温度的变化，颜色发生可逆变化的纺织品称为热敏变色纺织品。日本东丽株式会社采用内含热敏可逆变色色素的微胶囊与树脂一起涂布在基布上，制成了在低温下显色，高温下消色的织物。其变色原理是：上述微胶囊中存在色彩成分以及显色剂（电子接受体）和溶剂（在低温下呈固体，如醇三类），在低温下，显色剂通过溶剂与色彩成分相触就能使基布显色；温度升高，溶剂释出，显色剂与色彩成分分离而消色。温度在 0 ℃以下时，织物变黑，从而能大量吸收阳光的能量起到保暖作用；当温度升高到 5 ℃上时，织物变白，从而可抑制对阳光直射能量的吸收。目前，该织物已用来制作滑雪衫之类的体育用品。

7.5.7 电子信息纺织品

电子信息智能纺织品是目前织物领域研究的热点课题，它将微电子、信息、计算机等技术融合到纺织品中，能按照预先的设定采集信号，并能对信号做出处理及反馈。现已开发的产品中，将柔性电子元件植入纺织品内部，传感器、柔性纺织开关、柔性电子线路板、导电纱线与纺织品融为一体。电子纺织品的开发被认为是除纳米纺织品外的另一种革命性的开发。

(1) 软开关织物

软开关由轻质的导电织物和一层具有独特电子性能的复合材料组合而成，是一种弹性电阻复合材料或量子隧道复合材料（QTC），QTS 中的金属离子密布于基质中，相互之间无任何接触，正常条件下是绝缘体，但当材料受压或扭曲时，金属粒子间的距离减小，电阻降低，电子发生流动产生导电性，将此材料与织物复合后就是软开关织物。

(2) 北极环境用智能电子服装

电子服装由支撑体的内衣、雪地活动夹克和裤子组成，通过植入服装内的传感器监测穿着者的情况和所在位置。

(3) 智能毯

德国芯片厂开发了由导电纤维织成且内部充满了传感器芯片和发光二极管的电子纺织品，称为智能毯。将它安装到地板上并接通电源再和计算机连接后就能知道每个传感器芯片的位置，并应用软件确定自己的位置，如果网络中的某个组成部分发生故障，芯片能自己寻找新的通道，以保持通信畅通。

(4) 智能衫

将光导纤维和导电纤维织入织物，可制成一种能准确、及时监测穿着者心律、呼吸、体温和其他生理指标的智能 T 恤衫。由于光导纤维和导电纤维必须保持持续状，因此需用无缝制造技术。Sun 等人利用 FSB 技术成功研究出了一种智能连帽外套，导电纱线连接帽子和外套，导电纱线在内部缝两个智能芯片：光传感器、温度传感器和可以播放音乐的软件，软件可根据穿衣的行为自动播放音乐和停止音乐，音量也会随环境光线的强弱发生改变。

7.5.8 智能纺织品的发展趋势

目前在智能纺织品的开发过程中，坚持的理念是针对某些特定的功能要求，结合相应的功能或智能纤维，以及其他智能材料，以织造或整理的形式加工成或引入纺织品中，从而开发出能够满足用户需求的纺织品。智能纺织品能够实现的关键是多种技术的相互融合，随着纺织科学技术的发展，智能纺织品的功能将会更加完善，它的发展主要有以下几个方向：

①多功能化：目前智能纺织品技术还未有实质性的突破，还不能实现一物多用，而随着科学的不断进步，多功能的智能纺织品将会陆续出现。

②易于穿着：智能纺织品的出现就是为人们生活得方便服务的，所以要便于穿戴，提高智能纺织品的舒适性，使其像普通织物一样可以洗涤、整理。

③低成本化：智能纺织品的研究应当朝着低成本的方向发展，采用低成本的组合技术，从而适应不同层次的消费者。

④绿色环保：电子智能纺织品存在的一个最大的问题就是它会像其他电子产品一样产生电磁波辐射，将来的智能纺织品应当尽量避免这些电磁辐射，同时生产过程中要尽量减少资源的浪费。

⑤美观性：为与时尚接轨，智能纺织品还必须注重美观性能，这样可以更好地迎合广大消费者。

参考文献

[1] 陈平，廖明义．高分子合成材料学［M］．3 版．北京：化学工业出版社，2017.

[2] 潘祖仁．高分子化学［M］．5 版．北京：化学工业出版社，2014.

[3] 王正熙．高分子材料剖析实用手册［M］．北京：化学工业出版社，2016.

[4] 陈志民．高分子材料性能测试手册［M］．北京：机械工业出版社，2015.

[5] 黄丽．高分子材料［M］．2 版．北京：化学工业出版社，2010.

[6] 赵德仁，张慰盛．高聚物合成工艺学［M］．2 版．北京：化学工业出版社，1997.

[7] Charles E. Carraher Jr. Carraher's Polymer Chemistry［M］. Boca Raton：CRC Press，2017.

[8] David W，Phillip L. Polymers［M］. London：OUP Oxford，2000.

[9] Michael R，Ralph H. Polymer Physics［M］. London：OUP Oxford，2003.

[10] Ned J，Stephen P，Ravi S，et al. Characterization of Polymers［M］. Reissue：Momentum Press，2010.

[11] 王者辉．应用高分子材料（英文版）［M］．北京：化学工业出版社，2016.

[12] Wolfgang G，Beate L R. Deformation and Fracture Behaviour of Polymer Materials［M］. Bernlin：Springer，2017.

[13] Muralisrinivasan S. Basics of Polymers：Materials and Synthesis［M］. Momentum Press，2015.

[14] Anandhan S，Sri B. Advances in Polymer Materials and Technology［M］. CRC Press，2016.

[15] Kuo S. Hydrogen Bonding in Polymer Materials［M］. Wiley-VCH，2018.

[16] V Kumar Thakur，M Kumari Thakur. Eco-friendly Polymer Nanocomposites：Chemistry and Applications［M］. Springer，2015.

[17] M Leclerc，J Morin. Synthetic Methods for Conjugated Polymer and Carbon Materials［M］. Wiley-VCH，2017.

[18] A K Haghi，Eduardo A Castro. Materials Science of Polymers：Plastics，Rubber，Blends and Composites［M］. Apple Academic Press，2015.

[19] Tim A Osswald，G Menges. Materials Science of Polymers for Engineers［M］. 3rd. Hanser Gardner Publications，2012.

[20] 童忠良．化工产品手册·树脂与塑料［M］．6 版．北京：化学工业出版社，2016.

[21] 陈平．合成树脂及应用丛书（套装共 17 册）［M］．北京：化学工业出版社，2015.

[22] 冯新德，张中岳，施良和．高分子辞典［M］．北京：中国石化出版社，1998：212.

[23] 陈乐怡．合成树脂及塑料速查手册［M］．北京：机械工业出版社，2006.

[24] 舒朝霞，杨桂英．2013 年我国合成树脂市场回顾及 2014 年展望［J］．当代石油化工，2014（5）：1-5，14.

[25] 张师军，乔金樑．聚乙烯树脂及其应用［M］．北京：化学工业出版社，2011.

[26] 邴涓林，赵劲松，包永忠．聚氯乙烯树脂及其应用［M］．北京：化学工业出版社，2012.

[27] 乔金樑，张师军. 聚丙烯和聚丁烯树脂及其应用 [M]. 北京：化学工业出版社，2011.
[28] 李杨. 聚苯乙烯树脂及其应用 [M]. 北京：化学工业出版社，2015.
[29] 魏家瑞. 热塑性聚酯及其应用 [M]. 北京：化学工业出版社，2012.
[30] 张迪. 塑料助剂的应用 [J]. 当代化工研究，2016 (7)：44-45.
[31] 张京珍. 塑料成型工艺 [M]. 北京：中国轻工业出版社，2010.
[32] 曾继军，李育英，何嘉松. 茂金属聚乙烯的流变性性与加工性 [J]. 高分子学报，2002 (1)：69-72.
[33] 严欣，张胜军，马健翔. 聚乙烯食品塑料容器中回收料鉴别方法研究 [J]. 现代塑料加工应用，2017 (3)：39-41.
[34] 王美华，丛林凤. 食品包装用聚乙烯树脂再生料鉴别技术研究 [J]. 包装工程，2009，30 (4)：27-30.
[35] 于文杰，李杰，郑德. 塑料助剂与配方设计技术 [M]. 3 版. 北京：化学工业出版社，2010.
[36] 黄安平，朱博超，贾军纪，等. 超高分子量聚乙烯的研发及应用 [J]. 高分子通报，2012 (4)：127-132.
[37] Cummings C S, Lucas E M, Marro J A, et al. The Effects of Proton Radiation on UHMWPE Material Properties for Space Flight and Medical Applications [J]. Advances in Space Research, 2011, 48 (10)：1572-1577.
[38] 高凌雁，王群涛，郭锐，等. 国内外茂金属聚乙烯开发现状 [J]. 合成树脂及塑料，2015 (4)：85-89.
[39] 许建雄. 聚氯乙烯和氯化聚乙烯加工与应用 [M]. 北京：化学工业出版社，2016.
[40] 先员华，陈刚. 聚氯乙烯生产工艺 [M]. 北京：化学工业出版社，2013.
[41] 薛之化，王成波，陈波. 世界氯乙烯生产最新工艺 [J]. 中国氯碱，2016 (3)：23-25.
[42] 付义，王鹏，赵成才，等. 聚丙烯生产工艺技术进展 [J]. 高分子通报，2012 (4)：139-148.
[43] Paula Garcia. Polypropylene [M]. Nova Science, 2016.
[44] 汪晓鹏，贺建梅，李文磊. 聚苯乙烯改性研究进展 [J]. 上海塑料，2017，2：50-57.
[45] M Rajaeifar, R Abdi, M Tabatabaei. Expanded Polystyrene Waste Application for Improving Biodiesel Environmental Performance Parameters from Lifecycle Assessment Point of View [J]. Renewable & Sustainable Energy Reviews, 2017 (74)：278-298.
[46] 索延辉. ABS 树脂生产实践及应用 [M]. 北京：中国石化出版社，2015.
[47] 林修江，鲍长坤，梁皓月，等. ABS 树脂产品标准现状与发展建议 [J]. 塑料工业，2017 (9)：28-33.
[48] 彭亚勤，钟宏，王帅，等. 聚苯乙烯型离子交换树脂的研究进展 [J]. 广州化学，2008 (3)：67-71.
[49] 陈平，刘胜平，王德中. 环氧树脂及其应用 [M]. 北京：化学工业出版社，2011.
[50] 贾静霞，孙明明，刘彩召，等. 新型环氧树脂的合成及应 [J]. 化学与粘合，2017 (1)：56-60.

[51] 刘益军. 聚氨酯树脂及其应用 [M]. 北京：化学工业出版社，2012.
[52] 刘益军. 聚氨酯原料及助剂手册 [M]. 2 版. 北京：化学工业出版社，2013.
[53] 陈鼎南，陈童. 聚氨酯制品生产手册 [M]. 北京：化学工业出版社，2014.
[54] 丁孟贤. 聚酰亚胺：化学、结构与性能的关系及材料 [M]. 北京：科学出版社，2012.
[55] Clyde M. Polyimides: Synthesis, Applications and Research [M]. Nova Science, 2016.
[56] Wilson D, Stenzenberger H D. Polyimides [M]. Springer, 2014.
[57] 金祖铨，吴念. 聚碳酸酯树脂及应用 [M]. 北京：化学工业出版社，2009.
[58] 崔小明. 国内外聚碳酸酯的供需现状及发展前景分析 [J]. 石油化工技术与经，2017 (1)：18-23.
[59] L M Surhone, Miriam T Timpledon. Synthetic Fiber [M]. Betascript Publishing, 2010.
[60] 中国石油和石化工程研究会. 合成纤维 [M]. 3 版. 北京：中国石化出版社，2012.
[61] 沈新元. 化学纤维手册 [M]. 北京：中国纺织出版社，2008.
[62] 李光. 高分子材料加工工艺学 [M]. 2 版. 北京：中国纺织出版社，2010.
[63] Chirag R Gajjar, Martin W King. Resorbable Fiber-Forming Polymers for Biotextile Applications [M]. Springer, 2014.
[64] 王明明. PET 聚酯纤维表面改性及其粘合性能的研究 [D]. 芜湖：安徽工程大学，2016.
[65] 周卫东. 改性聚酰胺纤维的开发现状及发展趋势 [J]. 合成纤维工业，2014 (1)：60-65.
[66] 朱建民. 聚酰胺纤维 [M]. 北京：化学工业出版社，2014.
[67] 浦丽莉，黄恒钧，林鹏. 芳香族聚酰胺纤维改性技术研究进展 [J]. 化学与粘合，2013 (03)：58-61.
[68] 张放台，任国强. 聚丙烯腈纤维 [M]. 北京：化学工业出版社，2014.
[69] Anthony V Galanti. Polypropylene Fibers and Films [M]. Springer, 2014.
[70] 孟明珠，马海燕，顾鑫敏. 高强度聚丙烯纤维的研究进展 [J]. 合成纤维，2017 (7)：5-9.
[71] 赵敏. 改性聚丙烯新材料 [M]. 2 版. 北京：化学工业出版社，2010.
[72] 赵寰. 聚乙烯醇纤维 [M]. 北京：化学工业出版社，2014.
[73] 姜猛进，王华全，刘鹏清，等. 高强高模聚乙烯醇纤维 [M]. 北京：国防工业出版社，2016.
[74] F Xu, X Deng, C Peng, et al. Mix Design and Flexural Toughness of PVA Fiber Reinforced Fly ash-geopolymer Composites [J]. Construction and Building Materials, 2017, 150 (30)：179-189.
[75] 王雪新，胡祖明，于俊荣，等. 氧化石墨烯改性聚乙烯醇纤维的制备及性能研究 [J]. 合成纤维，2016 (6)：9-16.
[76] 乔凯，生物基合成纤维单体发展现状及展望 [J]. 纺织导报，2017，2：32-38.
[77] Kaseem M, Hamad K, Deri F, et al. A Review on Recent Researches on Polylactic Acid/Carbon Nanotube Composites [J]. Polym Bull, 2017 (74)：2921-2937.

[78] 潘晓娣，钱明球，戴钧明. 聚乳酸纤维的国内外开发进展［J］. 合成技术及应用，2017（4）：32-37.
[79] 李伟伟，康宏亮，徐坚，等. 高强高模型碳纤维与高模型碳纤维微观结构分析［J］. 高分子学报，2018（3）：1-9.
[80] Hiremath N, Mays J, Bhat G. Recent Developments in Carbon Fibers and Carbon Nanotube-based Fibers：A review［J］. Poly Rev, 2017，57（2）：339-368.
[81] Newcomb B A. Processing, Structure, and Properties of Carbon Fibers［J］. Compos Part A, 2016（91）：262-282.
[82] 何勇，夏于旻，魏朋，等. 聚芳酯纤维［M］. 北京：国防工业出版社，2017.
[83] 唐见茂. 高性能纤维及复合材料［M］. 北京：化学工业出版社，2013.
[84] 常晶菁，牛鸿庆，武德珍. 聚酰亚胺纤维的研究进展［J］. 高分子通报，2017，3：19-27.
[85] 高连勋. 聚酰亚胺纤维［M］. 北京：国防工业出版社，2017.
[86] 程曾越，杨秀霞. 合成橡胶［M］. 3 版. 北京：中国石化出版社，2012.
[87] 中国合成橡胶工业协会秘书处. 2016 年国内合成橡胶产业回顾及展望［J］. 合成橡胶工业，2017（2）：83-85.
[88] 燕鹏华，龚光碧，李波. 合成橡胶平台技术及高端定制产品开发［J］. 合成橡胶工业，2017（1）：2-6.
[89] 刘大华，龚光碧，刘吉平，等. 乳液聚合丁苯橡胶［M］. 北京：中国石化出版社，2011.
[90] 张爱民，姜连升，姜森. 配位聚合二烯烃橡胶［M］. 北京：中国石化出版社，2017.
[91] 崔小明. 国内外聚丁二烯橡胶的供需现状及发展前景［J］. 中国橡胶，2017（17）：33-35.
[92] 干勇. 稀土顺丁橡胶［M］. 北京：冶金工业出版社，2016.
[93] 李玉芳，伍小明. 我国聚异戊二烯橡胶生产技术进展及市场分析［J］. 上海化工，2015（1）：27-32.
[94] 焦书科，齐润通，马东柱，等. 氯丁橡胶［M］. 北京：中国石化出版社，2016.
[95] 崔小明. 我国氯丁橡胶生产技术进展及市场分析［J］. 橡胶参考资料，2017（2）：19-23.
[96] Madsen F, Daugaard A, Hvilsted S, et al. The Current State of Silicone-based Dielectric Elastomer Transducers［J］. Macromolecular Rapid Communications, 2016，37（5）：378-413.
[97] 张玉龙，张晋生. 特种橡胶及应用［M］. 北京：化学工业出版社，2011.
[98] Jiang X, Chen K, Ding J. Structure and Properties of Dynamically Cured Thermoplastic Vulcanizate based on Poly（vinylidene fluoride）, Silicone Rubber, and Fluororubber［J］. Polymer-plastics Technology and Engineering, 2015，54（2）：209-217.
[99] 曹艳霞，王万杰. 热塑性弹性体改性及应用［M］. 北京：化学工业出版社，2014.
[100] 廖双泉，赵艳芳，廖小雪. 热塑性弹性体及其应用［M］. 北京：中国石化出版社，2014.

[101] Stephen L. Handbook of Thermoplastic Elastomers [M]. NY Research Press, 2015.
[102] 张学敏，郑化，魏铭. 涂料与涂装技术 [M]. 北京：化学工业出版社，2016.
[103] 平郑骅，汪长春. 高分子世界 [M]. 上海：复旦大学出版社，2001.
[104] 冯立明. 涂装工艺与设备 [M]. 北京：化学工业出版社，2004.
[105] 夏正兵. 建筑材料 [M]. 南京：东南大学出版社，2016.
[106] 张学敏，郑化，魏铭. 涂料与涂装技术 [M]. 北京：化学工业出版社，2016.
[107] 平郑骅，汪长春. 高分子世界 [M]. 上海：复旦大学出版社，2001.
[108] 刘国杰. 溶剂型涂料发展趋势简评溶剂 [J]. 中国涂料，2008，23（10）：3-7.
[109] 宋启煌，王飞镝. 精细化工工艺学 [M]. 北京：化学工业出版社，2013.
[110] 仓理. 涂料工艺 [M]. 北京：化学工业出版社，2005.
[111] 李桂林. 环氧树脂与环氧涂料 [M]. 北京：化学工业出版社，2003.
[112] 刘林，陈旭东，茅仁旭，等. 水性聚氨酯涂料的原料、制备及应用 [J]. 广州化工，2005，33（1）；40-45.
[113] 王寅，傅和青，颜财彬，等. 纳米材料改性水性聚氨酯研究进展 [J]. 化工进展，2015，34（2）：463-469.
[114] 潘尹银. 双组分水性聚氨酯涂料的制备及性能研究 [D]. 厦门：厦门大学，2013.
[115] 赵静. 环保型多重交联水性聚氨酯涂料的制备、表征及应用 [D]. 西安：陕西科技大学，2011.
[116] Zhang X, Su H, Zhao Y, et al. Antimicrobial Activities of Hydrophilic Polyurethane/Titanium Dioxide Complex Film under Visiblelight Irradiation [J]. Journal of Photochemistry and Photobiology A：Chemistry，2008，199（2）：123-129.
[117] 周铭. 水性聚氨酯涂料的研究进展 [J]. 技术进展，2002（24）：21-23.
[118] 张心亚，魏霞，陈焕钦. 水性涂料的最新研究进展 [J]. 涂料工业，2009，39（12）：17-23.
[119] 吴胜华，姚伯龙，陈明清，等. 双组分水性聚氨酯涂料的研究进展 [J]. 化工进展，2004，23（9）：979-983.
[120] Chen S，Chen Y. The Application and Development of Polyurethane Coatings [J]. Chemical Industry Times，2008，22（8）：52-55.
[121] 陆正全，杨建军，张建安，等. 水性丙烯酸酯涂料在建筑领域的应用及研究进展 [J]. 2014，35（9）：32-35.
[122] 华丽，徐红，郑红梅. 改性有机硅涂料综述 [J]. 化工科技，2016，24（6）：89-93.
[123] 罗帅. 水性涂料的研究进展 [J]. 现代涂料与涂装，2015（18）：1-6.
[124] 胡静，楼白杨，巫少龙. 透明亲水丙烯酸树脂防雾材料合成工艺研究 [J]. 现代制造工程，2007（10）：74-76.
[125] 王晓峰. 水性透明防雾涂料的研究 [D]. 北京：北京化工大学，2000.
[126] 钟辉，黄红军，王晓梅，等. 环氧固化剂及其应用与发展 [J]. 装备环境工程，2016，13（4）：136，142.
[127] 王骏. 潜伏性热固性树脂固化反应控制及其应用的研究 [D]. 杭州：浙江大

学，2017.
[128] 江萍. pH和温度响应型高分子智能膜的制备、性能及应用研究 [D]. 长沙：中南大学，2014.
[129] 郑景. 基于超分子作用的智能高分子水凝胶 [D]. 北京：中国科学院大学，2016.
[130] I A Wonnie Ma, Ammar Sh, Ramesh K, et al. Anticorrosion Properties of Epoxy-nanochitosan Nanocomposite Coating [J]. Progress in Organic Coatings, 2017 (13): 74-81.
[131] Zhao Y, Zhang Z, Yu L, et al. Hydrophobic Polystyrene/electro-spun Polyaniline Coatings for Corrosion Protection [J]. Synthetic Metals, 2017 (51): 166-174.
[132] Prorokova N, Vavilova S, Bouznik V. A Novel Technique for Coating Polypropylene Yarns with Polytetrafluoroethylene [J]. J Fluorine Chemistry, 2017 (2014): 50-58.
[133] Sundararajan S, Samui A, Prashant S, et al. Interpenetrating Phase Change Polymer Networks based on Crosslinked Polyethylene Glycol and Poly (hydroxyethyl methacrylate) [J]. Solar Energy Materials and Solar Cells, 2016 (149): 266-274.
[134] Wang W, Liu Y, Leng J G. Recent Developments in Shape Memory Polymer Nanocomposites: Actuation Methods and Mechanisms [J]. Coordination Chemistry Reviews, 2016 (320-321): 38-52.
[135] Hao W, Han X, Shang Y, et al. Insertion of pH-sensitive Bola-type Copolymer into liposome as a "Stability Anchor" for Control of Drug Release [J]. Colloids and Surfaces B: Biointerfaces, 2015 (136): 809-816.
[136] Dai X, Jin H, Cai M G, et al. Fabrication of Thermosensitive, Star-shaped Poly (L-lactide) -block-poly (N-isopropylacrylamide) Copolymers with Porphyrin Core for Photodynamic Therapy [J]. Reactive and Functional Polymers, 2015 (89): 9-17.
[137] Cai M N, Leng M, Lu A, et al. Synthesis of Amphiphilic Copolymers Containing Zwitterionic Sulfobetaine as pH and Redox Responsive Drug Carriers [J]. Colloids and Surfaces B: Biointerfaces, 2015 (126): 1-9.
[138] Wang S, Shen Y, Du B, et al. Interface Crosslinked Poly (ethylene glycol) – poly (amino acid) s Copolymer Micelles for Reduction-triggered Release of Doxorubicin [J]. Journal of Controlled Release, 2015 (213): 142.
[139] Li Z, Qiu L, Chen Q, et al. pH-sensitive Nanoparticles of Poly (l-histidine) – poly (lactide-co-glycolide) – tocopheryl Polyethylene Glycol Succinate for Anti-tumor Drug Delivery [J]. Acta Biomaterialia, 2015, 11: 137-150.
[140] Culver H, Daily A, Khademhosseini A, et al Intelligent recognitive systems in nanomedicine [J]. Current Opinion in Chemical Engineering, 2014 (4): 103-114.
[141] Setty C, Deshmukh A, Badiger A. Hydrolyzed Polyacrylamide Grafted Maize Starch based Microbeads: Application in pH Responsive Drug Delivery [J]. International Journal of Biological Macromolecules, 2014 (70): 1-9.
[142] Aguilar M, Român J. Smart Polymers and Their Applications [M]. Woodhead Publishing, 2014: 359-407.
[143] Hou D, Cao X. Synthesis of Two Thermo-responsive Copolymers forming Recyclable

Aqueous Two-phase Systems and Its Application in Cefprozil Partition [J]. Journal of Chromatography A, 2014 (1349): 30-36.

[144] Li D, He Q, Li J. Smart Core/Shell Nanocomposites: Intelligent Polymers Modified Gold Nanoparticles [J]. Advances in Colloid and Interface Science, 2009, 149 (1-20): 28-38.

[145] F Carlos Jasso-Gastinel, José M Kenny. Modification of Polymer Properties [M]. William Andrew Publishing, 2017: 131-154.

[146] Wang C, Wang Y I. The Mechanical Design of a Hybrid Intelligent Hinge with Shape Memory polymer and spring sheet [J]. Composites Part B: Engineering, 2018 (134): 1-8.

[147] Randjelović D, Frantlović M, Miljković B, et al. Intelligent Thermopile-based Vacuum Sensor [J]. Procedia Engineering, 2011 (25): 575-578.

[148] Chu L, Xie R, Ju X. Stimuli-responsive membranes: Smart Tools for Controllable Mass-transfer and Separation Processes [J]. Chinese Journal of Chemical Engineering, 2011, 19 (6): 891-903.

[149] Mei L, Xie R, Yang C, et al. Bio-inspired Mini-eggs with pH-responsive Membrane for Enzyme Immobilization [J]. Journal of Membrane Science, 2013 (429): 313-322.

[150] Ali T, Gozde O. Smart Membranes with pH-responsive Control of Macromolecule Permeability [J]. Journal of Membrane Science, 2017 (537): 255-262.